Elementary Number Theory

David M. Burton

기초정수론

| 이준복 • 이중섭 옮김 |

McGraw Hill

ELEMENTARY NUMBER THEORY, Seventh Edition

1 2 3 4 5 6 7 8 9 10 MHE-KOREA 20 25

Original: Elementary Number Theory, Seventh Edition
By David M. Burton
ISBN 978-0-073-38314-9

Korean ISBN 979-11-321-1886-2 93410

Printed in Korea

기초정수론 7판

발 행 일 : 2025년 2월 10일
저 자 : David M. Burton
역 자 : 이준복 · 이중섭
발 행 인 : SHARALYH YAP LUYING(샤랄린얍루잉)
발 행 처 : 맥그로힐에듀케이션코리아 유한회사
주 소 : 서울시 마포구 양화로 45, 8층 801호
(서교동, 메세나폴리스)
전 화 : (02)325-2351
등록번호 : 제 2013-000122호(2012.12.28.)
편집.교정 : ㈜우일미디어디지텍
인쇄.제본 : ㈜성신미디어
I S B N : 979-11-321-1886-2
판 매 처 : ㈜경문사
문 의 : (2)332-2004
정 가 : 37,000원

저자 소개

데이비드 버튼(David M. Burton)은 클라크대학교에서 학사 학위를, 로체스터대학교에서 석사와 박사 학위를 받았다. 그는 뉴햄프셔대학교 교수진에 1959년에 합류하여, 현재 수학 명예교수로 있다. 그는 예일대학교에서 1년간 강의하였고, 고등학교 교사를 위한 여름학교와 고등학교 교사단체 모임에서 많은 발표를 하였다. 버튼 교수는 또한 「수학의 역사: 개론」(맥그로힐 출판사, 7판, 2009년) 및 추상대수학과 선형대수학에 관한 5개 교재의 저자이기도 하다.

수학에 관한 일 외에, 그는 16년 동안 여고생 육상팀을 코치하기도 했다. 글을 쓰지 않을 때는 조깅과 독서(주로 역사와 탐정소설)를 즐긴다. 그는 결혼하여 3명의 장성한 자녀를 두었으며, 갈색 도베르만 핀셔를 키우고 있다.

저자 서문

플라토(Plato)는 "신은 기하학자"라고 말했고, 야코비(Jacobi)는 이를 "신은 산술가"
라고 바꿔 말했다. 그리고 크로네커(Kronecker)에 와서는 "신은 자연수를 창조했고,
그 이외의 것들은 인간의 작품이다."라는 말을 빌려 인상적으로 표현하였다.

펠릭스 클라인 (FELIX KLEIN)

이 책의 목적은 고전적 수론에 대한 단순한 설명을 하고 그 주제가 발전하게 된 역사적 배경을 전달하는 것이다. 주로 학부 수준에서 한 학기 강의의 교과서로 사용되도록 의도되었지만, 교육기관이나 수학 개설 강의에서 교사들이 보조 읽기 자료로 사용하도록 설계되었다. 이 책은 수론을 좀 아는 것이 특히 도움이 되는 예비 중등교사들에게 아주 적합하다.

수론은 수학 세계에서 항상 독특한 위치를 차지해 왔다. 이 주제의 의심할 여지없는 역사적 중요성 때문이다. 그것은 대학이나 학술원보다 먼저 생겨난, 입증할 수 있는 결과를 가진 소수의 학문분과 중 하나이다. 고대 그리스 시대 이래 거의 매 세기 수의 성질에 관련된 새롭고 매혹적인 발견이 있었다. 그리고 대부분의 수리 과학의 대가들은 자신의 경력의 어느 순간에 이 지식 체계에 공헌했었다. 중요한 수학자들과 수천 명의 아마추어에게 수론이 왜 그렇게 거부할 수 없이 매력적이었는가? 한 가지 대답은 그 문제들의 기본적인 속성에 있다. 그 분야의 많은 문제는 해결하기가 극단적으로 어렵지만, 매우 단순한 형태로 표현될 수 있어서 수학적 훈련을 거의 받지 않은 사람들의 흥미와 호기심을 자극하기에 충분하다. 간단하고 재미있는 몇몇 문제들은 오랫동안 지적 공격에 버티고, 수학 전체에서 가장 풀기 어려운 미해결 문제로 남아 있다,

그러므로 많은 학생이 수론을 수학 가장자리의 장신구로 간주하면서도 기분 좋게 보는 것은 놀랄 만하다. 이것은 의심의 여지 없이, 수론이 순수 수학의 가장 순수한 분야라는 널리 알려진 관점과 현실 세계의 문제에 실질적인 응용을 거의 가질 수 없다는 부수적인 의심에 기인한다. 그 주제의 무용성을 찬양하는 것에 대한 최악의 공격자 중 몇몇은 수론학자 자신이었다. 20세기의 영국 수학의 가장 유명한 인물인 하디(G. H. Hardy)는 "가우스와 보다 덜 알려진 수학자들 모두가 인간의 일상적 활동과 멀리 떨어져 있어서 깨끗하고 점잖게 유지되는 최소한 한 개의 과학이 있다고 기

빼했다는 것은 정당하다."고 썼다. 이 "깨끗하고 점잖은" 과학이 공개키 암호체계(10.1절)에서 탁월한 역할을 한 것은 하디에게 답변 같은 것이 될 수 있다. 실질적인 응용은 차치하고, 수론의 중요성은 수학에서의 중심적 위치에서 비롯된다. 그것의 개념들과 문제들은 수학의 많은 부분들을 창조하는 중요한 방편이 되어 왔다. 수론과 완전히 관련이 없는 수학 분과는 거의 없다.

과거 몇 년 동안 학부 교육과정에서, 수학의 추상적 분야에서 벗어나 응용 계산 수학으로 초점이 극적으로 이동하였다. 강의 선택의 자유가 커짐에 따라 수론을 거의 모르거나 전혀 모르는 수학 전공자들이 흔히 생겼다. 이것은 특별히 불행한 일이다. 왜냐하면 기초적인 수론이 초기 수학 교육에서 가장 중요한 주제 중 하나가 되어야 하기 때문이다. 그것은 긴 선행 훈련을 요구하지 않고, 그 내용은 구체적이면서 익숙하다. 그리고 연구 방법은 수학의 어떤 분야보다 더 과학적 접근법에 닿아 있다. 이 분야를 공부하는 학생은 자신의 호기심과 직관과 독창성과 결합하며 많은 시행착오에 의존해야 한다. 수학의 어떤 다른 분야에서도, 엄격한 증명에 앞서 꾸준한 실험이 이렇게 자주 선행되지 않는다. 만약 그 과정이 가끔 느리고 어려워지면, 과거의 거의 모든 유명한 수학자들도 같은 고된 길을 걸었음을 알면 위안이 될 것이다.

어떤 주제의 근본에 도달하기 원하는 사람은 먼저 그 역사를 공부해야 한다는 격언이 있다. 이를 받아들여, 내용들을 더 큰 역사적 틀에 맞추도록 애썼다. 교재의 이론적인 면을 생동감 있게 하는 데 더하여, 제시된 설명 안에 짜여 엮인 역사적 언급은 수론이 죽은 예술이 아니라 많은 연구자의 노력으로 살아 있다는 점을 나타낸다. 그것은, 다른 많은 사람의 연구 위에 각 개인 연구자가 쌓은 작업으로 이 분야가 조금씩 발전했다는 것을 드러낸다. 가끔은 중요한 진전에 수 세기의 노력이 필요했었다. 천재적인 사람들이 어떻게 비틀거리고 더듬으면서 창조적인 과정을 통해 결과에 조금씩 도달했는지 아는 학생은 숙제 문제에서 한 자신의 실수에 낙담하지 않을 것이다.

문제에 대하여 말한다. 대부분 절은 순전히 기계적인 것부터 어려운 이론적인 질문까지 난이도가 다양한 많은 수의 문제로 끝난다. 이것은 책의 필수적인 부분이고, 문제를 풀지 않고 수론을 배울 수 없으므로 독자의 활발한 참여가 요구된다. 계산 문제는 기본적인 기술을 발전시키고 개념을 이해하는지 시험하는 한편, 이론적 성질의 문제는 증명을 건설하는 연습이 된다. 앞에서 다룬 내용에 대한 추가적인 정보를 전달하는 것에 더하여, 문제들은 교재에서 다루지 않은 다양한 아이디어를 소개한다. 우리는 전체적으로, 나중에 필요한 결과들을 소개하는 데 문제들을 이용하려는 유혹에 빠지지 않으려 했다. 결과적으로, 책의 나머지 부분을 이해하기 위해서 모든 연습문제를 풀 필요는 없다. 그 해답이 즉시 떠오르지 않는 문제들에는 흔히 힌트를 같이 주었다.

교재는 수학 전공자를 염두에 두고 쓰였다. 수학을 부전공하는 교육학 전공자나 컴퓨터과학 전공자에게도 똑같이 가치 있다. 특별한 선행과목은 거의 필요하지 않다. 대학 1학년 수학 강의와 동등한 강의를 수강한 사람은 누구나 책의 상당 부분을 유익하게 읽을 수 있다. 추가적인 강의를 수강한 사람은 일반적으로 더 잘 준비되었을 것이다. 오직 수학적 성숙도가 높아졌기 때문에. 특히, 추상 대수학의 개념에 대한 지식은 요구되지 않는다. 이런 내용을 공부한 학생이 이 책을 사용할 때는, 처음 4개 장의 많은 부분을 생략할 수 있다.

다양한 길이와 내용을 갖는 여러 형태의 수론 강의에서 사용되도록 책이 구성되었다. 내용 목차를 대충 보아도, 한 학기 개론 강의에서 다룰 수 있는 것보다 더 많은 자료가 있어서 아마도 1년 강의에도 충분하다는 것을 알 수 있다. 이것은 청중과 관련해서 유연성을 주고, 개인적 취향에 따라 주제를 선택할 수 있게 한다. 경험적으로 봐서 이차상호법칙을 목표로 하는 한 학기 길이의 강의에서는 1장부터 9장까지 다룰 수 있다. 이 장들의 모든 절을 포함할 필요는 없을 것 같다. 전개 과정의 연속성에 문제없이, 5.4, 6.2, 6.3, 6.4, 7.4, 8.3, 8.4 그리고 9.4절 중 몇 개 혹은 전부가 생략될 수 있다. 교재는 또한 반 학기 강의나 6주 여름 과정에 사용하기에도 적합하다. 이렇게 짧은 과정에서는, 가치 있는 수론 강의를 만들기 위해 4장을 마친 후에 후속 장 중에서 부분들을 선택할 수 있다.

10장부터 16장까지는 거의 서로 완전히 독립적이어서, 강의자가 원하는 바에 따라 선택되거나 생략될 수 있다. (피보나치 수에 관한 14장을 가장 많이 선택하는 반면, 아마도 대부분의 사용자는 10장 부분을 연속해서 강의하고 싶어 할 것이다.) 이 후반부 장들은 주제에 대한 추가적인 읽기 기회를 제공할 뿐만 아니라 학생 발표, 세미나 또는 비교과 프로젝트에 사용 가능하다.

수론은 본래 높은 수준의 엄밀성을 요구하는 분야이다. 따라서 우리 설명은 필연적으로 형식적인 면을 갖는데, 분명하고 자세한 논리를 제시하도록 주의해야 한다. 증명이 아니라 정리의 명제를 이해하는 것이 중요하다. 그렇지만 증명에 대해 인내심을 조금 가지면, 논리를 갖춘 직관을 강화하게 되는 좋은 수확을 얻을 것이다. 왜냐하면 일련의 사실들을 따라가는 독자들의 능력을 배양하는 것이 우리의 희망이기 때문이다. 안타깝게도, 어떤 학생들은 증명을 읽고 건설하는 첫 번째 강렬한 경험에서 너무도 쉽게 낙담한다. 강의자는 좀 더 여유로운 속도로 이 책의 처음 부분을 접근할 뿐만 아니라 재미있는 모든 문제를 풀려는 욕구를 자제함으로써 수월하게 해 줄 수 있다.

이 판의 새로운 것

전 판에 친숙한 독자들은 이번 개정판이 일반적 구성과 내용에 있어 동일함을 발견할 것이다. 그렇지만, 이번 7판의 준비는 많은 자잘한 개선과 몇몇 중대한 개선의 기회를 제공해 주었다.

빠른 컴퓨터의 도래와 이에 대한 일반적 접근 용이성은 수론의 거의 모든 방면에 깊은 영향을 끼쳐왔다. 이러한 영향은 특히 소수성 검사, 정수의 인수분해, 암호 응용의 분야에서 느낄 수 있었다. 이에 따라 공개키 암호체계에 관한 설명이 확장되었고 추가적인 예제가 제공되었다. 배낭 암호체계에도 비슷하게 추가적인 예제가 제공되었다. 현재 판과 전 판의 가장 현저한 차이는 페리 분수를 다루는 새로운 절을 15장에 포함한 것이다. 이 개념은 무리수를 유리수로 가깝게 근사하는 간단한 방법을 제공한다. (그 위치는 독자들이 기존 주제를 계속 공부하는 데 방해되지 않을 것이다.)

이 밖에도 두드러지지 않지만 똑같이 유의할 만한 본문의 변화들이 있다. 보편적 이차식의 개념이 13.3절에 간단히 소개되었고, 16.4절에서 베르누이 수에 주목하였다. 또한 계속해서 확장되고 있는 메르센 수의 목록을 본문에서 기술하지 않고 부록의 표 6으로 이동했다.

감사의 글

이번 7판의 원고를 읽고, 이 책의 개선을 위해 귀중한 의견을 제시해 준 아래의 수학자들에게 깊은 감사의 마음을 표현하고 싶다. 특히 아래 검토자들의 조언이 많은 도움이 되었다.

Fred Howard, Wake Forest University
Sheldon Kamienny, The University of South California
Christopher Simons, Rowan University
Tara Smith, The University of Cincinnati
John Watkins, Colorado College

지난 판들을 검토해 주신 분들에게 계속 감사를 드리고 싶다. 검토할 당시의 소속 기관을 표시하였다.

Hubert Barry, Jacksonville State University
L. A. Best, The Open University
Ethan Bolker, University of Massachusetts - Boston
Joseph Bonin, George Washington University
Jack Ceder, University of California at Santa Barbara
Robert A. Chaffer, Central Michigan University
Joel Cohen, University of Maryland
Daniel Drucker, Wayne State University
Martin Erickson, Truman State University
Howard Eves, University of Maine
Davida Fischman, California State University, San Bernardino
Daniel Flath, University of Southern Alabama
Kothandaraman Ganesan, Tennessee State University
Shamita Dutta Gupta, Florida International University
David Hart, Rochester Institute of Technology
Gabor Hetyei, University of North Carolina – Charlotte
Frederick Hoffman, Florida Atlantic University

Corlis Johnson, Mississippi State University
Mikhail Kapranov, University of Toronto
Larry Matthews, Concordia College
Neal McCoy, Smith College
David E. McKay, California State University, Long Beach
David Outcalt, University of California at Santa Barbara
Manley Perkel, Wright State University
Michael Rich, Temple University
David Roeder, Colorado College
Thomas Schulte, California State University at Sacramento
William W. Smith, University of North Carolina
Kenneth Stolarsky, University of Illinois
Virginia Taylor, Lowell Technical Institute
Robert Tubbs, University of Colorado
David Urion, Winona State University
Gang Yu, University of South Carolina
Paul Vicknair, California State University at San Bernardino
Neil M. Wigley, University of Windsor

또한 이 책의 후반부에 있는 숫자 답안을 확인해 준 애비 타넨바움(Abby Tanenbaum)에게도 감사의 마음을 전한다.

이 책의 제작 전반에 걸쳐 아낌없는 지원을 해 준 나의 아내 마사(Martha)에게 특별한 마음의 빚이 있다.

물론 저자는 이 책에서 발견되는 잘못과 실수들에 대해 책임을 인정해야 한다.

David M. Burton
Durham, New Hampshire

역자 서문

이 책은 전형적인 학부용 수론 교과서이다. 수론의 고전적인 주제들은 물론이고, 암호론과 계산적 수론의 주제들도 상당한 부분을 다루고 있다. 본문의 전개 과정과 연습문제의 구성이 충실하여, 모범적인 교과서로서 갖추어야 할 기본 요소를 빠짐없이 갖추고 있다. 그렇다고 이 책이 또 하나의 지루한 교과서인 것은 아니다. 이미 많은 수론 교과서들이 출판되어 있지만, 이 책만큼 저자의 개성이 돋보이는 책은 찾기 힘들다. 수론의 다양한 주제에 대한 역사적 배경에서 시작하여 최근의 연구 성과까지, 풍부한 일화를 곁들여 기술하고 있다. 따라서 수론을 공부하는 독자들의 흥미를 유지하고 심화 연구를 위한 동기 유발에 성공하고 있다.

번역 과정에서 원저자가 의도하는 바를 충실히 표현하기 위하여 노력하였으나, 역자들의 능력이 부족함을 많이 느낄 수밖에 없었다. 판을 거듭하면서 더욱 완벽한 역서를 만들 것을 약속드리며, 독자들의 비판과 조언을 겸허히 기다린다.

끝으로 이 책이 나오기까지 도와주신 맥그로힐 출판사의 여러분께 깊은 감사를 드린다.

2025년 2월
이준복 · 이중섭

차 례

CHAPTER 01

서론

Preliminaries

수는 미신에서 태어났고 신비롭게 길러졌다. … 수는 한 때 종교와 철학의 기초를 이루었고 숫자의 기교는 믿기 잘하는 사람들에게 엄청난 효과를 가져왔다.

파커(F.W.PARKER)

1.1 수학적 귀납법

적어도 기초적인 측면에서 수론은 정수 그리고 좀 더 특별하게는 1, 2, 3, …과 같은 양의 정수들의 성질과 관련이 있다. 이러한 오기의 기원은 수를 양의 정수뿐이라 여겼던 고대 그리스 시기로 여겨진다. 자연수는 오랫동안 수학자 크로네커(Leopold Kronecker)가 신은 자연수를 창조했고, 나머지는 인간의 창조물이라 언급한 표현대로 인식되어 왔다. 신이 준 선물과는 거리가 멀게 수론은 길고 때로는 고된 발전을 이루어왔고, 이제부터 이러한 이야기들이 앞으로의 페이지에서 다루어질 것이다.

우리는 정수를 공리적으로 만드는 시도를 하지 않을 것이다. 대부분의 독자들이 정수가 이미 주어져 있고 정수에 대한 많은 기초적 사실에 대해 익숙하다는 가정하에 논의를 진행할 것이다. 그중 하나가 "정렬성 원리(Well Ordering Principle)"이다. 기억을 되살리기 위해 언급해보자.

> **정렬성의 원리** 공집합이 아니고, 음이 아닌 정수들을 원소로 갖는 모든 집합 S는 최소 원소를 가지고 있다. 다시 말해 S는 S에 속하는 모든 b에 대해 $a \leq b$를 만족하는 a를 포함한다.

이 원리가 이 장과 앞으로의 장들의 증명에 중요한 역할을 하기 때문에, 양의 정수 집합이 흔히 알려진 아르키메데스 원리(Archimedean Property)를 만족한다는 것을 보이는 데 이용해보자.

정리 1.1
Theorem

아르키메데스 원리. a와 b가 양의 정수이면, $na \geq b$를 만족하는 양의 정수 n이 존재한다.

증명. 이 정리가 참이 아니라고 가정하자. 그러면 a, b에 대해 모든 양의 정수 n은 $na < b$를 만족한다. 그러면 집합

$$S = \{b - na \mid n\text{은 양의 정수}\}$$

는 양의 정수로만 이루어진다. 정렬성의 원리에 의해서 S는 최소 원소, 이를테면 $b-ma$를 가질 것이다. S가 이런 형태로 이루어진 모든 정수를 포함하므로, $b-(m+1)a$ 또한 S에 포함된다. 또한, 우리는

$$b - (m + 1)a = (b - ma) - a < b - ma$$

즉, $b-ma$가 S의 최소 원소라는 선택에 모순되는 결과를 얻는다. 이것은 처음의 가정인 아르키메데스 원리가 성립하지 않는다는 것이 모순임을 알 수 있다. 결국, 이 원리는 참임이 증명된다.

정렬성의 원리를 적용하여 *수학적 귀납법*이라 불리는 증명법의 기초를 제공해주는 유한 귀납법의 기본원리(First Principle of Finite Induction)를 쉽게 이끌어 낼 수 있다. 간단히 말해, 유한 귀납법의 기본원리는 만약 양의 정수로 이루어진 집합이 두 가지 특별한 성질을 가진다면 이 집합은 모든 양의 정수를 포함한다는 사실을 알려준다. 모호함을 줄이기 위해 정리 1.2에서 이 원리를 다시 언급한다.

정리 1.2
Theorem

유한 귀납법의 기본원리. 양의 정수들로 이루어진 집합 S가 다음 두 가지 성질을 만족한다고 하자.

(a) 정수 1은 S에 속한다.
(b) 정수 k가 S에 속하면, 다음 정수 $k+1$ 또한 S에 속한다.

그러면 S는 모든 양의 정수를 가진다.

증명. 집합 T를 S에 속하지 않는 모든 양의 정수라 하고, T가 공집합이 아니라 하자. 정렬성의 원리에 의해 T는 최소 원소를 포함한다. 그 수를 a라 하자. 1이 S에 속하므로, $a > 1$, 또한 $0<a-1<a$이다. a가 T의 최소 원소이기 때문에 $a-1$은 T에 속하지 않는다. 즉, $a-1$은 S에 속한다. 가정에 의해 S는 $(a-1)+1=a$를 가져야 한다. 이것은 a가 T에 들어간다는 가정에 모순이다. 따라서 T가 공집합이라는 것을 알 수 있고, S는 모든 양의 정수를 포함한다는 결론을 얻는다.

여기 수학적 귀납법에 의해 얻어질 수 있는 전형적인 등식이 있다. 모든 자연수 $n=1, 2, 3, \cdots$에 대해

$$1^2 + 2^2 + 3^2 + \cdots + n^2 = \frac{n(2n+1)(n+1)}{6} \tag{1}$$

정리 1.2 사용을 위해, S를 식 (1)을 만족하는 모든 양의 정수를 포함하는 집합이라 하자. n = 1일 때 보면, 위 식은

$$1^2 = \frac{1(2+1)(1+1)}{6} = 1$$

따라서, 1은 S에 속함을 알 수 있다. 다음 k가 S에 속한다고 가정하자(k는 정해졌지만 특정하지 않은 정수). 그러면

$$1^2 + 2^2 + 3^2 + \cdots + k^2 = \frac{k(2k+1)(k+1)}{6} \tag{2}$$

처음 $k+1$개의 제곱의 합을 얻기 위해, 식 (2)의 양변에 단지 $(k+1)^2$를 더하여 다음을 얻는다.

$$1^2 + 2^2 + \cdots + k^2 + (k+1)^2 = \frac{k(2k+1)(k+1)}{6} + (k+1)^2$$

약간의 대수적 계산 후에, 우변은

$$\begin{aligned}(k+1)\left[\frac{k(2k+1)+6(k+1)}{6}\right] &= (k+1)\left[\frac{2k^2+7k+6}{6}\right] \\ &= \frac{(k+1)(2k+3)(k+2)}{6}\end{aligned}$$

이것은 정확히 $n=k+1$일 때의 식 (1)의 우변의 값이다. 따라서 집합 S가 정수 k를 포함하면 $k+1$ 또한 포함한다는 것을 보인 것이다. 정리 1.2에 의해서 S는 모든 양의 정수를 포함한다. 즉, 주어진 식은 모든 자연수 n에 대해 참이다.

비록 수학적 귀납법이 양의 정수에 관한 명제를 증명하는 데 표준적인 방법을 제공해 주지만, 아쉬운 점은 그런 명제를 공식화하는 데는 아무 도움을 주지 못한다는 것이다. 물론, 우리가 일반적으로 성립할 만한 성질을 “경험에 의한 추측”을 통해 얻는다고 한다면, 그것이 참인지 여부는 수학적 귀납법에 의해 확인될 수 있다. 예를 들어 다음 등식의 목록을 고려해보자.

$$\begin{aligned}&1 = 1\\&1+2 = 3\\&1+2+2^2 = 7\\&1+2+2^2+2^3 = 15\\&1+2+2^2+2^3+2^4 = 31\\&1+2+2^2+2^3+2^4+2^5 = 63\end{aligned}$$

우리는 우변의 정수들에 대한 규칙을 얻을 수 있다. 잠시만 생각해 보면, 대부분의 독자들은 다음의 규칙을 얻을 것이다.

$$1 = 2 - 1 \qquad 3 = 2^2 - 1 \qquad 7 = 2^3 - 1$$
$$15 = 2^4 - 1 \qquad 31 = 2^5 - 1 \qquad 63 = 2^6 - 1$$

(어떻게 이런 식을 얻게 되었는지는 경험을 배제한다면 얘기하기 쉽지 않다.) 이런 몇몇 경우들로부터 생겨난 패턴은 $1+2+2^2+2^3+\cdots+2^{n-1}$ 이 가지는 값을 나타내는 식을 떠오르게 한다. 다시 말해, 모든 양의 정수 n 에 대해

$$1 + 2 + 2^2 + 2^3 + \cdots + 2^{n-1} = 2^n - 1 \tag{3}$$

우리의 추측이 정확하다는 것을 확인하기 위해, S 를 식 (3)을 만족하는 모든 양의 정수 n 을 가진 집합이라 하자. $n = 1$일 때 식 (3)은 명확히 참이므로 1은 S 에 포함된다. 이제 어떤 고정된 상수 k 에 대해 식 (3)이 참이라 가정해 보자, 이러한 k 는

$$1 + 2 + 2^2 + \cdots + 2^{k-1} = 2^k - 1$$

을 만족하고, $k + 1$에 대해서도 만족하는지 증명해보자. 2^k 을 위 식의 양변에 더함으로써

$$\begin{aligned} 1 + 2 + 2^2 + \cdots + 2^{k-1} + 2^k &= 2^k - 1 + 2^k \\ &= 2 \cdot 2^k - 1 = 2^{k+1} - 1 \end{aligned}$$

을 얻는다. 이것은 식 (3)이 $n = k + 1$일 때 참임을 보여준다. 즉, $k + 1$은 S 의 원소이다. 따라서, 수학적 귀납법에 의해 S 는 모든 양의 정수를 포함한다.

참고 귀납적 증명을 이용할 때, 집합 S 에 관한 모든 사항을 생략하여 논의를 줄이고, 단지 정수 1에 대한 논의가 참이고, 정수 k 일 때 참이면, $k + 1$일 때 참임을 보이는 것으로 진행한다.

우리는 어떠한 결론을 얻기 전에 정리 1.2의 두 조건을 모두 만족시켜야 된다는 점에 주의를 기울일 필요가 있다. 하나로는 충분하지 않다. 조건 (a)의 증명은 종종 *귀납법의 기저(basis for the induction)*라 불리고, (b)의 증명은 *귀납단계(induction step)*라 불린다. 귀납단계를 수행하는 동안 만들어지는 가정들을 *귀납추측(induction hypotheses)*이라 한다. 귀납적 상황은 가장자리에 하나가 넘어지면 행의 다음 것들을 넘어뜨리는 형태로 배열되어 있는 무한개의 도미노와 관련지어 생각할 수 있다. 만약 어떤 도미노도 밀려 넘어지지 않으면(즉, 귀납 기저가 만족되지 않으면) 또는 도미노 사이의 공간이 너무 넓거나(즉, 귀납단계가 실패하면) 도미노의 완성된 라인은 넘어지지 않는다.

귀납단계의 타당성은 증명을 하려는 명제의 사실성 여부에 반드시 의존하지는 않는다. 여기 틀린 식을 보자.

$$1 + 3 + 5 + \cdots + (2n - 1) = n^2 + 3 \tag{4}$$

이것이 $n = k$ 일 때 참이라 가정하자. 다시 말해서

$$1 + 3 + 5 + \cdots + (2k - 1) = k^2 + 3$$

이것으로, 우리는 정확히 식 (4)에서 $n = k + 1$ 일 때의 식을 얻을 수 있다.

$$\begin{aligned}1 + 3 + 5 + \cdots + (2k - 1) + (2k + 1) &= k^2 + 3 + 2k + 1 \\ &= (k + 1)^2 + 3\end{aligned}$$

그러므로, 만약 식 (4)가 어느 주어진 정수에 대해 참이라면, 다음 정수에 대해서도 참이 된다. 그러나 위 식을 참이 되게 하는 n을 찾는 것은 불가능하다.

정리 1.2만으로 효율적이지 않을 때 주로 사용되는 몇 가지의 귀납법 원리가 있다. 첫 번째 버전처럼 두 번째 버전 역시 실제로 모든 양의 정수로 이루어진 특정한 양의 정수 집합을 보장하는 두 가지 조건을 제시한다. 일단 조건 (a)는 그대로 유지하고, (b)는 (b′)로 대치한다.

(b′) 만약 k가 1, 2, ⋯, k가 모두 S에 속하도록 하는 양의 정수라면, $k+1$은 S에 속한다.

S가 모든 양의 정수를 포함한다는 증명은 정리 1.2의 그것과 비슷하다. 다시, T를 S에 포함되지 않는 양의 정수의 집합이라 하자. T가 공집합이 아니라고 가정하면, n을 T의 가장 작은 정수라 할 수 있다. 조건 (a)에 의해 $n > 1$이다. n이 가장 작은 값이기 때문에 정수 1, 2, ⋯, $n-1$ 어떤 것도 T의 원소가 아님을 알 수 있다. 긍정적인 표현을 원한다면 1, 2, ⋯, $n-1$ 모두가 S에 속한다고 표현해도 된다. (b′)에 의해 $n=(n-1)+1$은 S의 원소이고 이것은 분명히 모순이다. 이 결과로 T가 공집합임을 얻을 수 있다.

유한 귀납법의 기본 원리가 두 번째 버전보다 보통 많이 쓰인다. 하지만 두 번째 버전이 필요한 경우가 있기 때문에 독자들은 두 가지 모두에 익숙해지길 바란다. 종종 $k+1$이 S의 원소인걸 보이기 위해 k뿐만 아니라 k보다 작은 모든 양의 정수가 S에 속함을 보여야 하는 경우가 있다. 귀납법의 공식은 1로 시작하는 경우에 대해서였다. 이것은 어떤 양의 정수 n_0로 시작하는 각각의 경우로 일반화될 수 있다. 이런 상황에서 결론은 다음과 같이 표현된다. "그러면 집합 S는 $n \geq n_0$인 모든 양의 정수를 포함한다."

수학적 귀납법은 종종 증명 방법뿐 아니라 정의의 방법으로도 사용된다. 예를 들어, 기호 $n!$은 보통 다음과 같은 귀납적 정의의 형태로 소개된다.

(a) $1! = 1$
(b) 자연수 $n > 1$에 대해 $n! = n \cdot (n-1)!$

이 두 조건은 각각의 양의 정수 n에 대해 $n!$의 값이 특정되는 규칙을 제공한다. 그러므로 (a)에 의해 $1! = 1$이며, (a)와 (b)에 의해

$$2! = 2 \cdot 1! = 2 \cdot 1$$

다시 (b)에 의해,

$$3! = 3 \cdot 2! = 3 \cdot 2 \cdot 1$$

조건 (b)를 반복 사용하는 이 방법을 계속하면, 어떠한 정수 n에 대해서도 1!, 2!, 3!,

…, $n!$이 연속적으로 정의된다. 실제로,

$$n! = n \cdot (n-1) \cdots 3 \cdot 2 \cdot 1$$

귀납적 정의가 실제로 $n!$이 모든 양의 정수들에 대한 함수로서 존재하고, 유일해야 함을 보여야 하지만, 이러한 논의는 하지 않기로 하자.

$0! = 1$로 놓음으로써 $n!$의 정의를 $n = 0$인 경우까지 확장하도록 하자.

예제 1.1
Example

유한 귀납법의 두 번째 원리를 필요로 하는 증명을 보기 위해, 뤼카 수열(Lucas sequence)을 보자.

$$1, 3, 4, 7, 11, 18, 29, 47, 76, \cdots$$

처음 두 값을 제외하고, 수열의 각 값은 앞의 두 값의 합이다. 그래서 이 수열은 귀납적으로 이렇게 정의할 수 있다.

$$\begin{aligned} a_1 &= 1 \\ a_2 &= 3 \\ a_n &= a_{n-1} + a_{n-2}, \qquad n \geq 3 \end{aligned}$$

그러면 모든 양의 정수 n에 대해 만족하는 부등식을 얻을 수 있다.

$$a_n < (7/4)^n$$

귀납단계에서, n의 앞의 연속적인 두 단계의 값이 위 부등식을 만족하는가를 아는 것이 n이 위 부등식을 만족하는가를 판단하는 데 필요하기 때문에 위 논의의 사용은 흥미롭다.

무엇보다도, $n = 1, 2$에 대해,

$$a_1 = 1 < (7/4)^1 = 7/4 \quad \text{그리고} \quad a_2 = 3 < (7/4)^2 = 49/16$$

그러므로 이 두 가지 경우에 대해서 주어진 부등식은 성립한다. 이것이 귀납법의 기저가 된다. 두 번째 귀납 조건을 만족하는가를 확인하기 위해, $k \geq 3$인 정수를 고르고 $n = 1, 2, \cdots, k-1$인 정수 n에 대해 부등식이 성립한다고 가정하자. 그러면

$$a_{k-1} < (7/4)^{k-1} \quad \text{그리고} \quad a_{k-2} < (7/4)^{k-2}$$

뤼카 수열이 주어진 대로,

$$\begin{aligned} a_k = a_{k-1} + a_{k-2} &< (7/4)^{k-1} + (7/4)^{k-2} \\ &= (7/4)^{k-2}(7/4 + 1) \\ &= (7/4)^{k-2}(11/4) \\ &< (7/4)^{k-2}(7/4)^2 = (7/4)^k \end{aligned}$$

정수 $1, 2, \cdots, k-1$에 대해 위 수열이 부등식을 만족할 때 $n = k$에 대해 부등식이 참이기 때문에, 두 번째 귀납 원리에 의해서 $n \geq 1$인 모든 n에 대해 $a_n < (7/4)^n$임을 알 수 있다.

이 외에도, 이 예를 통해, 귀납적으로 정의된 어떤 사물에 대해서 수학적 귀납법이 그 사물의 성질을 결정하는 데 중요하는 방법이 됨을 알 수 있다.

연습문제 1.1

1. 모든 자연수 n 에 대해 수학적 귀납법으로 아래의 식들을 완성해 보라.

   (a) $1+2+3+\cdots+n=\dfrac{n(n+1)}{2}$

   (b) $1+3+5+\cdots+(2n-1)=n^2$

   (c) $1\cdot 2+2\cdot 3+3\cdot 4+\cdots+n(n+1)=\dfrac{n(n+1)(n+2)}{3}$

   (d) $1^2+3^2+5^2+\cdots+(2n-1)^2=\dfrac{n(2n-1)(2n+1)}{3}$

   (e) $1^3+2^3+3^3+\cdots+n^3=\left[\dfrac{n(n+1)}{2}\right]^2$

2. $r\neq 1$ 일 때 모든 양의 정수 n 에 대해 아래 식이 참임을 보여라.

$$a+ar+ar^2+\cdots+ar^n=\frac{a(r^{n+1}-1)}{r-1}$$

3. 유한 귀납법의 두 번째 원리를 이용해서 모든 $n\geq 1$ 에 대해 아래 식이 참임을 보여라.

$$a^n-1=(a-1)(a^{n-1}+a^{n-2}+a^{n-3}+\cdots+a+1)$$

   [*힌트*: $a^{n+1}-1=(a+1)(a^n-1)-a(a^{n-1}-1)$]

4. 모든 정수의 세제곱이 두 정수의 제곱의 차로 표현됨을 보여라.
   [*힌트*: 아래 식을 이용하라.]

$$n^3=(1^3+2^3+\cdots+n^3)-(1^3+2^3+\cdots+(n-1)^3)$$

5. (a) $n!+1$ 이 완전제곱수가 되게 하는 $n\leq 7$을 구하라. (어떤 $n>7$ 에 대해 $n!+1$이 완전제곱수인지는 알려져 있지 않다.)

   (b) 양의 정수 m, n 에 대해, $(mn)!=m!n!$, $(m+n)!=m!+n!$ 이 참인지 거짓인지를 보여라.

6. $n\geq 4$ 인 모든 n 에 대해 $n!>n^2$, 또한 $n\geq 6$ 인 모든 n 에 대해 $n!>n^3$ 임을 보여라.

7. 수학적 귀납법을 이용하여, $n\geq 1$에 대해 다음 식이 성립함을 보여라.

$$1(1!)+2(2!)+3(3!)+\cdots+n(n!)=(n+1)!-1$$

8. (a) $n\geq 1$인 모든 n 에 대해 다음을 증명하라.

$$2\cdot 6\cdot 10\cdot 14\cdot\cdots\cdot(4n-2)=\frac{(2n)!}{n!}$$

(b) (a)를 이용하여 $n \geq 1$인 모든 n에 대해 부등식 $2^n(n!)^2 \leq (2n)!$이 성립함을 보여라.

9. 베르누이(Bernoulli) 부등식을 보여라. 즉, 만약 $1+a>0$이면 모든 $n \geq 1$에 대해

$$(1+a)^n \geq 1+na$$

10. 수학적 귀납법을 이용하여, 모든 $n \geq 1$에 대해, 다음이 성립함을 보여라.

(a) $\dfrac{1}{1^2}+\dfrac{1}{2^2}+\dfrac{1}{3^2}+\cdots+\dfrac{1}{n^2} \leq 2-\dfrac{1}{n}$

(b) $\dfrac{1}{2}+\dfrac{2}{2^2}+\dfrac{3}{2^3}+\cdots+\dfrac{n}{2^n} = 2-\dfrac{n+2}{2^n}$

11. 모든 $n \geq 0$에 대해 식 $(2n)!/2^n n!$이 정수임을 보여라.

12. 다음과 같이 정의된 함수를 보자.

$$T(n) = \begin{cases} \dfrac{3n+1}{2}, & n\text{은 홀수} \\ \dfrac{n}{2}, & n\text{은 짝수} \end{cases}$$

$3n+1$ 추측은 $n>1$인 어떤 정수 n에서 시작하여, $T(n)$, $T(T(n))$, $T(T(T(n)))$, $\cdots$, 으로 이루어진 반복 수열은 결과적으로 1에 도달하고, 그 이후에 1, 2의 값을 갖게 되는 주장이다. 이것은 $n \leq 10^{16}$인 모든 n에 대해 증명되었다. $n = 21$, 23인 경우에 대해 위 추측을 확인해 보라.

13. 수열 a_n은 $a_1=1$, $a_2=2$, $a_3=3$, 그리고 $n \geq 4$인 n에 대해 귀납적으로 $a_n = a_{n-1} + a_{n-2} + a_{n-3}$으로 정의되었다. 유한 귀납법의 두 번째 원리를 이용하여 모든 양의 정수 n에 대해 $a_n < 2^n$임을 보여라.

14. 수 a_n이 $a_1=11$, $a_2=21$ 그리고 $n \geq 3$인 n에 대해 $a_n = 3a_{n-1} - 2a_{n-2}$로 정의되었다면, 다음 식을 만족함을 보여라.

$$a_n = 5\cdot 2^n + 1 \qquad n \geq 1$$

1.2 이항정리

이항 계수(binomial coefficient) $\binom{n}{k}$는 계승 개념과 밀접하게 관련되어 있다. $0 \leq k \leq n$을 만족하는 모든 양의 정수 n과 정수 k에 대해서 이항계수는 다음과 같이 정의된다.

$$\binom{n}{k} = \frac{n!}{k!(n-k)!}$$

$k!$이나 $(n-k)!$을 소거함으로써, $\binom{n}{k}$는 아래와 같이 표현될 수 있다.

$$\binom{n}{k} = \frac{n(n-1)\cdots(k+1)}{(n-k)!} = \frac{n(n-1)\cdots(n-k+1)}{k!}$$

예를 들어, $n = 8$, $k = 3$ 일 때,

$$\binom{8}{3} = \frac{8!}{3!5!} = \frac{8 \cdot 7 \cdot 6 \cdot 5 \cdot 4}{5!} = \frac{8 \cdot 7 \cdot 6}{3!} = 56$$

또한 $k=0$ 또는 $k=n$ 인 경우를 보면, 0!의 값이 $\binom{n}{k}$의 정의의 우변에 나타난다. 0!을 1로 생각할 수 있기 때문에, 이런 특별한 경우의 k 값에 대해서 아래같이 주어진다.

$$\binom{n}{0} = \binom{n}{n} = 1$$

이항 계수를 연결하는 다양하고 유용한 항등식이 있다. 그중 우리가 필요로 하는 하나는 *파스칼 규칙(Pascal's rule)*이다.

$$\binom{n}{k} + \binom{n}{k-1} = \binom{n+1}{k} \qquad 1 \le k \le n$$

이것의 증명을 위하여 $n!/(k-1)!(n-k)!$을 다음 항등식에 곱하면

$$\frac{1}{k} + \frac{1}{n-k+1} = \frac{n+1}{k(n-k+1)}$$

다음과 같은 등식을 얻는다.

$$\frac{n!}{k(k-1)!(n-k)!} + \frac{n!}{(k-1)!(n-k+1)(n-k)!}$$
$$= \frac{(n+1)n!}{k(k-1)!(n-k+1)(n-k)!}$$

계승함수의 정의로 되돌아가면, 이것이 다음 식

$$\frac{n!}{k!(n-k)!} + \frac{n!}{(k-1)!(n-k+1)!} = \frac{(n+1)!}{k!(n+1-k)!}$$

을 의미하고, 이것으로 파스칼 규칙을 얻는다.

이 관계로부터 *파스칼 삼각형(Pascal's triangle)*이라 알려진 다음 배열을 얻을 수 있다. 여기서 이항 계수 $\binom{n}{k}$는 n 열의 $(k+1)$번째 수로 나타난다.

$$\begin{array}{c} 1\ 1 \\ 1\quad 2\quad 1 \\ 1\quad 3\quad 3\quad 1 \\ 1\quad 4\quad 6\quad 4\quad 1 \\ 1\quad 5\quad 10\quad 10\quad 5\quad 1 \\ 1\quad 6\quad 15\quad 20\quad 15\quad 6\quad 1 \\ \cdots \end{array}$$

이 구성의 규칙은 명확하다. 이 삼각형의 가장자리는 1로 구성되어 있다. 가장자리가 아닌 곳의 수는 바로 위 행의 가장 인접한 두 수의 합이다.

소위 *이항정리(binomial theorem)*는 사실상 $(a+b)^n$, $n \ge 1$의 전개식에서 a와 b

의 거듭제곱들의 합들에 관한 공식이다. 이 표현은 수론의 모든 분야에서 빈번하게 나타난다. 그리고 지금 잘 보아 둘 필요가 있다. 직접 곱셈에 의해, 아래 식은 쉽게 증명된다.

$$\begin{aligned}
(a+b)^1 &= a+b \\
(a+b)^2 &= a^2+2ab+b^2 \\
(a+b)^3 &= a^3+3a^2b+3ab^2+b^3 \\
(a+b)^4 &= a^4+4a^3b+6a^2b^2+4ab^3+b^4 \qquad \cdots
\end{aligned}$$

문제는 어떻게 계수를 예측하느냐이다. 실마리는 파스칼 삼각형의 연속한 행들의 처음 몇 개의 전개에서 계수를 보면 알 수 있다. 이것은 우리로 하여금 일반적인 이항전개의 형태를 예측하게 해준다.

$$\begin{aligned}
(a+b)^n = \binom{n}{0}a^n + \binom{n}{1}a^{n-1}b + \binom{n}{2}a^{n-2}b^2 \\
+\cdots+\binom{n}{n-1}ab^{n-1}+\binom{n}{n}b^n
\end{aligned}$$

좀 더 간결하게 쓰면,

$$(a+b)^n = \sum_{k=0}^{n}\binom{n}{k}a^{n-k}b^k$$

수학적 귀납법은 위 추측을 확신하는 데 가장 좋은 방법을 제공해준다. $n=1$일 때, 추측된 식은

$$(a+b)^1 = \sum_{k=0}^{1}\binom{1}{k}a^{1-k}b^k = \binom{1}{0}a^1b^0 + \binom{1}{1}a^0b^1 = a+b$$

이 되고 정확히 맞다. 위 식이 어떤 고정된 정수 m에 대해 성립하다고 가정하고, $m+1$에 대해서도 성립함을 보이도록 하자. 시작점은

$$(a+b)^{m+1} = a(a+b)^m + b(a+b)^m$$

을 확인하는 것이다. 귀납법 가정에 의해서,

$$\begin{aligned}
a(a+b)^m &= \sum_{k=0}^{m}\binom{m}{k}a^{m-k+1}b^k \\
&= a^{m+1} + \sum_{k=1}^{m}\binom{m}{k}a^{m+1-k}b^k
\end{aligned}$$

그리고

$$
\begin{aligned}
b(a+b)^m &= \sum_{j=0}^{m} \binom{m}{j} a^{m-j} b^{j+1} \\
&= \sum_{k=1}^{m} \binom{m}{k-1} a^{m+1-k} b^k + b^{m+1}
\end{aligned}
$$

이 식들을 더함으로써, $n = m + 1$인 경우의 다음 공식

$$
\begin{aligned}
(a+b)^{m+1} &= a^{m+1} + \sum_{k=1}^{m} \left[\binom{m}{k} + \binom{m}{k-1} \right] a^{m+1-k} b^k + b^{m+1} \\
&= \sum_{k=0}^{m+1} \binom{m+1}{k} a^{m+1-k} b^k
\end{aligned}
$$

을 얻을 수 있다. 이로써 귀납법에 의해 이항정리가 증명되었다.

이 주제를 마치기 전에, 17세기 프랑스 수학자이자 철학자인 파스칼(Blaise Pascal)의 「수 삼각형론」(*Traité du Triangle Arithmétique*)에 실린 논문에서 첫 번째 수학적 귀납법을 이용한 공식이 인용되었음을 언급한다. 이 짧은 논문은 1653년, 그의 나이 25세에 쓰였지만, 파스칼 본인이 자신의 재능을 종교에 바치는 동안 수학에 손을 놓고 있었기 때문에 1665년까지 출판되지 않았다. 그의 이항계수의 성질에 대한 세심한 분석은 확률론의 기초를 쌓는 데 도움을 주었다.

연습문제 1.2

1. (a) 다음 뉴턴 항등식(Newton's identity)을 증명하라.

$$\binom{n}{k}\binom{k}{r} = \binom{n}{r}\binom{n-r}{k-r} \qquad n \geq k \geq r \geq 0$$

(b) (a)를 이용하여 $\binom{n}{k}$를 그것의 앞의 원소를 이용하여 표현하라.

$$\binom{n}{k} = \frac{n-k+1}{k}\binom{n}{k-1} \qquad n \geq k \geq 1$$

2. 만약 $2 \leq k \leq n-2$ 이면, 다음이 성립함을 보여라.

$$\binom{n}{k} = \binom{n-2}{k-2} + 2\binom{n-2}{k-1} + \binom{n-2}{k} \qquad n \geq 4$$

3. $n \geq 1$에 대해, 아래 각 항등식을 보여라.

(a) $\binom{n}{0} + \binom{n}{1} + \binom{n}{2} + \cdots + \binom{n}{n} = 2^n$

[*힌트*: 이항정리에서 $a = b = 1$이라 하자.]

(b) $\binom{n}{0} - \binom{n}{1} + \binom{n}{2} - \cdots + (-1)^n \binom{n}{n} = 0$

(c) $\binom{n}{1} + 2\binom{n}{2} + 3\binom{n}{3} + \cdots + n\binom{n}{n} = n2^{n-1}$

[*힌트*: 이항정리에 의해 $n(1+b)^{n-1}$를 전개하고, $b=1$이라 하자. 그리고 다음을 이용하라.]

$$n\binom{n-1}{k} = (k+1)\binom{n}{k+1}$$

(d) $\binom{n}{0} + 2\binom{n}{1} + 2^2\binom{n}{2} + \cdots + 2^n\binom{n}{n} = 3^n$

(e) $\binom{n}{0} + \binom{n}{2} + \binom{n}{4} + \binom{n}{6} + \cdots$

$$= \binom{n}{1} + \binom{n}{3} + \binom{n}{5} + \cdots = 2^{n-1}$$

[*힌트*: (a)와 (b)를 이용하라.]

(f) $\binom{n}{0} - \frac{1}{2}\binom{n}{1} + \frac{1}{3}\binom{n}{2} - \cdots + \frac{(-1)^n}{n+1}\binom{n}{n} = \frac{1}{n+1}$

[*힌트*: 좌변은 다음 식과 같다.]

$$\frac{1}{n+1}\left[\binom{n+1}{1} - \binom{n+1}{2} + \binom{n+1}{3} - \cdots + (-1)^n\binom{n+1}{n+1}\right]$$

4. $n \geq 1$일 때 다음을 증명하라.

(a) $\binom{n}{r} < \binom{n}{r+1}$과 $0 \leq r < \frac{1}{2}(n-1)$은 필요충분조건이다.

(b) $\binom{n}{r} > \binom{n}{r+1}$과 $n-1 \geq r > \frac{1}{2}(n-1)$은 필요충분조건이다.

(c) $\binom{n}{r} = \binom{n}{r+1}$과 n이 홀수일 때, $r = \frac{1}{2}(n-1)$은 필요충분조건이다.

5. (a) $n \geq 2$일 때 다음을 증명하라.

$$\binom{2}{2} + \binom{3}{2} + \binom{4}{2} + \cdots + \binom{n}{2} = \binom{n+1}{3}$$

[*힌트*: 귀납법과 파스칼 규칙을 이용하라.]

(b) (a)와 $m \geq 2$일 때 $m^2 = 2\binom{m}{2} + m$을 이용하여 다음 식을 유도하라.

$$1^2 + 2^2 + 3^2 + \cdots + n^2 = \frac{n(n+1)(2n+1)}{6}$$

(c) (a)의 식을 적용하여, 다음 식을 증명하라.

$$1 \cdot 2 + 2 \cdot 3 + \cdots + n(n+1) = \frac{n(n+1)(n+2)}{3}$$

[*힌트*: $(m-1)m = 2\binom{m}{2}$을 이용하라.]

6. 다음 이항관계식을 증명하라.

$$\binom{2}{2}+\binom{4}{2}+\binom{6}{2}+\cdots+\binom{2n}{2}=\frac{n(n+1)(4n-1)}{6} \qquad n\geq 2$$

[*힌트*: $m \geq 2$일 때 $\binom{2m}{2}=2\binom{m}{2}+m^2$]

7. $n \geq 1$일 때 다음을 증명하라.

$$1^2+3^2+5^2+\cdots+(2n-1)^2=\binom{2n+1}{3}$$

8. $n \geq 1$일 때 다음을 보여라.

$$\binom{2n}{n}=\frac{1\cdot 3\cdot 5\cdots(2n-1)}{2\cdot 4\cdot 6\cdots 2n}2^{2n}$$

9. $n > 1$일 때, 부등식 $2^n < \binom{2n}{n} < 2^{2n}$을 보여라.

[*힌트*: $x=2\cdot 4\cdot 6\cdots(2n)$, $y=1\cdot 3\cdot 5\cdots(2n-1)$, $z=1\cdot 2\cdot 3\cdots n$이라 하면, $x>y>z$이고 따라서 $x^2>xy>xz$이다.]

10. 다음과 같이 정의된 카탈란 수(Catalan numbers)는 수열 1, 1, 2, 5, 14, 42, 132, 429, 1430, 4862, ...를 이루는 다음 식으로 정의된다.

$$C_n=\frac{1}{n+1}\binom{2n}{n}=\frac{(2n)!}{n!(n+1)!} \qquad n=0,1,2,\ldots$$

이것은 1838년에 카탈란(Eugéne Catalan, 1814~1894)이 $n+1$개의 인수의 곱을 결합법칙이 성립하지 않을 때 표현하는 방법의 수가 C_n이라는 것을 보임으로써 처음 나타났다. [예를 들어, $n=3$일 때 다섯 가지 방법이 있다: $((ab)c)d$, $(a(bc))d$, $a((bc)d)$, $a(b(cd))$, $(ab)(cd)$.] $n \geq 1$에 대해, C_n은 귀납적으로 다음과 같이 정의될 수 있음을 보여라.

$$C_n=\frac{2(2n-1)}{n+1}C_{n-1}$$

CHAPTER 02

정수의 나눗셈 정리

Divisibility Theory in The Integers

정수는 모든 수학의 근원이다.
민코프스키(H. MINKOWSKI)

2.1 초기 수론

먼저 세분화되기 전의 수론의 기원에 대해 몇 마디 말하고자 한다. 수론은 수학의 가장 오래된 분야 중 하나이다. 열광자들은 과장하여 수론의 기원을 놀랄 만큼 먼 시기로 거슬러 올라가게 하기도 한다. 그리스인들이 자연수의 성질에 대한 핵심이론들을 알게 된 것이 바빌로니아인들이나 고대 이집트인들의 덕택인 것처럼 보이나 실질적 이론의 기초는 피타고라스(Pythagoras)와 그의 제자들 덕분이다.

피타고라스의 삶에 대해 알려진 것은 거의 없다. 몇몇 전해 내려오는 일화들도 확실치 않다. 가장 믿을 만한 의견에 따르면 그는 기원전 580년에서 562년 사이 사모스의 에게해 제도에서 태어났다. 그는 이집트뿐만 아니라 멀리 동쪽 바빌로니아까지도 가서 수학한 것으로 보인다. 몇 년의 방랑 끝에 그가 다시 나타났을 때 학교를 세우기 적합한 장소를 찾았고 마침내 이탈리아 남부의 크로톤(Croton)에 정착하게 되었다. 그 학교는 네 개의 mathemata, 즉 학과에 중점을 두었다: *arithmetica*(*산술*, 계산력보다는 정수론의 관점에서), *harmonia*(*음악*), *geometria*(*기하학*), *astrologia*(*천문학*). 이 네 개의 분야는 중세의 *4과*(科, *quadrivium*)로 잘 알려져 있다. 나중에 논리, 문법, 수사학 *3과*(*trivium*)가 더해진다. 이들 7개의 학문들이 교양 있고 존경받는 사람들이 들어야 할 필수 과정들이었다.

피타고라스는 그의 강의를 듣는 사람들을 두 그룹, 즉 수습생(청강생)과 피타고라스인으로 나누었다. 첫 번째 강의를 들은 3년 뒤에 청강생들은 학교의 중요한 업적을 맡을 수 있는 두 번째 강의를 들을 수 있었다. 피타고라스인들은 빈틈없이 잘 짜인 형제관계를 유지했으며 모든 재산을 공유하고 발견자의 업적을 노출시키지 않는다는 서약을 했다. 입빠른 피타고라스인이 피타고라스가 열거한 정다면체에 12면체를 자신이 추가했다고 대중에게 뽐내다 신의 저주를 받아 배가 난파되어 익사했다는 설도 있다. 잠시 독재적인 피타고라스인들이 크로톤의 지방정부를 지배하는 데 성공했다. 하지만 기원전 501년 대중의 반란으로 많은 저명한 학자들이 살해되고 그 후에 곧 피타고라스도 죽임을 당하고 만다. 피타고라스학파의 정치적 힘은 소멸되었지만, 적어도 두 세기 동안 철학과 수학 사회에서 그들의 영향력은 지속되었다. 그들은 끝까지 비밀서약을 지키며 그 어떤 결과물도 출판하지 않고 자기 자신들을 부정하며 그들의 모든 업적과 발견들을 스승인 피타고라스에게 돌렸다.

피타고라스학파들은 그들의 일반적 주장인 "모든 것은 수이다"(여기서의 수는 양의 정수)처럼 우주의 원리 설명의 핵심은 수와 형태로 구성된다고 믿었다. 자연을 이성적으로 이해하기 위해서 그들은 특정한 수의 성질을 분석해야 한다고 생각했다. 피타고라스 자신은 산술 연구를 가장 중요하게 생각했고, 이는 그가 수학을 진보시키고 상업적 용도 밖으로 이끌어내는 데 역할을 한 것으로 전해진다.

피타고라스의 학설은 우주의 철학 그리고 수의 신비주의, 즉 모든 물질이나 정신에 한정된 정수를 부여하는 초수비학(supernumerology)과 같은 종류의 결합체이다. 그들의 논문에 따르면, 숫자 1은 이성을 나타낸다. 이성이 유일한 불변의 진리를 만들기 때문이다. 2는 남자를 상징하고 3은 여자, 같은 수의 곱인 첫 번째 수인 4는 피타고라스학파의 상징인 정의를 나타낸다. 5는 2와 3의 결합이므로 결혼과 동일시된다. 첫 번째 짝수 이후의 모든 짝수들은 다른 숫자들로 분해시킬 수 있다. 따라서 그들은 여러 가지 열매(숫자)를 맺으므로 여성과 대지의 토양처럼 여겨졌다. 그리고 어떤 면에서는 더 높이 평가되지는 않았다. 우월한 남성지배의 사회에서는 처음 두 홀수 뒤에 오는 홀수들은 남성답고 성스럽다고 여겼다.

어떤 사물들을 모델로 하여 숫자들에 대해 추측하는 것은 오늘날 보잘것없어 보일지 몰라도 그것은 고대 그리스시대 지성인들의 마음속에는 대개 철학으로 깊이 스며들었고, 이러한 사람들은 지적 흥미를 가지고 있었기에 사고 체계로서의 수학을 위한 초석을 다지려는 사람이기도 했다. 피타고라스와 그의 추종자들에게 수학은 목적을 위한 수단이었고 그 목적은 바로 철학이었다. 알렉산드리아의 학교를 세운 것이 유일하게 수학 그 자체의 양성을 추구하여 수학의 새로운 국면으로 접어들게 한 것이다.

수의 과학이 상징적인 철학과 결별하고 처음 발전하기 시작한 곳은 아테네가 아니라 알렉산드리아였다. 거의 1,000년 동안, 641년 아랍인들에게 멸망하기 전까지 알렉산드리아는 그리스 문화와 상업의 중심지였다. (알렉산드리아의 몰락으로, 대부분의 학자들은 콘스탄티노플로 이주했다. 그 후 800년 동안 서구에서는 외형적인 연구는 있었으나 모두 사라져버렸다. 그러나 콘스탄티노플의 이 지역에는 다양한 그리스의 학교에서의 수학 연구들을 잘 보존해 놓았다.) 현대 대학의 선구자인 알렉산드리아 기념관은 그 당시 탁월한 시인들과 학자들을 함께 배출했다. 그 부근에는 한창 시절에 수기로 기록된 70만 권 이상의 책들을 보관한 명성 있는 큰 도

서관도 있었다. 그 기념관과 관련된 유명한 사람들 중 하나이며 수학학교의 창시자인 유클리드(기원전 300년경에 활약)는 전문적인 계층에 속한다. 후손들은 전체 그대로 우리에게 알려진 가장 오래된 그리스의 수학논문 「원소」(*Elements*)의 저자로 그를 알게 된다. 「원소」는 그 당시 가장 유용한 수학적 지식이 담긴 13개의 부분 또는 책으로 구성된 편찬물이었다. 유클리드의 이름은 주로 기하학과 관련이 있는데, 사람들이 망각해 가는 세 권의 책 7, 8, 9는 수론에도 헌신한다.

유클리드의 「원소」는 세계 문헌의 위대한 성공작 중 하나이다. 그 외의 책은 성경만이 겨우 세계적으로 유통되며 연구될 뿐이다. 1482년 첫 번째 번역본이 인쇄된 이래로 1,000개 이상의 간행본이 등장했다. 인쇄가 되기 전에는 필사본이 서부 유럽에서 수학교육에 많이 보급되었다. 불행하게도 유클리드 시대 이후로 사실상 어떤 사본도 발견되지 않았다. 현대의 간행본들은 4세기의 주석자인 알렉산드리아인 테온(Theon)에 의해 준비된 개정판의 후예들이다.

연습문제 2.1

1. 다음 각각의 숫자들은 정삼각형 모양으로 정렬된 점들의 개수로 표현된다.

$$1 = 1, 3 = 1 + 2, 6 = 1 + 2 + 3, 10 = 1 + 2 + 3 + 4, \cdots$$

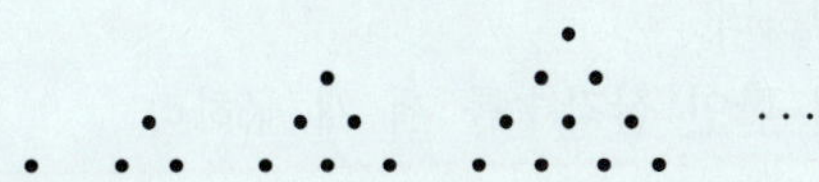

이로부터 고대 그리스 수학자들은 이것이 1로 시작되는 연속된 숫자들의 합인 경우, *삼각수*(*triangular*)라 불렀다. 삼각수에 관련된 다음 사실을 증명하라.

(a) $n \geq 1$인 $n(n+1)/2$ 꼴의 정수는 삼각수이고 그 역도 성립한다(피타고라스, 기원전 550년경).

(b) $8n+1$이 완전제곱수이면, n은 삼각수이고 그 역도 성립한다[(플루타르크(Plutarch), 100년경)].

(c) 두 연속인 삼각수의 합은 완전제곱수이다[니코마코스(Nichomachus), 100년경].

(d) n이 삼각수이면, $9n+1$, $25n+3$, $49n+6$ 또한 삼각수이다[오일러(Euler), 1775년].

2. t_n이 n번째 삼각수라 하면 다음 이항 계수 항으로 나타남을 증명하라.

$$t_n = \binom{n+1}{2} \qquad n \geq 1$$

3. 힌두 수학자 아리아바타(Aryabhata, 500년경)가 기여한 다음 삼각수의 합에 대한 공식을 유도하라.

$$t_1 + t_2 + t_3 + \cdots + t_n = \frac{n(n+1)(n+2)}{6} \qquad n \geq 1$$

[*힌트*: 좌변에서 2개를 한 쌍으로 묶어, 항등식 $t_{k-1} + t_k = k^2$ 을 확인하라.]

4. 모든 3의 홀수 곱의 제곱은 두 개의 삼각수의 차로 표현될 수 있음을 증명하라. 특히,

$$9(2n+1)^2 = t_{9n+4} - t_{3n+1}$$

5. 삼각수의 수열에서 다음을 찾아라.
   (a) 합과 차가 모두 삼각수인 두 삼각수
   (b) 곱이 완전제곱수가 되는 연속인 세 삼각수
   (c) 합이 완전제곱수가 되는 연속인 세 삼각수
6. (a) 삼각수 t_n 이 완전제곱수일 때 $t_{4n(n+1)}$ 또한 완전제곱수임을 증명하라.
   (b) (a)의 결과를 이용하여, 삼각수이면서 완전제곱수인 세 수를 찾아라.
7. 두 개의 연속적인 삼각수의 제곱의 차는 항상 세제곱수임을 증명하라.
8. 첫 n 개의 삼각수의 역수의 합이 2보다 작음을 증명하라. 즉,

$$\frac{1}{1} + \frac{1}{3} + \frac{1}{6} + \frac{1}{10} + \cdots + \frac{1}{t_n} < 2$$

[*힌트*: $\frac{2}{n(n+1)} = 2(\frac{1}{n} - \frac{1}{n+1})$ 을 관찰하라.]

9. (a) $x = \dfrac{n(n+3)}{2} + 1,\ y = n+1,\ z = \dfrac{n(n+3)}{2},\quad n \geq 1$일 때 $t_x = t_y + t_z$ 임을 확인하고, 따라서 위 식을 만족하는 두 수의 합으로 얻어지는 무수히 많은 삼각수가 있음을 증명하라.
   (b) 두 개의 삼각수의 합인 삼각수를 세 개 구하라.
10. 다음 각각의 수

$$1, 5 = 1+4, 12 = 1+4+7, 22 = 1+4+7+10, \cdots$$

은 오각형으로 똑같이 배열된 점들의 수로 표현된다.

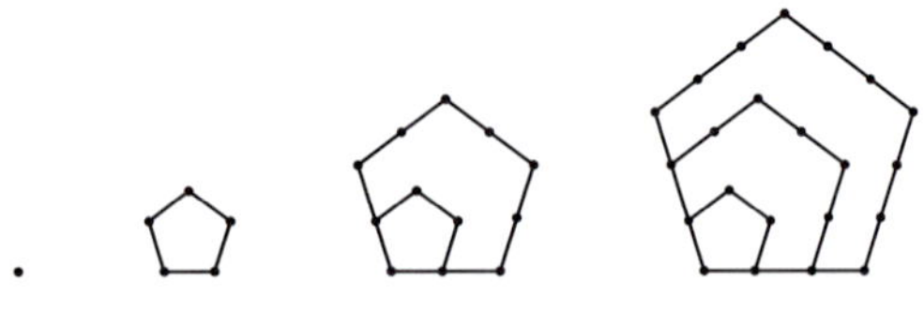

고대 그리스 수학자들은 이것들을 *오각수*(*pentagonal number*)라 불렀다. 2 이상의 n 에 대해 $p_1 = 1$, $p_n = p_{n-1} + (3n-2)$을 만족하는 p_n 을 n 번째 오각수라 할 때,

$$p_n = \frac{n(3n-1)}{2}, \qquad n \geq 1$$

임을 증명하라.

11. 2 이상의 n 에 대해, 삼각수, 완전제곱수, 오각수의 관계에 대한 다음 식을 증명하라.
   (a) $p_n = t_{n-1} + n^2$
   (b) $p_n = 3t_{n-1} + n = 2t_{n-1} + t_n$

2.2 나눗셈 정리

지금까지 몇 페이지에 걸쳐 정수의 관계에 대해 다루었지만, 아직까지 간단한 나눗셈 성질에 대해선 다루지 않았다. 이제부터 다루어보자. 나눗셈 정리는 지금부터 다룰 대부분의 정리에 대해서 주춧돌 역할을 할 것이다. “정수 a를 양의 정수 b로 나누었을 때의 나머지 r은 b보다 작거나 같다.”라는 결과 자체는 대부분에게 친숙할 것이다. 좀 더 정확한 표현을 정리 2.1에서 살펴보자.

정리 2.1 *Theorem*

나눗셈 정리. 주어진 정수 a, b에 대해, $b>0$, 다음을 만족하는 유일한 정수 q, r이 존재한다.

$$a = qb + r \qquad 0 \le r < b$$

a를 b로 나누는 연산에서, q를 *몫*(*quotient*), r은 *나머지*(*remainder*)라 부른다.

증명. 다음 집합이 공집합이 아님을 먼저 보이도록 하자.

$$S = \{a - xb \mid x\text{는 정수}; a - xb \ge 0\}$$

$a-xb$를 음이 아닌 수로 만드는 x의 값이 있음을 실제로 구하면 충분하다. 정수 $b \ge 1$이므로 $|a|b \ge |a|$이고 따라서

$$a - (-|a|)b = a + |a|b \ge a + |a| \ge 0$$

$x = -|a|$라 하면 $a-xb$는 S에 속한다. 이제 정렬성의 원리를 적용할 준비가 되었다. 이로부터 집합 S는 가장 작은 정수 r을 포함한다. S의 정의에 의해, 다음을 만족하는 정수 q가 존재한다.

$$r = a - qb \qquad 0 \le r$$

$r < b$임을 보이자. 만일 아니라면 $r \ge b$이고 다음 식

$$a - (q+1)b = (a - qb) - b = r - b \ge 0$$

을 만족한다면, $a-(q+1)b$는 집합 S에 속한다. 하지만, $a-(q+1)b = r-b<r$이고 r이 S의 가장 작은 원소라는 데 모순이다. 따라서 $r < b$이다.

이제, r과 b의 유일성을 보이자. a가 다음 두 가지 형태로 표현될 수 있다고 가정하자.

$$a = qb + r = q'b + r', \ 0 \le r < b, 0 \le r' < b$$

그러면 $r' - r = b(q-q')$이고 곱의 절대값은 절대값의 곱과 같으므로,

$$|r' - r| = b|q - q'|$$

이다. 두 부등식, $-b < -r \le 0$과 $0 \le r' < b$를 더함으로써, $-b<r'-r<b$ 또는 $|r'-r| < b$를 얻을 수 있다. 따라서 $b|q-q'|<b$이고 이는

$$0 \le |q - q'| < 1$$

을 나타낸다.

$|q-q'|$이 음이 아닌 정수이므로, $|q-q'| = 0$. 따라서 $q = q'$이다. 이로부터 $r = r'$도 얻을 수 있고, 증명이 마무리되었다.

더 일반화된 나눗셈 정리는 b가 양이라는 제한을 단지 b는 0이 아니라는 것으로 대치함으로써 얻을 수 있다.

따름정리 Corollary

a, b가 정수이면($b \neq 0$) 다음 식을 만족하는 유일한 정수 q, r이 존재한다.

$$a = qb + r \qquad 0 \le r < |b|$$

증명. b가 음인 경우만 고려하면 된다. $|b| > 0$이므로, 정리 2.1에 의해 다음을 만족하는 유일한 정수 q', r을 만들 수 있다.

$$a = q'|b| + r \qquad 0 \le r < |b|$$

$|b| = -b$이므로 $0 \le r < |b|$인 $a = qb + r$을 만족하기 위해 $q = -q'$라 택하면 된다.

$b < 0$인 경우의 나눗셈 정리를 살펴보기 위해, $b = -7$이라 하자. 그러면 $a = 1$, -2, 61, -59에 대해, 다음 표현들을 얻을 수 있다.

$$\begin{aligned} 1 &= 0(-7) + 1 \\ -2 &= 1(-7) + 5 \\ 61 &= (-8)(-7) + 5 \\ -59 &= 9(-7) + 4 \end{aligned}$$

이제 나눗셈 정리 자체보다는 그것의 응용에 초점을 맞춰보자. $b = 2$인 경우 가능한 나머지는 $r = 0$ 또는 $r = 1$이다. $r = 0$인 경우, 정수 a는 $a = 2q$ 형태를 가지고 흔히 우리는 이런 a를 *짝수*라 부른다. $r = 1$인 경우는 $a = 2q + 1$이고 *홀수*라 한다. 이제 a^2은 $(2q)^2 = 4k$ 또는 $(2q+1)^2 = 4(q^2+q) + 1 = 4k + 1$이다. 말하자면 정수의 제곱은 4로 나누었을 때의 나머지가 0 또는 1이라는 것이다.

또한 다음 사실도 보일 수 있다. 모든 홀수의 제곱은 $8k + 1$ 형태이다. 나눗셈 정리에 의하면 모든 정수는 $4q$, $4q + 1$, $4q + 2$, $4q + 3$으로 표현된다. 이 분류에서 $4q + 1$, $4q + 3$만 홀수이다. 이들을 제곱하여 다음을 얻는다.

$$(4q + 1)^2 = 8(2q^2 + q) + 1 = 8k + 1$$

그리고 마찬가지로

$$(4q + 3)^2 = 8(2q^2 + 3q + 1) + 1 = 8k + 1$$

예를 들어, 7의 제곱은 $7^2 = 49 = 8 \cdot 6 + 1$, 그리고 13의 제곱은 $13^2 = 169 = 8 \cdot 21 + 1$이다.

이와 같이 언급한 소견으로, 정수의 문제를 다룸에 있어서 단지 유한한 경우의 수만 고려해도 됨을 알 수 있는데, 나눗셈 정리를 사용함으로 얻어지는 가장 큰 효과라 할 수 있다. 마지막으로 한 가지 예를 살펴보자.

예제 2.1 *Example*

모든 1 이상의 정수 a에 대해 $a(a^2+2)/3$이 정수임을 보일 수 있다. 나눗셈 정리에 의해 모든 a는 $3q$, $3q+1$, $3q+2$로 표현된다. 첫 번째 경우를 살펴보면,

$$\frac{a(a^2+2)}{3} = q(9q^2+2)$$

이것은 당연히 정수이다. 비슷하게, $a=3q+1$인 경우 역시

$$\frac{(3q+1)((3q+1)^2+2)}{3} = (3q+1)(3q^2+2q+1)$$

이고 $a(a^2+2)/3$은 정수이다. 마지막으로 $a=3q+2$인 경우 역시 마찬가지이다.

$$\frac{(3q+2)((3q+2)^2+2)}{3} = (3q+2)(3q^2+4q+2)$$

결과적으로, 우리의 결론은 모든 경우에 성립한다.

연습문제 2.2

1. a, b가 정수이면($b>0$), $a = qb+r$, $2b \le r < 3b$를 만족하는 유일한 정수 q, r이 존재함을 증명하라.
2. $6k+5$ 형태의 모든 정수가 $3j+2$로 표현될 수 있고 그 역은 성립하지 않음을 증명하라.
3. 나눗셈 정리를 이용해 다음을 증명하라.
   (a) 모든 정수의 제곱은 $3k$ 또는 $3k+1$ 형태이다.
   (b) 모든 정수의 세제곱은 $9k$, $9k+1$ 또는 $9k+8$ 형태이다.
   (c) 모든 정수의 네제곱은 $5k$ 또는 $5k+1$ 형태이다.
4. $3a^2-1$은 절대 완전제곱수가 될 수 없음을 증명하라.
   [*힌트*: 문제 3(a).]
5. 1 이상의 n에 대해, $n(n+1)(2n+1)/6$이 정수임을 증명하라.
   [*힌트*: 나눗셈 정리에 의해, n은 $6k$, $6k+1$, $\cdots$, $6k+5$ 형태의 형태를 가진다. 이 여섯 가지의 결과를 완성하라.]
6. 모든 정수의 세제곱은 $7k$ 또는 $7k\pm1$ 형태임을 보여라.
7. 다음 형태의 나눗셈 정리를 증명하라. 정수 a, $b\neq0$에 대해 $-\frac{1}{2}|b| < r \le \frac{1}{2}|b|$인 $a=qb+r$을 만족하는 q, r이 유일하게 존재한다.
   [*힌트*: 먼저 $a=q'b+r'$, $0\le r' < |b|$라 놓자. $0 \le r' \le \frac{1}{2}|b|$일 때 $r=r'$, $q=q'$이라 놓고 $\frac{1}{2}|b| < r' < |b|$일 때 $r=r'-|b|$ 그리고 $b>0$이면 $q=q'+1$ 또는 $b<0$이면 $q=q'-1$이라 놓는다.]
8. 다음 형태의 수열로 이루어진 정수는 완전제곱수가 될 수 없음을 증명하라.

$$11, 111, 1111, 11111, \cdots$$

   [*힌트*: 전형적인 $111\cdots111$ 형태의 수는 다음과 같이 표현될 수 있다.]

$$111\cdots111 = 111\cdots108 + 3 = 4k + 3$$

9. 완전제곱수이면서 세제곱수인 정수(예를 들어, $64 = 8^2 = 4^3$)는 $7k$ 또는 $7k+1$의 꼴로만 표현됨을 증명하라.
10. 1 이상의 정수 n에 대해 $n(7n^2+5)$은 $6k$ 꼴임을 증명하라.
11. n이 홀수이면, n^4+4n^2+11은 $16k$ 꼴임을 증명하라.

2.3 최대공약수

나눗셈 정리에서 특별한 의미를 갖는 경우는 나머지가 0인 경우이다. 이제 그 경우를 살펴보자.

정의 2.1 *Definition*

정수 c가 존재하여 $b = ac$를 만족할 때 b는 0이 아닌 정수 a로 나누어진다고 표현하고 $a \mid b$로 쓴다. b가 a로 나누어지지 않는 경우 $a \nmid b$로 쓴다.

예를 들어, $-12 = 4(-3)$이므로 -12는 4로 나누어진다고 할 수 있다. 그러나 10은 3으로 나누어지지 않는다. 왜냐하면 $10 = 3c$를 만족하는 정수 c가 존재하지 않기 때문이다.

나누어짐을 나타내는 용어에는 $a \mid b$ 말고 다른 용어가 있다. a는 b의 *약수*(*divisor*), a는 b의 *인수*(*factor*), 또는 b는 a의 *배수*(*multiple*)라 말한다. 정의 2.1을 보면 a에는 한 가지 제약이 있음을 주목하자. $a \mid b$가 쓰일 경우, 자연적으로 a는 0이 아니라는 뜻이 내포되어 있다.

a가 b의 약수인 경우, 당연히 b는 $-a$로 나누어진다(실제로, $b = ac$이면 $b = (-a)(-c)$이다). 따라서 정수의 약수는 항상 쌍으로 나타난다. 주어진 정수의 모든 약수를 구하기 위해선, 양의 약수만 구하는 것으로 충분하고 대응되는 음의 약수를 구한 다음 양의 약수에 더하여 얻을 수 있다. 이런 이유로, 우리는 약수를 양의 약수의 경우로 제한하기로 하자.

이것은 정의 2.1로부터 쉽게 얻을 수 있는 몇몇 결과들을 나열하는 데 도움이 될 것이다. (독자들은 비록 따로 언급하지 않더라도, 약수는 0이 아님을 상기해보도록 하자.)

정리 2.2 *Theorem*

정수 a, b, c에 대해 다음이 성립한다.

(a) $a \mid 0$, $1 \mid a$, $a \mid a$

(b) $a \mid 1$이면 $a = \pm 1$이다. 그 역도 성립한다.

(c) $a \mid b$이고 $c \mid d$이면 $ac \mid bd$이다.

(d) $a \mid b$이고 $b \mid c$이면 $a \mid c$이다.

(e) $a \mid b$이고 $b \mid a$이면 $a = \pm b$이다. 그 역도 성립한다.

(f) $a \mid b$ 이고 $b \neq 0$이면 $|a| \leq |b|$ 이다.
(g) $a \mid b$이고 $a \mid c$ 이면 임의의 정수 x, y에 대해 $a \mid (bx + cy)$이다.

증명. (f), (g)를 증명해 보자. 나머지는 독자들에게 맡기겠다. $a \mid b$ 이면 $b = ac$ 를 만족하는 정수 c 가 존재한다. 또한 $b \neq 0$이므로 $c \neq 0$ 이다. 절대값을 취함으로써, $|b| = |ac| = |a||c|$이다. $c \neq 0$ 이므로, $|c| \geq 1$ 이고 $|b| = |a||c| \geq |a|$이다.

(g)를 보면, $a \mid b$와 $a \mid c$ 를 통해 $b = ar$, $c = as$ 을 만족하는 적당한 정수 r, s 가 있음을 알 수 있다. 어떤 x, y 의 선택에 대해

$$bx + cy = arx + asy = a(rx + sy)$$

이고 $rx + sy$ 는 정수이므로 위에서 $a \mid (bx + cy)$ 를 얻을 수 있다.

위의 정리 2.2의 (g)는 좀 더 일반화된 형태로 확장할 만한 가치가 있다. 다시 말해, $a \mid b_k$ ($k = 1, 2, \cdots, n$)이면 임의의 정수 $x_1, x_2, \cdots, x_n$에 대해

$$a \mid (b_1x_1 + b_2x_2 + \cdots + b_nx_n)$$

이다. 증명을 위해서 필요한 몇 가지 소소한 내용들은 직관적이므로 생략하겠다.

a, b 가 임의의 정수일 때, $d \mid a$, $d \mid b$ 을 만족할 때 d를 a, b 의 *공약수*(*common divisor*)라 한다. 1 은 모든 정수의 약수이고, a, b 의 공약수이므로 공약수의 집합은 공집합이 아니다. 모든 정수는 0을 나누므로, 만약 $a = b = 0$ 이면 모든 정수는 a, b 의 공약수가 될 수 있다. 이 경우에 a 와 b 의 양의 공약수는 무한하다. 그러나 적어도 a, b 둘 중에 하나는 0 이 아니면, 유한한 수의 양의 공약수만이 존재한다. 이 중에서, 가장 큰 수를 a, b 의 최대공약수라 한다. 정의 2.2에서 이것의 틀을 잡도록 하자.

정의 2.2 *Definition*

a, b 를 적어도 둘 중 하나는 0이 아닌 정수라 하자. a, b 의 *최대공약수*(*greatest common divisor*)는 $\gcd(a, b)$로 쓰고 다음을 만족하는 양의 정수 d 이다.
(a) $d \mid a$, $d \mid b$
(b) $c \mid a$ 이고 $c \mid b$ 이면 $c \leq d$이다.

예제 2.2 *Example*

-12의 양의 약수는 1, 2, 3, 4, 6, 12 이다. 반면에 30의 양의 약수는 1, 2, 3, 5, 6, 10, 15, 30 이다. 그러므로 -12와 30의 양의 공약수는 1, 2, 3, 6 이다. 이들 중 6이 가장 크므로, $\gcd(-12, 30) = 6$이다. 같은 방법으로,

$$\gcd(-5, 5) = 5 \qquad \gcd(8, 17) = 1 \qquad \gcd(-8, -36) = 4$$

임을 알 수 있다.

다음 정리는 a, b의 최대공약수 $\gcd(a, b)$가 선형 조합으로 표현될 수 있음을 말해준다. [a, b의 *선형 조합*(*linear combination*)이란, x, y는 정수일 때 $ax+by$ 형태로 표현되는 수를 말한다.] 실제로 보면,

$$\gcd(-12, 30) = 6 = (-12)2 + 30 \cdot 1$$

또는

$$\gcd(-8, -36) = 4 = (-8)4 + (-36)(-1)$$

이다.

정리 2.3
Theorem

적어도 하나는 0이 아닌 주어진 정수 a, b에 대해,

$$\gcd(a, b) = ax + by$$

를 만족하는 x, y가 존재한다.

증명. a와 b의 선형 조합으로 표현되는 양의 정수를 원소로 가지는 집합 S를 보자.

$$S = \{au + bv \mid au + bv > 0;\ u, v\text{는 정수}\}$$

먼저 S가 공집합이 아님을 주목하자. 예를 들어, $a \neq 0$이면 $|a| = au + b \cdot 0$은 u를 1 또는 -1로 택할 때 S에 속함을 알 수 있다. 정렬성의 원리에 의해, S는 가장 작은 원소 d를 가진다. 그러므로 S의 정의에 의해 $d = ax + by$를 만족하는 정수 x, y가 존재한다. 이제 $d = \gcd(a, b)$임을 보이자.

나눗셈 정리를 이용하면, $a = qd + r$, $0 \le r < d$를 만족하는 정수 q, r을 얻을 수 있다. 그러면 r은 다음과 같이 표현될 수 있다.

$$\begin{aligned} r &= a - qd = a - q(ax + by) \\ &= a(1 - qx) + b(-qy) \end{aligned}$$

r이 양이면, 위의 표현은 r이 S의 원소임을 뜻하고, 이것은 d가 S의 가장 작은 원소라는 데 모순이다. 그러므로 $r = 0$이고 따라서 $a = qd$, 즉 $d \mid a$이다. 비슷한 과정으로 $d \mid b$이고 결국 d는 a, b의 공약수이다.

이제 c를 a, b의 임의의 양의 공약수라 하면, 정리 2.2의 (g)에 의해 $c \mid (ax+by)$이고 $c \mid d$이다. 같은 정리의 (f)에 의해 $c = |c| \le |d| = d$이고, 따라서 d는 a, b의 모든 공약수보다 크다. 이를 종합해 보면, $d = \gcd(a, b)$임을 알 수 있다.

앞의 논의들을 보면, 단순히 x, y의 존재의 증명은 있지만 실제로 그것을 구하는 실제적인 방법에 대해선 언급하지 않았다. 이것은 곧 다루어질 것이다.

정리 2.3의 증명을 통해, a, b의 최대공약수는 $ax+by$ 형태의 정수 중 가장 작은 양의 정수로 표현됨을 알 수 있다. $a = 6$, $b = 15$인 경우를 살펴보자. S를 보면,

$$\begin{aligned} S &= \{6(-2) + 15 \cdot 1, 6(-1) + 15 \cdot 1, 6 \cdot 1 + 15 \cdot 0, \dots\} \\ &= \{3, 9, 6, \dots\} \end{aligned}$$

3이 집합 S의 가장 작은 원소임을 알 수 있고, $3 = \gcd(6, 15)$이다.

이러한 결과에서 나타나는 S의 원소의 성질을 통해 또 다른 결과인 다음 따름정리를 얻을 수 있다.

따름정리
Corollary

a, b가 둘 중 하나는 0이 아닌 주어진 정수라 하면, 집합

$$T = \{ax + by \mid x, y \text{는 정수}\}$$

는 정확히 정수 $d = \gcd(a, b)$의 배수로 이루어진 집합이다.

증명. 모든 정수 x, y에 대해 $d \mid a$, $d \mid b$이므로 $d \mid (ax + by)$임을 알 수 있다. 그러므로 T의 모든 원소는 d의 배수이다. 역으로, 적당한 원소 x_0, y_0에 대해 $d = ax_0 + by_0$로 표현할 수 있고 d의 임의의 배수 nd는

$$nd = n(ax_0 + by_0) = a(nx_0) + b(ny_0)$$

로 표현된다. 그러므로, nd는 a, b의 선형 조합이고 정의에 의해 T의 원소이다.

1과 -1만이 주어진 정수 쌍 a, b의 공약수인 경우, 즉 $\gcd(a, b) = 1$인 경우가 존재할 수 있다. 예를 들어,

$$\gcd(2, 5) = \gcd(-9, 16) = \gcd(-27, -35) = 1$$

이러한 결과는 종종 적절한 정의로 표현되기도 한다.

정의 2.3 *Definition*

둘 중 하나는 0이 아닌 두 정수 a, b에 대해 $\gcd(a, b) = 1$인 경우 *서로 소*(*relatively prime*)라 한다.

다음 정리를 통해, 서로 소인 정수와 선형 조합 사이의 관계를 알 수 있다.

정리 2.4
Theorem

a, b를 둘 중 하나는 0이 아닌 정수라 하자. a, b가 서로 소이면 x, y가 존재하여 $1 = ax + by$이다. 역도 성립한다.

증명. a, b는 서로 소, 즉 $\gcd(a, b) = 1$이라 하자. 그러면 정리 2.3에 의해서 $1 = ax + by$를 만족하는 정수 x, y가 존재한다. 역을 증명하기 위해, $ax + by = 1$을 만족하는 적당한 정수 x, y가 존재한다고 하고 $d = \gcd(a, b)$라 하자. $d \mid a$, $d \mid b$이므로, 정리 2.2는 $d \mid (ax + by)$ 또는 $d \mid 1$이다. d는 양의 정수이므로, 마지막 나눗셈 조건에 의해서 d는 1이다[정리 2.2의 (b)가 여기서 중요한 역할을 한다]. 그래서 원하던 결론을 얻는다.

이 결과는 어떤 상황에서 상당히 유용한 결과를 이끌어 낸다. 즉,

따름정리 1
Corollary

$\gcd(a, b) = d$ 이면, $\gcd(a/d, b/d) = 1$이다.

증명. 증명을 시작하기 앞서, a/d, b/d는 분수의 형태를 취하고 있지만 d가 a, b의 공약수이므로 실제로 둘 다 정수임을 알 수 있다. $\gcd(a, b) = d$임을 알고 있으므로, $d = ax + by$를 만족하는 x, y를 찾을 수 있다. 양변을 d로 나눔으로써

$$1 = \left(\frac{a}{d}\right)x + \left(\frac{b}{d}\right)y$$

을 얻고 (a/d), (b/d)가 정수이므로, 이 정리는 적절하다. 따라서 a/d, b/d는 서로 소이다.

위의 따름정리의 예를 살펴보면, $\gcd(-12, 30) = 6$ 이고

$$\gcd(-12/6, 30/6) = \gcd(-2, 5) = 1$$

원했던 결과이다.

예외적인 조건 추가 없이, $a \mid c$, $b \mid c$일 때 $ab \mid c$는 참이 아니다. 예를 들어, $6 \mid 24$, $8 \mid 24$ 이지만 $6 \cdot 8 \nmid 24$이다. 만약 6, 8이 서로 소이면 이런 결과는 나오지 않는다. 이것이 따름정리 2이다.

따름정리 2
Corollary

$a \mid c$, $b \mid c$ 그리고 $\gcd(a, b) = 1$이면 $ab \mid c$이다.

증명. $a \mid c$, $b \mid c$이므로 $c = ar = bs$를 만족하는 r, s를 찾을 수 있다. $\gcd(a, b) = 1$로부터 $1 = ax + by$를 만족하는 적당한 정수 x, y를 찾을 수 있다. 양변에 c를 곱함으로써,

$$c = c \cdot 1 = c(ax + by) = acx + bcy$$

우변을 적절히 치환함으로써

$$c = a(bs)x + b(ar)y = ab(sx + ry)$$

이고 따라서 $ab \mid c$이다.

다음 정리는 단순해 보이지만 근본적으로 중요한 정리이다.

정리 2.5
Theorem

유클리드 보조정리. $a \mid bc$ 이고 $\gcd(a, b) = 1$이면 $a \mid c$ 이다.

증명. $1 = ax + by$, x, y는 정수라 하고, 다시 정리 2.3에서 시작해보자. 양변에 c를 곱하면

$$c = 1 \cdot c = (ax + by)c = acx + bcy$$

을 얻고 $a \mid ac$ 이고, $a \mid bc$이므로 $a \mid (acx + bcy)$이며, 다시 쓰면 $a \mid c$이다.

만약 a, b가 서로 소가 아니라면, 당연히 앞의 유클리드 보조정리는 거짓이다. 여기 특별한 예가 있다. $12 \mid 9 \cdot 8$ 지만 $12 \nmid 9$ 그리고 $12 \nmid 8$ 이다.

아래의 부속되는 정리는 종종 $\gcd(a, b)$의 정의로 역할을 한다. 이를 정리로 사용함으로써 좋은 점은 순서 관계가 포함되지 않는다는 것이다. 그러므로 이것이 쓰이는 대수 체계는 순서 체계를 가지지 않는다.

정리 2.6 Theorem

a, b를 둘 중 하나는 0이 아닌 정수라 하자. 양의 정수 d에 대해 $d = \gcd(a, b)$와 아래 명제는 필요충분조건이다.

(a) $d \mid a$, $d \mid b$

(b) $c \mid a$, $c \mid b$ 이면 $c \mid d$ 이다.

증명. 일단 $d = \gcd(a, b)$라 하자. 당연히 $d \mid a$, $d \mid b$ 이므로 (a)는 성립한다. 정리 2.3에 의해 적당한 정수 x, y 에 의해 $d = ax + by$ 로 표현된다. 그러므로, $c \mid a$ 이고 $c \mid b$ 이면 $c \mid (ax + by)$ 또는 $c \mid d$이다. 간단히 말해, (b)도 참이다. 역을 증명하자. d가 주어진 조건 (a), (b)를 만족하는 정수라 하자. a, b 의 임의의 공약수 c 에 대해 (b)로부터 $c \mid d$ 이다. 따라서 $d \geq c$이고, 결론적으로 d 는 a, b 의 최대공약수이다.

연습문제 2.3

1. $a \mid b$ 이면, $(-a) \mid b$, $a \mid (-b)$, 그리고 $(-a) \mid (-b)$임을 증명하라.
2. 주어진 정수 a, b, c, d 에 대해 다음을 증명하라.
   (a) $a \mid b$ 이면 $a \mid bc$이다.
   (b) $a \mid b$ 이고 $a \mid c$ 이면 $a^2 \mid bc$이다.
   (c) $c \neq 0$일 때 $a \mid b$ 이면 $ac \mid bc$ 이다. 그 역도 성립한다.
   (d) $a \mid b$ 이고 $c \mid d$ 이면 $ac \mid bd$ 이다.
3. 증명 또는 거짓을 증명하라.
   $a \mid (b + c)$이면 $a \mid b$ 또는 $a \mid c$ 이다.
4. $n \geq 1$ 일 때 수학적 귀납법을 이용하여, 다음 나눗셈 명제들을 완성하라.
   (a) $8 \mid 5^{2n} + 7$
   [*힌트*: $5^{2(k+1)} + 7 = 5^2(5^{2k} + 7) + (7 - 5^2 \cdot 7)$]
   (b) $15 \mid 2^{4n} - 1$
   (c) $5 \mid 3^{3n+1} + 2^{n+1}$
   (d) $21 \mid 4^{n+1} + 5^{2n-1}$
   (e) $24 \mid 2 \cdot 7^n + 3 \cdot 5^n - 5$
5. 임의의 정수 a 에 대해, 정수 a, $a+2$, $a+4$ 중 하나는 3의 배수임을 증명하라.
6. 임의의 정수 a 에 대해, 다음을 증명하라.
   (a) $2 \mid a(a+1)$이고 $3 \mid a(a+1)(a+2)$

(b) $3 \mid a(2a^2+7)$

(c) a가 홀수이면, $32 \mid (a^2+3)(a^2+7)$

7. a, b가 모두 홀수이면, $16 \mid a^4+b^4-2$임을 증명하라.

8. 다음을 증명하라.

(a) 두 홀수의 제곱의 합은 완전제곱수가 될 수 없다.

(b) 네 개의 연속인 정수의 곱은 완전제곱수보다 1 작다.

9. 두 연속된 세제곱수의 차는 2로 나누어지지 않음을 증명하라.

10. 0이 아닌 정수 a에 대해, $\gcd(a, 0) = |a|$, $\gcd(a, a) = |a|$, 그리고 $\gcd(a, 1) = 1$임을 증명하라.

11. a, b가 둘 중 하나는 0이 아닌 정수일 때 다음을 증명하라.

$$\gcd(a, b) = \gcd(-a, b) = \gcd(a, -b) = \gcd(-a, -b)$$

12. 양의 정수 n과 임의의 정수 a에 대해, $\gcd(a, a+n)$은 n을 나눈다. 따라서 $\gcd(a, a+1) = 1$임을 증명하라.

13. 주어진 정수 a, b에 대해, 다음을 증명하라.

(a) $c = ax + by$를 만족하는 정수 x, y가 존재하면, $\gcd(a, b) \mid c$이다. 그 역도 성립한다.

(b) $ax + by = \gcd(a, b)$를 만족하는 정수 x, y가 존재하면, $\gcd(x, y) = 1$이다.

14. 정수 a에 대해, 다음을 증명하라.

(a) $\gcd(2a+1, 9a+4) = 1$

(b) $\gcd(5a+2, 7a+3) = 1$

(c) a가 홀수이면, $\gcd(3a, 3a+2) = 1$이다.

15. a, b가 둘 중 하나는 0이 아닌 정수일 때, $\gcd(2a-3b, 4a-5b)$는 b를 나눔을 증명하라. 따라서 $\gcd(2a+3, 4a+5) = 1$이다.

16. 주어진 홀수 a에 대해,

$$a^2 + (a+2)^2 + (a+4)^2 + 1$$

은 12로 나누어짐을 증명하라.

17. 모든 정수 $n \geq 0$에 대해, $(3n)!/(3!)^n$은 정수임을 증명하라.

18. 증명하라. 임의의 연속인 세 정수의 곱은 6의 배수이다. 임의의 네 개의 연속인 정수의 곱은 24의 배수이다. 임의의 5개의 연속인 정수의 곱은 120의 배수이다.
[*힌트*: 정리 2.4의 따름정리 2를 참고하라.]

19. 아래 명제들을 증명하라.

(a) a가 임의의 정수이면 $6 \mid a(a^2+11)$이다.

(b) a가 홀수이면, $24 \mid a(a^2-1)$이다.
[*힌트*: 홀수의 제곱은 $8k+1$의 형태이다.]

(c) a, b가 홀수이면 $8 \mid (a^2-b^2)$이다.

(d) a가 2 또는 3으로 나누어지지 않는 정수이면 $24 \mid (a^2+33)$이다.

(e) a가 임의의 정수이면, $360 \mid a^2(a^2-1)(a^2-4)$이다.

20. 최대공약수의 다음 성질을 확인하라.

(a) $\gcd(a, b) = 1$이고 $\gcd(a, c) = 1$이면 $\gcd(a, bc) = 1$이다.
[*힌트*: 적당한 x, y, u, v에 대해 $1 = ax + by = au + cv$,
$1 = (ax + by)(au + cv) = a(aux + cvx + byu) + bc(yv)$이다.]

(b) $\gcd(a, b) = 1$이고 $c \mid a$이면 $\gcd(b, c) = 1$이다.

(c) $\gcd(a, b) = 1$이면 $\gcd(ac, b) = \gcd(c, b)$이다.

(d) $\gcd(a, b) = 1$이고 $c \mid a + b$이면 $\gcd(a, c) = \gcd(b, c) = 1$이다.
[*힌트*: $d = \gcd(a, c)$라 하면 $d \mid a$, $d \mid c$는 $d \mid (a+b) - a$ 또는 $d \mid b$를 의미한다.]

(e) $\gcd(a, b) = 1$, $d \mid ac$ 그리고 $d \mid bc$이면 $d \mid c$이다.

(f) $\gcd(a, b) = 1$이면 $\gcd(a^2, b^2) = 1$이다.
[*힌트*: 먼저 $\gcd(a, b^2) = \gcd(a^2, b) = 1$임을 보여라.]

21. (a) $d \mid n$이면 $2^d - 1 \mid 2^n - 1$임을 증명하라.
[*힌트*: 다음 항등식을 이용하라.]

$$x^k - 1 = (x-1)(x^{k-1} + x^{k-2} + \cdots + x + 1)$$

(b) $2^{35} - 1$은 31과 127로 나누어짐을 증명하라.

22. t_n을 n번째 삼각수라 하자. $t_1 + t_2 + \cdots + t_n$을 나누는 t_n은 무엇인가?
[*힌트*: 1.1절의 문제 1(c)를 참조하라.]

23. $a \mid bc$일 때, $a \mid \gcd(a, b)\gcd(a, c)$임을 증명하라.

2.4 유클리드 알고리듬

두 정수의 최대공약수를 구하는 일은, 그들의 공약수를 나열한 후 가장 큰 수를 고르는 방법으로도 물론 구할 수 있다. 하지만 이는 큰 수에 있어선 꽤나 성가신 일이다. 나눗셈 정리를 활용하는 좀 더 효과적인 방법이 「원소」의 7번째 책에 소개되어 있다. 비록 이 방법이 유클리드의 시대보다 앞선다는 역사적 증거가 있지만, 대부분은 이 방법을 *유클리드 알고리듬*(*Euclidean Algorithm*)이라 한다.

유클리드 알고리듬은 다음과 같다. 원하는 최대공약수를 가지는 두 정수를 a, b라 하자. $\gcd(|a|, |b|) = \gcd(a, b)$이므로 $a \geq b > 0$이라 해도 상관없다. 첫 번째 단계는 a, b를 나눗셈 정리에 적용해 다음 식을 얻는 것이다.

$$a = q_1 b + r_1 \qquad 0 \leq r_1 < b$$

$r_1 = 0$이라면 $b \mid a$이므로 $\gcd(a, b) = b$이다. $r_1 \neq 0$이면, b를 r_1으로 나눔으로써 정수 q_2, r_2를 얻을 수 있고 다음 식을 만족한다.

$$b = q_2 r_1 + r_2 \qquad 0 \leq r_2 < r_1$$

$r_2 = 0$ 이면 멈춘다. 그렇지 않다면, 이러한 과정을 반복하여 다음 식을 얻는다.

$$r_1 = q_3 r_2 + r_3 \qquad 0 \leq r_3 < r_2$$

앞의 나눗셈 과정을 0인 나머지가 나타날 때까지 계속한다. 다시 말해 $(n+1)$번째 단계에서 r_{n-1} 은 r_n 으로 나누어 떨어진다. (나머지 0은 언젠가 나타나는데, 왜냐하면 감소 수열 $b > r_1 > r_2 \cdots \geq 0$ 이 b개의 정수 이상을 가지지 못하기 때문이다.)

그 결과는 다음 방정식 체계이다.

$$\begin{aligned} a &= q_1 b + r_1 & 0 < r_1 < b \\ b &= q_2 r_1 + r_2 & 0 < r_2 < r_1 \\ r_1 &= q_3 r_2 + r_3 & 0 < r_3 < r_2 \\ &\vdots \\ r_{n-2} &= q_n r_{n-1} + r_n & 0 < r_n < r_{n-1} \\ r_{n-1} &= q_{n+1} r_n + 0 \end{aligned}$$

이제 이 체계에서 나타나는 마지막 0이 아닌 나머지 r_n이 $\gcd(a, b)$와 같다는 사실에 대해 이야기해 보자. 우리의 증명은 아래의 보조정리를 바탕으로 하고 있다.

보조정리 *Lemma* $a = qb + r$ 이면 $\gcd(a, b) = \gcd(b, r)$이다.

증명. $d = \gcd(a, b)$이면, 관계 $d \mid a$, $d \mid b$ 로부터 $d \mid (a - qb)$ 또는 $d \mid r$ 을 알 수 있다. 그러므로, d 는 b와 r의 공약수이다. 반면에 c 가 b와 r의 임의의 공약수이면, $c \mid (qb + r)$ 다시 말해 $c \mid a$ 이다. 결국 c 는 a, b 의 공약수이므로 $c \leq d$이다. 이제 $\gcd(b, r)$의 정의에 의해 $d = \gcd(b, r)$를 따른다.

이 보조정리의 결과를 이용하면, 우리는 쉽게 아래와 같은 방정식 체계를 얻을 수 있다.

$$\gcd(a, b) = \gcd(b, r_1) = \cdots = \gcd(r_{n-1}, r_n) = \gcd(r_n, 0) = r_n$$

정리 2.3은 $\gcd(a, b)$가 $ax + by$ 형태로 표현될 수 있음을 얘기하지만, 정리의 증명에서조차 정수 x, y를 구하기 위한 어떠한 힌트도 주지 않는다. 이를 위해, 다시 유클리드 알고리듬으로 돌아가자. 마지막 방정식으로부터 시작하면 아래 식을 얻을 수 있다.

$$r_n = r_{n-2} - q_n r_{n-1}$$

r_{n-1}의 알고리듬에서 앞의 방정식을 계산하고 치환하면 아래 식을 얻을 수 있다.

$$\begin{aligned} r_n &= r_{n-2} - q_n(r_{n-3} - q_{n-1} r_{n-2}) \\ &= (1 + q_n q_{n-1}) r_{n-2} + (-q_n) r_{n-3} \end{aligned}$$

이는 r_n 이 r_{n-2} 와 r_{n-3} 의 선형 조합으로 표현됨을 보여준다. 다시 방정식 체계로 돌아가서, $r_n = \gcd(a, b)$에 도달할 때까지 이러한 단계를 반복함으로써 a 와 b 의 선형 조합으로 표현됨을 알 수 있다.

예제 2.3
Example

gcd (12378, 3054)을 계산하는 경우에 있어서 유클리드 알고리듬이 어떻게 작용하는지 알아보자. 적절한 나눗셈 정리의 활용으로부터 다음 방정식들을 생성한다.

$$\begin{aligned} 12378 &= 4 \cdot 3054 + 162 \\ 3054 &= 18 \cdot 162 + 138 \\ 162 &= 1 \cdot 138 + 24 \\ 138 &= 5 \cdot 24 + 18 \\ 24 &= 1 \cdot 18 + 6 \\ 18 &= 3 \cdot 6 + 0 \end{aligned}$$

우리의 앞선 논의로부터 이 방정식의 마지막에 나타나는 0이 아닌 나머지, 즉 6이 12378과 3054의 최대공약수임을 알 수 있다.

$$6 = \gcd(12378, 3054)$$

6을 12378과 3054의 선형 조합으로 표현하기 위해 위의 마지막 방정식으로부터 순차적으로 나머지 18, 24, 138, 162를 제거하면 된다.

$$\begin{aligned} 6 &= 24 - 18 \\ &= 24 - (138 - 5 \cdot 24) \\ &= 6 \cdot 24 - 138 \\ &= 6(162 - 138) - 138 \\ &= 6 \cdot 162 - 7 \cdot 138 \\ &= 6 \cdot 162 - 7(3054 - 18 \cdot 162) \\ &= 132 \cdot 162 - 7 \cdot 3054 \\ &= 132(12378 - 4 \cdot 3054) - 7 \cdot 3054 \\ &= 132 \cdot 12378 + (-535)3054 \end{aligned}$$

이로써, 우리는 $x = 132$ 그리고 $y = -535$인

$$6 = \gcd(12378, 3054) = 12378x + 3054y$$

를 얻는다. 이것이 6을 12378과 3054의 선형 조합으로 표현하는 유일한 방법이 아니란 것은 알아 둘 필요가 있다. 다른 여러 가지 가능성 중에서, 3054 · 12378을 더하고 뺌으로써

$$\begin{aligned} 6 &= (132 + 3054)12378 + (-535 - 12378)3054 \\ &= 3186 \cdot 12378 + (-12913)3054 \end{aligned}$$

을 얻을 수 있다.

프랑스 수학자 라메(Gabriel Lamé, 1795~1870)는 유클리드 알고리듬에 요구되는 단계의 수는 많아야 둘 중 작은 수의 자릿수의 5배임을 증명했다. 예제 2.3에서 작은 수(즉, 3054)는 4자리이고, 따라서 필요한 나눗셈 연산의 횟수는 많아야 20을 넘지 않는다. 실제로 정확히 딱 6번의 나눗셈이 필요했다. 또 다른 흥미로운 주제는 $n > 0$인 정수 n에 대해 유클리드 알고리듬에 의해 gcd (a_n, b_n)을 계산함에 있어 정확히 n번의 나눗셈이 필요한 정수쌍 a_n, b_n을 찾는 것이 가능하다는 것이다. 14장에서 이 사실을 다룰 것이다.

또 한 가지 주목할 사실이 있다. 유클리드 알고리듬은 나눗셈에서 가장 작은 나머지들로 계산을 할 수 있도록, $|r_{k+1}| < r_k/2$ 을 만족하는 r_{k+1} 을 선택함으로써 단계 수를 줄일 수 있다. 그러므로 2.3의 예를 다시 보면, 이런 식으로 쓰는 게 더 효율적이다.

$$\begin{aligned} 12378 &= 4 \cdot 3054 + 162 \\ 3054 &= 19 \cdot 162 - 24 \\ 162 &= 7 \cdot 24 - 6 \\ 24 &= (-4)(-6) + 0 \end{aligned}$$

이 식들을 근거로, 이 방법은 최대공약수 그 자체보다, 두 정수의 최대공약수 값의 음수를 생성하는(마지막 0이 아닌 나머지는 -6) 경향이 있음을 알 수 있다.

유클리드 알고리듬의 또 하나의 중요한 결과가 다음 정리이다.

정리 2.7
Theorem

$k > 0$이면 $\gcd(ka, kb) = k \gcd(a, b)$이다.

증명. a, b 의 유클리드 알고리듬에서 나타나는 각각의 등식에 k를 곱하면, 다음 식들을 얻을 수 있다.

$$\begin{aligned} ak &= q_1(bk) + r_1k & 0 < r_1k < bk \\ bk &= q_2(r_1k) + r_2k & 0 < r_2k < r_1k \\ &\vdots \\ r_{n-2}k &= q_n(r_{n-1}k) + r_nk & 0 < r_nk < r_{n-1}k \\ r_{n-1}k &= q_{n+1}(r_nk) + 0 \end{aligned}$$

이것이 두 정수 ak, bk 의 유클리드 알고리듬에 적용되었음은 명확하다. 당연히 0이 아닌 마지막 나머지 $r_n k$ 는 최대공약수이다. 따라서

$$\gcd(ka, kb) = r_nk = k \gcd(a, b)$$

정리에서 언급한 것이 증명되었다.

따름정리
Corollary

0이 아닌 정수 k 에 대해, $\gcd(ka, kb) = |k| \gcd(a, b)$이다.

증명. $k < 0$ 인 경우만 확인해보면 된다. $-k = |k| > 0$ 이므로 정리 2.7에 의해

$$\begin{aligned} \gcd(ak, bk) &= \gcd(-ak, -bk) \\ &= \gcd(a|k|, b|k|) \\ &= |k| \gcd(a, b) \end{aligned}$$

정리 2.7의 또 다른 증명은 다음과 같이 상당히 간결하게 할 수도 있다. $\gcd(ak, bk)$은 $(ak)x + (bk)y$ 꼴로 표현되는 가장 작은 양의 정수이다. 이것은 당연히 $ax + by$ 의 가장 작은 양의 정수의 k배이고 이 값은 $k \gcd(a, b)$와 같다.

정리 2.7의 설명을 위해 다음을 살펴보자.

$$\gcd(12, 30) = 3 \gcd(4, 10) = 3 \cdot 2 \gcd(2, 5) = 6 \cdot 1 = 6$$

최대공약수와 비슷하게 최소공배수라 부르는 개념이 있지만, 이것은 최대공약수처럼 광범위하게 쓰이진 않는다. $a \mid c$, $b \mid c$를 만족하는 정수 c를 우리는 a, b의 *공배수*(*common multiple*)라 부른다. 당연히 0은 a와 b의 공배수이다. 0을 제외한 공배수가 항상 존재함을 보이기 위해, 단지 ab 또는 $-(ab)$가 두 수 a, b의 공배수이고 둘 중 하나는 항상 양임을 언급하면 충분하다. 정렬성의 원칙에 의해 a와 b의 양의 공배수 집합은 항상 가장 작은 정수를 가진다. 우리는 이것을 최소공배수라 한다.

여기 공식적인 정의가 있다.

정의 2.4 *Definition*

영이 아닌 두 정수 a, b의 *최소공배수*(*least common multiple*)는 다음을 만족하는 양의 정수 m이며 $\mathrm{lcm}(a, b)$로 표현된다.

(a) $a \mid m$, $b \mid m$

(b) $a \mid c$, $b \mid c$이면 $c > 0$일 때 $m \le c$이다.

예를 들면, -12와 30의 양의 공배수들은 60, 120, 180, ⋯ 이며, 따라서 $\mathrm{lcm}(-12, 30) = 60$이다.

간단히 정리하면, 주어진 0이 아닌 두 정수 a, b에 대해 $\mathrm{lcm}(a, b)$는 존재하고 $\mathrm{lcm}(a, b) \le |ab|$이다.

지금까지 보면 $\gcd(a, b)$와 $\mathrm{lcm}(a, b)$의 연관성이 부족해 보이지만 다음 정리 2.8을 통해 그 간격을 채울 수 있을 것이다.

정리 2.8 *Theorem*

양의 정수 a, b에 대해

$$\gcd(a, b)\, \mathrm{lcm}(a, b) = ab$$

증명. 우선 $d = \gcd(a, b)$라 놓고 정수 r, s가 존재하여 $a = dr$, $b = ds$라 하자. $m = ab/d$이면 $m = as = rb$이다. 이것으로 m을 a, b의 공배수라 할 수 있다.

이제 c를 a, b의 공배수인 양의 정수라 하자. 정의에 의해, $c = au = bv$이고, 앞에서 보았듯이 $d = ax + by$를 만족하는 정수 x, y가 존재함을 알 수 있다. 결과적으로

$$\frac{c}{m} = \frac{cd}{ab} = \frac{c(ax + by)}{ab} = \left(\frac{c}{b}\right)x + \left(\frac{c}{a}\right)y = vx + uy$$

이 식은 $m \mid c$임을 말해주고 이로 인해 $m \le c$이다. 따라서 정의 2.4와 함께 $m = \mathrm{lcm}(a, b)$이고 이것은

$$\mathrm{lcm}(a, b) = \frac{ab}{d} = \frac{ab}{\gcd(a, b)}$$

우리가 증명하고자 하였던 것이다.

정리 2.8은 그 자체로 가치를 가지는 따름정리를 가진다.

따름정리 Corollary 임의의 정수 a, b에 대해 $\operatorname{lcm}(a, b) = ab$이면 $\gcd(a, b) = 1$이고 그 역도 성립한다.

아마도 정리 2.8의 가장 큰 효용성은 두 정수의 최소공배수를 구함에 있어서, 유클리드 알고리듬으로 계산할 수 있는 최대공약수를 사용할 수 있다는 것이다. 두 정수 3054와 12378을 예로 들어 보면, $\gcd(3054, 12378) = 6$이고 그러므로

$$\operatorname{lcm}(3054, 12378) = \frac{3054 \cdot 12378}{6} = 6300402$$

다른 문제로 넘어가기 전에, 둘 이상의 정수의 최대공약수의 개념에 대해 살펴보자. 적어도 하나는 0이 아닌 세 정수 a, b, c의 경우를 보면, $\gcd(a, b, c)$이 다음을 만족하는 정수 d이다.

(a) d는 a, b, c의 약수이다.

(b) e가 a, b, c의 약수라면 $e \le d$이다.

두 가지 예를 보자.

$$\gcd(39, 42, 54) = 3 \qquad \text{그리고} \qquad \gcd(49, 210, 350) = 7$$

독자들은 세 정수에 있어서도 세 정수가 서로 소(다시 말해 $\gcd(a, b, c) = 1$)이며 그러나 쌍으로는 서로 소가 아닌 경우가 가능함을 주의하여야 한다. 이것은 6, 10, 15를 보면 알 수 있다.

연습문제 2.4

1. $\gcd(143, 227)$, $\gcd(306, 657)$, $\gcd(272, 1479)$를 계산하라.
2. 유클리드 알고리듬을 이용하여 다음을 만족하는 정수 x, y를 구하라.
   (a) $\gcd(56, 72) = 56x + 72y$
   (b) $\gcd(24, 138) = 24x + 138y$
   (c) $\gcd(119, 272) = 119x + 272y$
   (d) $\gcd(1769, 2378) = 1769x + 2378y$
3. d가 a, b의 공약수일 때, $d = \gcd(a, b)$이면 $\gcd(a/d, b/d) = 1$이고 그 역도 성립함을 증명하라.
   [*힌트*: 정리 2.7을 사용하라.]
4. $\gcd(a, b) = 1$이라 가정하고 다음을 증명하라.
   (a) $\gcd(a+b, a-b) = 1$ 또는 2
   [*힌트*: $d = \gcd(a+b, a-b)$라 하고 $d \mid 2a$, $d \mid 2b$를 보여라.
   그리고 $d \le \gcd(2a, 2b) = 2\gcd(a, b)$임을 보여라.]

(b) $\gcd(2a + b,\ a + 2b) = 1$ 또는 3

(c) $\gcd(a + b,\ a^2 + b^2) = 1$ 또는 2

[*힌트*: $a^2 + b^2 = (a + b)(a - b) + 2b^2$]

(d) $\gcd(a + b,\ a^2 - ab + b^2) = 1$ 또는 3

[*힌트*: $a^2 - ab + b^2 = (a + b)^2 - 3ab$]

5. $n \geq 1$일 때, 양의 정수 a, b에 대해 다음을 증명하라.

(a) $\gcd(a,\ b) = 1$이면 $\gcd(a^n,\ b^n) = 1$이다.

[*힌트*: 2.2절의 문제 20(a)를 참고하라.]

(b) $a^n \mid b^n$ 이면 $a \mid b$ 이다.

[*힌트*: $d = \gcd(a,\ b)$라 하면, $\gcd(r,\ s) = 1$일 때 $a = rd$, $b = sd$라 쓴다. (a)에 의해 $\gcd(r^n,\ s^n) = 1$이다. $r = 1$, 즉 $a = d$를 보여라.]

6. $\gcd(a,\ b) = 1$이면 $\gcd(a + b,\ ab) = 1$임을 보여라.

7. 0이 아닌 정수 a, b에 대해 다음 조건들이 필요충분조건임을 보여라.

(a) $a \mid b$

(b) $\gcd(a,\ b) = |a|$

(c) $\operatorname{lcm}(a,\ b) = |b|$

8. lcm (143, 227), lcm (306, 657), lcm (272, 1479)를 구하라.

9. 두 양의 정수의 최대공약수는 그들의 최소공배수를 나눔을 보여라.

10. 주어진 0이 아닌 정수 a, b에 대해 $\operatorname{lcm}(a,\ b)$에 관련한 다음 사실들을 증명하라.

(a) $\gcd(a,\ b) = \operatorname{lcm}(a,\ b)$ 이면 $a = \pm b$ 이고 그 역도 성립한다.

(b) $k > 0$ 이면, $\operatorname{lcm}(ka,\ kb) = k \operatorname{lcm}(a,\ b)$이다.

(c) m이 a, b의 공배수이면, $\operatorname{lcm}(a,\ b) \mid m$이다.

[*힌트*: $t = \operatorname{lcm}(a,\ b)$라 하고 나눗셈 정리를 이용하여 $0 \leq r < t$일 때 $m = qt + r$로 표현하고, r이 a, b의 공배수임을 보여라.]

11. a, b, c를 적어도 둘은 0이 아닌 정수들이라 하고 $d = \gcd(a,\ b,\ c)$라 하자. 다음을 보여라.

$$d = \gcd(\gcd(a, b), c) = \gcd(a, \gcd(b, c)) = \gcd(\gcd(a, c), b)$$

12. 다음을 만족하는 정수들 x, y, z를 구하라.

$$\gcd(198, 288, 512) = 198x + 288y + 512z$$

[*힌트*: $d = \gcd(198,\ 288)$이라 하자. $\gcd(198,\ 288,\ 512) = \gcd(d,\ 512)$이므로, 일단 $\gcd(d,\ 512) = du + 512v$를 만족하는 정수 u, v를 찾는다.]

2.5 디오판투스 방정식 $ax + by = c$

지금부터 주제를 바꿔서 디오판투스 방정식에 대해 공부해 보자. 이 방정식의 이름은 이 방정식의 연구의 기초를 다진 수학자 디오판투스(Diophantus)의 이름을 기린다. 실질적으로 디오판투스에 대해 알려진 것은 없고 단지 그가 250년경 알렉산드리아에서 살았다는 정도만이 남아 있다. 그의 활동에 대한 유일한 긍정적인 증거는 270년에 주교 활동을 시작한 라오디게아의 주교가 디오판투스에게 이집트인의 계산에 관한 책을 바쳤다는 것이다. 비록 디오판투스의 연구가 그리스어로 쓰여 있고 그가 이론적 추상화에 대한 그리스의 천재로 알려져 있지만 실질적으로 그는 그리스화된 바빌로니안에 가깝다. 그의 경력으로 알 수 있는 유일한 개인적 특이성은 한 풍자 문제(분명히 4세기부터 시작한)로부터 나온다. 그의 소년 시절은 그의 생의 1/6이었고, 그리고 1/12 이 더 지나 턱수염이 나기 시작했으며, 그 1/7 후에 결혼을 했고, 5년 후에 그의 아들이 태어났다. 그의 아들은 아버지의 반만큼 살았고, 아들이 죽은 4년 후 그가 죽었다. x를 디오판투스가 죽은 나이라 하면 이러한 데이터를 통해 다음 방정식을 얻는다.

$$\frac{1}{6}x + \frac{1}{12}x + \frac{1}{7}x + 5 + \frac{1}{2}x + 4 = x$$

결과는 $x = 84$이다. 그러므로 그는 84세까지 살았지만, 그것이 몇 세기인지 몇 년도인지는 불명확하다.

디오판투스의 명성이 남아있는 위대한 업적은 대수에 관한 최초의 논문으로 알려진 그의 「산술서」(*Arithemetica*)이다. 원본 13권 중 단지 6권만 보존되어 있다. 비록 적용된 기호가 오늘날 사용하는 의미로서 가지는 대수적 상징보다 단어 축약의 성질을 가지고 있을지는 모르지만 「산술서」는 수학적 용어를 처음으로 체계적으로 사용한 것임에 분명하다. 방정식의 미지량과 미지수의 6제곱까지의 여러 거듭제곱들과 같이 자주 나타나는 개념을 표현하기 위하여 특별한 기호들이 도입되었다. 디오판투스는 또한 차를 표현하는 기호 그리고 항등을 나타내는 기호도 가지고 있었다.

우리에게 전해 오는 「산술서」의 부분은 약 200개의 문제로 구성되어 있는데, 이제는 그것들을 방정식과 구체적인 숫자들로 이루어진 해답으로 표현할 수 있다. 제곱수나 세제곱수에 관한 문제들은 상당한 관심을 끌었다. 무수히 많은 해를 갖는 문제들에 대해서조차 디오판투스는 단 한 개의 해를 찾은 것에 만족했다. 해는 보통 양의 유리수로 주어졌는데 가끔은 양의 정수도 나왔다. 그 당시에 수학적 실체로서 음수에 대한 개념은 없었다.

「산술서」가 정수의 성질을 다루는 수론의 영역에 속하지 않지만, 그럼에도 불구하고 유럽에서 수론의 후속 발전에 큰 영향을 끼쳤다. 17세기 중반 프랑스 수학자 페르마는 디오판투스 논술들의 재발견 서적들의 라틴어 번역본을 얻었다. 페르마는 디오판투스의 유리수 해를 대체하는 정수 해를 찾아서 '산술'만이 알려주는 새로운 길을 여는 풀이 방법을 조심스럽게 연구하는 데 착수했다. 예를 들면, 다음과 같이 질문하는 문제가 있다: 어떤 두 수의 곱에 1을 더해도 제곱수가 되는 4개의 수를 구하라. 디오판투스의 방법으로 $\frac{1}{16}, \frac{33}{16}, \frac{68}{16}, \frac{105}{16}$이 얻어지나 페르마는 4개의 양의 정수 1, 3, 8, 120을 얻었다. (다른 해는 3, 8, 21, 2081이다.)

「산술서」는 후대의 수론학자들에게 보물이 되었다. 긴 세월 동안 그런 문제들에 매혹되어 그것들을 어떤 방법으로든 확장하고 일반화했다. 예를 들어, 어떤 두 수의 곱에 같은 두 수의 합을 더하면 제곱수가 되는 3개의 수를 찾는 디오판투스의 문제를 생각해 보자. 18세기에 레온하르트 오일러(Leonhard Euler)는 같은 문제를 4개의 수에 대해 해결했고, 최근에 언급한 성질을 갖는 5개의 수의 집합이 구해졌다. 오늘날까지 「산술서」는 수론학자들에게 영감의 원천으로 남아 있다.

하나 이상의 미지수를 갖는 임의의 방정식의 정수해를 구하는 문제를 보통 *디오판투스 방정식*(*Diophantine equation*)이라 부른다. 우리가 생각하는 가장 간단한 형태의 디오판투스 방정식은 두 개의 미지수를 갖는 선형 디오판투스 방정식이다.

$$ax + by = c$$

여기서 a, b, c는 모두 정수이고 a, b는 둘 다 0인 것은 아니다. 이 방정식의 해는 이 방정식에 대입하여 만족하는 한 쌍의 정수 x_0, y_0이다. 즉, $ax_0 + by_0 = c$이다. 신기하게도 선형 방정식은 디오판투스의 현존하는 업적에는 나타나지 않는다(그 해에 대한 이론은 유클리드의 「원소」에서 찾을 수 있다). 아마도 그는 그것을 당연한 것으로 간주하였기 때문이다. 그의 문제의 대부분은 어떤 성질을 갖는 제곱이나 세 제곱을 찾는데 할애하고 있다.

주어진 선형 디오판투스 방정식에서 몇 가지 해를 얻을 수 있다. $3x + 6y = 18$의 경우를 보면

$$3 \cdot 4 + 6 \cdot 1 = 18$$
$$3(-6) + 6 \cdot 6 = 18$$
$$3 \cdot 10 + 6(-2) = 18$$

반면에 방정식 $2x + 10y = 17$ 같은 경우는 해가 없다. 실제로 x, y가 어떤 수이건 좌변은 항상 짝수이고, 반면에 우변은 그렇지 않다. 이를 통해, 어떤 문제가 가능한지, 언제 해가 존재하는지, 어떤 경우에 모든 해를 정확히 구할 수 있는 조건을 요구하는 것은 당연하다.

해의 존재 가능 조건은 쉽게 얘기할 수 있다. 디오판투스 방정식 $ax + by = c$의 해가 존재하는 경우는 d가 $\gcd(a, b)$일 때 $d \mid c$인 경우와 동치이다. 이런 경우에 $a = dr$, $b = ds$를 만족하는 r, s가 존재함을 알 수 있다. $ax + by = c$의 해가 존재한다면, 해 x_0, y_0에 대해 $ax_0 + by_0 = c$이고 그래서

$$c = ax_0 + by_0 = drx_0 + dsy_0 = d(rx_0 + sy_0)$$

이고, 이를 통해 $d \mid c$임을 알 수 있다. 반대로, $d \mid c$라 가정해 보자. 그래서 $c = dt$라

놓자. 정리 2.3에 의해, $d = ax_0 + by_0$ 를 만족하는 정수 x_0, y_0를 찾을 수 있다. 양변에 t를 곱하면 다음을 얻는다.

$$c = dt = (ax_0 + by_0)t = a(tx_0) + b(ty_0)$$

그러므로, 디오판투스 방정식 $ax + by = c$는 $x = tx_0$와 $y = ty_0$의 특이해를 갖는다. 지금까지가 다음 정리의 증명의 일부분이다.

정리 2.9 Theorem

선형 디오판투스 방정식 $ax + by = c$가 해를 가질 필요충분조건은 $d \mid c$, $d = \gcd(a, b)$이다. x_0, y_0가 이 방정식의 특이해라면, 다른 모든 해들은 t가 임의의 정수일 때, 다음과 같이 표현할 수 있다.

$$x = x_0 + \left(\frac{b}{d}\right)t \qquad y = y_0 - \left(\frac{a}{d}\right)t$$

증명. 정리의 두 번째 결과를 증명하기 위해, x_0, y_0가 주어진 방정식의 알려진 해라고 하자. x', y'이 다른 해라 하면,

$$ax_0 + by_0 = c = ax' + by'$$

이것은 다음과 동치이다.

$$a(x' - x_0) = b(y_0 - y')$$

정리 2.4의 따름정리에 의해, 서로 소인 정수 r, s가 존재하여 $a = dr$, $b = ds$를 만족한다. 위의 마지막 식에서 이 값들을 대입하고, 공통인수 d로 나누면 다음 식을 얻는다.

$$r(x' - x_0) = s(y_0 - y')$$

이제 $\gcd(r, s) = 1$이고 $r \mid s(y_0 - y')$이다. 유클리드 보조정리를 이용하면, $r \mid (y_0 - y')$이고, 다시 말해, 어떤 t에 대해 $y_0 - y' = rt$이다.

이를 통해 다음을 얻는다.

$$x' - x_0 = st$$

이로부터 다음 식이 유도된다.

$$x' = x_0 + st = x_0 + \left(\frac{b}{d}\right)t$$
$$y' = y_0 - rt = y_0 - \left(\frac{a}{d}\right)t$$

정수 t의 선택과 관계없이 이 값들이 디오판투스 방정식을 만족함을 쉽게 알 수 있다. 왜냐하면,

$$\begin{aligned} ax' + by' &= a\left[x_0 + \left(\frac{b}{d}\right)t\right] + b\left[y_0 - \left(\frac{a}{d}\right)t\right] \\ &= (ax_0 + by_0) + \left(\frac{ab}{d} - \frac{ab}{d}\right)t \\ &= c + 0 \cdot t \\ &= c \end{aligned}$$

그러므로, 주어진 방정식에 t를 선택함에 따라, 무한히 많은 해를 구할 수 있음을 알 수 있다.

예제 2.4
Example

다음 선형 디오판투스 방정식을 보자

$$172x + 20y = 1000$$

gcd (172, 20)을 구하기 위해 유클리드 알고리듬을 적용해보면, 다음을 얻는다.

$$\begin{aligned} 172 &= 8 \cdot 20 + 12 \\ 20 &= 1 \cdot 12 + 8 \\ 12 &= 1 \cdot 8 + 4 \\ 8 &= 2 \cdot 4 \end{aligned}$$

따라서 gcd (172, 20) = 4임을 알 수 있다. $4 \mid 1000$ 이므로, 이 방정식의 해가 존재한다. 172와 20의 선형조합으로 4를 표현하기 위해 앞의 연산을 다음과 같이 거꾸로 표현해 나가야 한다.

$$\begin{aligned} 4 &= 12 - 8 \\ &= 12 - (20 - 12) \\ &= 2 \cdot 12 - 20 \\ &= 2(172 - 8 \cdot 20) - 20 \\ &= 2 \cdot 172 + (-17)20 \end{aligned}$$

이 관계식 양변에 250을 곱함으로써 다음을 얻는다.

$$\begin{aligned} 1000 = 250 \cdot 4 &= 250[2 \cdot 172 + (-17)20] \\ &= 500 \cdot 172 + (-4250)20 \end{aligned}$$

이를 통해, $x = 500$, $y = -4250$이 위 디오판투스 방정식의 한 해가 됨을 알 수 있다. 다른 모든 해들은 임의의 정수 t를 이용하여, 다음처럼 표현할 수 있다.

$$\begin{aligned} x &= 500 + (20/4)t = 500 + 5t \\ y &= -4250 - (172/4)t = -4250 - 43t \end{aligned}$$

존재한다면 양수의 해를 얻기 위해 약간의 수고를 더 해 보도록 하자. 이를 위해 t는 다음과 같은 조건을 만족하면서 선택되어야 한다.

$$5t + 500 > 0 \qquad -43t - 4250 > 0$$

정리하면

$$-98\frac{36}{43} > t > -100$$

이다. t는 정수이기 때문에, $t = -99$임을 알 수 있다. 따라서 두 수가 모두 양인 위 디오판투스 방정식의 해는 $t = -99$일 때 $x = 5$, $y = 7$이 유일함을 알 수 있다.

정리 2.9에서 계수를 서로 소로 취하는 형태를 기록하는 것도 도움이 될 것이다.

따름정리 Corollary

$\gcd(a, b)=1$ 이고 x_0, y_0가 선형 디오판투스 방정식 $ax+by=c$의 한 해일 때, 모든 해들은 정수 t에 의해 다음과 같이 표현된다.

$$x = x_0 + bt \qquad y = y_0 - at$$

여기 예가 있다. 방정식 $5x+22y=18$은 $x_0=8$, $y_0=-1$을 한 해로 갖는다. 따름정리로부터, 임의의 t에 대해, 모든 해들은 $x=8+22t$, $y=-1-5t$로 표현됨을 알 수 있다.

디오판투스 방정식은 종종 예제 2.5와 같이 전통적인 단어 문제 같은 형식의 풀이에 사용된다.

예제 2.5 Example

한 고객이 1.32달러에 열두 개의 과일, 사과와 오렌지를 구입하였다. 사과가 오렌지보다 3센트 더 비싸고 사과를 오렌지보다 더 많이 구매하였다면, 각각 얼마나 구입하였는가?

이를 디오판투스 방정식으로 표현하기 위해, x를 구입한 사과의 수, y를 오렌지의 수라 하자. 그리고 z를 오렌지의 가격이라 하자. 그러면 문제의 조건은 다음과 같이 표현된다.

$$(z+3)x + zy = 132$$

또는

$$3x + (x+y)z = 132$$

이다. 그리고 $x+y=12$ 이므로 앞의 식은 다음과 같이 바꿔 쓸 수 있다.

$$3x + 12z = 132$$

간단히 하면 $x+4z=44$이다.

간단히 말해, 다음 디오판투스 방정식을 만족하는 x, z를 구하는 것이 이 문제의 목적이다.

$$x + 4z = 44 \tag{1}$$

$\gcd(1, 4)=1$이 44의 약수이므로, 이 방정식의 해는 존재한다. 또한 $1=1(-3)+4\cdot 1$에 44를 곱함으로써 다음을 얻는다.

$$44 = 1(-132) + 4\cdot 44$$

이를 통해 $x_0=-132$, $z_0=44$가 한 해임을 알 수 있다. 식 (1)의 다른 모든 해들은 t가 정수일 때 다음과 같이 표현할 수 있다.

$$x = -132 + 4t \qquad z = 44 - t$$

모든 t가 본 문제의 해가 되지는 않는다. $12 \geq x > 6$을 만족하는 t만이 해가 될 수 있다. 다음 식을 만족하는 t를 구하자.

$$12 \geq -132 + 4t > 6$$

이제 $12 \geq -132 + 4t$ 이므로 $t \leq 36$ 이고, 반면에 $-132 + 4t > 6$ 이므로 $t > 34\frac{1}{2}$ 이다. 두 부등식을 모두 만족하는 정수 t 는 35, 36뿐이다. 그러므로 두 가지 해가 존재한다. 개당 11센트의 사과 12개($t = 36$인 경우) 또는 개당 12센트의 사과 8개와 개당 9센트의 오렌지 4개($t = 35$ 인 경우)를 구입하는 경우이다.

이것과 같은 선형 부정방정식 문제는 1세기 중국 수학 문헌에 등장할 만큼 긴 역사를 지니고 있다. 대수적 수식의 부재로 인해 이런 문제들은 종종 수수께끼나 퍼즐과 같은 형태로 표현되었다. 장쉬첸(Chang Ch′iu-chien, 6세기)의 「수학고전」(*Mathematical Classic*)의 내용을 보면 중국 학자들의 수학적 능력을 알아 볼 수 있다. 이 훌륭한 책에는 부정방정식에 관한 가장 유명한 문제 중 하나이자 다른 문화에도 널리 알려진 “100마리 닭” 문제가 쓰여 있다. 그 문제는 다음과 같다.

> 5코인 하는 수탉, 3코인 하는 암탉, 3마리에 1코인 하는 병아리가 있을 때, 100코인으로 총 100마리가 되도록 살 수 있는 방법은 무엇인가?

방정식으로 표현하면, 다음과 같이 표현된다(x 는 수탉의 수, y 는 암탉의 수, z 는 병아리의 수이다).

$$5x + 3y + \frac{1}{3}z = 100 \qquad x + y + z = 100$$

미지수 중 하나를 소거함으로써, 두 개의 미지수를 가지는 선형 디오판투스 방정식 형태로 만들 수 있다. $z = 100 - x - y$ 를 이용하여 $5x + 3y + 1/3(100 - x - y) = 100$ 또는

$$7x + 4y = 100$$

을 얻을 수 있다.

이 식은 t 가 임의의 정수일 때, 일반해 $x = 4t$, $y = 25 - 7t$ 를 갖고, 따라서 $z = 75 + 3t$ 를 가진다. 장 (Chang)은 몇 가지 해를 제시했다.

$$\begin{aligned} x &= 4 \qquad y = 18 \qquad z = 78 \\ x &= 8 \qquad y = 11 \qquad z = 81 \\ x &= 12 \qquad y = 4 \qquad z = 84 \end{aligned}$$

약간의 계산을 통해 양의 정수로 이루어진 모든 해를 얻을 수 있다. 이를 위해, t 가 다음 식들을 동시해 만족해야 함을 알 수 있다.

$$4t > 0 \qquad 25 - 7t > 0 \qquad 75 + 3t > 0$$

뒤의 두 개는 $-25 < t < 3\frac{4}{7}$ 로 쓸 수 있다. t 가 항상 양수여야 하므로, 장이 제시한 값과 정확히 같은 $t = 1, 2, 3$임을 알 수 있다.

연습문제 2.5

1. 다음 디오판투스 방정식 중 해가 존재하지 않는 것을 구하라.
   (a) $6x + 51y = 22$
   (b) $33x + 14y = 115$
   (c) $14x + 35y = 93$
2. 다음 디오판투스 방정식의 모든 정수해를 구하라.
   (a) $56x + 72y = 40$
   (b) $24x + 138y = 18$
   (c) $221x + 35y = 11$
3. 다음 디오판투스 방정식의 모든 양의 정수해를 구하라.
   (a) $18x + 5y = 48$
   (b) $54x + 21y = 906$
   (c) $123x + 360y = 99$
   (d) $158x - 57y = 7$
4. a, b가 서로 소인 양의 정수일 때, 디오판투스 방정식 $ax - by = c$가 무한히 많은 양의 정수해를 가짐을 보여라.
   [*힌트*: $ax_0 + by_0 = c$를 만족하는 정수 x_0, y_0가 존재한다. $|x_0|/b$, $|y_0|/a$보다 큰 정수 t에 대해 주어진 방정식의 양의 해는 $x = x_0 + bt$, $y = -(y_0 - at)$이다.]
5. (a) 한 남자가 다임과 쿼터로 4.55달러를 가지고 있다. 그가 가질 수 있는 가장 많은 동전의 개수와 가장 적은 동전의 개수는 몇 개인가? 다임의 개수와 쿼터의 개수가 같을 수도 있는가?
   (b) 인근 극장의 입장 가격은 어른이 1.8달러, 아이가 0.75달러이다. 어느 저녁 전체 입장 수입이 90달러였다. 어른이 아이보다 많았다고 한다면, 전체 입장객 수는 몇 명이었는가?
   (c) 몇 개의 6과 9를 더해서 126을 만들었다. 6의 개수와 9의 개수를 바꾸면 새 합은 114가 된다. 원래의 6과 9의 수를 구하라.
6. 한 농부가 100마리의 가축을 4,000달러를 들여 구입하였다. 각 종류별 마리당 가격은 다음과 같다. 송아지는 120달러, 새끼 양은 50달러, 새끼 돼지는 25달러이다. 각 종류별로 최소한 한 마리씩은 구입했다 가정하면 각각 몇 마리씩 구입하였는지 구하라.
7. 스미스 씨가 그의 거래은행에서 수표를 현금으로 바꾸는데, 금전 출납원의 실수로 몇 센트, 몇 달러의 수가 반대로 되었다. 이를 모르는 스미스 씨는 68센트를 사용하였고, 그 후에 그가 가진 돈이 원래 수표에 적힌 금액의 2배가 되었다는 것을 알았다. 원래 수표에 적혀 있던 금액의 최소 값을 구하라.
   [*힌트*: x가 달러의 수, y가 센트의 수라 하면 $100y + x - 68 = 2(100x + y)$이다.]
8. 아래 퍼즐 문제를 풀어라.
   (a) 요크의 알퀸(Alcuin of York, 775). 100부셀의 곡식을 전체 100명의 사람 중 성인 남성에겐 3부셀씩, 여인에겐 2부셀씩, 아이에겐 0.5부셀씩 분배하였다. 얼마나 많은 성인 남성, 여인, 아이가 있었겠는가?

(b) 마하비라카랴(Mahaviracarya, 850). 같은 양의 과일과 질경이가 들어있는 63개의 더미가 있고, 7개의 과일이 있다. 이를 23명의 여행객들에게 분배하려고 한다. 각 더미의 과일은 몇 개인가?
[*힌트*: 디오판투스 방정식 $63x + 7 = 23y$ 를 참고하라.]

(c) 옌 궁(Yen Kung, 1372). 몇 개인지 모르는 동전이 있다. 이 동전으로 77개의 줄을 만든다면 50개가 부족하지만 78개의 줄을 만든다면 딱 맞아떨어진다. 몇 개의 동전이 있는가?
[*힌트*: 동전의 수가 N개라 하면, $N = 77x + 27 = 78y$, x, y는 정수이다.]

(d) 크리스토프 루돌프(Christoff Rudolff, 1526). 한 회사에 20명의 사람이 있는데, 그들의 급여 합은 20코인이고, 성인 남성은 3코인, 여인은 2코인, 아이는 $\frac{1}{2}$ 코인씩 받는다. 각각의 수를 구하라.

(e) 오일러(Euler, 1770). 100을 하나는 7의 배수이고, 하나는 11의 배수인 두 수의 합으로 표현하라.

CHAPTER 03

소수와 그 분포

Primes and Their Distribution

대단한 것은 저항 없이 예술과 결합된 수이다.
에우리피데스(EURIPIDES)

3.1 산술의 기본정리

여기서 다룰 대부분의 근본적인 것, 실제로 수론의 모든 부분에 있어서 근본적인 것은 소수의 개념에 관한 것이다. 앞에서 모든 1보다 큰 정수 a 는 ± 1 과 $\pm a$ 로 나누어짐을 보았다. 이것들이 a 의 약수의 전부일 때, 우리는 a 를 소수라 한다. 정의 3.1에서 이것과는 약간 다른 관점에서 소수를 정의해 보자.

정의 3.1 *Definition*

만약 정수 p 의 양의 약수가 1과 p 뿐일 때, 1보다 큰 p 를 *소수(prime number)*라 하자. 1보다 큰 정수 중 소수가 아닌 정수를 *합성수(composite)*라 한다.

첫 10개의 양수 중에서 2, 3, 5, 7은 소수이고 4, 6, 8, 9, 10은 합성수이다. 정수 2는 유일한 짝수인 소수이고, 위의 정의에 의하면 1은 소수도 합성수도 아닌 특별한 역할을 한다고 할 수 있다.

이 책의 나머지 부분에선, 가능한 한 p, q 를 소수로 표현하는 데 사용할 것이다.

유클리드의 「원소」의 9권 정리 14를 보면 후에 산술의 기본정리라 알려진 1보다 큰 모든 정수는 인수의 순서가 상관없다면 소수들의 곱으로 유일하게 표현된다는 정리를 표현하고 있다. 그 정리를 직접 인용해 보자. "만약 어떤 정수가 소수들로 측정할 수 있는 최소의 수이면 그 소수 이외의 어떤 소수들에 의해 측정될 수 없을 것이다." 모든 1보다 큰 정수 a가 소수이거나 기본정리에 의해 유일한 소수들의 곱 형태로 표현되기 때문에, 소수들은 수 체계에서 일종의 원소 같은 역할을 한다고 여길 수 있다. 따라서 소수는 오랜 세월에 걸쳐, 수학자들에게 호기심으로 남아있고, 비록 양수의 수열에서 그들의 분포에 대한 많은 기념비적인 정리들의 증명이 나왔지만, 여전히 미증명인 채로 남아있는 것 또한 더 놀랄 만한 것이다. 그 문제들은 모든 수학 분야에서의 유명한 미해결문제들로 꼽힌다.

단순한 예를 들어보자. 소수 3은 다음과 같은 곱의 하나로 표현될 수 있는 36을 나눔을 알 수 있다.

$$6 \cdot 6 = 9 \cdot 4 = 12 \cdot 3 = 18 \cdot 2$$

각각의 경우에서, 3은 곱에 포함된 인수 중 적어도 하나를 나눈다. 이것이 정리 3.1의 직접적인 결과로 일반적인 상황의 전형적인 예이다.

정리 3.1 Theorem p가 소수이고 $p \mid ab$이면, $p \mid a$ 또는 $p \mid b$이다.

증명. $p \mid a$이면, 더 이상 증명할 것이 없으므로, $p \nmid a$라 하자. p의 양의 약수는 1과 p 뿐이므로, $\gcd(p, a) = 1$이다. (일반적으로, $p \mid a$이면, $\gcd(p, a) = p$이고 $p \nmid a$이면 $\gcd(p, a) = 1$이다.) 그러므로, 유클리드 보조정리에 의해 $p \mid b$이다.

이 정리는 쉽게 다음 두 항 이상의 곱으로 확장된다.

따름정리 1 Corollary p가 소수이고, $p \mid a_1 a_2 \cdots a_n$이면 $1 \le k \le n$인 어떤 k에 대해 $p \mid a_k$이다.

증명. 인수의 개수 n을 이용해 귀납법을 이용하도록 하자. $n = 1$일 때, 정리는 명백히 참이다. 반면에 $n = 2$일 때는 정리 3.1 그대로이다. 귀납법 가정에 의해서, $n > 2$이고 p가 n보다 적은 인수의 곱으로 이루어진 수를 나누면, p는 그 중 하나를 나누게 된다. 이제 $p \mid a_1 a_2 \cdots a_n$이라 하자. 정리 3.1에 의해서 $p \mid a_n$ 또는 $p \mid a_1 a_2 \cdots a_{n-1}$이다. $p \mid a_n$일 경우, 우리의 결론을 만족한다. $p \mid a_1 a_2 \cdots a_{n-1}$인 경우를 보면, 귀납법 가정에 의해서 어떤 $1 \le k \le n-1$에 대해 $p \mid a_k$이다. 결국, 모든 경우에 대해서 p는 적어도 $a_1, a_2, \cdots, a_n$ 중 하나를 나눈다.

따름정리 2 Corollary 만약 $p, q_1, q_2, \cdots, q_n$이 소수이고 $p \mid q_1 q_2 \cdots q_n$이면 $1 \le k \le n$인 어떤 k에 대하여 $p = q_k$이다.

증명. 따름정리 1에 의해서, $1 \le k \le n$인 어떤 k에 대해서 $p \mid q_k$을 만족함을 알 수 있다. q_k가 소수이므로, 1과 자신을 제외한 어떤 수로도 나누어지지 않는다. $p > 1$이므로 $p = q_k$임을 알 수 있다.

이러한 결과들을 기초로 하여, 우리는 산술의 기본정리의 토대에 도달할 수 있다. 앞서 언급한 대로, 이 정리는 모든 1보다 큰 정수는 소수들의 곱으로 유일하게 표현됨을 뜻한다. 언어학적 모호함을 피하기 위해 덧붙인다면, 12의 소수 곱 표현인 $2 \cdot 3 \cdot 2$는 $2 \cdot 2 \cdot 3$과 다른 표현이 아니다. 이제 정리 3.2에서 좀 더 엄밀하게 다루어 보자.

정리 3.2 *Theorem*

산술의 기본정리. 모든 1보다 큰 양의 정수 n은 인수가 나타나는 순서를 고려하지 않을 때, 소수들의 곱으로 유일하게 표현된다.

증명. n은 소수 또는 합성수이다. 전자의 경우 더 이상 증명할 필요가 없다. n이 합성수이면, $1 < d < n$이며 $d \mid n$인 정수 d가 존재한다. 이를 만족하는 모든 정수 d 중에서, 가장 작은 p_1을 선택하자(이것이 가능한 이유는 정렬성의 원리 때문이다). p_1은 소수여야 한다. 그렇지 않을 경우 $1 < q < p_1$이 존재하는데, $q \mid p_1$이고 $p_1 \mid n$이므로 $q \mid n$이고, 이는 p_1이 n의 인수 중 1이 아닌 가장 작은 양의 약수라는 데 모순이다.

그러므로 $n = p_1 n_1$이라 표현 가능하고, p_1은 소수, $1 < n_1 < n$이다. n_1이 소수라면 우리는 원하는 결과를 얻은 것이다. 아니라면, 같은 과정을 반복함으로써 $n_1 = p_2 n_2$을 만족하는 두 번째 소수 p_2를 얻을 수 있다. 즉

$$n = p_1 p_2 n_2 \qquad 1 < n_2 < n_1$$

n_2가 소수라면, 더 이상 진행할 필요가 없다. 그렇지 않다면 p_3가 소수인 $n_2 = p_3 n_3$로 쓸 수 있다.

$$n = p_1 p_2 p_3 n_3 \qquad 1 < n_3 < n_2$$

감소 수열

$$n > n_1 > n_2 > \cdots > 1$$

은 무한하게 진행될 수 없으므로 유한 번의 과정 후에 n_{k-1}은 소수가 되고 이를 p_k라 하자. 이로부터 다음 소인수 곱을 이끌어 낼 수 있다.

$$n = p_1 p_2 \cdots p_k$$

유일성에 관련한 두 번째 증명 부분을 완성하기 위해, 정수 n이 다음 두 가지 형태의 소인수 곱으로 표현된다고 가정하자.

$$n = p_1 p_2 \cdots p_r = q_1 q_2 \cdots q_s \qquad r \le s$$

p_i와 q_j는 모두 소수이고, 증가하는 형태로 써서

$$p_1 \le p_2 \le \cdots \le p_r \qquad q_1 \le q_2 \le \cdots \le q_s$$

이다. $p_1 \mid q_1 q_2 \ldots q_s$이므로 정리 3.1의 따름정리 2에 의해 어떤 k에 대해 $p_1 = q_k$임을 알 수 있다. 이럴 경우 $p_1 \ge q_1$이고 같은 논리를 반대로 적용하면 $q_1 \ge p_1$이다. 따라서 $p_1 = q_1$이다. 양변을 같은 수 p_1으로 나누면 다음 식을 얻을 수 있다.

$$p_2 p_3 \cdots p_r = q_2 q_3 \cdots q_s$$

같은 과정을 반복함으로써 $p_2 = q_2$를 얻고, 마찬가지로 다음을 얻는다.

$$p_3p_4\cdots p_r = q_3q_4\cdots q_s$$

이런 과정을 계속한다고 할 때, $r < s$인 경우 결과적으로 다음 결론에 도달한다.

$$1 = q_{r+1}q_{r+2}\cdots q_s$$

$q_j > 1$이므로 이것은 모순이다. 따라서 $r = s$이고

$$p_1 = q_1 \qquad p_2 = q_2, \ldots, p_r = q_r$$

이고 결국 두 개의 소인수 곱은 같은 형태임을 알 수 있다. 이로써 증명이 완성되었다.

물론, $360 = 2 \cdot 2 \cdot 2 \cdot 3 \cdot 3 \cdot 5$의 경우처럼 어떤 소수들은 한 정수의 소인수 곱에서 반복적으로 등장한다. 이런 경우는 하나의 소수로 모아서 정리 3.2 따름정리로 다시 쓸 수 있다.

따름정리 Corollary

모든 양의 정수 $n > 1$은 $i = 1, 2, \cdots, r$에 대해 k_i는 양수, p_i는 $p_1 < p_2 < \cdots < p_r$을 만족하는 소수일 때, 다음과 같은 형태의 *표준형*(*canonical form*)으로 유일하게 표현된다.

$$n = p_1^{k_1} p_2^{k_2} \cdots p_r^{k_r}$$

정수 360의 표준형은 $360 = 2^3 \cdot 3^2 \cdot 5$이다. 몇 가지 예를 더 들면,

$$4725 = 3^3 \cdot 5^2 \cdot 7 \qquad \text{그리고} \qquad 17460 = 2^3 \cdot 3^2 \cdot 5 \cdot 7^2$$

소인수분해는 최대공약수를 계산하는 또 다른 방법을 제공한다. $p_1, p_2, \cdots, p_n$이 a 또는 b를 나누는 서로 다른 소수라 가정하자. 지수가 영이 되는 것을 허용하면

$$a = p_1^{k_1} p_2^{k_2} \cdots p_n^{k_n}, \quad b = p_1^{j_1} p_2^{j_2} \cdots p_n^{j_n}$$

라고 쓸 수 있다. 그러면

$$\gcd(a, b) = p_1^{r_1} p_2^{r_2} \cdots p_n^{r_n}$$

인데 여기서 $r_i = \min(k_i, j_i)$, 즉 두 개의 표현에서 p_i의 작은 지수다.

$a = 4725$이고 $b = 17460$인 경우에

$$4725 = 2^0 \cdot 3^3 \cdot 5^2 \cdot 7, \quad 17460 = 2^3 \cdot 3^2 \cdot 5 \cdot 7^2$$

이고, 따라서

$$\gcd(4725, 17460) = 2^0 \cdot 3^2 \cdot 5 \cdot 7 \cdot = 315$$

지금이 피타고라스의 유명한 결과를 삽입할 적절한 순간이다. 과학으로서의 수학은 피타고라스(기원전 569~500)에 의해 시작되었고, 유클리드의 「원소」의 많은 부분이 피타고라스와 그의 학파에서 비롯되었다. 피타고라스와 그의 학파는 짝수와 홀수, 소수와 합성수의 개념을 최초로 명확하게 규정하는 데 공헌하였다.

정리 3.3 *Theorem*

피타고라스. $\sqrt{2}$는 무리수이다.

증명. $\sqrt{2}$를 유리수라 가정하면 $\sqrt{2} = a/b$ 형태로 쓸 수 있고, a, b는 서로 소인 정수이다. 양변을 제곱하고 정리하면 $a^2 = 2b^2$이므로 $b \mid a^2$이다. $b > 1$이라면, 산술의 기본정리에 의해 소수 p가 존재하여 $p \mid b$이다. 이로부터 $p \mid a^2$이고, 정리 3.1에 의해 $p \mid a$이다. 따라서 $\gcd(a, b) \geq p$이고 b가 1이 아니라면 이는 모순이다. 그러나 $b = 1$이라면 $a^2 = 2$이고 이는 불가능하다(어떤 정수도 제곱하면 2가 될 수 없다는 사실은 증명에 앞서 우리가 인정한 사실이다). $\sqrt{2}$가 유리수라는 가정에서 모순이 되므로, $\sqrt{2}$는 무리수이다.

정리 3.3의 증명의 흥미로운 변형이 있다. $\sqrt{2} = a/b$, $\gcd(a, b) = 1$이라 하자. $\gcd(a, b) = 1$이므로 정수 r, s가 존재하여 $ar + bs = 1$이다. 결과로

$$\sqrt{2} = \sqrt{2}(ar + bs) = (\sqrt{2}a)r + (\sqrt{2}b)s = 2br + as$$

이로부터 명백히 모순적인 결과인 $\sqrt{2}$가 정수임을 뜻하는 $\sqrt{2}$의 표현을 이끌어 내었다.

연습문제 3.1

1. $n^2 - 2$ 형태의 무수히 많은 소수가 존재한다는 추론이 있다. 5가지만 예로 들어라.
2. 다음 추론이 참이 아님의 반례를 들어라: 모든 양수는 p가 소수 또는 1이고 $a \geq 0$인 $p + a^2$ 형태로 표현될 수 있다.
3. 아래 명제들을 증명하라.
   (a) $3n + 1$ 형태의 소수는 $6m + 1$로도 표현 가능하다.
   (b) 모든 $3n + 2$ 형태의 정수는 같은 형태의 소인수를 가진다.
   (c) $n^3 - 1$ 형태의 소수는 7뿐이다.
   [*힌트*: $n^3 - 1$는 $(n-1)(n^2 + n + 1)$로 표현된다.]
   (d) $3p + 1$이 완전제곱수가 되는 소수 $p = 5$가 유일하다.
   (e) $n^2 - 4$ 형태의 소수는 5가 유일하다.
4. 소수 p가 5이상 일 때 $p^2 + 2$는 합성수임을 보여라.
   [*힌트*: p는 $6k + 1$ 또는 $6k + 5$ 형태로만 표현됨을 이용하라.]
5. (a) $p \mid a^n$이고 p가 소수일 때 $p^n \mid a^n$을 증명하라.

(b) $\gcd(a, b)$가 소수 p일 때, $\gcd(a^2, b^2)$, $\gcd(a^2, b)$, $\gcd(a^3, b^2)$이 가질 수 있는 값은 얼마인가?

6. 다음 명제를 증명하라.
   (a) $n^4 + 4$ $(n > 1)$ 형태의 모든 정수는 합성수이다.
   [*힌트*: $n^4 + 4$를 두 개의 2차 인수의 곱으로 표현하라.]
   (b) $n > 4$가 합성수일 때 $n \mid (n-1)!$이다.
   (c) $8^n + 1$ 형태의 정수는 합성수이다($n \geq 1$).
   [*힌트*: $2^n + 1 \mid 2^{3n} + 1$]
   (d) 11보다 큰 모든 정수 n은 두 개의 합성수의 합으로 표현될 수 있다.
   [*힌트*: n이 짝수이면, 즉 $n = 2k$이면 $n - 6 = 2(k-3)$이고, n이 홀수이면 $n - 9$를 생각하라.]
7. 50!을 나누는 모든 소수를 구하라.
8. $p \geq q \geq 5$이고 p, q가 모두 소수일 때, $24 \mid p^2 - q^2$임을 증명하라.
9. (a) 2의 거듭제곱보다 1 큰 꼴의 소수는 무한히 많다는 추론이 있다. 예를 들어 $5 = 2^2 + 1$이다. 이러한 예를 2개 이상 찾아라.
   (b) 예를 들어, $257 = 16^2 + 1$ 같은 무한한 많은 $n^2 + 1$ 형태의 소수들이 있다는 좀 더 일반적인 추론이 있다. 이러한 형태의 예를 5가지 이상 들어라.
10. $p \neq 5$가 홀수인 소수라면, $p^2 - 1$ 또는 $p^2 + 1$은 10으로 나누어짐을 보여라.
11. 2의 거듭제곱보다 1 작은 수의 형태의 소수는 무한히 많다는 증명되지 않은 추론이 있다. 예를 들어 $3 = 2^2 - 1$이다.
   (a) 이러한 소수를 4개 이상 구하라.
   (b) $p = 2^k - 1$이 소수이면, $k = 2$이거나 홀수임을 보여라.
   [*힌트*: 모든 $n \geq 1$에 대해 $3 \mid 4^n - 1$이다.]
12. 1234, 10140, 36000의 소인수분해를 구하라.
13. $n > 1$이 $6k + 3$ 형태가 아닐 때, $n^2 + 2^n$은 합성수임을 보여라.
   [*힌트*: 2 또는 3이 $n^2 + 2^n$을 나눔을 보인다.]
14. 모든 짝수는 연속된 두 개의 소수의 차로 무한히 많은 방법으로 표현될 수 있다는 추론이 있다. 예를 들어,

$$6 = 29 - 23 = 137 - 131 = 599 - 593 = 1019 - 1013 = \cdots$$

   10을 15가지 방법의 연속된 소수의 차로 표현하라.
15. 정수 $a > 1$가 완전제곱수일 필요충분조건은 a를 소인수분해 형태의 표준형으로 표현했을 때, 소수의 지수들은 모두 짝수임을 증명하라.
16. 어떤 정수가 1보다 큰 어떤 정수의 제곱으로도 나누어지지 않을 때, *제곱 인수가 없는 수*(*square-free*)라 한다. 다음을 증명하라.
   (a) $n > 1$이 제곱 인수가 없는 수이면 n은 서로 다른 소수들의 곱으로 분해되고 그 역도 성립한다.

(b) 모든 1보다 큰 정수 n은 제곱 인수가 없는 수와 완전제곱수의 곱으로 표현된다. [*힌트*: $p_1^{k_1} p_2^{k_2} \cdots p_s^{k_s}$ 이 n의 표준형 소인수분해이면 $k_i = 2q_i + r_i$ 이고 여기서 k_i가 짝수 또는 홀수에 따라 r_i는 0 또는 1이다.]

17. 모든 정수 n은 $n = 2^k m$이며, m은 홀수이고, $k \geq 0$인 형태로 표현됨을 증명하라.

18. 몇몇 수들을 보면, p와 $p + 50$이 모두 소수인 경우는 무한히 많아 보인다. 이러한 소수를 15개만 나열하라.

19. n의 모든 소인수 p에 대해 $p^2 \mid n$인 정수 n을 *제곱가득한수*(*square-full*) 또는 *거듭제곱 가득한수*(*powerful*)라 한다. (250,000보다 작은 제곱가득한 정수는 992개가 있다.) n이 제곱가득한수라면, a, b가 양의 정수일 때 $n = a^2 b^3$ 형태로 나타낼 수 있음을 보여라.

3.2 에라토스테네스의 체

주어진 정수에 대해서, 그것이 소수인지 합성수인지 어떻게 알아낼 것인가? 또 만약 그것이 합성수라면 그것의 1인 아닌 인수는 어떻게 찾아낼 것인가? 가장 확실한 접근법은 2부터 차례대로 나누어 나가는 것이다. 그 수까지 나누어지는 것이 없다면 그 수는 소수이다. 비록 이 방법은 매우 간단하지만, 실제로 유용하지는 않다. 이에 소요되는 계산 시간을 생각하지 않고 한다면, 엄청난 시간이 실제 소요됨을 보게 될 것이기 때문이다.

필요한 계산 횟수를 줄여주는 합성수에 대한 속성을 살펴보자. 물론 여전히 해결해야 할 점은 남아있다. 정수 $a > 1$가 합성수이면, $1 < b < a$, $1 < c < a$인 b, c에 대해 $a = bc$로 쓸 수 있다. $b \leq c$라 가정하면, $b^2 \leq bc = a$이고 따라서 $b \leq \sqrt{a}$이다. $b > 1$이므로 정리 3.2에 의해 b는 하나 이상의 소인수 p를 가지고 $p \leq b \leq \sqrt{a}$이다. 더군다나 $p \mid b$이고, $b \mid a$이기 때문에 $p \mid a$이다. 요점만 간략하게 말하면 합성수 a는 언제나 $p \leq \sqrt{a}$를 만족하는 소인수 p를 가진다는 것이다.

1보다 큰 a가 소수인지 테스트해 보자. 위의 결론에 따라 $\sqrt{a}$보다 작은 소수(물론 $\sqrt{a}$까지의 소수의 기록은 알고 있다고 가정하에)만 나누어 보면 충분하다. $a = 509$를 고려해보면 명확해질 것이다. $22 < \sqrt{509} < 23$이므로, 22보다 작은 소수 2, 3, 5, 7, 11, 13, 17, 19만 시도해보면 된다. 각각으로 509를 나누어 보면, 어떤 것도 509의 약수가 아님을 알 수 있다. 결론은 509는 소수여야만 한다는 것이다.

예제 3.1 *Example*

앞서 말한 것으로부터 $a = 2093$의 표준형 소인수분해를 구하는 데 좀 더 실질적인 방법을 얻을 수 있다. $45 < \sqrt{2093} < 46$이기 때문에, 소수 2, 3, 5, 7, 11, 13, 17, 19, 23, 29, 31, 37, 41, 43만 시험해 보면 된다. 2093을 나누는 첫 번째 소수는 7이다. 그리고 $2093 = 7 \cdot 299$이다. 정수 299를 보면, 18보다 작은 7개의 소수는 2, 3, 5, 7,

11, 13, 17 ($17 < \sqrt{299} < 18$)이다. 299의 첫 번째 소인수는 13이고 $299 = 13 \cdot 23$을 얻는다. 23은 소수이므로, 2093은 정확히 다음 3개의 소인수를 가진다: 7, 13 그리고 23.

$$2093 = 7 \cdot 13 \cdot 23$$

또 다른 그리스 수학자 키레네(Cyrene)의 에라토스테네스(Eratosthenes, 기원전 276~194)는 수론에서의 기념할 만한 업적을 남겼다. 비록 후세의 사람들이 그를 주로 알렉산드리아에 있는 세계에서 가장 유명한 도서관의 관장으로 기억하지만, 에라토스테네스는 모든 분야에 있어서 그의 시대에 비록 첫 번째는 아니었지만 적어도 두 번째의 위치에 있었기 때문에 그의 별명은 "베타(Beta)"였었다. 아마 그의 가장 기억할 만한 업적은 유클리드 기하학을 이용한 간단한 방법으로 지구의 정확한 둘레를 계산해낸 것이다.

정수 $a > 1$가 어떤 소수 $p \le \sqrt{a}$로 나누어지지 않는다면, a는 소수임을 보았다. 에라토스테네스는 이 사실을 이용하여, *에라토스테네스의 체*(*Sieve of Eratosthenes*)라 불리는 어떤 정수 n보다 작은 소수를 찾는 유용한 방법을 만들어냈다. 설계는 2부터 정수 n까지를 모두 적어놓고, $\sqrt{n}$보다 작은 소수 p의 배수, $2p$, $3p$, $4p$, $5p$, $\cdots$ 들을 순서대로 지워나가는 것이다. 모든 과정이 끝난 후 남아있는 정수("체"로 걸려 지지 않고 남는 것)들이 소수이다.

100을 넘지 않는 모든 소수를 찾고 싶다고 가정하고, 위의 방법이 어떻게 작용하는지 알아보자. 2, 3, 4, $\cdots$, 100의 연속된 정수들을 살펴보자. 2가 소수이므로, 2를 제외한 모든 짝수들에 선을 긋자. 남아있는 첫 번째 정수는 3이다. 이것은 물론 소수이다. 3은 그대로 두고, 3의 배수들에 모두 선을 긋자. 이제 9, 15, 21, $\cdots$ 등이 지워졌다. (3의 짝수 배수들은 앞 단계에서 이미 지워졌다.) 이후 남아있는 가장 작은 정수는 5이다. 이것은 2, 3 어느 것으로도 나누어지지 않는다. 그렇기 때문에 여전히 남아 있는 것이고, 당연히 이는 소수이다. 이제 5의 배수들을 지워나가자. 10, 15, 20, $\cdots$ 등을 지우게 될 것이다(이 중 몇몇은 당연히 이미 지워져 있을 것이다). 2, 3, 5로 나누어지지 않는 7이 남아있는 첫 번째 정수이자 소수이다. $\sqrt{100} = 10$보다 작은 가장 큰 소수 7의 배수들을 모두 삭제한 후 2, 3, 4, $\cdots$, 100의 모든 합성수들은 체로 걸러졌다. 남아있는 정수 2, 3, 5, 7, 11, 13, 17, 19, 23, 29, 31, 37, 41, 43, 47, 53, 59, 61, 67, 71, 73, 79, 83, 89, 97은 모든 100보다 작은 소수이다.

다음 테이블이 완료된 체의 결과를 보여준다. 2의 배수는 \로 그어져 있다. 3의 배수는 / 로 그어져 있다. 5의 배수는 —로 그었다. 7의 배수는 ~로 그었다.

	2	3	~~4~~	5	~~6~~	7	~~8~~	~~9~~	~~10~~
11	~~12~~	13	~~14~~	~~15~~	~~16~~	17	~~18~~	19	~~20~~
~~21~~	~~22~~	23	~~24~~	~~25~~	~~26~~	~~27~~	~~28~~	29	~~30~~
31	~~32~~	~~33~~	~~34~~	~~35~~	~~36~~	37	~~38~~	~~39~~	~~40~~
41	~~42~~	43	~~44~~	~~45~~	~~46~~	47	~~48~~	~~49~~	~~50~~
~~51~~	~~52~~	53	~~54~~	~~55~~	~~56~~	~~57~~	~~58~~	59	~~60~~
61	~~62~~	~~63~~	~~64~~	~~65~~	~~66~~	67	~~68~~	~~69~~	~~70~~
71	~~72~~	73	~~74~~	~~75~~	~~76~~	~~77~~	~~78~~	79	~~80~~
~~81~~	~~82~~	83	~~84~~	~~85~~	~~86~~	~~87~~	~~88~~	89	~~90~~
~~91~~	~~92~~	~~93~~	~~94~~	~~95~~	~~96~~	97	~~98~~	~~99~~	~~100~~

이를 보면, 독자들에겐 한 가지 명확한 의문이 떠오를 것이다. 가장 큰 소수는 존재하는가 또는 소수는 무한한가? 유클리드의 「원소」 9권에 보면 이에 대한 간단한 증명을 볼 수 있다. 이에 관한 유클리드의 증명은 수학의 가장 우아한 증명 중 하나이다. 간단히 언급하면, 소수들의 유한한 목록이 주어지면, 누구나 그 목록 외의 다른 소수를 만들어 낼 수 있다. 다시 말해, 소수의 수는 무한하다. 좀 더 실질적인 증명은 다음에 나온다.

정리 3.4 *Theorem*

유클리드. 무한히 많은 소수가 존재한다.

증명. 유클리드의 증명은 대우를 이용하여 증명한다. $p_1 = 2$, $p_2 = 3$, $p_3 = 5$, $p_4 = 7$, ⋯ 이런 식으로 소수를 증가하는 순서대로 나열하고, 마지막 소수를 p_n이라 하자. 이제 다음과 같은 양수를 생각해 보자.

$$P = p_1 p_2 \cdots p_n + 1$$

$P > 1$ 이므로, 정리 3.2를 이용하면, P는 어떤 소수 p에 의해 나누어진다. 그러나 $p_1, p_2, \cdots, p_n$가 유일한 소수들이므로, p는 이 중 하나여야 한다. 다음 두 가지 결과, $p \mid p_1 p_2 \cdots p_n$이고 $p \mid P$를 이용하면, $p \mid P - p_1 p_2 \ldots p_n$, 다시 말해 $p \mid 1$을 얻는다. 1의 인수는 1 뿐이므로 $p \mid 1$ 이라는 것은 모순이다. 결국, 모든 소수를 포함하는 유한한 소수 집합은 존재하지 않는다. 이는 소수가 무한하다는 의미이다.

소수 p에 대해, $p^\#$을 p보다 작거나 같은 모든 소수들의 곱으로 정의하자. $p^\# + 1$ 형태의 정수들을 *유클리드 수*(*Euclidean numbers*)라 한다. 왜냐하면 소수의 무한성을 증명하는 과정에서 나타난 형태이기 때문이다. 흥미로운 점은 이러한 형태의 정수 중 처음 5개

$$\begin{aligned}
2^\# + 1 &= 2 + 1 = 3 \\
3^\# + 1 &= 2 \cdot 3 + 1 = 7 \\
5^\# + 1 &= 2 \cdot 3 \cdot 5 + 1 = 31 \\
7^\# + 1 &= 2 \cdot 3 \cdot 5 \cdot 7 + 1 = 211 \\
11^\# + 1 &= 2 \cdot 3 \cdot 5 \cdot 7 \cdot 11 + 1 = 2311
\end{aligned}$$

가 모두 소수라는 점이다. 그러나

$$13^{\#}+1=59\cdot 509$$
$$17^{\#}+1=19\cdot 97\cdot 277$$
$$19^{\#}+1=347\cdot 27953$$

은 소수가 아니다. 이제 새로운 의문은 $p^{\#}+1$ 역시 소수인 소수 p 의 개수는 무한한가라는 것이다. 마찬가지로 $p^{\#}+1$ 이 합성수인 것은 무한한가?

현재까지 $p^{\#}+1$ 형태의 소수 22개가 확인되었다. 처음 몇 개는 $p = 2, 3, 5, 7, 11, 31, 379, 1019, 1021, 2657, 3229$ 값에 대응한다. 22번째 것은 $p = 392113$일 때 생겨나고 169966자릿수를 갖는다. 그것은 2001년에 발견되었다.

유클리드의 정리는 단 하나의 증명만으로 한정하기에는 너무나 중요하다. 여기 그 이유가 있다. 다음과 같은 정수의 무한수열을 보자.

$$\begin{aligned} n_1 &= 2 \\ n_2 &= n_1+1 \\ n_3 &= n_1n_2+1 \\ n_4 &= n_1n_2n_3+1 \\ &\vdots \\ n_k &= n_1n_2\cdots n_{k-1}+1 \\ &\vdots \end{aligned}$$

각각의 n_k 가 $n_k > 1$ 이므로, 이 정수들 각각은 소수로 나누어진다. 그러나 어떤 두 n_k도 같은 소인수를 가지지 않는다. 이를 보이기 위해, $d = \gcd(n_i, n_k)$라 하자 $(i < k)$. d 가 n_i 를 나누고, $n_1n_2 \cdots n_{k-1}$ 을 나누어야 한다. $d \mid n_k$ 이므로, 정리 2.2(g)에 의해 $d \mid n_k - n_1n_2 \cdots n_{k-1}$ 또는 $d \mid 1$ 이다. 이로부터 $d = 1$ 이고 n_k 들은 서로 소이다. 우리가 하고자하는 관점은 정수 n_k 의 존재하는 개수만큼, 즉 무한개만큼 서로 다른 소수가 존재한다는 것이다.

p_n 을 보통의 순서로 n 번째 소수라 하자. 유클리드의 증명에 의해 $p_1p_2 \cdots p_n + 1$은 적어도 하나의 소수로 나누어진다. 만약 그런 소인수가 여러 개 존재한다면, p_{n+1} 은 그 중 가장 작은 소인수를 초과하지 못하므로 $p_{n+1} \le p_1p_2 \cdots p_n+1$이다. 달리 표현하면,

$$p_n \le p_1p_2\cdots p_{n-1}+1 \qquad n \ge 2$$

약간의 수정을 거치면 이 부등식은 다음과 같이 향상될 수 있다.

$$p_n \le p_1p_2\cdots p_{n-1}-1 \qquad n \ge 3$$

예를 들어, $n = 5$일 때, 이는 다음을 말해준다.

$$11 = p_5 \le 2\cdot 3\cdot 5\cdot 7-1 = 209$$

이와 같은 추정값은 실제의 값과 거리가 있음을 알 수 있다. p_n 의 좀 더 근사적인 한계치는 다음과 같은 *본즈 부등식(Bonse's inequality)*에 의해 얻어진다.

$$p_n^2 < p_1 p_2 \cdots p_{n-1} \qquad n \geq 5$$

이 부등식을 통해 $p_5^2 < 210$ 또는 $p_5 \leq 14$ 를 얻는다. p_5 의 좀 더 근사치는 다음 부등식을 통해 얻을 수 있다.

$$p_{2n} \leq p_2 p_3 \cdots p_n - 2 \qquad n \geq 3$$

여기서, 다음을 얻는다.

$$p_5 < p_6 \leq p_2 p_3 - 2 = 3 \cdot 5 - 2 = 13$$

이 식들로부터 p_n 의 크기의 근사값을 구하기 위해서, $p_1, p_2, \cdots, p_{n-1}$의 값을 알 필요가 있다. 앞에 나오는 소수의 크기가 그려지지 않는 한계에 대해서 다음 정리가 있다.

정리 3.5
Theorem

p_n 이 n 번째 소수이면, $p_n \leq 2^{2^{n-1}}$이다.

증명. n 에 대해 귀납법을 이용하자. $n = 1$일 때 위 부등식은 명백히 참이다. 귀납법 가정에 의해, $n > 1$ 이라 가정하면, n 보다 작은 모든 정수에 의해 결과를 만족한다고 하자. 그러면

$$\begin{aligned} p_{n+1} &\leq p_1 p_2 \cdots p_n + 1 \\ &\leq 2 \cdot 2^2 \cdots 2^{2^{n-1}} + 1 = 2^{1+2+2^2+\cdots+2^{n-1}} + 1 \end{aligned}$$

항등식 $1 + 2 + 2^2 + \cdots + 2^{n-1} = 2^n - 1$ 을 상기해 보면,

$$p_{n+1} \leq 2^{2^n - 1} + 1$$

을 얻는다. 그러나 모든 n 에 대해 $1 \leq 2^{2^n - 1}$이므로,

$$\begin{aligned} p_{n+1} &\leq 2^{2^n-1} + 2^{2^n-1} \\ &= 2 \cdot 2^{2^n-1} = 2^{2^n} \end{aligned}$$

이로써 귀납법에 의해 증명이 완성된다.

흥미 있는 정리 3.5의 따름정리를 보자.

따름정리
Corollary

$n \geq 1$일 때, 2^{2^n} 보다 작은, 적어도 $n + 1$개의 소수가 존재한다.

증명. 정리로부터, 소수 $p_1, p_2, \cdots, p_{n+1}$은 모두 2^{2^n} 보다 작다.

정리 3.5에서 언급한 내용보다 상당히 좋은 유계를 얻을 수 있다. 1845년에 조제프 베르트랑(Joseph Bertrand)은 2 보다 큰 정수 n 과 $2n$ 사이에는 적어도 하나의 소수가 있다는 소수의 균등한 분포에 대한 추측을 했다. 그는 그의 추측을 증명하진 못했지만, 3,000,000 이하의 n 에 대해선 증명하였다. (이것을 증명하는 하나의 방법은 각각이 이전 소수의 2배가 안 되는 다음 수열 3, 5, 7, 13, 23, 43, 83, 163, 317, 631, 1259,

2503, 5003, 9973, 19937, 39869, 79699, 159389, …을 이용하는 것이다.) 이 유명한 추측을 증명하는 데 꽤 많은 노력이 필요하므로, 1852년 러시아의 수학자 체비세프(P. L. Tchebycheff)가 첫 번째 증명을 했던 것만 언급하고 가자. 이 결과를 인정하면 다음을 증명하기는 어렵지 않다.

$$p_n < 2^n \qquad n \geq 2$$

직접적인 결과로서 $n \geq 2$일 때 $p_{n+1} < 2p_n$이다. 특히

$$11 = p_5 < 2 \cdot p_4 = 14$$

$p_n < 2^n$을 보이기 위해, n에 대해 귀납법을 이용하자. 분명히 $p_2 = 3 < 2^2$이므로, 부등식은 참이다. 이제 정수 n에 대해 부등식이 참이라 가정하면 $p_n < 2^n$이다. 베르트랑의 추측을 적용하면, $2^n < p < 2^{n+1}$을 만족하는 소수 p가 존재하고, 따라서 $p_n < p$이다. 이로부터 다음 결론 $p_{n+1} \leq p < 2^{n+1}$을 얻고 이로부터 귀납법을 만족하고, 증명이 완성된다.

특별한 형태의 소수는 지금까지 계속 흥미를 이끌어 내고 있다. 이들 중, 그것의 유사성으로 인해 반복수 소수에 대한 관심이 가장 눈에 띈다. *반복수*(*repunit*)는 11, 111, 1111처럼 1의 연속되는 배열로 이루어진 수(10진법 표현)이다. 이런 수들은 $(10^n - 1)/9$ 형태로 표현될 수 있다. n개의 연속된 1로 표현되는 반복수 정수를 기호 R_n으로 표현하기로 하자. 이러한 수들 중 특이한 수들이 그들 중에서 명백히 희귀한 형태의 소수를 나타낸다. 단지 지금까지 R_2, R_{19}, R_{23}, R_{317}, R_{1031}, R_{49081}, R_{86453}, R_{109297} 그리고 R_{270343}만이 소수로 확인되었다(마지막 것은 2007년에). $n \leq 49000$인 모든 n에 대하여 가능한 반복수 소수는 이 9개의 수뿐이라는 것이 알려져 있다. 나머지들의 존재성에 대한 어떠한 추측도 나온 것이 없다. 반복수 R_n이 소수이기 위해선, n이 소수이어야 한다. 그러나 이것은 다음에서 보듯이 충분조건은 아니다.

$$R_5 = 11111 = 41 \cdot 271 \qquad R_7 = 1111111 = 239 \cdot 4649$$

연습문제 3.2

1. $\sqrt{701}$ 보다 작은 모든 소수들의 테스트를 통해, 701이 소수인지 판별하라, 1009도 같은 방법으로 테스트하라.
2. 에라토스테네스의 체를 이용하여, 100과 200 사이의 모든 소수를 구하라.
3. $\sqrt[3]{n}$ 이하의 모든 소수 p에 대해 $p \nmid n$일 때, $n > 1$이 소수이거나 두 소수의 곱으로 표현됨을 보여라.

   [*힌트*: 결론을 부정하면 n은 적어도 3개의 소인수를 갖는다.]
4. 다음 사실을 증명하라.

   (a) 모든 소수 p에 대해 $\sqrt{p}$는 무리수이다.

(b) $a > 0$ 이고 $\sqrt[n]{a}$ 가 유리수이면 $\sqrt[n]{a}$ 는 정수이다.

(c) $n \geq 2$일 때, $\sqrt[n]{n}$ 은 무리수이다.

[*힌트*: $2^n > n$ 인 사실을 이용하라.]

5. 세 자리 수 합성수는 31 이하의 소인수를 가짐을 보여라.

6. 소수의 무한성에 대한 증명에서 빠진 부분을 채워 넣어라: 유한한 수의 소수가 존재한다고 가정하고 이를 $p_1, p_2, \cdots, p_n$ 이라 하자. A 를 이 소수들의 임의의 r 개의 곱이라 하고 $B = p_1 p_2 \cdots p_n / A$라 하자. 각각의 p_k 는 A 또는 B 를 나누고, 둘 모두를 나누진 않는다. $A + B > 1$이므로, $A + B$ 는 어느 p_k 도 아닌 소인수를 가지게 되고, 이는 모순이다.

7. 가장 큰 소수 p 의 존재성을 가정하고 $N = p! + 1$ 을 이용하여 모순에 이르도록 하여 소수의 무한성을 증명하는 유클리드의 증명을 모방하라.

8. 소수가 $p_1, p_2, \cdots, p_n$ 이렇게 유한하게 존재한다고 가정하고 다음 정수를 이용하여 모순에 이르도록 하여 소수의 무한함을 증명하는 또 다른 방법을 보여라.

$$N = p_2 p_3 \cdots p_n + p_1 p_3 \cdots p_n + \cdots + p_1 p_2 \cdots p_{n-1}$$

9. (a) $n > 2$일 때, $n < p < n!$을 만족하는 소수 p 가 있음을 보여라.

[*힌트*: $n! - 1$ 이 소수가 아니면 그것은 소인수 p 를 갖고 $p \leq n$ 은 $p \mid n!$ 을 의미하여 모순을 유도한다.]

(b) $n > 1$일 때, $n! + 1$의 모든 소인수는 n 보다 큰 홀수임을 보여라.

10. q_n 이 $P_n = p_1 p_2 \cdots p_n + 1$보다 큰 가장 작은 소수라 하자. $q_n - (p_1 p_2 \cdots p_n)$은 항상 소수라는 추측이 있다. 처음 5개 정수로 확인해 보아라.

11. p_n 이 n번째 소수라 할 때, $d_n = p_{n+1} - p_n$ 라 하자. 방정식 $d_n = d_{n+1}$ 이 무한히 많은 해를 가지느냐는 해결되지 않은 문제이다. 5가지 해를 구하라.

12. p_n 이 n 번째 소수라 할 때, 다음 각각을 증명하라.

(a) $n \geq 5$일 때 $p_n > 2n - 1$이다.

(b) $P_n = p_1 p_2 \cdots p_n + 1$ 은 완전제곱수가 될 수 없다.

[*힌트*: $n > 1$ 에 대해 각 P_n 은 $4k + 3$ 꼴이다.]

(c) 다음 식

$$\frac{1}{p_1} + \frac{1}{p_2} + \cdots + \frac{1}{p_n}$$

은 정수가 아니다.

13. 반복수 R_n 에 대해 다음을 증명하라.

(a) $n \mid m$ 이면 $R_n \mid R_m$ 이다.

[*힌트*: $m = kn$이면 다음 식을 생각하라.]

$$x^m - 1 = (x^n - 1)(x^{(k-1)n} + x^{(k-2)n} + \cdots + x^n + 1)$$

(b) $d \mid R_n$ 이고 $d \mid R_m$ 이면 $d \mid R_{n+m}$이다.

[*힌트*: $R_{m+n} = R_n 10^m + R_m$ 을 보여라.]

(c) $\gcd(n, m) = 1$이면 $\gcd(R_n, R_m) = 1$ 이다.

14. 앞 문제를 이용하여 반복수 R_{10} 의 소인수를 구하라.

3.3 골드바흐의 가설

비록 소수가 무궁무진하지만, 양의 정수에서의 이것의 분포는 더욱 신비롭다. 소수의 분포 안에서 여러 가지 패턴의 징후를 찾을 수 있지만 실제로 정확한 분포는 여전히 불분명하게 남아있다. 11과 13, 17과 19 또는 1000000000061과 1000000000063처럼 연속한 소수 사이의 간격은 매우 작다. 동시에 사이에 어떠한 소수도 존재하지 않는 임의의 큰 정수들의 간격도 존재한다.

p 와 $p + 2$가 모두 소수인 *쌍둥이 소수*(*twin primes*)가 무한히 존재하느냐의 문제는 여전히 미해결 문제이다. 몇몇 통계적 근거를 통해 긍정적인 결론을 의심하게 된다. 슈퍼 컴퓨터를 통해 30000000보다 작은 152891쌍의 쌍둥이 소수와, 10^{12}과 $10^{12} + 10000$ 사이에 20개의 쌍둥이 소수가 발견되었는데 이것은 양의 정수들이 크기로 증가함에 따라 그들의 개수는 매우 적게 증가함을 암시한다. 아주 큰 많은 쌍둥이 소수들이 알려져 있다. 2009년에 발견된 100355자리의 쌍둥이 소수가 있다.

$$65516468355 \cdot 2^{333333} \pm 1$$

연속적인 소수는 매우 가까울 수도 있지만, 반면에 매우 큰 간격을 가질 수도 있다. 간략하게 말해서 임의의 정수 n 에 대해서 n 개의 연속적인 합성수가 존재한다. 이를 증명하기 위해 다음 정수를 잠시 살펴보도록 하자.

$$(n+1)! + 2, (n+1)! + 3, \ldots, (n+1)! + (n+1)$$

여기서 $(n+1)! = (n+1) \cdot n \cdots 3 \cdot 2 \cdot 1$이다. 분명, n 개의 정수가 나열되어 있고, 이들은 연속수이다. 중요한 것은 각각의 정수가 합성수라는 것이다. 실제로 $(n + 1)! + 2$는 2로 나누어지고, $(n + 1)! + 3$은 3으로 나누어지고 나머지도 마찬가지이다.

예를 들어, 네 개의 연속적인 합성수가 요구된다면, 위에서 언급한 방법을 통해 122, 123, 124, 그리고 125를 만들어 낼 수 있다.

$$\begin{aligned} 5! + 2 &= 122 = 2 \cdot 61 \\ 5! + 3 &= 123 = 3 \cdot 41 \\ 5! + 4 &= 124 = 4 \cdot 31 \\ 5! + 5 &= 125 = 5 \cdot 25 \end{aligned}$$

물론, 24, 25, 26, 27 또는 32, 33, 34, 35 같은 또 다른 네 개의 합성수 집합을 만들어 낼 수도 있다.

앞의 예에서 살펴보았듯이, 두 개의 연속적인 소수 사이의 간격을 생성하는 과정은 어떤 정수들 사이에 존재하는지에 대해 너무 큰 값을 제공한다. 사이의 모든 수들이 합성수인 특정한 길이의 간격을 가지는 소수 쌍의 첫 번째 소수를 발견하는 일은 컴퓨터 과학자들의 일이다. 예를 들어, 소수 42842283925351과 다음 소수와의 간격은 778이다($p_{n+1} - p_n = 778$). 이보다 작은 소수들 사이엔 이러한 간격이 존재하지 않는다. 효율적으로 계산된 연속된 소수의 간격 중 가장 큰 것은 1442인데, 다시 말하면 아래의 소수 다음에 오는 1441개의 수는 모두 합성수라는 뜻이다.

$$804212830686677669$$

흥미롭게도, 컴퓨터 과학자들은 아직까지 1442에 이르는 모든 정수에 대해 연속된 소수의 간격을 찾아내지 못했다. 가장 작은 아직도 모르는 간격의 크기는 796이다. 모든 짝수 $2k$에 대한 소수의 간격(두 소수 사이의 $2k-1$개 연속적인 합성수의 열)이 존재한다는 가설이 있다.

이것은 골드바흐의 가설(Goldbach conjecture)이라 일컬어지는 또 다른 소수에 대한 미해결 문제를 가져온다. 1742년에 오일러가 골드바흐로부터 받은 편지에는 모든 짝수는 1 또는 소수로 이루어진 두 수의 합으로 표현될 수 있다는 추측이 적혀 있었다. 어느 정도 좀 더 일반적인 형태는 모든 4보다 큰 짝수는 두 개의 홀수인 소수의 합으로 표현될 수 있다는 것이다. 처음 몇 몇 짝수들을 통해 쉽게 확인해 보자.

$$\begin{aligned}
2 &= 1 + 1 \\
4 &= 2 + 2 = 1 + 3 \\
6 &= 3 + 3 = 1 + 5 \\
8 &= 3 + 5 = 1 + 7 \\
10 &= 3 + 7 = 5 + 5 \\
12 &= 5 + 7 = 1 + 11 \\
14 &= 3 + 11 = 7 + 7 = 1 + 13 \\
16 &= 3 + 13 = 5 + 11 \\
18 &= 5 + 13 = 7 + 11 = 1 + 17 \\
20 &= 3 + 17 = 7 + 13 = 1 + 19 \\
22 &= 3 + 19 = 5 + 17 = 11 + 11 \\
24 &= 5 + 19 = 7 + 17 = 11 + 13 = 1 + 23 \\
26 &= 3 + 23 = 7 + 19 = 13 + 13 \\
28 &= 5 + 23 = 11 + 17 \\
30 &= 7 + 23 = 11 + 19 = 13 + 17 = 1 + 29
\end{aligned}$$

비록 오일러가 바로 이 결과에 도전한 듯 보이진 않지만, 후에 골드바흐에게 보낸 답신을 보면, 오일러가 그 나름의 추측에 다가간 듯하다. 6 이상의 $4n+2$ 꼴의 모든 짝수는 $4n+1$ 꼴의 소수 또는 1의 두 수의 합으로 표현된다.

통계적인 자료들이 골드바흐의 가설이 사실임을 보여주는 것은 놀라운 일이다. 모든 $4 \cdot 10^{14}$ 보다 작은 짝수들에 대해선 이 추측이 사실임이 컴퓨터에 의해서 증명되었다. 수가 커질수록 $2n$을 두 개의 소수의 합으로 표현하는 서로 다른 방법의 수 역시 증가한다. 예를 들어, 짝수 100000000을 표현하는 방법의 수는 약 219400가지나 된다. 비록 이러한 직감을 통해 골드바흐의 가설은 참으로 여겨지지만, 이것은 수학적인 접근법이 되지 못한다. 그리고, 실질적인 증명을 하려는 모든 시도는 실패로 돌아갔다. 지난 세기의 가장 위대한 수학자 중 하나인 하디(G. H. Hardy)는 1921년에 발행된 코펜하겐의 수학회에 이것에 대해 이렇게 언급했다. "아마 골드바흐의 가설은 수학사의 미해결 난제 중 가장 난해한 문제일 것이다." 현재 알려진 바로는 모든 짝수는 6개 내지 이보다 작은 소수의 합으로 표현된다.

만약 골드바흐의 가설이 사실이라면, 7 보다 큰 소수는 세 개의 소수의 합으로 표현됨을 쉽게 알 수 있다. 왜냐하면, n이 7 보다 큰 소수라 한다면, $n-3$은 4 보다 큰 짝수이고 이는 두 개의 홀수인 소수의 합으로 표현되기 때문에 n은 3개의 소수의 합으로 표현된다.

최근 200년 사이에 이 추측에 대한 첫 번째 실질적인 진전은 1922년에 하디와 리틀우드(Littlewood)에 의해서 이루어졌다. 마찬가지로 아직 증명되지 않은 가설, 즉 일반화된 리만 가설(Riemann hypothesis)이 참이라는 가정 위에서 그들은 모든 충분히 큰 홀수는 3개의 소수의 합으로 표현됨을 보였다. 1937년에 러시아 수학자 비노그라도프(I. M. Vinogradov)는 이 증명에서 일반화된 리만 가설에의 의존성을 없애버렸다. 다시 말해, 그는 계산 가능한 n_0 보다 큰 모든 홀수는 세 개의 홀수 소수의 합으로 표현됨을 보인 것이다.

$$n = p_1 + p_2 + p_3 \qquad (n \text{ 충분히 큰 홀수})$$

비노그라도프는 약간은 애매한 듯 표현한 n_0가 실제 어느 정도의 크기여야 한다는 것은 밝히지 못했지만, 보로즈킨(Borozdkin, 1956)이 $n_0 < 3^{3^{15}}$임을 증명하였다. 2002년에 n_0의 유계는 10^{1346}으로 줄었다. 이후에 어떤 특정한 값 이상의 모든 짝수는 두 개 또는 네 개의 소수의 합으로 표현됨이 증명되었다. 따라서 9와 n_0 사이의 모든 홀수 n에 대한 질문에 대답하는 것으로 충분하다(주어진 정수에 대해서 지루한 계산문제이긴 하지만, 불행히도 계산문제로 치부하기엔 n_0가 여전히 너무 크다).

유명한 골드바흐의 가설의 강력한 증거들을 통해, 우리는 빠르게 그것이 참이라는 확신을 가지게 되었다. 그럼에도 불구하고, 이는 참이 아닐 수도 있다. 비노그라도프는 만약 $A(x)$가 $n \le x$인 두 개의 소수의 합으로 표현되지 않는 짝수의 개수라고 할 때 다음 식을 증명하였다.

$$\lim_{x \to \infty} A(x)/x = 0$$

이는 대부분의 짝수들이 가설을 만족함을 얘기해 준다. 에드문트 란다우(Edmund Landau)는 이에 적절히 덧붙였다. "골드바흐의 가설은 모든 짝수 중에서 많아야 0% 만이 거짓이다. 즉 *많아야* 0% 만이 이에 해당하지 않는다는 것이다. 물론 그럼에도 무한히 많은 예외가 존재할 가능성이 있다."

약간 얘기를 딴 데로 돌려서, 나눗셈 정리에 대해 알아보자, 모든 양의 정수는 적절한 양수 n에 대해서 아래와 같은 형태 중 하나로 표현될 수 있다.

$$4n \qquad 4n+1 \qquad 4n+2 \qquad 4n+3$$

분명히, 정수 $4n$과 $4n+2=2(2n+1)$은 모두 짝수이다. 그러므로, 모든 홀수는 두 개의 수열 안에 들어간다. 하나는 $4n+1$ 형태이고, 또 하나는 $4n+3$의 형태이다.

어떻게 이 두 가지 형태의 소수들이 정수의 집합에 분배되는지에 대한 질문이 생길 수 있을 것이다. 처음에 나오는 몇몇 연속적인 소수들을 $4n+3$ 형태는 위 행에, $4n+1$ 형태의 소수는 아래 행에 놓는 방식으로 배열해 보자.

3 7 11 19 23 31 43 47 59 67 71 79 83
5 13 17 29 37 41 53 61 73 89

여기서, $4n + 3$ 형태의 소수가 $4n + 1$ 형태의 소수보다 더 많이 존재함을 느낄 수 있을 것이다. 좀 더 정확한 정보를 얻기 위해, x를 초과하지 않는 $p = an+b$ 형태의 소수를 세는 함수 $\pi_{a,\,b}(x)$를 이용하자. 예를 들어 위의 표에 의하면, $\pi_{4,\,1}(89) = 10$이고 $\pi_{4,\,3}(89) = 13$이다.

1853년에 쓰여진 유명한 편지에서, 체비세프는 작은 x에 대해서 $\pi_{4,1}(x) \leq \pi_{4,\,3}(x)$을 언급하였다. 그는 또한 이 부등식이 참임을 증명했음을 덧붙였다. 1914년에 리틀우드는 부등식이 참이 아님이 무한히 자주 발생한다고 보였지만 반례가 되는 x 값을 그의 방법에 첨부하지 않았다. 이것은 실제로 찾기 어려움이 밝혀졌다. 1957년까지 컴퓨터로 인해 찾은 $x = 26861$이 위 부등식의 반례가 되는 가장 작은 소수였다. 여기서 $\pi_{4,\,1}(x) = 1473$, $\pi_{4,\,3}(x) = 1472$ 였다. 이런 반대의 결과가 나온 다음 소수가 $x = 616{,}841$이었기 때문에, 이는 꽤나 동떨어진 결과라 할 수 있다. 두드러진 것은 18540000000과 18950000000 사이의 4억 천만 개 정수에 대해서 $\pi_{4,\,1}(x) > \pi_{4,\,3}(x)$라는 것이다.

$3n \pm 1$ 형태의 소수에서 좀 더 많은 계산량이 요구된다. $x = 608981813029$까지의 모든 x에 대해 $\pi_{3,\,1}(x) \leq \pi_{3,\,2}(x)$를 만족한다.

이것은 소수의 무한성을 증명하는 유클리드의 방법에 또 하나의 즐거운 기회를 제공한다. 이 논지의 약간의 변형을 통해 $4n + 3$ 형태의 소수가 무한히 많음을 보일 수 있다. 간단한 보조정리를 통해 증명을 해 보자.

보조정리 *Lemma*

두 개 이상의 $4n+1$ 형태의 정수의 곱은 여전히 같은 형태를 유지한다.

증명. 단지 두 정수의 곱만 확인하면 충분하다. $k = 4n + 1$, $k' = 4m + 1$이라 하자. 두 수를 곱함으로써, 다음 식을 얻을 수 있고

$$\begin{aligned} kk' &= (4n+1)(4m+1) \\ &= 16nm + 4n + 4m + 1 = 4(4nm + n + m) + 1 \end{aligned}$$

이는 원하는 형태이다.

이를 통해 정리 3.6을 증명하자.

정리 3.6
Theorem

4n + 3 형태의 소수는 무한히 많이 존재한다.

증명. 모순을 예상하고, 4n + 3 형태의 소수가 유한하게 존재한다고 가정하고, 그들을 q_1, q_2, ⋯, q_s 라 하자. 다음 정수를 고려해 보자.

$$N = 4q_1q_2\cdots q_s - 1 = 4(q_1q_2\cdots q_s - 1) + 3$$

그리고 $N = r_1r_2\cdots r_t$ 를 이 수의 소인수분해 식이라 하자. N이 홀수이므로, 모든 k에 대해 $r_k \neq 2$이고, 따라서 r_k는 $4n+1$ 또는 $4n+3$ 형태이다. 보조정리에 의해서, $4n+1$ 형태의 정수의 곱은 다시 $4n+1$ 형태의 정수이다. 만약 N이 분명하지만 $4n+3$ 형태의 수라면, N은 적어도 하나의 $4n+3$ 형태의 소인수 r_i를 가져야 한다. 그러나 r_i는 위의 q_1, q_2, ⋯, q_s의 수중에는 없으므로 결국 $r_i \mid 1$ 이라는 모순에 이르게 된다. 유일한 가능한 결과는 $4n+3$ 형태의 소수가 무한하다는 것이다.

$4n+3$ 형태의 소수가 무한하다는 것을 보인 후, 떠오르는 또 하나의 의문은 이것일 것이다. 그렇다면 $4n+1$ 형태의 소수도 무한한가? 이 질문의 답도 언뜻 보기에 마찬가지로 참일 듯 여겨지지만, 그러나 증명은 필요한 수학적 도구를 찾은 뒤로 미루기로 한다. 이 두 가지 결과는 1837년에 디리클레(P. G. L. Dirichlet)의 등차수열에서 보인 증명의 특별한 경우이다. 여기에서 증명을 다루긴 상당히 어려우므로, 일단 우리는 단지 정리를 서술해 보자.

정리 3.7
Theorem

디리클레. a와 b가 서로 소인 양의 정수이면, 다음 수열은 무한히 많은 소수를 포함한다.

$$a, a+b, a+2b, a+3b, \cdots$$

디리클레의 정리는, 예를 들어 999, 1999, 100999, 1000999, ⋯ 와 같은 999로 끝나는 소수가 무한히 많음을 얘기한다. 왜냐하면 gcd (1000, 999) = 1이고 위의 수들은 $1000n+999$ 형태로 쓰이기 때문이다.

소수만을 포함하는 위와 같은 형태의 수열은 존재하지 않는다. 이를 보이기 위해 $a+nb = p$이며, p는 소수라 가정하자. $k=1, 2, 3, \cdots$ 일 때 $n_k = n+kp$라 하면 수열에서 n_k 번째 원소는

$$a + n_kb = a + (n+kp)b = (a+nb) + kpb = p + kpb$$

로 쓰인다.

마지막 오른쪽 항의 각 원소들이 모두 p로 나누어 떨어지기 때문에 $a+n_kb$도 그렇다. 이는, 이 수열이 항상 무한개의 합성수를 포함함을 얘기한다.

2008년에 (연속적일 필요는 없는) 소수로만 이루어진 유한하지만 임의로 긴 등차수열이 있다고 증명되었다. 현재까지 발견된 가장 긴 수열은 23개의 소수로 구성되어 있다.

$$56211383760397 + 44546738095860n \quad 0 \le n \le 22$$

이 수열의 공차의 소인수분해식은 아래 식과 같고

$$2^2 \cdot 3 \cdot 5 \cdot 7 \cdot 11 \cdot 13 \cdot 17 \cdot 19 \cdot 23 \cdot 99839$$

이는 23개보다 적은 소수의 곱으로 이루어진 수 9699690으로 나누어진다. 이로부터 정리 3.8이 이끌어진다.

정리 3.8 Theorem

다음 등차 수열의 모든 $n\,(> 2)$개의 항이 소수일 때,

$$p, p+d, p+2d, \ldots, p+(n-1)d$$

이 수열의 공차 d는 n보다 작은 모든 소수 q로 나누어진다.

증명. 소수 $q < n$을 생각하고 $q \nmid d$라 가정하자. 다음 등차수열

$$p, p+d, p+2d, \ldots, p+(q-1)d \tag{1}$$

의 q개의 항들이 q로 나누었을 때 서로 다른 나머지를 가짐을 주장한다. 그렇지 않다면 $0 \le j < k \le q-1$인 정수 j, k가 존재하여 수 $p+jd$와 $p+kd$는 q로 나누었을 때, 나머지가 같다. 그러면 q는 그들의 차 $(k-j)d$를 나눈다. 그러나 $\gcd(q, d) = 1$이고 유클리드의 보조정리에 의해 $q \mid k-j$이고 이것은 부등식 $k-j \le q-1$에 비추어 모순이다.

식 (1)에서 나오는 q개의 서로 다른 나머지는 q개의 정수 0, 1, ⋯, $q-1$로부터 얻어지므로 이 나머지 중 하나는 0이어야 한다. 이것은 $0 \le t \le q-1$인 어떤 t에 대해 $q \mid p+td$임을 의미한다. 부등식 $q < n \le p \le p+td$ 때문에 $p+td$는 합성수임을 강요한다. (p가 n보다 작으면 등차수열의 한 항이 $p+pd = p(1+d)$이어야 한다.) 이러한 모순으로 $q \mid d$인 증명을 완성한다.

연속적인 소수로 구성된 유한한 길이(그렇지 않다면 임의의 길이)의 등차수열이 존재함을 추측할 수 있다. 세 개 내지 네 개로 이루어진 이와 같은 수열의 예는 47, 53, 59 그리고 251, 257, 263, 269 등이 있다.

앞의 원소보다 210씩 커지는 10개의 연속된 소수로 이루어진 수열이 최근에 발견되었다. 이 수열의 가장 작은 원소는 93자리 수이다. 연속된 11개의 소수로 이루어진 등차수열을 찾는 일은 한동안 진전되지 않고 있다. '연속된'이라는 조건을 뺀다면 11개의 소수로 이루어진 위와 같은 등차수열은 쉽게 찾을 수 있다. 그중 하나가

$$110437 + 13860n \qquad 0 \le n \le 10$$

완성에 대한 흥미를 가지고 지금까지 가장 단호한 공격에 저항해온 또 다른 유명한 문제를 언급해 보자. 수 세기 동안, 수학자들은 모든 소수를 구할 수 있는 간단한 식을 구하기 위해 애를 쓰거나, 이에 실패하여 소수만을 만들어내는 그런 식을 구하기

위해 애를 써왔다. 얼핏 보기에 이런 문제는 충분히 가능해 보인다. 모든 양의 정수를 정의역으로 가지면서 치역은 모든 소수를 포함하는 무한 집합이 되는 그런 함수 $f(n)$을 찾는 것인데, 오래 전에는 이것이 2차 방정식의 다항식으로 널리 여겨졌었다. 다음 이차 다항식은 소수만을 치역으로 가질 것이라고 믿어져왔다.

$$f(n) = n^2 + n + 41$$

하지만 이것은 1772년에 오일러에 의해 거짓임이 증명되었다. $n = 0, 1, 2, \cdots, 39$까지에 대해서 위 식은 다음 표에서 보는 것처럼 소수만을 만든다.

n	$f(n)$	n	$f(n)$	n	$f(n)$
0	41	14	251	28	853
1	43	15	281	29	911
2	47	16	313	30	971
3	53	17	347	31	1033
4	61	18	383	32	1097
5	71	19	421	33	1163
6	83	20	461	34	1231
7	97	21	503	35	1301
8	113	22	547	36	1373
9	131	23	593	37	1447
10	151	24	641	38	1523
11	173	25	691	39	1601
12	197	26	743		
13	223	27	797		

하지만 이 도발적인 추측은 $n = 40$, $n = 41$에서 무참히 깨어진다. 41의 인수가 존재하기 때문이다.

$$f(40) = 40 \cdot 41 + 41 = 41^2$$
$$f(41) = 41 \cdot 42 + 41 = 41 \cdot 43$$

다음 값 $f(42) = 1847$는 다시 한 번 소수이다. 사실상, 처음 100개의 정수에 대해서 오일러 다항식이라 불리는 이 식은 86개의 소수를 만들어 낸다. 비록, 이 식이 소수를 만듦에 있어서 처음에 상당히 괜찮은 모습을 보이지만, n이 커질수록 $f(n)$보다 더 나은 결과를 주는 다음 다항식과 같은 이차함수도 있다.

$$g(n) = n^2 + n + 27941$$

예를 들어, $g(n)$은 $0 \le n \le 10^6$에서 286129의 소수를 만들지만, $f(n)$의 경우 같은 범위에서 261081개의 소수만을 만들 뿐이다.

q가 소수인, $n^2 + n + q$ 형태의 어떠한 다항식도 오일러 다항식만큼 연속적인 소수를 제공해 주지 않음이 증명되었다. 실제로, 최근까지 이러한 형태의 어떠한 다항식도 연속적으로 40개 이상의 소수를 만들지 못한다. 1988년에 발견한 다항식

$$h(n) = 103n^2 - 3945n + 34381$$

은 $n=0, 1, \cdots, 42$일 때 서로 다른 43개의 소수를 만들어 낸다. 최근의 기록은 45개의 연속적인 소수를 만들어 낸 다음 식이다.

$$k(n) = 36n^2 - 810n + 2753$$

앞의 함수들이 소수만을 생성하지 못하는 것은 이상한 일이 아니다. 정수 계수를 가지는 어떠한 다항식 $f(n)$도 소수만을 만들 수 없다는 것은 쉽게 증명된다. 실제로 그런 함수가 존재함을 가정함으로써 우리는 모순에 다다를 수 있다.

$$f(n) = a_k n^k + a_{k-1} n^{k-1} + \cdots + a_2 n^2 + a_1 n + a_0$$

모든 계수 $a_0, a_1, \cdots, a_k$는 정수이고, $a_k \neq 0$이라 하자. 고정된 값 n_0에 대해서 $p=f(n_0)$는 소수이다. 이제, 임의의 정수 t에 대해 다음 식을 살펴보자.

$$\begin{aligned} f(n_0+tp) &= a_k(n_0+tp)^k + \cdots + a_1(n_0+tp) + a_0 \\ &= (a_k n_0^k + \cdots + a_1 n_0 + a_0) + pQ(t) \\ &= f(n_0) + pQ(t) \\ &= p + pQ(t) = p(1+Q(t)) \end{aligned}$$

$Q(t)$는 정수 계수를 가지는 t에 대한 다항식이다. 이로부터 $p \mid f(n_0+tp)$임을 알 수 있고, 따라서 $f(n)$은 항상 소수라는 초기의 가정으로부터 어떤 정수 t에 대해 $f(n_0+tp)=p$이다. k차 다항식의 값이 k개 이상의 같은 값을 만들 수 없으므로, 이는 모순이다.

최근에 소수를 생성하는 함수를 찾는 성공적인 측정법이 연구되었다. 밀스(W. H. Mills)는 1947년에 $f(n)=[r^{3^n}]$이 모든 n에 대해 소수가 되는 실수 r이 존재함을 증명하였다. 이것은 단지 존재 정리이고 실제의 r값에 대해 알려진 것은 없다. 또한 이 밀스의 함수는 모든 소수를 만들어 주지도 않는다.

소수에 관한 유명하지만 아직 미해결인 추측들이 몇 개 있다. 하디와 리틀우드에 의해 제기된 것은 n^2+1 형태로 표현되는 소수가 무수히 많은지 묻는다. 해답에 가장 가까운 것은 1978년에 나왔는데, n^2+1이 소수이거나 단 두 개의 소수의 곱이 되는 무한히 많은 n의 값이 존재함이 증명되었다. 작은 값에 대하여 이것을 확인할 수 있다.

$$\begin{array}{lll} 2^2+1=5 & 5^2+1=2\cdot 13 & 9^2+1=2\cdot 41 \\ 3^2+1=2\cdot 5 & 6^2+1=37 & 10^2+1=101 \\ 4^2+1=17 & 8^2+1=5\cdot 31 & \end{array}$$

연습문제 3.3

1. 1949 와 1951이 쌍둥이 소수임을 보여라.
2. (a) 쌍둥이 소수의 곱에 1을 더하면 항상 완전제곱수를 얻을 수 있음을 보여라.
   (b) $p>3$일 때, 쌍둥이 소수 p와 $p+2$의 합은 항상 12로 나누어짐을 보여라.

3. $p-q=3$을 만족하는 모든 소수 쌍 p, q를 구하라.
4. 실베스터(Sylvester, 1896)는 다음과 같이 골드바흐의 가설을 바꾸었다. 모든 4보다 큰 짝수 $2n$은 $n/2$보다 큰 소수와 $3n/2$보다 작은 소수의 합으로 표현된다. 6과 76 사이의 짝수에 대해서 이 가설이 참임을 보여라.
5. 1752년에 골드바흐는 다음과 같은 추측을 오일러에게 보냈다. 모든 홀수는 p가 소수 또는 1이고 a는 0 이상의 정수일 때, $p+2a^2$의 형태로 표현된다. 정수 5777이 이 가설의 반례가 됨을 보여라.
6. 2보다 큰 짝수는 두 개의 소수의 합으로 표현된다는 골드바흐의 가설이 5보다 큰 정수는 세 개의 소수의 합으로 표현된다는 것과 동치임을 보여라.
[*힌트*: $2n-2=p_1+p_2$이면 $2n=p_1+p_2+2$이고 $2n+1=p_1+p_2+3$이다.]
7. 라그랑주(1775)의 가설은 다음과 같다. 모든 5보다 큰 홀수는 p_1, p_2가 소수인 p_1+2p_2의 형태로 쓰일 수 있다. 75까지의 모든 홀수를 통해 이를 확인해 보아라.
8. 주어진 양의 정수 n에 대해, n개의 방법으로 두 홀수인 소수의 합으로 표현되는 짝수 a가 존재함을 보여라. 정수 60, 78, 84가 6, 7, 8가지 방법으로 두 소수의 합으로 표현됨을 보임으로써 이를 확인해 보아라.
9. (a) $n>3$일 때, n, $n+2$, $n+4$가 모두 소수가 될 수 없음을 보여라.
   (b) p, $p+2$, $p+6$이 모두 소수인 집합을 *삼중소수쌍*(*prime-tripplet*)이라 한다. 5개의 삼중소수쌍을 구하라.
10. 다음 수열

$$(n+1)!-2,(n+1)!-3,\ldots,(n+1)!-(n+1)$$

은 $n>2$일 때 n개의 연속적인 합성수를 만듦을 보여라.

11. $f(n)=n^2+n+17$이 합성수가 되는 가장 작은 양의 정수 n을 구하라. $g(n)=n^2+21n+1$과 $h(n)=3n^2+3n+23$에 대해서도 같은 값을 구하라.
12. p_n이 n번째 소수라 하자. $n\geq 3$일 때, $p_{n+3}^2<p_n p_{n+1} p_{n+2}$을 보여라.
[*힌트*: $p_{n+3}^2<4p_{n+2}^2<8p_{n+1}p_{n+2}$임을 주목하라.]
13. 정리 3.6의 증명과 같은 방법을 이용해서, $6m+5$ 형태의 소수가 무한히 많음을 보여라.
14. 정수 $N=4(3\cdot 7\cdot 11)-1$의 $4n+3$ 형태의 소인수를 구하라. 마찬가지로 $N=4(3\cdot 7\cdot 11\cdot 15)-1$에서도 구하라.
15. 또 다른 미해결 문제는 다섯 개의 연속된 홀수로 이루어진 집합 중 4개의 원소가 소수인 집합이 무한한가이다. 그런 집합 5개를 찾아라.
16. 1을 포함하는 소수 수열을 $p_0=1$, $p_1=2$, $p_2=3$, $\cdots$이라 하자. $n\geq 1$에 대해서 적당한 계수 $\epsilon_k=\pm 1$이 존재하여 다음 식을 만족한다고 알려져 있다.

$$p_{2n}=p_{2n-1}+\sum_{k=0}^{2n-2}\epsilon_k p_k \qquad p_{2n+1}=2p_{2n}+\sum_{k=0}^{2n-1}\epsilon_k p_k$$

예를 들면

$$13 = 1 + 2 - 3 - 5 + 7 + 11$$

그리고

$$17 = 1 + 2 - 3 - 5 + 7 - 11 + 2 \cdot 13$$

소수 23, 29, 31, 37에 대해서 비슷한 표현을 구하라.

17. 1848년에 폴리냐크(de Polignac)는 모든 소수는 소수와 2의 거듭제곱수의 합으로 표현됨을 주장했다. 예를 들어, $55 = 47 + 2^3 = 23 + 2^5$이다. 정수 509와 877이 이 주장의 반례가 됨을 보여라.

18. (a) p가 소수이고, $p \nmid b$일 때, 다음 등차수열의 모든 p번째 원소가 p로 나누어짐을 보여라.

$$a, a+b, a+2b, a+3b, \cdots$$

[*힌트*: $\gcd(p, b) = 1$이므로 정수 r, s가 존재하여 $pr + bs = 1$이다. $k = 1, 2, \cdots$에 대해 $n_k = kp - as$라 놓고 $p \mid (a + n_k b)$ 임을 보여라.]

(b) (a)로부터, b가 홀수일 때, 주어진 등차수열의 모든 홀수 번째 항은 짝수임을 보여라.

19. 1950년에 임의의 정수 $n > 9$이 서로 다른 홀수인 소수의 합으로 표현됨이 증명되었다. 25, 69, 81, 125에 대해서 이를 확인해 보아라.

20. p와 $p^2 + 8$가 모두 소수라면 $p^3 + 4$ 또한 소수임을 보여라.

21. (a) 정수 $k > 0$에 대해서, $\gcd(a, b) = 1$일 때, 다음과 같은 형태의 k개의 연속적인 항들이 합성수인 등차수열을 만들어라.

$$a+b, a+2b, a+3b, \cdots$$

[*힌트*: $n = (a+b)(a+2b)\cdots(a+kb)$라 놓고 k개의 항 $a + (n+1)b$, $a + (n+2)b$, $\cdots$, $a + (n+k)b$를 생각하라.]

(b) 다음 등차수열에서 5개의 연속적인 합성수를 찾아내라.

$$6, 11, 16, 21, 26, 31, 36, \cdots$$

22. $n^2 + 3$ 형태의 연속적인 두 정수를 나누는 가장 큰 정수가 13임을 보여라.

23. (a) 쌍둥이 소수 5와 7의 평균은 삼각수 6이다. 평균이 삼각수가 되는 다른 쌍둥이 소수가 존재하는가?

(b) 쌍둥이 소수 3과 5의 평균은 완전제곱수 4이다. 평균이 완전제곱수가 되는 다른 쌍둥이 소수가 존재하는가?

24. $pq - 2$가 또한 소수인 모든 쌍둥이 소수 p, $q = p + 2$를 결정하라.

25. p_n을 n번째 소수라 하자. $n > 3$일 때, 다음을 보여라.

$$p_n < p_1 + p_2 + \cdots + p_{n-1}$$

[*힌트*: 귀납법과 베르트랑 가설을 이용하라.]

26. 다음을 보여라.

(a) 33으로 끝나는 무한히 많은 소수가 존재한다. 예를 들어, 233, 433, 733, 1033, ⋯ 등이 있다.

[*힌트*: 디리클레 정리를 적용하라.]

(b) 어떤 쌍둥이 소수에도 속하지 않은 소수는 무한히 많다.

[*힌트*: $k=1, 2, \cdots$에 대해 등차수열 $21k+5$를 생각하라.]

(c) 원하는 개수만큼의 연속적으로 1로 끝나는 소수가 항상 존재한다.

[*힌트*: n개의 연속적인 1로 끝나는 소수를 구하기 위하여 $k=1, 2, \cdots$에 대해 등차수열 10^n+R_n을 생각하라.]

(d) 123456789를 포함하지만 그것으로 끝나지 않는 소수가 무한히 많이 존재한다.

[*힌트*: $k = 1, 2, \cdots$에 대해 등차수열 $10^{11}k + 1234567891$을 생각하라.]

27. 모든 $n \geq 2$에 대해서, $p \leq n < 2p$를 만족하는 소수 p가 존재함을 보여라.

[*힌트*: $n = 2k+1$인 경우에 베르트랑 가설에 의해 $k < p < 2k$인 소수 p가 존재한다.]

28. (a) $n > 1$일 때, $n!$은 완전제곱수가 될 수 없음을 보여라.

(b) $n! + (n + 1)! + (n + 2)!$이 완전제곱수가 되는 $n \geq 1$을 구하라.

[*힌트*: $n!+(n+1)!+(n+2)! = n!(n+2)^2$을 주목하라.]

CHAPTER 04

합동이론

The Theory of Congruences

가우스는 한때 "수학은 과학의 여왕이고 수론은 수학의 여왕이다"라고 말하였다.
이것이 사실이라면 우리가 「산술 논고」는 수론의 대헌장이라고 더해도 좋을 것이다.
칸토어(M.CANTOR)

4.1 가우스

나눗셈 질문에 대한 또 다른 접근은 지금은 보통 *합동이론*(*theory of congruences*)으로 알려진 나머지의 산술을 통해 이루어진다. 그것을 강력한 도구로 만드는 개념이나 용어는 독일의 수학자 가우스(1777~1855)가 그의 저서 「산술 논고」(*Disquistiones Arithmeticae*)에서 처음으로 소개하였다. 가우스가 24세였던 1801년에 나타난 이 기념비적 업적은 현대 수론의 기초를 이루었다. 「산술 논고」의 많은 부분은 그 전년도에 프랑스 학술원의 논문집에 투고하였고 그 업적이 심사위원이 가치가 없다고 믿었을지라도 거의 변명이 서지 않는 어떤 의미로 게재 불가 판정을 받았다는 전설이 있다. (이와 같은 명예훼손적인 이야기를 잠들게 하는 시도로 학술원의 사무원은 1935년에 그들의 영구적인 기록을 철저히 조사하였고 「산술 논고」는 결코 투고되지 않았다고 결론지었다.) 크로네커는 그렇게 젊은 한 사람이 그렇게 가치 있는 결과를 가져오고 무엇보다도 완전히 새로운 원리를 그렇게 심오하고 잘 정리된 논법으로 나타낼 수 있었다는 것을 생각하는 것은 정말로 놀랄 만한 일이라고 말하였다.

가우스는 수학에 대한 천성이 곧 분명히 드러나게 된 뛰어난 신동 중 한 명이었다. 잘 입증된 이야기에 의하면, 그는 세 살의 나이에 아버지의 임금대장 계산에서 오류를 정정하였다. 그의 산술적인 능력은 그의 교사들을 압도하여 가우스가 7세 때에는 교사들

Carl Friedrich Gauss
(1777~1855)

(*Dover Publications, Inc.*)

이 더 이상 이 소년에게 가르칠 것이 없다는 것을 인정하였다. 가우스의 첫 수학 수업에서 그는 1부터 100까지의 모든 숫자의 합을 구하는 매우 바쁜 일을 요하는 수학문제에 대한 합의 공식 패턴을 선생님께 말해 선생님을 매우 놀라게 하였다.

$$1 + 100 = 101, 2 + 99 = 101, 3 + 98 = 101, \ldots, 50 + 51 = 101$$

각각을 더해 101이 되는 50쌍의 수가 있기 때문에 모든 수의 합은 $50 \cdot 101 = 5050$이어야 한다. 이 기술은 처음 n개의 양의 정수의 합에 대한 다음 공식을 유도하는 또 다른 방법을 제공한다.

$$1 + 2 + 3 + \cdots + n = \frac{n(n+1)}{2}$$

우리는 단지 1부터 n까지의 연속적인 수를 다음과 같이 두 행으로 나열할 필요가 있다.

$$\begin{array}{cccccc} 1 & 2 & 3 & \cdots & n-1 & n \\ n & n-1 & n-2 & \cdots & 2 & 1 \end{array}$$

수직적인 열의 합은 n개의 항을 만들고 그 각각은 $n + 1$과 같다. 이 항들을 더하면 우리는 $n(n + 1)$ 값을 얻는다. 수평적인 두 행을 더함으로 같은 합이 얻어지므로 공식 $n(n+1) = 2(1+2+3+\cdots+n)$이 발생한다.

가우스는 하나의 발견에 바짝 뒤따라 새로운 발견을 하는 일련의 승리를 계속해 나아갔었다. “유클리드 도구”, 즉 자와 컴퍼스만으로 정다각형을 만드는 작도 문제는 고대인들이 모든 가능한 작도를 다 규명하였다고 생각하고 오랫동안 남겨두어 왔었다. 가우스는 정17각형은 작도 가능하다는 것을 보임으로써 유클리드시대 이래 이 방면에서 최초의 진전을 이루었다. 1799년의 가우스 박사논문은 1629년에 지라르(Girard)에 의해 처음으로 언급되었고 달랑베르(d’Alembert, 1746)에 의해 불완전하게 그리고 후에 오일러(1749)에 의해 증명된 대수학의 기본정리의 엄밀한 증명을 제공하였다. 그 정리(n차 다항식은 정확히 n개의 복소근을 갖는다는 주장)는 언제나 가우스가 좋아하는 것이었고 그는 모두 네 개의 서로 다른 증명을 주었다. 1801년에 「산술 논고」의 발표는 즉시 가우스를 수학자 중 대가의 반열에 오르게 하였다.

가우스의 가장 뛰어난 업적은 수학의 영역보다는 이론 천문학 영역에 있었다. 1801년 1월 1일, 19세기가 열리는 첫날 밤에 이탈리아 천문학자 피아치(Piazzi)는 처음으로 소위 소행성(planetoids, 또는 asteroids)인, 후에 세레스(Ceres)라 부르는 것을 발견하였다. 그러나 이 새로 발견된 물체(망원경으로만 볼 수 있는)의 진로가 태양을 통과한 후에는 피아치나 어떤 다른 천문학자도 다시 그것의 위치를 찾을 수 없었다. 피아치의 관측은 41일간 계속되었고 그동안 그 궤도는 단지 9도의 각이 벗어났었다. 이 불충분한 자료로 가우스는 놀랄 만한 정확도로 세레스의 궤도를 계산하였고 그 파악하기 어려웠던 행성은 거의 정확하게 그가 예언한 위치에 그해 말에 다시 발견되었다. 이 성공으로 가우스는 세계적인 명성을 얻었고 괴팅겐 천문 관측소 소장의 임무를 맡게 되었다.

19세기 중반에 수학은 거대하고 다루기 어려운 구조로 발전해나가 전문가들만이 그 방법을 아는 그런 많은 분야로 나누어졌다. 가우스는 마지막 완벽한 수학자였고 그가 거의 모든 분야와 어느 정도로 관련이 있다고 말하는 것은 과장이 아니다. 동시대 사람들은 그를 아르키메데스나 뉴턴과 동등한 수준의 수학의 왕자라 간주한다. 이것은 조그만 일에서 드러난다. 독일에서 가장 위대한 수학자가 누구인지를 요청받고 라플라스(Laplace)는 "파프(Pfaff)가 아닐까"라고 대답하였다. 질문자가 그는 가우스라 생각하였다고 지적하였을 때 라플라스는 "파프는 지금까지 독일의 최고이고 그러나 가우스는 유럽 전체에서 최고이다"라고 대답하였다.

가우스는 수학의 모든 영역을 장식하였지만 그는 언제나 수론을 가장 존중하고 호의를 가지고 있었다. 그는 "수학은 과학의 여왕이고 수론은 수학의 여왕이다"라고 주장하였다.

4.2 합동의 기본정리

「산술 논고」의 첫째 장에서 가우스는 합동의 개념과 그것을 강력한 기술로 만들어주는 용어를 소개하였다(그는 대수적 항등과 아주 유사하기 때문에 기호 ≡을 채택하게 되었다고 설명한다). 가우스에 의하면 "수 n이 수 a와 b의 차를 측정한다면 a와 b를 n에 대해 합동이라 말하고 그렇지 않으면 합동이 아니다." 이것을 정의의 형태로 나타내면 다음 정리 4.1을 얻는다.

정의 4.1 *Definition*

n을 주어진 양의 정수라 하자. n이 차 $a-b$를 나누면, 즉 어떤 정수 k에 대해 $a-b=kn$이면 두 개의 정수 a와 b를 법(또는 모듈로) n에 대해 *합동*(*congruent modulo n*)이라 말하며 기호로 표현하면

$$a \equiv b \pmod{n}$$

개념의 이해를 위해 $n=7$을 생각하자. $3-24=(-3)7$, $-31-11=(-6)7$ 그리고 $-15-(-64)=7\cdot 7$이기 때문에 다음을 확인하는 것은 어렵지 않다.

$$3 \equiv 24 \pmod 7 \qquad -31 \equiv 11 \pmod 7 \qquad -15 \equiv -64 \pmod 7$$

$n \nmid (a-b)$이면 a는 *법 n에 대해 b와 합동이 아니다*(*incongruent to b modulo n*). 그리고 이 경우, $a \not\equiv b \pmod n$라 쓴다. 간단한 예를 보면, 7이 $25-12=13$을 나누지 못하기 때문에 $25 \not\equiv 12 \pmod 7$이다.

어떤 두 정수도 법 1에 대해 합동이고 반면에 두 정수가 모두 짝수이거나 모두 홀수일 때 법 2에 대해 합동임을 특히 유의하자. 법 1에 대해 합동은 특별히 흥미롭지 않아서 실제적으로 사용하면 $n > 1$이라 가정한다.

주어진 양의 정수 a에 대해 q와 r을 n으로 나누었을 때의 몫과 나머지라 하면

$$a = qn + r \qquad 0 \le r < n$$

이다. 그러면 합동의 정의에 의해 $a \equiv r \pmod n$이다. r은 n개의 선택이 가능하므로 모든 정수는 법 n에 대해 $0, 1, 2, \cdots, n-1$의 값 중 정확히 하나와 합동이다. 특히 $a \equiv 0 \pmod n$일 필요충분조건은 $n \mid a$이다. n개의 정수 $0, 1, 2, \cdots, n-1$의 집합을 법 n에 대한 음이 아닌 *최소 잉여류*(*least nonnegative residues modulo n*)의 집합이라 부른다.

일반적으로 n개의 정수 $a_1, a_2, \cdots, a_n$의 모임은 모든 정수가 법 n에 대해 정확히 하나의 a_k와 합동이면 법 n에 대한 *완전 잉여집합*(*또는 완전잉여계*; *complete system of residues or complete system of residues modulo n*)를 형성한다고 말한다. 다른 방법으로 말하면 $a_1, a_2, \cdots, a_n$은 법 n에 대해 $0, 1, 2, \cdots, n-1$과 어떤 순서로 합동이다. 예를 들어

$$-12, -4, 11, 13, 22, 82, 91$$

은 법 7에 대해 완전 잉여집합을 이룬다. 여기서 우리는 법 7에 대해

$$-12 \equiv 2 \quad -4 \equiv 3 \quad 11 \equiv 4 \quad 13 \equiv 6 \quad 22 \equiv 1 \quad 82 \equiv 5 \quad 91 \equiv 0$$

을 얻는다. 어떤 n개의 정수가 법 n에 대해 완전 잉여집합을 형성할 필요충분조건은 어떤 두 개의 정수도 법 n에 대해 합동이 아니라는 중요한 사실을 관찰한다. 이 사실이 후에 필요하다.

우리의 첫 번째 정리는 n으로 나누었을 때의 나머지에 의해 법 n에 대한 합동의 유용한 특징을 제공한다.

정리 4.1 Theorem 임의의 정수 a와 b에 대해 $a \equiv b \pmod n$일 필요충분조건은 a와 b는 n으로 나누었을 때, 음이 아닌 같은 나머지를 가진다는 것이다.

증명. 먼저 $a \equiv b \pmod n$이라 놓으면 어떤 정수 k에 대해 $a = b + kn$이다. n으로 나누었을 때, b는 어떤 나머지 r이 남는다. 즉, $b = qn + r$, $0 \le r < n$이다. 그러므로

$$a = b + kn = (qn + r) + kn = (q + k)n + r$$

이것은 a 도 b와 같은 나머지를 가진다는 것을 나타낸다.

반면에 같은 나머지 $r\,(0 \leq r < n)$을 갖는 $a = q_1n + r$ 그리고 $b = q_2n + r$로 쓸 수 있다고 가정하자. 그러면

$$a - b = (q_1n + r) - (q_2n + r) = (q_1 - q_2)n$$

때문에 $n \mid a - b$ 이다. 합동의 용어로 표현하면 $a \equiv b \pmod{n}$ 이다.

예제 4.1 *Example*

정수 -56과 -11은 같은 나머지 7을 갖는 다음과 같은 형태

$$-56 = (-7)9 + 7 \qquad -11 = (-2)9 + 7$$

로 표현할 수 있기 때문에 정리 4.1에 의해 $-56 \equiv -11 \pmod{9}$임을 알 수 있다. 다른 방향으로 보면 합동식 $-31 \equiv 11 \pmod{7}$은 -31과 11은 7로 나누었을 때, 같은 나머지를 가진다는 것을 의미한다. 이것은 다음 관계식으로 자명하다.

$$-31 = (-5)7 + 4 \qquad 11 = 1 \cdot 7 + 4$$

합과 곱에 관해서 합동의 성질은 보통의 항등과 유사하다는 관점에서 합동은 일반화된 항등의 형태로 간주해도 좋다. 항등의 어떤 기본 성질들은 합동에도 적용되는 것을 다음 정리가 보여준다.

정리 4.2 *Theorem*

$n > 1$이 고정되고 a, b, c, d를 임의의 정수라 하자. 그러면 다음 성질이 성립한다.

(a) $a \equiv a \pmod{n}$

(b) $a \equiv b \pmod{n}$이면 $b \equiv a \pmod{n}$이다.

(c) $a \equiv b \pmod{n}$이고 $b \equiv c \pmod{n}$이면 $a \equiv c \pmod{n}$이다.

(d) $a \equiv b \pmod{n}$이고 $c \equiv d \pmod{n}$이면 $a + c \equiv b + d \pmod{n}$이고 $ac \equiv bd \pmod{n}$이다.

(e) $a \equiv b \pmod{n}$이면 $a + c \equiv b + c \pmod{n}$이고 $ac \equiv bc \pmod{n}$이다.

(f) $a \equiv b \pmod{n}$이면 모든 양의 정수 k에 대해 $a^k \equiv b^k \pmod{n}$이다.

증명. 정수 a에 대해 $a - a = 0 \cdot n$ 이므로 $a \equiv a \pmod{n}$ 이다. 이제 $a \equiv b \pmod{n}$이면 어떤 정수 k에 대해 $a - b = kn$ 이다. 따라서, $b - a = -(kn) = (-k)n$ 이고 $-k$가 정수 이므로 성질 (b)를 만족한다.

성질 (c)는 다소 덜 분명하다. $a \equiv b \pmod{n}$ 이고 $b \equiv c \pmod{n}$이라 가정하자. 그러면 어떤 정수 h와 k가 존재하여 $a - b = hn$ 그리고 $b - c = kn$을 만족한다. 이것은

$$a - c = (a - b) + (b - c) = hn + kn = (h + k)n$$

을 따르며 합동식 용어로 $a \equiv c \pmod{n}$ 이다.

같은 맥락에서 $a \equiv b \pmod{n}$, $c \equiv d \pmod{n}$ 이면 어떤 k_1과 k_2에 대해 $a - b = k_1n$

그리고 $c-d=k_2n$ 이다. 이 두 방정식을 더하여 다음을 얻는다.

$$\begin{aligned}(a+c)-(b+d) &= (a-b)+(c-d)\\ &= k_1n+k_2n=(k_1+k_2)n\end{aligned}$$

또는 합동식 용어로 $a+c\equiv b+d \pmod{n}$이다. 성질 (d)의 두 번째 주장에 관해서는

$$ac=(b+k_1n)(d+k_2n)=bd+(bk_2+dk_1+k_1k_2n)n$$

을 주목하자. $bk_2+dk_1+k_1k_2n$ 은 정수이므로 $ac-bd$ 는 n 으로 나누어진다. 그래서 $ac\equiv bd \pmod{n}$ 이다.

성질 (e)에 대해서는 (d)와 $c\equiv c \pmod{n}$ 이라는 사실로부터 얻어진다. 마지막으로 귀납법을 적용하여 성질 (f)를 얻는다. 그 명제는 분명히 $k=1$ 인 경우에 성립한다. 그리고 어떤 고정된 k 에 대해 사실이라 가정하자. (d)로부터 $a\equiv b \pmod{n}$ 과 $a^k\equiv b^k \pmod{n}$ 은 함께하여 $aa^k\equiv bb^k \pmod{n}$ 또는 동등하게 $a^{k+1}\equiv b^{k+1} \pmod{n}$ 을 의미한다. 이것은 명제가 $k+1$ 을 택한 형태이고 따라서 귀납 단계가 완성되었다.

좀 더 나가기 전에 합동식이 어떤 종류의 계산을 수행하는 데 큰 도움을 준다는 사실을 설명하는 것이 좋겠다.

예제 4.2 *Example*

자연수 41 이 $2^{20}-1$ 을 나눈다는 사실을 보여 보자. 정리 4.2 (f)에 의해 $2^5\equiv -9 \pmod{41}$, 따라서 $(2^5)^4\equiv(-9)^4 \pmod{41}$임을 주목하자; 다시 말해 $2^{20}\equiv 81\cdot 81 \pmod{41}$이다. 그러나 $81\equiv -1 \pmod{41}$ 이므로 $81\cdot 81\equiv 1 \pmod{41}$ 이다. 정리 4.2의 (b)와 (e)를 이용하여 마지막으로

$$2^{20}-1\equiv 81\cdot 81-1\equiv 1-1\equiv 0 \pmod{41}$$

에 도달한다. 그러므로 원하던 $41\mid 2^{20}-1$ 을 얻는다.

예제 4.3 *Example*

같은 개념의 다른 예를 보자. 다음 합을 12로 나누었을 때, 얻어지는 나머지를 찾는다고 가정하자.

$$1!+2!+3!+4!+\cdots+99!+100!$$

합동의 도움 없이는 이것은 엄청난 계산이다. 우리가 처음으로 관찰하는 것은 $4!\equiv 24\equiv 0 \pmod{12}$이다. 그래서 $k\geq 4$ 이면

$$k!\equiv 4!\cdot 5\cdot 6\cdots k\equiv 0\cdot 5\cdot 6\cdots k\equiv 0 \pmod{12}$$

이런 방법으로

$$\begin{aligned}&1!+2!+3!+4!+\cdots+100!\\ &\qquad\equiv 1!+2!+3!+0+\cdots+0\equiv 9 \pmod{12}\end{aligned}$$

을 얻고 따라서 문제의 합은 12로 나누었을 때, 나머지 9를 갖는다.

정리 4.1에서 $a \equiv b \pmod{n}$이면 모든 정수 c에 대해 $ca \equiv cb \pmod{n}$임을 보았다. 그러나 그 역은 성립하지 않는다. 예를 들어, 아마도 가장 간단한 것으로 $2 \cdot 4 \equiv 2 \cdot 1 \pmod{6}$ 이며 반면에 $4 \not\equiv 1 \pmod{6}$ 임을 주목하자. 간단히 말해 합동식의 계산에 있어서 공통인수를 제한 없이 소거할 수 없음을 말한다.

적절히 주의하면 소거할 수 있다; 이런 방향에서 한 단계 중요한 것을 다음 정리로 알 수 있다.

정리 4.3 Theorem

만일 $ca \equiv cb \pmod{n}$ 이면 $a \equiv b \pmod{n/d}$, $d = \gcd(c, n)$ 이다.

증명. 가정에 의해 우리는 어떤 정수 k에 대해

$$c(a-b) = ca - cb = kn$$

이라 쓸 수 있다. $\gcd(c, n) = d$를 알고 있어 $c = dr$, $n = ds$를 만족하는 서로 소인 정수 r과 s가 존재한다. 이 값들을 위 식에 대입하고 공통인수 d를 소거하면 그 결과는

$$r(a-b) = ks$$

그러므로 $s \mid r(a-b)$ 이고 $\gcd(r, s) = 1$ 이다. 유클리드 보조정리에 의해 $s \mid a-b$ 이고 다시 쓰면 $a \equiv b \pmod{s}$; 즉, $a \equiv b \pmod{n/d}$ 이다.

정리 4.3은 $\gcd(c, n) = 1$ 의 조건이 더해지면 최고의 힘을 얻는다. 왜냐하면 모듈로 변화 없이 소거할 수 있기 때문이다.

따름정리 1 Corollary

만일 $ca \equiv cb \pmod{n}$이고 $\gcd(c, n) = 1$이면 $a \equiv b \pmod{n}$이다.

따름정리 1의 특별한 경우로 우리가 종종 사용하는 다음 따름정리 2를 적어보자.

따름정리 2 Corollary

만일 $ca \equiv cb \pmod{p}$ 이고 $p \nmid c$ (p는 소수)이면 $a \equiv b \pmod{p}$이다.

증명. $p \nmid c$와 p는 소수라는 조건은 $\gcd(c, p) = 1$ 을 의미한다.

예제 4.4 Example

합동식 $33 \equiv 15 \pmod{9}$ 또는 다른 표현으로 $3 \cdot 11 \equiv 3 \cdot 5 \pmod{9}$을 생각하자. $\gcd(3, 9) = 3$ 이므로 정리 4.3에 의해 $11 \equiv 5 \pmod{3}$ 이라는 결론을 얻는다. 또 다른 예로서 합동식 $-35 \equiv 45 \pmod{8}$, 즉 $5 \cdot (-7) \equiv 5 \cdot 9 \pmod{8}$이 주어지면 정수 5와 8은 서로 소이므로 인수 5를 소거하여 바른 합동식 $-7 \equiv 9 \pmod{8}$ 을 얻는다.

정리 4.3에서 $c \not\equiv 0 \pmod{n}$ 을 규정할 필요가 없다는 사실에 주의를 기울이자. 사실상 $c \equiv 0 \pmod{n}$이면 $\gcd(c, n) = n$ 이고 정리의 결론은 $a \equiv b \pmod{1}$을 나타낸

다. 그러나 이미 언급하였듯이 이것은 모든 정수 a, b에 대해 당연히 성립한다.

합동식에서 발생할 수 있는 또 다른 묘한 현상이 있다. 0과 합동이 아닌 두 정수의 곱이 0과 합동이 될 수 있다. 예를 들어 $4 \cdot 3 \equiv 0 \pmod{12}$, 그러나 $4 \not\equiv 0 \pmod{12}$이고 $3 \not\equiv 0 \pmod{12}$이다. $ab \equiv 0 \pmod{n}$이고 $\gcd(a, n) = 1$이면 $b \equiv 0 \pmod{n}$을 보이는 것은 단순한 일이다. 따름정리 1은 합동식 $ab \equiv a \cdot 0 \pmod{n}$의 양변에서 인수 a를 소거하는 것을 허용한다. 이것에 대한 변형으로 소수 p에 대해 $ab \equiv 0 \pmod{p}$이면 $a \equiv 0 \pmod{p}$이거나 또는 $b \equiv 0 \pmod{p}$이다.

연습문제 4.2

1. 다음 각 주장들을 증명하라.
   (a) $a \equiv b \pmod{n}$이고 $m \mid n$이면 $a \equiv b \pmod{m}$이다.
   (b) $a \equiv b \pmod{n}$이고 $c > 0$이면 $ca \equiv cb \pmod{cn}$이다.
   (c) $a \equiv b \pmod{n}$이고 정수 a, b, n이 모두 $d > 0$의 배수이면 $a/d \equiv b/d \pmod{n/d}$이다.
2. $a^2 \equiv b^2 \pmod{n}$은 $a \equiv b \pmod{n}$를 의미할 필요가 없음을 보이는 예를 하나 들어라.
3. $a \equiv b \pmod{n}$이면 $\gcd(a, n) = \gcd(b, n)$임을 증명하라.
4. (a) 2^{50}과 41^{65}을 7로 나누었을 때, 나머지를 구하라.
   (b) 다음 합을 4로 나누었을 때 나머지는 무엇인가?
$$1^5 + 2^5 + 3^5 + \cdots + 99^5 + 100^5$$
5. 정수 $53^{103} + 103^{53}$은 39의 배수이고 $111^{333} + 333^{111}$은 7의 배수임을 증명하라.
6. $n \geq 1$에 대해 합동이론을 이용하여 다음 각 나눗셈 명제를 완성하라.
   (a) $7 \mid 5^{2n} + 3 \cdot 2^{5n-2}$
   (b) $13 \mid 3^{n+2} + 4^{2n+1}$
   (c) $27 \mid 2^{5n+1} + 5^{n+2}$
   (d) $43 \mid 6^{n+2} + 7^{2n+1}$
7. $n \geq 1$에 대해 다음을 증명하라.
$$(-13)^{n+1} \equiv (-13)^n + (-13)^{n-1} \pmod{181}$$
   [*힌트*: $(-13)^2 \equiv -13 + 1 \pmod{181}$을 주목하라. n에 대한 귀납법을 이용하라.]
8. 아래 주장을 증명하라.
   (a) a가 홀수이면 $a^2 \equiv 1 \pmod{8}$이다.
   (b) 임의 정수 a에 대해 $a^3 \equiv 0$, 1 또는 $6 \pmod{7}$이다.
   (c) 임의 정수 a에 대해 $a^4 \equiv 0$, $1 \pmod{5}$이다.
   (d) 2 또는 3의 배수가 아닌 정수 a에 대해 $a^2 \equiv 1 \pmod{24}$이다.
9. p를 $n < p < 2n$을 만족하는 소수라 할 때 다음을 증명하라.
$$\binom{2n}{n} \equiv 0 \pmod{p}$$

10. $a_1, a_2, \cdots, a_n$을 법 n에 대한 완전잉여계라 하고 $\gcd(a, n) = 1$이면 $aa_1, aa_2, \cdots, aa_n$ 도 또한 법 n에 대한 완전잉여계임을 증명하라.
[*힌트*: 문제의 수들이 법 n에 대해 서로 합동이 아님을 보이면 충분하다.]
11. $0, 1, 2, 2^2, 2^3, \cdots, 2^9$은 법 11에 대한 완전잉여계를 이루나 $0, 1^2, 2^2, 3^2, \cdots, 10^2$은 아님을 증명하라.
12. 다음 명제를 증명하라.
(a) $\gcd(a, n) = 1$이면 정수

$$c, c+a, c+2a, c+3a, \ldots, c+(n-1)a$$

은 모든 c에 대해서 법 n에 대한 완전잉여계를 형성한다.
(b) 모든 연속인 n개의 정수는 법 n에 대한 완전잉여계를 형성한다.
[*힌트*: (a)를 이용하라.]
(c) 모든 n개의 연속인 정수의 곱은 n의 배수이다.
13. $n = \mathrm{lcm}(n_1, n_2)$일 때 $a \equiv b \pmod{n_1}$이고 $a \equiv b \pmod{n_2}$이면 $a \equiv b \pmod{n}$임을 입증하라. 따라서 n_1과 n_2가 서로 소이면 $a \equiv b \pmod{n_1 n_2}$이다.
14. $a^k \equiv b^k \pmod{n}$이고 $k \equiv j \pmod{n}$은 $a^j \equiv b^j \pmod{n}$을 의미할 필요가 없음을 보이는 예를 하나 들어라.
15. a가 홀수이면 모든 $n \geq 1$에 대해 다음을 완성하라.

$$a^{2^n} \equiv 1 \pmod{2^{n+2}}$$

[*힌트*: n에 대한 귀납법을 이용하라.]
16. 합동이론을 이용하여 다음을 입증하라.

$$89 \mid 2^{44} - 1 \quad \text{그리고} \quad 97 \mid 2^{48} - 1$$

17. $\gcd(b, n) = 1$일 때, $ab \equiv cd \pmod{n}$이고 $b \equiv d \pmod{n}$이면 $a \equiv c \pmod{n}$임을 증명하라.
18. $a \equiv b \pmod{n_1}$이고 $a \equiv c \pmod{n_2}$이면 $n = \gcd(n_1, n_2)$인 경우 $b \equiv c \pmod{n}$임을 증명하라.

4.3 정수의 2진법과 10진법 표현

합동이론의 가장 흥미로운 응용 중 하나는 주어진 정수가 다른 정수에 의해 나누어지는 특별한 기준을 찾는 데 있다. 진정으로 이 나눗셈 테스트는 정수 그리고 좀 더 특별하게는 10을 수 체계의 기저로 취한다는 사실에 이름 붙여 주어지는 기호 체계에 달려있다. 그러므로 주어진 정수 $b > 1$에 대해 모든 양의 정수 N은 다음과 같이 b의 거듭제곱의 항들로 유일하게 나타낼 수 있다.

$$N = a_m b^m + a_{m-1} b^{m-1} + \cdots + a_2 b^2 + a_1 b + a_0$$

여기서 계수 a_k는 b개의 서로 다른 값 0, 1, 2, …, $b-1$을 취할 수 있다. 나눗셈 정리에 의하면 정수 q_1과 a_0가 존재하여

$$N = q_1 b + a_0 \qquad 0 \le a_0 < b$$

을 만족한다. $q_1 \ge b$이면 한 번 더 나누어

$$q_1 = q_2 b + a_1 \qquad 0 \le a_1 < b$$

을 얻는다. 이제 먼저 방정식에 q_1을 대입하면

$$N = (q_2 b + a_1)b + a_0 = q_2 b^2 + a_1 b + a_0$$

을 얻는다. $q_2 \ge b$이기만 하면 같은 방법을 계속할 수 있다. 한 단계 더 가서, $q_2 = q_3 b + a_2$, $(0 \le a_2 < b)$이며, 그러므로

$$N = q_3 b^3 + a_2 b^2 + a_1 b + a_0$$

$N > q_1 > q_2 > \cdots \ge 0$은 정수들의 완전 감소수열이므로 이것은 궁극적으로 말하자면 $(m-1)$단계, 즉

$$q_{m-1} = q_m b + a_{m-1} \qquad 0 \le a_{m-1} < b$$

그리고 $0 \le q_m < b$에서 멈춰야 한다. $a_m = q_m$이라 놓고 우리의 목표인 다음 표현을 얻는다.

$$N = a_m b^m + a_{m-1} b^{m-1} + \cdots + a_1 b + a_0$$

유일성을 보이기 위해 N이 다음과 같은 두 개의 서로 다른 표현을 가지고 있다고 가정하자.

$$N = a_m b^m + \cdots + a_1 b + a_0 = c_m b^m + \cdots + c_1 b + c_0$$

여기서 각 i, j에 대해 $0 \le a_i < b$ 그리고 $0 \le c_j < b$(필요하다면 계수 $a_i = 0$ 또는 $c_j = 0$을 가진 항들을 더하여 같은 m을 사용할 수 있다). 첫 번째 표현에서 두 번째를 빼면 $i = 0, 1, \cdots, m$에 대해 $d_i = a_i - c_i$으로 놓아 다음 방정식을 얻는다.

$$0 = d_m b^m + \cdots + d_1 b + d_0$$

N에 대한 두 개의 표현은 서로 다르다고 가정하였으므로 어떤 i에 대해 $d_i \neq 0$이어야 한다. $d_k \neq 0$인 가장 작은 밑수를 k라 놓으면

$$0 = d_m b^m + \cdots + d_{k+1} b^{k+1} + d_k b^k$$

이고 그래서 b^k로 나누어

$$d_k = -b(d_m b^{m-k-1} + \cdots + d_{k+1})$$

이것은 $b \mid d_k$임을 말해준다. 이제 부등식 $0 \le a_k < b$, $0 \le c_k < b$로부터 $-b < a_k - c_k < b$

또는 $|d_k| < b$를 얻는다. 조건 $b \mid d_k$ 와 $|d_k| < b$ 를 만족하는 단 하나의 경우는 $d_k = 0$ 이며 이것은 불가능하다. 이런 모순으로 우리는 N의 표현은 유일하다는 결론을 내린다.

이 모든 것의 근본적인 특징은 정수 N이 플러스 사인과 b의 거듭제곱은 불필요한 순서가 있는 계수들의 배열 a_m, a_{m-1}, $\cdots$, a_1, a_0 에 의해 완전히 결정된다는 것이다. 그래서 수

$$N = a_m b^m + a_{m-1} b^{m-1} + \cdots + a_2 b^2 + a_1 b + a_0$$

은 더 단순한 기호

$$N = (a_m a_{m-1} \cdots a_2 a_1 a_0)_b$$

으로 다시 표현할 수 있다(오른편은 곱으로 해석되는 것이 아니라 단지 N에 대한 약자로서 표현된 것이다). 우리는 이것을 N의 기저 b 위치값 표현이라 부른다.

작은 b 값은 수의 긴 표현을 요구하지만 계수들의 더 적은 선택이 요구되는 장점을 가진다. 가장 간단한 경우는 기저 $b = 2$일 때 발생하고 그 발생하는 배열 체계를 *이진체계*(*binary number system*; 둘이란 뜻의 라틴어 *binarius*에서 유래)라 부른다. 수가 이진체계로 쓰였을 때, 정수 0과 1만이 계수로써 나타날 수 있다는 사실은 모든 양의 정수는 단 한 가지 방법으로 2의 서로 다른 거듭제곱의 합으로 표현할 수 있다는 것을 의미한다. 예를 들어 정수 105는 다음과 같이 쓸 수 있다.

$$\begin{aligned}105 &= 1 \cdot 2^6 + 1 \cdot 2^5 + 0 \cdot 2^4 + 1 \cdot 2^3 + 0 \cdot 2^2 + 0 \cdot 2 + 1 \\ &= 2^6 + 2^5 + 2^3 + 1\end{aligned}$$

또는 간략히

$$105 = (1101001)_2$$

다른 방향을 보면 $(1001111)_2$는

$$1 \cdot 2^6 + 0 \cdot 2^5 + 0 \cdot 2^4 + 1 \cdot 2^3 + 1 \cdot 2^2 + 1 \cdot 2 + 1 = 79$$

로 해석된다. 이진체계는 이진수가 0과 1의 배열에 의해 표현되기 때문에 현대 전자계산 도구에서 가장 편리하게 사용된다. 0과 1은 켜거나 끄는 스위치(또는 비슷한 전자 도구)로 기계에서 표현될 수 있다.

우리는 종종 큰 k에 대해 $a^k \pmod{n}$의 값을 계산하고 싶어 한다. a 자신을 k번 곱하여 법 n에 대해 줄이는 것보다 가장 작은 양의 나머지를 구하는 효과적인 방법이 있을까? *이진 지수 알고리듬*(*binary exponential algorithm*)이라 부르는 하나의 그런 과정은 각각을 제곱한 후 법 n에 대해 줄이는 연속적인 제곱에 의존한다. 좀 더 특별하게 지수 k는 이진수 형태로 $k = (a_m a_{m-1} \cdots a_2 a_1 a_0)_2$로 쓸 수 있고 값 $a^{2^j} \pmod{n}$은 이진표현에서 1에 대응하는 2의 거듭제곱으로 계산된다. 그러면 이 부분적인 결과들을 모두 곱하여 마지막 답을 얻는다.

다음 예를 보면 이 과정을 분명히 해준다.

예제 4.5
Example

5^{110} (mod 131) 을 계산하기 위하여 먼저 지수 110을 이진 형태로 다음과 같이 나타낼 수 있음을 주목하자.

$$110 = 64 + 32 + 8 + 4 + 2 = (110110)_2$$

그러므로 우리는 각 단계마다 각 결과를 법 131로 줄이면서 계속 제곱하여 $0 \leq j \leq 6$ 에 대해 거듭제곱 5^{2^j} (mod 131) 을 얻는다.

$$\begin{aligned} 5^2 &\equiv 25 \pmod{131} & 5^{16} &\equiv 27 \pmod{131} \\ 5^4 &\equiv 101 \pmod{131} & 5^{32} &\equiv 74 \pmod{131} \\ 5^8 &\equiv 114 \pmod{131} & 5^{64} &\equiv 105 \pmod{131} \end{aligned}$$

적당한 부분적인 결과(110의 이진표현에서 1에 대응하는 결과)를 곱하여

$$\begin{aligned} 5^{110} &= 5^{64+32+8+4+2} \\ &= 5^{64} \cdot 5^{32} \cdot 5^8 \cdot 5^4 \cdot 5^2 \\ &\equiv 105 \cdot 74 \cdot 114 \cdot 101 \cdot 25 \equiv 60 \pmod{131} \end{aligned}$$

을 얻는다.

이 과정을 다소 변형하면 법 131에 대해 거듭제곱 5, 5^2, 5^3, 5^6, 5^{12}, 5^{24}, 5^{48}, 5^{96} 을 계산하여 다음에 도달한다.

$$5^{110} = 5^{96} \cdot 5^{12} \cdot 5^2 \equiv 41 \cdot 117 \cdot 25 \equiv 60 \pmod{131}$$

이것은 2개의 곱셈이 덜 요구된다.

보통 *십진체계*(*decimal system*), 즉 $b = 10$인 경우에 기저를 나타내는 밑수 10을 생략하여 수를 기록한다. 예를 들어 기호 1492는 좀 더 어색한 표현

$$1 \cdot 10^3 + 4 \cdot 10^2 + 9 \cdot 10 + 2$$

을 의미한다. 정수 1, 4, 9, 그리고 2는 주어진 수의 *자릿수*라 부르며, 1은 천의 자리, 4는 백의 자리, 9는 십의 자리, 그리고 2는 일의 자리이다. 우리는 계수가 커야 9인 10의 거듭제곱으로 나타낸 양의 정수의 표현을 고급적인 언어로 *십진표현*(*decimal representation;* 라틴어로 열의 뜻을 가진 *decem*으로부터 유래)이라 한다.

이제 정수가 실제로 나누지 않고 9 또는 11로 나누어지는지를 결정하는 기준을 유도하려고 한다. 이것을 위해 정수 계수의 다항식에 관한 합동식을 다루는 하나의 결과가 필요하다.

정리 4.4
Theorem

$P(x) = \sum_{k=0}^{m} c_k x^k$ 를 정수계수 c_k 를 가진 x 의 다항 함수라 하자. $a \equiv b \pmod{n}$이면 $P(a) \equiv P(b) \pmod{n}$이다.

증명. $a \equiv b \pmod{n}$이므로 정리 4.2의 (f)를 적용하면 $k = 0, 1, \cdots, m$ 에 대하여 $a^k \equiv b^k \pmod{n}$을 얻고 따라서 모든 그런 k에 대해

$$c_k a^k \equiv c_k b^k \pmod{n}$$

이다. 그리고 $m+1$ 합동식을 더하여 다음 결론

$$\sum_{k=0}^{m} c_k a^k \equiv \sum_{k=0}^{m} c_k b^k \pmod{n}$$

을 얻거나 다른 표현으로 $P(a) \equiv P(b) \pmod{n}$이다.

$P(x)$가 정수 계수 다항식이면 $P(a) \equiv 0 \pmod{n}$이면 a를 합동식 $P(x) \equiv 0 \pmod{n}$의 해라 말한다.

따름정리 Corollary

a가 합동식 $P(x) \equiv 0 \pmod{n}$의 해이고 $a \equiv b \pmod{n}$이면 b 또한 해이다.

증명. 위의 정리로부터 $P(a) \equiv P(b) \pmod{n}$을 알고 있다. 그러므로 a가 합동식 $P(x) \equiv 0 \pmod{n}$의 해이면 $P(b) \equiv P(a) \equiv 0 \pmod{n}$이고 이는 b가 해임을 말한다.

기억해야 할 하나의 나눗셈 테스트는 이것이다. 양의 정수가 9로 나누어질 필요충분조건은 십진표현에서 각 자릿수의 합이 9로 나누어지는 것이다.

정리 4.5 Theorem

양의 정수 N의 십진표현을 $N = a_m 10^m + a_{m-1} 10^{m-1} + \cdots + a_1 10 + a_0$, $0 \le a_k < 10$라 놓고 $S = a_0 + a_1 + \cdots + a_m$이라 하자. 그러면 $9 \mid N$일 필요충분조건은 $9 \mid S$이다.

증명. 정수 계수 다항식 $P(x) = \sum_{k=0}^{m} a_k x^k$을 생각하자. 주요한 관점은 $10 \equiv 1 \pmod{9}$이다. 따라서 정리 4.4에 의해 $P(10) \equiv P(1) \pmod{9}$이다. 그러나 $P(10) = N$이고 $P(1) = a_0 + a_1 + \cdots + a_m = S$이며, 그래서 $N \equiv S \pmod{9}$이다. 그러므로 $N \equiv 0 \pmod{9}$일 필요충분조건은 $S \equiv 0 \pmod{9}$이며 이것이 우리가 증명하고자 한 것이다.

정리 4.4는 또한 11로 나누어지는 잘 알려진 테스트에 대한 기초 역할을 한다. 정수가 11로 나누어질 필요충분조건은 그 자릿수의 교대 합이 11로 나누어지는 것이다. 우리는 이것을 정리 4.6에 더 정확히 언급한다.

정리 4.6 Theorem

양의 정수 N의 십진표현을 $N = a_m 10^m + a_{m-1} 10^{m-1} + \cdots + a_1 10 + a_0$, $0 \le a_k < 10$라 놓고 $T = a_0 - a_1 + a_2 - \cdots + (-1)^m a_m$이라 하자. 그러면 $11 \mid N$일 필요충분조건은 $11 \mid T$이다.

증명. 정리 4.5의 증명에서와 같이 $P(x) = \sum_{k=0}^{m} a_k x^k$라 놓자. $10 \equiv -1 \pmod{11}$이므로 $P(10) \equiv P(-1) \pmod{11}$이다. 그러나 $P(10) = N$이고, 반면에

$$P(-1) = a_0 - a_1 + a_2 - \cdots + (-1)^m a_m = T$$

이다. 그래서 $N \equiv T \pmod{11}$이다. 그러므로 N과 T 둘 다 11로 나누어지든가 또는 둘 다 11로 나누어지지 않는 것을 의미한다.

예제 4.6
Example

마지막 두 결과의 예를 보기 위해 정수 $N = 1{,}571{,}724$를 택하자. 합

$$1 + 5 + 7 + 1 + 7 + 2 + 4 = 27$$

은 9로 나누어지기 때문에 정리 4.5는 9가 N을 나누는 것을 보장한다. 그것은 또한 11로도 나누어질 수 있다. 왜냐하면 교대합

$$4 - 2 + 7 - 1 + 7 - 5 + 1 = 11$$

이 11로 나누어지기 때문이다.

합동이론은 종종 전달 오류나 위조 여부를 파악하기 위해 신분 번호에 특별한 검사 자리를 덧붙여 사용하곤 한다. 어떤 종류의 개인 신분 번호는 여권, 신용카드, 은행 계좌 그리고 다른 다양한 곳에 나타난다.

어떤 은행은 마지막 검사 자리 a_9과 함께 8자리 신분 번호 $a_1 a_2 \cdots a_8$을 사용한다. 검사 자리는 보통 어떤 "가중치"에 의한 자리 $a_i\,(1 \le i \le 8)$을 곱하고 가중치 곱의 합을 법 10으로 계산함으로써 얻을 수 있다. 예를 들어 검사 자리는 다음을 만족하는 것으로 선택해도 좋다.

$$a_9 \equiv 7a_1 + 3a_2 + 9a_3 + 7a_4 + 3a_5 + 9a_6 + 7a_7 + 3a_8 \pmod{10}$$

그러면 신분 번호 81504216은 검사 자리

$$a_9 \equiv 7 \cdot 8 + 3 \cdot 1 + 9 \cdot 5 + 7 \cdot 0 + 3 \cdot 4 + 9 \cdot 2 + 7 \cdot 1 + 3 \cdot 6 \equiv 9 \pmod{10}$$

을 가지고 그래서 815042169가 인쇄된다.

이러한 검사 자리를 부여한 가중치 설계는 신분번호에서 어떤 한 자리 오류를 감지한다. 자리 a_i가 다른 a_i'으로 바뀌었다 가정하자. 검사 자리가 계산된 방법으로 정확한 a_9과 새로운 a_9'의 차는

$$a_9 - a_9' \equiv k(a_i - a_i') \pmod{10}$$

여기서 k는 a_i'의 위치에 따라 7, 3 또는 9이다. $k(a_i - a_i') \not\equiv 0 \pmod{10}$이므로 $a_9 \neq a_9'$이고 오류는 분명하다. 그러므로 올바른 수 81504216은 기대한 9 보다는 8로 나타나는 검사 자리를 계산한 전산 프로그램으로 부정확하게 81504316 으로 입력된 것이다.

법 10의 접근 방법은 전적으로 효과적이지 않다. 왜냐하면, 그것은 일련의 자릿수에서 인접한 서로 다른 항 a와 b가 바뀌는 보통의 오류를 언제나 감지할 수 있는 것은 아니다. 설명하면, 신분 번호 81504216과 81504261은 우리의 예로 쓴 가중치를 사용하였을 때, 같은 검사 자리 9를 가진다(문제는 $|a - b| = 5$일 때 발생한다). 이런 가능한 오류를 피하기 위하여 더 큰 법과 다른 가중치를 가진 좀 더 기발한 방법이 유용하다.

연습문제 4.3

1. 이진 지수 알고리듬을 이용하여 $19^{53} \pmod{503}$과 $141^{47} \pmod{1537}$을 계산하라.
2. 다음 명제를 증명하라.
   (a) 어떤 정수 a에 대해서 a^2의 일의 자리 수는 0, 1, 4, 5, 6 또는 9이다.
   (b) 정수 0, 1, 2, 3, 4, 5, 6, 7, 8, 9 중 어떤 것도 a^3의 일의 자리로 나타날 수 있다.
   (c) 어떤 정수 a에 대해서 a^4의 일의 자리 수는 0, 1, 5 또는 6이다.
   (d) 삼각수의 일의 자릿수는 0, 1, 3, 5, 6 또는 8이다.
3. 수 9^{9^9}의 마지막 두 자리 수를 구하라.
   [*힌트*: $9^9 \equiv 9 \pmod{10}$이며, 그러므로 $9^{9^9} = 9^{9+10k}$이다. 그리고 $9^9 \equiv 89 \pmod{100}$의 사실을 이용하라.]
4. 나누지 않고 정수 176,521,221과 149,235,678은 9 또는 11로 나누어지는지를 결정하라.
5. (a) 정리 4.6의 다음 일반화를 얻어라. 정수 N이 기저 b로 표현하여

$$N = a_m b^m + \cdots + a_2 b^2 + a_1 b + a_0 \qquad 0 \le a_k \le b-1$$

   이면 $b-1 \mid N$일 필요충분조건은 $b-1 \mid (a_m + \cdots + a_2 + a_1 + a_0)$이다.
   (b) N을 기저 9로 썼을 때, N의 자리 수에 의한 3과 8로 나누어지는 기준을 구하라.
   (c) 정수 $(447836)_9$은 3과 8로 나누어지는가?
6. 법 9 또는 11을 적용하여 아래 계산에서 사라진 자리를 구하라.
   (a) $51840 \cdot 273581 = 1418243x040$
   (b) $2x99561 = [3(523+x)]^2$
   (c) $2784x = x \cdot 5569$
   (d) $512 \cdot 1x53125 = 1000000000$
7. 다음 나눗셈 기준을 완성하라.
   (a) 한 정수가 2의 배수일 동치 조건은 일의 자리가 0, 2, 4, 6 또는 8이다.
   (b) 한 정수가 3의 배수일 동치 조건은 각 자리의 합이 3의 배수이다.
   (c) 한 정수가 4의 배수일 동치 조건은 십의 자리와 일의 자리로 이루어진 수가 4의 배수이다.
   [*힌트*: $k \ge 2$에 대해 $10^k \equiv 0 \pmod 4$이다.]
   (d) 한 정수가 5의 배수일 동치 조건은 일의 자리가 0 또는 5이다.
8. 어떤 양의 정수 a에 대해 $a^2 - a + 7$은 마지막 자리가 3, 7 또는 9로 끝남을 증명하라.
9. 4444^{4444}를 9로 나누었을 때, 나머지를 구하라.
   [*힌트*: $2^3 \equiv -1 \pmod 9$을 주목하라.]

10. 자릿수를 모두 더하여 15가 되는 어떤 정수도 완전제곱수나 세제곱수가 될 수 없음을 증명하라.

    [*힌트*: 어떤 a에 대해 $a^3 \equiv 0$, 1 또는 8 (mod 9)이다.]

11. 495가 273x49y5를 나눈다고 가정하고 x, y를 구하라.

12. 수 7^{999}의 마지막 세 자리를 결정하라.

    [*힌트*: $7^{4n} \equiv (1 + 400)^n \equiv 1 + 400n \pmod{1000}$]

13. t_n을 n번째 삼각수라 놓으면 $t_{n+2k} \equiv t_n \pmod{k}$을 보여라. 따라서 t_n과 t_{n+20}은 같은 마지막 자리를 갖는다.

14. 어떤 $n \geq 1$에 대해 적어도 n개의 자릿수가 0인 소수가 존재함을 증명하라.

    [*힌트*: $k = 1, 2, \cdots$에 대한 등차수열 $10^{n+1}k + 1$을 생각하라.]

15. $1! + 2! + 3! + \cdots + n!$이 완전제곱이 되는 $n \geq 1$의 값을 구하라.

    [*힌트*: 문제 2(a)를 참고하라.]

16. 2^n이 정수 N을 나누는 필요충분조건은 2^n이 N의 마지막 n자리로 이루어진 수를 나눈다는 사실을 보여라.

    [*힌트*: $k \geq n$에 대해 $10^k = 2^k 5^k \equiv 0 \pmod{2^n}$이다.]

17. 양의 정수 N의 십진 표현을 $N = a_m 10^m + \cdots + a_1 10 + a_0$, $0 \leq a_k \leq 9$라 놓자.

    (a) 7, 11 그리고 13 모두가 N을 나눌 필요충분조건은 7, 11 그리고 13이 다음 정수

    $$M = (100a_2 + 10a_1 + a_0) - (100a_5 + 10a_4 + a_3) + (100a_8 + 10a_7 + a_6) - \cdots$$

    를 나눈다는 사실을 증명하라.

    [*힌트*: n이 짝수이면 $10^{3n} \equiv 1$, $10^{3n+1} \equiv 10$, $10^{3n+2} \equiv 100 \pmod{1001}$이고 n이 홀수이면 $10^{3n} \equiv -1$, $10^{3n+1} \equiv -10$, $10^{3n+2} \equiv -100 \pmod{1001}$이다.]

    (b) 6이 N을 나눌 필요충분조건은 6이 다음 정수

    $$M = a_0 + 4a_1 + 4a_2 + \cdots + 4a_m$$

    를 나눈다는 사실을 증명하라.

18. 나누지 않고 정수 1010908899가 7, 11, 그리고 13으로 나누어지는지를 결정하라.

19. (a) 주어진 정수 N에 대해 M을 N의 자리의 순서를 바꾸어 만든 정수(예를 들어, $N = 6923$이면 $M = 3296$)이라 하자. 그러면 $N - M$은 9의 배수임을 보여라.

    (b) 앞으로 읽으나 뒤로 읽으나 같은 수를 *회문 수*(*palindrome*; 예를 들어, 373과 521125)라 한다. 짝수 개의 자릿수를 가진 회문 수는 11로 나누어짐을 증명하라.

20. 주어진 반복수 R_n에 대해 다음을 증명하라.

    (a) $9 \mid R_n$일 필요충분조건은 $9 \mid n$이다.

    (b) $11 \mid R_n$일 필요충분조건은 n은 짝수이다.

21. 반복수 $R_6 = 111111$ 를 소수의 곱으로 소인수분해하라.
[*힌트*: 문제 17(a)를 참고하라.]

22. 다음과 같은 기발한 계산이 성립하는 이유를 설명하라.

$$
\begin{aligned}
1 \cdot 9 + 2 &= 11 \\
12 \cdot 9 + 3 &= 111 \\
123 \cdot 9 + 4 &= 1111 \\
1234 \cdot 9 + 5 &= 11111 \\
12345 \cdot 9 + 6 &= 111111 \\
123456 \cdot 9 + 7 &= 1111111 \\
1234567 \cdot 9 + 8 &= 11111111 \\
12345678 \cdot 9 + 9 &= 111111111 \\
123456789 \cdot 9 + 10 &= 1111111111
\end{aligned}
$$

[*힌트*: 다음 식을 보여라.]

$$(10^{n-1} + 2 \cdot 10^{n-2} + 3 \cdot 10^{n-3} + \cdots + n)(10 - 1)$$
$$+(n+1) = \frac{10^{n+1} - 1}{9}$$

23. 오래 되고 읽기 어려운 청구서에 의하면 72개의 햄이 들은 캔을 $x67.9y$달러에 구입하였다. 없어진 자리를 구하라.

24. 792가 정수 $13xy45z$ 를 나누면 자리 수 x, y, 그리고 z 을 구하라.
[*힌트*: 문제 17에 의해 $8 \mid 45z$이다.]

25. 모든 소수 $p > 3$ 에 대해 13은 $10^{2p} - 10^p + 1$ 을 나눔을 증명하라.

26. 여덟 자리 은행 고유번호 $a_1 a_2 \cdots a_8$ 그리고 다음 합동식을 만족하는 검사 자릿수 a_9가 오는 고유번호를 생각하자.

$$a_9 \equiv 7a_1 + 3a_2 + 9a_3 + 7a_4 + 3a_5 + 9a_6 + 7a_7 + 3a_8 \pmod{10}$$

(a) 두 수 55382006 과 81372439 에 붙여야 하는 검사 자리를 구하라.
(b) 은행 고유번호 $237a_4 18538$ 은 읽기 어려운 네 번째 자리가 있다. 모호한 자리의 값을 결정하라.

27. 국제규격 도서번호(ISBN)는 9자리 $a_1 a_2 \cdots a_9$와 열 번째 검사 자리 a_{10} 로 구성하여 많은 도서관에서 사용하며 다음을 만족한다.

$$a_{10} \equiv \sum_{k=1}^{9} k a_k \pmod{11}$$

아래 각 ISBN이 정확한지 결정하라.
(a) 0-07-232569-0 (미국)
(b) 91-7643-497-5 (스웨덴)
(c) 1-56947-303-10 (영국)

28. ISBN $a_1 a_2 \cdots a_9$ 을 인쇄할 때, 두 개의 다른 자리가 바뀌었다. 검사 자리가 이 오류를 감지할 수 있음을 보여라.

4.4 선형 합동식과 중국인의 나머지 정리

수론을 전개해 나가는 데 있어서 지금이 선형 합동식의 이론을 알아보기에 적당한 때이다. $ax \equiv b \pmod{n}$ 형태의 방정식을 *선형 합동식*(*linear congruence*)이라 부르고 그런 방정식의 해란 $ax_0 \equiv b \pmod{n}$을 만족하는 정수 x_0을 말한다. 정의에 의해 $ax_0 \equiv b \pmod{n}$일 필요충분조건은 $n \mid ax_0 - b$이고 또는 같은 표현으로 어떤 정수 y_0가 존재하여 $ax_0 - b = ny_0$인 것이다. 그러므로 선형 합동식 $ax \equiv b \pmod{n}$의 모든 해를 찾는 문제는 선형 디오판투스 방정식 $ax - ny = b$의 모든 해를 구하는 문제와 동일하다. 이것은 2장의 결과가 역할을 하도록 허용해 준다.

보통의 의미에서는 다르지만 법 n에 대해서 합동인 $ax \equiv b \pmod{n}$의 두 개의 해를 같은 것으로 다루는 것이 유용하다. 예를 들어 $x = 3$ 그리고 $x = -9$는 모두 합동식 $3x \equiv 9 \pmod{12}$를 만족한다. $3 \equiv -9 \pmod{12}$이므로 그들을 다른 해로 간주하지 않는다. 간단히 말해 우리가 $ax \equiv b \pmod{n}$의 해의 개수를 말할 때 우리는 이 합동식을 만족하는 서로 합동이 아닌 해의 개수를 의미한다.

이러한 주의를 마음에 새기면 주요한 결과를 서술하기가 쉽다.

정리 4.7 *Theorem*

선형 합동식 $ax \equiv b \pmod{n}$의 해가 존재할 필요충분조건은 $d \mid b$, $d = \gcd(a, n)$이다. 만일 $d \mid b$이면 그것은 법 n에 대해 d개의 서로 합동이 아닌 해를 가진다.

증명. 우리는 이미 주어진 합동식이 선형 디오판투스 방정식 $ax - ny = b$와 동치임을 관찰하였다. 정리 2.9로부터 이 디오판투스 방정식의 해가 존재할 필요충분조건은 $d \mid b$임을 알고 있다. 더군다나 그것이 해가 존재하고 x_0, y_0이 하나의 특수한 해이면 모든 다른 해는 어떤 t에 대해

$$x = x_0 + \frac{n}{d}t \qquad y = y_0 + \frac{a}{d}t$$

형태를 갖는다.

이 공식의 x값을 만족하는 다양한 정수 중에서 t가 연속적인 값 $t = 0, 1, 2, \cdots, d-1$일 때를 생각하자.

$$x_0, x_0 + \frac{n}{d}, x_0 + \frac{2n}{d}, \ldots, x_0 + \frac{(d-1)n}{d}$$

이 정수들은 법 n에 대해 합동이 아니고 그런 형태의 모든 다른 정수 x는 그들 중 어떤 하나와 합동임을 우리는 주장한다. $0 \le t_1 < t_2 \le d-1$에 대해

$$x_0 + \frac{n}{d}t_1 \equiv x_0 + \frac{n}{d}t_2 \pmod{n}$$

이 발생하면 다음 사실을 얻는다.

$$\frac{n}{d}t_1 \equiv \frac{n}{d}t_2 \pmod{n}$$

이제 $\gcd(n/d, n) = n/d$이고 그러므로 정리 4.3에 의해 인수 n/d를 소거할 수 있어 합동식

$$t_1 \equiv t_2 \pmod{d}$$

를 얻고 이것은 $d \mid t_2 - t_1$ 을 의미한다. 그러나 이것은 부등식 $0 < t_2 - t_1 < d$ 인 관점에서 불가능하다.

어떤 다른 해 $x_0 + (n/d)t$ 도 법 n에 대해 위에 나열한 d 개의 정수 중 하나와 합동임을 논의하는 것이 남았다. 나눗셈 정리는 t 를 $t = qd + r$, $0 \le r \le d-1$ 로 쓸 수 있도록 허용한다. 그러므로

$$\begin{aligned} x_0 + \frac{n}{d}t &= x_0 + \frac{n}{d}(qd + r) \\ &= x_0 + nq + \frac{n}{d}r \\ &\equiv x_0 + \frac{n}{d}r \pmod{n} \end{aligned}$$

이고 $x_0 + (n/d)r$ 은 우리의 d 개의 선택된 해 중 하나와 같다. 이것으로 증명이 완성되었다.

정리 4.7에 주어진 논의에서 명확하게 서술할 가치가 있는 요점이 있다. 만일 x_0 이 $ax \equiv b \pmod{n}$ 의 임의의 해이면 $d = \gcd(a, n)$개의 서로 합동이 아닌 해는 다음과 같이 주어진다.

$$x_0, x_0 + \frac{n}{d}, x_0 + 2\left(\frac{n}{d}\right), \ldots, x_0 + (d-1)\left(\frac{n}{d}\right)$$

독자들의 편의를 위해 정리 4.7이 a 와 n 이 서로 소인 특별한 경우를 택하였을 형태 또한 서술하자.

따름정리 Corollary

$\gcd(a, n) = 1$ 이면 선형 합동식 $ax \equiv b \pmod{n}$ 은 법 n에 대해 유일한 해를 가진다.

주어진 서로 소인 정수 a 와 n 에 대해서 합동식 $ax \equiv 1 \pmod{n}$은 유일한 해를 가진다. 이 해를 때로는 법 n 에 대한 a 의 (곱에 대한) 역수(inverse of a modulo n)라 부른다.

이제 우리는 두 개의 구체적인 예를 알아보자.

예제 4.7 Example

우선 선형 합동식 $18x \equiv 30 \pmod{42}$를 생각하자. $\gcd(18, 42) = 6$ 이고 6은 분명히 30을 나눔으로 정리 4.7은 정확히 6개의 해(법 42에 대해 합동이 아닌)의 존재성을 보장한다. 고찰해 보면 $x = 4$가 하나의 해임을 알 수 있다. 앞의 분석에 의하면 6개의 해는 다음과 같다.

$$x \equiv 4 + (42/6)t \equiv 4 + 7t \pmod{42} \qquad t = 0, 1, \cdots, 5$$

또는 평범하게 나열하면

$$x \equiv 4, 11, 18, 25, 32, 39 \pmod{42}$$

예제 4.8
Example

선형 합동식 $9x \equiv 21 \pmod{30}$ 을 풀어보자. 처음부터 $\gcd(9, 30) = 3$ 이고 $3 \mid 21$ 이므로 세 개의 합동이 아닌 해가 존재함을 알고 있다.

이 해들을 구하는 하나의 방법은 주어진 방정식을 3으로 나눈 후에 그것을 동치인 합동식 $3x \equiv 7 \pmod{10}$ 으로 바꾸는 것이다. 3과 10이 서로 소이므로 마지막 합동식은 법 10에 대해 유일한 해를 가진다. 가장 효과적인 방법은 아니지만 해를 구할 때까지 정수 0, 1, 2, ⋯, 9 를 차례로 테스트할 수 있다. 좀 더 효과적인 방법은 이것이다. 합동식 $3x \equiv 7 \pmod{10}$의 양변에 7을 곱하여

$$21x \equiv 49 \pmod{10}$$

을 얻고 이것은 $x \equiv 9 \pmod{10}$으로 변형된다(이 단순화는 우연이 아니다. 왜냐하면 곱 $0 \cdot 3, 1 \cdot 3, 2 \cdot 3, \cdots, 9 \cdot 3$은 법 10에 대해 완전잉여계를 형성하기 때문이다. 그러므로 그들 중 하나는 필연적으로 법 10에 대해 1과 합동이다). 그러나 원래의 합동식은 법 30으로 주어져 있어 그것의 합동이 아닌 해를 정수 0, 1, 2, ⋯, 29 중에서 구해야 한다. 다음 공식

$$x = 9 + 10t$$

에서 $t = 0, 1, 2$ 를 택하면 9, 19, 29 를 얻는다. 따라서

$$x \equiv 9 \pmod{30} \qquad x \equiv 19 \pmod{30} \qquad x \equiv 29 \pmod{30}$$

은 $9x \equiv 21 \pmod{30}$의 요구된 세 개의 해이다.

이 문제의 또 다른 접근 방법은 정리 4.7의 증명에서 제안한 방법을 사용하는 것이다. 합동식 $9x \equiv 21 \pmod{30}$은 선형 디오판투스 방정식

$$9x - 30y = 21$$

와 동치이므로 우리는 $3 = \gcd(9, 30)$을 9와 30의 선형 조합으로 표현함으로 시작한다. 고찰을 하든가 유클리드 알고리듬을 사용하여 $3 = 9(-3) + 30$ 을 찾아서

$$21 = 7 \cdot 3 = 9(-21) - 30(-7)$$

그러므로 $x = -21$, $y = -7$은 그 디오판투스 방정식을 만족한다. 결론적으로 문제의 합동식의 모든 해는 다음 공식

$$x = -21 + (30/3)t = -21 + 10t$$

로부터 얻어진다. $t = 0, 1, 2$인 경우 정수 $x = -21 + 10t$는 법 30에 대해 합동이 아니다(그러나 모두 법 10에 대해 합동이다). 그러므로 서로 합동이 아닌 해

$$x \equiv -21 \pmod{30} \qquad x \equiv -11 \pmod{30} \qquad x \equiv -1 \pmod{30}$$

으로 끝난다. 또는 양수의 형태를 선호하면 $x \equiv 9, 19, 29 \pmod{30}$ 이다.

하나의 선형 합동 방정식을 생각하였기 때문에 연립 선형 합동 방정식

$$a_1x \equiv b_1 \pmod{m_1}, a_2x \equiv b_2 \pmod{m_2}, \ldots, a_rx \equiv b_r \pmod{m_r}$$

을 푸는 문제로 돌아가는 것은 당연하다.

법 m_k가 어느 둘도 서로 소라 가정하자. 분명히 연립 합동식은 각 개별 합동식을 풀

수 없으면 해가 존재하지 않는다. 즉 각 k에 대하여 $d_k = \gcd(a_k, m_k)$일 때, $d_k \mid b_k$가 아니면 해가 존재하지 않는다. 이 조건을 만족할 때, 인수 d_k는 k번째 합동식에서 소거하여 원래의 해집합과 같은 해집합을 갖는 새로운 연립 합동식을 얻는다.

$$a_1'x \equiv b_1' \pmod{n_1}, a_2'x \equiv b_2' \pmod{n_2}, \ldots, a_r'x \equiv b_r' \pmod{n_r}$$

여기서, $n_k = m_k / d_k$이고 $i \neq j$에 대해 $\gcd(n_i, n_j) = 1$이다. 더욱이 $\gcd(a_i', n_i) = 1$이다. 개별 합동식의 해를 다음과 같은 형태라 가정하자.

$$x \equiv c_1 \pmod{n_1}, x \equiv c_2 \pmod{n_2}, \ldots, x \equiv c_r \pmod{n_r}$$

그러므로 문제는 이와 같은 간단한 형태의 연립 합동식의 공통해를 찾는 문제로 바꾸어진다.

연립 합동식에 의해 해결될 수 있는 문제는 기원후 1세기 정도만큼 일찍 중국 문헌에 나타나는 긴 역사를 가지고 있다. 순츄(Sun-Tsu)는 "3, 5, 7로 각각 나누었을 때 나머지가 2, 3, 2가 남는 수를 구하라"라고 물었다. [그러한 수학적 수수께끼는 결코 단 하나의 문화권에 제한되지 않는다. 사실상 같은 문제는 그리스 수학자 니코마코스(Nichomachus, 기원후 100년경)의 「산술 입문」(*Introductio Arithemeticae*)에 나타난다.] 그들의 이른 기여를 기리기 위해 해를 구하는 규칙을 보통 중국인의 나머지 정리(Chinese Remainder Theorem)라 부른다.

정리 4.8 *Theorem*

중국인의 나머지 정리. $n_1, n_2, \cdots, n_r$을 $i \neq j$에 대해 $\gcd(n_i, n_j) = 1$인 양의 정수라 하자. 그러면 연립 선형 합동식

$$\begin{aligned} x &\equiv a_1 \pmod{n_1} \\ x &\equiv a_2 \pmod{n_2} \\ &\vdots \\ x &\equiv a_r \pmod{n_r} \end{aligned}$$

은 법 $n_1 n_2 \cdots n_r$에 대해 유일한 공통 해를 가진다.

증명. 우리는 먼저 곱 $n = n_1 n_2 \cdots n_r$을 만들고 시작한다. 각 $k = 1, 2, \cdots, r$에 대해

$$N_k = \frac{n}{n_k} = n_1 \cdots n_{k-1} n_{k+1} \cdots n_r$$

라 놓자. 말하자면 N_k는 인수 n_k가 생략된 모든 정수 n_i의 곱이다. 가정에 의해 n_i는 쌍으로 서로 소이므로 $\gcd(N_k, n_k) = 1$이다. 하나의 선형 합동식의 이론에 의해 그러므로 합동식 $N_k x \equiv 1 \pmod{n_k}$를 풀 수 있다. 그 유일한 해를 x_k라 하자. 우리의 목적은 정수

$$\bar{x} = a_1 N_1 x_1 + a_2 N_2 x_2 + \cdots + a_r N_r x_r$$

이 주어진 연립 합동식의 공통해임을 증명하는 것이다.

먼저, $i \neq k$에 대해 이 경우 $n_k \mid N_i$이므로 $N_i \equiv 0 \pmod{n_k}$이다. 그 결과는

$$\bar{x} = a_1 N_1 x_1 + \cdots + a_r N_r x_r \equiv a_k N_k x_k \pmod{n_k}$$

그러나 정수 x_k 는 합동식 $N_k x \equiv 1 (\text{mod } n_k)$ 를 만족하도록 선택하였으므로

$$\bar{x} \equiv a_k \cdot 1 \equiv a_k \ (\text{mod } n_k)$$

이것은 주어진 연립 합동식의 해가 존재한다는 것을 보여준다.

유일성 주장에 대해서는 x'을 이 합동식의 또 다른 해라 가정하면

$$\bar{x} \equiv a_k \equiv x' \ (\text{mod } n_k) \qquad k = 1, 2, \ldots, r$$

그래서 각 k 값에 대해서 $n_k \mid \bar{x} - x'$ 이다. $\gcd(n_i, n_j) = 1$이므로 정리 2.4의 따름정리 2는 $n_1 n_2 \cdots n_r \mid \bar{x} - x'$ 이라는 주요한 사실을 제공한다. 따라서 $\bar{x} \equiv x' (\text{mod } n)$이다. 이것으로 중국인의 나머지 정리는 증명되었다.

예제 4.9 *Example*

순츄에 의해 제기된 문제는 세 개의 합동식들의 연립 합동식에 대응한다.

$$x \equiv 2 \ (\text{mod } 3)$$
$$x \equiv 3 \ (\text{mod } 5)$$
$$x \equiv 2 \ (\text{mod } 7)$$

정리 4.8의 용어로 우리는 $n = 3 \cdot 5 \cdot 7 = 105$ 를 갖는다. 그리고

$$N_1 = \frac{n}{3} = 35 \qquad N_2 = \frac{n}{5} = 21 \qquad N_3 = \frac{n}{7} = 15$$

이제 선형 합동식

$$35x \equiv 1 \ (\text{mod } 3) \qquad 21x \equiv 1 \ (\text{mod } 5) \qquad 15x \equiv 1 \ (\text{mod } 7)$$

은 각각 $x_1 = 2$, $x_2 = 1$, $x_3 = 1$에 의해 만족한다. 그러므로 연립 합동식의 해는

$$x = 2 \cdot 35 \cdot 2 + 3 \cdot 21 \cdot 1 + 2 \cdot 15 \cdot 1 = 233$$

로 주어진다. 법 105에 대해 우리는 유일한 해 $x = 233 \equiv 23 \ (\text{mod } 105)$를 얻는다.

예제 4.10 *Example*

두 번째 예로서 다음 선형 합동식을 풀자.

$$17x \equiv 9 \ (\text{mod } 276)$$

$276 = 3 \cdot 4 \cdot 23$이므로 이것은 다음 연립 합동식의 해를 구하는 문제와 동치이다.

$$\begin{aligned} 17x &\equiv 9 \ (\text{mod } 3) & \quad \text{또는} \quad x &\equiv 0 \ (\text{mod } 3) \\ 17x &\equiv 9 \ (\text{mod } 4) & x &\equiv 1 \ (\text{mod } 4) \\ 17x &\equiv 9 \ (\text{mod } 23) & 17x &\equiv 9 \ (\text{mod } 23) \end{aligned}$$

이제 $x \equiv 0 \ (\text{mod } 3)$ 이면 어떤 정수 k 에 대해 $x = 3k$ 이다. 두 번째 연립 합동식에 대입하여 구하면

$$3k \equiv 1 \ (\text{mod } 4)$$

이 합동식의 양변에 3을 곱하여

$$k \equiv 9k \equiv 3 \ (\text{mod } 4)$$

그래서 정수 k 에 대해 $k = 3 + 4j$ 이다. 그러면

$$x = 3(3 + 4j) = 9 + 12j$$

x가 마지막 합동식을 만족하기 위해서는 우리는

$$17(9 + 12j) \equiv 9 \pmod{23}$$

을 갖는다. 또는 $204j \equiv -144 \pmod{23}$이고 이것은 $3j \equiv 6 \pmod{23}$이 된다. 결론적으로 $j \equiv 2 \pmod{23}$ 이다. 이것은 정수 t에 대해 $j = 2 + 23t$를 따른다. 그러므로

$$x = 9 + 12(2 + 23t) = 33 + 276t$$

결론적으로 $x \equiv 33 \pmod{276}$은 연립 합동식의 해를 제공하며 즉, $17x \equiv 9 \pmod{276}$의 해를 제공한다.

2 변수의 선형 합동식, 즉 다음과 같은 합동식

$$ax + by \equiv c \pmod{n}$$

에 대해 몇 마디 하는 것이 좋겠다. 정리 4.7의 유사성으로 그런 합동식의 해를 가질 필요충분조건은 $\gcd(a, b, n)$이 c를 나누는 것이다. $\gcd(a, n) = 1$ 또는 $\gcd(b, n) = 1$이면 해가 존재할 조건을 만족한다. $\gcd(a, n) = 1$라 하자. 합동식을

$$ax \equiv c - by \pmod{n}$$

으로 표현하였을 때, 정리 4.7의 따름정리는 n개의 서로 합동이 아닌 y값 각각에 대해 유일한 해 x를 보장한다. 간단한 예로서 $7x + 4y \equiv 5 \pmod{12}$, 즉 $7x \equiv 5 - 4y \pmod{12}$로 다룰 수 있는 예를 택하자. $y \equiv 5 \pmod{12}$를 대입하여 $7x \equiv -15 \pmod{12}$를 얻고 그러나 이것은 $-5x \equiv -15 \pmod{12}$, 즉 $x \equiv 3 \pmod{12}$와 동치이다. 따라서 $x \equiv 3 \pmod{12}$, $y \equiv 5 \pmod{12}$는 $7x + 4y \equiv 5 \pmod{12}$의 12개의 합동이 아닌 해 중 하나이다. 같은 x값을 갖는 또 다른 해는 $x \equiv 3 \pmod{12}$, $y \equiv 8 \pmod{12}$이다.

여기서 우리의 관심의 초점은 같은 모듈로로 2 변수의 2개의 선형 합동식들의 연립 합동식을 어떻게 푸느냐이다. 다음 정리의 증명은 미지수 한 개를 소거하는 익숙한 과정을 채택한다.

정리 4.9 Theorem

다음 연립 선형 합동식

$$ax + by \equiv r \pmod{n}$$
$$cx + dy \equiv s \pmod{n}$$

은 $\gcd(ad - bc, n) = 1$일 때, 법 n에 대해 유일한 해를 가진다.

증명. 첫 번째 합동식에 d를 곱하고 두 번째 합동식에 b를 곱하여 위의 결과에서 아래의 결과를 빼자. 이 계산 결과로

$$(ad - bc)x \equiv dr - bs \pmod{n} \qquad (1)$$

을 얻는다. $\gcd(ad - bc, n) = 1$ 의 가정은 합동식

$$(ad - bc)z \equiv 1 \pmod{n}$$

이 유일한 해를 가짐을 보장한다. 그 해를 t라 놓자. 합동식 (1)에 t를 곱하면

$$x \equiv t(dr - bs) \pmod{n}$$

을 얻는다. y 값도 같은 소거법 과정으로 구할 수 있다. 즉, 첫 번째 합동식에 c를 곱하고 두 번째 합동식에 a를 곱하여 빼면 결과가

$$(ad - bc)y \equiv as - cr \pmod{n} \tag{2}$$

이 합동식에 t를 곱하여

$$y \equiv t(as - cr) \pmod{n}$$

을 유도한다. 이제 연립식의 해를 완성하였다.

정리 4.9를 설명하는 예를 들고 이 절을 끝낸다.

예제 4.11 *Example*

다음 연립 합동식을 생각하자.

$$7x + 3y \equiv 10 \pmod{16}$$
$$2x + 5y \equiv 9 \pmod{16}$$

$\gcd(7 \cdot 5 - 2 \cdot 3,\ 16) = \gcd(29,\ 16) = 1$이므로 하나의 해가 존재한다. 그것은 정리 4.9의 증명에서 전개된 방법으로 구해진다. 첫 번째 합동식에 5를 곱하고 두 번째 합동식에 3을 곱하여 빼면

$$29x \equiv 5 \cdot 10 - 3 \cdot 9 \equiv 23 \pmod{16}$$

에 도달하고 또는 $13x \equiv 7 \pmod{16}$이다. 이 합동식에 5를 곱하여($5 \cdot 13 \equiv 1 \pmod{16}$임을 주목) $x \equiv 35 \equiv 3 \pmod{16}$을 생산한다. 같은 방법으로 연립 합동식에서 x를 소거하였을 때,

$$29y \equiv 7 \cdot 9 - 2 \cdot 10 \equiv 43 \pmod{16}$$

이 구해진다. 그러나 그때, $13y \equiv 11 \pmod{16}$이고 여기에 5를 곱하여 결과로 $y \equiv 55 \equiv 7 \pmod{16}$이다. 우리의 연립 합동식의 유일한 해는

$$x \equiv 3 \pmod{16} \qquad y \equiv 7 \pmod{16}$$

으로 판명이 난다.

연습문제 4.4

1. 다음 선형 합동식을 풀어라.
   (a) $25x \equiv 15 \pmod{29}$
   (b) $5x \equiv 2 \pmod{26}$
   (c) $6x \equiv 15 \pmod{21}$
   (d) $36x \equiv 8 \pmod{102}$

(e) $34x \equiv 60 \pmod{98}$

(f) $140x \equiv 133 \pmod{301}$

[*힌트*: $\gcd(140,\ 301) = 7$]

2. 합동식을 이용하여 아래 디오판투스 방정식을 풀어라.

(a) $4x + 51y = 9$

[*힌트*: $4x \equiv 9 \pmod{51}$는 $x = 15 + 51t$를 주고, 반면에 $51y \equiv 9 \pmod{4}$는 $y = 3 + 4s$를 준다. s와 t 사이의 관계를 구하라.]

(b) $12x + 25y = 331$

(c) $5x - 53y = 17$

3. 선형 합동식 $3x - 7y \equiv 11 \pmod{13}$의 모든 해를 구하라.

4. 아래 각 연립 합동식을 풀어라.

(a) $x \equiv 1 \pmod{3}$, $x \equiv 2 \pmod{5}$, $x \equiv 3 \pmod{7}$

(b) $x \equiv 5 \pmod{11}$, $x \equiv 14 \pmod{29}$, $x \equiv 15 \pmod{31}$

(c) $x \equiv 5 \pmod{6}$, $x \equiv 4 \pmod{11}$, $x \equiv 3 \pmod{17}$

(d) $2x \equiv 1 \pmod{5}$, $3x \equiv 9 \pmod{6}$, $4x \equiv 1 \pmod{7}$, $5x \equiv 9 \pmod{11}$

5. 선형 합동식 $17x \equiv 3 \pmod{2 \cdot 3 \cdot 5 \cdot 7}$을 다음 연립 합동식을 이용하여 풀어라.

$$17x \equiv 3 \pmod{2} \qquad 17x \equiv 3 \pmod{3}$$
$$17x \equiv 3 \pmod{5} \qquad 17x \equiv 3 \pmod{7}$$

6. 다음을 만족하는 가장 작은 정수 $a > 2$를 구하라.

$$2 \mid a,\ 3 \mid a+1,\ 4 \mid a+2,\ 5 \mid a+3,\ 6 \mid a+4$$

7. (a) 모두 제곱의 인수를 갖는 세 개의 연속인 정수를 구하라.

[*힌트*: $2^2 \mid a$, $3^2 \mid a + 1$, $5^2 \mid a + 2$인 정수 a를 구하라.]

(b) 세 개의 연속인 자연수 중 처음이 제곱의 배수, 그다음이 세제곱의 배수, 그리고 마지막 수가 네제곱의 배수인 수를 구하라.

8. [브라마굽타 (Brahmagupta, 7세기)] 바구니에서 달걀을 한번에 2, 3, 4, 5, 6개씩 꺼내면 각기 1, 2, 3, 4, 5개의 달걀이 남는다. 한번에 7개씩 꺼내면 달걀은 남지 않는다. 그러면 바구니에 있을 수 있는 달걀의 최소 개수를 구하라.

9. 바구니에서 달걀을 꺼내는 문제는 종종 다음과 같은 형태로 표현된다. 달걀을 한 번에 바구니에서 2, 3, 4, 5, 또는 6개씩 꺼낼 때, 한 개의 달걀이 남는다. 그러나 한번에 7개씩 꺼내면 달걀은 남지 않는다. 그러면 바구니에 있을 수 있는 달걀의 최소 개수를 구하라.

10. (고대 중국 문제) 17명의 해적단이 한 꾸러미의 금화를 훔쳤다. 그들의 재물을 똑같은 비율로 나눌 때, 3개의 동전이 남는다. 남는 동전을 서로 갖겠다고 계속되는 싸움에서 한 명의 해적이 죽었다. 부를 다시 분배하였지만 이번에는 10개의 동전이 남았다. 다시 논쟁이 생기고 또 한 명의 해적이 죽었다. 그러나 이번에는 모든 재물을 생존자끼리 똑같이 분배할 수 있었다. 훔친 동전의 최소의 개수는

몇 개인가?

11. 다음 합동식

$$x \equiv a \pmod{n} \quad \text{그리고} \quad x \equiv b \pmod{m}$$

이 공통 해를 가질 필요충분조건은 $\gcd(n, m) \mid a-b$ 임을 증명하라. 만일 해가 존재하면 법 $\operatorname{lcm}(n, m)$에 대해 유일함을 확인하라.

12. 문제 11을 이용하여 다음 연립 합동식은 해가 존재하지 않음을 보여라.

$$x \equiv 5 \pmod{6} \quad \text{그리고} \quad x \equiv 7 \pmod{15}$$

13. $x \equiv a \pmod{n}$이면 $x \equiv a \pmod{2n}$이거나 $x \equiv a + n \pmod{2n}$임을 증명하라.

14. 1과 1200 사이의 어떤 정수를 9, 11, 13으로 나누었을 때, 나머지가 각각 1, 2, 6이 남았다. 그 정수는 무엇인가?

15. (a) 2, 3, 6, 12 로 나누었을 때, 나머지가 각각 1, 2, 5, 5 가 남는 정수를 구하라. [이칭 (Yih-hing), 717년 사망]

    (b) 3, 4, 5, 6으로 나누었을 때, 나머지가 각각 2, 3, 4, 5 가 남는 정수를 구하라. [바스카라 (Bhaskara), 1114년 출생]

    (c) 10, 13, 17로 나누었을 때, 나머지가 각각 3, 11, 15가 남는 정수를 구하라. [레기오몬타누스 (Regiomontanus), 1436~1476]

16. t_n 을 n 번째 삼각수라 하자. 어떤 n 값에 대해 t_n 이 다음을 나누는가?

$$t_1^2 + t_2^2 + \cdots + t_n^2$$

[*힌트*: $t_1^2 + t_2^2 + \cdots + t_n^2 = t_n(3n^3 + 12n^2 + 13n + 2)/30$이므로 $3n^3 + 12n^2 + 13n + 2 \equiv 0 \pmod{2 \cdot 3 \cdot 5}$을 만족하는 n 을 결정하기만 해도 충분하다.]

17. 아래 연립 합동식의 해를 구하라.

$$3x + 4y \equiv 5 \pmod{13}$$
$$2x + 5y \equiv 7 \pmod{13}$$

18. 아래 연립 합동식의 법 210에 대해 합동이 아닌 두 개의 해를 얻어라.

$$2x \equiv 3 \pmod{5}$$
$$4x \equiv 2 \pmod{6}$$
$$3x \equiv 2 \pmod{7}$$

19. 선형 합동식 $3x + 4y \equiv 5 \pmod{8}$의 8개의 합동이 아닌 서로 다른 해를 얻어라.

20. 아래 각 연립 합동식의 해를 구하라.

    (a) $5x + 3y \equiv 1 \pmod{7}$

    $3x + 2y \equiv 4 \pmod{7}$

    (b) $7x + 3y \equiv 6 \pmod{11}$

    $4x + 2y \equiv 9 \pmod{11}$

    (c) $11x + 5y \equiv 7 \pmod{20}$

    $6x + 3y \equiv 8 \pmod{20}$

CHAPTER 05

페르마 정리

Fermat's Theorem

그리고 아마도 후손들은 선조들이 모든 것을 알지는 못하였다는 것을 보여준 나에게 감사할 것입니다.

페르마(P. DE FERMAT)

5.1 페르마

고대 세계가 알고 있었던 것은 지적으로 무감각한 암흑시기 동안 거의 잊혀졌고, 12세기 이후에야 비로소 서부 유럽이 다시 수학에 눈을 뜨기 시작하였다. 고전 학문의 부활은 그리스어로부터의 라틴어 번역, 좀 더 특별하게는 아랍어에 의해 자극받아 왔다. 유클리드의 위대한 논문 「원소」의 아랍어판의 라틴어 번역은 1120년에 처음 나타났다. 그 번역은 그 일의 내용에 조예가 깊지 않은 필경사에 의해 그리스어에서 처음에는 아랍어로 그다음에는 스페인어, 마지막으로는 라틴어로의 번역과 같은 일련의 부정확한 번역의 어려움을 겪어왔지만, 그리스 텍스트로 돌아온 1505년까지는 많은 오류를 가진 상태에서 많이 사용되어 유럽에서 모든 간행본의 기초 역할을 하였다.

1453년에 투르크에 의한 콘스탄티노플의 몰락으로 수학의 주요 관리자로 역할을 한 비잔틴 학파는 그리스 학식의 오래된 걸작을 서부로 가져왔다. 디오판투스의 「산술서」(*Arithemetica*)의 현존하는 복사본은 1462년경에 뮐러(Johannes Müller; 그의 고향 Königsberg의 라틴어 명칭으로부터 나온 레기오몬타누스로 잘 알려진)에 의해 바티칸 도서관에서 발견되었다. 아마도 그것은 비잔틴의 피난민들에 의해 로마로 가져오게 되었을 것이다. 레기오몬타누스는 "산술학 전체의 꽃이 이 책에 숨겨져 있다"라고 말하고는 다른 사람들이 그것을 번역하는 데 관심을 갖도록 하였다. 그 일에 대한 주목에도 불구하고 이 책은 1572년 독일의 교수 빌헤름 홀츠만[Wilhelm Holzmann; 그

Pierre de Fermat
(1601~1665)

(David Eugene Smith Collection, Rare Book and Manuscript Library, Columbia University)

의 이름은 그리스 형태인 자이랜더(Xylander)로 쓰였다]이 첫 번역 인쇄판을 낼 때까지 실제적으로 그저 묵혀 있는 책에 불과했다. 바셰(Claude Bachet)가 (자이랜더로부터 자유롭게 빌려) 주석과 논평이 포함된 라틴어 번역본과 함께 그리스 원본 텍스트를 발간하자(1621) 「산술서」는 유럽의 수학자들이 완전하게 이용할 수 있는 것이 되었다. 바셰의 판은 아마도 페르마의 관심을 처음으로 수론의 문제로 이끈 공이 있다.

17세기만큼 수학이 꽃을 피운 시기는 거의 없었다. 북유럽에서만 그 전 천 년 동안 나타났던 사람만큼 뛰어난 능력을 가진 많은 사람을 배출하였다. 데자르그(Desargues), 데카르트, 파스칼, 월리스, 베르누이, 라이프니츠, 그리고 뉴턴 같은 이들이 유명인이 된 시기에, 프랑스의 한 사무원인 페르마(1601~1665)도 이러한 뛰어난 학자들과 어깨를 나란히 하였다. "아마추어의 왕자" 페르마는 비과학적 직업 외에 부수적으로 수학을 추구하는 마지막 위대한 수학자였다. 변호사이자 툴루즈(Toulouse) 지방 의회 소속 장관으로서 그는 수학의 추상적 개념 대한 논쟁으로부터 벗어나려 하였다. 페르마는 특별한 수학적 훈련을 받지 않았고 30세가 지날 때까지 수학에 흥미가 없었다는 것은 분명하다. 그에게 있어서 수학은 단지 여가시간을 보내는 취미에 불과했다. 그러나 그가 있었던 시대의 그 어떠한 실행가도 페르마만큼 더 위대한 발견을 하거나 수학의 진보에 더 기여한 사람은 없었다. 해석적 기하학(실제 용어는 19세기 초에 신조어로 만들어짐)의 발명자 중 한 사람인 그는 미분과 적분의 기술적인 기초를 이루었고 파스칼과 함께 확률론의 개념적 지침을 완성하였다. 페르마의 수학에 대한 진정한 사랑은 의심의 여지없이 수론에 있으며 그는 미신과 오랫동안 갇혀있던 신비의 영역에서 수론을 이끌어 내었다. 이와 같은 그의 기여는 다른 모든 것들을 무색하게 만든다. 수론의 추상적 특성에 대한 관심의 부활은 페르마와 함께 시작되었다고 말하는 것은 당연하다.

페르마는 그에게 올지도 모르는 어떤 명성보다도 그가 수학 연구 그 자체로부터 나오는 즐거움을 선호하였다. 사실상 그는 평생 동안, 그것도 죽기 5년 전에 숨겨진 약자 M.P.E.A.S를 이용하여 오직 하나의 주요 논문을 발표하였다. 그의 일을 완성된 형태로 만드는 것을 완강하게 거절하면서 그는 다른 사람이 그 결과를 그의 이름으로 출판이 가능하게 하는 여러 노력을 방해하였다. 발표에 대한 그의 흥미 부족의 부분적인 보상으로 페르마는 동시대의 수학자들과 많은 서신 교환을 하였다. 그의 헌신에 대해 조금 알고 있는 것의 대부분은 그가 문제를 교환한 친구 그리고 그의 성공을 알린 사람에게 보낸 편지에서 발견된다. 그들은 그 편지들을 손에서 손으로 전달하거나 또는 대륙을 넘어 급송하는 복사본을 만들어, 페르마의 재능을 알리기 위해 최선을 다하였다.

의회의 일을 하는 데 많은 시간이 요구됨에 따라 페르마는 그가 사용한 모든 책의 가장자리에 메모를 적어두곤 하였다. 디오판투스의 바셰판에 대한 페르마의 개인 복사본에는 수론에 대한 그의 유명한 많은 정리들이 그 가장자리에 적혀있다. 이것들은 페르마 사후 5년에 그의 아들 사무엘에 의해 발견되었다. 그의 아들은 페르마의 유명한 여백에 쓴 메모를 편입한 「산술서」를 출간하였다. 약간의 공간만 가능하였기 때문에 페르마의 습관은 어떤 결과를 적어두고 결론에 이르는 모든 단계를 생략하곤 하였다. 후손들은 「산술서」의 가장자리가 좀 더 넓었거나 페르마가 그의 방법에 대해 덜 비밀스러웠기를 자주 희망하였다.

5.2 페르마의 작은 정리와 유사소수

수론에 있어서 페르마의 가장 중요한 통신자는 큰 수를 다루는 재능으로 유명한 프랑스 조폐소의 사무원인 프레니클(Bernhard Frenicle de Bessy, 1605-1675)이었다. [수치 계산에 있어서 프레니클의 능력은 다음의 사례에서 나타난다. 페르마가 $7^3 + (1+7+7^2) = 20^2$과 같이 자신에 진약수들을 더하여 완전제곱이 되는 세제곱수를 찾는 문제를 제안한 소리를 듣고 그는 즉시 네 개의 서로 다른 해를 주고 다음날 여섯 개를 더 제공하였다.] 수학자로서 페르마와 동등할 수 없을지라도 동시대 사람 중 프레니클만이 수론에 있어 페르마에 도전할 수 있었고 프레니클의 도전은 그의 조심스럽게 포장된 비밀로 페르마의 관심을 끄는 특별함을 가지고 있었다. 가장 두드러진 것 중 하나는 다음과 같이 묘사된 정리이다. p가 소수이고 a가 p로 나누어지지 않는 임의의 정수이면 p는 $a^{p-1}-1$를 나눈다. 페르마는 그 결과를 1640년 10월 18일에 프레니클과 "증명이 너무 길다는 염려가 없다면 증명을 보낼 텐데"라는 논평을 포함한 서신으로 의견 교환을 하였다. 이 정리는 그 이래로 12장의 주제인 페르마의 "위대한" 또는 "마지막 정리"와 구별되는 "페르마의 작은 정리" 또는 단지 "페르마의 정리"라 불리게 되었다. 거의 100년이 지나서야 1736년에 오일러가 작은 정리의 처음 증명을 발표하였다. 그러나 라이프니츠는 1683년 전에 어느 때 미발표된 원고에 같은 논의를 남겨두었기 때문에 그의 공동의 업적으로 인정을 받는 것 같지는 않았다.

이제 페르마의 정리의 증명을 알아보자.

정리 5.1 Theorem

페르마 정리. p를 소수 그리고 $p \nmid a$라 하면 $a^{p-1} \equiv 1 \pmod{p}$이다.

증명. 우리는 먼저 a의 $p-1$개의 배수, 즉 정수

$$a, 2a, 3a, \ldots, (p-1)a$$

을 생각하며 시작하자. 이 수의 어느 것도 다른 수와 법 p에 대해 합동이 아니고 또한 0과 합동도 아니다. 사실상, 만일

$$ra \equiv sa \pmod{p} \qquad 1 \le r < s \le p-1$$

라 가정하면 a가 소거되어 $r \equiv s \pmod{p}$이므로 모순이다. 그러므로 위의 $p-1$개의 정수들은 법 p에 대해 어떤 순서로 1, 2, 3, ⋯, $p-1$과 합동이다. 이 합동식을 모두 곱하여

$$a \cdot 2a \cdot 3a \cdots (p-1)a \equiv 1 \cdot 2 \cdot 3 \cdots (p-1) \pmod{p}$$

을 얻고 따라서

$$a^{p-1}(p-1)! \equiv (p-1)! \pmod{p}$$

이다. 이 합동식의 양변에서 $(p-1)!$를 소거하여[이것은 $p \nmid (p-1)!$이므로 가능하다], 페르마 정리인 $a^{p-1} \equiv 1 \pmod{p}$의 결론에 이른다.

이 결과는 조건 $p \nmid a$이 생략된 경우에 다소 일반적인 방법으로 나타낼 수 있다.

따름정리 Corollary

p를 소수라 하면 모든 정수 a에 대해 $a^p \equiv a \pmod{p}$이다.

증명. $p \mid a$이면 명제는 당연히 성립한다. 왜냐하면 이 조건하에서 $a^p \equiv 0 \equiv a \pmod{p}$이기 때문이다. 만일 $p \nmid a$이면 페르마 정리에 의해 $a^{p-1} \equiv 1 \pmod{p}$을 얻고 이 합동식에 a를 곱하여 $a^p \equiv a \pmod{p}$란 결론에 이른다.

$a^p \equiv a \pmod{p}$란 사실의 또 다른 증명이 있다. 이 증명은 a에 관한 귀납법이 적용된다. $a = 1$이면 주장은 $1^p \equiv 1 \pmod{p}$로 $a = 0$인 경우와 마찬가지로 분명히 사실이다. 결과가 a에 대해 사실이라 가정하고 $a+1$에 대한 타당성을 확신해야 한다. 이항정리에 따라

$$(a+1)^p = a^p + \binom{p}{1} a^{p-1} + \cdots + \binom{p}{k} a^{p-k} + \cdots + \binom{p}{p-1} a + 1$$

이다. 여기서 계수 $\binom{p}{k}$는 다음과 같이 주어진다.

$$\binom{p}{k} = \frac{p!}{k!(p-k)!} = \frac{p(p-1)\cdots(p-k+1)}{1 \cdot 2 \cdot 3 \cdots k}$$

우리의 논점은 모든 $1 \le k \le p-1$에 대해 $\binom{p}{k} \equiv 0 \pmod{p}$가 성립한다는 사실에 달려있다. 이것을 보이기 위해

$$k!\binom{p}{k} = p(p-1)\cdots(p-k+1) \equiv 0 \pmod{p}$$

를 주목하면 $p \mid k!$ 이거나 또는 $p \mid \binom{p}{k}$이다. 그러나 $p \mid k!$ 이면 $1 \le j \le k \le p-1$인 어떤 j에 대해 $p \mid j$ 이므로 불합리하다. 그러므로 $p \mid \binom{p}{k}$ 또는 합동식으로 바꾸어

$$\binom{p}{k} \equiv 0 \pmod{p}$$

우리가 만들길 원한 목표는

$$(a+1)^p \equiv a^p + 1 \equiv a + 1 \pmod{p}$$

여기서 맨 오른쪽 합동은 귀납가정을 이용하여 얻어진다. 그래서 $a+1$에 대한 결론이 성립하여 따라서 모든 $a \ge 0$에 대해 성립한다. a가 음수인 경우에도 당연하다. 왜냐하면 어떤 $0 \le r \le p-1$에 대해 $a \equiv r \pmod{p}$이면 $a^p \equiv r^p \equiv r \equiv a \pmod{p}$를 얻기 때문이다.

페르마 정리는 많은 곳에 응용되고 수론에서 이룬 많은 곳에 중요한 역할을 한다. 최소한 그것은 어떤 계산을 하는 데 시간을 절약하는 장치일 수 있다. 예를 들어 $5^{38} \equiv 4 \pmod{11}$을 증명하려면 먼저 합동식 $5^{10} \equiv 1 \pmod{11}$을 택한다. 이것으로부터 원하는

$$\begin{aligned} 5^{38} = 5^{10\cdot 3+8} &= (5^{10})^3(5^2)^4 \\ &\equiv 1^3 \cdot 3^4 \equiv 81 \equiv 4 \pmod{11} \end{aligned}$$

이다. 또 다른 페르마 정리의 응용은 주어진 정수 n의 소수성을 테스트하는 것이다. 만일 어떤 a에 대해 합동식

$$a^n \equiv a \pmod{n}$$

이 성립하지 않는다는 것을 보이면 n은 필연적으로 합성수이다. 예를 들어 $n = 117$인 경우를 살펴보자. 계산은 작은 정수 a, 예를 들어 $a = 2$를 선택함으로써 쉬워진다. 2^{117}은

$$2^{117} = 2^{7\cdot 16+5} = (2^7)^{16}2^5$$

이고 $2^7 = 128 \equiv 11 \pmod{117}$이다. 따라서

$$2^{117} \equiv 11^{16} \cdot 2^5 \equiv (121)^8 2^5 \equiv 4^8 \cdot 2^5 \equiv 2^{21} \pmod{117}$$

그러나 $2^{21} = (2^7)^3$ 이므로

$$2^{21} \equiv 11^3 \equiv 121 \cdot 11 \equiv 4 \cdot 11 \equiv 44 \pmod{117}$$

두 합동식을 합하여 마지막으로

$$2^{117} \equiv 44 \not\equiv 2 \pmod{117}$$

을 얻어서 117은 합성수여야 한다. 사실상 $117 = 13 \cdot 9$ 이다.

페르마 정리의 역이 성립하지 않는 예를 알아보는 것도 의미가 있을 것이다. 즉, 어떤 정수 a에 대해 $a^{n-1} \equiv 1 \pmod{n}$이면 n은 소수일 필요가 없다. 준비로 기교적인 보조정리가 필요하다.

보조정리 Lemma p와 q가 서로 다른 소수이고 $a^p \equiv a \pmod{q}$, $a^q \equiv a \pmod{p}$이면 $a^{pq} \equiv a \pmod{pq}$이다.

증명. 지난 따름정리에 의해 $(a^q)^p \equiv a^q \pmod{p}$이고 반면에 가정에 의해 $a^q \equiv a \pmod{p}$가 성립한다. 이 합동식을 결합하여 $a^{pq} \equiv a \pmod{p}$ 또는 다른 형태로 $p \mid a^{pq} - a$를 얻는다. 전적으로 같은 방법으로 $q \mid a^{pq} - a$이다. 이제 정리 2.4의 따름정리 2에 의해 $pq \mid a^{pq} - a$를 얻고 다시 쓰면 $a^{pq} \equiv a \pmod{pq}$이다.

우리의 논점은 $2^{340} \equiv 1 \pmod{341}$이다. 여기서, $341 = 11 \cdot 31$이고 이를 보이기 위해 $2^{10} = 1024 = 31 \cdot 33 + 1$ 임을 주목하자. 그러므로

$$2^{11} = 2 \cdot 2^{10} \equiv 2 \cdot 1 \equiv 2 \pmod{31}$$

그리고

$$2^{31} = 2(2^{10})^3 \equiv 2 \cdot 1^3 \equiv 2 \pmod{11}$$

따라서 보조정리에 의해

$$2^{11 \cdot 31} \equiv 2 \pmod{11 \cdot 31}$$

또는 $2^{341} \equiv 2 \pmod{341}$이다. 이제 인수 2를 소거하여

$$2^{340} \equiv 1 \pmod{341}$$

을 얻어 페르마 정리의 역은 거짓이다.

25세기 전에 중국인 수학자들에 의해 n이 소수일 필요충분조건은 $n \mid 2^n - 2$ 이라는 주장에 $2^n - 2$ 형태의 수에 관한 역사적 흥미가 있다(사실상 이 주장은 모든 정수 $n \le 340$ 에 대해 성립한다). $341 \mid 2^{341} - 2$ 이지만 $341 = 11 \cdot 31$ 인 우리 예제는 그 가설을 휴식에 들게 하였다. 이것은 1819년에 발견되었다. $n \mid 2^n - 2$ 인 상황이 자주 발생하여 그 이름을 붙이기에 충분한 장점이 있다. 합성수 n을 $n \mid 2^n - 2$ 일 때, *유사소수(pseudoprime)*라 부른다. 무수히 많은 유사소수가 있음을 보일 수 있다. 가장 작은 유사소수로 341, 561, 645 그리고 1105 가 있다.

정리 5.2는 유사소수의 증가수열을 만들게 하여 준다.

정리 5.2
Theorem

n 이 홀수인 유사소수이면 $M_n = 2^n - 1$ 은 더 큰 유사소수이다.

증명. n 이 합성수이므로 $n = rs$, $1 < r \le s < n$ 으로 쓸 수 있다. 그러면 2.3절의 문제 21에 의해 $2^r - 1 \mid 2^n - 1$ 또는 동등하게 $2^r - 1 \mid M_n$ 이어서 M_n이 합성수가 된다. 가정에 의해 $2^n \equiv 2 (\text{mod } n)$이므로 어떤 정수 k 에 대해 $2^n - 2 = kn$ 이다. 따라서

$$2^{M_n - 1} = 2^{2^n - 2} = 2^{kn}$$

이것은

$$\begin{aligned} 2^{M_n - 1} - 1 &= 2^{kn} - 1 \\ &= (2^n - 1)(2^{n(k-1)} + 2^{n(k-2)} + \cdots + 2^n + 1) \\ &= M_n(2^{n(k-1)} + 2^{n(k-2)} + \cdots + 2^n + 1) \\ &\equiv 0 \ (\text{mod } M_n) \end{aligned}$$

을 낳는다. 우리는 즉시 $2^{M_n} - 2 \equiv 0 \ (\text{mod } M_n)$임을 알 수 있고, 그러므로 M_n 은 유사소수이다.

좀 더 일반적으로 $a^n \equiv a \ (\text{mod } n)$ 인 합성수 n 을 *기저 a 에 대한 유사소수(pseudoprime to the base a)*라 부른다($a = 2$일 때, n 을 간단히 유사소수라 부른다). 예를 들어 91은 기저 3에 대한 가장 작은 유사소수이고 반면에 217 은 기저 5 에 대한 가장 작은 유사소수이다. 1903년에 임의의 주어진 기저에서 무한히 많은 유사소수가 있음이 증명되었다.

이 유사소수는 실제 소수보다 훨씬 더 드물다. 사실상 100만보다 작은 유사소수는 단지 247개이지만 소수는 78498개 있다. 짝수인 유사소수의 첫 번째 예제, 즉 수

$$161038 = 2 \cdot 73 \cdot 1103$$

는 1950년에 발견되었다.

모든 기저 a 에 대한 유사소수인 합성수 n 이 존재한다. 즉, 모든 정수 a 에 대해 $a^n \equiv a \ (\text{mod } n)$ 이다. 그런 가장 작은 수는 561이다. 이 예외적인 수를 *절대 유사소수(absolute pseudoprime)* 또는 그 존재성을 처음으로 언급한 카마이클(R. D. Carmichael)의 이름을 따서 *카마이클 수*라 부른다. 1910년에 발표된 그 주제에 대한 그의 처음 논문에서 카마이클은 잘 알려진 $561 = 3 \cdot 11 \cdot 17$ 을 포함하여 4개의 절대 유사소수를 표시하였다. 다른 수는 $1105 = 5 \cdot 13 \cdot 17$, $2821 = 7 \cdot 13 \cdot 31$ 그리고 $15841 = 7 \cdot 31 \cdot 73$ 이다. 2년 후에 그는 3개의 소인수를 갖는 11개의 절대 유사소수를 제시하였고 4개의 소인수를 갖는 절대 유사소수, 특히 $16046641 = 13 \cdot 37 \cdot 73 \cdot 457$을 발견하였다.

$561 = 3 \cdot 11 \cdot 17$ 이 절대 유사소수임을 보이기 위해 $\gcd(a, 561) = 1$ 로부터 다음을 주목하자.

$$\gcd(a, 3) = \gcd(a, 11) = \gcd(a, 17) = 1$$

페르마 정리의 응용으로 다음 합동식들

$$a^2 \equiv 1 \ (\text{mod } 3) \qquad a^{10} \equiv 1 \ (\text{mod } 11) \qquad a^{16} \equiv 1 \ (\text{mod } 17)$$

을 가져오고 따라서

$$a^{560} \equiv (a^2)^{280} \equiv 1 \pmod{3}$$
$$a^{560} \equiv (a^{10})^{56} \equiv 1 \pmod{11}$$
$$a^{560} \equiv (a^{16})^{35} \equiv 1 \pmod{17}$$

이것은 $\gcd(a,\ 561) = 1$ 인 하나의 합동식 $a^{560} \equiv 1 \pmod{561}$을 유도한다. 그러면 모든 a에 대해 $a^{561} \equiv a \pmod{561}$이며 이것은 561이 절대 유사소수임을 보여준다.

모든 절대 유사소수는 제곱 인수가 없는 수이다. 이것은 증명하기 쉽다. 모든 정수 a에 대해 $a^n \equiv a \pmod{n}$이지만, 어떤 $k > 1$에 대해 $k^2 \mid n$ 이라 가정하자. $a = k$라 놓으면 $k^n \equiv k \pmod{n}$이다. $k^2 \mid n$이므로 마지막 합동식은 법 k^2에 대해 성립한다. 즉 $k \equiv k^n \equiv 0 \pmod{k^2}$이며, 따라서 $k^2 \mid k$는 불가능하다. 그러므로 n은 제곱 인수가 없는 수이다.

다음으로 절대 유사소수를 생산하는 수단을 제공하는 정리를 알아보자.

정리 5.3 Theorem n을 제곱 인수가 없는 수인 합성수, 즉 $n = p_1 p_2 \cdots p_r$, p_i는 서로 다른 소수라 하자. $i = 1, 2, \cdots, r$에 대해 $p_i - 1 \mid n - 1$이면 n은 절대 유사소수이다.

증명. a를 $\gcd(a,\ n) = 1$을 만족하는 정수라 가정하여 모든 i에 대해 $\gcd(a,\ p_i) = 1$이다. 그러면 페르마 정리에 의해 $p_i \mid a^{p_i - 1} - 1$이다. 가정에 의해 $p_i - 1 \mid n - 1$이므로 $p_i \mid a^{n-1} - 1$이고, 따라서 모든 정수 a 그리고 $i = 1, 2, \cdots, r$에 대해 $p_i \mid a^n - a$이다. 정리 2.4의 따름정리 2의 결과에 의해 $n \mid a^n - a$를 얻고 이것은 n을 절대 유사소수로 만든다.

정리 5.3의 조건을 만족하는 정수의 예들은

$$1729 = 7 \cdot 13 \cdot 19 \qquad 6601 = 7 \cdot 23 \cdot 41 \qquad 10585 = 5 \cdot 29 \cdot 73$$

1994년에 무한히 많은 절대 유사소수가 있으나 매우 드물게 있음이 증명되었다. 100만보다 작은 수 중에 단지 43개 존재하고, 10^{15} 보다 작은 수 중에는 105212개 존재한다.

연습문제 5.2

1. 페르마 정리를 이용하여 17이 $11^{104} + 1$을 나눈다는 사실을 보여라.
2. (a) $\gcd(a,\ 35) = 1$ 이면 $a^{12} \equiv 1 \pmod{35}$임을 보여라.
   [*힌트*: 페르마 정리로부터 $a^6 \equiv 1 \pmod{7}$ 그리고 $a^4 \equiv 1 \pmod{5}$이다.]
   (b) $\gcd(a,\ 42) = 1$이면 $168 = 3 \cdot 7 \cdot 8$은 $a^6 - 1$을 나눔을 보여라.
   (c) $\gcd(a,\ 133) = \gcd(b,\ 133) = 1$이면 $133 \mid a^{18} - b^{18}$임을 보여라.

3. 페르마 정리로부터 모든 정수 $n \geq 0$ 에 대해 $13 \mid 11^{12n+6}+1$임을 유도하라.
4. 다음 합동식을 유도하라.
   (a) 모든 a 에 대해 $a^{21} \equiv a \pmod{15}$
   [*힌트*: 페르마 정리에 의해 $a^5 \equiv a \pmod{5}$]
   (b) 모든 a 에 대해 $a^7 \equiv a \pmod{42}$
   (c) 모든 a 에 대해 $a^{13} \equiv a \pmod{3 \cdot 7 \cdot 13}$
   (d) 모든 a 에 대해 $a^9 \equiv a \pmod{30}$
5. $\gcd(a, 30) = 1$ 이면 60 은 $a^4 + 59$ 를 나눔을 보여라.
6. (a) 페르마 정리에 의해 3^{100} 의 일의 자리를 구하라.
   (b) 모든 정수 a 에 대해 a^5 과 a 는 같은 일의 자리를 가짐을 증명하라.
7. $7 \nmid a$ 이면 a^3+1 또는 a^3-1 은 7로 나누어짐을 증명하라.
8. 헬리 혜성의 가장 최근 3번의 출현은 1835, 1910, 그리고 1986년에 있었다. 다음 출현은 2061년일 것이다. 다음을 증명하라.

$$1835^{1910} + 1986^{2061} \equiv 0 \pmod{7}$$

9. (a) p 를 소수 $\gcd(a, p) = 1$이라 하자. 페르마 정리를 이용하여 $x \equiv a^{p-2}b \pmod{p}$ 는 선형 합동식 $ax \equiv b \pmod{p}$의 해임을 증명하라.
   (b) (a)를 적용하여 합동식 $2x \equiv 1 \pmod{31}$, $6x \equiv 5 \pmod{11}$, $3x \equiv 17 \pmod{29}$을 풀어라.
10. a 와 b 를 소수 p 로 나누어지지 않는 정수라 가정하여 다음을 완성하라.
    (a) $a^p \equiv b^p \pmod{p}$ 이면 $a \equiv b \pmod{p}$이다.
    (b) $a^p \equiv b^p \pmod{p}$ 이면 $a^p \equiv b^p \pmod{p^2}$이다.
    [*힌트*: (a)에 의해 어떤 k 에 대해 $a = b + pk$ 라 놓고 $a^p - b^p = (b + pk)^p - b^p$ 이며, 그리고 p^2 이 마지막 표현을 나눔을 보여라.]
11. 페르마 정리를 적용하여 p 가 홀수인 소수이면 다음을 증명하라.
    (a) $1^{p-1} + 2^{p-1} + 3^{p-1} + \cdots + (p-1)^{p-1} \equiv -1 \pmod{p}$
    (b) $1^p + 2^p + 3^p + \cdots + (p-1)^p \equiv 0 \pmod{p}$
    [*힌트*: 항등식 $1 + 2 + 3 + \cdots + (p-1) = p(p-1)/2$을 기억하라.]
12. p 가 홀수인 소수이고 k 는 $1 \leq k \leq p-1$ 인 정수이면 이항계수

$$\binom{p-1}{k} \equiv (-1)^k \pmod{p}$$

를 증명하라.

13. p 와 q 를 $p-1 \mid q-1$ 인 서로 다른 홀수인 소수라 가정하자. $\gcd(a, pq) = 1$ 이면 $a^{q-1} \equiv 1 \pmod{pq}$임을 보여라.
14. p 와 q 를 서로 다른 소수라 가정하면 다음을 증명하라.

$$p^{q-1} + q^{p-1} \equiv 1 \pmod{pq}$$

15. 다음 명제를 완성하라.

(a) 소수 p 에 대해 $M_p = 2^p - 1$ 가 합성수이면 M_p 는 유사소수이다.

(b) 모든 합성수 $F_n = 2^{2^n}+1$ 은 유사소수 $(n = 1, 2, \cdots)$이다.
[*힌트*: 2.3절의 문제 21에 의해 $2^{n+1} \mid 2^{2^n}$은 $2^{2^{n+1}} - 1 \mid 2^{F_n - 1} - 1$이나, $F_n \mid 2^{2^{n+1}} - 1$이다.]

16. 다음 정수가 절대 유사소수임을 입증하라.
   (a) $1105 = 5 \cdot 13 \cdot 17$
   (b) $2821 = 7 \cdot 13 \cdot 31$
   (c) $2465 = 5 \cdot 17 \cdot 29$

17. 가장 작은 유사소수 341은 $11^{341} \not\equiv 11 \pmod{341}$ 을 보임으로써 절대 유사소수가 아님을 보여라.
   [*힌트*: $31 \nmid 11^{341} - 11$]

18. (a) 홀수인 소수 p 에 대해 $n = 2p$ 일 때, 모든 정수 a 에 대해 $a^{n-1} \equiv a \pmod{n}$ 임을 증명하라.
   (b) $n = 195 = 3 \cdot 5 \cdot 13$ 일 때, 모든 정수 a 에 대해 $a^{n-2} \equiv a \pmod{n}$임을 증명하라.

19. 다음 형태의 모든 정수

$$n = (6k + 1)(12k + 1)(18k + 1)$$

   은 세 개의 소인수가 모두 소수이면 절대 유사소수임을 증명하라. 따라서 $1729 = 7 \cdot 13 \cdot 19$ 는 절대 유사소수이다.

20. $561 \mid 2^{561} - 2$ 그리고 $561 \mid 3^{561} - 3$ 을 보여라. $n \mid 2^n - 2$ 와 $n \mid 3^n - 3$ 의 성질을 가진 무한히 많은 합성수 n 이 존재하는지는 미해결 질문이다.

21. 다음 합동식을 완성하라.

$$2222^{5555} + 5555^{2222} \equiv 0 \pmod{7}$$

   [*힌트*: 먼저 법 7에 대한 1111을 계산하라.]

5.3 윌슨의 정리

이제 수론 발전의 또 다른 이정표로 돌아가 본다. 영국의 수학자 워링(Edward Waring, 1734~1798)은 1770년에 그의 저서 「대수학 고찰」(*Meditationes Algebraicae*)에서 여러 개의 정리를 소개하였다. 이 중에서 가장 유명한 것은 그의 과거 학생 중 한 명인 존 윌슨(John Wilson)에 의해 그에게 보고된 소수의 흥미로운 성질이다. 그 성질은 다음과 같다. p 가 소수일 때, p 는 $(p-1)! + 1$ 을 나눈다. 윌슨은 산술 계산을 기초로 이것을 추측한 것으로 보여진다. 하여튼 워링이나 그는 그것을 증명하지 못하였다. 그가 증명을 제공하지 못하는 무능함을 고백하면서 워링은 "이와 같은 종류의 정리는 소수를 표현하는 용어의 결핍으로 증명하기 매우 어려울 것이다"라고 언급하였다. (문맥을 읽어보면 가우스는 "용어 대 개념"에 대한 그가 말한 비평은 이와 같은 성질의 질문에서는 용어가 아니라 실제로 개념이었다는 것을 의미한다고 언급하였다.) 워링의 비관적인 예측에도 불구하고 라그랑주(1771)는 곧 논문에 윌슨의 정리라 붙여진 증명을 하였고 그 역도 성립함을 관찰하였다. 아마도 그 정리는 라이프니츠의 이름을 붙이는 것이 합당할지도 모른다. 왜냐하면 그가 거의 1세기 전에 그 결과를 알고 있었다는 증거가 있으나 그 주제에 대한 논문을 발표하지 않았다.

이제 우리는 윌슨의 정리의 증명을 알아본다.

정리 5.4 *Theorem*

윌슨. p가 소수이면 $(p-1)! \equiv -1 \pmod{p}$이다.

증명. $p=2$ 그리고 $p=3$인 경우는 분명하므로 생략하고 $p>3$이라 놓자. a를 $p-1$개의 양의 정수

$$1, 2, 3, \ldots, p-1$$

중 하나라 가정하고 선형 합동식 $ax \equiv 1 \pmod{p}$을 생각하자. 그러면 $\gcd(a, p) = 1$이다. 정리 4.7에 의해 이 합동식은 법 p에 대해 유일한 해가 존재하므로 $aa' \equiv 1 \pmod{p}$를 만족하는 $1 \le a' \le p-1$인 유일한 정수 a'이 존재한다.

p가 소수이므로 $a = a'$일 필요충분조건은 $a=1$ 또는 $a=p-1$이다. 사실상 합동식 $a^2 \equiv 1 \pmod{p}$은 $(a-1)\cdot(a+1) \equiv 0 \pmod{p}$와 동치이다. 그러므로 $a-1 \equiv 0 \pmod{p}$인 경우 $a=1$이거나 또는 $a+1 \equiv 0 \pmod{p}$인 경우 $a=p-1$이다.

1과 $p-1$를 빼면 그 나머지 수 $2, 3, \cdots, p-2$는 $a \ne a'$이고 그들의 곱 $aa' \equiv 1 \pmod{p}$인 쌍 a, a'으로 짝을 이룰 수 있다. 이 $(p-3)/2$개의 합동식을 서로 곱하고 인수를 재배열하면

$$2 \cdot 3 \cdots (p-2) \equiv 1 \pmod{p}$$

을 얻고, 또는

$$(p-2)! \equiv 1 \pmod{p}$$

이제 $p-1$을 곱하여 증명하고자 하는 합동식

$$(p-1)! \equiv p-1 \equiv -1 \pmod{p}$$

을 얻는다.

예제 5.1 *Example*

구체적인 예제가 윌슨의 증명을 분명히 하는 데 도움을 줄 것이다. 특별히, $p=13$이라 놓자. 정수 $2, 3, \cdots, 11$을 각각의 곱이 법 13에서 1과 합동인 $(p-3)/2 = 5$개의 쌍으로 나눌 수 있다. 이 합동식을 정확하게 나타내면

$$2 \cdot 7 \equiv 1 \pmod{13}$$
$$3 \cdot 9 \equiv 1 \pmod{13}$$
$$4 \cdot 10 \equiv 1 \pmod{13}$$
$$5 \cdot 8 \equiv 1 \pmod{13}$$
$$6 \cdot 11 \equiv 1 \pmod{13}$$

이 합동식들을 곱하여 다음 결과를 얻는다.

$$11! = (2 \cdot 7)(3 \cdot 9)(4 \cdot 10)(5 \cdot 8)(6 \cdot 11) \equiv 1 \pmod{13}$$

그래서

$$12! \equiv 12 \equiv -1 \pmod{13}$$

그러므로 $p = 13$에서 $(p-1)! \equiv -1 \pmod{p}$ 이다.

윌슨의 정리의 역 또한 사실이다. $(n-1)! \equiv -1 \pmod{n}$이면 n은 소수이다. 왜냐하면 n이 소수가 아니면 n은 $1 < d < n$인 약수 d를 가진다. 더군다나 $d \leq n-1$이므로 d는 $(n-1)!$의 인수 중 하나로 나타나므로 $d \mid (n-1)!$이다. 이제 $n \mid (n-1)! + 1$이라 가정하면 $d \mid (n-1)! + 1$이다. 결론으로 $d \mid 1$을 얻는데, 이것은 모순이다.

결론적으로 윌슨의 정리와 그 역은 소수를 결정하는 필요충분조건을 제공한다. 즉, 정수 $n > 1$이 소수일 필요충분조건은 $(n-1)! \equiv -1 \pmod{n}$이다. 불행하게도 이 테스트는 n이 증가함에 따라 $(n-1)!$은 다루기 힘들 정도로 급격하게 커지므로 실제적인 흥미보다는 좀 더 이론적이다.

이차 합동식을 연구하는 데 윌슨의 정리를 응용하는 것으로 이 절을 마치려 한다. [*이차 합동식*(*quadratic congruence*)이란 $ax^2 + bx + c \equiv 0 \pmod{n}$, $a \not\equiv 0 \pmod{n}$인 형태의 합동식을 의미한다.]

정리 5.5 *Theorem*

홀수인 소수 p에 대해 이차 합동식 $x^2 + 1 \equiv 0 \pmod{p}$가 해를 가질 동치조건은 $p \equiv 1 \pmod{4}$이다.

증명. a를 $x^2 + 1 \equiv 0 \pmod{p}$의 임의의 해라 하면 $a^2 \equiv -1 \pmod{p}$이다. $p \nmid a$이므로 페르마 정리를 적용하여

$$1 \equiv a^{p-1} \equiv (a^2)^{(p-1)/2} \equiv (-1)^{(p-1)/2} \pmod{p}$$

$p = 4k + 3$ 형태의 가능성은 발생하지 않는다. 만일 그렇다면

$$(-1)^{(p-1)/2} = (-1)^{2k+1} = -1$$

을 얻어서 $1 \equiv -1 \pmod{p}$이다. 이 최종의 결과는 $p \mid 2$이며, 이것은 명백히 거짓이다. 그러므로 p는 $4k + 1$형태를 가져야 한다.

이제 반대 방향에 대해서는 다음 곱

$$(p-1)! = 1 \cdot 2 \cdots \frac{p-1}{2} \cdot \frac{p+1}{2} \cdots (p-2)(p-1)$$

에서 다음 합동식을 얻는다.

$$\begin{aligned} p-1 &\equiv -1 \pmod{p} \\ p-2 &\equiv -2 \pmod{p} \\ &\vdots \\ \frac{p+1}{2} &\equiv -\frac{p-1}{2} \pmod{p} \end{aligned}$$

인수를 재배열하여 $(p-1)/2$개의 음의 부호가 포함되어 있어

$$(p-1)! \equiv 1 \cdot (-1) \cdot 2 \cdot (-2) \cdots \frac{p-1}{2} \cdot \left(-\frac{p-1}{2}\right) \pmod{p}$$

$$\equiv (-1)^{(p-1)/2} \left(1 \cdot 2 \cdots \frac{p-1}{2}\right)^2 \pmod{p}$$

를 얻는다. 이 시점에서 윌슨의 정리가 힘을 발휘한다. 왜냐하면 $(p-1)! \equiv -1 \pmod{p}$ 이므로

$$-1 \equiv (-1)^{(p-1)/2} \left[\left(\frac{p-1}{2}\right)!\right]^2 \pmod{p}$$

이다. p가 $4k+1$ 형태라 가정하면 $(-1)^{(p-1)/2} = 1$이고, 따라서 합동식

$$-1 \equiv \left[\left(\frac{p-1}{2}\right)!\right]^2 \pmod{p}$$

를 가져온다. 결론은 정수 $[(p-1)/2!]$ 은 이차 합동식 $x^2+1 \equiv 0 \pmod{p}$를 만족한다.

실제적인 예, 즉 소수가 $4k+1$ 형태인 $p = 13$ 인 경우를 보자. 여기서 우리는 $(p-1)/2 = 6$ 이고 쉽게 보일 수 있는 것은

$$6! = 720 \equiv 5 \pmod{13}$$

그리고

$$5^2 + 1 = 26 \equiv 0 \pmod{13}$$

그러므로 $p = 13$ 인 경우에 $[(p-1)/2)!]^2 + 1 \equiv 0 \pmod{p}$인 주장은 정확하다.

윌슨의 정리는 $n!+1$ 형태의 합성수가 무한히 많이 존재함을 의미한다. 반면에 무한히 많은 n 에 대해 $n!+1$ 이 소수인지는 미해결 문제이다. $1 \le n \le 100$ 에 있는 n 값 중에 $n!+1$ 이 소수인 경우는 $n = 1, 2, 3, 11, 27, 37, 41, 73, 77$이다. 최근까지 $n! + 1$ 형태의 가장 큰 소수는 $6380!+1$ 이라는 사실이 2000년에 발견되었다.

연습문제 5.3

1. (a) $15!$ 을 17로 나누었을 때 나머지를 구하라.
   (b) $2(26)!$을 29로 나누었을 때 나머지를 구하라.
2. $16! \equiv -1 \pmod{17}$ 인지를 판단하여 17이 소수인지를 결정하라.
3. 정수 2, 3, 4, ⋯, 21을 $ab \equiv 1 \pmod{23}$이 되도록 쌍 a, b를 배열하라.
4. $18! \equiv -1 \pmod{437}$을 보여라.
5. (a) 정수 $n > 1$ 이 소수일 필요충분조건이 $(n-2)! \equiv 1 \pmod{n}$ 을 증명하라.
   (b) n 이 합성수이면 $n = 4$ 인 경우를 제외하고 $(n-1)! \equiv 0 \pmod{n}$ 임을 보여라.
6. 주어진 소수 p 에 대해 다음 합동식을 완성하라.

$$(p-1)! \equiv p - 1 \pmod{1 + 2 + 3 + \cdots + (p-1)}$$

7. p가 소수이면 모든 정수 a에 대해

$$p \mid a^p + (p-1)!a \qquad \text{그리고} \qquad p \mid (p-1)!a^p + a$$

를 증명하라.

[*힌트*: 윌슨의 정리에 의해 $a^p + (p-1)!a \equiv a^p - a \pmod{p}$이다.]

8. 합동식 $(p-1)! \equiv -1 \pmod{p^2}$을 만족하는 두 개의 소수 $p \le 13$을 구하라.

9. 윌슨의 정리를 이용하여 모든 홀수인 소수 p에 대해 다음을 증명하라.

$$1^2 \cdot 3^2 \cdot 5^2 \cdots (p-2)^2 \equiv (-1)^{(p+1)/2} \pmod{p}$$

[*힌트*: $k \equiv -(p-k) \pmod{p}$이므로

$$2 \cdot 4 \cdot 6 \cdots (p-1) \equiv (-1)^{(p-1)/2} 1 \cdot 3 \cdot 5 \cdots (p-2) \pmod{p}$$이다.]

10. (a) $4k + 3$ 꼴의 소수 p에 대해 다음 두 합동식 중 하나가 성립함을 증명하라.

$$\left(\frac{p-1}{2}\right)! \equiv 1 \pmod{p} \qquad \text{또는} \qquad \left(\frac{p-1}{2}\right)! \equiv -1 \pmod{p}$$

따라서 $[(p-1)/2]!$은 이차 합동식 $x^2 \equiv 1 \pmod{p}$를 만족한다.

(b) (a)를 이용하여 $p = 4k+3$가 소수이면 p보다 작은 모든 짝수의 곱은 법 p에 대해 1 또는 -1과 합동이다.

[*힌트*: 페르마 정리가 $2^{(p-1)/2} \equiv \pm 1 \pmod{p}$를 의미한다.]

11. 정리 5.5를 적용하여 이차 합동식 $x^2 \equiv -1 \pmod{29}$와 $x^2 \equiv -1 \pmod{37}$의 각각에 대한 두 개의 해를 구하라.

12. $p = 4k + 3$이 소수이고 $a^2 + b^2 \equiv 0 \pmod{p}$이면 $a \equiv b \equiv 0 \pmod{p}$임을 보여라.

[*힌트*: $a \not\equiv 0 \pmod{p}$이면 $ac \equiv 1 \pmod{p}$인 정수 c가 존재한다. 이 사실을 이용하여 정리 5.5의 모순을 얻는다.]

13. $\sqrt{2}$가 무리수라는 아래 증명에서 빠진 세밀한 부분을 보충하라. $\sqrt{2} = a/b$, $\gcd(a, b) = 1$이라 가정하자. 그러면 $a^2 = 2b^2$이고, 그래서 $a^2 + b^2 = 3b^2$이다. 그러나 $3 \mid (a^2 + b^2)$은 $3 \mid a$, $3 \mid b$를 의미한다. 이것은 모순이다.

14. 정수 $n^2 + 1$의 홀수인 소인수는 $4k + 1$ 꼴임을 증명하라.

[*힌트*: 정리 5.5를 참고하라.]

15. $4(29!) + 5!$이 31로 나누어짐을 입증하라.

16. 소수 p 그리고 $0 \le k \le p-1$에 대해 $k!(p-k-1)! \equiv (-1)^{k+1} \pmod{p}$임을 보여라.

17. p, q가 서로 다른 소수이면 모든 정수 a에 대해 다음을 증명하라.

$$pq \mid a^{pq} - a^p - a^q + a$$

18. p와 $p+2$가 한 쌍의 쌍둥이 소수이면 다음을 증명하라.

$$4((p-1)! + 1) + p \equiv 0 \pmod{p(p+2)}$$

5.4 페르마-크레트칙 소인수분해 방법

아마도 1643년 신부 메르센(Marin Mersenne)에게 쓰여진 편지의 일부분에 페르마는 큰 수의 소인수분해에 관한 그의 비법을 기술하였다. 이것은 $\sqrt{n}$을 넘지 않는 모든 소수로 나누어 n의 인수를 찾는 고전적인 방법에 대한 처음으로 향상된 방법을 나타낸다. 페르마의 소인수분해 설계는 사실상 홀수 n(2의 거듭제곱은 쉽게 얻을 수 있어 처음부터 소거해도 좋을 것이므로 n을 홀수라 가정해도 무방)의 인수를 찾는 것은 방정식

$$n = x^2 - y^2$$

의 정수해 x, y를 구하는 것과 동치라는 것을 알 수 있다.

n이 두 제곱수의 차로 표현되면 n은 다음과 같이 소인수분해 될 수 있는 것은 분명하다.

$$n = x^2 - y^2 = (x + y)(x - y)$$

역으로 n이 $n = ab,\ a \geq b \geq 1$로 소인수분해 되면 다음과 같이 표현된다.

$$n = \left(\frac{a+b}{2}\right)^2 - \left(\frac{a-b}{2}\right)^2$$

더군다나 n이 홀수라 가정하였으므로 $a,\ b$ 모두 홀수이다. 따라서 $(a + b)/2$와 $(a - b)/2$는 모두 음이 아닌 정수이다.

방정식 $n = x^2 - y^2$을 만족하는 가능한 x, y를 찾기 시작한다. 또는 같은 방정식

$$x^2 - n = y^2$$

에서 $k^2 \geq n$인 가장 작은 정수 k를 먼저 결정하여 x, y를 찾기 시작한다. 이제 다음 수들

$$k^2 - n, (k+1)^2 - n, (k+2)^2 - n, (k+3)^2 - n, \ldots$$

에서 $m \geq \sqrt{n}$의 값이 $m^2 - n$이 제곱수가 될 때까지 연속적으로 관찰한다. 이 과정은 무한히 계속될 수는 없다. 왜냐하면 우리는 궁극적으로

$$\left(\frac{n+1}{2}\right)^2 - n = \left(\frac{n-1}{2}\right)^2$$

에 도달해 n의 표현이 당연한 소인수분해 $n = n \cdot 1$에 대응하기 때문이다. 이전에 제곱수의 차로 발견되지 않고 이 시점에 도달하면 n은 n과 1 이외의 인수가 없고, 이 경우 n은 소수이다.

페르마는 언급한 그 과정을 이용하여, 44021까지의 홀수인 소수의 나눗셈은 4580번이 필요하지만, 단지 11단계로

$$2027651281 = 44021 \cdot 46061$$

을 소인수분해 하였다. 이것은 아마도 그의 방법이 아주 효과적임을 보이기 위한 목적으로 고안된 유용한 경우였다. n 의 소인수를 찾기 위하여 $\sqrt{n}$ 보다 작은 모든 소수를 알 필요는 없다.

예제 5.2 *Example*

페르마 방법의 응용을 설명하기 위해 정수 $n = 119143$ 을 소인수분해 하자. 제곱수의 표에서 $345^2 < 119143 < 346^2$ 임을 알 수 있다. 따라서, 부등식 $346 \le k < (119143 + 1)/2 = 59572$ 를 만족하는 k 들에 대해 $k^2 - 119143$의 값만 생각해도 충분하다. 그 계산은 다음과 같이 시작한다.

$$\begin{aligned}
346^2 - 119143 &= 119716 - 119143 = 573\\
347^2 - 119143 &= 120409 - 119143 = 1266\\
348^2 - 119143 &= 121104 - 119143 = 1961\\
349^2 - 119143 &= 121801 - 119143 = 2658\\
350^2 - 119143 &= 122500 - 119143 = 3357\\
351^2 - 119143 &= 123201 - 119143 = 4058\\
352^2 - 119143 &= 123904 - 119143 = 4761 = 69^2
\end{aligned}$$

이 마지막 식은 다음 소인수분해를 나타낸다.

$$119143 = 352^2 - 69^2 = (352 + 69)(352 - 69) = 421 \cdot 283$$

여기서 두 인수는 소수이다. 단지 7단계로 우리는 수 119143의 소인수분해를 얻었다. 물론 항상 그렇게 운이 좋은 것만은 아니다. 그 차가 제곱수가 되기 전에 많은 단계가 요구될지도 모른다.

페르마의 방법은 n 의 두 인수가 거의 같은 크기일 때, 가장 효과적이다. 왜냐하면 이 경우 적당한 제곱수는 빨리 나타날 것이다. 예를 들어, $n = 23449$ 가 소인수분해 되었다고 가정하자. n 을 넘는 가장 작은 제곱수는 154^2 이므로 수열 $k^2 - n$ 은 다음과 같이 시작한다.

$$\begin{aligned}
154^2 - 23449 &= 23716 - 23449 = 267\\
155^2 - 23449 &= 24025 - 23449 = 576 = 24^2
\end{aligned}$$

그러므로 23449의 인수들은

$$23449 = (155 + 24)(155 - 24) = 179 \cdot 131$$

차 $k^2 - n$ 이 제곱수가 가능한지를 조사할 때 많은 값들은 마지막 자릿수를 조사하여 즉시 제거할 수 있다. 예를 들어 우리는 제곱수의 마지막 자리는 0, 1, 4, 5, 6, 9 중 하나로 끝나야 함을 안다[4.3절 문제 2(a)]. 이것은 예제 5.2에서의 1266, 1961, 그리고 4761을 제외하고 모든 값을 제외시킬 수 있다. 법 100으로 0부터 99까지 정수들의 제곱수를 계산하면 좀 더 알 수 있는 것은 제곱수의 마지막 두 자리는 다음 22개의 가능성으로 제한된다는 것이다.

00	21	41	64	89
01	24	44	69	96
04	25	49	76	
09	29	56	81	
16	36	61	84	

정수 1266은 이런 방법을 고려함으로써 제거할 수 있다. 61은 마지막 두 자리가 제곱수가 가능한 것 중의 하나이므로 정수 1961 그리고 4761만 조사할 필요가 있다. 1961은 제곱수가 아니고, 그러나 $4761 = 69^2$ 이다.

다소 성공적으로 이용되는 페르마의 소인수분해의 일반화가 있다. 여기서 $x^2 - y^2$ 이 n 자체보다는 n 의 배수가 되는 서로 다른 정수 x 와 y 를 조사하자. 즉,

$$x^2 \equiv y^2 \pmod{n}$$

그런 정수를 얻으면 $d = \gcd(x - y, n)$ (또는 $d = \gcd(x + y, n)$)은 유클리드 알고리듬으로 계산될 수 있다. 분명히 d 는 n 의 약수이나 그것은 진약수인가? 다시 말하면 $1 < d < n$ 인가?

실제로 n 은 보통 두 소수 p, $q\,(p < q)$의 곱이어서 d 는 1, p, q 또는 pq 와 같다. 이제 합동식 $x^2 \equiv y^2 \pmod{n}$ 을 $pq \mid (x - y)(x + y)$ 로 변형한다. 유클리드의 보조정리에 의해 p 와 q 는 두 인수 중 하나를 나누어야 한다. $p \mid x-y$ 그리고 $q \mid x - y$ 라 하면 $pq \mid x-y$ 이다. 또는 합동식으로 표현하면 $x \equiv y \pmod{n}$ 이다. 또한 $p \mid x + y$ 그리고 $q \mid x+y$ 는 $x \equiv -y \pmod{n}$ 을 의미한다. $x^2 \equiv y^2 \pmod{n}$, $x \not\equiv \pm y \pmod{n}$ 을 만족하는 정수 x, y 를 찾을 때, 이 두 상황은 배제된다. 이 모든 결과로 d 는 p 또는 q 이며 이것은 n 의 진약수이다.

예제 5.3 *Example*

$579^2 \equiv 18^2 \pmod{2189}$ 을 인지하면서 양의 정수 $n = 2189$ 을 소인수분해 한다 하자. 그러면 유클리드 알고리듬을 이용하여,

$$\begin{aligned} 2189 &= 3 \cdot 561 + 506 \\ 561 &= 1 \cdot 506 + 55 \\ 506 &= 9 \cdot 55 + 11 \\ 55 &= 5 \cdot 11 \end{aligned}$$

우리가 계산하면

$$\gcd(579 - 18, 2189) = \gcd(561, 2189) = 11$$

이것은 2189의 소인수 11을 유도한다. 다른 인수, 즉 199는 다음을 관찰함으로써 얻을 수 있다.

$$\gcd(579 + 18, 2189) = \gcd(597, 2189) = 199$$

독자는 579의 제곱이 법 2189로 다시 제곱수가 되는 그런 수 579를 어떻게 얻을

수 있는지 의아하게 생각할지도 모른다. 2189의 배수에 가까운 제곱수를 조사하면서 다음을 관찰할 수 있다.

$$81^2 - 3 \cdot 2189 = -6 \quad \text{그리고} \quad 155^2 - 11 \cdot 2189 = -54$$

이것을 변형하면

$$81^2 \equiv -2 \cdot 3 \pmod{2189} \quad \text{그리고} \quad 155^2 \equiv -2 \cdot 3^3 \pmod{2189}$$

이 두 합동식을 곱하여

$$(81 \cdot 155)^2 \equiv (2 \cdot 3^2)^2 \pmod{2189}$$

을 얻는다. 곱 $81 \cdot 155 = 12555 \equiv -579 \pmod{2189}$ 이므로 우리는 합동식 $579^2 \equiv 18^2 \pmod{2189}$의 결론에 도달한다.

우리 방법의 원리는 여러 x_i를 찾는 것인데 법 n에서 각 x_i^2이 작은 소수의 거듭제곱이고 x_i들의 곱의 제곱이 완전제곱과 합동인 성질을 가지고 있다.

n이 두 개 이상의 소인수를 가지고 있을 때, 우리의 소인수분해 방법은 여전히 적용될 수 있다. 그러나 합동식 $x^2 \equiv y^2 \pmod{n}$, $x \not\equiv \pm y \pmod{n}$의 특별한 해가 n의 진약수가 된다는 보장은 없다. 물론 이 합동식의 많은 해가 존재하면 할수록 n의 원하는 인수를 찾을 기회는 더 많다.

우리의 마지막 예제는 이 마지막 소인수분해 방법의 상당히 효과적인 변형을 제공한다. 그것은 1920년대에 크레트칙(Maurice Kraitchik)에 의해 소개되었고 이차 체 알고리듬(sieve algorithm)인 현대 방법의 기초가 되었다.

예제 5.4 *Example*

$n = 12499$를 소인수분해 되는 정수라 하자. n보다 크면서 처음 나타나는 제곱수는 $112^2 = 12544$이다. 그래서 $x = 112, 113, \cdots$에 대한 수열 $x^2 - n$을 생각하며 시작하자. 전과 같이 우리의 흥미는 곱 $(x_1 - n)\cdots(x_k - n)$이 제곱이 되는, 예를 들어 y^2이 되는 그런 값들 $x_1, x_2, \cdots, x_k$를 구하는 것이다. 그러면 $(x_1 \cdots x_k)^2 \equiv y^2 \pmod{n}$이고, 이것은 n의 진약수를 유도할 것이다.

간단한 조사로 다음을 알 수 있다.

$$112^2 - 12499 = 45$$

$$117^2 - 12499 = 1190$$

$$121^2 - 12499 = 2142$$

또는 합동식으로 쓰면

$$112^2 \equiv 3^2 \cdot 5 \pmod{12499}$$

$$117^2 \equiv 2 \cdot 5 \cdot 7 \cdot 17 \pmod{12499}$$

$$121^2 \equiv 2 \cdot 3^2 \cdot 7 \cdot 17 \pmod{12499}$$

이 합동식의 결과를 모두 곱하면

$$(112 \cdot 117 \cdot 121)^2 \equiv (2 \cdot 3^2 \cdot 5 \cdot 7 \cdot 17)^2 \pmod{12499}$$

즉,

$$1585584^2 \equiv 10710^2 \pmod{12499}$$

그러나 우리는 이 제곱수의 조합으로는 불행하다. 왜냐하면

$$1585584 \equiv 10710 \pmod{12499}$$

는 단지 12499의 당연한 약수만 발견된다. 좀 더 자세히 보면

$$\gcd(1585584 + 10710, 12499) = 1$$

$$\gcd(1585584 - 10710, 12499) = 12499$$

좀 더 계산을 한 후 우리는 다음을 주목하자.

$$113^2 \equiv 2 \cdot 5 \cdot 3^3 \pmod{12499}$$

$$127^2 \equiv 2 \cdot 3 \cdot 5 \cdot 11^2 \pmod{12499}$$

이것은 합동식

$$(113 \cdot 127)^2 \equiv (2 \cdot 3^2 \cdot 5 \cdot 11)^2 \pmod{12499}$$

를 가져온다. 이것은 또한 법 12499에서

$$1852^2 \equiv 990^2 \pmod{12499}$$

로 환원되고 다행스럽게도 $1852 \not\equiv \pm 990 \pmod{12499}$이다. 다음 계산

$$\gcd(1852 - 990, 12499) = \gcd(862, 12499) = 431$$

은 소인수분해 $12499 = 29 \cdot 431$을 생산한다.

연습문제 5.4

1. 페르마 방법을 사용하여 다음 수들 각각을 소인수분해 하라.
   (a) 2279
   (b) 10541
   (c) 340663
   [*힌트*: 340663을 넘는 가장 작은 제곱수는 584^2 이다.]
2. 완전제곱수는 다음과 같은 한 쌍의 자릿수로 끝나야 함을 증명하라. 00, 01, 04, 09, 16, 21, 24, 25, 29, 36, 41, 44, 49, 56, 61, 64, 69, 76, 81, 84, 89, 96.
   [*힌트*: $x^2 \equiv (50 + x)^2 \pmod{100}$ 그리고 $x^2 \equiv (50 - x)^2 \pmod{100}$이므로 26개의 값 $x = 0, 1, 2, \cdots, 25$에 대한 x^2 의 마지막 자리 수들만 조사하면 충분하다.]
3. 페르마의 소인수분해 방법으로 $2^{11} - 1$ 을 소인수분해 하라.
4. 1647년에 메르센은 한 수가 두 개의 서로 다른 소수의 제곱의 합으로 두 가지 다른 표현으로 나타낼 수 있다면 다음과 같이 소인수분해 되는 합성수임을 지적하였다. $n = a^2 + b^2 = c^2 + d^2$ 이면

$$n = \frac{(ac+bd)(ac-bd)}{(a+d)(a-d)}$$

이 결과를 이용하여 다음 수를 소인수분해 하라.

$$493 = 18^2 + 13^2 = 22^2 + 3^2$$

그리고

$$38025 = 168^2 + 99^2 = 156^2 + 117^2$$

5. 일반화된 페르마 방법을 이용하여 다음 수들을 소인수분해 하라.
   (a) 2911 [*힌트*: $138^2 \equiv 67^2 \pmod{2911}$]
   (b) 4573 [*힌트*: $177^2 \equiv 92^2 \pmod{4573}$]
   (c) 6923 [*힌트*: $208^2 \equiv 93^2 \pmod{6923}$]
6. 다음 합동식의 도움으로 13561을 소인수분해하라.

$$233^2 \equiv 3^2 \cdot 5 \pmod{13561} \quad \text{그리고} \quad 1281^2 \equiv 2^4 \cdot 5 \pmod{13561}$$

7. (a) 다음과 같은 x를 조사함으로써 수 4537을 소인수분해 하라.

$$x^2 - k \cdot 4537$$

   은 작은 소수들의 거듭제곱의 곱이다.
   (b) (a)에서 나타난 과정을 이용하여 14429를 소인수분해 하라.
   [*힌트*: $120^2 - 14429 = -29$ 그리고 $3003^2 - 625 \cdot 14429 = -116$]
8. 크레트칙의 방법을 이용하여 수 20437을 소인수분해 하라.

CHAPTER 06

수론 함수

Number-Theoretic Functions

수학자들은 프랑스인과 같다. 당신이 그들에게 무슨 말을 하든, 그들은 자신들의 언어로 번역하고 곧 그것은 전적으로 다른 중요한 것이다.
괴테(GOETHE)

6.1 약수의 합과 개수

어떤 함수는 정수의 약수를 연구하는 데 관련하여 특별한 중요성이 있다는 것을 찾을 수 있다. 정의역이 양의 정수의 집합인 임의의 함수를 *수론 함수*(*number-theoretic function*) 또는 *산술 함수*(*arithmetic function*)라 부른다. 수론 함수의 치역이 양의 정수 또는 그 때문에 당연히 정수라 요구되진 않지만 우리가 다루는 대부분의 수론 함수는 정수 값을 가진다. 다루기가 가장 쉽고 가장 자연스러운 것 중에는 함수 τ 와 σ가 있다.

정의 6.1 *Definition*

주어진 양의 정수 n에 대해 $\tau(n)$을 n의 양의 약수의 개수라 놓고 $\sigma(n)$을 이 약수들의 합이라 놓자.

이 개념의 예를 위해 $n = 12$를 생각하자. 12는 양의 약수로 1, 2, 3, 4, 6, 12를 가지므로

$$\tau(12) = 6 \qquad \text{그리고} \qquad \sigma(12) = 1 + 2 + 3 + 4 + 6 + 12 = 28$$

을 얻는다. 처음 몇 개의 정수에 대해

$$\tau(1)=1 \quad \tau(2)=2 \quad \tau(3)=2 \quad \tau(4)=3 \quad \tau(5)=2 \quad \tau(6)=4, \ldots$$

그리고

$$\sigma(1)=1, \sigma(2)=3, \sigma(3)=4, \sigma(4)=7, \sigma(5)=6, \sigma(6)=12, \ldots$$

$\tau(n)=2$일 필요충분조건이 n은 소수임을 보이는 것은 어렵지 않다. 또한 $\sigma(n)=n+1$일 필요충분조건은 n은 소수이다.

함수 τ와 σ를 좀 더 자세하게 연구하기 전에 나중에 많은 상황을 분명하게 해줄 개념을 소개하고자 한다. 다음 기호

$$\sum_{d \mid n} f(d)$$

가 "d가 양의 정수 n의 모든 양의 약수를 움직일 때 $f(d)$의 합"을 의미한다고 해석하는 것은 통상적이다. 예를 들어

$$\sum_{d \mid 20} f(d) = f(1)+f(2)+f(4)+f(5)+f(10)+f(20)$$

이다. 이런 관점에서 τ와 σ를 다음 형태로 표현할 수 있다.

$$\tau(n) = \sum_{d \mid n} 1 \qquad \sigma(n) = \sum_{d \mid n} d$$

특히 용어 $\sum_{d|n} 1$은 n의 양의 약수의 개수만큼 1을 더한다는 것을 말한다. 예를 들어, 정수 10은 네 개의 약수 1, 2, 5, 10을 가지고 있기 때문에

$$\tau(10) = \sum_{d \mid 10} 1 = 1+1+1+1 = 4$$

그리고

$$\sigma(10) = \sum_{d \mid 10} d = 1+2+5+10 = 18$$

처음 정리는 일단 양의 정수 n의 소인수분해를 알면 양의 약수를 얻기 쉽게 해준다.

정리 6.1 Theorem

만일 $n = p_1^{k_1} p_2^{k_2} \cdots p_r^{k_r}$이 $n>1$의 소인수분해이면 n의 양의 약수는 정확히 다음과 같은 정수 d의 형태를 가진다.

$$d = p_1^{a_1} p_2^{a_2} \cdots p_r^{a_r}$$

여기서 $0 \le a_i \le k_i$ $(i = 1, 2, \cdots, r)$이다.

증명. 약수 $d=1$은 $a_1=a_2=\cdots=a_r=0$일 때 얻어지고 n 자신은 $a_1=k_1$, $a_2=k_2$, $\cdots$, $a_r=k_r$일 때 발생함을 주목하자. d가 n을 나누어 $n=dd'$ $(d>1, d'>1)$이라 가정하자. d와 d'을 소수의 곱(필연적으로 다르지 않은)으로 표현하면

$$d = q_1 q_2 \cdots q_s \qquad d' = t_1 t_2 \cdots t_u$$

q_i, t_j 는 소수이다. 그러면

$$p_1^{k_1} p_2^{k_2} \cdots p_r^{k_r} = q_1 \cdots q_s t_1 \cdots t_u$$

은 양의 정수 n 의 두 개의 소인수분해이다. 소인수분해의 유일성에 의해 각 소수 q_i 는 p_j 중 하나여야 한다. 같은 소수를 모아 거듭제곱으로 나타내면

$$d = q_1 q_2 \cdots q_s = p_1^{a_1} p_2^{a_2} \cdots p_r^{a_r}$$

을 얻고 여기서 $a_i = 0$ 의 가능성이 허용된다.

역으로, 모든 정수 $d = p_1^{a_1} p_2^{a_2} \cdots p_r^{a_r}$ $(0 \le a_i \le k_i)$는 n 의 약수임을 알 수 있다. 왜냐하면

$$\begin{aligned} n &= p_1^{k_1} p_2^{k_2} \cdots p_r^{k_r} \\ &= (p_1^{a_1} p_2^{a_2} \cdots p_r^{a_r})(p_1^{k_1-a_1} p_2^{k_2-a_2} \cdots p_r^{k_r-a_r}) \\ &= dd' \end{aligned}$$

으로 쓸 수 있고 여기서 $d' = p_1^{k_1-a_1} p_2^{k_2-a_2} \cdots p_r^{k_r-a_r}$ 이고 각 i 에 대해 $k_i - a_i \ge 0$이다. 그러면 $d' > 0$ 이고 그리고 $d \mid n$ 이다.

이 정리를 즉시 적용하여 보자.

정리 6.2 Theorem

만일 $n = p_1^{k_1} p_2^{k_2} \cdots p_r^{k_r}$ 이 $n > 1$ 의 소인수분해이면,

(a) $\tau(n) = (k_1 + 1)(k_2 + 1) \cdots (k_r + 1)$

(b) $\sigma(n) = \dfrac{p_1^{k_1+1} - 1}{p_1 - 1} \dfrac{p_2^{k_2+1} - 1}{p_2 - 1} \cdots \dfrac{p_r^{k_r+1} - 1}{p_r - 1}$

증명. 정리 6.1에 따라 n 의 양의 약수는 정확히 다음과 같은 정수들이다.

$$d = p_1^{a_1} p_2^{a_2} \cdots p_r^{a_r}$$

여기서 $0 \le a_i \le k_i (i = 1, 2, \cdots, r)$이다. 지수 a_1 에 대한 $k_1 + 1$ 의 선택 방법; a_2 에 대한 $k_2 + 1$, …; 그리고 a_r 에 대한 $k_r + 1$ 선택 방법이 존재한다. 따라서 n 의 가능한 약수는

$$(k_1 + 1)(k_2 + 1) \cdots (k_r + 1)$$

개 존재한다.

$\sigma(n)$ 을 계산하기 위해 다음 곱을 생각하자.

$$(1 + p_1 + p_1^2 + \cdots + p_1^{k_1})(1 + p_2 + p_2^2 + \cdots + p_2^{k_2}) \\ \cdots (1 + p_r + p_r^2 + \cdots + p_r^{k_r})$$

각 n 의 양의 약수는 이 곱의 전개의 하나의 항으로 꼭 한 번씩 나타난다. 따라서

$$\sigma(n) = (1 + p_1 + p_1^2 + \cdots + p_1^{k_1}) \cdots (1 + p_r + p_r^2 + \cdots + p_r^{k_r})$$

우변의 i 번째 인수에 등비수열의 합의 공식을 적용하여

$$1 + p_i + p_i^2 + \cdots + p_i^{k_i} = \frac{p_i^{k_i+1} - 1}{p_i - 1}$$

을 얻고 따라서 다음이 성립한다.

$$\sigma(n) = \frac{p_1^{k_1+1} - 1}{p_1 - 1} \frac{p_2^{k_2+1} - 1}{p_2 - 1} \cdots \frac{p_r^{k_r+1} - 1}{p_r - 1}$$

합의 기호 $\sum$에 대응하여 곱의 기호를 그리스 대문자 파이인 $\prod$를 사용하여 정의한다. 그 위에서 곱이 행해지는 수의 한계의 제한은 보통 $\prod$ 기호 아래 쓴다. 예를 들어,

$$\prod_{1 \le d \le 5} f(d) = f(1)f(2)f(3)f(4)f(5)$$

$$\prod_{d \mid 9} f(d) = f(1)f(3)f(9)$$

$$\prod_{\substack{p \mid 30 \\ p\ \text{소수}}} f(p) = f(2)f(3)f(5)$$

이런 합의에 따라 정리 6.2의 결론은 간결한 형태를 가진다. 만일 $n = p_1^{k_1} p_2^{k_2} \cdots p_r^{k_r}$이 $n > 1$ 의 소인수분해이면,

$$\tau(n) = \prod_{1 \le i \le r} (k_i + 1)$$

그리고

$$\sigma(n) = \prod_{1 \le i \le r} \frac{p_i^{k_i+1} - 1}{p_i - 1}$$

예제 6.1 *Example*

정수 $180 = 2^2 \cdot 3^2 \cdot 5$ 은

$$\tau(180) = (2+1)(2+1)(1+1) = 18$$

개의 양의 약수를 가진다. 이 약수들의 형태는

$$2^{a_1} \cdot 3^{a_2} \cdot 5^{a_3}$$

이고, $a_1 = 0,\ 1,\ 2$; $a_2 = 0,\ 1,\ 2$; 그리고 $a_3 = 0,\ 1$이다. 특히, 다음을 얻는다.

1, 2, 3, 4, 5, 6, 9, 10, 12, 15, 18, 20, 30, 36, 45, 60, 90, 180

이 정수들의 합은

$$\sigma(180) = \frac{2^3 - 1}{2 - 1} \frac{3^3 - 1}{3 - 1} \frac{5^2 - 1}{5 - 1} = \frac{7}{1} \frac{26}{2} \frac{24}{4} = 7 \cdot 13 \cdot 6 = 546$$

약수 함수 τ의 가장 흥미로운 성질 중 하나는 정수 $n > 1$의 양의 약수의 곱은 $n^{\tau(n)/2}$과 같다는 사실이다. 이 사실을 보이기는 어렵지 않다. d를 n의 임의의 양의 약수라 놓아 $n = dd'$이라 하자. d를 n의 모든 $\tau(n)$개의 양의 약수로 택하면 $\tau(n)$개의 그런 등식이 생긴다. 이 식을 모두 곱하여

$$n^{\tau(n)} = \prod_{d \mid n} d \cdot \prod_{d' \mid n} d'$$

을 얻는다. 그러나 d가 n의 약수로 움직이면 d'도 마찬가지이다. 따라서, $\prod_{d \mid n} d = \prod_{d' \mid n} d'$이다. 그러므로 주어진 상황은

$$n^{\tau(n)} = \left(\prod_{d \mid n} d\right)^2$$

또는 동등하게

$$n^{\tau(n)/2} = \prod_{d \mid n} d$$

독자는 이 식에 대해 의구심을 가질지도 모른다. 왜냐하면 좌변은 항상 정수라는 사실이 조금도 분명치 않기 때문이다. $\tau(n)$이 짝수이면 분명 문제가 되지 않는다. $\tau(n)$이 홀수이면 n은 완전제곱(6.1절의 문제 7)임이 판명되어 $n = m^2$이 되고 $n^{\tau(n)/2} = m^{\tau(n)}$이 성립함에 따라 모든 의구심은 해결된다.

계산적인 예를 보면, 16의 다섯 개의 약수(즉, 1, 2, 4, 8, 16)의 곱은

$$\prod_{d \mid 16} d = 16^{\tau(16)/2} = 16^{5/2} = 4^5 = 1024$$

승법 함수(multiplicative function)는 정수의 소인수분해를 공부하는 데 자연스럽게 나타난다. 이 정의를 제공하기 전에 다음을 관찰하자.

$$\tau(2 \cdot 10) = \tau(20) = 6 \neq 2 \cdot 4 = \tau(2) \cdot \tau(10)$$

동시에,

$$\sigma(2 \cdot 10) = \sigma(20) = 42 \neq 3 \cdot 18 = \sigma(2) \cdot \sigma(10)$$

이런 계산은 일반적으로 다음이 사실일 필요가 없다는 바람직하지 못한 결과를 보여준다.

$$\tau(mn) = \tau(m)\tau(n) \quad \text{그리고} \quad \sigma(mn) = \sigma(m)\sigma(n)$$

긍정적인 측면으로는 서로 소인 m, n으로 제한하면 등식이 항상 성립한다. 이런 상황이 정의 6.2를 유도한다.

정의 6.2 *Definition*

수론 함수 f를 $\gcd(m, n) = 1$일 때

$$f(mn) = f(m)f(n)$$

이면 *승법적(multiplicative)*이라 말한다.

간단한 승법 함수의 예를 위해, 모든 $n \geq 1$에 대해 $f(n) = 1$ 그리고 $g(n) = n$ 으로 주어진 함수를 생각만 해도 충분하다. f가 승법적이고 양의 정수 $n_1, n_2, \cdots, n_r$이 각각 서로 소이면

$$f(n_1 n_2 \cdots n_r) = f(n_1) f(n_2) \cdots f(n_r)$$

임을 귀납법으로 알 수 있다.

승법 함수는 우리에게 큰 도움을 준다. 그들의 소수의 거듭제곱의 값을 알면 그들을 완전히 결정할 수 있다. 사실상 $n > 1$ 이 주어진 양의 정수이면 표준형으로 $n = p_1^{k_1} p_2^{k_2} \cdots p_r^{k_r}$로 쓸 수 있다. $p_i^{k_i}$ 는 각 쌍이 서로 소이므로 승법 성질에 의해

$$f(n) = f(p_1^{k_1}) f(p_2^{k_2}) \cdots f(p_r^{k_r})$$

f가 항등적으로 0이 아닌 승법 함수이면 $f(n) \neq 0$ 인 정수 n이 존재한다. 그러나

$$f(n) = f(n \cdot 1) = f(n) f(1)$$

$f(n)$ 은 0 이 아니므로 양변에서 $f(n)$ 을 소거하면 $f(1) = 1$을 얻는다. 우리가 주의를 요하는 관점은 항등적으로 0이 아닌 승법 함수는 $f(1) = 1$이라는 사실이다.

우리는 이제 τ와 σ가 승법 성질을 가지고 있음을 보이자.

정리 6.3 *Theorem*

함수 τ와 σ는 승법 함수이다.

증명. m, n을 서로 소라 하자. m 또는 n이 1 이면 결과는 당연히 사실이므로 $m > 1$ 그리고 $n > 1$ 이라 가정해도 좋다.

$$m = p_1^{k_1} p_2^{k_2} \cdots p_r^{k_r} \quad \text{그리고} \quad n = q_1^{j_1} q_2^{j_2} \cdots q_s^{j_s}$$

가 m, n의 소인수분해이면 $\gcd(m, n) = 1$ 이므로 어느 p_i도 q_j 중에 나타날 수 없다. 따라서 곱 mn의 소인수분해는 다음과 같이 주어진다.

$$mn = p_1^{k_1} \cdots p_r^{k_r} q_1^{j_1} \cdots q_s^{j_s}$$

정리 6.2를 적용하여

$$\begin{aligned}\tau(mn) &= [(k_1 + 1) \cdots (k_r + 1)][(j_1 + 1) \cdots (j_s + 1)] \\ &= \tau(m)\tau(n)\end{aligned}$$

을 얻는다. 같은 방법으로 정리 6.2에 의해

$$\begin{aligned}\sigma(mn) &= \left[\frac{p_1^{k_1+1} - 1}{p_1 - 1} \cdots \frac{p_r^{k_r+1} - 1}{p_r - 1}\right]\left[\frac{q_1^{j_1+1} - 1}{q_1 - 1} \cdots \frac{q_s^{j_s+1} - 1}{q_s - 1}\right] \\ &= \sigma(m)\sigma(n)\end{aligned}$$

따라서, τ와 σ는 승법 함수이다.

승법 함수에 관한 일반적인 결과를 증명하기 위해 우리의 프로그램을 계속 진행한다. 이를 위해 예비 보조정리가 요구된다.

보조정리 *Lemma*

만약 $\gcd(m, n) = 1$ 이면 mn 의 양의 약수의 집합은 $d_1 \mid m$, $d_2 \mid n$ 이고 $\gcd(d_1, d_2) = 1$ 인 모든 곱 d_1d_2 로 구성된다. 더군다나 이 곱은 모두 다르다.

증명. $m > 1$ 그리고 $n > 1$ 으로 가정해도 무방하다. $m = p_1^{k_1} p_2^{k_2} \cdots p_r^{k_r}$ 그리고 $n = q_1^{j_1} q_2^{j_2} \cdots q_s^{j_s}$ 를 각각의 소인수분해라 하자. 소수 $p_1, \cdots, p_r, q_1, \cdots, q_s$ 가 모두 다르므로 mn 의 소인수분해는

$$mn = p_1^{k_1} \cdots p_r^{k_r} q_1^{j_1} \cdots q_s^{j_s}$$

이다. 따라서 mn 의 모든 양의 약수 d 는 다음과 같은 형태로 유일하게 표현된다.

$$d = p_1^{a_1} \cdots p_r^{a_r} q_1^{b_1} \cdots q_s^{b_s} \qquad 0 \le a_i \le k_i, 0 \le b_i \le j_i$$

이것은 d 를 m 의 약수 $d_1 = p_1^{a_1} \cdots p_r^{a_r}$ 과 n 의 약수 $d_2 = q_1^{b_1} \cdots q_s^{b_s}$ 인 $d = d_1d_2$ 로 쓸 수 있게 허용한다. 어느 p_i 도 어느 q_j 와 같지 않기 때문에 분명히 $\gcd(d_1, d_2) = 1$이어야 한다.

계속되는 많은 작업의 초석이 되는 것이 정리 6.4이다.

정리 6.4 *Theorem*

f가 승법 함수이고 F가 다음과 같이 정의되면

$$F(n) = \sum_{d \mid n} f(d)$$

F도 또한 승법 함수이다.

증명. m과 n을 서로 소인 양의 정수라 하면

$$\begin{aligned} F(mn) &= \sum_{d \mid mn} f(d) \\ &= \sum_{\substack{d_1 \mid m \\ d_2 \mid n}} f(d_1 d_2) \end{aligned}$$

왜냐하면 mn 의 모든 약수 d 는 $\gcd(d_1, d_2) = 1$인 m 의 약수 d_1과 n 의 약수 d_2의 곱으로 유일하게 표현할 수 있기 때문이다. 승법 함수의 정의에 의해

$$f(d_1 d_2) = f(d_1) f(d_2)$$

따라서

$$\begin{aligned} F(mn) &= \sum_{\substack{d_1 \mid m \\ d_2 \mid n}} f(d_1) f(d_2) \\ &= \left(\sum_{d_1 \mid m} f(d_1) \right) \left(\sum_{d_2 \mid n} f(d_2) \right) \\ &= F(m) F(n) \end{aligned}$$

이제 정리 6.4의 증명을 구체적인 예를 통하여 고찰해 보는 것도 도움이 될 것이다. $m = 8$ 그리고 $n = 3$ 으로 놓으면 다음을 얻는다.

$$\begin{aligned}F(8\cdot 3) &= \sum_{d\mid 24} f(d)\\ &= f(1)+f(2)+f(3)+f(4)+f(6)+f(8)+f(12)+f(24)\\ &= f(1\cdot 1)+f(2\cdot 1)+f(1\cdot 3)+f(4\cdot 1)+f(2\cdot 3)\\ &\quad + f(8\cdot 1)+f(4\cdot 3)+f(8\cdot 3)\\ &= f(1)f(1)+f(2)f(1)+f(1)f(3)+f(4)f(1)+f(2)f(3)\\ &\quad + f(8)f(1)+f(4)f(3)+f(8)f(3)\\ &= [f(1)+f(2)+f(4)+f(8)][f(1)+f(3)]\\ &= \sum_{d\mid 8} f(d)\cdot\sum_{d\mid 3} f(d) = F(8)F(3)\end{aligned}$$

정리 6.4는 τ와 σ는 승법적이라는 결론을 매우 간단한 방법으로 제공해 준다.

따름정리 Corollary 함수 τ와 σ는 승법 함수이다.

증명. 항등 함수 $f(n) = n$과 마찬가지로 상수 함수 $f(n) = 1$이 승법적이라는 사실을 언급하였다. 함수 τ와 σ는 다음과 같은 형태로 표현할 수 있기 때문에

$$\tau(n) = \sum_{d\mid n} 1 \quad \text{그리고} \quad \sigma(n) = \sum_{d\mid n} d$$

제시된 주장은 정리 6.4로부터 즉시 알 수 있다.

연습문제 6.1

1. m과 n을 양의 정수라 하고, $p_1, p_2, \cdots, p_r$을 m 또는 n 중 적어도 하나를 나누는 서로 다른 소수라 하자. 그러면 m과 n을 다음과 같은 형태로 쓸 수 있다.

$$m = p_1^{k_1} p_2^{k_2} \cdots p_r^{k_r}, \qquad k_i \ge 0 \quad i = 1, 2, \ldots, r$$
$$n = p_1^{j_1} p_2^{j_2} \cdots p_r^{j_r}, \qquad j_i \ge 0 \quad i = 1, 2, \ldots, r$$

다음을 증명하라.

$$\gcd(m, n) = p_1^{u_1} p_2^{u_2} \cdots p_r^{u_r} \qquad \operatorname{lcm}(m, n) = p_1^{v_1} p_2^{v_2} \cdots p_r^{v_r}$$

여기서 $u_i = \min\{k_i, j_i\}$ 그리고 $v_i = \max\{k_i, j_i\}$이다.

2. 문제 1의 결과를 이용하여 gcd (12378, 3054)와 lcm (12378, 3054) 를 계산하라.
3. 양의 정수 m과 n에 대해 $\gcd(m, n)\ \operatorname{lcm}(m, n) = mn$임을 문제 1로부터 추론하라.
4. 문제 1에 있는 용어로 $\gcd(m, n) = 1$의 필요충분조건은 $k_i j_i = 0,\ i = 1, 2, \cdots r$임을 보여라.

5. (a) n = 3655 그리고 4503에 대해 $\tau(n) = \tau(n+1) = \tau(n+2) = \tau(n+3)$임을 입증하라.

   (b) $n = 14{,}206$ 그리고 957일 때, $\sigma(n) = \sigma(n+1)$임을 보여라.

6. 모든 정수 $n \geq 1$ 에 대해 부등식 $\tau(n) \leq 2\sqrt{n}$ 을 완성하라.

   [*힌트*: $d \mid n$ 이면 d 또는 n/d 중 하나가 $\sqrt{n}$ 보다 작거나 같다.]

7. 다음을 증명하라.

   (a) $\tau(n)$ 이 홀수일 필요충분조건은 n 은 완전제곱수이다.

   (b) $\sigma(n)$ 이 홀수일 필요충분조건은 n 은 완전제곱수이거나 완전제곱수의 두 배이다.

   [*힌트*: p 가 홀수인 소수인 경우 $1 + p + p^2 + \cdots + p^k$ 가 홀수이면 k 는 짝수이다.]

8. 모든 양의 정수 n 에 대해 $\sum_{d \mid n} 1/d = \sigma(n)/n$임을 증명하라.

9. n 이 제곱 인수가 없는 정수이면 n 의 소수인 약수의 개수를 r 이라 할 때, $\tau(n) = 2^r$ 임을 증명하라.

10. 아래 주장을 완성하라.

    (a) $n = p_1^{k_1} p_2^{k_2} \cdots p_r^{k_r}$ 이 $n > 1$ 의 소인수분해이면,

$$1 > \frac{n}{\sigma(n)} > \left(1 - \frac{1}{p_1}\right)\left(1 - \frac{1}{p_2}\right)\cdots\left(1 - \frac{1}{p_r}\right)$$

    (b) 모든 양의 정수 n에 대해

$$\frac{\sigma(n!)}{n!} \geq 1 + \frac{1}{2} + \frac{1}{3} + \cdots + \frac{1}{n}$$

    [*힌트*: 문제 8을 보라.]

    (c) $n > 1$ 이 합성수이면 $\sigma(n) > n + \sqrt{n}$ 이다.

    [*힌트*: $d \mid n$, $1 < d < n$ 이라 놓으면 $1 < n/d < n$ 이다. $d \leq \sqrt{n}$ 이면 $n/d \geq \sqrt{n}$ 이다.]

11. 주어진 양의 정수 $k > 1$에 대해 $\tau(n) = k$인 무한히 많은 정수 n이 있다. 그러나 $\sigma(n) = k$인 정수는 유한개 존재함을 증명하라.

    [*힌트*: 문제 10(a)를 이용하라.]

12. (a) $\tau(n) = 10$을 만족하는 모든 양의 정수 n 의 형태를 구하라. 이것이 사실인 경우 가장 작은 양의 정수는 무엇인가?

    (b) $\sigma(n) = 10$을 만족하는 양의 정수 n 이 존재하지 않음을 보여라.

    [*힌트*: $n > 1$ 이면 $\sigma(n) > n$ 임을 주목하라.]

13. $\sigma(m^2) = \sigma(n^2)$인 정수의 쌍 m, n 이 무한히 많음을 증명하라.

    [*힌트*: $\gcd(k, 10) = 1$ 인 k 를 선택하고 정수 $m = 5k$, $n = 4k$를 생각하라.]

14. $k \geq 2$에 대해 다음을 각각 증명하라.

    (a) $n = 2^{k-1}$은 식 $\sigma(n) = 2n - 1$ 을 만족한다.

    (b) $2^k - 1$이 소수이면 $n = 2^{k-1}(2^k - 1)$ 은 식 $\sigma(n) = 2n$ 을 만족한다.

(c) 2^k-3이 소수이면 $n=2^{k-1}(2^k-3)$은 식 $\sigma(n)=2n+2$을 만족한다.

$\sigma(n)=2n+1$을 만족하는 양의 정수 n이 존재하는지는 알려져 있지 않다.

15. n과 $n+2$가 한 쌍의 쌍둥이 소수이면 $\sigma(n+2)=\sigma(n)+2$임을 완성하라. 이것은 또한 $n=434$ 그리고 8575에서도 성립한다.

16. (a) 모든 정수 $n>1$에 대해 $\tau(n_1)+\tau(n_2)=n$인 정수 n_1과 n_2가 존재함을 증명하라.

(b) 골드바흐 가설은 각 짝수 $2n$에 대해 $\sigma(n_1)+\sigma(n_2)=2n$인 정수 n_1과 n_2가 존재함을 의미한다는 사실을 증명하라.

17. 고정된 정수 k에 대해 $f(n)=n^k$로 정의된 함수 f는 승법적임을 보여라.

18. f와 g는 항등적으로 0이 아닌 승법 함수이고 각 소수 p와 $k\geq 1$에 대해 $f(p^k)=g(p^k)$이다. $f=g$임을 증명하라.

19. f와 g가 승법 함수이면 그들의 곱 fg와 몫 f/g(정의되면)도 승법 함수임을 증명하라.

20. $\omega(n)$을 $n>1$의 서로 다른 소수인 약수의 개수라 놓고 $\omega(1)=0$라 하자. 예를 들어, $\omega(360)=\omega(2^3\cdot 3^2\cdot 5)=3$이다.

(a) $2^{\omega(n)}$은 승법 함수임을 보여라.

(b) 양의 정수 n에 대해 다음 공식을 완성하라.

$$\tau(n^2)=\sum_{d\mid n}2^{\omega(d)}$$

21. 양의 정수 n에 대해 $\sum_{d\mid n}\tau(d)^3=(\sum_{d\mid n}\tau(d))^2$임을 증명하라.

[*힌트*: 주어진 식의 양변은 n에 대한 승법 함수여서 소수 p에 대해 $n=p^k$인 경우만 생각해도 충분하다.]

22. 주어진 $n\geq 1$에 대해 $\sigma_s(n)$을 n의 양의 약수의 s제곱의 합이라 하자. 즉,

$$\sigma_s(n)=\sum_{d\mid n}d^s$$

다음을 입증하라.

(a) $\sigma_0=\tau$ 그리고 $\sigma_1=\sigma$이다.

(b) σ_s는 승법 함수이다.

[*힌트*: $f(n)=n^s$로 정의된 함수 f는 승법적이다.]

(c) $n=p_1^{k_1}p_2^{k_2}\cdots p_r^{k_r}$이 $n>1$의 소인수분해이면,

$$\sigma_s(n)=\left(\frac{p_1^{s(k_1+1)}-1}{p_1^s-1}\right)\left(\frac{p_2^{s(k_2+1)}-1}{p_2^s-1}\right)\cdots\left(\frac{p_r^{s(k_r+1)}-1}{p_r^s-1}\right)$$

23. 양의 정수 n에 대해 다음을 보여라.

(a) $\sum_{d\mid n}\sigma(d)=\sum_{d\mid n}(n/d)\tau(d)$

(b) $\sum_{d\mid n}(n/d)\sigma(d)=\sum_{d\mid n}d\tau(d)$

[*힌트*: 함수

$$F(n) = \sum_{d \mid n} \sigma(d) \qquad \text{그리고} \qquad G(n) = \sum_{d \mid n} \frac{n}{d} \tau(d)$$

은 모두 승법적이어서 모든 소수 p 에 대해 $F(p^k) = G(p^k)$ 임을 보이면 충분하다.]

6.2 뫼비우스 역공식

우리는 양의 정수 위에 자연스럽게 정의된 또 다른 함수 뫼비우스 μ 함수를 소개한다.

정의 6.3 *Definition*

양의 정수 n 에 대해 μ를 다음과 같이 정의한다.

$$\mu(n) = \begin{cases} 1\,, & n = 1 \\ 0\,, & p^2 \mid n,\ p \text{는 소수} \\ (-1)^r\,, & n = p_1 p_2 \cdots p_r,\ \ p_i \text{는 서로 다른 소수} \end{cases}$$

다소 다르게 정의하면 정의 6.3은 n 이 제곱 인수가 없는 수가 아니면 $\mu(n) = 0$이고, 반면에 n 이 r 개의 소인수를 가진 제곱 인수가 없는 수이면 $\mu(n) = (-1)^r$이다. 예를 들어, $\mu(30) = \mu(2 \cdot 3 \cdot 5) = (-1)^3 = -1$이다. μ 의 처음 몇 개의 값은

$$\mu(1) = 1 \quad \mu(2) = -1 \quad \mu(3) = -1 \quad \mu(4) = 0 \quad \mu(5) = -1 \quad \mu(6) = 1, \ldots$$

p 가 소수이면 $\mu(p) = -1$ 은 당연하다. 또한, $k \geq 2$ 에 대해 $\mu(p^k) = 0$ 이다.

독자가 이미 예상하였겠지만 뫼비우스 μ 함수는 승법적이다. 이것이 정리 6.5의 내용이다.

정리 6.5 *Theorem*

함수 μ는 승법 함수이다.

증명. m 과 n 이 서로 소일 때마다 $\mu(mn) = \mu(m)\mu(n)$ 임을 보여야 한다. 소수 p 에 대해 $p^2 \mid m$ 또는 $p^2 \mid n$ 이면 $p^2 \mid mn$ 이다. 따라서 $\mu(mn) = 0 = \mu(m)\,\mu(n)$ 이고, 공식은 당연히 성립한다. 그러므로 m 과 n 을 모두 제곱 인수가 없는 수라 가정해도 좋다. 즉, $m = p_1 p_2 \cdots p_r$, $n = q_1 q_2 \cdots q_s$ (p_i 와 q_j 는 모두 서로 다른 소수)라 놓으면

$$\begin{aligned} \mu(mn) &= \mu(p_1 \cdots p_r q_1 \cdots q_s) = (-1)^{r+s} \\ &= (-1)^r(-1)^s = \mu(m)\mu(n) \end{aligned}$$

이것으로 증명이 완성된다.

정수 n 의 모든 양의 약수 d 에 대한 $\mu(d)$ 를 계산하여 그 값을 모두 더하면 어떻게 되는가를 알아보자. $n = 1$ 인 경우에 그 답은 쉽다.

$$\sum_{d \mid 1} \mu(d) = \mu(1) = 1$$

$n > 1$ 이라 가정하고

$$F(n) = \sum_{d \mid n} \mu(d)$$

라 놓자. 기초를 다지기 위해 먼저 소수의 거듭제곱인, 즉 $n = p^k$ 인 경우 $F(n)$ 을 계산하자. p^k 의 양의 약수는 단지 $k+1$ 정수 $1, p, p^2, \cdots, p^k$ 이므로

$$\begin{aligned} F(p^k) = \sum_{d \mid p^k} \mu(d) &= \mu(1) + \mu(p) + \mu(p^2) + \cdots + \mu(p^k) \\ &= \mu(1) + \mu(p) = 1 + (-1) = 0 \end{aligned}$$

μ 가 승법 함수이므로 정리 6.4는 정당하다. 이 결과는 F 또한 승법적임을 보장한다. 그러므로 n 의 표준형 소인수분해가 $n = p_1^{k_1} p_2^{k_2} \cdots p_r^{k_r}$ 이면 $F(n)$ 은 이 표현에서 소수의 거듭제곱에 대한 F 의 값들의 곱이다.

$$F(n) = F(p_1^{k_1}) F(p_2^{k_2}) \cdots F(p_r^{k_r}) = 0$$

이 결과를 정리 6.6으로 기록하자.

정리 6.6 Theorem

양의 정수 $n \geq 1$ 에 대해

$$\sum_{d \mid n} \mu(d) = \begin{cases} 1, & n = 1 \\ 0, & n > 1 \end{cases}$$

여기서, d 는 n의 모든 양의 약수를 움직인다.

이 정리의 설명을 위해 $n = 10$ 을 생각하자. 10의 양의 약수는 1, 2, 5, 10 이고 요구되는 합은

$$\begin{aligned} \sum_{d \mid 10} \mu(d) &= \mu(1) + \mu(2) + \mu(5) + \mu(10) \\ &= 1 + (-1) + (-1) + 1 = 0 \end{aligned}$$

뫼비우스 μ 함수의 완전한 의미는 다음 정리로 명백해진다.

정리 6.7 Theorem

뫼비우스 역공식. F 와 f 를 다음 공식과 관련된 수론 함수라 하자.

$$F(n) = \sum_{d \mid n} f(d)$$

그러면

$$f(n) = \sum_{d \mid n} \mu(d) F\left(\frac{n}{d}\right) = \sum_{d \mid n} \mu\left(\frac{n}{d}\right) F(d)$$

증명. 정리의 결론에서 언급한 두 개의 합은 합지표 d를 $d' = n/d$로 바꾸어도 같음을 알 수 있다. d가 n의 모든 양의 약수를 움직일 때, d'도 마찬가지이다. 요구된 계산을 진행하면

$$\begin{aligned} \sum_{d \mid n} \mu(d) F\left(\frac{n}{d}\right) &= \sum_{d \mid n} \left(\mu(d) \sum_{c \mid (n/d)} f(c)\right) \\ &= \sum_{d \mid n} \left(\sum_{c \mid (n/d)} \mu(d) f(c)\right) \end{aligned} \tag{1}$$

를 얻는다. $d \mid n$이고 $c \mid (n/d)$일 필요충분조건은 $c \mid n$이고 $d \mid (n/c)$임은 쉽게 보여진다. 이 때문에 식 (1)의 마지막 표현은

$$\begin{aligned} \sum_{d \mid n} \left(\sum_{c \mid (n/d)} \mu(d) f(c)\right) &= \sum_{c \mid n} \left(\sum_{d \mid (n/c)} f(c) \mu(d)\right) \\ &= \sum_{c \mid n} \left(f(c) \sum_{d \mid (n/c)} \mu(d)\right) \end{aligned} \tag{2}$$

가 된다. 정리 6.6에 따라 합 $\sum_{d \mid (n/c)} \mu(d)$는 $n/c = 1$일 때(즉, $n = c$일 때)를 제외하고 0이어야 하고 $n = c$일 때 그 합은 1이다. 결론적으로 식 (2)의 우변은 다음과 같이 단순화된다.

$$\begin{aligned} \sum_{c \mid n} \left(f(c) \sum_{d \mid (n/c)} \mu(d)\right) &= \sum_{c = n} f(c) \cdot 1 \\ &= f(n) \end{aligned}$$

이것으로 원하는 결과를 얻는다.

식 (2)의 이중합이 어떻게 바뀌는지 설명하기 위해 $n = 10$을 다시 사용하자. 이 경우에

$$\begin{aligned} \sum_{d \mid 10} \left(\sum_{c \mid (10/d)} \mu(d) f(c)\right) &= \mu(1)[f(1) + f(2) + f(5) + f(10)] \\ &\quad + \mu(2)[f(1) + f(5)] + \mu(5)[f(1) + f(2)] \\ &\quad + \mu(10) f(1) \\ &= f(1)[\mu(1) + \mu(2) + \mu(5) + \mu(10)] \\ &\quad + f(2)[\mu(1) + \mu(5)] + f(5)[\mu(1) + \mu(2)] \\ &\quad + f(10)\mu(1) \\ &= \sum_{c \mid 10} \left(\sum_{d \mid (10/c)} f(c) \mu(d)\right) \end{aligned}$$

특별한 경우에 뫼비우스 역공식이 어떻게 작용하는지 보기 위해 우리는 함수 τ와 σ는 둘 다 합 함수로 묘사될 수 있음을 독자들에게 회상시킨다.

$$\tau(n) = \sum_{d \mid n} 1 \qquad \text{그리고} \qquad \sigma(n) = \sum_{d \mid n} d$$

정리 6.7은 이 공식이 다음과 같이 변환될 수 있음을 보여준다.

$$1 = \sum_{d \mid n} \mu\left(\frac{n}{d}\right) \tau(d) \qquad \text{그리고} \qquad n = \sum_{d \mid n} \mu\left(\frac{n}{d}\right) \sigma(d)$$

이것은 모든 $n \geq 1$에 대해 타당하다.

정리 6.4에 의해 f가 승법 함수이면 $F(n) = \sum_{d \mid n} f(d)$ 도 승법 함수임을 알 수 있다. 상황을 바꾸어 F의 승법적 성질이 f의 승법적 성질을 요구하는지를 물어볼지도 모른다. 충분히 놀랍게도 정확히 다음과 같은 사실이 일어난다.

정리 6.8 *Theorem*

F가 승법 함수이고

$$F(n) = \sum_{d \mid n} f(d)$$

이면 f 또한 승법적이다.

증명. m과 n을 서로 소인 양의 정수라 하자. mn의 모든 약수 d는 $d_1 \mid m$, $d_2 \mid n$ 그리고 $\gcd(d_1, d_2) = 1$ 인 $d = d_1 d_2$ 로 유일하게 쓸 수 있음을 상기하자. 그러므로 역공식을 적용하여

$$\begin{aligned} f(mn) &= \sum_{d \mid mn} \mu(d) F\left(\frac{mn}{d}\right) \\ &= \sum_{\substack{d_1 \mid m \\ d_2 \mid n}} \mu(d_1 d_2) F\left(\frac{mn}{d_1 d_2}\right) \\ &= \sum_{\substack{d_1 \mid m \\ d_2 \mid n}} \mu(d_1)\mu(d_2) F\left(\frac{m}{d_1}\right) F\left(\frac{n}{d_2}\right) \\ &= \sum_{d_1 \mid m} \mu(d_1) F\left(\frac{m}{d_1}\right) \sum_{d_2 \mid n} \mu(d_2) F\left(\frac{n}{d_2}\right) \\ &= f(m) f(n) \end{aligned}$$

이것이 정리의 주장이다. 말할 필요도 없이 μ와 F의 승법적 성질이 앞의 계산에서 결정적이다.

$n \geq 1$ 에 대해 합을 다음과 같이 정의한다.

$$M(n) = \sum_{k=1}^{n} \mu(k)$$

그러면 $M(n)$은 소수의 개수가 짝수인 양의 제곱 인수가 없는 수 $k \leq n$의 개수와 소수의 개수가 홀수인 양의 제곱 인수가 없는 수 $k \leq n$의 개수의 차이이다. 예를 들어, $M(9) = 2 - 4 = -2$이다. 1897년에 메르텐스(Franz Mertens, 1840~1927)는 n = 1, 2,

⋯, 10000에 대한 $M(n)$의 값에 대한 50쪽의 표를 포함한 논문을 발표하였다. 표를 기초로 하여 메르텐스는 다음 부등식

$$|M(n)| < \sqrt{n} \qquad n > 1$$

이 "매우 가능하다"고 결론을 내렸다.(앞의 예시에서, $|M(9)| = 2 < \sqrt{9}$이다.) 이 결론은 나중에 메르텐스 가설로 알려졌다. 1963년에 컴퓨터 계산을 통해 100억까지의 모든 n에 대해 그 가설이 사실임을 입증하였다. 그러나 1984년에 앤드루 오들리즈코(Andrew Odlyzko)와 헤르만 테 리엘레(Herman te Riele)는 메르텐스 가설이 거짓임을 보였다. 컴퓨터 이용이 포함된 그들의 증명은 간접적이었고 $|M(n)| \geq \sqrt{n}$인 n의 특정한 값을 제공하지 못하였다. 제공한 모든 것은 그런 수 n은 어느 곳에 존재해야만 한다는 것이었다. 결론적으로, 메르텐스의 가설의 반례가 $n \leq (3.21)10^{64}$에 적어도 하나 있음을 보여준다.

연습문제 6.2

1. (a) 각 양의 정수 n에 대해

$$\mu(n)\mu(n+1)\mu(n+2)\mu(n+3) = 0$$

임을 보여라.

(b) 모든 정수 $n \geq 3$에 대해 $\sum_{k=1}^{n} \mu(k!) = 1$임을 보여라.

2. *망골트*(*Mangoldt*) 함수 Λ가 다음과 같이 정의된다.

$$\Lambda(n) = \begin{cases} \log p, & n = p^k,\ p\text{는 소수 그리고 } k \geq 1 \\ 0, & \text{그렇지 않으면} \end{cases}$$

$\Lambda(n) = \sum_{d|n} \mu(n/d) \log d = -\sum_{d|n} \mu(d) \log d$임을 증명하라.

[*힌트*: 먼저 $\sum_{d|n} \Lambda(d) = \log n$을 보이고 뫼비우스 역공식을 적용하라.]

3. $n = p_1^{k_1} p_2^{k_2} \cdots p_r^{k_r}$이 정수 $n > 1$의 소인수분해라 하자. f가 항등적으로 0이 아닌 승법 함수이면 다음을 증명하라.

$$\sum_{d|n} \mu(d) f(d) = (1 - f(p_1))(1 - f(p_2)) \cdots (1 - f(p_r))$$

[*힌트*: 정리 6.4에 의해 $F(n) = \sum_{d|n} \mu(d)f(d)$로 정의된 함수 F가 승법적이다. 따라서 $F(n)$은 $F(p_i^{k_i})$ 값의 곱이다.]

4. 정수 $n > 1$이 소인수분해 $n = p_1^{k_1} p_2^{k_2} \cdots p_r^{k_r}$을 가지면 문제 3을 이용하여 다음을 완성하라.

(a) $\sum_{d|n} \mu(d)\tau(d) = (-1)^r$

(b) $\sum_{d|n} \mu(d)\sigma(d) = (-1)^r p_1 p_2 \cdots p_r$

(c) $\sum_{d \mid n} \mu(d)/d = (1 - 1/p_1)(1 - 1/p_2) \cdots (1 - 1/p_r)$

(d) $\sum_{d \mid n} d\mu(d) = (1 - p_1)(1 - p_2) \cdots (1 - p_r)$

5. $S(n)$ 을 n 의 제곱 인수가 없는 약수의 개수라 하자. $\omega(n)$ 을 n 의 서로 다른 소인수의 개수라 할 때,

$$S(n) = \sum_{d \mid n} |\mu(d)| = 2^{\omega(n)}$$

을 완성하라.

[*힌트*: S 는 승법 함수이다.]

6. n 의 소인수분해와 관련하여 $\sum_{d|n} \mu^2(d)/\tau(d)$ 그리고 $\sum_{d|n}\mu^2(d)/\sigma(d)$ 에 대한 공식을 구하라.

7. *리우빌*(Liouville) λ *함수*는 $\lambda(1) = 1$ 그리고 $n > 1$의 소인수분해가 $n = p_1^{k_1} p_2^{k_2} \cdots p_r^{k_r}$ 이면 $\lambda(n) = (-1)^{k_1 + k_2 + \cdots + k_r}$ 으로 정의된다. 예를 들어,

$$\lambda(360) = \lambda(2^3 \cdot 3^2 \cdot 5) = (-1)^{3+2+1} = (-1)^6 = 1$$

(a) λ는 승법 함수임을 증명하라.

(b) 주어진 양의 정수 n 에 대해 다음을 입증하라.

$$\sum_{d \mid n} \lambda(d) = \begin{cases} 1, & n = m^2,\ m \text{은 정수} \\ 0, & \text{그렇지 않으면} \end{cases}$$

8. 정수 $n \geq 1$에 대해 아래 공식을 입증하라.

(a) $\sum_{d \mid n} \mu(d)\lambda(d) = 2^{\omega(n)}$

(b) $\sum_{d \mid n} \lambda(n/d)2^{\omega(d)} = 1$

6.3 최대 정수 함수

최대 정수 또는 괄호 함수 [ ]는 특히 나눗셈 문제를 다루는 데 적당하다. 엄격히 수론 함수는 아니지만 이 함수의 공부는 이 장에서 적합하다.

정의 6.4 *Definition*

임의의 실수 x 에 대해 $[x]$ 를 x 보다 작거나 같은 가장 큰 정수라 하자. 즉, $[x]$ 는 $x-1 < [x] \leq x$ 를 만족하는 유일한 정수이다.

설명을 위하여, [ ] 에 특별한 값을 알아보자.

$$[-3/2] = -2 \quad [\sqrt{2}] = 1 \quad [1/3] = 0 \quad [\pi] = 3 \quad [-\pi] = -4$$

여기서 볼 수 있는 중요한 점은 등식 $[x] = x$ 가 성립할 필요충분조건은 x 는 정수

이다. 정의 6.4는 또한 어떤 실수 x도 $0 \le \theta < 1$인 적당한 θ에 대해

$$x = [x] + \theta$$

로 쓸 수 있다는 것을 분명하게 해준다.

이제 우리는 $n!$에서 어떤 소수 p가 몇 번 나타나느냐 하는 문제에 대해 알아보자. 예를 들어, $p = 3$, $n = 9$이면

$$\begin{aligned} 9! &= 1 \cdot 2 \cdot 3 \cdot 4 \cdot 5 \cdot 6 \cdot 7 \cdot 8 \cdot 9 \\ &= 2^7 \cdot 3^4 \cdot 5 \cdot 7 \end{aligned}$$

이어서 9!을 나누는 3의 정확한 거듭제곱은 4이다. $n!$을 언제나 표준형으로 쓸 필요 없이 이것을 계산하는 공식을 얻는 것은 바람직하다. 이것은 정리 6.9로 완성된다.

정리 6.9 *Theorem*

n은 양의 정수이고 p는 소수이면 $n!$을 나누는 가장 큰 p의 거듭제곱의 지수는

$$\sum_{k=1}^{\infty} \left[\frac{n}{p^k} \right]$$

여기서 $p^k > n$이면 $[n/p^k] = 0$이므로 급수는 유한하다.

증명. 처음 n개의 양의 정수 중에서 p에 의해 나누어지는 정수는 $p, 2p, \cdots, tp$이며 여기서 t는 $tp \le n$인 가장 큰 정수이다. 말하자면 t는 n/p보다 작거나 같은 가장 큰 정수이다(즉, $t = [n/p]$이다). 그러므로 $n!$을 정의하는 곱에는 p의 정확히 $[n/p]$곱이 존재한다. 즉,

$$p, 2p, \ldots, \left[\frac{n}{p} \right] p \tag{1}$$

$n!$의 소인수분해에서 나타나는 p의 지수는 식 (1)에 있는 정수의 개수, 1, 2, ⋯, n 중에서 p^2으로 나누어지는 정수의 개수 그리고 p^3으로 나누어지는 정수의 개수 등등의 개수를 더하여 얻어진다. 첫째 문단에서와 같은 이유로 1과 n 사이의 정수 중 p^2으로 나누어지는 정수는

$$p^2, 2p^2, \ldots, \left[\frac{n}{p^2} \right] p^2 \tag{2}$$

이것의 개수는 $[n/p^2]$이다. 이 중에서 $[n/p^3]$은 다시 p에 의해 나누어진다.

$$p^3, 2p^3, \ldots, \left[\frac{n}{p^3} \right] p^3 \tag{3}$$

이 과정을 유한 번 반복하여 $n!$을 나누는 p의 전체 개수는

$$\sum_{k=1}^{\infty} \left[\frac{n}{p^k} \right]$$

이라는 결론을 얻는다.

이 결과는 르장드르 공식(Legendre formula)의 이름으로 보통 나타나는 다음 식으로 표현될 수 있다.

$$n! = \prod_{p \le n} p^{\sum_{k=1}^{\infty}[n/p^k]}$$

예제 6.2 *Example*

50! 의 10진법 표현에서 끝나는 0 의 개수를 구하고자 한다. 곧 50!에 들어있는 10의 개수를 결정하기 위해 50!의 소인수분해에 있는 2와 5의 지수를 찾기만 하면 충분하고, 작은 숫자를 선택한다. 직접 계산에 의해 다음을 안다.

$$\begin{aligned}&[50/2] + [50/2^2] + [50/2^3] + [50/2^4] + [50/2^5]\\ &= 25 + 12 + 6 + 3 + 1\\ &= 47\end{aligned}$$

정리 6.9 는 2^{47}은 50!을 나누지만 2^{48}은 아님을 말해준다. 마찬가지로,

$$[50/5] + [50/5^2] = 10 + 2 = 12$$

그리고 50!을 나누는 5의 가장 큰 거듭제곱은 12이다. 이것은 50!은 12개의 0으로 끝남을 의미한다.

다음 사실을 증명하기 위해 정리 6.9를 이용하는 것을 피할 수는 없다.

정리 6.10 *Theorem*

n 과 r 이 $1 \le r < n$ 인 양의 정수이면 이항계수

$$\binom{n}{r} = \frac{n!}{r!(n-r)!}$$

도 또한 정수이다.

증명. 주장은 a 와 b 가 임의의 실수일 때, $[a+b] \ge [a] + [b]$ 라는 사실의 관찰에 달려 있다. 특히, $r!(n-r)!$의 각 소인수 p 에 대해

$$\left[\frac{n}{p^k}\right] \ge \left[\frac{r}{p^k}\right] + \left[\frac{(n-r)}{p^k}\right] \qquad k = 1, 2, \ldots$$

이 부등식들을 더하면 다음을 얻는다.

$$\sum_{k\ge1}\left[\frac{n}{p^k}\right] \ge \sum_{k\ge1}\left[\frac{r}{p^k}\right] + \sum_{k\ge1}\left[\frac{(n-r)}{p^k}\right] \tag{1}$$

식 (1)의 좌변은 $n!$ 을 나누는 소수 p의 가장 큰 거듭제곱의 지수인 반면에, 우변은 $r!(n-r)!$에 포함된 이 소수의 가장 큰 거듭제곱과 같다. 그러므로 p 는 적어도 $n!/r!(n-r)!$의 분모에 나타나는 만큼 분자에도 나타난다. 이것은 분모의 모든 소인수에 대해 성립하므로 $r!(n-r)!$은 $n!$을 나누어 $n!/r!(n-r)!$은 정수가 된다.

따름정리 Corollary

양의 정수 r에 대해 어떤 r개의 연속인 양의 정수의 곱은 $r!$로 나누어진다.

증명. r개의 연속인 양의 정수의 곱(그중 가장 큰 수는 n)은

$$n(n-1)(n-2)\cdots(n-r+1)$$

그러면 다음을 얻는다.

$$n(n-1)\cdots(n-r+1) = \left(\frac{n!}{r!(n-r)!}\right)r!$$

정리에 의해 $n!/r!(n-r)!$ 은 정수가 되기 때문에 $r!$ 은 원하는 바와 같이 곱 $n(n-1)\cdots(n-r+1)$ 을 나누어야 한다.

이제 중단했던 일을 다시 시작하자. 최대 정수 함수를 소개함으로써 수론 함수의 연구에 어떻게 활용되는지 알아보자. 그들의 관계는 정리 6.11에서 알 수 있다.

정리 6.11 Theorem

f와 F를 다음을 만족하는 수론 함수라 하자.

$$F(n) = \sum_{d\mid n} f(d)$$

그러면 모든 양의 정수 N에 대해

$$\sum_{n=1}^{N} F(n) = \sum_{k=1}^{N} f(k)\left[\frac{N}{k}\right]$$

증명. 다음 식을 주목하며 시작하자.

$$\sum_{n=1}^{N} F(n) = \sum_{n=1}^{N}\sum_{d\mid n} f(d) \tag{1}$$

요점은 이중합에서 $f(d)$의 값과 같은 항들을 모으는 것이다. 고정된 양의 정수 $k \le N$에 대해 항 $f(k)$가 $\sum_{d\mid n} f(d)$에 나타날 필요충분조건은 k는 n의 약수이다. (모든 정수는 자신을 약수로 가지기 때문에 식 (1)의 우변은 적어도 한 번의 $f(k)$를 포함한다.) 이제, $f(k)$가 항으로 나타나는 합 $\sum_{d\mid n} f(d)$의 개수를 계산하기 위해 $1, 2, \cdots, N$ 중에서 k의 배수의 개수만 찾아도 충분하다. 정확히 $[N/k]$개 존재한다.

$$k, 2k, 3k, \ldots, \left[\frac{N}{k}\right]k$$

그러므로 $1 \le k \le N$인 각 k에 대해 $f(k)$는 N보다 작거나 같은 $[N/k]$개의 서로 다른 양의 정수에 대한 합 $\sum_{d\mid n} f(d)$의 하나의 항이다. 이것을 통하여 식 (1)의 이중합을 다음과 같이 다시 써도 좋다.

$$\sum_{n=1}^{N}\sum_{d\mid n} f(d) = \sum_{k=1}^{N} f(k)\left[\frac{N}{k}\right]$$

그리고 정리는 완성되었다.

정리 6.11을 바로 응용한 것이 따름정리 1 이다.

따름정리 1 Corollary N이 양의 정수이면

$$\sum_{n=1}^{N} \tau(n) = \sum_{n=1}^{N} \left[\frac{N}{n}\right]$$

증명. $\tau(n) = \sum_{d|n} 1$을 주목하고 F 대신에 τ 그리고 f를 모든 n에 대해 $f(n) = 1$인 상수 함수로 택한다.

같은 방법으로, 관계 $\sigma(n) = \sum_{d|n} d$로부터 따름정리 2를 얻는다.

따름정리 2 Corollary N이 양의 정수이면

$$\sum_{n=1}^{N} \sigma(n) = \sum_{n=1}^{N} n\left[\frac{N}{n}\right]$$

이 두 따름정리는 아마도 예제를 보면 더 명확해질 것이다.

예제 6.3 Example $N = 6$인 경우를 생각하자. τ의 정의로부터 다음을 알 수 있다.

$$\sum_{n=1}^{6} \tau(n) = 14$$

따름정리 1로부터, 당연히

$$\begin{aligned}\sum_{n=1}^{6} \left[\frac{6}{n}\right] &= [6] + [3] + [2] + [3/2] + [6/5] + [1] \\ &= 6 + 3 + 2 + 1 + 1 + 1 \\ &= 14\end{aligned}$$

또한,

$$\sum_{n=1}^{6} \sigma(n) = 33$$

그리고 간단한 계산에 의해

$$\begin{aligned}\sum_{n=1}^{6} n\left[\frac{6}{n}\right] &= 1[6] + 2[3] + 3[2] + 4[3/2] + 5[6/5] + 6[1] \\ &= 1\cdot 6 + 2\cdot 3 + 3\cdot 2 + 4\cdot 1 + 5\cdot 1 + 6\cdot 1 \\ &= 33\end{aligned}$$

연습문제 6.3

1. 주어진 정수 a 그리고 $b>0$ 에 대해 $a=[a/b]b+r$ 을 만족하는 $0 \le r < b$인 유일한 정수 r이 존재함을 보여라.
2. x와 y를 실수라 하자. 최대 정수 함수가 다음 성질을 만족함을 증명하라.
   (a) 모든 정수 n에 대해 $[x+n]=[x]+n$이다.
   (b) x가 정수인지 아닌지에 따라 $[x]+[-x]=0$ 또는 1이다.
   [*힌트*: $x=[x]+\theta$, $0 \le \theta < 1$로 쓰면 $-x=-[x]-1+(1-\theta)$이다.]
   (c) $[x]+[y] \le [x+y]$ 그리고 x와 y가 양수이면 $[x][y] \le [xy]$이다.
   (d) 모든 양의 정수 n에 대해 $[x/n]=[[x]/n]$이다.
   [*힌트*: $x/n=[x/n]+\theta$, $0 \le \theta < 1$라 놓으면 $[x]=n[x/n]+[n\theta]$이다.]
   (e) 양의 정수 n, m, k에 대해 $[nm/k] \ge n[m/k]$이다.
   (f) $[x]+[y]+[x+y] \le [2x]+[2y]$
   [*힌트*: $x=[x]+\theta$, $0 \le \theta < 1$ 그리고 $y=[y]+\theta'$, $0 \le \theta' < 1$로 쓰자. θ와 θ'이 $\frac{1}{2}$보다 크거나 같은 경우가 없거나, 하나 또는 둘 다 있는 경우를 생각하라.]
3. 1000!을 나누는 5의 가장 큰 거듭제곱 수 그리고 2000!를 나누는 7의 가장 큰 거듭제곱 수를 구하라.
4. 정수 $n \ge 0$에 대해 $[n/2]-[-n/2]=n$임을 보여라.
5. (a) 1000!은 249개의 0으로 끝남을 입증하라.
   (b) $n!$이 37개의 0으로 끝나는 n은 무엇인가?
6. $n \ge 1$이고 p는 소수이다. 다음을 증명하라.
   (a) $(2n)!/(n!)^2$은 짝수이다.
   [*힌트*: 정리 6.10을 이용하라.]
   (b) $(2n)!/(n!)^2$을 나누는 p의 가장 큰 거듭제곱의 지수는

$$\sum_{k=1}^{\infty}\left(\left[\frac{2n}{p^k}\right]-2\left[\frac{n}{p^k}\right]\right)$$

   (c) $(2n)!/(n!)^2$의 소인수분해에서 $n<p<2n$인 어떤 소수 p의 지수는 1과 같다.
7. 양의 정수 n을 소수 p의 거듭제곱의 항들로 표현하여 $n=a_kp^k+\cdots+a_2p^2+a_1p+a_0$, $0 \le a_i < p$라 놓자. $n!$의 소인수분해에서 나타나는 p의 가장 큰 거듭제곱의 지수는 다음과 같음을 보여라.

$$\frac{n-(a_k+\cdots+a_2+a_1+a_0)}{p-1}$$

8. (a) 문제 7을 이용하여 $(p^k-1)!$을 나누는 p의 가장 큰 거듭제곱의 지수는 $[p^k-(p-1)k-1]/(p-1)$임을 보여라.
   [*힌트*: 항등식 $p^k-1=(p-1)(p^{k-1}+\cdots+p^2+p+1)$을 생각하라.]

(b) 80! 을 나누는 3 의 가장 큰 거듭제곱 수 그리고 2400! 를 나누는 7의 가장 큰 거듭제곱 수를 결정하라.

[*힌트*: $2400 = 7^4 - 1$]

9. $n!$ 에 포함된 5의 가장 큰 거듭제곱이 100이 되는 정수 $n \geq 1$ 을 구하라.

[*힌트*: 5진법으로 n 을 표현하는 데 필요한 5의 거듭제곱의 계수의 합은 적어도 1이므로 방정식 $(n-1)/4 = 100$ 을 생각하며 시작하라.]

10. 주어진 양의 정수 N 에 대해 다음을 증명하라.

(a) $\sum_{n=1}^{N} \mu(n)[N/n] = 1$

(b) $|\sum_{n=1}^{N} \mu(n)/n| \leq 1$

11. $N = 6$ 인 경우 문제 10을 설명하라.

12. 어떤 양의 정수 N 에 대해서 다음 공식이 성립함을 입증하라.

$$\sum_{n=1}^{N} \lambda(n)\left[\frac{N}{n}\right] = \left[\sqrt{N}\right]$$

[*힌트*: 승법 함수 $F(n) = \sum_{d|n} \lambda(d)$ 에 정리 6.11을 적용하고 n 을 넘지 않는 $[\sqrt{n}]$ 개의 완전제곱수가 존재함을 주목하라.]

13. N 이 양의 정수이면 다음을 완성하라.

(a) $N = \sum_{n=1}^{2N} \tau(n) - \sum_{n=1}^{N}[2N/n]$

(b) $\tau(N) = \sum_{n=1}^{N}([N/n] - [(N-1)/n])$

6.4 달력에의 응용

우리의 익숙한 달력인 그레고리력 (Gregorian calendar)은 16세기 중반까지 거슬러 올라간다. 율리우스 카이사르 (혹은 줄리어스 시저, Julius Caesar)에 의해 소개된 초기의 율리우스력은 4년마다 윤년이 있는 일 년을 $365\frac{1}{4}$일을 기초로 한 것이었다. 이것은 아주 정확한 것은 아니었다. 왜냐하면, 지구가 태양 궤도를 정확히 한 바퀴 도는 데 걸리는 시간, 즉 태양력 일 년의 길이는 분명히 365.2422 일이기 때문이다. 그 조그만 오차는 율리우스력이 128년마다 천문학적 기준에서 하루가 줄었다는 것을 의미하였다.

16세기에 그 누적된 부정확이 춘분(봄의 첫 번째 날)을 적정한 날인 3월 21일 대신에 3월 11일에 떨어지게 하였다. 달력의 부정확은 보통 일 년 내내 지속하였지만 이 계절에 부활절 축제를 잘못된 천문학적 시간에 거행하였다는 것을 의미하였다. 교황 그레고리 13세는 가톨릭이 우세한 유럽 국가들에 강요된 새 달력에서 그 모순을 수정하였다. 그는 1582년 10월 15일을 즉시 10월 4일 다음 날로 하여 그 해에 10일을 줄인다고 선포하였다. 동시에 가톨릭 신자이며 수학자인 클라비우스 (Cristopher Clavius)는 윤년에 대한 계획(윤년은 세기 해를 제외하고 4로 나누어지는 해)을 수정하였다. 세기 해가 윤년이 되려면 400으로 나누어진다. (예를 들어, 세기 해 1600과

2000은 윤년이지만 1700, 1800, 1900 그리고 2100은 아니다.)

칙령이 로마로부터 왔기 때문에 신교의 영국 그리고 미국 식민지를 포함한 그 부속국가들은 저항하였다. 그들은 1752년까지 제도적으로 그레고리력을 채택하지 않았다. 그 당시 구형 또는 율리우스력에서 9월에 열하루를 뺄 필요가 있었다. 그래서 1732년 2월 11일에 태어난 워싱턴(George Washington)은 성년이 되어서 2월 22일에 그의 생일을 축하하는 일이 발생하였다. 다른 국가들도 점차 새로 개정된 달력을 채택하였다. 러시아는 1918년에 그리고 중국은 1949년에 늦게 채택하였다.

이 절에서의 우리의 목표는 그레고리력에서 1600년 이후 주어진 날짜에 대한 요일을 결정하는 것이다. 윤년은 2월 마지막에 하루가 더해지기 때문에 매해는 2월 마지막에 끝난다고 가정하자. 이 가정에 의하면 그레고리력으로 Y년 3월과 4월은 첫째 그리고 둘째 달로 계산한다. 그레고리력 $Y+1$년의 1월과 2월은 편의상 Y년의 열한 번째 그리고 열두 번째 달로 계산한다.

또 다른 편의를 위해 일요일부터 토요일까지 일주일을 수 0, 1, ⋯, 6으로 지정하는 것이다.

일	월	화	수	목	금	토
0	1	2	3	4	5	6

보통해의 날들은 $365 \equiv 1 \pmod 7$인 반면에 윤년에는 $366 \equiv 2 \pmod 7$날이 있다. 2월 28일은 매해의 365번째 날이고 $365 \equiv 1 \pmod 7$이므로 2월 28일은 언제나 전해의 3월 1일과 같은 요일이다. 그러므로 특정한 해의 2월 28일 다음에 오는 3월 1일은 요일 수가 전 해의 3월 1일의 요일 수보다 법 7로 하나 많을 것이다. 그러나 윤년의 2월 29일이 오면 요일 수는 2만큼 증가할 것이다.

예를 들어, D_{1600}이 1600년 3월 1일의 요일 수이면 1601, 1602, 그리고 1603의 3월 1일은 각각 법 7에 대해 $D_{1600}+1$, $D_{1600}+2$ 그리고 $D_{1600}+3$과 합동인 요일 수를 갖는다. 그러나 1604년의 3월 1일에 대응하는 요일 수는 $D_{1600}+5 \pmod 7$이다.

이것을 요약할 수 있다. 어떤 해 $Y > 1600$의 3월 1일의 요일 수 D_Y는 다음 합동식을 만족한다.

$$D_Y \equiv D_{1600} + (Y - 1600) + L \pmod 7 \tag{1}$$

여기서, L은 1600년 3월 1일과 Y년 3월 1일 사이의 윤년의 수이다.

우선 1600년과 Y년 사이의 윤년의 수 L을 찾자. 이를 위해 4로 나누어지는 해의 수에서 세기 해의 수를 빼고 그리고 다시 400으로 나누어지는 세기 해의 수를 더해서 계산한다. 6.3절의 문제 2(a)에 의하면, a가 정수일 때마다 $[x-a] = [x] - a$이다. 그러므로 4로 나누어지며 구간 $1600 < n \le Y$에 있는 해 n의 수는

$$\left[\frac{Y-1600}{4}\right] = \left[\frac{Y}{4} - 400\right] = \left[\frac{Y}{4}\right] - 400$$

마찬가지로 빼야 할 세기 해의 수는

$$\left[\frac{Y-1600}{100}\right] = \left[\frac{Y}{100} - 16\right] = \left[\frac{Y}{100}\right] - 16$$

반면에 이들 중에 400으로 나누어지는 해

$$\left[\frac{Y-1600}{400}\right] = \left[\frac{Y}{400} - 4\right] = \left[\frac{Y}{400}\right] - 4$$

가 존재한다. 종합하여 다음을 얻는다.

$$\begin{aligned} L &= \left(\left[\frac{Y}{4}\right] - 400\right) - \left(\left[\frac{Y}{100}\right] - 16\right) + \left(\left[\frac{Y}{400}\right] - 4\right) \\ &= \left[\frac{Y}{4}\right] - \left[\frac{Y}{100}\right] + \left[\frac{Y}{400}\right] - 388 \end{aligned}$$

대표적인 예로서 1600과 1995 사이의 윤년의 수를 얻어 보자. 계산하면

$$\begin{aligned} L &= [1995/4] - [1995/100] + [1995/400] - 388 \\ &= 498 - 19 + 4 - 388 = 95 \end{aligned}$$

합동식 (1)과 함께 이것은 D_{1600}의 값을 구하도록 해준다. 최근 연도의 날짜와 요일은 쉽게 기억할 수 있다. 우리는 1995년 3월 1일이 수요일임을 쉽게 조사할 수 있다. 즉, $D_{1995} = 3$이다. 그러면 식 (1)로부터

$$3 \equiv D_{1600} + (1995 - 1600) + 95 \equiv D_{1600} \pmod 7$$

그래서 1600년 3월 1일 또한 수요일이었다. 어떤 해 Y의 3월 1일의 요일을 결정하는 합동식은 이제 다음과 같이 다시 공식화해도 좋다.

$$D_Y \equiv 3 + (Y - 1600) + L \pmod 7 \tag{2}$$

L에 대한 변형된 공식은 연도 Y를 다음과 같이 써서 얻을 수 있다.

$$Y = 100c + y \qquad 0 \le y < 100$$

여기서 c는 세기의 수이고 y는 그 세기 내의 연도의 수이다. 대입하여 L에 대한 기존의 표현은 다음과 같이 된다.

$$\begin{aligned} L &= \left[25c + \frac{y}{4}\right] - \left[c + \frac{y}{100}\right] + \left[\frac{c}{4} + \frac{y}{400}\right] - 388 \\ &= 24c + \left[\frac{y}{4}\right] + \left[\frac{c}{4}\right] - 388 \end{aligned}$$

($[y/100] = 0$이고 $y/400 < \frac{1}{4}$임을 주목하라.) 그러면 D_Y에 대한 합동식은 다음과 같이 나타나고

$$D_Y \equiv 3 + (100c + y - 1600) + 24c + \left[\frac{y}{4}\right] + \left[\frac{c}{4}\right] - 388 \pmod 7$$

이것을 간략히 하면

$$D_Y \equiv 3 - 2c + y + \left[\frac{c}{4}\right] + \left[\frac{y}{4}\right] \pmod 7 \tag{3}$$

예제 6.4 *Example*

우리는 1990년 3월 1일의 요일을 계산하기 위해 마지막 합동식을 사용할 수 있다. 이 해는 식 (3)에 $c = 19$ 그리고 $y = 90$ 을 대입하여

$$\begin{aligned} D_{1990} &\equiv 3 - 38 + 90 + [19/4] + [90/4] \\ &\equiv 55 + 4 + 22 \equiv 4 \pmod 7 \end{aligned}$$

을 얻는다. 3월 1일은 1990년에는 목요일이었다.

이제 일 년의 매달 첫째 날의 요일을 결정하여 보자. $30 \equiv 2 \pmod 7$이므로 30일인 달은 다음 달에 요일이 2 증가하여 시작한다. 31일인 달은 3 증가하여 시작한다. 그래서 예를 들어, 3월, 4월 그리고 5월은 각각 31, 30, 그리고 31일인 달이므로 6월 1일의 수는 지난 3월 1일의 수보다 언제나 $3 + 2 + 3 \equiv 1 \pmod 7$만큼 클 것이다. 아래 표는 어떤 해 Y의 매달 첫째 날의 요일 수를 얻기 위해 3월 1일의 요일 수에 더해야 하는 값을 나타낸 것이다.

3월	0	9월	2
4월	3	10월	4
5월	5	11월	0
6월	1	12월	2
7월	3	1월	5
8월	6	2월	1

$m = 1, 2, \cdots, 12$ 에 대해서 다음 표현은

$$[(2.6)m - 0.2] - 2 \pmod 7$$

표에 나타난 수만큼 매달 같은 수를 생산한다. 그러므로 Y년의 m번째 달의 첫째 날의 요일 수는 다음과 같이 주어진다.

$$D_Y + [(2.6)m - 0.2] - 2 \pmod 7$$

예를 들어, 1990년 12월 1일을 택하면,

$$D_{1990} + [(2.6)10 - 0.2] - 2 \equiv 4 + 25 - 2 \equiv 6 \pmod 7$$

즉, 1990년 12월 1일은 토요일이었다.

마지막으로 $Y = 100c + y$년 m번째 달 d일의 요일 수 w는 다음 합동식으로 결정된다.

$$w \equiv (d - 1) + D_Y + [(2.6)m - 0.2] - 2 \pmod 7$$

식 (3)을 이용하여 이것을 다시 표현하면,

$$w \equiv d + [(2.6)m - 0.2] - 2c + y + \left[\frac{c}{4}\right] + \left[\frac{y}{4}\right] \pmod 7 \tag{4}$$

우리는 이 절의 결론을 다음 정리로 요약한다.

정리 6.12 Theorem 3월은 그 해의 첫째 달 그리고 1월과 2월은 그 전 해의 열한 번째 달, 열두 번째 달이라 가정하면, $Y = 100c + y$ 년, m번째 달 d일의 요일은 다음과 같은 요일 수를 갖는다. 단, $c \geq 16$ 그리고 $0 \leq y < 100$이다.

$$w \equiv d + [(2.6)m - 0.2] - 2c + y + \left[\frac{c}{4}\right] + \left[\frac{y}{4}\right] \pmod 7$$

예제 6.5 Example 2020년 1월 14일은 어떤 요일일 것인가?

우리의 가정에 의하면 2020년 1월은 2019년 11월로 다루어진다. 그 달의 14일에 대응하는 요일 수는 다음과 같이 계산된다.

$$\begin{aligned} w &\equiv 14 + [(2.6)11 - 0.2] - 40 + 19 + [20/4] + [19/4] \\ &\equiv 14 + 28 - 40 + 19 + 5 + 4 \equiv 2 \pmod 7 \end{aligned}$$

우리는 2020년 1월 14일은 화요일일 것이라는 결론을 내린다.

달력에 대한 흥미로운 질문 중 하나는 매년 13일의 금요일이 포함되어 있는가라는 것이다. 다른 표현으로 하면 매 $Y = 100c + y$ 년에 다음 합동식

$$5 \equiv 13 + [(2.6)m - 0.2] - 2c + y + \left[\frac{c}{4}\right] + \left[\frac{y}{4}\right] \pmod 7$$

가 성립하는가? m이 3월에서 9월까지 대응하는 값들 3부터 9까지 변할 때, 표현 $[(2.6)m - 0.2]$는 모듈로 7로 각각 0, 1, ⋯, 6으로 가정됨을 주목하자. 그러므로 주어진 합동식이 만족하는 달이 항상 존재할 것이다. 예를 들어, 2022년에 13일의 금요일 합동식은

$$0 \equiv [(2.6)m - 0.2] \pmod 7$$

로 간략히 되고 $m = 3$일 때, 성립한다. 2022년에 5월에 13일의 금요일이 나타난다.

연습문제 6.4

1. 다음 해 Y에 대해 $1600 < n < Y$인 윤년의 수 n을 구하라.
   (a) $Y = 1825$
   (b) $Y = 1950$
   (c) $Y = 2075$
2. 당신이 태어난 날의 요일을 결정하라.
3. 아래 중요한 날짜의 요일을 구하라.
   (a) 1863년 11월 19일 (링컨의 게티스버그 연설)

(b) 1906년 4월 18일 (샌프란시스코 대지진)

(c) 1918년 11월 11일 (제1차 세계대전 끝)

(d) 1929년 10월 24일 (뉴욕 증시의 Black Day)

(e) 1944년 6월 6일 (노르망디 상륙)

(f) 1898년 2월 15일 (메인호 폭발 사건)

4. 1999년과 1915년의 달력의 같은 날짜들이 같은 요일임을 보여라.
[*힌트*: W_1과 W_2가 각각 1999년과 1915년의 같은 날짜의 요일 수라 하면 $W_1 - W_2 \equiv 0 \pmod 7$임을 입증하라.]

5. 2010년에 대해 다음을 결정하라.
   (a) 3월에 발생하는 월요일의 날짜
   (b) 13일이 금요일인 달들

6. 11월 29일이 일요일이 되는 2000년부터 2009년까지의 10년 사이의 해를 구하라.

CHAPTER 07

페르마 정리의 일반화–오일러 정리

Euler's Generalization of Fermat's Theorem

오일러는 사람이 숨쉬듯, 독수리가 공중에서 날듯이 분명한 노력 없이 계산하였다.

아라고(ARAGO)

7.1 레온하르트 오일러

페르마 업적의 중요성은 그 시대의 수학에 대한 어떤 기여에 놓여있는 것이 아니라 차라리 후세대의 수학자들에 대한 그것의 고무적인 효과에 놓여 있다. 아마도 페르마의 경력에서 가장 실망스러운 점은 그가 다른 사람들에게 그의 새로운 수론에 대한 흥미를 줄 수 없었다는 것이다. 1세기가 지나서야 초일류 수학자인 레온하르트 오일러(Leonhard Euler, 1707~1783)가 그 중요성을 이해했으며 감사하였다. 증명 없이 페르마가 소개한 많은 정리들은 오일러의 기술로 해결되었고 오일러에 의해 고안된 주장은 페르마가 증명하였다고 말하는 주장과 근본적으로 다르지 않았다.

18세기 수학에서 주요 인물인 오일러는 스위스 바젤 지역에 살았던 루터교회 목사의 아들이었다. 오일러의 아버지는 그의 아들이 성직자가 되기를 진심으로 바랐고 그를 13세의 나이에 신학을 공부하도록 바젤 대학에 보냈다. 거기서 젊은 오일러는 그 당시 유럽을 이끄는 수학자 중 한 명인 베르누이를 만났고 베르누이의 두 아들 니콜라우스와 대니얼의 친구가 되었다. 얼마 되지 않아 오일러는 수학에만 전념하기 위해 신학 공부를 그만두었다. 그는 1723년에 석사학위를 받았고 1727년에 19세의 나이로 파리 과학 학술원에서 배 돛대들의 가장 효과적인 배열에 대한 논문으로 상을 받았다.

17세기가 위대한 아마추어 수학자들의 시대였다면 18세기는 거의 전적으로 전문

Leonhard Euler
(1707~1783)

(*Dover Publications, Inc.*)

가들—대학교수 그리고 과학 학술원 회원—의 시대였다. 많은 군림하는 군주들은 자기 자신을 학문의 후원자로 여기는 것에 기뻐했으며, 학술원들을 왕궁의 지적 자산으로 간주하였다. 이런 통치자의 동기가 전적으로 자선적이 아니라 할지라도 학회는 과학의 증진을 위한 중요한 대행사로 구성되었다는 사실을 알 수 있다. 그들은 뛰어난 학자들에게 봉급을 제공하였고 정기적으로 연구논문의 저널을 발표하였으며, 과학적 발견에는 상금을 제공하였다. 오일러는 두 개의 새로 형성된 학회, 상트페테르부르크의 황제 학술원(1727~1741; 1766~1783) 그리고 베를린의 왕립 학술원(1741~1766)과 서로 다른 시기에 관련이 있었다. 표트르 대제는 상트페테르부르크의 학술원을 설립하였고 니콜라우스와 대니얼을 포함하는 많은 주요 수학자들을 러시아로 불러들였다. 그들의 추천으로 오일러의 지위는 보장되었다. 그는 젊기 때문에 바젤 대학의 물리학 교수직을 수락하지 않았고 학술원의 초청장을 받을 준비만 기다리고 있었다. 상트페테르부르크에서 그는 곧 후에 수학교수에서 러시아의 외무장관이 된 다재다능한 학자 크리스티안 골드바흐(Christian Goldbach, 유명한 가설의)와 만나게 되었다. 주어진 그의 관심으로 보아 골드바흐는 오일러의 관심을 수론에 대한 페르마의 업적에 가져오게 해준 첫 번째 사람이었다.

오일러는 궁극적으로 러시아의 정치적 억압에 지쳤고 베를린 학술원의 회원이 되라는 프리드리히 대왕(Frederick the Great)의 요청을 받아들였다. 왕실 환영회에서 그를 친절하게 환대해준 황태후가 왜 뛰어난 학자는 소심하고 과묵하냐고 묻자 그는 "마마, 말만 하면 사형당하는 그러한 나라에서 제가 왔기 때문입니다"라고 대답한 일화가 전해진다. 하지만 러시아의 그를 향한 열정에 기분이 좋아진 반면 프리드리히 대왕과 그 궁의 냉담함에 견딜 수 없이 화가 난 오일러는 여생을 보내기 위해 1766년에 상트페테르부르크로 돌아갔다. 돌아온 후 2, 3년 내에 그는 완전히 맹인이 되었다.

오일러는 시력을 잃게 되었지만 그것으로 인해 그의 과학적 연구가 지연되지는 않았다. 경이로운 기억력의 힘으로 그의 논문은 다루기 힘들 만큼 엄청난 규모가 되었다. 의심의 여지 없이 오일러는 수학의 역사상 가장 다작을 한 사람이다. 그는 그의 생애에 700권 이상의 책과 논문을 구술하거나 저술하였고, 너무 많은 내용을 남겨 두어서 상트페테르부르크 학술원에서는 그가 죽은 지 47년이 지나서야 모든 원고를 출간할 수 있었다. 오일러의 논문 전집 발행은 스위스 자연과학회에서 1911년에 시작했고 이 기념비적인 사업을 완성하는 데에 75권 이상이 필요할 것이라고 추정된다. 이 논문의 질에 대한 증거는 2년마다 한 번씩 주어지는 파리에서 열리는 프랑스 학술원의 상을 12번 탄 사실일지도 모른다.

베를린에서 머무는 동안 그는 논문을 쓰면 새 논문을 논문 더미 가장 위에 놓아두는 습관이 생겼다. 학술원 저널을 채우기 위해 내용이 필요할 때마다, 인쇄공들은 마음대로 논문 더미 가장 위에 있는 몇 개를 갖고 갔다. 논문이 필요한 것보다 더 빨리 쌓일 때면 바닥에 있는 논문은 더 오랜 시간 동안 머물렀다. 그래서 내용이 더 발전되고 확장된 논문이 그전에 오일러의 이름으로 발간된 적이 있었던 것이었다. 덧붙여 말하자면 오일러가 그의 성과를 공개했던 것은 페르마 시대에 관습적으로 연구 내용을 비밀로 했던 것과 매우 대조된다.

7.2 오일러 Phi-함수

이 장은 페르마 정리의 일반화로 알려진 오일러의 결과로부터 나오는 이론의 일부분을 다루는 것이다. 간단히 말하면 오일러는 소수 모듈러스인 합동식에 관련된 페르마 정리를 일반적인 모듈러스로 확장하였다. 그러는 동안 그는 정의 7.1에 묘사한 중요한 수론 함수를 소개하였다.

정의 7.1 *Definition*

주어진 $n \geq 1$ 에 대해 $\phi(n)$을 n과 서로 소이면서 n을 넘지 않는 양의 정수의 개수라 놓자.

정의의 예제로서 $\phi(30) = 8$ 임을 알 수 있다. 왜냐하면 30을 넘지 않는 양의 정수 중에서 30과 서로 소인 것은 8개 존재하기 때문이다.

$$1, 7, 11, 13, 17, 19, 23, 29$$

같은 방법으로 처음 몇 개의 양의 정수에 대해 다음을 쉽게 확인할 수 있다.

$$\phi(1) = 1, \phi(2) = 1, \phi(3) = 2, \phi(4) = 2, \phi(5) = 4,$$
$$\phi(6) = 2, \phi(7) = 6, \ldots$$

$\gcd(1, 1) = 1$ 이므로 $\phi(1) = 1$ 임을 주목하자. $n > 1$ 인 경우에는 $\gcd(n, n) = n \neq 1$ 이어서 $\phi(n)$을 n과 서로 소이며 n보다 작은 정수의 개수로서 특성화할 수 있다. 함수 ϕ는 보통 창작자 이름을 따라 *오일러 phi-함수*[*Euler phi-function*; 때로는 *지시함*

數(*indicator or totient*)]라 불린다. 그러나 함수적 개념의 $\phi(n)$ 은 가우스에 의해 만들어졌다.

n 이 소수이면 n 보다 작은 모든 정수는 n 과 서로 소이므로, $\phi(n) = n - 1$이다. 반면에 $n > 1$ 이 합성수이면 n 은 $1 < d < n$ 인 약수 d 를 갖는다. 이것은 1, 2, ⋯, n 중에서 n 과 서로 소가 아닌 적어도 2개의 정수, 즉 d 와 n 이 존재함을 알 수 있다. 결과적으로 $\phi(n) \le n - 2$이다. 이것은 $n > 1$이면 다음을 보여준다.

$$\phi(n) = n - 1 \text{ 과 동치조건은 } n \text{ 은 소수}$$

의제의 첫째 항목은 n 의 소인수분해로부터 직접 $\phi(n)$ 의 값을 계산하게 해주는 공식을 유도하는 것이다. 이 방향의 큰 단계는 정리 7.1로부터 나온다.

정리 7.1 *Theorem*

p 가 소수이고 $k > 0$ 이면

$$\phi(p^k) = p^k - p^{k-1} = p^k\left(1 - \frac{1}{p}\right)$$

증명. 분명히, $\gcd(n, p^k) = 1$ 일 필요충분조건은 $p \nmid n$ 이다. p 로 나누어지는 1과 p^k 사이의 정수는 p^{k-1} 개 존재한다. 즉,

$$p, 2p, 3p, \ldots, (p^{k-1})p$$

그러므로, 집합 $\{1, 2, \cdots, p^k\}$ 는 p^k 와 서로 소인 정확히 $p^k - p^{k-1}$ 개의 정수를 포함하고, 그래서 phi-함수의 정의에 의하여 $\phi(p^k) = p^k - p^{k-1}$이다.

예를 들어, 우리는

$$\phi(9) = \phi(3^2) = 3^2 - 3 = 6$$

개의 정수, 9 보다 작으면서 9와 서로 소인 1, 2, 4, 5, 7, 8 을 갖는다. 두 번째 예를 보면 16 보다 작고 16과 서로 소인 8개의 정수, 1, 3, 5, 7, 9, 11, 13, 15 가 존재한다. 정리 7.1과 같이 계산하여

$$\phi(16) = \phi(2^4) = 2^4 - 2^3 = 16 - 8 = 8$$

이제 우리는 소수의 거듭제곱의 phi-함수를 어떻게 계산하는지 알게 되었다. 우리의 목표는 n의 소인수분해를 기초로 $\phi(n)$에 대한 공식을 얻는 것이다. 사슬에서 빠진 고리는 분명하다. ϕ가 승법 함수임을 보이는 것이다. 우리는 쉬운 보조정리로 그 길을 포장한다.

보조정리 *Lemma*

주어진 정수 a, b, c 에 대해 $\gcd(a, bc) = 1$ 일 필요충분조건은 $\gcd(a, b) = 1$ 그리고 $\gcd(a, c) = 1$ 이다.

증명. 먼저, $\gcd(a, bc) = 1$ 이라 가정하고 $d = \gcd(a, b)$ 라 놓자. 그러면 $d \mid a$ 그리고

$d \mid b$ 이므로 $d \mid a$ 이고 $d \mid bc$ 이다. 이것은 $\gcd(a, bc) \geq d$ 임을 의미하고 $d = 1$ 임을 강요한다. 같은 이유로 명제 $\gcd(a, c) = 1$ 을 유도한다.

다른 방향은 $\gcd(a, b) = 1 = \gcd(a, c)$ 를 택하고 $\gcd(a, bc) = d_1 > 1$이라 가정하자. 그러면 d_1 은 소인수 p를 가져야 한다. $d_1 \mid bc$ 이므로 $p \mid bc$ 이다. 결론적으로 $p \mid b$ 또는 $p \mid c$이다. $p \mid b$이면 ($p \mid a$ 라는 사실에 의해) $\gcd(a, b) \geq p$ 를 갖고 이는 모순이다. 같은 방법으로 조건 $p \mid c$ 는 동등하게 $\gcd(a, c) \geq p$ 라는 잘못된 결론을 유도한다. 따라서 $d_1 = 1$ 이고 보조정리는 증명되었다.

정리 7.2 *Theorem*

함수 ϕ는 승법 함수이다.

증명. m 과 n 이 서로 소일 때, $\phi(mn) = \phi(m)\phi(n)$ 을 보일 필요가 있다. $\phi(1) = 1$ 이므로 m 또는 n 이 1이면 결과는 당연하다. 그래서 $m > 1$ 그리고 $n > 1$이라 가정해도 좋다. 1부터 mn 까지의 정수를 각각 n 정수를 가진 m 개의 열로 다음과 같이 배열하자.

$$
\begin{array}{cccccc}
1 & 2 & \cdots & r & \cdots & m \\
m+1 & m+2 & & m+r & & 2m \\
2m+1 & 2m+2 & & 2m+r & & 3m \\
\vdots & \vdots & & \vdots & & \vdots \\
(n-1)m+1 & (n-1)m+2 & & (n-1)m+r & & nm
\end{array}
$$

$\phi(mn)$ 은 이 배열에 있는 성분 중에서 mn 과 서로 소인 성분의 수와 같다. 보조정리에 의하면 이것은 m 과 n 에 둘 다 서로 소인 정수의 수와 같다.

자세한 증명 전에 어떤 방법으로 진행할 건지에 대한 언급을 하는 것도 의미가 있을 것이다. $\gcd(qm + r, m) = \gcd(r, m)$ 이므로 r 번째 열의 수가 m 과 서로 소일 필요충분조건은 r 자체가 m 과 서로 소이다. 그러므로 오직 $\phi(m)$ 열만 m 과 서로 소인 정수를 포함하고 그 열의 모든 성분이 m 과 서로 소일 것이다. 문제는 이 $\phi(m)$ 열 각각에는 n 과 서로 소인 정확히 $\phi(n)$개 정수가 있다는 것을 보이는 것이다. 그러면 종합하여 m 과 n에 둘 다 서로 소인 정수는 $\phi(m)\phi(n)$ 개 있을 것이다.

이제 $\gcd(r, m) = 1$ 이라 가정하면 r 번째 열의 성분은

$$r, m + r, 2m + r, \ldots, (n-1)m + r$$

이다. 이 수열에는 n 개의 정수가 있고 어느 두 개도 법 n에 대해 합동이 아니다. 사실상 $0 \leq k < j < n$ 에 대해

$$km + r \equiv jm + r \pmod{n}$$

이면 $km \equiv jm \pmod{n}$ 이다. $\gcd(m, n) = 1$이므로 이 합동식의 양변에서 m을 소거할 수 있어 $k \equiv j \pmod{n}$ 라는 모순에 도달한다. 그래서 r 번째 열에 있는 정수는 법 n 에 대해 어떤 순서로 0, 1, 2, ⋯, $n-1$ 과 합동이다. 그런데 $s \equiv t \pmod{n}$ 이면 $\gcd(s, n) = 1$과 $\gcd(t, n) = 1$ 은 동치이다. 다시 말하면 r 번째 열에는 n 과 서로 소인 정수를 집합 $\{0, 1, 2, \cdots, n-1\}$에서와 같은, 즉 $\phi(n)$ 개의 정수를 포함한다. 그러므로 m 과 n 에 둘 다 서로 소인 이 배열에 있는 성분의 총 개수는 $\phi(m)\phi(n)$ 이다. 이것으로 증명이 완성되었다.

이제 이런 예비 정리로부터 정리 7.3을 증명할 수 있다.

정리 7.3 *Theorem*

정수 $n>1$ 이 $n=p_1^{k_1}p_2^{k_2}\cdots p_r^{kr}$ 인 소인수분해를 가지면

$$\begin{aligned}\phi(n) &= \left(p_1^{k_1}-p_1^{k_1-1}\right)\left(p_2^{k_2}-p_2^{k_2-1}\right)\cdots\left(p_r^{k_r}-p_r^{k_r-1}\right)\\ &= n\left(1-\frac{1}{p_1}\right)\left(1-\frac{1}{p_2}\right)\cdots\left(1-\frac{1}{p_r}\right)\end{aligned}$$

증명. n 의 서로 다른 소인수의 개수 r 에 대한 귀납법을 이용하자. 정리 7.1에 의해 $r=1$ 인 경우에 그 결과는 사실이다. $r=i$ 인 경우에 성립한다고 가정하자.

$$\gcd\left(p_1^{k_1}p_2^{k_2}\cdots p_i^{k_i},\ p_{i+1}^{k_{i+1}}\right)=1$$

이므로 승법 함수의 정의에 의해

$$\begin{aligned}\phi\left(\left(p_1^{k_1}\cdots p_i^{k_i}\right)p_{i+1}^{k_{i+1}}\right) &= \phi\left(p_1^{k_1}\cdots p_i^{k_i}\right)\phi\left(p_{i+1}^{k_{i+1}}\right)\\ &= \phi\left(p_1^{k_1}\cdots p_i^{k_i}\right)\left(p_{i+1}^{k_{i+1}}-p_{i+1}^{k_{i+1}-1}\right)\end{aligned}$$

귀납 가정에 따르면 우변의 처음 인수는

$$\phi\left(p_1^{k_1}p_2^{k_2}\cdots p_i^{k_i}\right)=\left(p_1^{k_1}-p_1^{k_1-1}\right)\left(p_2^{k_2}-p_2^{k_2-1}\right)\cdots\left(p_i^{k_i}-p_i^{k_i-1}\right)$$

로 되어 증명의 귀납 단계와 증명을 완성한다.

예제 7.1 *Example*

예를 들어 $\phi(360)$ 의 값을 계산해 보자. 360의 소수의 거듭제곱으로 나타내면 $360 = 2^3\cdot 3^2\cdot 5$ 이고 정리 7.3에 의해

$$\begin{aligned}\phi(360) &= 360\left(1-\frac{1}{2}\right)\left(1-\frac{1}{3}\right)\left(1-\frac{1}{5}\right)\\ &= 360\cdot\frac{1}{2}\cdot\frac{2}{3}\cdot\frac{4}{5}=96\end{aligned}$$

날카로운 독자는 우리의 예제들이 $\phi(1)$ 과 $\phi(2)$ 를 제외하고 $\phi(n)$ 의 값은 항상 짝수라는 사실을 주목하였을 것이다. 이것이 우연이 아님을 다음 정리가 보여준다.

정리 7.4 *Theorem*

$n>2$ 이면 $\phi(n)$ 은 짝수이다.

증명. 먼저, n을 2의 거듭제곱이라 가정하여 $n=2^k$, $(k\geq 2)$라 놓자. 그러면 정리 7.3에 의해

$$\phi(n)=\phi(2^k)=2^k\left(1-\frac{1}{2}\right)=2^{k-1}$$

은 짝수이다. n 이 2의 거듭제곱이 아니면 홀수인 소수 p 로 나누어진다. 그러므로 n

을 $k \geq 1$, $\gcd(p^k, m) = 1$ 인 $n = p^k m$ 으로 나타낼 수 있다. ϕ 함수의 승법 성질을 이용하여

$$\phi(n) = \phi(p^k)\phi(m) = p^{k-1}(p-1)\phi(m)$$

을 얻고 이것은 $2 \mid p-1$ 이므로 다시 짝수이다.

우리는 다음과 같은 새로운 방법으로 소수의 무한성에 대한 유클리드 정리를 완성할 수 있다. 전과 같이 소수가 유한개 존재한다고 가정하자. 그것을 $p_1, p_2, \cdots, p_r$ 이라 놓고 정수 $n = p_1 p_2 \cdots p_r$ 을 생각하자. $1 < a \leq n$ 이면 $\gcd(a, n) \neq 1$ 임을 논의하자. 산술의 기본정리에 의해 a 는 소인수 q 를 가진다. 소수는 오직 $p_1, p_2, \cdots, p_r$ 이므로 q 는 이 p_i 중 하나이고, 따라서 $q \mid n$이다. 다시 말하면, $\gcd(a, n) \geq q$ 이다. 이 모든 것은 $\phi(n) = 1$ 을 의미하고 이것은 분명히 정리 7.4에 모순이다.

연습문제 7.2

1. $\phi(1001)$, $\phi(5040)$ 그리고 $\phi(36{,}000)$ 을 계산하라.
2. $n = 5186$일 때, 등식 $\phi(n) = \phi(n+1) = \phi(n+2)$ 을 입증하라.
3. 정수 $m = 3^k \cdot 568$ 과 $n = 3^k \cdot 638$ $(k \geq 0)$ 은 다음을 동시에 만족함을 보여라.

$$\tau(m) = \tau(n), \quad \sigma(m) = \sigma(n) \quad \text{그리고} \quad \phi(m) = \phi(n)$$

4. 아래 각각의 주장을 완성하라.
   (a) n 이 홀수이면 $\phi(2n) = \phi(n)$ 이다.
   (b) n 이 짝수이면 $\phi(2n) = 2\phi(n)$이다.
   (c) $\phi(3n) = 3\phi(n)$ 은 $3 \mid n$ 과 동치이다.
   (d) $\phi(3n) = 2\phi(n)$ 은 $3 \nmid n$ 과 동치이다.
   (e) $\phi(n) = n/2$ 과 $n = 2^k (k \geq 1)$ 은 동치이다.
   [*힌트*: $n = 2^k N$(N, 홀수) 라 놓고 조건 $\phi(n) = n/2$ 을 이용하여 $N = 1$ 임을 보여라.]
5. p 와 $2p-1$ 이 둘 다 소수일 때마다, $n = 2(2p-1)$ 은 등식 $\phi(n) = \phi(n+2)$ 을 만족함을 증명하라.
6. $\phi(n)$ 이 완전제곱이 되는 무한히 많은 정수 n 이 존재함을 보여라.
   [*힌트*: 정수 $n = 2^{2k+1}(k = 1, 2, \cdots)$ 을 생각하라.]
7. 다음을 증명하라.
   (a) 모든 양의 정수 n 에 대해 $\frac{1}{2}\sqrt{n} \leq \phi(n) \leq n$이다.
   [*힌트*: $n = 2^{k_0} p_1^{k_1} \cdots p_r^{k_r}$이라 써서 $\phi(n) = 2^{k_0-1} p_1^{k_1-1} \cdots p_r^{k_r-1}(p_1-1)\cdots(p_r-1)$이다. 부등식 $p-1 > \sqrt{p}$ 그리고 $k - \frac{1}{2} \geq k/2$를 이용하여 $\phi(n) \geq 2^{k_0-1} p_1^{k_1/2} \cdots p_r^{k_r/2}$ 을 얻어라.]
   (b) 정수 $n > 1$ 이 r 개의 소인수를 가지면 $\phi(n) \geq n/2^r$이다.

(c) $n>1$ 이 합성수이면 $\phi(n) \le n-\sqrt{n}$ 이다.

[힌트: p 가 n 의 가장 작은 소인수라 놓아 $p \le \sqrt{n}$ 이다. 그러면 $\phi(n) \le n(1-1/p)$ 이다.]

8. 정수 n이 r개의 서로 다른 홀수 소인수를 가지면 $2^r \mid \phi(n)$ 임을 증명하라.

9. 다음을 증명하라.

(a) n 과 $n+2$ 가 쌍둥이 소수이면 $\phi(n+2)=\phi(n)+2$; $n=12$, 14 그리고 20 인 경우에도 성립한다.

(b) p 와 $2p+1$ 이 모두 홀수인 소수이면 $n=4p$ 는 $\phi(n+2)=\phi(n)+2$를 만족한다.

10. n 을 나누는 모든 소수가 m 을 나누면 $\phi(nm)=n\phi(m)$ 임을 완성하라. 특히, 모든 양의 정수 n 에 대해 $\phi(n^2)=n\phi(n)$이다.

11. (a) $\phi(n) \mid n-1$ 이면 n 은 제곱 인수가 없는 수임을 증명하라.

[힌트: n 이 소인수분해 $n=p_1^{k_1}p_2^{k_2}\cdots p_r^{k_r}$ ($k_1 \ge 2$) 을 가진다고 가정하면 $p_1 \mid \phi(n)$ 이기 때문에 $p_1 \mid n-1$ 으로 모순을 유도하라.]

(b) k, j 가 양의 정수일 때 $n=2^k$ 또는 2^k3^j 이면 $\phi(n) \mid n$ 임을 보여라.

12. $n=p_1^{k_1}p_2^{k_2}\cdots p_r^{k_r}$ 이면 다음 부등식을 유도하라.

(a) $\sigma(n)\phi(n) \ge n^2(1-1/p_1^2)(1-1/p_2^2)\cdots(1-1/p_r^2)$

(b) $\tau(n)\phi(n) \ge n$

[힌트: $\tau(n)\phi(n) \ge 2^r \cdot n(1/2)^r$을 보여라.]

13. $d \mid n$ 으로 가정하여 $\phi(d) \mid \phi(n)$ 임을 증명하라.

[힌트: d 와 n 의 소인수분해를 가지고 해결하라.]

14. 정리 7.2의 다음 두 일반화를 얻어라.

(a) 양의 정수 m, n에 대해 $d=\gcd(m, n)$ 이면

$$\phi(m)\phi(n)=\phi(mn)\frac{\phi(d)}{d}$$

(b) 양의 정수 m, n 에 대해

$$\phi(m)\phi(n)=\phi(\gcd(m,n))\phi(\operatorname{lcm}(m,n))$$

15. 다음을 증명하라.

(a) $\phi(n)=n/3$ 인 무한히 많은 정수 n 이 존재한다.

[힌트: k, j 가 양의 정수인 $n=2^k3^j$ 을 생각하라.]

(b) $\phi(n)=n/4$ 인 정수 n 은 존재하지 않는다.

16. 골드바흐 가설은 각 짝수 $2n$ 에 대해 $\phi(n_1)+\phi(n_2)=2n$ 인 정수 n_1과 n_2 가 존재함을 의미한다는 사실을 증명하라.

17. 주어진 양의 정수 k 에 대해 다음을 보여라.

(a) $\phi(n)=k$ 인 유한개의 정수 n 이 존재한다.

(b) 등식 $\phi(n)=k$ 가 유일한 해 $n=n_0$ 를 가지면 $4 \mid n_0$ 이다.

[힌트: 문제 4(a), 4(b)를 보라.]

카마이클 (R. D. Carmichael, 1906)의 유명한 추측은 등식 $\phi(n)=k$ 가 정확히

하나의 해를 갖는 k는 존재하지 않는다는 것이다. 어떤 반례의 n은 적어도 $10^{10000000}$을 넘어야 함이 증명되었다.

18. $\phi(n) = 16$ 그리고 $\phi(n) = 24$인 모든 해를 구하라.

[힌트: $n = p_1^{k_1} p_2^{k_2} \cdots p_r^{k_r}$이 $\phi(n) = k$를 만족하면 $n = [k / \prod(p_i - 1)] \prod p_i$이다. 그래서 정수 $d_i = p_i - 1$은 조건 (1) $d_i \mid k$, (2) $d_i + 1$은 소수, 그리고 (3) $k / \prod d_i$는 $\prod p_i$에 없는 소인수를 포함하지 않음 등에 의해서 결정될 수 있다.]

19. (a) p는 소수 그리고 $2p+1$은 합성수일 때 등식 $\phi(n) = 2p$는 해가 존재하지 않음을 증명하라.

(b) 등식 $\phi(n) = 14$의 해가 존재하지 않고 14는 이런 성질을 가지는 가장 작은 양의 짝수임을 증명하라.

20. p는 소수이고 $k \geq 2$이면 $\phi(\phi(p^k)) = p^{k-2}\phi((p-1)^2)$임을 보여라.

21. $n = 63457 = 23 \cdot 31 \cdot 89$일 때, $\phi(n)\sigma(n)$이 완전제곱임을 입증하라.

7.3 오일러 정리

전에 언급한 바와 같이 페르마 정리[즉, $p \nmid a$이면 $a^{p-1} \equiv 1 \pmod{p}$]의 증명은 1736년에 오일러에 의해 처음으로 발표되었다. 다소 후인 1760년에 그는 소수 p인 경우에서 임의의 양의 정수 n으로 페르마 정리를 일반화하는 데 성공하였다. 이런 기념비적 결과를 서술하면

$$\gcd(a, n) = 1 \text{ 이면 } a^{\phi(n)} \equiv 1 \pmod{n} \text{이다.}$$

예를 들어, $n = 30$ 그리고 $a = 11$이라 놓으면 다음이 성립한다.

$$11^{\phi(30)} \equiv 11^8 \equiv (11^2)^4 \equiv (121)^4 \equiv 1^4 \equiv 1 \pmod{30}$$

페르마 정리의 일반화인 오일러 정리의 증명을 위한 전제로서 보조정리가 필요하다.

보조정리 *Lemma*

$n > 1$이고 $\gcd(a, n) = 1$이라 하자. $a_1, a_2, \cdots, a_{\phi(n)}$이 n보다 작고 n과 서로 소인 양의 정수이면

$$aa_1, aa_2, \ldots, aa_{\phi(n)}$$

은 법 n에 대해 어떤 순서로 $a_1, a_2, \cdots, a_{\phi(n)}$과 합동이다.

증명. $aa_1, aa_2, \cdots, aa_{\phi(n)}$의 어느 두 정수도 법 n에 대해 합동이 아님을 관찰하자. 왜냐하면 $aa_i \equiv aa_j \pmod{n}$, $1 \leq i < j \leq \phi(n)$이면 소거법칙에 의해 $a_i \equiv a_j \pmod{n}$이고, 따라서 $a_i = a_j$으로 모순이다. 더군다나 모든 i에 대해 $\gcd(a_i, n) = 1$이고 $\gcd(a, n) = 1$이므로 정리 7.2 앞에 있는 보조정리에 의해 각 정수 aa_i는 n과 서로 소이다.

특정한 aa_i를 고정하면 $aa_i \equiv b \pmod{n}$인 유일한 정수 b $(0 \leq b < n)$가 존재한다.

$$\gcd(b, n) = \gcd(aa_i, n) = 1$$

이므로 b는 정수 $a_1, a_2, \cdots, a_{\phi(n)}$ 중 하나이다. 이것은 $aa_1, aa_2, \cdots, aa_{\phi(n)}$과 그리고 $a_1, a_2, \cdots, a_{\phi(n)}$은 법 n에 대해 어떤 순서로 같다는 것을 보여준다.

정리 7.5 *Theorem*

오일러. $n \geq 1$이고 $\gcd(a, n) = 1$이면 $a^{\phi(n)} \equiv 1 \pmod{n}$이다.

증명. $n > 1$로 택해도 무방하다. $a_1, a_2, \cdots, a_{\phi(n)}$이 n보다 작고 n과 서로 소인 양의 정수라 하자. $\gcd(a, n) = 1$이므로 보조정리로부터 $aa_1, aa_2, \cdots, aa_{\phi(n)}$은 나타난 순서에 관계없이 $a_1, a_2, \cdots, a_{\phi(n)}$과 합동이다. 그러면

$$\begin{aligned} aa_1 &\equiv a_1' \pmod{n} \\ aa_2 &\equiv a_2' \pmod{n} \\ &\vdots \\ aa_{\phi(n)} &\equiv a_{\phi(n)}' \pmod{n} \end{aligned}$$

여기서 $a_1', a_2', \cdots, a_{\phi(n)}'$은 어떤 순서로 정수 $a_1, a_2, \cdots, a_{\phi(n)}$이다. 이 $\phi(n)$개의 합동식을 곱하면 다음을 얻는다.

$$\begin{aligned} (aa_1)(aa_2)\cdots(aa_{\phi(n)}) &\equiv a_1'a_2'\cdots a_{\phi(n)}' \pmod{n} \\ &\equiv a_1a_2\cdots a_{\phi(n)} \pmod{n} \end{aligned}$$

그래서

$$a^{\phi(n)}(a_1a_2\cdots a_{\phi(n)}) \equiv a_1a_2\cdots a_{\phi(n)} \pmod{n}$$

각 i에 대해 $\gcd(a_i, n) = 1$이므로 정리 7.2 앞에 있는 보조정리에 의하면 $\gcd(a_1a_2\cdots a_{\phi(n)}, n) = 1$이다. 그러므로 이 합동식의 양변을 공약수 $a_1a_2\cdots a_{\phi(n)}$로 나누어도 좋고, 따라서

$$a^{\phi(n)} \equiv 1 \pmod{n}$$

이 증명은 어떤 특정한 수로 수행함으로써 더 잘 설명될 수 있다. 예를 들어 $n = 9$라 놓자. 9보다 작고 서로 소인 양의 정수들은

$$1, 2, 4, 5, 7, 8$$

이것들은 정리 7.5의 증명에서 정수 $a_1, a_2, \cdots, a_{\phi(n)}$의 역할을 한다. $a = -4$이면 정수 aa_i들은

$$-4, -8, -16, -20, -28, -32$$

그리고 법 9로서

$$-4 \equiv 5 \quad -8 \equiv 1 \quad -16 \equiv 2 \quad -20 \equiv 7 \quad -28 \equiv 8 \quad -32 \equiv 4$$

위 합동식을 모두 곱하여 다음을 얻는다.

$$(-4)(-8)(-16)(-20)(-28)(-32) \equiv 5 \cdot 1 \cdot 2 \cdot 7 \cdot 8 \cdot 4 \pmod 9$$

이것은 다시

$$(1 \cdot 2 \cdot 4 \cdot 5 \cdot 7 \cdot 8)(-4)^6 \equiv (1 \cdot 2 \cdot 4 \cdot 5 \cdot 7 \cdot 8) \pmod 9$$

9와 서로 소로서 6개의 정수 1, 2, 4, 5, 7, 8 은 계속하여 소거하여

$$(-4)^6 \equiv 1 \pmod 9$$

을 얻는다. 이 마지막 합동식의 타당성은 다음 계산으로 확인된다.

$$(-4)^6 \equiv 4^6 \equiv (64)^2 \equiv 1^2 \equiv 1 \pmod 9$$

정리 7.5는 사실상 우리가 이미 증명한 페르마가 고안한 정리를 일반화한 것임을 주목하자. 왜냐하면, p 가 소수이면 $\phi(p) = p-1$ 이다. 따라서 $\gcd(a, p) = 1$ 일 때,

$$a^{p-1} \equiv a^{\phi(p)} \equiv 1 \pmod p$$

을 얻고 다음 따름정리를 얻게 된다.

따름정리 *Corollary*

페르마. p 가 소수이고 $p \nmid a$ 이면 $a^{p-1} \equiv 1 \pmod p$이다.

예제 7.2 *Example*

오일러 정리는 법 n 으로 큰 거듭제곱을 줄이는 데 도움을 준다. 전형적인 예를 인용하기 위해 3^{256} 의 10진법 표현에서 마지막 두 자리를 찾아보자. 이것은 3^{256} 이 법 100으로 합동인 가장 작은 음이 아닌 정수를 구하는 것과 동치이다. $\gcd(3, 100) = 1$이고

$$\phi(100) = \phi(2^2 \cdot 5^2) = 100\left(1 - \frac{1}{2}\right)\left(1 - \frac{1}{5}\right) = 40$$

이므로 오일러 정리에 의해

$$3^{40} \equiv 1 \pmod{100}$$

나눗셈 정리에 의해 $256 = 6 \cdot 40 + 16$ 이고, 따라서

$$3^{256} \equiv 3^{6 \cdot 40 + 16} \equiv (3^{40})^6 3^{16} \equiv 3^{16} \pmod{100}$$

그리고 우리 문제는 법 100으로 3^{16} 을 계산하는 문제로 환원된다. 계속 제곱하여 다음 합동식을 얻는다.

$$3^2 \equiv 9 \pmod{100} \qquad 3^8 \equiv 61 \pmod{100}$$
$$3^4 \equiv 81 \pmod{100} \qquad 3^{16} \equiv 21 \pmod{100}$$

페르마 정리의 이용이 필요한 오일러 정리의 또 다른 증명이 있다.

오일러 정리의 두 번째 증명. 시작하기 위해 먼저 귀납법으로 $p \nmid a$ (p는 소수)이면

$$a^{\phi(p^k)} \equiv 1 \pmod{p^k} \qquad k > 0 \tag{1}$$

임을 논의하자. $k = 1$일 때, 이 주장은 페르마 정리의 명제로 환원된다. 고정된 k에 대해 식 (1)이 사실이라 가정하고 k 대신 $k + 1$로 대신해도 사실임을 보이고자 한다.

식 (1)이 성립한다고 가정하였기 때문에 어떤 정수 q에 대해

$$a^{\phi(p^k)} = 1 + qp^k$$

로 써도 좋다. 또한 다음을 주목하자.

$$\phi(p^{k+1}) = p^{k+1} - p^k = p(p^k - p^{k-1}) = p\phi(p^k)$$

이 사실을 이용하여 이항정리에 따라 다음을 얻는다.

$$\begin{aligned} a^{\phi(p^{k+1})} &= a^{p\phi(p^k)} \\ &= (a^{\phi(p^k)})^p \\ &= (1 + qp^k)^p \\ &= 1 + \binom{p}{1}(qp^k) + \binom{p}{2}(qp^k)^2 + \cdots \\ &\quad + \binom{p}{p-1}(qp^k)^{p-1} + (qp^k)^p \\ &\equiv 1 + \binom{p}{1}(qp^k) \pmod{p^{k+1}} \end{aligned}$$

그러나 $p \mid \binom{p}{1}$이고, 그래서 $p^{k+1} \mid \binom{p}{1}(qp^k)$이다. 그러므로 마지막 합동식은

$$a^{\phi(p^{k+1})} \equiv 1 \pmod{p^{k+1}}$$

이 되어 귀납 단계를 완성한다.

$\gcd(a, n) = 1$이라 놓고 n이 소인수분해 $n = p_1^{k_1} p_2^{k_2} \cdots p_r^{k_r}$을 가진다고 가정하자. 이미 증명된 관점에서 다음 각 합동식

$$a^{\phi(p_i^{k_i})} \equiv 1 \pmod{p_i^{k_i}} \qquad i = 1, 2, \ldots, r \tag{2}$$

이 성립한다. $\phi(n)$은 $\phi(p_i^{k_i})$로 나누어짐을 주목하며 식 (2)의 양변에 $\phi(n)/\phi(p_i^{k_i})$ 제곱하여

$$a^{\phi(n)} \equiv 1 \pmod{p_i^{k_i}} \qquad i = 1, 2, \ldots, r$$

에 도달한다. 법이 서로 소인 이상 이것은 다음 관계식을 유도한다.

$$a^{\phi(n)} \equiv 1 \pmod{p_1^{k_1} p_2^{k_2} \cdots p_r^{k_r}}$$

또는 $a^{\phi(n)} \equiv 1 \pmod{n}$이다.

수론에서 오일러 정리는 더 과장할 수 없을 만큼 유용하다. 예를 들어 중국인의 나머지 정리의 또 다른 증명을 유도한다. 다시 말하면 $\gcd(n_i, n_j) = 1 (i \neq j)$이면 다음 연립 선형 합동방정식

$$x \equiv a_i \pmod{n_i} \qquad i = 1, 2, \ldots, r$$

이 공통해를 가짐을 완성하고자 한다. $n = n_1 n_2 \cdots n_r$ 이고 $i = 1, 2, \cdots, r$ 에 대해 $N_i = n/n_i$ 라 놓으면 정수

$$x = a_1 N_1^{\phi(n_1)} + a_2 N_2^{\phi(n_2)} + \cdots + a_r N_r^{\phi(n_r)}$$

은 우리의 요구를 만족한다. 이것을 보기 위해 먼저 $i \neq j$ 일 때마다 $N_j \equiv 0 \pmod{n_i}$ 임을 주목하고, 따라서

$$x \equiv a_i N_i^{\phi(n_i)} \pmod{n_i}$$

그러나 $\gcd(N_i, n_i) = 1$ 이기 때문에

$$N_i^{\phi(n_i)} \equiv 1 \pmod{n_i}$$

이고 그래서 모든 i 에 대해 $x \equiv a_i \pmod{n_i}$ 이다.

오일러 정리의 두 번째 응용으로 n 이 5의 배수가 아닌 홀수이면 n 은 각 자리가 모두 1인 정수를 나눈다는 것을 보이자(예를 들어, $7 \mid 111111$). $\gcd(n, 10) = 1$이고 $\gcd(9, 10) = 1$ 이기 때문에 $\gcd(9n, 10) = 1$ 임을 알 수 있다. 정리 7.5를 다시 사용하여

$$10^{\phi(9n)} \equiv 1 \pmod{9n}$$

이것은 어떤 정수 k 에 대해 $10^{\phi(9n)} - 1 = 9nk$ 이고 또는

$$kn = \frac{10^{\phi(9n)} - 1}{9}$$

이 표현의 우변은 분자의 각 자릿수가 분명히 9와 같기 때문에 모든 자릿수가 1인 정수이다.

연습문제 7.3

1. 오일러 정리를 이용하여 다음을 완성하라.
   (a) 어떤 정수 a 에 대해 $a^{37} \equiv a \pmod{1729}$이다.
   [*힌트*: $1729 = 7 \cdot 13 \cdot 19$]
   (b) 어떤 정수 a 에 대해 $a^{13} \equiv a \pmod{2730}$이다.
   [*힌트*: $2730 = 2 \cdot 3 \cdot 5 \cdot 7 \cdot 13$]

(c) 어떤 홀수 a 에 대해 $a^{33} \equiv a \pmod{4080}$이다.
[*힌트*: $4080 = 15 \cdot 16 \cdot 17$]

2. 오일러 정리를 이용하여 모든 정수 $n \geq 0$ 에 대해 다음을 확인하라.

$$51 \mid 10^{32n+9} - 7$$

3. 어떤 정수 a 에 대해 $2^{15} - 2^3$ 은 $a^{15} - a^3$ 을 나눈다는 사실을 증명하라.
[*힌트*: $2^{15} - 2^3 = 5 \cdot 7 \cdot 8 \cdot 9 \cdot 13$]

4. $\gcd(a, n) = \gcd(a-1, n) = 1$ 이면 다음을 증명하라.

$$1 + a + a^2 + \cdots + a^{\phi(n)-1} \equiv 0 \pmod{n}$$

[*힌트*: $a^{\phi(n)} - 1 \equiv (a-1)(a^{\phi(n)-1} + \cdots + a^2 + a + 1)$을 회상하라.]

5. m 과 n 이 서로 소인 양의 정수일 때, 다음을 증명하라.

$$m^{\phi(n)} + n^{\phi(m)} \equiv 1 \pmod{mn}$$

6. 오일러 정리의 다음 증명에서 빠진 세밀한 부분을 채워 넣어라. p 가 n 의 소인수라 하고 $\gcd(a, p) = 1$ 이라 놓자. 페르마 정리에 의해 $a^{p-1} \equiv 1 \pmod{p}$ 이고 따라서 어떤 t 에 대해 $a^{p-1} = 1 + tp$ 이다. 그러므로 $a^{p(p-1)} = (1+tp)^p = 1 + \binom{p}{1}(tp) + \cdots + (tp)^p \equiv 1 \pmod{p^2}$이고, 귀납법에 의해 $k = 1, 2, \cdots$ 이면 $a^{p^{k-1}(p-1)} \equiv 1 \pmod{p^k}$이다. 이 합동식의 양변에 $\phi(n)/p^{k-1}(p-1)$ 제곱을 하면 $a^{\phi(n)} \equiv 1 \pmod{p^k}$ 을 얻는다. 그러므로 $a^{\phi(n)} \equiv 1 \pmod{n}$ 이다.

7. 오일러 정리에 의해 3^{100} 의 일의 자리를 구하라.

8. (a) $\gcd(a, n) = 1$이면 선형 합동식 $ax \equiv b \pmod{n}$ 은 해 $x \equiv ba^{\phi(n)-1} \pmod{n}$ 을 가짐을 보여라.
   (b) (a)를 이용하여 선형 합동식 $3x \equiv 5 \pmod{26}$, $13x \equiv 2 \pmod{40}$, $10x \equiv 21 \pmod{49}$ 을 풀어라.

9. 오일러 정리를 이용하여 $2^{100000} \pmod{77}$을 계산하라.

10. 모든 정수 a 에 대해 a 와 a^{4n+1} 은 마지막 자리가 똑같음을 보여라.

11. 모든 소수 p 에 대해 아래 각 주장을 완성하라.
   (a) $\tau(p!) = 2\tau((p-1)!)$
   (b) $\sigma(p!) = (p+1)\sigma((p-1)!)$
   (c) $\phi(p!) = (p-1)\phi((p-1)!)$

12. 주어진 $n \geq 1$ 에 대해 n 과 서로 소이며 법 n 에 대해 서로 합동이 아닌 $\phi(n)$ 개의 정수의 집합을 *법 n 에 대한 기약 잉여계*(*reduced set of residues modulo n*)라 한다(즉, 기약잉여계는 법 n에 대한 완전잉여계의 집합에서 n 과 서로 소인 원소들의 모임을 말한다). 다음을 입증하라.
   (a) 정수 $-31, -16, -8, 13, 25, 80$ 은 법 9에 대한 기약잉여계를 이룬다.
   (b) 정수 $3, 3^2, 3^3, 3^4, 3^5, 3^6$ 은 법 14에 대한 기약잉여계를 이룬다.
   (c) 정수 $2, 2^2, 2^3, \cdots, 2^{18}$ 은 법 27에 대한 기약잉여계를 이룬다.

13. p가 홀수인 소수이면 정수

$$-\frac{p-1}{2}, \ldots, -2, -1, 1, 2, \ldots, \frac{p-1}{2}$$

은 법 p에 대한 기약잉여계임을 보여라.

7.4 Phi-함수의 어떤 성질

다음 정리는 ϕ 함수의 특별한 성질을 나타낸다. 즉, d가 n의 양의 약수로 변화함에 따라 $\phi(d)$의 값을 모두 더하면 n 그 자체와 같다. 이것은 가우스에 의해 처음으로 언급되었다.

정리 7.6 *Theorem*

가우스. 양의 정수 $n \geq 1$에 대해

$$n = \sum_{d \mid n} \phi(d)$$

여기서, 합은 n의 모든 양의 약수에서 행해진다.

증명. 1과 n 사이의 정수는 다음과 같이 분류할 수 있다. d가 n의 양의 약수이면 S_d를 $\gcd(m, n) = d$인 정수 m들의 집합으로 놓자. 기호로 표현하여

$$S_d = \{m \mid \gcd(m, n) = d; 1 \leq m \leq n\}$$

이제 $\gcd(m, n) = d$와 $\gcd(m/d, n/d) = 1$은 동치이다. 그러므로 집합 S_d에 있는 정수의 개수는 n/d과 서로 소이며 n/d를 넘지 않는 양의 정수의 개수와 같다. 다시 말하면 $\phi(n/d)$과 같다. 집합 $\{1, 2, \cdots, n\}$에 있는 각 n개의 정수는 정확히 하나의 S_d에 있기 때문에 다음 공식을 얻는다.

$$n = \sum_{d \mid n} \phi\left(\frac{n}{d}\right)$$

그런데 d가 n의 양의 약수로 움직이면 n/d도 그렇다. 그러므로

$$\sum_{d \mid n} \phi\left(\frac{n}{d}\right) = \sum_{d \mid n} \phi(d)$$

이것으로 정리가 증명된다.

예제 7.3
Example

지금까지 말한 간단한 산술적 예로서 $n = 10$ 을 통하여 알아보자. 여기 집합 S_d 가 있다.

$$S_1 = \{1, 3, 7, 9\}$$
$$S_2 = \{2, 4, 6, 8\}$$
$$S_5 = \{5\}$$
$$S_{10} = \{10\}$$

이것들은 각각 $\phi(10) = 4$, $\phi(5) = 4$, $\phi(2) = 1$, 그리고 $\phi(1) = 1$ 정수를 포함한다. 그러므로

$$\begin{aligned}\sum_{d \mid 10} \phi(d) &= \phi(10) + \phi(5) + \phi(2) + \phi(1) \\ &= 4 + 4 + 1 + 1 = 10\end{aligned}$$

ϕ가 승법적이라는 사실에 의존하는 정리 7.6의 또 다른 증명을 주는 것도 고무적이다. 자세한 것은 다음과 같다. $n = 1$ 이면 분명히

$$\sum_{d \mid n} \phi(d) = \sum_{d \mid 1} \phi(d) = \phi(1) = 1 = n$$

$n > 1$ 이라 가정하고 다음 수론 함수를 생각하자.

$$F(n) = \sum_{d \mid n} \phi(d)$$

ϕ는 승법 함수이기 때문에 정리 6.4는 F 또한 승법 함수임을 보여준다. 따라서 $n = p_1^{k_1} p_2^{k_2} \cdots p_r^{k_r}$ 이 n 의 소인수분해이면

$$F(n) = F(p_1^{k_1}) F(p_2^{k_2}) \cdots F(p_r^{k_r})$$

각 i 에 대해

$$\begin{aligned}F(p_i^{k_i}) &= \sum_{d \mid p_i^{k_i}} \phi(d) \\ &= \phi(1) + \phi(p_i) + \phi(p_i^2) + \phi(p_i^3) + \cdots + \phi(p_i^{k_i}) \\ &= 1 + (p_i - 1) + (p_i^2 - p_i) + (p_i^3 - p_i^2) + \cdots + (p_i^{k_i} - p_i^{k_i - 1}) \\ &= p_i^{k_i}\end{aligned}$$

마지막 표현에서 $p_i^{k_i}$ 항을 제외하고 다른 항들은 서로 소거되기 때문이다. 이것으로

$$F(n) = p_1^{k_1} p_2^{k_2} \cdots p_r^{k_r} = n$$

으로 결론을 얻고 원하는 바와 같이

$$n = \sum_{d \mid n} \phi(d)$$

내친김에 ϕ 함수가 포함된 또 다른 흥미로운 항등식을 언급하자.

정리 7.7 *Theorem*

$n > 1$에 대해 n 보다 작고 n 과 서로 소인 양의 정수들의 합은 $\frac{1}{2}n\phi(n)$이다.

증명. $a_1, a_2, \cdots, a_{\phi(n)}$ 을 n보다 작고 n 과 서로 소인 양의 정수라 하자. $\gcd(a, n) = 1$ 과 $\gcd(n - a, n) = 1$ 은 동치이므로 수 $n - a_1, n - a_2, \cdots, n - a_{\phi(n)}$ 은 어떤 순서로 $a_1, a_2, \cdots a_{\phi(n)}$ 과 같다. 그러므로

$$\begin{aligned} a_1 + a_2 + \cdots + a_{\phi(n)} &= (n - a_1) + (n - a_2) + \cdots + (n - a_{\phi(n)}) \\ &= \phi(n)n - (a_1 + a_2 + \cdots + a_{\phi(n)}) \end{aligned}$$

따라서

$$2(a_1 + a_2 + \cdots + a_{\phi(n)}) = \phi(n)n$$

으로 결론에 이른다.

예제 7.4 *Example*

$n = 30$ 인 경우를 생각하자. 30보다 작고 서로 소인 $\phi(30) = 8$ 개의 정수는

$$1, 7, 11, 13, 17, 19, 23, 29$$

이런 상황에서 우리는 요구되는 합이

$$1 + 7 + 11 + 13 + 17 + 19 + 23 + 29 = 120 = \frac{1}{2} \cdot 30 \cdot 8$$

임을 찾고 또한 다음 쌍들을 주목하자.

$$1 + 29 = 30 \qquad 7 + 23 = 30 \qquad 11 + 19 = 30 \qquad 13 + 17 = 30$$

이제 뫼비우스 역공식의 응용을 다루어 보자.

정리 7.8 *Theorem*

모든 양의 정수 n 에 대해

$$\phi(n) = n \sum_{d \mid n} \frac{\mu(d)}{d}$$

증명. 증명은 믿을 수 없을 만큼 간단하다. 다음 식에 역공식을 적용하면

$$F(n) = n = \sum_{d \mid n} \phi(d)$$

그 결과는

$$\phi(n) = \sum_{d \mid n} \mu(d) F\left(\frac{n}{d}\right) = \sum_{d \mid n} \mu(d) \frac{n}{d}$$

다시 $n = 10$인 상황으로 설명하자. 쉽게 알 수 있듯이

$$\begin{aligned} 10 \sum_{d \mid 10} \frac{\mu(d)}{d} &= 10\left[\mu(1) + \frac{\mu(2)}{2} + \frac{\mu(5)}{5} + \frac{\mu(10)}{10}\right] \\ &= 10\left[1 + \frac{(-1)}{2} + \frac{(-1)}{5} + \frac{(-1)^2}{10}\right] \\ &= 10\left[1 - \frac{1}{2} - \frac{1}{5} + \frac{1}{10}\right] = 10 \cdot \frac{2}{5} = 4 = \phi(10) \end{aligned}$$

정리 7.8로 출발하여 모든 양의 정수 n에 대한 ϕ 함수의 값을 결정하는 것은 쉬운 일이다. n의 소인수분해가 $n = p_1^{k_1} p_2^{k_2} \cdots p_r^{k_r}$ 이라 가정하고 다음 곱을 생각하자.

$$P = \prod_{p_i \mid n} \left(\mu(1) + \frac{\mu(p_i)}{p_i} + \cdots + \frac{\mu(p_i^{k_i})}{p_i^{k_i}}\right)$$

이것을 모두 곱하여 우리는 다음 형태의 항들의

$$\frac{\mu(1)\mu(p_1^{a_1})\mu(p_2^{a_2}) \cdots \mu(p_r^{a_r})}{p_1^{a_1} p_2^{a_2} \cdots p_r^{a_r}} \qquad 0 \le a_i \le k_i$$

합을 얻고 또는 μ가 승법 함수이므로

$$\frac{\mu(p_1^{a_1} p_2^{a_2} \cdots p_r^{a_r})}{p_1^{a_1} p_2^{a_2} \cdots p_r^{a_r}} = \frac{\mu(d)}{d}$$

여기서 합은 n의 약수 $d = p_1^{a_1} p_2^{a_2} \cdots p_r^{k_r}$의 집합 전체에서 행해진다. 따라서 $P = \sum_{d \mid n} \mu(d)/d$ 이다. 정리 7.8로부터 다음을 얻는다.

$$\phi(n) = n \sum_{d \mid n} \frac{\mu(d)}{d} = n \prod_{p_i \mid n} \left(\mu(1) + \frac{\mu(p_i)}{p_i} + \cdots + \frac{\mu(p_i^{k_i})}{p_i^{k_i}}\right)$$

그러나 $a_i \ge 2$일 때마다 $\mu(p_i^{a_r}) = 0$이다. 결과로서 마지막 쓰인 방정식은

$$\phi(n) = n \prod_{p_i \mid n} \left(\mu(1) + \frac{\mu(p_i)}{p_i}\right) = n \prod_{p_i \mid n} \left(1 - \frac{1}{p_i}\right)$$

이 되고 이것은 이미 다른 이유로 얻어진 공식과 일치한다. 이 논의의 의미 있는 점은 ϕ 함수의 승법적인 성질에 관련된 가정이 없다(단지, μ만 가정)는 점이다.

연습문제 7.4

1. 양의 정수 n에 대해 다음을 증명하라.

$$\sum_{d \mid n}(-1)^{n/d}\phi(d) = \begin{cases} 0, & n\text{은 짝수} \\ -n, & n\text{은 홀수} \end{cases}$$

[*힌트*: $n = 2^k N$(N은 홀수)이면

$$\sum_{d \mid n}(-1)^{n/d}\phi(d) = \sum_{d \mid 2^{k-1}N}\phi(d) - \sum_{d \mid N}\phi(2^k d)\text{이다.}]$$

2. $\sum_{d|36}\phi(d) = 36$ 그리고 $\sum_{d|36}(-1)^{36/d}\phi(d) = 0$을 확인하라.
3. 양의 정수 n에 대해 $\sum_{d|n}\mu^2(d)/\phi(d) = n/\phi(n)$을 증명하라.
   [*힌트*: 등식의 양변은 승법 함수이다.]
4. 6.2절의 문제 4(c)를 이용하여 $n\sum_{d|n}\mu(d)/d = \phi(n)$임을 증명하라.
5. 정수 $n > 1$의 소인수분해가 $n = p_1^{k_1}p_2^{k_2}\cdots p_r^{k_r}$이라 가정하면 다음을 각각 완성하라.
   (a) $\sum_{d \mid n}\mu(d)\phi(d) = (2 - p_1)(2 - p_2)\cdots(2 - p_r)$
   (b) $\sum_{d \mid n} d\phi(d) = \left(\frac{p_1^{2k_1+1}+1}{p_1+1}\right)\left(\frac{p_2^{2k_2+1}+1}{p_2+1}\right)\cdots\left(\frac{p_r^{2k_r+1}+1}{p_r+1}\right)$
   (c) $\sum_{d \mid n}\frac{\phi(d)}{d} = \left(1 + \frac{k_1(p_1-1)}{p_1}\right)\left(1 + \frac{k_2(p_2-1)}{p_2}\right)\cdots\left(1 + \frac{k_r(p_r-1)}{p_r}\right)$
   [*힌트*: (a)에 대해서 6.2절의 문제 3을 이용하라.]
6. 양의 정수 n에 대해 공식 $\sum_{d=1}^{n}\phi(d)[n/d] = n(n+1)/2$임을 입증하라.
   [*힌트*: 이것은 정리 6.11과 7.6의 직접적인 응용이다.]
7. n이 제곱 인수가 없는 수이면 모든 정수 $k \geq 2$에 대해 $\sum_{d|n}\sigma(d^{k-1})\phi(d) = n^k$임을 증명하라.
8. 제곱 인수가 없는 수 $n > 1$에 대해서 $\tau(n^2) = n$과 $n = 3$은 동치임을 증명하라.
9. 양의 정수 n에 대해 $3 \mid \sigma(3n+2)$이고 $4 \mid \sigma(4n+3)$임을 증명하라.
10. (a) 주어진 $k > 0$에 대해 k개의 연속인 정수 $n+1$, $n+2$, $\cdots$, $n+k$의 수열이 존재하여

$$\mu(n+1) = \mu(n+2) = \cdots = \mu(n+k) = 0$$

을 만족함을 완성하라.
[*힌트*: p_k가 k번째 소수일 때, 다음 연립 선형 합동 방정식을 생각하라.]

$$x \equiv -1 \pmod 4,\ x \equiv -2 \pmod 9,\ \ldots,\ x \equiv -k \pmod{p_k^2}$$

(b) $\mu(n) = 0$인 네 개의 연속인 정수를 구하라.
11. 가우스 정리의 증명을 모방하여 다음을 완성하라.

$$\sum_{k=1}^{n} \gcd(k, n) = \sum_{d \mid n} d\phi\left(\frac{n}{d}\right)$$
$$= n \sum_{d \mid n} \frac{\phi(d)}{d}, \quad n \ge 1$$

12. $n > 2$ 에 대해 부등식 $\phi(n^2) + \phi((n+1)^2) \le 2n^2$임을 완성하라.
13. 주어진 정수 n 에 대해 $n \mid \phi(k)$인 k 가 적어도 하나 존재함을 증명하라.
14. n 이 쌍둥이 소수의 곱이면, 즉 $n = p(p + 2)$ 이면 다음을 보여라.

$$\phi(n)\sigma(n) = (n+1)(n-3)$$

15. $\sum_{d|n} \sigma(d)\,\phi(n/d) = n\tau(n)$ 그리고 $\sum_{d|n} \tau(d)\,\phi(n/d) = \sigma(n)$ 임을 증명하라.
16. $a_1, a_2, \cdots, a_{\phi(n)}$ 을 법 n 에 대한 기약잉여계라 할 때, 다음을 증명하라.

$$a_1 + a_2 + \cdots + a_{\phi(n)} \equiv 0 \pmod{n}, \qquad n > 2$$

CHAPTER 08

원시근과 지표

Primitive Roots and Indices

수학적 증명은 다이아몬드와 같이 투명할 뿐만 아니라 딱딱하고 엄격한 이유로만
다루어질 수 있을 것이다.
로크(JOHN LOCKE)

8.1 법 n에 대한 정수의 계수

오일러 정리에 의하면 $\gcd(a, n) = 1$일 때마다 $a^{\phi(n)} \equiv 1 \pmod n$임을 알고 있다. 그러나 법 n에 대해 1과 합동인 $a^{\phi(n)}$ 보다 작은 a의 거듭제곱이 종종 존재한다. 이것이 다음 정의를 하게 한다.

정의 8.1 **Definition**

$n > 1$ 그리고 $\gcd(a, n) = 1$이라 하자. *법 n에 대한 a의 계수*(*order of a modulo n*; 과거 용어: *법 n에 속하는 a의 지수*)는 $a^k \equiv 1 \pmod n$인 가장 작은 양의 정수 k이다.

법 7에 대한 2의 연속인 거듭제곱을 생각하자. 이 법에서는 다음 합동을 얻는다.

$$2^1 \equiv 2, 2^2 \equiv 4, 2^3 \equiv 1, 2^4 \equiv 2, 2^5 \equiv 4, 2^6 \equiv 1, \ldots$$

이로부터 정수 2는 법 7에 대해 계수 3을 갖는다는 것을 알 수 있다.

두 정수가 법 n에 대해 합동이면 그들은 법 n에 대해 같은 계수를 갖는다. 왜냐하면 $a \equiv b \pmod n$이고 $a^k \equiv 1 \pmod n$이면 정리 4.2에 의해 $a^k \equiv b^k \pmod n$이므로 $b^k \equiv 1 \pmod n$이다.

법 n에 대한 계수의 정의가 $\gcd(a, n) = 1$인 정수 a만 관심이 있다는 것을 강조해야 한다. 사실상 $\gcd(a, n) > 1$이면 정리 4.7로부터 선형 합동식 $ax \equiv 1 \pmod{n}$은 해가 없음을 알고 있다. 따라서 다음 관계

$$a^k \equiv 1 \pmod{n} \qquad k \geq 1$$

는 성립하지 않는다. 성립한다면 $x = a^{k-1}$은 $ax \equiv 1 \pmod{n}$의 해가 된다. 그러므로 법 n에 대한 a의 계수가 언급될 때마다 정확히 표현하지 않는다 해도 $\gcd(a, n) = 1$은 가정된 것이라 간주한다.

이미 주어진 예제에서 k가 3의 배수일 때마다 $2^k \equiv 1 \pmod{7}$임을 알고 있다. 여기서 3은 법 7에 대한 2의 계수이다. 이것은 일반적인 상황의 전형임을 우리의 첫 번째 정리가 보여준다.

정리 8.1 Theorem

정수 a가 법 n에 대해 계수 k를 가진다. 그러면 $a^h \equiv 1 \pmod{n}$일 필요충분조건은 $k \mid h$, 특히 $k \mid \phi(n)$이다.

증명. 우선 $k \mid h$, 즉 어떤 정수 j가 존재하여 $h = jk$라 가정하자. $a^k \equiv 1 \pmod{n}$이므로 정리 4.2에 의해 $(a^k)^j \equiv 1^j \pmod{n}$ 또는 $a^h \equiv 1 \pmod{n}$이다.

역으로, h를 $a^h \equiv 1 \pmod{n}$을 만족하는 임의의 양의 정수라 하자. 나눗셈 정리에 의해 q와 r이 존재하여 $h = qk + r$, $0 \leq r < k$을 만족한다. 결론적으로

$$a^h = a^{qk+r} = (a^k)^q a^r$$

가정에 의해 $a^h \equiv 1 \pmod{n}$ 그리고 $a^k \equiv 1 \pmod{n}$이므로 $a^r \equiv 1 \pmod{n}$을 얻는다. $0 \leq r < k$이므로 $r = 0$이다. 그렇지 않으면 $a^k \equiv 1 \pmod{n}$을 만족하는 가장 작은 양의 정수 k의 선택에 모순이다. 따라서 $h = qk$ 그리고 $k \mid h$이다.

정리 8.1은 법 n에 대한 a의 계수를 찾으려고 할 때에 계산을 신속히 처리한다. a의 모든 거듭제곱을 고려하는 대신에 지수를 $\phi(n)$의 약수로 제한시킬 수 있다. 설명을 위해서 법 13에 대한 2의 계수를 구하자. $\phi(13) = 12$이므로 2의 계수는 정수 1, 2, 3, 4, 6, 12 중 하나여야 한다.

$$2^1 \equiv 2 \qquad 2^2 \equiv 4 \qquad 2^3 \equiv 8 \qquad 2^4 \equiv 3 \qquad 2^6 \equiv 12 \qquad 2^{12} \equiv 1 \pmod{13}$$

으로부터 2는 법 13에 대해 계수 12를 갖는다는 것을 알 수 있다.

$\phi(n)$의 임의의 선택된 약수 d에 대해서 법 n의 계수 d를 갖는 정수 a가 언제나 존재하는 것은 아니다. 예를 들어 $n = 12$일 때, $\phi(12) = 4$이지만 법 12의 계수 4를 갖는 정수는 존재하지 않는다. 사실상,

$$1^1 \equiv 5^2 \equiv 7^2 \equiv 11^2 \equiv 1 \pmod{12}$$

이고 그러므로 계수의 선택으로는 오직 1 또는 2이다.

정수의 계수에 관한 또 다른 기본 성질이 있다.

정리 8.2
Theorem

정수 a가 법 n에 대해 계수 k를 가지면 $a^i \equiv a^j \pmod{n}$일 필요충분조건은 $i \equiv j \pmod{k}$이다.

증명. 우선 $a^i \equiv a^j \pmod{n}$, $i \geq j$라 가정하자. a는 n과 서로 소이므로 a의 거듭제곱을 소거하여 $a^{i-j} \equiv 1 \pmod{n}$을 얻는다. 정리 8.1에 의하면 이 마지막 합동이 성립하면 $k \mid i-j$, 다시 말하면 $i \equiv j \pmod{k}$이다.

역으로, $i \equiv j \pmod{k}$이라 하자. 그러면 어떤 정수 q에 대해 $i = j + qk$이다. k의 정의에 의해 $a^k \equiv 1 \pmod{n}$이므로

$$a^i \equiv a^{j+qk} \equiv a^j (a^k)^q \equiv a^j \pmod{n}$$

이것이 바라던 결론이다.

따름정리
Corollary

a가 법 n에 대한 계수 k를 가지면 정수 $a, a^2, \cdots, a^k$는 법 n에 대해 서로 합동이 아니다.

증명. $a^i \equiv a^j \pmod{n}$, $1 \leq i \leq j \leq k$이면 정리는 $i \equiv j \pmod{k}$를 보장한다. 그러나 이것은 $i = j$만이 가능하다.

상당히 당연한 질문이 나타난다. a의 거듭제곱의 계수를 a의 계수의 항으로 표현하는 것이 가능한가? 그 대답은 정리 8.3에 나타난다.

정리 8.3
Theorem

정수 a가 법 n에 대해 계수 k를 가지고 $h > 0$이면 a^h는 법 n에 대해 계수 $k / \gcd(h, k)$를 갖는다.

증명. $d = \gcd(h, k)$라 하자. 그러면 $h = h_1 d$ 그리고 $k = k_1 d$, $\gcd(h_1, k_1) = 1$이라 쓸 수 있다. 분명히,

$$(a^h)^{k_1} = (a^{h_1 d})^{k/d} = (a^k)^{h_1} \equiv 1 \pmod{n}$$

a^h가 법 n에 대해 계수 r을 갖는다고 가정하면 정리 8.1에 의해 $r \mid k_1$이다. 반면에 a가 법 n에 대해 계수 k를 가지고 있기 때문에 합동식

$$a^{hr} \equiv (a^h)^r \equiv 1 \pmod{n}$$

는 $k \mid hr$를 나타낸다. 다른 말로 $k_1 d \mid h_1 dr$ 또는 $k_1 \mid h_1 r$이다. 그러나 $\gcd(k_1, h_1) = 1$이므로 $k_1 \mid r$이다. 이 나눗셈 관계는 이미 얻은 관계와 같이 결합하여

$$r = k_1 = \frac{k}{d} = \frac{k}{\gcd(h, k)}$$

를 얻고 정리가 증명되었다.

다음 따름정리의 증명은 독자에게 남기겠다.

따름정리 Corollary 정수 a가 법 n에 대해 계수 k를 가지면 a^h가 또한 계수 k를 가질 필요충분조건은 $\gcd(h, k) = 1$이다.

이와 같은 모든 것이 어떻게 성립하는지를 특수한 예제를 통해 알아보자.

예제 8.1 Example 다음 표는 법 13에 대한 13보다 작은 양의 정수들의 계수를 나타낸다.

정수	1	2	3	4	5	6	7	8	9	10	11	12
계수	1	12	3	6	4	12	12	4	3	6	12	2

법 13에 대한 2의 계수가 12임을 관찰하고 반면에 2^2과 2^3의 계수는 각기 6과 4이다. 다음은 쉽게 입증되며 정리 8.3과 일치한다.

$$6 = \frac{12}{\gcd(2, 12)} \quad \text{그리고} \quad 4 = \frac{12}{\gcd(3, 12)}$$

법 13에 대해 계수 12를 갖는 정수는 $\gcd(k, 12) = 1$인 거듭제곱 2^k들이다. 즉,

$$2^1 \equiv 2 \qquad 2^5 \equiv 6 \qquad 2^7 \equiv 11 \qquad 2^{11} \equiv 7 \pmod{13}$$

정수 a가 가능한 가장 큰 계수를 가지면 그것을 n의 원시근(primitive root)이라 한다.

정의 8.2 Definition

$\gcd(a, n) = 1$이고 법 n에 대한 a의 계수가 $\phi(n)$이면 a를 정수 n의 *원시근*이라 한다.

다른 방법으로 말하면 $a^{\phi(n)} \equiv 1 \pmod{n}$이나 모든 양의 정수 $k < \phi(n)$에 대해서 $a^k \not\equiv 1 \pmod{n}$이면 n은 a를 원시근으로 갖는다.

3은 7의 원시근임을 쉽게 알 수 있다. 왜냐하면

$$3^1 \equiv 3 \qquad 3^2 \equiv 2 \qquad 3^3 \equiv 6 \qquad 3^4 \equiv 4 \qquad 3^5 \equiv 5 \qquad 3^6 \equiv 1 \pmod{7}$$

좀 더 일반적으로 우리는 기본적으로 중요한 결과인 어떤 소수 모듈로에서 원시근이 존재한다는 사실을 증명할 수 있다. n이 소수가 아닌 경우에 n의 원시근이 존재(예를 들어, 2는 9의 원시근)할 수 있다 해도 모든 정수 n이 원시근을 갖는다는 것을 기대할 이유는 없다. 사실상 원시근의 존재성은 규칙보다는 훨씬 예외적이다.

예제 8.2 *Example*

$F_n = 2^{2^n} + 1$, $n > 1$이 소수이면 2가 F_n의 원시근이 아님을 보이자. (분명히, 2는 $5 = F_1$의 원시근이다.) 인수분해 $2^{2^{n+1}} - 1 = (2^{2^n} + 1)(2^{2^n} - 1)$ 로부터

$$2^{2^{n+1}} \equiv 1 \pmod{F_n}$$

을 얻고 이것은 법 F_n에 대해 2의 계수가 2^{n+1}을 넘지 않는다는 것을 의미한다. 그러나 F_n이 소수라 가정되면

$$\phi(F_n) = F_n - 1 = 2^{2^n}$$

그리고 $n > 1$일 때마다 당연한 귀납법으로 $2^{2^n} > 2^{n+1}$을 확신할 수 있다. 따라서 법 F_n에 대한 2의 계수는 $\phi(F_n)$보다 작다. 정의 8.2에 의해 2는 F_n의 원시근이 될 수 없다.

원시근의 주요한 장점 중 하나는 다음 정리에서 나타난다.

정리 8.4 *Theorem*

$\gcd(a, n) = 1$이고 $a_1, a_2, \cdots, a_{\phi(n)}$을 n과 서로 소인 n보다 작은 양의 정수라 하자. a가 n의 원시근이면

$$a, a^2, \ldots, a^{\phi(n)}$$

은 법 n에 대해 어떤 순서로 $a_1, a_2, \cdots, a_{\phi(n)}$와 합동이다.

증명. a가 n과 서로 소이므로 a의 모든 거듭제곱에 대해서도 그렇다. 따라서 각 a^k는 법 n에 대해 a_i 중 하나와 합동이다. 집합 $\{a^1, a^2, \cdots, a^{\phi(n)}\}$에 있는 $\phi(n)$개의 수는 정리 8.2의 따름정리에 의해 서로 합동이 아니다. 그러므로 이 거듭제곱들은 정수 $a_1, a_2, \cdots, a_{\phi(n)}$으로 (순서에는 상관없이) 표현되어야 한다.

방금 증명한 하나의 결과로서 원시근이 존재하는 경우에 정확히 몇 개가 존재하는지 이제 설명할 수 있다.

따름정리 *Corollary*

n이 원시근을 가지면 정확히 $\phi(\phi(n))$개의 원시근이 존재한다.

증명. a가 n의 원시근이라 하자. 정리에 의해 n의 또 다른 원시근은 집합 $\{a^1, a^2, \cdots, a^{\phi(n)}\}$의 원소 중에서 찾을 수 있다. 그러나 계수 $\phi(n)$을 갖는 거듭제곱 a^k, $1 \le k \le \phi(n)$의 수는 $\gcd(k, \phi(n)) = 1$인 정수 k의 개수와 동일하다. $\phi(\phi(n))$개의 그런 정수가 존재한다. 따라서 $\phi(\phi(n))$개의 원시근이 존재한다.

정리 8.4는 $a = 2$ 그리고 $n = 9$를 택하여 설명될 수 있다. $\phi(9) = 6$이므로 2의 처음 여섯 개의 거듭제곱은 9와 서로 소이고 9보다 작은 양의 정수와 어떤 순서로 법 9에 대해 합동이어야 한다. 이제 9보다 작고 서로 소인 수는 1, 2, 4, 5, 7, 8이

다. 그리고 다음 사실을 안다.

$$2^1 \equiv 2 \qquad 2^2 \equiv 4 \qquad 2^3 \equiv 8 \qquad 2^4 \equiv 7 \qquad 2^5 \equiv 5 \qquad 2^6 \equiv 1 \pmod{9}$$

따름정리에 의하면 정확히 $\phi(\phi(9)) = \phi(6) = 2$개의 9의 원시근, 즉 정수 2와 5가 존재한다.

연습문제 8.1

1. 정수 2, 3 그리고 5의 계수를 구하라.
   (a) 법 17
   (b) 법 19
   (c) 법 23
2. 아래 각 명제를 입증하라.
   (a) a가 법 n에 대해 계수 hk를 가지면 a^h는 법 n에 대해 계수 k를 가진다.
   (b) a가 홀수인 소수 p를 법으로 하여 계수 $2k$를 가지면 $a^k \equiv -1 \pmod{p}$이다.
   (c) a가 법 n에 대해 계수 $n-1$을 가지면 n은 소수이다.
3. 모든 $n > 1$에 대해 $\phi(2^n - 1)$은 n의 배수임을 증명하라.
   [*힌트*: 정수 2는 법 $2^n - 1$에 대해 계수 n을 갖는다.]
4. 법 n에 대해 a의 계수는 h이고 b의 계수는 k라 가정하자. 법 n에 대한 ab의 계수는 hk를 나눔을 보여라. 특히, $\gcd(h, k) = 1$이면 ab는 계수 hk를 갖는다.
5. a가 홀수인 소수 p를 법으로 하여 계수 3을 가지면 $a+1$은 계수 6을 가진다는 사실을 보여라.
   [*힌트*: $a^2 + a + 1 \equiv 0 \pmod{p}$로부터 $(a+1)^2 \equiv a \pmod{p}$이고 $(a+1)^3 \equiv -1 \pmod{p}$이다.]
6. 다음 주장을 입증하라.
   (a) 정수 $n^2 + 1$의 홀수인 소인수는 $4k+1$ 꼴이다.
   [*힌트*: 정리 8.1에 의해 p가 홀수인 소수이면 $n^2 \equiv -1 \pmod{p}$은 $4 \mid \phi(p)$를 의미한다.]
   (b) 정수 $n^4 + 1$의 홀수인 소인수는 $8k+1$ 꼴이다.
   (c) 정수 $n^2 + n + 1$의 홀수인 소인수는 3이 아니면 $6k+1$ 꼴이다.
7. $4k+1$, $6k+1$ 그리고 $8k+1$ 꼴의 소수는 각기 무수히 많은 소수를 가지고 있음을 입증하라.
   [*힌트*: $4k+1$ 꼴의 소수가 유한개, $p_1, p_2, \cdots, p_r$이 존재한다고 가정하고 정수 $(2p_1 p_2 \cdots p_r)^2 + 1$에 문제 6을 적용하라.]

8. (a) p 와 q 가 홀수인 소수이고 $q \mid a^p - 1$ 이면 $q \mid a - 1$ 이거나 어떤 정수 k 에 대해 $q = 2kp + 1$ 임을 증명하라.
[힌트: $a^p \equiv 1 \pmod{q}$이므로 법 q 에 대한 a 의 계수는 1 또는 p 이다. 나중의 경우에 $p \mid \phi(q)$ 이다.]
(b) (a)를 이용하여 p 가 홀수인 소수이면 $2^p - 1$ 의 소인수는 $2kp + 1$ 꼴임을 증명하라.
(c) 정수 $2^{17} - 1$ 과 $2^{29} - 1$ 의 가장 작은 소인수를 구하라.

9. (a) 2는 19의 원시근이나 17의 원시근이 아님을 증명하라.
(b) 법 15에 대한 2, 4, 7, 8, 11, 13 그리고 14의 계수를 계산하여 15의 원시근이 존재하지 않음을 보여라.

10. r 을 정수 n 에 대한 원시근이라 하자. r^k 가 n 의 원시근일 필요충분조건은 $\gcd(k, \phi(n)) = 1$ 임을 증명하라.

11. (a) 10의 두 원시근을 구하라.
(b) 3이 17의 원시근이라는 사실을 이용하여 17의 8개의 원시근을 구하라.

12. (a) p 와 $q > 3$ 가 모두 홀수인 소수이고 $q \mid R_p$ 이면 어떤 정수 k 에 대해 $q = 2kp + 1$ 임을 증명하라.
(b) 반복수 $R_5 = 11111$과 $R_7 = 1111111$ 의 가장 작은 소인수를 구하라.

13. (a) $p > 5$ 를 소수라 하자. R_n 을 $p \mid R_n$ 인 가장 작은 반복수라 하면 $n \mid p - 1$ 임을 입증하라. 예를 들어, R_8 은 73으로 나누어지는 가장 작은 반복수이고 $8 \mid 72$이다.
[힌트: 법 p 에 대한 10의 계수는 n 이다.]
(b) 13으로 나누어지는 가장 작은 R_n 을 구하라.

8.2 소수의 원시근

원시근은 많은 이론적인 연구에 중요한 역할을 하기 때문에 자연스럽게 요구되는 문제는 원시근을 가지는 모든 정수를 구분하는 문제이다. 우리는 다음 몇 페이지에 걸쳐 모든 소수에 대한 원시근의 존재성을 증명하고자 한다. 그러기 전에 다항합동식의 해의 개수를 다루는 라그랑주(Lagrange)의 정리를 입증하기 위해 잠시 돌아보자.

정리 8.5 *Theorem*

라그랑주. p 가 소수이고

$$f(x) = a_n x^n + a_{n-1} x^{n-1} + \cdots + a_1 x + a_0 \qquad a_n \not\equiv 0 \pmod{p}$$

가 정수 계수를 가지고 차수 $n \geq 1$ 인 다항식이면 합동식

$$f(x) \equiv 0 \pmod{p}$$

는 법 p 에 대해 많아야 n 개의 합동이 아닌 해를 가진다.

증명. $f(x)$ 의 차수 n 에 대한 귀납법으로 증명하자. $n = 1$이면 다항식은 다음 형태를 가진다.

$$f(x) = a_1 x + a_0$$

$\gcd(a_1, p) = 1$ 이므로 정리 4.7에 의해 합동식 $a_1 x \equiv -a_0 \pmod p$는 법 p에 대해 유일한 해를 가진다. 따라서, $n = 1$ 인 경우에 정리는 성립한다.

이제 귀납적으로 차수가 $k - 1$인 다항식에 대해 정리가 성립한다고 가정하고 $f(x)$가 차수 k인 경우를 생각하자. 합동식 $f(x) \equiv 0 \pmod p$가 해를 가지지 않거나(이 경우, 증명이 끝남) 적어도 하나의 해를 가진다. 이 해를 a라 놓자. $f(x)$를 $x - a$로 나누면

$$f(x) = (x - a)q(x) + r$$

여기서 $q(x)$는 차수 $k - 1$의 정수 계수 다항식이고 r은 정수이다. $x = a$를 대입하여

$$0 \equiv f(a) = (a - a)q(a) + r = r \pmod p$$

을 얻고 따라서 $f(x) \equiv (x - a)\, q(x) \pmod p$ 이다.

b가 $f(x) \equiv 0 \pmod p$ 의 또 다른 합동이 아닌 해라 하면

$$0 \equiv f(b) \equiv (b - a)q(b) \pmod p$$

$b - a \not\equiv 0 \pmod p$ 이므로 약분하여 $q(b) \equiv 0 \pmod p$ 인 결론을 내린다. 즉, $f(x) \equiv 0 \pmod p$의 a가 아닌 모든 해는 $q(x) \equiv 0 \pmod p$를 만족해야 한다. 귀납가정에 의해 마지막 합동식은 많아야 $k - 1$의 합동이 아닌 해를 가질 수 있고, 따라서 $f(x) \equiv 0 \pmod p$ 은 k보다 많은 합동이 아닌 해를 가질 수 없다. 이것으로 귀납단계 그리고 증명이 완성되었다.

이 정리로부터 쉽게 다음 따름정리로 넘어갈 수 있다.

따름정리 Corollary

p가 소수 그리고 $d \mid p - 1$ 이면 합동식

$$x^d - 1 \equiv 0 \pmod p$$

은 정확히 d개의 해를 갖는다.

증명. $d \mid p - 1$ 이므로 어떤 k에 대해 $p - 1 = dk$이다. 그러면

$$x^{p-1} - 1 = (x^d - 1)f(x)$$

여기서 다항식 $f(x) = x^{d(k-1)} + x^{d(k-2)} + \cdots + x^d + 1$은 정수 계수를 갖고 차수가 $d(k-1) = p - 1 - d$ 이다. 라그랑주 정리에 의해 합동식 $f(x) \equiv 0 \pmod p$ 는 많아야 $p - 1 - d$개의 해를 갖는다. 또한 우리는 페르마 정리에 의해 $x^{p-1} - 1 \equiv 0 \pmod p$는 정확히 $p - 1$개의 합동이 아닌 해를 갖는다. 즉, 정수 $1, 2, \cdots, p - 1$이다.

이제 $f(x) \equiv 0 \pmod{p}$ 의 해가 아닌 $x^{p-1} - 1 \equiv 0 \pmod{p}$의 모든 해 $x \equiv a \pmod{p}$ 는 $x^d - 1 \equiv 0 \pmod{p}$ 를 만족해야 한다. 왜냐하면

$$0 \equiv a^{p-1} - 1 = (a^d - 1) f(a) \pmod{p}$$

에서 $p \nmid f(a)$ 이므로 $p \mid a^d - 1$ 을 의미한다. 따라서 $x^d - 1 \equiv 0 \pmod{p}$은 적어도

$$p - 1 - (p - 1 - d) = d$$

개의 해를 갖는다. 이 마지막 합동식은 d 개보다 많은 해를 가질 수 없고(라그랑주 정리 적용) 따라서 정확히 d 개의 해를 갖는다.

이 따름정리를 이용하여 윌슨의 정리를 다른 방법으로 증명해보자. 주어진 소수 p 에 대해 $f(x)$ 를 다음과 같이 차수가 $p-2$ 인 다항식으로 정의하자.

$$\begin{aligned} f(x) &= (x-1)(x-2)\cdots(x-(p-1)) - (x^{p-1}-1) \\ &= a_{p-2}x^{p-2} + a_{p-3}x^{p-3} + \cdots + a_1 x + a_0 \end{aligned}$$

페르마 정리에 의해 $p-1$ 개의 정수 1, 2, ⋯, $p-1$ 은 합동식

$$f(x) \equiv 0 \pmod{p}$$

의 합동이 아닌 해이다. 그러나 이것은 다음 경우를 제외하고는 라그랑주 정리에 모순이다.

$$a_{p-2} \equiv a_{p-3} \equiv \cdots \equiv a_1 \equiv a_0 \equiv 0 \pmod{p}$$

따라서 어떤 정수 x 에 대해서도

$$(x-1)(x-2)\cdots(x-(p-1)) - (x^{p-1}-1) \equiv 0 \pmod{p}$$

를 따른다. 이제 $x = 0$ 을 대입하여

$$(-1)(-2)\cdots(-(p-1)) + 1 \equiv 0 \pmod{p}$$

를 얻거나 또는 $(-1)^{p-1}(p-1)! + 1 \equiv 0 \pmod{p}$ 이다. $p-1$ 이 짝수거나 $p = 2$ 이다. $p = 2$ 인 경우는 $-1 \equiv 1 \pmod{p}$ 이므로 어떤 경우든 다음을 얻는다.

$$(p-1)! \equiv -1 \pmod{p}$$

라그랑주 정리가 우리에게 기본적인 수단을 제공하여 이제 임의의 소수 p 에 대해 $p-1$ 의 각 약수에 대응하는 계수를 갖는 정수가 존재한다는 사실을 증명할 수 있는 준비가 되어 있다. 정리 8.6에 좀 더 정확하게 언급한다.

정리 8.6 Theorem p를 소수라 하고 $d \mid p-1$이면 법 p에 대해 계수 d를 갖는 정확히 $\phi(d)$개의 합동이 아닌 해가 존재한다.

증명. $d \mid p-1$라 하고 $\psi(d)$를 $1 \le k \le p-1$이며 법 p에 대해 계수 d인 정수 k의 개수라 하자. 1과 $p-1$ 사이의 정수는 $d \mid p-1$인 계수 d를 갖기 때문에,

$$p - 1 = \sum_{d \mid p-1} \psi(d)$$

동시에 가우스 정리에 의해

$$p - 1 = \sum_{d \mid p-1} \phi(d)$$

이므로 이 둘을 합하여

$$\sum_{d \mid p-1} \psi(d) = \sum_{d \mid p-1} \phi(d) \tag{1}$$

우리의 목표는 $p-1$의 각 약수 d에 대해 $\psi(d) \le \phi(d)$임을 보이는 것이다. 이것과 식 (1)을 결합하여 등식 $\psi(d) = \phi(d) \neq 0$을 도출하게 된다(아니면 첫 번째 합이 두 번째 합보다 작게 된다).

$p-1$의 임의의 주어진 약수 d에 대해 두 가지 가능성이 있다. $\psi(d) = 0$이거나 $\psi(d) > 0$이다. $\psi(d) = 0$이면 분명히 $\psi(d) \le \phi(d)$이다. $\psi(d) > 0$, 즉 계수 d의 정수 a가 존재한다고 가정하자. 그러면 d개의 정수 $a, a^2, \cdots, a^d$은 법 p에 대해 합동이 아니고 이들 각기는 다음 다항 합동식을 만족한다.

$$x^d - 1 \equiv 0 \pmod{p} \tag{2}$$

왜냐하면 $(a^k)^d \equiv (a^d)^k \equiv 1 \pmod{p}$이기 때문이다. 라그랑주 정리의 따름정리에 의하면 식 (2)의 또 다른 해는 존재할 수 없다. 따라서 법 p에 대해 계수 d를 갖는 정수는 $a, a^2, \cdots, a^d$ 중 하나와 합동이다. 그러나 이 거듭제곱 중 $\phi(d)$개만이 계수 d를 갖는다. 즉, $\gcd(k, d) = 1$을 만족하는 지수 k를 가지는 거듭제곱 a^k들이 계수 d를 갖는다. 따라서 $\psi(d) = \phi(d)$이고 법 p에 대해 계수 d를 갖는 정수의 개수는 $\phi(d)$와 같다. 이것으로 증명할 결과를 완성하였다.

정리 8.6에서 $d = p-1$을 택하면 다음 따름정리에 이른다.

따름정리 Corollary p가 소수이면 정확히 $\phi(p-1)$개의 합동이 아닌 p의 원시근이 존재한다.

소수 $p = 13$으로 설명을 하여 보자. 이 모듈로에서는 1은 계수 1; 12는 계수 2; 3과 9는 계수 3; 5와 8은 계수 4; 4와 10은 계수 6; 그리고 네 정수 2, 6, 7, 11은 계수 12를 갖는다. 그러므로

$$\sum_{d \mid 12} \psi(d) = \psi(1) + \psi(2) + \psi(3) + \psi(4) + \psi(6) + \psi(12)$$
$$= 1 + 1 + 2 + 2 + 2 + 4 = 12$$

이고 또한 다음을 주목하자.

$$\begin{array}{ll} \psi(1) = 1 = \phi(1) & \psi(4) = 2 = \phi(4) \\ \psi(2) = 1 = \phi(2) & \psi(6) = 2 = \phi(6) \\ \psi(3) = 2 = \phi(3) & \psi(12) = 4 = \phi(12) \end{array}$$

첨언하면 각 $d \mid p-1$ 에 대해 $\psi(d) = \phi(d)$ 를 증명하는 좀 더 간단하고 우아한 방법이 있다. 단순히 공식 $d = \sum_{c|d} \psi(c)$ 에 뫼비우스 역공식을 적용하면

$$\psi(d) = \sum_{c \mid d} \mu(c) \frac{d}{c}$$

가 유도된다. 정리 7.8에 비추어 보면 이 식의 우변은 $\phi(d)$ 와 같다. 물론 이 논의의 타당성은 정리 8.5의 따름정리를 이용하여 $d = \sum_{c|d} \psi(c)$ 를 보이는 데에 달려있다.

정리 8.6을 이용하여 우리는 소수 p 가 $4k+1$ 꼴이면 이차 합동식 $x^2 \equiv -1 \pmod{p}$ 의 해가 존재한다는 사실의 또 다른 증명을 제공해 줄 수 있다. $4 \mid p-1$ 이므로 정리 8.6은 법 p에 대해 계수 4를 갖는 정수 a 가 존재한다는 사실을 말해준다. 다시 말하면

$$a^4 \equiv 1 \pmod{p}$$

또는 동등하게

$$(a^2 - 1)(a^2 + 1) \equiv 0 \pmod{p}$$

p 가 소수이므로 다음이 성립한다.

$$a^2 - 1 \equiv 0 \pmod{p} \quad \text{또는} \quad a^2 + 1 \equiv 0 \pmod{p}$$

첫 번째 합동식이 성립하면 a 는 2 보다 작거나 같은 계수를 가지므로 모순이다. 그러므로 $a^2 + 1 \equiv 0 \pmod{p}$ 이 성립하고 정수 a는 합동식 $x^2 \equiv -1 \pmod{p}$ 의 해가 된다.

증명한 바와 같이 정리 8.6은 분명한 결점을 가지고 있다. 그것은 실제로 주어진 소수 p에 대한 원시근의 존재성을 의미하지만 그 증명은 비건설적이다. 원시근을 구하기 위해서 우리는 보통 맹목적인 계산을 진행하거나 이미 만들어진 광대한 표를 돌아보아야 한다. 다음 동반된 표에 200보다 작은 각 소수의 가장 작은 양의 원시근을 나열한다.

소수	가장 작은 양의 원시근	소수	가장 작은 양의 원시근
2	1	89	3
3	2	97	5
5	2	101	2
7	3	103	5
11	2	107	2
13	2	109	6
17	3	113	3
19	2	127	3
23	5	131	2
29	2	137	3
31	3	139	2
37	2	149	2
41	6	151	6
43	3	157	5
47	5	163	2
53	2	167	5
59	2	173	2
61	2	179	2
67	2	181	2
71	7	191	19
73	5	193	5
79	3	197	2
83	2	199	3

$\chi(p)$ 를 소수 p 에 대한 가장 작은 양의 원시근이라 놓으면 제시된 표는 모든 소수 $p < 200$ 에 대해 $\chi(p) \leq 19$ 임을 보여준다. 사실상 p 가 상한 없이 증가함에 따라 $\chi(p)$ 는 임의로 커지게 된다. 답이 아직 알려져 있지 않지만 표는 $\chi(p) = 2$ 인 소수 p 의 개수가 무한히 많이 존재한다는 사실을 제안한다.

대부분의 경우에 $\chi(p)$는 아주 작다. 10^6 이하의 홀수 소수 78498개 중에서, 약 80%에 대하여 $\chi(p) \leq 6$이 성립한다. 약 38%인 29841개의 소수에 대하여 $\chi(p) = 2$인 한편, 약 23%인 17814개의 소수에 대하여 $\chi(p) = 3$이 성립한다.

가우스는 그의 「산술 논고」에서 10을 원시근으로 갖는 무한히 많은 소수가 존재한다고 추측하였다. 1927년에 아르틴(Emil Artin)은 이 미해결 문제를 다음과 같이 일반화하였다. 1, −1 또는 완전제곱이 아닌 a 에 대해 a 를 원시근으로 갖는 무한히 많은 소수가 존재하는가? 이 가설이 사실일 것이라는 데 의심이 거의 가지 않지만 아직도 증명되지 않았다. 최근의 연구로 아르틴의 가설이 사실이고 많아야 두 개의 소수에서 성립하지 않는 무한히 많은 a 가 존재한다고 알려져 있다.

아르틴의 가설에 있는 제한조건들은 다음과 같이 정당화할 수 있다. a 를 완전제곱이라 하여 $a = x^2$ 이고 p 를 $\gcd(a, p) = 1$ 인 홀수인 소수라 하자. $p \nmid x$ 이면 페르마 정리에 의해 $x^{p-1} \equiv 1 \pmod{p}$ 이고 때문에

$$a^{(p-1)/2} \equiv (x^2)^{(p-1)/2} \equiv 1 \pmod{p}$$

그러므로 a 는 p 의 원시근으로 역할을 할 수 없다[$p \mid x$ 이면 $p \mid a$ 이고 당연히

$a^{p-1} \not\equiv 1 \pmod{p}$ 이다.] 더군다나, $(-1)^2 = 1$ 이므로 $p-1 > 2$일 때마다 -1은 p의 원시근이 아니다.

예제 8.3 *Example*

법 31에 대해 계수 6을 가지는 $\phi(6) = 2$ 개의 정수를 구하기 위해 이 절의 다양한 기술을 적용하여 보자. 먼저 우리는 31의 원시근이

$$\phi(\phi(31)) = \phi(30) = 8$$

개 존재한다는 것을 알고 있다. 그중 하나를 구하는 것은 시행착오의 문제이다. $2^5 \equiv 1 \pmod{31}$ 이므로 정수 2는 분명히 제외된다. 3이 31의 원시근이 된다고 판명되기 때문에 우리는 너무 멀리 조사할 필요는 없다. 3의 거듭제곱을 계산하는데 3^{15}을 넘어갈 필요는 없음을 관찰하자. 3의 계수는 $\phi(31) = 30$ 을 나누어야 하고 그 계산

$$3^{15} \equiv (27)^5 \equiv (-4)^5 \equiv (-64)(16) \equiv -2(16) \equiv -1 \not\equiv 1 \pmod{31}$$

은 그 계수가 15보다 크다는 것을 보여준다.

3이 31의 원시근이므로 31과 서로 소인 어떤 정수도 법 31에 대해 3^k, $1 \le k \le 30$ 꼴의 정수와 합동이다. 정리 8.3의 주장에 의하면 3^k의 계수는 $30/\gcd(k, 30)$ 이다. 이것이 6일 필요충분조건은 $\gcd(k, 30) = 5$ 이다. 이 마지막 등식이 성립하는 k의 값은 $k = 5$ 그리고 $k = 25$ 이다. 그러므로 우리의 문제는 이제 법 31에 대해서 3^5과 3^{25}을 계산하는 것으로 환원된다. 간단한 계산에 의해

$$3^5 \equiv (27)9 \equiv (-4)9 \equiv -36 \equiv 26 \pmod{31}$$
$$3^{25} \equiv (3^5)^5 \equiv (26)^5 \equiv (-5)^5 \equiv (-125)(25) \equiv -1(25) \equiv 6 \pmod{31}$$

이므로 6과 26만이 법 31에 대해 계수 6을 갖는다.

연습문제 8.2

1. p가 홀수인 소수일 때, 다음을 증명하라.
   (a) $x^2 \equiv 1 \pmod{p}$의 서로 합동이 아닌 해는 1과 $p-1$ 뿐이다.
   (b) 합동식 $x^{p-2} + \cdots + x^2 + x + 1 \equiv 0 \pmod{p}$는 정확히 $p-2$개의 서로 합동이 아닌 해가 존재하고 그 해들은 $2, 3, \cdots, p-1$ 이다.
2. 합동식 $x^2 \equiv 1 \pmod{15}$, $x^2 \equiv -1 \pmod{65}$ 그리고 $x^2 \equiv -2 \pmod{33}$ 들은 각기 네 개의 서로 합동이 아닌 해를 가짐을 입증하라. 그러므로 법이 합성수일 때, 라그랑주의 정리는 성립하지 않는다.
3. 하나의 원시근의 거듭제곱으로 모든 원시근을 표현하여 소수 $p = 11$, 19 그리고 23의 모든 원시근을 결정하라.
4. 3이 43의 원시근이라는 사실에서 다음을 구하라.
   (a) 법 43에 대해 계수 6을 갖는 43보다 작은 모든 양의 정수
   (b) 법 43에 대해 계수 21을 갖는 43보다 작은 모든 양의 정수
5. 법 61에 대해 계수 4를 갖는 61보다 작은 모든 양의 정수를 구하라.

6. r 이 홀수인 소수 p 의 원시근이라 가정하여 다음 사실들을 완성하라.
   (a) 합동식 $r^{(p-1)/2} \equiv -1 \pmod{p}$ 가 성립한다.
   (b) r' 이 p 의 또 다른 원시근이면 rr' 은 p 의 원시근이 아니다.
   [*힌트*: (a)에 의해 $(rr')^{(p-1)/2} \equiv 1 \pmod{p}$이다.]
   (c) 정수 r' 이 $rr' \equiv 1 \pmod{p}$ 를 만족하면 r' 은 p 의 원시근이다.
7. 소수 $p > 3$ 에 대해 p 의 원시근은 $rr' \equiv 1 \pmod{p}$인 서로 합동이 아닌 쌍 r, r' 으로 나타남을 증명하라.
   [*힌트*: r 이 p 의 원시근이면 정수 $r' = r^{p-2}$ 을 생각하라.]
8. r 을 홀수인 소수 p 의 원시근이라 놓자. 다음을 증명하라.
   (a) $p \equiv 1 \pmod{4}$이면 $-r$ 은 또한 p의 원시근이다.
   (b) $p \equiv 3 \pmod{4}$이면 $-r$ 은 법 p에 대하여 계수 $(p-1)/2$ 을 갖는다.
9. r 이 소수 $p \equiv 1 \pmod{4}$의 원시근이면 $r^{(p-1)/4}$ 은 이차 합동식 $x^2 + 1 \equiv 0 \pmod{p}$ 를 만족한다는 사실을 보임으로써 정리 5.5의 다른 증명을 주어라.
10. 모든 소수 p 가 원시근을 갖는다는 사실을 이용하여 윌슨의 정리의 다른 증명을 하라.
   [*힌트*: p 가 원시근 r 을 가지면 정리 8.4는 $(p-1)! \equiv r^{1+2+\cdots+(p-1)} \pmod{p}$를 의미한다.]
11. p 가 소수이면 p 의 $\phi(p-1)$ 개의 원시근의 곱은 법 p 에 대해 $(-1)^{\phi(p-1)}$과 합동임을 증명하라.
   [*힌트*: r 이 p 의 원시근이면 $\gcd(k, p-1) = 1$인 정수 r^k 는 p 의 원시근을 갖는다. 그리고 정리 7.7을 이용하라.]
12. 홀수인 소수 p 에 대해 다음 합을 입증하라.

$$1^n + 2^n + 3^n + \cdots + (p-1)^n \equiv \begin{cases} 0 \pmod{p}, & (p-1) \nmid n \\ -1 \pmod{p}, & (p-1) \mid n \end{cases}$$

   [*힌트*: $(p-1) \nmid n$ 이고 r 이 p 의 원시근이면 다음 제시된 합은 법 p 에 대해

$$1 + r^n + r^{2n} + \cdots + r^{(p-2)n} = \frac{r^{(p-1)n} - 1}{r^n - 1}$$

   과 합동이다.]

8.3 원시근을 갖는 합성수

우리는 이미 2가 9의 원시근이어서 합성수도 또한 원시근을 가질 수 있다는 사실을 알았다. 우리 프로그램의 다음 단계는 원시근이 존재하는 모든 합성수를 결정하는 것이다. 다음 두 개의 부정적인 결과로부터 약간의 정보가 유용하다.

정리 8.7
Theorem

$k \geq 3$ 에 대해 정수 2^k 는 원시근을 갖지 못한다.

증명. 나중에 분명하게 될 이유지만 먼저 a 가 홀수일 때, $k \geq 3$ 에 대해

$$a^{2^{k-2}} \equiv 1 \pmod{2^k}$$

임을 보이자. $k = 3$ 이면 이 합동식은 $a^2 \equiv 1 \pmod 8$ 이 되고 이것은 당연하다[사실상, $1^2 \equiv 3^2 \equiv 5^2 \equiv 7^2 \equiv 1 \pmod 8$]. $k > 3$ 이면 k 에 대한 귀납법으로 보이자. 주장하는 합동식이 정수 k 에 대해 성립한다고 가정하자. 즉, $a^{2^{k-2}} \equiv 1 \pmod{2^k}$이다. 이것은 b 가 정수인 방정식

$$a^{2^{k-2}} = 1 + b2^k$$

와 동치이다. 양변을 제곱하여

$$\begin{aligned} a^{2^{k-1}} = (a^{2^{k-2}})^2 &= 1 + 2(b2^k) + (b2^k)^2 \\ &= 1 + 2^{k+1}(b + b^2 2^{k-1}) \\ &\equiv 1 \pmod{2^{k+1}} \end{aligned}$$

을 얻고 주장하는 합동식이 $k + 1$인 경우 성립하여 따라서 모든 $k \geq 3$ 에 대해 성립한다.

이제 2^k 와 서로 소인 정수는 정확히 홀수이므로 $\phi(2^k) = 2^{k-1}$ 이다. 우리가 지금까지 보인 것은 a 가 홀수이고 $k \geq 3$ 이면

$$a^{\phi(2^k)/2} \equiv 1 \pmod{2^k}$$

이고 결론적으로 2^k 의 원시근은 존재하지 않는다.

이와 같은 종류의 또 다른 정리가 정리 8.8이다.

정리 8.8
Theorem

$\gcd(m, n) = 1$, $m > 2$, $n > 2$ 이면 정수 mn 은 원시근을 갖지 않는다.

증명. $\gcd(a, mn) = 1$인 정수 a 를 생각하자. 그러면 $\gcd(a, m) = 1$ 이고 $\gcd(a, n) = 1$ 이다. $h = \operatorname{lcm}(\phi(m), \phi(n))$ 그리고 $d = \gcd(\phi(m), \phi(n))$ 이라 놓자.

$\phi(m)$과 $\phi(n)$은 모두 짝수(정리 7.4)이므로 분명히 $d \geq 2$ 이다. 결론적으로

$$h = \frac{\phi(m)\phi(n)}{d} \leq \frac{\phi(mn)}{2}$$

이제 오일러 정리는 $a^{\phi(m)} \equiv 1 \pmod m$ 을 주장하고 이 합동식에 $\phi(n)/d$ 제곱을 하면

$$a^h = (a^{\phi(m)})^{\phi(n)/d} \equiv 1^{\phi(n)/d} \equiv 1 \pmod m$$

을 얻는다. 같은 이유로 $a^h \equiv 1 \pmod n$ 이 유도된다. 가정 $\gcd(m, n) = 1$과 같이하여 이 합동식들은 다음 결론에 이른다.

$$a^h \equiv 1 \pmod{mn}$$

우리가 얻고자 하였던 요지는 mn 과 서로 소인 어떤 정수의 계수는 $\phi(mn)/2$를 넘지 않는다는 것이다. 따라서 mn 에 대한 원시근은 존재하지 않는다.

정리 8.8의 특수한 경우가 때로는 흥미로운데 이것들을 아래에 서술한다.

따름정리 *Corollary*

정수 n은 다음과 같은 경우에 원시근을 갖지 못한다.
(a) n은 두 개의 홀수인 소수에 의해 나누어지거나 또는
(b) n은 $n = 2^m p^k$ 꼴이다. 여기서 p는 홀수인 소수 그리고 $m \geq 2$이다.

이 마지막 일련의 결과들의 의미 있는 관점은 원시근에 대한 조사는 정수 2, 4, p^k 그리고 $2p^k$ (p는 소수)로 제한된다는 것이다. 이 절에서 지금 언급한 정수들은 각기 원시근을 가지고 있다는 것을 증명한다. 소수의 거듭제곱에 대한 원시근의 존재성을 완성하는 것이 주요한 일이다. 논의는 다소 길지만 단순하다. 분명하게 하기 위해 여러 단계로 나누어 진행하자.

보조정리 1 *Lemma*

p를 홀수인 소수라 하면 $r^{p-1} \not\equiv 1 \pmod{p^2}$인 p의 원시근 r이 존재한다.

증명. 정리 8.6으로부터 p는 원시근을 갖는다고 알고 있다. 그중 하나를 r로 선택하자. $r^{p-1} \not\equiv 1 \pmod{p^2}$이면 증명은 끝나고, 그렇지 않으면 r을 $r' = r + p$으로 바꾼다. 이 r' 또한 p의 원시근이다. 그러면 이항정리를 적용하여

$$(r')^{p-1} \equiv (r+p)^{p-1} \equiv r^{p-1} + (p-1)pr^{p-2} \pmod{p^2}$$

그런데 가정에 의해서 $r^{p-1} \equiv 1 \pmod{p^2}$이므로

$$(r')^{p-1} \equiv 1 - pr^{p-2} \pmod{p^2}$$

r이 p의 원시근이므로 $\gcd(r, p) = 1$이고, 그러므로 $p \nmid r^{p-2}$이다. 이 모든 것의 결과는 $(r')^{p-1} \not\equiv 1 \pmod{p^2}$이고, 이것으로 보조정리는 증명된다.

따름정리 *Corollary*

p가 홀수인 소수이면 p^2은 원시근을 갖는다. 사실상 p의 원시근 r에 대해 r 또는 $r+p$ (또는 둘 다)가 p^2의 원시근이다.

증명. 주장은 아주 명백하다. r이 p의 원시근이면 법 p^2에 대한 r의 계수는 $p-1$ 또는 $p(p-1) = \phi(p^2)$이다. 보조정리의 증명은 r이 법 p^2에 대하여 계수 $p-1$을 가지면 $r+p$는 p^2의 원시근임을 보여준다.

이 따름정리의 일례로서 우리는 3은 7의 원시근이고 3과 10은 둘 다 7^2의 원시근임을 관찰한다. 또한 14는 29의 원시근이나 29^2의 원시근은 아니다.

우리의 목표에 도달하기 위해 또 다른 어느 정도 기교적인 보조정리가 필요하다.

보조정리 2
Lemma

p 를 홀수인 소수 그리고 r 을 $r^{p-1} \not\equiv 1 \pmod{p^2}$인 p 의 원시근이라 하자. 그러면 각 양의 정수 $k \geq 2$ 에 대해

$$r^{p^{k-2}(p-1)} \not\equiv 1 \pmod{p^k}$$

증명. 증명은 k 에 대한 귀납법으로 보이자. 가정에 의해 $k = 2$ 일 때, 주장이 성립한다. 어떤 $k \geq 2$ 에 대해 사실이라고 가정하고 $k+1$ 인 경우에 사실임을 보이자. $\gcd(r, p^{k-1}) = \gcd(r, p^k) = 1$ 이므로 오일러 정리는 다음을 유도한다.

$$r^{p^{k-2}(p-1)} = r^{\phi(p^{k-1})} \equiv 1 \pmod{p^{k-1}}$$

따라서 정수 a 가 존재하여

$$r^{p^{k-2}(p-1)} = 1 + ap^{k-1}$$

을 만족한다. 귀납 가정에 의해 $p \nmid a$ 이다. 이 방정식의 양변을 p 제곱하여 전개하면

$$r^{p^{k-1}(p-1)} = (1 + ap^{k-1})^p \equiv 1 + ap^k \pmod{p^{k+1}}$$

을 얻는다. 정수 a 가 p에 의해 나누어지지 않으므로

$$r^{p^{k-1}(p-1)} \not\equiv 1 \pmod{p^{k+1}}$$

이다. 이것으로 귀납 단계가 완성되어 보조정리가 증명된다.

당장 어려운 일은 모두 끝났다. 이제 우리는 각 부분을 연결하여 홀수인 소수의 거듭제곱이 원시근을 갖는다는 것을 보이자.

정리 8.9
Theorem

p 를 홀수인 소수이고 $k \geq 1$ 이면 p^k 의 원시근이 존재한다.

증명. 앞의 두 보조정리에 의해 $r^{p^{k-2}(p-1)} \not\equiv 1 \pmod{p^k}$인 p 의 원시근 r 을 선택할 수 있다. 사실상 조건 $r^{p-1} \not\equiv 1 \pmod{p^2}$을 만족하는 어떤 정수 r 도 만족할 것이다. 우리는 그런 r 이 p 의 모든 거듭제곱의 원시근으로 역할을 한다는 것을 주장한다.

n 을 법 p^k 에 대해 r 의 계수라 하자. 정리 8.1에 의해 n 은 $\phi(p^k) = p^{k-1}(p-1)$ 을 나누어야 한다. $r^n \equiv 1 \pmod{p^k}$이면 $r^n \equiv 1 \pmod{p}$ 는 필연적이므로 우리는 또한 $p-1 \mid n$ (다시 정리 8.1의 역할)을 갖는다. 즉, n 은 $n = p^m(p-1)$, $0 \leq m \leq k-1$ 형태이다. $n \neq p^{k-1}(p-1)$이면 $p^{k-2}(p-1)$ 는 n 에 의해 나누어져야 하고 다음에 도달해야 한다.

$$r^{p^{k-2}(p-1)} \equiv 1 \pmod{p^k}$$

이것은 r 의 처음 선택에 모순이다. 그러므로 $n = p^{k-1}(p-1)$ 이고 r 은 p^k 의 원시근이다.

이것은 우리의 고려 대상에 $2p^k$ 인 경우만을 남겨둔다.

따름정리 Corollary

p 가 홀수인 소수이고 $k \geq 1$이면 $2p^k$ 의 원시근이 존재한다.

증명. r을 p^k 의 원시근이라 하자. r 을 홀수라 가정해도 무방하다. 왜냐하면 그것이 짝수이면 $r + p^k$ 는 홀수이고 여전히 p^k 의 원시근이기 때문이다. 그러면 $\gcd(r, 2p^k) = 1$ 이다. 법 $2p^k$ 에 대해 r 의 계수 n 은

$$\phi(2p^k) = \phi(2)\phi(p^k) = \phi(p^k)$$

를 나누어야 한다. 그런데 $r^n \equiv 1 \pmod{2p^k}$ 는 $r^n \equiv 1 \pmod{p^k}$ 를 의미하므로 $\phi(p^k) \mid n$ 이다. 이 나누는 조건을 종합하면 $n = \phi(2p^k)$, 즉 r 이 $2p^k$ 의 원시근임을 보여준다.

소수 5는 $\phi(4) = 2$ 개의 원시근, 즉 정수 2와 3을 갖는다.

$$2^{5-1} \equiv 16 \not\equiv 1 \pmod{25} \qquad \text{그리고} \qquad 3^{5-1} \equiv 6 \not\equiv 1 \pmod{25}$$

때문에 이것들은 5^2 의 원시근의 역할을 하고 따라서 5의 모든 거듭제곱의 원시근의 역할을 한다. 마지막 따름정리의 증명은 3 이 $2 \cdot 5^k$ 꼴의 모든 정수의 원시근임을 보장한다.

정리 8.10에 지금까지 완성한 것을 요약한다.

정리 8.10 Theorem

정수 $n > 1$ 이 원시근을 가질 필요충분조건은

$$n = 2, 4, p^k \quad \text{또는} \quad 2p^k$$

여기서, p 는 홀수인 소수이다.

증명. 정리 8.7과 8.8에 의해 원시근을 가질 수 있는 양의 정수는 정리에서 언급한 그런 정수뿐이다. 1은 2에 대한 원시근이고 3은 4에 대한 원시근임을 확인할 수 있다. 우리는 방금 홀수인 소수의 거듭제곱과 그것의 2배인 정수의 원시근이 존재한다는 사실을 보였다.

오일러가 근본적으로 소수 p 에 대한 원시근의 존재성에 대한 정확한 증명(불완전하지만)을 주고 $p \leq 37$ 의 모든 원시근을 나열하였다는 것을 언급할 적당한 시간인 것 같다. 르장드르는 라그랑주의 정리를 이용하여 결점을 보완하였고 각 $d \mid (p-1)$ 에 대해 계수 d 인 정수가 $\phi(d)$ 개 존재한다는 사실을 증명하였다(1785년). 이 부문의 최고의 업적은 가우스에 의해 이루어졌다. 1801년에 그는 n 이 원시근을 가질 필요충분조건은 $n = 2, 4, p^k$ 그리고 $2p^k$(p 는 홀수인 소수) 이라는 증명을 발표하였다.

연습문제 8.3

1. (a) 26의 네 개의 원시근, 25의 여덟 개의 원시근을 구하라.
   (b) 3^2, 3^3 그리고 3^4 의 모든 원시근을 결정하라.

2. 홀수인 소수 p 에 대하여 다음 사실을 증명하라.
   (a) $2p^n$ 의 원시근의 개수는 p^n 의 원시근의 개수와 같다.
   (b) p^n 의 어떤 원시근 r 도 또한 p 의 원시근이다.
   [*힌트*: r 이 법 p 에 대해 계수 k 를 갖는다 하자.
   $r^{pk} \equiv 1(\text{mod } p^2), \cdots, r^{p^{n-1}k} \equiv 1 \,(\text{mod } p^n)$을 보이고, 따라서 $\phi(p^n) \mid p^{n-1}k$이다.]
   (c) p^2 의 원시근은 또한 $p^n (n \ge 2)$의 원시근이다.
3. p 가 홀수인 소수일 때, r 이 p^2 의 원시근이면 합동식 $x^{p-1} \equiv 1 \,(\text{mod } p^2)$의 해는 정확히 정수 $r^p, r^{2p}, \cdots, r^{(p-1)p}$ 임을 보여라.
4. (a) 3은 7^k 그리고 $2 \cdot 7^k$ 꼴의 모든 정수의 원시근임을 증명하라.
   (b) 17^k 꼴의 모든 정수의 원시근을 구하라.
5. 41과 82의 원시근을 모두 구하라.
6. (a) p 가 홀수인 소수일 때, p^k 의 원시근 r 이 $2p^k$ 의 원시근일 필요충분조건은 r 이 홀수임을 증명하라.
   (b) $3, 3^3, 3^5$ 그리고 3^9 은 $578 = 2 \cdot 17^2$의 원시근이나 3^4 과 3^{17} 은 아님을 확인하라.
7. r 이 홀수인 소수 p 의 원시근이고 $(r + tp)^{p-1} \not\equiv 1 \,(\text{mod } p^2)$이라 가정하자. $r + tp$ 는 모든 $k \ge 1$ 에 대해 p^k 의 원시근임을 보여라.
8. $n = 2^{k_0} p_1^{k_1} p_2^{k_2} \cdots p_r^{k}$ 이 $n > 1$ 의 소인수분해이면 n 의 *보편지수*(*universal exponent*) $\lambda(n)$ 은 다음과 같이 정의한다.

$$\lambda(n) = \text{lcm}(\lambda(2^{k_0}), \phi(p_1^{k_1}), \ldots, \phi(p_r^{k_r}))$$

   여기서, $\lambda(2) = 1$, $\lambda(2^2) = 2$ 그리고 $\lambda(2^k) = 2^{k-2}$ $(k \ge 3)$이다. 보편지수에 대한 다음 명제를 증명하라.
   (a) $n = 2, 4, p^k, 2p^k$ (p 는 홀수인 소수)에 대해 $\lambda(n) = \phi(n)$이다.
   (b) $\gcd(a, 2^k) = 1$ 이면 $a^{\lambda(2^k)} \equiv 1 \,(\text{mod } 2^k)$이다.
   [*힌트*: $k \ge 3$ 에 대해 k 에 관한 귀납법과 $\lambda(2^{k+1}) = 2\lambda(2^k)$ 인 사실을 이용하라.]
   (c) $\gcd(a, n) = 1$ 이면 $a^{\lambda(n)} \equiv 1 \,(\text{mod } n)$이다.
   [*힌트*: n 에 나타나는 소수의 거듭제곱 p^k 에 대해 $a^{\lambda(n)} \equiv 1 \,(\text{mod } p^k)$이다.]
9. $5040 = 2^4 \cdot 3^2 \cdot 5 \cdot 7$ 에 대해 $\lambda(5040) = 12$ 그리고 $\phi(5040) = 1152$ 임을 입증하라.
10. 문제 8을 이용하여 $n \neq 2, 4, p^k, 2p^k$(p 는 홀수인 소수)이면 n 은 원시근을 가지지 않음을 보여라.
    [*힌트*: $2, 4, p^k, 2p^k$ 인 경우를 제외하고 $\lambda(n) \mid \frac{1}{2}\phi(n)$이다. 따라서 $\gcd(a, n) = 1$ 은 $a^{\phi(n)/2} \equiv 1(\text{mod } n)$을 의미한다.]
11. (a) $\gcd(a, n) = 1$ 이면 선형 합동식 $ax \equiv b(\text{mod } n)$ 은 해 $x \equiv ba^{\lambda(n)-1}(\text{mod } n)$ 을 가짐을 증명하라.
    (b) (a)를 이용하여 합동식 $13x \equiv 2 \,(\text{mod } 40)$ 그리고 $3x \equiv 13 \,(\text{mod } 77)$ 을 풀어라.

8.4 지표이론

이 장의 나머지는 지표(index) 개념의 새로운 아이디어에 관련이 있다. 이것은 가우스가 그의 저서 「산술 논고」에서 소개하였다.

n을 원시근 r을 갖는 임의의 정수라 하자. 우리가 알다시피 r의 처음 $\phi(n)$ 제곱

$$r, r^2, \ldots, r^{\phi(n)}$$

은 법 n에 대해 n과 서로 소이며 n보다 작은 정수들과 어떤 순서로 합동이다. 따라서 a가 n과 서로 소인 임의의 정수이면 a는 적당한 $k\,(1 \le k \le \phi(n))$에 대해 다음 형태로 표현할 수 있다.

$$a \equiv r^k \pmod{n}$$

이것은 우리가 다음 정의를 체계화하도록 해준다.

정의 8.3 *Definition*

r을 n의 원시근이라 놓자. $\gcd(a, n) = 1$이면 $a \equiv r^k \pmod{n}$인 가장 작은 양의 정수 k를 r *에 대한* a *의 지표*(*index of* a *relative to* r)라 부른다.

통상적으로 r에 대한 a의 지표는 $\operatorname{ind}_r a$로 또는 혼돈이 발생하지 않으면 $\operatorname{ind} a$로 쓴다. 분명히 $1 \le \operatorname{ind}_r a \le \phi(n)$이고

$$r^{\operatorname{ind}_r a} \equiv a \pmod{n}$$

$\operatorname{ind}_r a$의 개념은 $\gcd(a, n) = 1$이 아니면 의미가 없다. 후에 이것은 은연중에 가정될 것이다.

예를 들어 정수 2는 5의 원시근이고

$$2^1 \equiv 2 \qquad 2^2 \equiv 4 \qquad 2^3 \equiv 3 \qquad 2^4 \equiv 1 \pmod{5}$$

따라서

$$\operatorname{ind}_2 1 = 4 \qquad \operatorname{ind}_2 2 = 1 \qquad \operatorname{ind}_2 3 = 3 \qquad \operatorname{ind}_2 4 = 2$$

n과 합동인 정수의 지표들은 동일함을 관찰한다. 그러므로 $\operatorname{ind} a$에 대한 표를 만들 때, 법 n에 대해 서로 소이고 작은 정수 a들만 고려해도 충분하다. 이것을 보이기 위해 a와 b를 n과 서로 소인 수로 택하여 $a \equiv b \pmod{n}$이라 하자. $r^{\operatorname{ind} a} \equiv a \pmod{n}$이고 $r^{\operatorname{ind} b} \equiv b \pmod{n}$이므로 다음이 성립한다.

$$r^{\operatorname{ind} a} \equiv r^{\operatorname{ind} b} \pmod{n}$$

정리 8.2에 따라 $\operatorname{ind} a \equiv \operatorname{ind} b \pmod{\phi(n)}$이라 결론을 내려도 좋다. 그러나 $\operatorname{ind} a$와 $\operatorname{ind} b$의 크기의 제한 때문에 이것은 단지 $\operatorname{ind} a = \operatorname{ind} b$일 때만 가능하다.

지표는 원시근이 로그의 밑수와 비슷한 역할을 하는 그런 로그의 규칙과 유사한

규칙을 따른다.

정리 8.11 Theorem

n이 원시근 r을 가지고 $\text{ind}\,a$를 r에 대한 a의 지표라 놓으면 다음 성질이 성립한다.

(a) $\text{ind}\,(ab) \equiv \text{ind}\,a + \text{ind}\,b \pmod{\phi(n)}$

(b) $\text{ind}\,a^k \equiv k\ \text{ind}\,a \pmod{\phi(n)},\ k > 0$

(c) $\text{ind}\,1 \equiv 0 \pmod{\phi(n)},\ \text{ind}\ r \equiv 1 \pmod{\phi(n)}$

증명. 지표의 정의에 의해 $r^{\text{ind}\,a} \equiv a \pmod{n}$ 이고 $r^{\text{ind}\,b} \equiv b \pmod{n}$이다. 이 두 합동식을 서로 곱하여

$$r^{\text{ind}\,a+\text{ind}\,b} \equiv ab \pmod{n}$$

을 얻고 $r^{\text{ind (ab)}} \equiv ab \pmod{n}$ 이므로

$$r^{\text{ind}\,a+\text{ind}\,b} \equiv r^{\text{ind}(ab)} \pmod{n}$$

$\text{ind}\,a + \text{ind}\,b$가 $\phi(n)$을 넘을 수도 있다. 이것은 문제가 되지 않는다. 왜냐하면 정리 8.2는 마지막 식이 성립할 필요충분조건은 지수들이 법 $\phi(n)$에 대해 합동임을 보증한다. 즉,

$$\text{ind}\,a + \text{ind}\,b \equiv \text{ind}\,(ab) \pmod{\phi(n)}$$

이것이 성질 (a)이다.

성질 (b)의 증명도 같은 방법으로 보인다. 먼저 $r^{\text{ind}\,a^k} \equiv a^k \pmod{n}$ 이며 지수법칙에 의해 $r^{k\ \text{ind}\,a} = (r^{\text{ind}\,a})^k \equiv a^k \pmod{n}$ 이다. 따라서,

$$r^{\text{ind}\,a^k} \equiv r^{k\,\text{ind}\,a} \pmod{n}$$

위와 같이, $\text{ind}\,a^k \equiv k\ \text{ind}\,a \pmod{\phi(n)}$ 을 의미한다. 성질 (c)의 두 부분은 아주 당연하다.

지표이론은 어떤 형태의 합동식을 푸는 데 이용될 수 있다. 예를 들어 다음 이항 합동식을 생각하자.

$$x^k \equiv a \pmod{n} \qquad k \ge 2$$

여기서, n은 원시근을 갖는 양의 정수이며 $\gcd(a,\ n) = 1$이다. 정리 8.11의 성질 (a)와 (b)에 의해 이것은 완전히 미지수 $\text{ind}\,x$인 선형 합동식

$$k\ \text{ind}\,x \equiv \text{ind}\,a \pmod{\phi(n)}$$

과 동치이다. $d = \gcd(k,\ \phi(n))$이고 $d \nmid \text{ind}\ a$이면 해가 존재하지 않는다. 그러나 $d \mid \text{ind}\ a$이면 $\text{ind}\ x$의 정확히 d개의 값이 존재한다. 이것은 마지막 합동식을 만족하므로 $x^k \equiv a \pmod{n}$의 d개의 합동이 아닌 해가 존재한다.

p가 홀수인 소수로서 $k = 2$ 그리고 $n = p$인 경우가 특히 중요하다. $\gcd(2,\ p-1) = 2$이므로 이미 언급한 소견은 이차 합동식 $x^2 \equiv a \pmod{p}$이 해를 가질 필요충분조건은 $2 \mid \text{ind}\ a$이다. 이 조건이 만족되면 정확히 두 개의 해가 존재한다. r이 p의 원시근이면 $r^k\ (1 \le k \le p-1)$는 법 p에 대해 어떤 순서로 정수 $1,\ 2,\ \cdots,\ p-1$을 움

직인다. r 의 짝수 제곱은 합동식 $x^2 \equiv a \pmod{p}$ 가 풀리는 a 의 값을 제공한다. $(p-1)/2$ 개의 그런 a 의 선택이 존재한다.

예제 8.4
Example

이러한 아이디어를 설명하기 위해 다음 합동식을 풀자.

$$4x^9 \equiv 7 \pmod{13}$$

일단 13의 원시근이 고정되면 지표의 표는 만들어질 수 있다. 원시근 2를 사용하여 거듭제곱 2, 2^2, $\cdots$, 2^{12} 을 법 13에 대해 단순히 계산한다. 즉,

$$\begin{array}{lll} 2^1 \equiv 2 & 2^5 \equiv 6 & 2^9 \equiv 5 \\ 2^2 \equiv 4 & 2^6 \equiv 12 & 2^{10} \equiv 10 \\ 2^3 \equiv 8 & 2^7 \equiv 11 & 2^{11} \equiv 7 \\ 2^4 \equiv 3 & 2^8 \equiv 9 & 2^{12} \equiv 1 \end{array}$$

모두 법 13에 대한 합동이다. 따라서 우리의 표는

a	1	2	3	4	5	6	7	8	9	10	11	12
$\text{ind}_2\, a$	12	1	4	2	9	5	11	3	8	10	7	6

지표를 취하면 합동식 $4x^9 \equiv 7 \pmod{13}$ 이 해를 가질 필요충분조건은

$$\text{ind}_2\, 4 + 9\, \text{ind}_2\, x \equiv \text{ind}_2\, 7 \pmod{12}$$

표에 의하면 $\text{ind}_2 4 = 2$ 그리고 $\text{ind}_2 7 = 11$ 이므로 $9\,\text{ind}_2 x \equiv 11 - 2 \equiv 9 \pmod{12}$ 가 되고 이것은 다시 $\text{ind}_2 x \equiv 1 \pmod{4}$ 와 동치이다. 따라서

$$\text{ind}_2\, x = 1, 5, \text{ 또는 } 9$$

지표의 표를 다시 참고하여 원래의 합동식 $4x^9 \equiv 7 \pmod{13}$ 은 다음 세 개의 해를 갖는다.

$$x \equiv 2, 5 \quad \text{그리고} \quad 6 \pmod{13}$$

다른 원시근이 선택되면 물론 a의 지표의 다른 값이 얻어진다. 그러나 주어진 합동식을 푸는 목적에는 어떤 지표의 표를 사용하든 상관이 없다. 13의 $\phi(\phi(13)) = 4$개의 원시근은

$$\gcd(k, \phi(13)) = \gcd(k, 12) = 1$$

인 거듭제곱 $2^k (1 \le k \le 12)$ 로부터 얻어진다. 이것들은

$$2^1 \equiv 2 \qquad 2^5 \equiv 6 \qquad 2^7 \equiv 11 \qquad 2^{11} \equiv 7 \pmod{13}$$

예를 들어 원시근 6인 지표 표를 아래 열거한다.

a	1	2	3	4	5	6	7	8	9	10	11	12
$\text{ind}_6\, a$	12	5	8	10	9	1	7	3	4	2	11	6

이 표를 적용하여 합동식 $4x^9 \equiv 7 \pmod{13}$ 은

$$\text{ind}_6\, 4 + 9\, \text{ind}_6\, x \equiv \text{ind}_6\, 7 \pmod{12}$$

로 대치되고 또는

$$9\ \mathrm{ind}_6\, x \equiv 7 - 10 \equiv -3 \equiv 9 \pmod{12}$$

그러므로 $\mathrm{ind}_6 x = 1$, 5 또는 9 이고 전과 같이 다음 해를 가져온다.

$$x \equiv 2,\ 5 \quad \text{그리고} \quad 6 \pmod{13}$$

해의 존재성에 대한 다음 주장은 종종 유용하다.

정리 8.12 *Theorem*

n 이 원시근을 갖는 정수이고 $\gcd(a,\ n) = 1$이라 하자. 그러면 합동식 $x^k \equiv a \pmod{n}$ 이 해를 가질 필요충분조건은

$$a^{\phi(n)/d} \equiv 1 \pmod{n}$$

여기서 $d = \gcd(k,\ \phi(n))$이다. 만일 해가 존재하는 경우 정확히 d 개의 해가 존재한다.

증명. 지표를 택하여 합동식 $a^{\phi(n)/d} \equiv 1 \pmod{n}$은 다음과 동치이다.

$$\frac{\phi(n)}{d}\ \mathrm{ind}\, a \equiv 0 \pmod{\phi(n)}$$

다시 이것이 성립할 필요충분조건은 $d \mid \mathrm{ind}\, a$ 이다. 그러나 이것은 합동식 $x^k \equiv a \pmod{n}$ 을 풀기 위한 필요충분조건이라는 사실을 보았었다.

따름정리 *Corollary*

p 는 소수 그리고 $\gcd(a,\ p) = 1$이라 놓자. 그러면 합동식 $x^k \equiv a \pmod{p}$ 가 해를 가질 필요충분조건은 $a^{(p-1)/d} \equiv 1 \pmod{p}$, $d = \gcd(k,\ p-1)$ 이다.

예제 8.5 *Example*

다음 합동식을 생각하자.

$$x^3 \equiv 4 \pmod{13}$$

이 경우에 $d = \gcd(3,\ \phi(13)) = \gcd(3,\ 12) = 3$ 이고 그러므로 $\phi(13)/d = 4$ 이다. $4^4 \equiv 9 \not\equiv 1 \pmod{13}$ 이므로 정리 8.12는 주어진 합동식은 풀 수 없다는 것을 주장한다.

반면에 같은 정리는

$$x^3 \equiv 5 \pmod{13}$$

이 하나의 해(사실상 법 13에 대해 세 개의 합동이 아닌 해)를 가지고 있음을 보장한다. 왜냐하면 이 경우 $5^4 \equiv 625 \equiv 1 \pmod{13}$ 이다. 이 해들은 다음과 같이 지표 계산에 의해 구할 수 있다. 합동식 $x^3 \equiv 5 \pmod{13}$ 은 다음과 동치이다.

$$3\ \mathrm{ind}_2\, x \equiv 9 \pmod{12}$$

이것은

$$\mathrm{ind}_2\, x \equiv 3 \pmod{4}$$

가 된다. 이 합동식은 법 12에 대해 세 개의 합동이 아닌 해를 가진다. 즉,

$$\mathrm{ind}_2\, x = 3, 7 \quad \text{또는} \quad 11$$

이 지표에 관한 정수들은 차례로 8, 11 그리고 7이다. 그래서 합동식 $x^3 \equiv 5 \pmod{13}$의 해는

$$x \equiv 7, 8 \quad \text{그리고} \quad 11 \pmod{13}$$

연습문제 8.4

1. 13의 각 원시근에 대한 5의 지표를 구하라.
2. 11의 원시근에 대한 지표의 표를 이용하여 다음 합동식을 풀어라.
   (a) $7x^3 \equiv 3 \pmod{11}$
   (b) $3x^4 \equiv 5 \pmod{11}$
   (c) $x^8 \equiv 10 \pmod{11}$
3. 다음은 원시근 3에 대한 소수 17의 지표의 표이다.

a	1	2	3	4	5	6	7	8	9	10	11	12	13	14	15	16
$\mathrm{ind}_3\, a$	16	14	1	12	5	15	11	10	2	3	7	13	4	9	6	8

   이 표의 도움으로 다음 합동식을 풀어라.
   (a) $x^{12} \equiv 13 \pmod{17}$
   (b) $8x^5 \equiv 10 \pmod{17}$
   (c) $9x^3 \equiv 8 \pmod{17}$
   (d) $7^x \equiv 7 \pmod{17}$
4. $3^{24} \cdot 5^{13}$을 17로 나누었을 때, 나머지를 구하라.
   [*힌트*: 지표이론을 적용하라.]
5. r과 r'이 모두 홀수인 소수 p의 원시근이면 $\gcd(a, p) = 1$에 대해

$$\mathrm{ind}_{r'}\, a \equiv (\mathrm{ind}_r\, a)(\mathrm{ind}_{r'}\, r) \pmod{p-1}$$

   임을 증명하라. 이것은 로그의 밑수 변환의 규칙에 대응된다.
6. (a) 원시근 5에 관한 소수 17의 지표 표를 만들어라.
   [*힌트*: 이전 문제에 의하면 $\mathrm{ind}_5\, a \equiv 13\ \mathrm{ind}_3\, a \pmod{16}$이다.]
   (b) (a)의 표를 이용하여 문제 3의 합동식을 풀어라.

7. r이 홀수인 소수 p의 원시근일 때, 다음을 입증하라.

$$\text{ind}_r\,(-1) = \text{ind}_r\,(p-1) = \frac{1}{2}(p-1)$$

8. (a) $b = 2, 5$ 그리고 6에 대해 합동식 $ax^4 \equiv b \pmod{13}$이 해를 가질 정수 $a\,(1 \le a \le 12)$를 결정하라.
   (b) $p = 7, 11$ 그리고 13에 대해 합동식 $x^4 \equiv a \pmod{p}$가 해를 가질 정수 $a\,(1 \le a \le p-1)$를 결정하라.
9. 정리 8.12의 따름정리를 적용하여 p가 홀수인 소수일 때, 다음을 완성하라.
   (a) $x^2 \equiv -1 \pmod{p}$의 해가 존재할 필요충분조건은 $p \equiv 1 \pmod{4}$이다.
   (b) $x^4 \equiv -1 \pmod{p}$의 해가 존재할 필요충분조건은 $p \equiv 1 \pmod{8}$이다.
10. $p \ge 5$는 소수이고 $\gcd(a,\ p) = 1$이다. 주어진 합동식 $x^3 \equiv 3 \pmod{19}$에 대해 다음을 증명하라.
   (a) $p \equiv 1 \pmod{6}$이면 합동식은 해가 없거나 법 p에 대해 세 개의 합동이 아닌 해를 가진다.
   (b) $p \equiv 5 \pmod{6}$이면 합동식은 법 p에 대해 유일한 해를 가진다.
11. 합동식 $x^3 \equiv 3 \pmod{19}$는 해를 가지지 않으나 $x^3 \equiv 11 \pmod{19}$은 세 개의 합동이 아닌 해를 가짐을 보여라.
12. 두 합동식 $x^5 \equiv 13 \pmod{23}$과 $x^7 \equiv 15 \pmod{29}$의 해가 존재하는지를 결정하라.
13. p가 소수이고 $\gcd(k,\ p-1) = 1$이면 정수

$$1^k, 2^k, 3^k, \ldots, (p-1)^k$$

   는 법 p에 대해 기약잉여계임을 증명하라.
14. r은 홀수인 소수 p의 원시근이고 $d = \gcd(k,\ p-1)$라 놓자. 합동식 $x^k \equiv a \pmod{p}$의 해가 존재할 a의 값은 $r^d,\ r^{2d},\ \cdots,\ r^{[(p-1)/d]d}$임을 증명하라.
15. r이 홀수인 소수 p의 원시근이면 다음을 증명하라.

$$\text{ind}_r\,(p-a) \equiv \text{ind}_r\,a + \frac{(p-1)}{2} \pmod{p-1}$$

   결론적으로 지표의 표를 완성하기 위해서 표의 반만 계산할 필요가 있다.
16. (a) r은 홀수인 소수 p의 원시근이라 하자. 지수 합동식

$$a^x \equiv b \pmod{p}$$

   의 해가 존재할 필요충분조건은 $d \mid \text{ind}_r b$임을 완성하라. 여기서 $d = \gcd(\text{ind}_r\,a,\ p-1)$이다. 이 경우 법 $p-1$에 대해 d개의 합동이 아닌 해가 존재한다.
   (b) 지수 합동식 $4^x \equiv 13 \pmod{17}$ 그리고 $5^x \equiv 4 \pmod{19}$를 풀어라.
17. 지수 합동식 $9^x \equiv b \pmod{13}$의 해가 존재할 b의 값은 얼마인가?

CHAPTER 09

이차상호법칙

The Quadratic Reciprocity Law

수학적 발명의 움직이는 힘은 추리가 아니고 상상력이다.

드모르간(A. DE MOREAN)

9.1 오일러 판정기준

제목에서 표현한 것처럼 이 장은 가우스의 또 다른 주요한 업적인 이차상호법칙을 목표로 한다. 수론을 "수학의 여왕"이라 생각하는 사람들에게는 이것은 여왕의 왕관에 있는 보석과 같다. 이차상호법칙의 내적인 아름다움은 수학자들에게 오랫동안 기묘한 매력을 주어왔다. 가우스 시대 이래 모두 다소 다르긴 하지만 100개가 넘는 이차상호법칙의 증명이 발표되었다(사실상, 가우스 자신이 7편을 고안하였다). 그 증명에 기여한 19세기 수학자 중에 코시(Cauchy), 야코비(Jacobi), 디리클레, 아이젠슈타인(Eisenstein), 크로네커, 그리고 데데킨트(Dedekind) 등이 있다.

대략적으로 말하자면 이차상호법칙(Quadratic Reciprocity Law)은 이차 합동식의 해법과 관련이 있다. 그래서 다음 합동식을 먼저 고려해 보는 것이 타당해 보인다.

$$ax^2 + bx + c \equiv 0 \pmod{p} \tag{1}$$

여기서 p는 홀수인 소수이고 $a \not\equiv 0 \pmod{p}$, 즉 $\gcd(a, p) = 1$이다. p가 홀수인 소수라는 가정은 $\gcd(4a, p) = 1$임을 나타낸다. 따라서, 식 (1)의 이차 합동식은 다음과 동치이다.

$$4a(ax^2 + bx + c) \equiv 0 \pmod{p}$$

다음 항등식을 이용하여

$$4a(ax^2 + bx + c) = (2ax + b)^2 - (b^2 - 4ac)$$

위의 이차 합동식은 다음과 같이 나타낼 수 있다.

$$(2ax + b)^2 \equiv (b^2 - 4ac) \pmod{p}$$

이제 $y = 2ax + b$ 그리고 $d = b^2 - 4ac$ 라 놓으면

$$y^2 \equiv d \pmod{p} \tag{2}$$

를 얻고, $x \equiv x_0 \pmod{p}$ 가 식 (1)의 이차 합동식의 해이면 정수 $y \equiv 2ax_0 + b \pmod{p}$ 는 식 (2)의 이차 합동식을 만족한다. 역으로, $y \equiv y_0 \pmod{p}$ 가 식 (2)의 이차 합동식의 해이면 $2ax \equiv y_0 - b \pmod{p}$ 는 식 (1)의 해를 구할 수 있는 풀이를 제공한다.

따라서, 식 (1)의 이차 합동식의 해를 구하는 문제는 선형 합동식과 다음 형태의 이차 합동식의 해를 구하는 문제와 동치이다.

$$x^2 \equiv a \pmod{p} \tag{3}$$

$p \mid a$ 이면 식 (3)의 이차 합동식은 유일한 해 $x \equiv 0 \pmod{p}$를 갖는다. 이 당연한 결과를 피하기 위해 지금부터 $p \nmid a$ 라 가정한다.

그렇다고 하면, $x^2 \equiv a \pmod{p}$ 가 해 $x = x_0$을 가질 때마다 두 번째 해 $x = p - x_0$이 존재한다. 이 두 번째 해는 처음 해와 합동이 아니다. 왜냐하면 $x_0 \equiv p - x_0 \pmod{p}$ 는 $2x_0 \equiv 0 \pmod{p}$ 또는 $x_0 \equiv 0 \pmod{p}$를 의미하는데 이것은 불가능하다. 라그랑주 정리에 의해 이 두 해는 $x^2 \equiv a \pmod{p}$ 의 합동이 아닌 모든 해이다. 말하자면 $x^2 \equiv a \pmod{p}$ 는 정확히 두 개의 해를 갖거나 해가 존재하지 않는다.

지금까지 말한 것의 간단한 계산 예제로 다음 이차 합동식을 보자.

$$5x^2 - 6x + 2 \equiv 0 \pmod{13}$$

해를 구하기 위해 이 합동식을 간단한 합동식으로 변형하면

$$y^2 \equiv 9 \pmod{13}$$

이고 해는 $y \equiv 3,\ 10 \pmod{13}$ 이다. 그리고 다음 선형 합동식들을 푼다.

$$10x \equiv 9 \pmod{13} \qquad 10x \equiv 16 \pmod{13}$$

$x \equiv 10,\ 12 \pmod{13}$ 은 이 방정식들의 해가 되고, 또한 이미 언급했듯이 원래의 이차 합동식을 만족한다는 것을 보이는 것은 어렵지 않다.

여기에서는 다음 이차 합동식의 해의 존재성에 대한 테스트를 제공해 주는 데 주력한다.

$$x^2 \equiv a \pmod{p} \qquad \gcd(a, p) = 1 \tag{4}$$

다시 말하면, 우리는 법 p에 관해 완전제곱이 되는 정수 a를 확인할 수 있길 바란다.

이 상황을 간명하게 논의하는 데 약간의 용어가 도움이 된다.

정의 9.1 *Definition*

p를 홀수인 소수 그리고 $\gcd(a, p) = 1$이라 하자. 이차 합동식 $x^2 \equiv a \pmod{p}$ 가 해를 가지면 a를 p*의 이차 잉여류*(*quadratic residue of p*)라고 한다. 그렇지 않으면, a를 p*의 이차 비잉여류*(*quadratic nonresidue of p*)라고 한다.

명심하여야 할 관점은 $a \equiv b \pmod{p}$ 이면 a가 p의 이차 잉여류라는 것과 b가 p의 이차 잉여류라는 것은 동치관계라는 사실이다. 따라서 어떤 정수의 이차적 성질을 정하기 위해서는 p보다 작은 양의 정수의 이차적 성질만을 결정할 필요가 있다.

예제 9.1 *Example*

소수 $p = 13$인 경우를 생각하자. 정수 $1, 2, 3, \cdots, 12$ 중에서 13의 이차 잉여류가 몇 개인지 찾기 위해서 a가 집합 $\{1, 2, \cdots, 12\}$의 각 원소일 때마다 다음 합동식의 해의 존재성을 알아야 한다.

$$x^2 \equiv a \pmod{13}$$

모듈로 13에서 정수 $1, 2, 3, \cdots, 12$ 의 제곱은 다음과 같다.

$$\begin{aligned} 1^2 &\equiv 12^2 \equiv 1 \\ 2^2 &\equiv 11^2 \equiv 4 \\ 3^2 &\equiv 10^2 \equiv 9 \\ 4^2 &\equiv 9^2 \equiv 3 \\ 5^2 &\equiv 8^2 \equiv 12 \\ 6^2 &\equiv 7^2 \equiv 10 \end{aligned}$$

따라서 13의 이차 잉여류는 $1, 3, 4, 9, 10, 12$이고 비잉여류는 $2, 5, 6, 7, 8, 11$이다. 1과 12 사이의 정수는 이차 잉여류와 비잉여류로 똑같이 나누어진다. 이것은 일반적인 상황의 전형이다.

$p = 13$이면 두 쌍의 연속인 이차 잉여류 3, 4 그리고 9, 10이 존재한다. 홀수인 소수 p에 대해서는 $\frac{1}{4}(p - 4 - (-1)^{(p-1)/2})$ 의 연속인 쌍이 존재함을 보일 수 있다.

오일러는 정수 a가 주어진 소수 p의 이차 잉여류인지를 결정하는 간단한 판정 기준을 고안하였다.

정리 9.1 *Theorem*

오일러 판정기준. p를 홀수인 소수 그리고 $\gcd(a, p) = 1$이라 하자. 그러면 a가 p의 이차 잉여류라는 사실은 $a^{(p-1)/2} \equiv 1 \pmod{p}$ 와 동치이다.

증명. a가 p의 이차 잉여류라고 가정하자. 그러면 $x^2 \equiv a \pmod{p}$ 는 해가 존재한다. 그 해를 x_1이라 하자. $\gcd(a, p) = 1$ 이므로 분명히 $\gcd(x_1, p) = 1$ 이다. 그러므로 페르마 정리를 적용하여 다음을 얻는다.

$$a^{(p-1)/2} \equiv (x_1^2)^{(p-1)/2} \equiv x_1^{p-1} \equiv 1 \pmod{p}$$

역으로, 합동식 $a^{(p-1)/2} \equiv 1 \pmod{p}$ 가 성립한다고 가정하고 r 을 p 의 원시근이라 놓으면 $1 \le k \le p-1$ 인 어떤 정수 k 에 대해 $a \equiv r^k \pmod{p}$ 이다. 그러므로

$$r^{k(p-1)/2} \equiv a^{(p-1)/2} \equiv 1 \pmod{p}$$

정리 8.1에 의해 r 의 계수(즉, $p-1$)는 $k(p-1)/2$를 나누어야 한다. 따라서 k 는 짝수이며 $k = 2j$ 라 놓자. 그러면,

$$(r^j)^2 = r^{2j} = r^k \equiv a \pmod{p}$$

이고 정수 r^j는 합동식 $x^2 \equiv a \pmod{p}$ 의 해가 된다. 이것으로 a 가 소수 p 의 이차 잉여류라는 증명이 되었다.

이제 p 를 홀수인 소수 그리고 $\gcd(a, p) = 1$이라 하면

$$(a^{(p-1)/2} - 1)(a^{(p-1)/2} + 1) = a^{p-1} - 1 \equiv 0 \pmod{p}$$

이고, 마지막 합동은 페르마 정리부터 나온다. 따라서

$$a^{(p-1)/2} \equiv 1 \pmod{p} \quad \text{또는} \quad a^{(p-1)/2} \equiv -1 \pmod{p}$$

이고 둘 다 만족하지는 않는다. 왜냐하면 두 합동식이 동시에 만족하면 $1 \equiv -1 \pmod{p}$ 이고 또는 $p \mid 2$ 이므로 가정에 모순이다. p의 이차 비잉여류는 $a^{(p-1)/2} \equiv 1 \pmod{p}$ 를 만족하지 않기 때문에 $a^{(p-1)/2} \equiv -1 \pmod{p}$ 를 만족한다. 이런 사실은 오일러 판정기준의 대체 공식을 제공한다. 정수 a 가 소수 p의 이차 비잉여류일 필요충분조건은 $a^{(p-1)/2} \equiv -1 \pmod{p}$이다.

이런 사실을 종합하여 다음 따름정리를 얻는다.

따름정리 Corollary

p 를 홀수인 소수 그리고 $\gcd(a, p) = 1$이라 하자. 그러면 a 가 p의 이차 잉여류 또는 비잉여류라는 사실은

$$a^{(p-1)/2} \equiv 1 \pmod{p} \quad \text{또는} \quad a^{(p-1)/2} \equiv -1 \pmod{p}$$

에 의해 결정된다.

예제 9.2 Example

$p = 13$인 경우에

$$2^{(13-1)/2} = 2^6 = 64 \equiv 12 \equiv -1 \pmod{13}$$

을 얻고 따라서 따름정리에 의해 정수 2는 13의 이차 비잉여류이다. 또한,

$$3^{(13-1)/2} = 3^6 = (27)^2 \equiv 1^2 \equiv 1 \pmod{13}$$

이므로 3이 13의 이차 잉여류라는 결과를 얻어서 합동식 $x^2 \equiv 3 \pmod{13}$은 해가 존재한다. 사실상 두 개의 서로 다른 해는 $x \equiv 4$ 그리고 $9 \pmod{13}$이다.

오일러 판정기준의 또 다른 증명 (디리클레)은 다소 길지만 아마도 좀 더 빛나는 증명이다. 그 논리는 다음과 같다. a 를 p의 이차 비잉여류, c 를 $1, 2, \cdots, p-1$ 중 하나라 가정하자. 선형 합동 이론에 의해서 $cx \equiv a \pmod{p}$ 의 해 c'이 존재한다. c'도 또한 집합 $\{1, 2, \cdots, p-1\}$의 원소이다. $c' \neq c$ 임은 당연하다. 그렇지 않으면 $c^2 \equiv a \pmod{p}$인데 이것은 가정에 모순이다. 그러므로 1과 $p-1$ 사이의 정수를 $cc' \equiv a \pmod{p}$ 인 $(p-1)/2$ 쌍의 c, c'으로 나눌 수 있다. 이것은 다음의 $(p-1)/2$ 합동식을 유도한다.

$$\begin{aligned} c_1c_1' &\equiv a \pmod{p} \\ c_2c_2' &\equiv a \pmod{p} \\ &\vdots \\ c_{(p-1)/2}c_{(p-1)/2}' &\equiv a \pmod{p} \end{aligned}$$

이것을 서로 곱하여 그 곱

$$c_1c_1'c_2c_2' \cdots c_{(p-1)/2}c_{(p-1)/2}'$$

을 관찰하면 단지 $1 \cdot 2 \cdot 3 \cdots (p-1)$ 의 재배열과 같다. 따라서 우리는

$$(p-1)! \equiv a^{(p-1)/2} \pmod{p}$$

를 얻는다. 이제 윌슨의 정리가 필요한 시점이다. 왜냐하면 $(p-1)! \equiv -1 \pmod{p}$ 이므로

$$a^{(p-1)/2} \equiv -1 \pmod{p}$$

즉, a 가 p 의 이차 비잉여류일 때 오일러의 판정기준이다.

다음으로 a 가 p 의 이차 잉여류인 경우를 조사하자. 그러면 합동식 $x^2 \equiv a \pmod{p}$ 는 두 개의 해 $x = x_1$ 그리고 $x = p - x_1$ 을 갖는다. 여기서 $1 \leq x_1 \leq p-1$ 을 만족한다. 집합 $\{1, 2, \cdots, p-1\}$에서 x_1 과 $p-x_1$ 을 제거하면 나머지 $p-3$개의 정수는 $cc' \equiv a \pmod{p}$인 쌍 c, $c'(c \neq c')$ 으로 짝을 이룰 수 있다. 이 $(p-3)/2$ 합동식에 다음 합동식

$$x_1(p - x_1) \equiv -x_1^2 \equiv -a \pmod{p}$$

을 추가하여, 모든 관련된 합동식을 곱하면 다음 관계를 얻는다.

$$(p-1)! \equiv -a^{(p-1)/2} \pmod{p}$$

윌슨의 정리가 다시 적용되어

$$a^{(p-1)/2} \equiv 1 \pmod{p}$$

을 얻는다. 요약하여 우리는 a 가 p의 이차 잉여류 또는 비잉여류인지에 따라 $a^{(p-1)/2} \equiv 1 \pmod{p}$ 또는 $a^{(p-1)/2} \equiv -1 \pmod{p}$ 임을 보였다.

오일러 판정기준은 주어진 정수가 이차 잉여류인지 아닌지를 결정하는 실용적인 테스트를 제공해 주지는 않는다. 모듈러스가 작은 수가 아니면 거기에 포함된 계산은 너무 귀찮은 것이 된다. 그러나 이론적 목적을 위해 쉽게 완성된 명쾌한 판정기준으

로서는 더 바랄 것이 거의 없다. 좀 더 효과적인 계산 방법은 다음 장에서 증명할 이차상호법칙에서 구체화된다.

연습문제 9.1

1. 다음 이차 합동식을 풀어라.
   (a) $x^2 + 7x + 10 \equiv 0 \pmod{11}$
   (b) $3x^2 + 9x + 7 \equiv 0 \pmod{13}$
   (c) $5x^2 + 6x + 1 \equiv 0 \pmod{23}$
2. 모든 소수 p에 대해 이차 합동식 $6x^2 + 5x + 1 \equiv 0 \pmod{p}$는 해가 존재하고, 반면에 방정식 $6x^2 + 5x + 1 = 0$은 정수해가 존재하지 않음을 보여라.
3. (a) 홀수인 소수 p에 대해 p의 이차 잉여류는 법 p에 대해 다음 정수들과 합동임을 보여라.

$$1^2, 2^2, 3^2, \ldots, \left(\frac{p-1}{2}\right)^2$$

   (b) 17의 이차 잉여류가 1, 2, 4, 8, 9, 13, 15, 16임을 보여라.
4. 3은 23의 이차 잉여류이고 31의 이차 비잉여류임을 보여라.
5. a를 홀수인 소수 p의 이차 잉여류라 할 때, 다음을 증명하라.
   (a) a는 p의 원시근이 아니다.
   (b) 정수 $p-a$는 $p \equiv 1 \pmod{4}$ 또는 $p \equiv 3 \pmod{4}$에 따라 p의 이차 잉여류 또는 비잉여류이다.
   (c) $p \equiv 3 \pmod{4}$이면 $x \equiv \pm a^{(p+1)/4} \pmod{p}$는 합동식 $x^2 \equiv a \pmod{p}$의 해이다.
6. p를 홀수인 소수 그리고 $\gcd(a, p) = 1$이라 하자. 이차 합동식 $ax^2 + bx + c \equiv 0 \pmod{p}$의 해가 존재할 필요충분조건은 $b^2 - 4ac$가 0이거나 p의 이차 잉여류임을 보여라.
7. $p = 2^k + 1$이 소수이면 p의 모든 이차 비잉여류는 p의 원시근임을 보여라.
   [*힌트*: 오일러 판정기준을 적용하라.]
8. 정수 r을 소수 p의 원시근이라 하고, $p \equiv 1 \pmod{8}$이라 하자.
   (a) 이차 합동식 $x^2 \equiv 2 \pmod{p}$의 해는

$$x \equiv \pm(r^{7(p-1)/8} + r^{(p-1)/8}) \pmod{p}$$

   임을 증명하라.
   [*힌트*: 먼저 $r^{3(p-1)/2} \equiv -1 \pmod{p}$임을 확인하라.]
   (b) (a)를 이용하여 두 합동식 $x^2 \equiv 2 \pmod{17}$과 $x^2 \equiv 2 \pmod{41}$의 공통해를 모두 구하라.
9. (a) r이 홀수인 소수 p의 이차 잉여류이고 $ab \equiv r \pmod{p}$일 때, a와 b는 동시

에 p의 이차 잉여류 또는 동시에 이차 비잉여류임을 증명하라.

(b) a와 b는 동시에 홀수인 소수 p의 이차 잉여류 또는 동시에 이차 비잉여류이면 합동식 $ax^2 \equiv b \pmod{p}$는 해가 존재함을 보여라.

[*힌트*: 주어진 합동식에 $aa' \equiv 1 \pmod{p}$인 a'을 곱한다.]

10. p를 홀수인 소수 그리고 $\gcd(a, p) = \gcd(b, p) = 1$이라 하자. 다음 세 개의 이차 합동식

$$x^2 \equiv a \pmod{p} \qquad x^2 \equiv b \pmod{p} \qquad x^2 \equiv ab \pmod{p}$$

는 모두 해가 존재하거나 정확히 하나만 해가 존재함을 증명하라.

11. (a) 2가 19의 원시근임을 알고 19의 모든 이차 잉여류를 구하라.

[*힌트*: 정리 9.1의 증명을 보라.]

(b) 29와 31의 이차 잉여류를 구하라.

12. $n > 2$이고 $\gcd(a, n) = 1$이면, $x^2 \equiv a \pmod{n}$인 정수 x가 존재할 때, a를 n의 이차 잉여류라 부른다. a가 $n > 2$의 이차 잉여류이면 $a^{\phi(n)/2} \equiv 1 \pmod{n}$임을 증명하라.

13. 문제 12의 결과는 n의 이차 잉여류의 존재성에 대한 충분조건을 제공하는 것은 아님을 보여라. 즉, 합동식 $x^2 \equiv a \pmod{n}$의 해가 존재하지 않고 $a^{\phi(n)/2} \equiv 1 \pmod{n}$이며 서로 소인 정수 a와 n을 구하라.

9.2 르장드르 기호와 그 성질

이차 잉여류에 관한 오일러의 연구는 프랑스 수학자 아드리앵 마리 르장드르(Adrien Marie Legendre, 1752~1833)에 의해 더욱 발전되었다. 르장드르의 연구논문집 「비결정해석학 탐구」(*Recherches d'Analyse Indéterminée*, 1785)는 이차상호법칙의 설명, 그 많은 응용들, 세 개의 완전제곱의 합으로 나타낼 수 있는 정수의 표현론의 스케치 그리고 나중에 유명해진 한 정리, 즉 "$\gcd(a, b) = 1$인 모든 등차수열 $ax + b$는 무한히 많은 소수를 갖는다"는 정리에 대한 명제들을 포함하고 있다. 「탐구」에서 언급된 주제는 1798년에 발표된 「수론에 관한 시론」(*Essai sur la Théorie des Nombres*)에서 좀 더 철저하고 체계적인 형태로 다루어졌다. 이것은 디오판투스에 대한 번역 또는 주석에 뒤이어, 수론에 전적으로 기여한 첫 번째 "현대적" 논문을 대표하였다. 르장드르의 「시론」(*Essai*)은 결과적으로 그의 「수론」(*Théorie des Nombres*)으로 확장되었다. 가우스에 의해 많은 영향을 받은 그의 만년의 연구 논문의 결과는 1830년에 「수론」의 세 번째 인쇄본 두 권에 포함되어 있다. 이것은 가우스의 「산술 논고」와 더불어 많은 해 동안 그 주제의 표준화된 작업이었다. 르장드르는 수론에서 커다란 혁신은 없었지만 그는 19세기 수학자들에게 헌신할 주제를 제공하는 많은 질문을 야기하였다.

르장드르의 수학적 기여에 대한 얘기를 끝내기 전에 우리는 그가 또한 타원 적분에 대한 업적과 그의 책 「기하의 원소」(*Eléments de Géométrie*)로 잘 알려져 있음을 언급하여야 한다. 그의 마지막 책에서 그는 고대 논법의 엄밀함을 약화하지 않으면서 많은 증명을 재배열하고 간단하게 함으로써 유클리드의 「원소」를 교육학적으로 향상시켰다. 그 결과는 너무 호의적으로 받아들여져 많은 책과 번역서 중에서 1세기를 넘는 동안 여태까지 쓰인 기하학의 주요 교육에서 가장 성공적인 교재 중 하나가 되었다. 영어 번역서는 1824년에 스코트랜드 수필가이자 역사가이며 젊은 시절에는 수학교사였던 토머스 칼라일(Thomas Carlyle)에 의해 쓰여졌다. 칼라일의 번역서는 33편의 미국판이 나왔고 그 마지막판은 1890년까지 나오지 않았다. 사실상 르장드르의 교정판은 유클리드의 「원소」가 마침내 교재로서 버림받았던 1885년에 비로소 예일대학교에서 사용하였다.

이후에는 기호 (a/p)의 사용으로 매우 간편해질 것이다. 이 용어는 르장드르가 그의 「시론」에서 소개하였고 충분히 당연하게 르장드르 기호로 불린다.

정의 9.2 *Definition*

p를 홀수인 소수 그리고 $\gcd(a, p)=1$이라 하자. 그러면 *르장드르 기호*(*Legendre symbol*) (a/p)는 다음과 같이 정의된다.

$$(a/p) = \begin{cases} 1, & a\text{는 } p\text{의 이차 잉여류} \\ -1, & a\text{는 } p\text{의 이차 비잉여류} \end{cases}$$

좀 더 나은 용어를 위해 우리는 a를 기호 (a/p)의 *분자*, p를 *분모*로 언급하자. 르장드르 기호의 또 다른 표준은 $\left(\frac{a}{p}\right)$ 또는 $(a\,|\,p)$이다.

예제 9.3 *Example*

특히, 소수 $p=13$을 생각하자. 르장드르 기호를 사용하여 예제 9.1의 결과를 다음과 같이 표현할 수 있다.

$$(1/13)=(3/13)=(4/13)=(9/13)=(10/13)=(12/13)=1$$

그리고

$$(2/13)=(5/13)=(6/13)=(7/13)=(8/13)=(11/13)=-1$$

참고 $p\,|\,a$인 경우 르장드르 기호 (a/p)는 정의하지 않았다. 어떤 저자들은 이 경우 $(a/p)=0$으로 르장드르의 정의를 확장하는 것이 편리하다고 생각한다. 이것의 하나의 장점은 $x^2 \equiv a \pmod p$의 해의 개수는 $1+(a/p)$의 간단한 식으로 주어질 수 있다는 것이다.

다음 정리는 르장드르 기호에 관한 기본적인 사실들이다.

정리 9.2
Theorem

p를 홀수인 소수 그리고 a와 b를 p와 서로 소인 정수라 하자. 그러면 르장드르 기호는 다음과 같은 성질을 갖는다.

(a) $a \equiv b \pmod{p}$ 이면 $(a/p) = (b/p)$이다.

(b) $(a^2/p) = 1$

(c) $(a/p) \equiv a^{(p-1)/2} \pmod{p}$

(d) $(ab/p) = (a/p)(b/p)$

(e) $(1/p) = 1$ 그리고 $(-1/p) = (-1)^{(p-1)/2}$

증명. $a \equiv b \pmod{p}$ 이면 두 합동식 $x^2 \equiv a \pmod{p}$ 와 $x^2 \equiv b \pmod{p}$ 는 해가 존재하면 정확히 같은 해를 갖는다. 따라서 $x^2 \equiv a \pmod{p}$ 와 $x^2 \equiv b \pmod{p}$ 는 동시에 해를 갖거나 둘 다 해가 존재하지 않는다. 이것은 $(a/p) = (b/p)$을 의미한다.

성질 (b)에 관해서는 정수 a가 당연히 합동식 $x^2 \equiv a^2 \pmod{p}$ 을 만족함을 관찰하면 된다. 따라서 $(a^2/p) = 1$ 이다. 성질 (c)는 단지 정리 9.1의 따름정리를 르장드르 기호의 용어로 표현한 것이다. (c)를 이용하여 성질 (d)가 성립함을 보이자.

$$(ab/p) \equiv (ab)^{(p-1)/2} \equiv a^{(p-1)/2}b^{(p-1)/2} \equiv (a/p)(b/p) \pmod{p}$$

이제 르장드르 기호가 단지 1과 -1의 값만을 갖는다. 만약 $(ab/p) \neq (a/p)(b/p)$이면 $1 \equiv -1 \pmod{p}$ 또는 $2 \equiv 0 \pmod{p}$ 이다. $p > 2$ 이므로 이것은 불가능하다. 그러므로

$$(ab/p) = (a/p)(b/p)$$

마지막으로 성질 (e)의 첫 번째 등식은 성질 (b)의 특수한 경우이고, 반면에 두 번째 등식은 $a = -1$을 성질 (c)에 대입하여 얻는다. 왜냐하면 $(-1/p)$과 $(-1)^{(p-1)/2}$ 의 값은 1 또는 -1이므로 그 합동식

$$(-1/p) \equiv (-1)^{(p-1)/2} \pmod{p}$$

는 $(-1/p) = (-1)^{(p-1)/2}$ 을 의미한다.

정리 9.2의 (b)와 (d)로부터 또한 다음 관계를 갖는다.

(f) $(ab^2/p) = (a/p)(b^2/p) = (a/p)$

다시 말하면 르장드르 기호의 값을 변하지 않고 그 기호의 분자에서 p 와 서로 소인 제곱 인수를 제거할 수 있다.

$4k+1$ 꼴의 소수 p 에 대해서 $(p-1)/2$는 짝수이고 $4k+3$ 꼴의 소수 p 에 대해서는 홀수이므로 등식 $(-1/p) = (-1)^{(p-1)/2}$ 는 정리 9.2의 자그마한 보충적인 따름정리를 제공한다.

따름정리
Corollary

p 를 홀수인 소수라 하면

$$(-1/p) = \begin{cases} 1, & p \equiv 1 \pmod{4} \\ -1, & p \equiv 3 \pmod{4} \end{cases}$$

이 따름정리는 홀수인 소수 p에 대해서 이차 합동식 $x^2 \equiv -1 \pmod{p}$의 해가 존재할 필요충분조건이 p가 $4k+1$ 꼴이라는 사실로 간주될 수 있다. 이 결과는 물론 이미 알고 있는 사실이며 단지 정리 5.5의 다른 방법을 제공하는 것이다.

예제 9.4 *Example*

합동식 $x^2 \equiv -46 \pmod{17}$이 해가 존재하는지를 확인하자. 이것은 르장드르 기호 $(-46/17)$을 계산하여 얻을 수 있다. 먼저 정리 9.2의 성질 (d)와 (e)로부터

$$(-46/17) = (-1/17)(46/17) = (46/17)$$

이고 $46 \equiv 12 \pmod{17}$이므로

$$(46/17) = (12/17)$$

이제 성질 (f)에 의해

$$(12/17) = (3 \cdot 2^2/17) = (3/17)$$

을 얻고 정리 9.2의 성질 (c)를 적절하게 사용하여

$$(3/17) \equiv 3^{(17-1)/2} \equiv 3^8 \equiv (81)^2 \equiv (-4)^2 \equiv -1 \pmod{17}$$

을 얻어서 $(3/17) = -1$이다. $(-46/17) = -1$이므로 이차 합동식 $x^2 \equiv -46 \pmod{17}$은 해가 존재하지 않는다.

정리 9.2의 따름정리는 소수의 분포에 관한 하나의 응용에 도움을 준다.

정리 9.3 *Theorem*

$4k+1$ 꼴의 소수가 무한히 많이 존재한다.

증명. 그런 소수들이 유한개 $p_1, p_2, \cdots, p_n$이 존재한다고 가정하자. 그리고 다음 정수

$$N = (2p_1p_2\cdots p_n)^2 + 1$$

을 생각하자. N은 홀수이므로 $p \mid N$인 홀수인 소수 p가 존재한다. 다시 말하면

$$(2p_1p_2\cdots p_n)^2 \equiv -1 \pmod{p}$$

이고 또는 르장드르 기호를 사용하면 $(-1/p) = 1$이다. 그러나 $(-1/p) = 1$이면 p는 $4k+1$ 꼴이다. 따라서 p는 p_i 중 하나이고 p_i가 $N-(2p_1p_2\cdots p_n)^2$을 나눈다. 즉 $p_i \mid 1$이다. 이것은 명백히 모순이다. 따라서 결론적으로 $4k+1$ 꼴의 소수가 무한히 많이 존재한다.

이제 정리 9.4에서 이차 잉여류에 대한 성질을 좀 더 깊게 연구해보자.

정리 9.4 *Theorem*

p를 홀수인 소수라 하면

$$\sum_{a=1}^{p-1} (a/p) = 0$$

이다. 따라서 정확히 $(p-1)/2$개의 p의 이차 잉여류와 $(p-1)/2$개의 이차 비잉여류

가 존재한다.

증명. r을 p의 원시근이라 하자. 그러면 모듈로 p에서 $r, r^2, \cdots, r^{p-1}$은 단지 정수 $1, 2, \cdots, p-1$의 순열이다. 그러므로 1과 $p-1$ 사이의 어떤 a에 대해서 유일한 양의 정수 $k(1 \le k \le p-1)$가 존재하여 $a \equiv r^k \pmod{p}$를 만족한다. 오일러 판정기준을 적절히 사용하여

$$(a/p) = (r^k/p) \equiv (r^k)^{(p-1)/2} = (r^{(p-1)/2})^k \equiv (-1)^k \pmod{p} \qquad (1)$$

를 얻는다. 여기서, r은 p의 원시근이므로 $r^{(p-1)/2} \equiv -1 \pmod{p}$이다. 그런데 (a/p)와 $(-1)^k$는 1 또는 -1이므로 식 (1)에서 등호가 성립한다. 이제 정리에서 르장드르 기호를 모두 더하면

$$\sum_{a=1}^{p-1}(a/p) = \sum_{k=1}^{p-1}(-1)^k = 0$$

을 얻어 결론에 이른다.

정리 9.4의 증명은 다음과 같은 따름정리를 가져온다.

따름정리 Corollary

홀수인 소수 p의 이차 잉여류는 법 p에 대해 p의 원시근 r의 짝수 곱과 합동이고 이차 비잉여류는 r의 홀수 곱과 합동이다.

방금 소개한 아이디어를 설명하기 위해 다시 소수 $p = 13$으로 돌아가 보자. 2는 13의 원시근이므로 13의 이차 잉여류는 2의 짝수 곱으로 주어진다. 즉,

$$\begin{array}{ll} 2^2 \equiv 4 & 2^8 \equiv 9 \\ 2^4 \equiv 3 & 2^{10} \equiv 10 \\ 2^6 \equiv 12 & 2^{12} \equiv 1 \end{array}$$

여기서, 모든 합동은 모듈로 13에 대한 합동이다. 마찬가지로 이차 비잉여류는 2의 홀수 곱으로 나타난다.

$$\begin{array}{ll} 2^1 \equiv 2 & 2^7 \equiv 11 \\ 2^3 \equiv 8 & 2^9 \equiv 5 \\ 2^5 \equiv 6 & 2^{11} \equiv 7 \end{array}$$

이차상호법칙의 대부분의 증명은 우리의 증명도 마찬가지지만 궁극적으로 가우스 보조정리로 알려진 것에 달려있다. 이 보조정리는 정수의 이차 성질을 제공하지만 계산적인 도구로서보다는 이론적인 관점에서 더 유용하다. 우리는 다음과 같이 기술하고 증명한다.

정리 9.5
Theorem

가우스 보조정리. p를 홀수인 소수라 하고 $\gcd(a, p) = 1$이라 하자. 그리고 n을 다음 집합

$$S = \left\{a, 2a, 3a, \ldots, \left(\frac{p-1}{2}\right)a\right\}$$

에 있는 정수를 p로 나누었을 때 나머지가 $p/2$를 넘는 것의 개수라 하면

$$(a/p) = (-1)^n$$

증명. $\gcd(a,\ p) = 1$이므로 S에 있는 $(p-1)/2$개의 정수는 어느 것도 0과 합동이 아니고 어느 두 개도 모듈로 p에 대해 서로 합동이 아니다. $r_1, r_2, \cdots, r_m$을 그 정수를 p로 나누었을 때 나머지가 $0 < r_i < p/2$인 나머지라 하고 $s_1, s_2, \cdots, s_n$을 나머지가 $p > s_i > p/2$인 나머지라 놓자. 그러면 $m + n = (p-1)/2$이고 정수

$$r_1, \ldots, r_m \qquad p - s_1, \ldots, p - s_n$$

은 모두 $p/2$보다 작은 양수들이다.

이 정수들이 모두 다르다는 것을 보이기 위해 어떤 $p - s_i$도 r_j와 같지 않다는 것을 보이기만 해도 충분하다. 그렇지 않다고 가정하면, 즉 어떤 i와 j에 대해

$$p - s_i = r_j$$

그러면 $s_i \equiv ua \pmod{p}$이고 $r_j \equiv va \pmod{p}$를 만족하는 정수 u, v가 $1 \le u,\ v \le (p-1)/2$에 존재한다. 따라서

$$(u+v)a \equiv s_i + r_j = p \equiv 0 \pmod{p}$$

이것은 $u + v \equiv 0 \pmod{p}$를 의미한다. 그런데 이 합동은 $1 < u + v \le p - 1$이므로 불가능하다. 우리가 얻은 요점은 $(p-1)/2$개의 수

$$r_1, \ldots, r_m \qquad p - s_1, \ldots, p - s_n$$

은 단지 순서에 상관없이 정수 $1, 2, \cdots, (p-1)/2$를 나타낸다는 것이다. 그러므로 그들의 곱은 $[(p-1)/2]!$로, 다음과 같다.

$$\begin{aligned}\left(\frac{p-1}{2}\right)! &= r_1 \cdots r_m (p - s_1) \cdots (p - s_n) \\ &\equiv r_1 \cdots r_m (-s_1) \cdots (-s_n) \pmod{p} \\ &\equiv (-1)^n r_1 \cdots r_m s_1 \cdots s_n \pmod{p}\end{aligned}$$

그런데 $r_1, \cdots, r_m, s_1, \cdots, s_n$은 법 p에 대해 어떤 순서로 $a, 2a, \cdots, [(p-1)/2]a$와 합동이므로

$$\begin{aligned}\left(\frac{p-1}{2}\right)! &\equiv (-1)^n a \cdot 2a \cdots \left(\frac{p-1}{2}\right) a \pmod{p} \\ &\equiv (-1)^n a^{(p-1)/2} \left(\frac{p-1}{2}\right)! \pmod{p}\end{aligned}$$

$[(p-1)/2]!$은 p와 서로 소이므로 이 합동식의 양변에서 소거하여

$$1 \equiv (-1)^n a^{(p-1)/2} \pmod{p}$$

을 얻고 $(-1)^n$ 을 곱하여

$$a^{(p-1)/2} \equiv (-1)^n \pmod p$$

얻고 오일러의 판정기준을 적용하여 결론에 도달한다.

$$(a/p) \equiv a^{(p-1)/2} \equiv (-1)^n \pmod p$$

즉,

$$(a/p) = (-1)^n$$

예를 들어, $p = 13$ 그리고 $a = 5$라 하자. 그러면 $(p-1)/2 = 6$ 이고

$$S = \{5, 10, 15, 20, 25, 30\}$$

모듈로 13에서 S의 원소들은 다음 정수들과 같다.

$$5, 10, 2, 7, 12, 4$$

이 중에서 세 수는 13/2보다 크다. 따라서 $n = 3$이고 정리 9.5에 의하면

$$(5/13) = (-1)^3 = -1$$

가우스 보조정리는 다양한 흥미로운 결과들을 가져온다. 일례로 2를 이차 잉여류로 갖는 소수를 결정하는 수단을 제공한다.

정리 9.6 *Theorem*

p를 홀수인 소수라 하면

$$(2/p) = \begin{cases} 1, & p \equiv 1 \pmod 8 \text{ 또는 } p \equiv 7 \pmod 8 \\ -1, & p \equiv 3 \pmod 8 \text{ 또는 } p \equiv 5 \pmod 8 \end{cases}$$

증명. 가우스 보조정리에 의해 $(2/p) = (-1)^n$ 이고 n은 다음 집합

$$S = \left\{1 \cdot 2, 2 \cdot 2, 3 \cdot 2, \ldots, \left(\frac{p-1}{2}\right) \cdot 2\right\}$$

을 p로 나누었을 때, 나머지가 $p/2$보다 큰 수의 개수이다. S의 원소는 모두 p보다 작으므로 $p/2$보다 큰 수만을 세면 충분하다. $1 \le k \le (p-1)/2$ 이면 $2k < p/2$ 일 필요충분조건은 $k < p/4$ 이다. [ ]를 최대 정수 함수라 하면 S에는 $p/2$보다 작은 정수는 $[p/4]$개 존재한다. 따라서

$$n = \frac{p-1}{2} - \left[\frac{p}{4}\right]$$

는 $p/2$보다 큰 정수의 개수를 말한다.

이제 네 개의 가능성이 있다. 홀수인 소수는 $8k+1$, $8k+3$, $8k+5$ 또는 $8k+7$ 꼴 중 하나이다. 단순계산에 의하면

$p=8k+1$ 이면, $\quad n=4k-\left[2k+\frac{1}{4}\right]=4k-2k=2k$

$p=8k+3$ 이면, $\quad n=4k+1-\left[2k+\frac{3}{4}\right]=4k+1-2k=2k+1$

$p=8k+5$ 이면, $\quad n=4k+2-\left[2k+1+\frac{1}{4}\right]$
$\qquad\qquad\qquad\qquad =4k+2-(2k+1)=2k+1$

$p=8k+7$ 이면, $\quad n=4k+3-\left[2k+1+\frac{3}{4}\right]$
$\qquad\qquad\qquad\qquad =4k+3-(2k+1)=2k+2$

그러므로 p 가 $8k+1$ 또는 $8k+7$ 꼴이면 n 은 짝수이고 $(2/p)=1$이다. 반면에 p 가 $8k+3$ 또는 $8k+5$ 꼴이면 n은 홀수이고 $(2/p)=-1$이다.

참고로 소수 p 가 $8k\pm1$ 꼴(동등하게, $p\equiv 1 \pmod 8$ 또는 $p\equiv 7 \pmod 8$)이면

$$\frac{p^2-1}{8}=\frac{(8k\pm1)^2-1}{8}=\frac{64k^2\pm16k}{8}=8k^2\pm2k$$

이것은 짝수인데, 이 경우 $(-1)^{(p^2-1)/8}=1=(2/p)$ 이다. 반면에 p 가 $8k\pm3$ 꼴(동등하게, $p\equiv 3 \pmod 8$ 또는 $p\equiv 5 \pmod 8$)이면

$$\frac{p^2-1}{8}=\frac{(8k\pm3)^2-1}{8}=\frac{64k^2\pm48k+8}{8}=8k^2\pm6k+1$$

이것은 홀수이다. 여기서 우리는 $(-1)^{(p^2-1)/8}=-1=(2/p)$ 을 갖는다. 따라서 정리 9.6의 다음 따름정리의 명제를 가져온다.

따름정리 Corollary p 를 홀수인 소수라 하면

$$(2/p)=(-1)^{(p^2-1)/8}$$

이제 원시근에 대한 다른 관찰을 해보자. 언급한 바와 같이 홀수인 소수 p 의 원시근을 찾는 일반적인 테크닉은 없다. 그러나 독자들은 다음 정리가 유용하다는 것을 알게 될 것이다.

정리 9.7 Theorem p 와 $2p+1$을 모두 홀수인 소수라 하면 정수 $(-1)^{(p-1)/2}2$ 는 $2p+1$의 원시근이다.

증명. 논의를 쉽게 하기위해 $q=2p+1$이라 놓자. 두 가지 경우로 구별하자: $p\equiv 1 \pmod 4$ 그리고 $p\equiv 3 \pmod 4$.

만일 $p\equiv 1 \pmod 4$ 이면 $(-1)^{(p-1)/2}2=2$ 이다. $\phi(q)=q-1=2p$ 이므로 모듈로 q 에 대한 2의 계수는 $1, 2, p$ 또는 $2p$ 중 하나이다. 정리 9.2의 성질 (c)를 인용하여

$$(2/q) \equiv 2^{(q-1)/2} = 2^p \pmod{q}$$

을 얻는다. 그런데 현재 가정에 의하면 $q \equiv 3 \pmod{8}$이고, 때문에 르장드르 기호는 $(2/q) = -1$이다. 따라서 $2^p \equiv -1 \pmod{q}$ 이고 그러므로 2는 모듈로 q 에 대해 계수 p를 가질 수 없다. 2의 계수가 1, 2 ($2^2 \equiv 1 \pmod{q}$이면 $q \mid 3$, 이것은 불가능) 또는 p 가 될 수 없으므로 모듈로 q 에 대한 2의 계수는 $2p$ 라는 결론에 이른다.

이제 $p \equiv 3 \pmod{4}$ 인 경우를 다루어 보자. 이 경우 $(-1)^{(p-1)/2}\,2 = -2$ 이고

$$(-2)^p \equiv (-2/q) = (-1/q)(2/q) \pmod{q}$$

$q \equiv 7 \pmod{8}$ 이므로 정리 9.2의 따름정리에 의하면 $(-1/q) = -1$이고 반면에 다시 $(2/q) = 1$을 갖는다. 이것은 합동식 $(-2)^p \equiv -1 \pmod{q}$ 를 가져온다. 여기서부터는 같은 방법으로 더 이상 해석 없이 -2는 소수 q 의 원시근이라는 결론을 내린다.

정리 9.7은 예를 들어 소수 11, 59, 107, 그리고 179는 2를 원시근으로 갖고 마찬가지로 정수 -2는 7, 23, 47, 그리고 167에 대한 원시근이 된다는 것을 나타낸다.

이 분야 얘기를 끝내기 전에 우리는 같은 성격의 다른 결과를 언급하여야 한다. p 와 $4p+1$이 모두 소수이면 2는 $4p+1$의 원시근이다. 그러므로 2를 원시근으로 갖는 소수를 나열하기 위해서 우리는 예를 들어, 13, 29, 53, 그리고 173을 더할 수 있다.

$2p+1$ 도 소수인 홀수 소수 p 를 프랑스 수론학자 소피 제르멩(Sophie Germain, 1776~1831)의 이름을 따서 제르멩 소수(Germain prime)라 부른다. 미해결 문제 중 하나는 무한히 많은 제르멩 소수가 존재하는지를 결정하는 것이다. 지금까지 알려진 가장 큰 제르멩 소수는 51910 자리인 $p = 48047305725 \cdot 2^{172403} - 1$이다.

$8k-1$ 꼴의 소수가 무한히 많다는 매력적인 증명은 정리 9.6에 근거하여 얻을 수 있다.

정리 9.8 *Theorem*

$8k-1$ 꼴의 소수는 무한히 많다.

증명. 보통과 같이 그러한 소수가 유한개 존재한다고 가정하자. 그 소수를 $p_1, p_2, \cdots, p_n$ 이라 놓고 다음 정수를 생각하자.

$$N = (4p_1p_2\cdots p_n)^2 - 2$$

그러면 N의 홀수인 소인수 p가 적어도 하나 존재하여,

$$(4p_1p_2\cdots p_n)^2 \equiv 2 \pmod{p}$$

또는 $(2/p) = 1$ 이다. 정리 9.6의 관점에서 $p \equiv \pm 1 \pmod{8}$이다. N의 모든 홀수인 소인수가 $8k+1$이면 N은 $8a+1$ 꼴이 될 것이다. 이것은 N이 $16a-2$ 꼴이므로 당연히 불가능하다. 그러므로 N은 $8k-1$ 꼴의 소인수인 q를 가지고 있어야 한다. 그러면 $q \mid N$ 그리고 $q \mid (4p_1p_2\cdots p_n)^2$이므로 $q \mid 2$ 이라는 모순에 이른다.

가우스 보조정리로부터 이차상호법칙(정리 9.9)을 얻게 하는 효과를 주는 다음 결과는 그 자체의 또 다른 흥미를 가지고 있다.

보조정리 *Lemma* p를 홀수인 소수라 하고 a를 $\gcd(a, p) = 1$인 홀수라 하면

$$(a/p) = (-1)^{\sum_{k=1}^{(p-1)/2}[ka/p]}$$

증명. 가우스 보조정리의 증명에서와 같은 용어를 적용하자. 다음 정수의 집합을 생각하자.

$$S = \left\{a, 2a, \ldots, \left(\frac{p-1}{2}\right)a\right\}$$

이와 같은 a의 배수들을 p로 나누어

$$ka = q_k p + t_k \qquad 1 \le t_k \le p-1$$

를 얻으면 $ka/p = q_k + t_k/p$이고, 따라서 $[ka/p] = q_k$이다. 그러므로 $1 \le k \le (p-1)/2$에 대해 ka를

$$ka = \left[\frac{ka}{p}\right]p + t_k \tag{1}$$

인 형태로 써도 좋다. 나머지 $t_k < p/2$이면 그것은 정수 $r_1, \cdots, r_m$ 중 하나다. 반면에 $t_k > p/2$이면 그것은 $s_1, \cdots, s_n$ 중 하나다.

식 (1)에 있는 $(p-1)/2$개의 방정식을 모두 더하면 다음 관계식을 얻는다.

$$\sum_{k=1}^{(p-1)/2} ka = \sum_{k=1}^{(p-1)/2}\left[\frac{ka}{p}\right]p + \sum_{k=1}^{m} r_k + \sum_{k=1}^{n} s_k \tag{2}$$

가우스 보조정리를 증명하는 과정에서 $(p-1)/2$개의 수

$$r_1, \ldots, r_m \qquad p-s_1, \ldots, p-s_n$$

은 단지 정수 $1, 2, \cdots, (p-1)/2$의 재배열임을 알았다. 그러므로

$$\sum_{k=1}^{(p-1)/2} k = \sum_{k=1}^{m} r_k + \sum_{k=1}^{n}(p-s_k) = pn + \sum_{k=1}^{m} r_k - \sum_{k=1}^{n} s_k \tag{3}$$

식 (2)에서 식 (3)을 빼면

$$(a-1)\sum_{k=1}^{(p-1)/2} k = p\left(\sum_{k=1}^{(p-1)/2}\left[\frac{ka}{p}\right] - n\right) + 2\sum_{k=1}^{n} s_k \tag{4}$$

를 얻는다. $p \equiv a \equiv 1 \pmod 2$인 사실을 이용하고 이 마지막 방정식을 모듈로 2에 관한 합동으로 해석하면

$$0 \cdot \sum_{k=1}^{(p-1)/2} k \equiv 1 \cdot \left(\sum_{k=1}^{(p-1)/2}\left[\frac{ka}{p}\right] - n\right) \pmod 2$$

또는

$$n \equiv \sum_{k=1}^{(p-1)/2}\left[\frac{ka}{p}\right] \pmod 2$$

나머지는 가우스 보조정리에 따른다. 왜냐하면

$$(a/p) = (-1)^n = (-1)^{\sum_{k=1}^{(p-1)/2}[ka/p]}$$

이것이 우리가 보이고자 하는 것이다.

이 마지막 결론의 예제로 다시 $p = 13$ 그리고 $a = 5$ 를 생각하자. $(p-1)/2 = 6$ 이므로 $k = 1, \cdots, 6$ 에 대해 $[ka/p]$ 를 계산할 필요가 있다.

$$[5/13] = [10/13] = 0$$
$$[15/13] = [20/13] = [25/13] = 1$$
$$[30/13] = 2$$

방금 증명한 보조정리에 의해 우리는

$$(5/13) = (-1)^{1+1+1+2} = (-1)^5 = -1$$

을 갖는다. 이것은 이미 보였던 것을 확인한 것이다.

연습문제 9.2

1. 다음 르장드르 기호의 값을 구하라.
   (a) $(19/23)$
   (b) $(-23/59)$
   (c) $(20/31)$
   (d) $(18/43)$
   (e) $(-72/131)$
2. 가우스 보조정리를 이용하여 아래 각 르장드르 기호를 계산하라[즉, 각 경우에서 $(a/p) = (-1)^n$ 인 정수 n 을 구하라].
   (a) $(8/11)$
   (b) $(7/13)$
   (c) $(5/19)$
   (d) $(11/23)$
   (e) $(6/31)$
3. 홀수인 소수 p 에 대해 p 의 원시근이 아닌 p 의 이차 비잉여류가 $(p-1)/2 - \phi(p-1)$ 개 존재함을 증명하라.
4. (a) p 를 홀수인 소수라 하자. 디오판투스 방정식

   $$x^2 + py + a = 0 \qquad \gcd(a, p) = 1$$

   이 정수해를 가질 필요충분조건은 $(-a/p) = 1$ 임을 증명하라.
   (b) $x^2 + 7y - 2 = 0$이 정수해를 가지는지를 결정하라.
5. 2는 $p = 13$ 인 경우를 제외하고 $p = 3 \cdot 2^n + 1$ 꼴의 어떤 소수의 원시근도 아님을 증명하라.
   [*힌트*: 정리 9.6을 사용하라.]
6. (a) p 를 홀수인 소수 그리고 $\gcd(ab, p) = 1$이라 하면, a, b 또는 ab 중 적어도 하나는 p 의 이차 잉여류임을 증명하라.

(b) 주어진 소수 p에 대해 어떤 $n>0$이 있어 p가 다음을 나눔을 증명하라.

$$(n^2-2)(n^2-3)(n^2-6)$$

7. p가 홀수인 소수이면 다음을 증명하라.

$$\sum_{a=1}^{p-2}(a(a+1)/p) = -1$$

[힌트: $aa' \equiv 1 \pmod{p}$로 정의된 a'에 대해 $(a(a+1)/p) = ((1+a')/p)$이다. $1+a'$은 정수 1을 제외하고 법 p의 완전잉여계를 모두 포함한다.]

8. 아래 명제를 증명하라.

(a) p와 $q=2p+1$을 모두 홀수인 소수라 하면 -4는 q의 원시근이다.

(b) $p \equiv 1 \pmod{4}$이 소수이면 -4와 $(p-1)/4$은 모두 p의 이차 잉여류이다.

9. $p \equiv 7 \pmod{8}$인 소수 p는 $p \mid 2^{(p-1)/2}-1$임을 증명하라.

[힌트: 정리 9.6을 사용하라.]

10. 문제 9를 이용하여 $n = 11, 23, 83, 131, 179, 183, 239, 251$인 경우 2^n-1이 합성수임을 확인하라.

11. p와 $q=4p+1$이 모두 소수일 때, 다음을 증명하라.

(a) q의 어떤 이차 비잉여류는 q의 원시근이거나 모듈로 q에 대하여 계수 4를 갖는다.

[힌트: a가 q의 이차 비잉여류이면 $-1=(a/q) \equiv a^{2p} \pmod{q}$이고, 따라서 a는 모듈로 q에 대하여 계수 $1, 2, 4, p, 2p$, 또는 $4p$를 갖는다.]

(b) 정수 2는 q의 원시근이다. 특히 2는 소수 13, 29, 53, 그리고 173의 원시근이다.

12. r이 홀수인 소수 p의 원시근이면 p의 이차 잉여류의 곱은 모듈로 p에 대해 $r^{(p^2-1)/4}$와 합동이고 p의 이차 비잉여류들의 곱은 모듈로 p에 대해 $r^{(p-1)^2/4}$와 합동임을 증명하라.

[힌트: 정리 9.4의 따름정리를 적용하라.]

13. 홀수인 소수 p의 이차 잉여류의 곱은 $p \equiv 3 \pmod{4}$ 또는 $p \equiv 1 \pmod{4}$에 따라 법 p에 대해 1 또는 -1과 합동임을 완성하라.

[힌트: 문제 12와 $r^{(p-1)/2} \equiv -1 \pmod{p}$라는 사실을 이용하라. 그렇지 않으면 9.1절의 문제 3(a)와 정리 5.5의 증명을 응용하라.]

14. (a) 소수 $p>3$이면 p는 그 이차 잉여류의 합을 나눈다는 사실을 증명하라.

(b) 소수 $p>5$이면 p는 그 이차 비잉여류의 제곱의 합을 나눈다는 사실을 증명하라.

15. 어떤 소수 $p>5$에 대해서도 다음을 만족하는 정수 $1 \le a,\ b \le p-1$가 존재함을 증명하라.

$$(a/p) = (a+1/p) = 1 \quad \text{그리고} \quad (b/p) = (b+1/p) = -1$$

즉, p의 연속인 이차 잉여류와 연속인 비잉여류가 존재함을 증명하라.

16. (a) p를 홀수인 소수라 하고 $\gcd(a, p) = \gcd(k, p) = 1$이라 하자. 방정식 $x^2 - ay^2 = kp$가 해를 가지면 $(a/p)=1$임을 증명하라. 예를 들어 $6^2 - 2 \cdot 2^2 = 4 \cdot 7$이므

로 $(2/7)=1$이다.

[*힌트*: x_0, y_0가 주어진 방정식을 만족하면 $(x_0 y_0^{p-2})^2 \equiv a \pmod{p}$이다.]

(b) 방정식 $x^2+5y^2=7$ 을 생각하여 (a)의 결과의 역은 성립하지 않음을 설명하라.

(c) 어떤 소수 $p \equiv \pm 3 \pmod{8}$ 에 대해서도 방정식 $x^2-2y^2=p$ 는 해를 가지지 않음을 보여라.

17. 정수 9^n+1 의 홀수인 소인수는 $p \equiv 1 \pmod{4}$ 꼴임을 증명하라.

18. 소수 $p \equiv 1 \pmod{4}$에 대해 p의 이차 잉여류의 합이 $p(p-1)/4$과 같음을 입증하라.

[*힌트*: $a_1, \cdots, a_r$이 $p/2$ 보다 작은 p의 이차 잉여류이면 $p-a_1, \cdots, p-a_r$은 $p/2$ 보다 큰 이차 잉여류이다.]

9.3 이차 상호성

p, q를 서로 다른 홀수인 소수라 하여 르장드르 기호 (p/q)와 (q/p) 둘 다 정의된다고 하자. (q/p)의 값을 알았을 때 (p/q)의 값을 결정할 수 있는지를 알고 싶은 것은 당연하다. 질문을 좀 더 일반적으로 하면, 이 두 기호의 값들 사이에 어떤 연관이 있는가? 기본 관련성은 1783년에 오일러가 경험적으로 가설을 하였고 그 2년 후에 르장드르에 의해 불완전하게 증명되었다. 그의 기호를 이용하여 르장드르는 이 관련성을 그 후 이차상호법칙으로 알려져 온 우아한 형태로 서술하였다.

$$(p/q)(q/p)=(-1)^{\frac{p-1}{2}\frac{q-1}{2}}$$

르장드르는 법칙 그 자체만큼 증명하기 어려운 결과를 가정하는 오류를 범하였다. 즉, 어떤 홀수인 소수 $p \equiv 1 \pmod{8}$ 에 대해 p를 이차 잉여류로 갖는 다른 소수 $q \equiv 3 \pmod{4}$가 존재한다. 이에 굴하지 않고 그는 「수론에 관한 시론」(1798)에서 또 다른 증명을 시도하였다. 이 증명 또한 완전하지 못하였다. 왜냐하면 르장드르는 어떤 등차수열에 무한히 많은 소수가 존재(이 사실은 1837년에 디리클레가 복소함수론의 아주 미묘한 논법을 그 과정에 사용하면서 궁극적으로 증명하였음)한다고 당연히 받아들였다.

가우스는 18세의 나이(1795년)에 분명히 오일러나 르장드르의 연구를 알지 못한 채 이 상호법칙을 재발견하였고 1년간의 끈질긴 노력 끝에 그의 첫 번째 완전한 증명을 얻었다. 가우스가 말하기를 "1년 내내 전에 없었던 최선의 노력으로 마침내 「산술 논고」의 네 번째 절에 설명된 증명을 얻은 것은 나에게 고문이었다."라고 하였다. 1798년에 끝냈지만 1801년에 발표한 「산술 논고」에서 정리는 첫 번째로 엄밀한 증명을 한 사람에 속한다는 관점으로 가우스는 이차상호법칙의 업적을 자신의 것으로 돌렸다. 매우 성난 르장드르는 불평을 하게 되었다. "이런 지나친 무례함은 다른 사람의 발견을 도용할 필요가 없는 개인적인 장점을 충분히 가진 사람에게는 믿을 수 없는 일이다." 둘 사이의 모든 우선순위 논의는 사소한 것이었다. 각자 자기 자신의 위치에서 옳음을 고수하기 때문에 상대방을 무시하였다. 가우스는 "고등 산술의 보석"이라 불리는 다섯 개의 다른 증명을 발표하였고 또 다른 하나는 그의 논문 중에서 찾을 수 있다. 아래 나타난 표현은 가우스 자신의 주장 중 하나의 변형으로, 그의 학생 페르디난트 아이젠슈타인(Ferdinand Eisenstein, 1823~1852)이 기여하였다. 그 증명은 도전적이지만(그리고 그것은 아마도 쉬운 증명을 기대하기 힘든) 내재된 아이디어는 매우 단순하다.

정리 9.9 Theorem

이차상호법칙. p 와 q 를 서로 다른 홀수인 소수라 하면

$$(p/q)(q/p) = (-1)^{\frac{p-1}{2}\frac{q-1}{2}}$$

증명. xy 좌표 평면에서 꼭지점이 $(0, 0)$, $(p/2, 0)$, $(0, q/2)$, 그리고 $(p/2, q/2)$인 사각형을 생각하자. R을 이 직사각형의 경계선을 포함하지 않은 내부 영역이라 하자. 일반적인 증명 계획은 두 가지의 다른 방법으로 R 내부의 격자점(즉, 각 좌표의 점들이 정수)의 수를 세는 것이다. p 와 q 는 서로 다른 홀수이므로 R의 격자점들은 $1 \le n \le (p-1)/2$, 그리고 $1 \le m \le (q-1)/2$ 인 모든 점 (n, m) 으로 주어져 있다. 분명히 그런 점들의 수는

$$\frac{p-1}{2} \cdot \frac{q-1}{2}$$

이제 $(0, 0)$에서 $(p/2, q/2)$까지의 대각선 D는 방정식 $y = (q/p)x$ 또는 동등하게, $py = qx$ 를 갖는다. $\gcd(p, q) = 1$이므로 R 의 내부의 어느 격자점도 D에 놓여있지 않다. 왜냐하면 p는 직선 위의 어느 격자점의 x 좌표를 나누어야 하고 q는 그것의 y 좌표를 나누어야 하기 때문이다. R에는 그런 점들이 존재하지 않는다. T_1 을 대각선 D 아래에 있는 R의 영역이라 하고 T_2를 D 위에 있는 R의 영역이라 하자. 방금 보인 바와 같이 각 삼각형의 내부의 격자점을 세는 것으로 충분하다.

선분 $0 < y < kq/p$ 에 있는 정수의 수는 $[kq/p]$와 같다. 그러므로 $1 \le k \le (p-1)/2$ 에 대해 $(k, 0)$ 바로 위에 있고 D 아래 있는, 즉 $(k, 0)$과 $(k, kq/p)$ 사이의 수직 선분 위에 있는 T_1 에 정확히 $[kq/p]$개 격자점이 있다. 따라서 T_1 에 포함되어 있는 모든 격자점의 수는

$$\sum_{k=1}^{(p-1)/2} \left[\frac{kq}{p}\right]$$

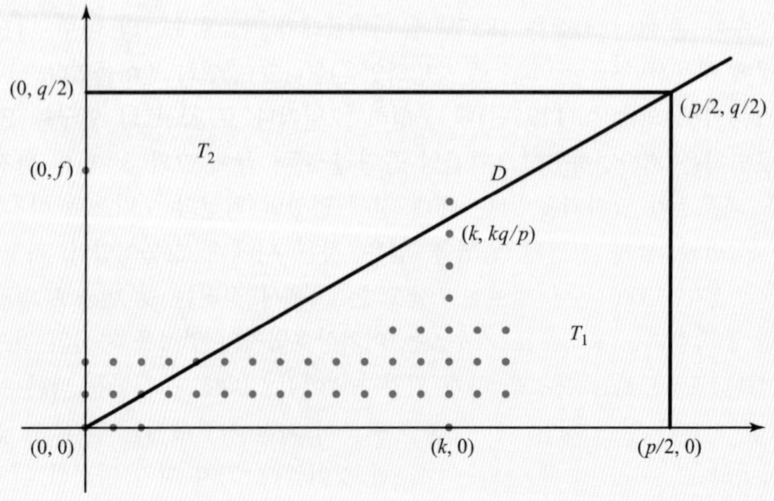

p 와 q 의 역할을 바꾸어 같은 계산을 하면 T_2 내부의 격자점의 수는

$$\sum_{j=1}^{(q-1)/2}\left[\frac{jp}{q}\right]$$

이것은 R 내부의 모든 격자점을 계산하여

$$\frac{p-1}{2}\cdot\frac{q-1}{2}=\sum_{k=1}^{(p-1)/2}\left[\frac{kq}{p}\right]+\sum_{j=1}^{(q-1)/2}\left[\frac{jp}{q}\right]$$

가우스 보조정리가 의무를 할 때가 되었다.

$$\begin{aligned}(p/q)(q/p)&=(-1)^{\sum_{j=1}^{(q-1)/2}[jp/q]}\cdot(-1)^{\sum_{k=1}^{(p-1)/2}[kq/p]}\\&=(-1)^{\sum_{j=1}^{(q-1)/2}[jp/q]+\sum_{k=1}^{(p-1)/2}[kq/p]}\\&=(-1)^{\frac{p-1}{2}\frac{q-1}{2}}\end{aligned}$$

이제 이차상호법칙의 증명은 완성되었다.

이것의 즉각적인 결과로서 따름정리 1이 있다.

따름정리 1
Corollary

p 와 q 를 서로 다른 홀수인 소수라 하면

$$(p/q)(q/p)=\begin{cases}1, & p\equiv 1 \pmod 4 \text{ 또는 } q\equiv 1 \pmod 4\\ -1, & p\equiv q\equiv 3 \pmod 4\end{cases}$$

증명. 정수 $(p-1)/2\cdot(q-1)/2$ 이 짝수일 필요충분조건은 p 와 q 중 적어도 하나는 $4k+1$ 꼴이다. 만일 둘 다 $4k+3$ 꼴이면 그 곱 $(p-1)/2\cdot(q-1)/2$ 은 홀수이다.

이차상호법칙 방정식의 양변에 (q/p)를 곱하고 $(q/p)^2=1$을 이용하면 우리는 또한 이것을 따름정리 2와 같이 공식화할 수 있다.

따름정리 2
Corollary

p 와 q 를 서로 다른 홀수인 소수라 하면

$$(p/q)=\begin{cases}(q/p), & p\equiv 1 \pmod 4 \text{ 또는 } q\equiv 1 \pmod 4\\ -(q/p), & p\equiv q\equiv 3 \pmod 4\end{cases}$$

이 마지막 일련의 결과들이 완성하는 것을 알아보자. p 를 홀수인 소수이고 $a\neq\pm 1$ 를 p 로 나누어지지 않는 정수로 택하자. 또한 a는 다음과 같은 소인수분해를 가진다고 가정하자.

$$a=\pm 2^{k_0}p_1^{k_1}p_2^{k_2}\cdots p_r^{k_r}$$

여기서 p_i는 서로 다른 소수이다. 르장드르 기호는 승법적이므로

$$(a/p) = (\pm 1/p)(2/p)^{k_0}(p_1/p)^{k_1}\cdots(p_r/p)^{k_r}$$

(a/p)를 계산하기 위해 각 기호 $(-1/p)$, $(2/p)$ 그리고 (p_i/p)를 계산하기만 하면 된다. $(-1/p)$와 $(2/p)$의 값은 이미 논의하여서 하나의 장애물은 (p_i/p)이다. 여기서 p_i와 p는 서로 다른 소수이다. 이것이 이차상호법칙이 적용되는 곳이다. 따름정리 2에 의해 (p_i/p)를 더 작은 분모를 갖는 새로운 르장드르 기호로 대치시킬 수 있다. 계속적인 역수와 나눗셈을 통해서 그 계산은 다음과 같이 알려진 계산으로 환원될 수 있다.

$$(-1/q) \qquad (1/q) \qquad (2/q)$$

물론 이것은 모두 어느 정도 모호하다. 구체적인 예제를 들어보자.

예제 9.5 *Example*

예를 들어, 르장드르 기호 (29/53)을 생각하자. 둘 다 $29 \equiv 1 \pmod 4$ 그리고 $53 \equiv 1 \pmod 4$이므로 다음이 성립한다.

$$(29/53) = (53/29) = (24/29) = (2/29)(3/29)(4/29) = (2/29)(3/29)$$

정리 9.6을 참조하여 $(2/29) = -1$ 이고 다시 반전하여

$$(3/29) = (29/3) = (2/3) = -1$$

여기서 합동 $29 \equiv 2 \pmod 3$을 사용하였다. 그 최종적인 효과는 다음과 같다.

$$(29/53) = (2/29)(3/29) = (-1)(-1) = 1$$

이차상호법칙은 3이 이차 잉여류가 되는 홀수인 소수 $p \neq 3$를 찾는 문제에 아주 만족스런 답변을 제공한다. $3 \equiv 3 \pmod 4$이므로 정리 9.9의 따름정리 2는 다음을 의미한다.

$$(3/p) = \begin{cases} (p/3), & p \equiv 1 \pmod 4 \\ -(p/3), & p \equiv 3 \pmod 4 \end{cases}$$

이제 $p \equiv 1 \pmod 3$ 또는 $p \equiv 2 \pmod 3$이다. 정리 9.2와 9.6에 의해

$$(p/3) = \begin{cases} 1, & p \equiv 1 \pmod 3 \\ -1, & p \equiv 2 \pmod 3 \end{cases}$$

이것의 함축성은 $(3/p) = 1$의 필요충분조건은

$$p \equiv 1 \pmod 4 \quad \text{그리고} \quad p \equiv 1 \pmod 3 \tag{1}$$

또는

$$p \equiv 3 \pmod 4 \quad \text{그리고} \quad p \equiv 2 \pmod 3 \tag{2}$$

식 (1)에서의 합동의 제한은 $p \equiv 1 \pmod{12}$이어야 한다는 것과 동일하고, 반면에 식 (2)의 합동에서는 $p \equiv 11 \equiv -1 \pmod{12}$ 와 동일하다. 이것의 최종적인 결과가 정리 9.10이다.

정리 9.10 Theorem

$p \neq 3$ 을 홀수인 소수라 하면

$$(3/p) = \begin{cases} 1, & p \equiv \pm 1 \pmod{12} \\ -1, & p \equiv \pm 5 \pmod{12} \end{cases}$$

예제 9.6 Example

합성수를 모듈러스로 하는 이차 합동식의 해의 예제로 다음을 생각하자.

$$x^2 \equiv 196 \pmod{1357}$$

$1357 = 23 \cdot 59$ 이므로 주어진 합동식이 해가 존재할 필요충분조건은 다음 두 합동식이 해가 존재하는 것이다.

$$x^2 \equiv 196 \pmod{23} \quad \text{그리고} \quad x^2 \equiv 196 \pmod{59}$$

다음 과정은 르장드르 기호 $(196/23)$ 과 $(196/59)$ 의 값을 구하는 것이다.

$(196/23)$의 계산은 정리 9.10을 이용할 필요가 있다.

$$(196/23) = (12/23) = (3/23) = 1$$

따라서 합동식 $x^2 \equiv 196 \pmod{23}$ 은 해가 존재한다. 기호 $(196/59)$ 에 관해서는 이차 상호법칙을 적용하여 다음과 같이 쓸 수 있다.

$$(196/59) = (19/59) = -(59/19) = -(2/19) = -(-1) = 1$$

그러므로 $x^2 \equiv 196 \pmod{59}$ 를 풀 수 있고 결론적으로 합동식 $x^2 \equiv 196 \pmod{1357}$ 또한 풀 수 있다.

하나의 해를 얻기 위해 합동식 $x^2 \equiv 196 \equiv 12 \equiv \pmod{23}$은 $x \equiv 9,\ 14 \pmod{23}$을 만족하고 $x^2 \equiv 196 \equiv 19 \equiv \pmod{59}$ 는 해 $x \equiv 14,\ 45 \pmod{59}$ 를 가지는 것에 주목하자. 이제 우리는 다음 4개의 연립 합동식을 풀기 위하여 중국인의 나머지 정리를 적용한다.

$$\begin{aligned} x &\equiv 14 \pmod{23} \quad \text{그리고} \quad x \equiv 14 \pmod{59} \\ x &\equiv 14 \pmod{23} \quad \text{그리고} \quad x \equiv 45 \pmod{59} \\ x &\equiv 9 \pmod{23} \quad \text{그리고} \quad x \equiv 14 \pmod{59} \\ x &\equiv 9 \pmod{23} \quad \text{그리고} \quad x \equiv 45 \pmod{59} \end{aligned}$$

결과적으로 원래의 합동식 $x^2 \equiv 196 \pmod{1357}$ 의 해 $x \equiv 14,\ 635,\ 722,\ 1343 \pmod{1357}$ 을 얻는다.

예제 9.7 Example

이러한 아이디어의 아주 다른 응용으로 돌아가 보자. 이미 전에 $n > 1$ 일 때, $F_n = 2^{2^n} + 1$ 이 소수이면 2는 F_n 의 원시근이 아님을 관찰하였다. 이제 우리는 정수 3이 이런 종류의 모든 소수의 원시근이 되는 것을 보이는 수단을 가지고 있다.

이 방향의 첫 번째 단계로 어떤 F_n 도 $12k+5$ 꼴임을 주목하자. 간단한 귀납법으로 자연수 m에 대해 $4^m \equiv 4 \pmod{12}$ 임을 확신할 수 있다. 따라서

$$F_n = 2^{2^n} + 1 = 2^{2m} + 1 = 4^m + 1 \equiv 5 \pmod{12}$$

F_n이 소수이면 정리 9.10에 의해 다음 결론에 이른다.

$$(3/F_n) = -1$$

또는 오일러 판정기준을 적용하여

$$3^{(Fn-1)/2} \equiv -1 \pmod{F_n}$$

ϕ 함수로 교환하면 마지막 합동식은

$$3^{\phi(F_n)/2} \equiv -1 \pmod{F_n}$$

이것으로부터 3은 모듈로 F_n에 대해 계수 $\phi(F_n)$을 가진다는 것을 추론할 수 있고 그러므로 3은 F_n의 원시근이다. 왜냐하면 3의 계수가

$$\phi(F_n) = F_n - 1 = 2^{2^n}$$

의 진약수이면 그것은 또한 $\phi(F_n)/2$을 나누어서 다음과 같은 모순을 유도한다.

$$3^{\phi(F_n)/2} \equiv 1 \pmod{F_n}$$

연습문제 9.3

1. 다음 르장드르 기호를 계산하라.
   (a) (71/73)
   (b) (−219/383)
   (c) (461/773)
   (d) (1234/4567)
   (e) (3658/12703)
   [*힌트*: 3658 = 2 · 31 · 59]
2. 3은 $2^{2n}+1$ 꼴의 모든 소수와 2^p-1 꼴(p는 홀수인 소수)의 모든 소수의 이차 비잉여류임을 증명하라.
   [*힌트*: 모든 n에 대해 $4^n \equiv 4 \pmod{12}$이다.]
3. 아래 이차 합동식이 풀 수 있는지를 결정하라.
   (a) $x^2 \equiv 219 \pmod{419}$
   (b) $3x^2 + 6x + 5 \equiv 0 \pmod{89}$
   (c) $2x^2 + 5x - 9 \equiv 0 \pmod{101}$
4. p가 홀수인 소수일 때, 다음을 입증하라.

$$(-2/p) = \begin{cases} 1, & p \equiv 1 \pmod 8 \text{ 또는 } p \equiv 3 \pmod 8 \\ -1, & p \equiv 5 \pmod 8 \text{ 또는 } p \equiv 7 \pmod 8 \end{cases}$$

5. (a) $p>3$가 홀수인 소수일 때, 다음을 입증하라.

$$(-3/p) = \begin{cases} 1, & p \equiv 1 \pmod 6 \\ -1, & p \equiv 5 \pmod 6 \end{cases}$$

(b) (a)를 이용하여 $6k+1$ 꼴의 소수가 무한히 많음을 증명하라.

[*힌트*: $p_1, p_2, \cdots, p_r$ 을 $6k+1$ 꼴의 모든 소수라 가정하고 정수 $N=(2p_1p_2\cdots p_r)^2+3$ 을 생각하라.]

6. 정리 9.2와 문제 4, 5를 이용하여 어떤 정수 n에 대해 n^2+1, n^2+2, 또는 n^2+3 꼴의 정수를 나누는 소수를 결정하라.

7. $8k+3$ 꼴의 소수가 무한히 많음을 증명하라.

[*힌트*: $8k+3$ 꼴의 소수가 유한개 $p_1, p_2, \cdots, p_r$ 이 존재한다고 가정하고 정수 $N=(p_1p_2\cdots p_r)^2+2$ 을 생각하라.]

8. x^2+y^2, u^2+2v^2, 그리고 r^2+3s^2 의 형태로 동시에 나타낼 수 있는 소수 p 를 구하라.

[*힌트*: $(-1/p)=(-2/p)=(-3/p)=1$]

9. 홀수인 소수 p와 q가 어떤 수 a 에 대해 $p=q+4a$ 를 만족할 때, 다음을 증명하라.

$$(a/p) = (a/q)$$

그리고, 특히 $(6/37)=(6/13)$ 임을 보여라.

[*힌트*: $(a/p)=(-q/p)$ 임을 주목하고 이차상호법칙을 사용하라.]

10. 다음 주장을 완성하라.

(a) $(5/p)=1$과 $p\equiv 1, 9, 11$, 또는 $19 \pmod{20}$은 동치이다.

(b) $(6/p)=1$과 $p\equiv 1, 5, 19$, 또는 $23 \pmod{24}$는 동치이다.

(c) $(7/p)=1$과 $p\equiv 1, 3, 9, 19, 25$, 또는 $27 \pmod{28}$은 동치이다.

11. $5k-1$ 꼴의 소수가 무한히 많음을 증명하라.

[*힌트*: 어떤 $n>1$ 에 대해 정수 $5(n!)^2-1$은 $5k+1$ 꼴이 아닌 소인수 $p>n$ 을 가진다. 따라서 $(5/p)=1$이다.]

12. 다음을 입증하라.

(a) 정수 n^2-n+1 의 소인수 $p\neq 3$ 는 $6k+1$ 꼴이다.

[*힌트*: $p \mid n^2-n+1$ 이면 $(2n-1)^2 \equiv -3 \pmod p$이다.]

(b) 정수 n^2+n-1 의 소인수 $p\neq 5$ 는 $10k+1$ 꼴 또는 $10k+9$ 꼴이다.

(c) 정수 $2n(n+1)+1$ 의 소인수 p 는 $p\equiv 1 \pmod 4$ 꼴이다.

[*힌트*: $p \mid 2n(n+1)+1$ 이면 $(2n+1)^2 \equiv -1 \pmod p$이다.]

(d) 정수 $3n(n+1)+1$의 소인수 p 는 $p\equiv 1 \pmod 6$ 꼴이다.

13. (a) p가 $839 = 38^2-5\cdot 11^2$ 의 소인수이면 $(5/p)=1$임을 보여라. 이 사실을 이용하여 839는 소수라는 결론을 내려라.

[*힌트*: $p < 29$ 인 소수만 생각해도 충분하다.]

(b) $397=20^2-3$ 그리고 $733=29^2-3\cdot 6^2$ 은 모두 소수임을 증명하라.

14. 이차 합동식 $x^2 \equiv 11 \pmod{35}$ 을 풀어라.
[*힌트*: $x^2 \equiv 11 \pmod{5}$와 $x^2 \equiv 11 \pmod{7}$ 을 푼 후에 중국인의 나머지 정리를 사용하라.]
15. 7은 $p = 2^{4n} + 1$ 꼴의 모든 소수의 원시근임을 완성하라.
[*힌트*: $p \equiv 3$ 또는 $5 \pmod{7}$ 이므로 $(7/p) = (p/7) = -1$이다.]
16. a와 홀수 $b > 1$를 서로 소라 하자. $b = p_1 p_2 \cdots p_r$은 b의 홀수인 소수들(필연적으로 다르지 않고)의 소인수분해이면 *야코비 기호*(*Jacobi symbol*)는 다음과 같이 정의된다.

$$(a/b) = (a/p_1)(a/p_2)\cdots(a/p_r)$$

여기서 등호 오른편의 기호들은 르장드르 기호이다. 야코비 기호를 계산하라.

$$(21/221) \qquad (215/253) \qquad (631/1099)$$

17. 문제 16의 가정하에서 a가 b의 이차 잉여류이면 $(a/b) = 1$ 임을 보여라. 그러나 그 역은 성립하지 않는다.
18. 야코비 기호의 다음 성질이 성립함을 증명하라. b와 b'이 양의 홀수이고 $\gcd(aa', bb') = 1$일 때,
(a) $a \equiv a' \pmod{b}$ 이면 $(a/b) = (a'/b)$ 이다.
(b) $(aa'/b) = (a/b)(a'/b)$
(c) $(a/bb') = (a/b)(a/b')$
(d) $(a^2/b) = (a/b^2) = 1$
(e) $(1/b) = 1$
(f) $(-1/b) = (-1)^{(b-1)/2}$
[*힌트*: u 와 v가 홀수이면 $(u-1)/2 + (v-1)/2 \equiv (uv-1)/2 \pmod{2}$이다.]
(g) $(2/b) = (-1)^{(b^2-1)/8}$
[*힌트*: u와 v가 홀수이면 $(u^2-1)/8 + (v^2-1)/8 \equiv [(uv)^2-1]/8 \pmod{2}$이다.]
19. 일반화된 이차상호법칙을 유도하라. a 와 b가 각기 1 보다 큰 서로 소인 양의 홀수이면

$$(a/b)(b/a) = (-1)^{\frac{a-1}{2}\frac{b-1}{2}}$$

[*힌트*: 문제 18(f)의 힌트를 보라.]
20. 일반화된 이차상호법칙을 이용하여 합동식 $x^2 \equiv 231 \pmod{1105}$의 해가 존재하는지를 결정하라.

9.4 모듈러스가 합성수인 이차 합동식

지금까지 과정에서 홀수인 소수를 모듈러스로 하는 이차 합동식이 매우 중요하였다. 나머지 정리들은 합성수를 모듈러스로 허용함으로써 범위를 넓혔다. 시작하기 위해 모듈러스가 소수의 거듭제곱인 상황으로 간주하자.

정리 9.11 Theorem

p 를 홀수인 소수 그리고 $\gcd(a, p) = 1$ 이라 하면 합동식

$$x^2 \equiv a \pmod{p^n} \qquad n \geq 1$$

이 해를 가질 필요충분조건은 $(a/p) = 1$ 이다.

증명. 많은 "필요충분조건" 정리에서와 같이 통상적으로 증명의 반은 당연한 반면에, 나머지 반은 상당한 노력이 요구된다. $x^2 \equiv a \pmod{p^n}$ 이 해를 가지면 $x^2 \equiv a \pmod{p}$ 도 사실상 같은 해를 가진다. 때문에 $(a/p) = 1$이다.

역으로 $(a/p) = 1$을 가정하자. n 에 대한 귀납법으로 $x^2 \equiv a \pmod{p^n}$이 해를 가지는 것을 논의하자. $n = 1$이면 실제로 증명할 것이 없다. 사실상 $(a/p) = 1$ 은 $x^2 \equiv a \pmod{p}$ 가 해를 갖는다고 말하는 또 다른 방법이다. 결과가 $n = k \geq 1$ 인 경우에 성립한다고 가정하면 $x^2 \equiv a \pmod{p^k}$ 가 해 x_0를 가진다. 그러면 적당한 b 의 선택으로

$$x_0^2 = a + bp^k$$

이다. k 에서 $k+1$로 넘어가는 과정에서 합동식 $x^2 \equiv a \pmod{p^{k+1}}$의 해를 정확히 쓰기위해 x_0 와 b 를 사용할 것이다.

이 목적을 위해 우선 다음 선형 합동식

$$2x_0 y \equiv -b \pmod{p}$$

를 풀어 법 p 에 대한 유일한 해 y_0 (이것은 $\gcd(2x_0, p) = 1$ 이므로 가능)를 얻는다. 다음으로 정수

$$x_1 = x_0 + y_0 p^k$$

를 생각하자. 이 정수를 제곱하여

$$\begin{aligned}(x_0 + y_0 p^k)^2 &= x_0^2 + 2x_0 y_0 p^k + y_0^2 p^{2k} \\ &= a + (b + 2x_0 y_0)p^k + y_0^2 p^{2k}\end{aligned}$$

를 얻는다. 그런데 $p \mid (b + 2x_0 y_0)$ 이므로 다음을 얻는다.

$$x_1^2 = (x_0 + y_0 p^k)^2 \equiv a \pmod{p^{k+1}}$$

따라서 합동식 $x^2 \equiv a \pmod{p^n}$ 은 $n = k+1$에 대해, 그리고 귀납법에 의해 모든 양의 정수 n 에 대해 해를 가진다.

구체적으로 특별한 예제를 알아보자. 이를테면 다음 이차 합동 방정식

$$x^2 \equiv 23 \pmod{7^2}$$

의 해를 얻기 위한 첫 단계는 $x^2 \equiv 23 \pmod{7}$ 을 풀거나 또는 결국 같은 것인 합동식

$$x^2 \equiv 2 \pmod{7}$$

을 푸는 것이다. $(2/7) = 1$ 이므로 해는 확실히 존재한다. 사실상 $x_0 = 3$ 은 당연한 선택이다. 이제 x_0^2은

$$3^2 = 9 = 23 + (-2)7$$

으로 나타낼 수 있어서 $b = -2$(이 경우에 정수 23은 a의 역할을 함)이다. 정리 9.11의 증명을 따르면 다음으로 우리는

$$6y \equiv 2 \pmod 7$$

즉, $3y \equiv 1 \pmod 7$ 인 y를 결정한다. 이 선형 합동 방정식은 $y_0 = 5$를 만족한다. 따라서

$$x_0 + 7y_0 = 3 + 7 \cdot 5 = 38$$

은 원래의 합동식 $x^2 \equiv 23 \pmod{49}$의 해로서 역할을 한다. $-38 \equiv 11 \pmod{49}$는 또 다른 하나의 해임을 주목하자.

대신에 합동식

$$x^2 \equiv 23 \pmod{7^3}$$

을 풀라고 제안되었다면 해 $x_0 = 38$을 얻은

$$x^2 \equiv 23 \pmod{7^2}$$

로 시작하자.

$$38^2 = 23 + 29 \cdot 7^2$$

이므로 정수 $b = 29$이다. 그러면 다음 선형 합동식

$$76y \equiv -29 \pmod 7$$

의 유일한 해 $y_0 = 1$ 을 찾는다. 그러면 $x^2 \equiv 23 \pmod{7^3}$ 은

$$x_0 + y_0 \cdot 7^2 = 38 + 1 \cdot 49 = 87$$

을 만족시킬 뿐만 아니라 $-87 \equiv 256 \pmod{7^3}$ 을 만족시킨다.

홀수인 소수를 오랫동안 다루어 왔다. 이제 $p = 2$인 경우를 고려해 보자. 다음 정리는 유용한 지식을 제공한다.

정리 9.12 *Theorem*

a를 홀수라 하면 다음이 성립한다.

(a) $x^2 \equiv a \pmod 2$ 는 항상 해를 가진다.

(b) $x^2 \equiv a \pmod 4$ 가 해를 가질 필요충분조건은 $a \equiv 1 \pmod 4$이다.

(c) $x^2 \equiv a \pmod{2^n}$, $n \geq 3$ 이 해를 가질 필요충분조건은 $a \equiv 1 \pmod 8$이다.

증명. 첫 번째 주장은 당연하다. 두 번째 주장은 모든 홀수의 제곱은 법 4에 대해 1과 합동이라는 관찰에 달려있다. 결론적으로 $x^2 \equiv a \pmod 4$ 이 해를 가지면 a는 $4k+1$ 꼴이다. 이 경우 법 4에 대해 두 개의 해, 즉 $x = 1$ 그리고 $x = 3$을 가진다.

이제 $n \geq 3$인 경우를 생각하자. 모든 홀수의 제곱은 법 8에 대해 1과 합동이므로 $x^2 \equiv a \pmod{2^n}$ 이 해를 가지기 위해 a는 $8k+1$ 꼴이어야 한다. 역방향에 대해서 $a \equiv 1 \pmod 8$ 이라 가정하고 지수 n에 대한 귀납법을 진행하자. $n = 3$일 때, 합동식 $x^2 \equiv a \pmod{2^n}$ 은 분명히 해가 존재한다. 사실상 각 정수 $1, 3, 5, 7$은 $x^2 \equiv 1 \pmod 8$을 만족한다. $n \geq 3$ 의 값을 고정하고 합동식 $x^2 \equiv a \pmod{2^n}$ 이 해 x_0 를 가진다는

귀납 전제를 가정하자. 그러면 정수 b가 존재하여

$$x_0^2 = a + b2^n$$

을 만족한다. a가 홀수이므로 정수 x_0 도 홀수이다. 그러므로 선형 합동식

$$x_0 y \equiv -b \pmod 2$$

의 유일한 해 y_0 를 찾을 수 있다. 우리는 정수

$$x_1 = x_0 + y_0 2^{n-1}$$

이 합동식 $x^2 \equiv a \pmod{2^{n+1}}$ 을 만족함을 토의하자. 양변을 제곱하여

$$\begin{aligned}(x_0 + y_0 2^{n-1})^2 &= x_0^2 + x_0 y_0 2^n + y_0^2 2^{2n-2} \\ &= a + (b + x_0 y_0) 2^n + y_0^2 2^{2n-2}\end{aligned}$$

를 얻고 선택된 y_0 에 의하면 $2 \mid (b + x_0 y_0)$ 이다. 따라서

$$x_1^2 = (x_0 + y_0 2^{n-1})^2 \equiv a \pmod{2^{n+1}}$$

(우리는 또한 $2n-2 = n+1+(n-3) \geq n+1$ 인 사실을 이용한다). 그러므로 합동식 $x^2 \equiv a \pmod{2^{n+1}}$ 은 해가 존재하여 귀납법 단계 그리고 증명을 완성한다.

예시: 이차 합동식 $x^2 \equiv 5 \pmod 4$ 는 해를 가지며, $x^2 \equiv 5 \pmod 8$ 은 가지지 않는다. 반면에 $x^2 \equiv 17 \pmod{16}$ 과 $x^2 \equiv 17 \pmod{32}$ 는 둘 다 풀 수 있다.

이론적으로 우리는 이제 다음 합동식을 만족하는 정수 x가 언제 존재하는지를 완전히 결정할 수 있다.

$$x^2 \equiv a \pmod n \qquad \gcd(a, n) = 1 \qquad n > 1$$

n 이 다음과 같이 서로 다른 소수의 거듭제곱으로 소인수분해 되었다고 가정하자.

$$n = 2^{k_0} p_1^{k_1} p_2^{k_2} \cdots p_r^{k_r} \qquad k_0 \geq 0, k_i \geq 0$$

이차 합동식 $x^2 \equiv a \pmod n$ 을 푸는 문제는 다음 연립 합동식을 푸는 문제와 동일하므로

$$\begin{aligned} x^2 &\equiv a \pmod{2^{k_0}} \\ x^2 &\equiv a \pmod{p_1^{k_1}} \\ &\vdots \\ x^2 &\equiv a \pmod{p_r^{k_r}} \end{aligned}$$

우리의 마지막 두 결과들을 결합하여 다음 일반적인 결론을 얻는다.

정리 9.13 Theorem

$n = 2^{k_0} p_1^{k_1} \cdots p_r^{k_r}$ 을 $n > 1$ 의 소인수분해라 하고 $\gcd(a, n) = 1$이다. 그러면 $x^2 \equiv a \pmod n$ 을 풀 수 있는 필요충분조건은

(a) $i = 1, 2, \cdots, r$ 에 대해서 $(a/p_i) = 1$이다.

(b) $4 \mid n$ 이고 $8 \nmid n$ 이면 $a \equiv 1 \pmod 4$이고, $8 \mid n$ 이면 $a \equiv 1 \pmod 8$이다.

연습문제 9.4

1. (a) 7과 18만이 $x^2 \equiv -1 \pmod{5^2}$ 의 서로 합동이 아닌 해임을 보여라.
   (b) (a)를 이용하여 $x^2 \equiv -1 \pmod{5^3}$ 의 해를 구하라.
2. 다음 각 이차 합동식을 풀어라.
   (a) $x^2 \equiv 7 \pmod{3^3}$
   (b) $x^2 \equiv 14 \pmod{5^3}$
   (c) $x^2 \equiv 2 \pmod{7^3}$
3. 합동식 $x^2 \equiv 31 \pmod{11^4}$ 을 풀어라.
4. $x^2 + 5x + 6 \equiv 0 \pmod{5^3}$과 $x^2 + x + 3 \equiv 0 \pmod{3^3}$ 의 해를 구하라.
5. a가 홀수이고 $n \geq 3$ 일 때, 합동식 $x^2 \equiv a \pmod{2^n}$ 이 해를 가지면 정확히 네 개의 서로 합동이 아닌 해를 가짐을 증명하라.
   [*힌트*: x_0가 임의의 해라면 네 정수 x_0, $-x_0$, $x_0 + 2^{n-1}$, $-x_0 + 2^{n-1}$은 모듈로 2^n에 대해 서로 합동이 아니고 이것이 모든 해임을 확인하라.]
6. $23^2 \equiv 17 \pmod{2^7}$ 으로부터 이차 합동식 $x^2 \equiv 17 \pmod{2^7}$ 의 세 개의 다른 해를 구하라.
7. 아래 합동식이 풀릴 수 있는 a의 값을 먼저 결정하고, 그 해들을 구하라.
   (a) $x^2 \equiv a \pmod{2^4}$
   (b) $x^2 \equiv a \pmod{2^5}$
   (c) $x^2 \equiv a \pmod{2^6}$
8. 고정된 $n > 1$에 대해 $\gcd(a, n) = 1$인 풀 수 있는 모든 합동식 $x^2 \equiv a \pmod{n}$은 해의 개수가 같음을 보여라.
9. (a) 다음 합동 방정식의 해를 사실상 찾지 말고 해의 개수를 결정하라.
   $$x^2 \equiv 3 \pmod{11^2 \cdot 23^2} \text{ 그리고 } x^2 \equiv 9 \pmod{2^3 \cdot 3 \cdot 5^2}$$
   (b) 합동식 $x^2 \equiv 9 \pmod{2^3 \cdot 3 \cdot 5^2}$을 풀어라.
10. (a) 홀수인 소수 p에 대해 합동식 $2x^2 + 1 \equiv 0 \pmod{p}$가 해를 가질 필요충분조건은 $p \equiv 1$ 또는 $3 \pmod{8}$임을 증명하라.
    (b) 합동식 $2x^2 + 1 \equiv 0 \pmod{11^2}$ 을 풀어라.
    [*힌트*: x_0가 $2x^2 + 1 \equiv 0 \pmod{11}$ 의 해일 때, $x_0 + 11k$ 꼴의 정수를 생각하라.]

CHAPTER 10

암호법 입문

Introduction to Cryptography

나는 모든 형태의 비밀 저술에 상당히 정통하며, 나 자신이 이 주제에 대한 사소한 원고의 저자이다.

아더 코난 도일 경(SIR ARTHUR CONAN DOYLE)

10.1 시저 암호에서 공개키 암호법까지

전통적으로, 비밀 부호를 만들고 해독하는 일은 외교적인 그리고 군사적인 업무에 제한되어 왔다. 전자 자료처리 시스템에서 저장되고 통신되는 디지털 자료의 양이 증가함에 따라, 공공 부문과 상업 부문 양쪽 모두의 조직들은 원하지 않는 침입으로부터 정보를 보호할 필요를 느껴왔다. 실로, 대부분의 금융 거래에서 전자 자금 대체의 대폭적인 사용은 개인보호를 긴급한 관심사로 만들었다. 그래서 권한을 부여받은 관계자를 제외한 모두에게는 뜻을 알 수 없는 통신법을 만드는 과학, *암호법*에 대한 수학자와 컴퓨터 과학자의 관심이 최근에 급증하고 있다. (암호법은 영어로 *cryptography*이며, '감추어진'이란 뜻의 그리스어 *krytos*와 '쓰다'라는 뜻의 *graphein*에서 유래했다.) 암호법은, 전화회선이나 극초단파 또는 위성을 이용하는 따위의 공공 통신망을 통하여 전송되는 정보를 보호하기 위한 실질적이며 유일하게 알려진 수단이다.

암호법의 용어로, 부호는 *암호*(*cipher*)라고 불리고, 감추어진 정보는 *평문*(*plaintext*)이라고 불린다. 비밀스런 형태로 변형된 후, 통신문은 *암호문*(*cipertext*)이라 불린다. 평문으로부터 암호문으로 전환하는 과정을 *암호화*(*encrypting, enciphering*)라 말하고, 암호문으로부터 도로 평문으로 바꾸는 반대 과정을 *복호화*(*decrypting, deciphering*)라 부른다.

가장 이른 암호 체계 중 하나는 기원전 50년경 위대한 로마 황제 줄리어스 시저에 의해 사용됐다. 알파벳의 각 문자를 알파벳에서 세 자리 뒤에 나타나는 문자로 대체하고 마지막 세 문자는 처음 세 문자로 다시 순환시키는, 초보적인 치환 암호를 이용하여 시저는 마르쿠스 키케로에게 편지했다. 평문 문자 밑에 암호문 상응문자를 쓰면, 시저 암호에 대한 치환 알파벳은 다음으로 주어진다.

평 문:	A	B	C	D	E	F	G	H	I	J	K	L	M	N	O	P	Q	R	S	T	U	V	W	X	Y	Z
암호문:	D	E	F	G	H	I	J	K	L	M	N	O	P	Q	R	S	T	U	V	W	X	Y	Z	A	B	C

예를 들면,

$$\text{CAESAR WAS GREAT} \tag{1}$$

라는 평문은

$$\text{FDHVDU ZDV JUHDW}$$

라는 암호문으로 변환된다. 시저 암호는 합동 이론을 이용하여 쉽게 기술될 수 있다. 다음과 비슷한 어떤 대응에 의하여 원문의 문자를 숫자로 번역함으로써 어떤 평문도 먼저 숫자로 표현된다.

A	B	C	D	E	F	G	H	I	J	K	L	M
00	01	02	03	04	05	06	07	08	09	10	11	12

N	O	P	Q	R	S	T	U	V	W	X	Y	Z
13	14	15	16	17	18	19	20	21	22	23	24	25

만약 P는 평문 문자의 숫자 동치이고 C는 대응하는 암호문 문자의 숫자 동치이면,

$$C \equiv P + 3 \pmod{26}$$

따라서 예컨대 식 (1)에 통신문의 문자들은 그들의 동치물로 변환된다.

$$02 \quad 00 \quad 04 \quad 18 \quad 00 \quad 17 \quad 22 \quad 00 \quad 18 \quad 06 \quad 17 \quad 04 \quad 00 \quad 19$$

합동식 $C \equiv P + 3 \pmod{26}$을 이용하여, 이것은

$$05 \quad 03 \quad 07 \quad 21 \quad 03 \quad 20 \quad 25 \quad 03 \quad 21 \quad 09 \quad 20 \quad 07 \quad 03 \quad 22$$

라는 암호문이 된다. 평문을 되찾기 위하여, 합동식

$$P \equiv C - 3 \equiv C + 23 \pmod{26}$$

을 쓰면 절차는 간단히 뒤집어진다. 시저 암호는 매우 단순하므로 대단히 불안하다. 시저 자신도 이내 이 계획을 포기하였다 — 그것의 불안성 때문만 아니라 그와 함께 필연적으로 암호의 비밀을 공유하였던 키케로를 신뢰하지 않았기 때문이기도 하다.

원문의 각 문자가 동일한 암호 대체물에 의해 치환되는 암호 계획은 *단알파벳 암호*(*monoalphabetic cipher*)라 알려져 있다. 그런 암호 체계는, 개별 문자들의 빈도수나 상대적 빈번함을 보존하기 때문에 통계적 공격 방법에 대단히 취약하다. *복알파벳*

암호(*polyalphabetic cipher*)에서는 하나의 평문 문자가 하나보다 많은 암호문 등가물을 갖는다. 예컨대 글자 E는 통신문에서 어디에 나타나는가에 의존하여 J, Q 또는 X로 표시될 수 있다.

암호법에 대한 일반적 매혹은, 미국의 작가 에드거 앨런 포가 1843년에 쓴 단편소설 「황금벌레」에 의해 처음으로 자극되었다. 그것은, 키드 선장의 묻혀진 보물을 찾는 지시문을 해독하기 위하여 문자 빈도표를 사용하는 허구적인 이야기이다. 포는 자신을 대단히 비범한 암호가로 생각했다. 필라델피아의 신문 「알렉산더 위클리」에 기고하면서, 독자들이 보내는 어떤 단알파벳 치환 암호도 "즉시" 풀 수 있다고 주장한 적이 있다. 이 도전은 컬프(G. W. Kulp)라는 사람에 의해 받아들여져서, 그는 손으로 쓴 43단어의 암호문을 제출했다. 후속 칼럼에서 포는 제출문이 성실하지 못하며, "어떤 의미도 없는 무작위 글자들의 허튼 소리"라고 보였다. 컬프의 암호 제출문이 1975년에 드디어 해독되었을 때, 그 곤란함에 대한 이유는 분명해졌다. 그 제출문은 15개의 사소한 실수와 더불어 한 개의 중대한 실수를 담고 있었는데, 이것은 컬프의 친필을 읽을 때의 인쇄공의 실수였을 것 같다.

복알파벳 암호의 가장 유명한 예는, 프랑스 암호가 블레즈 드 비즈네르(Blaise de Vigenére, 1523~1596)에 의해 1586년 그의 「암호 논문」에 발표되었다. 이 체계를 실행하기 위해서, 통신 당사자들은 쉽게 기억되는 단어 또는 구에 동의한다. A = 00에서 Z = 25까지 번호 매겨진 표준적인 알파벳을 가지고, 평문 메시지의 숫자 동치 밑에 핵심어(keyword)의 숫자 동치를 필요한 만큼 반복하여 적는다. 각각의 평문 숫자를 그것의 바로 밑에 있는 숫자에 법 26에 대하여 더함으로써 메시지는 암호화된다. 그 과정을 그것의 숫자 버전이 17 04 00 03 24인 핵심어 READY를 예로 들어 설명한다. 이 수열을 반복하여

$$\text{ATTACK AT ONCE}$$

라는 메시지의 숫자 평문 밑에 정리하면

$$\begin{array}{cccccccccccc} 00 & 19 & 19 & 00 & 02 & 10 & \quad 00 & 19 & \quad 14 & 13 & 02 & 04 \\ 17 & 04 & 00 & 03 & 24 & 17 & \quad 04 & 00 & \quad 03 & 24 & 17 & 04 \end{array}$$

라는 배열을 얻게 된다. 각 열을 법 26에 대하여 더하면, 평문 메시지는

$$17 \quad 23 \quad 19 \quad 03 \quad 00 \quad 01 \qquad 04 \quad 19 \qquad 17 \quad 11 \quad 19 \quad 08$$

로 암호화되고, 문자로 전환하면

$$\text{RXTDAB} \quad \text{ET} \quad \text{RLTI}$$

평문의 주어진 문자는 암호문에서 다른 문자들로 표현됨을 유의하라. 단어 ATTACK의 이중 T는 암호화됐을 때 더 이상 이중 문자로 나타나지 않는 한편, 암호문 문자 R은 원 메시지에서 처음에는 A에 다음에는 O에 대응한다.

일반적으로 숫자 동치가 $b_1, b_2, \cdots, b_n$ $(00 \le b_i \le 25)$ 인 n 개의 어떤 문자열도 핵심어로 쓸 수 있다. 평문은 n 개의 두 자리 정수 P_i 의 연속적인 블록 $P_1, P_2, \cdots, P_n$ 으

로 표현되고, 합동식

$$C_i \equiv P_i + b_i \pmod{26} \qquad 1 \le i \le n$$

을 써서 암호문 블록 $C_1, C_2, \cdots, C_n$ 으로 전환된다. 관계식

$$P_i \equiv C_i - b_i \pmod{26} \qquad 1 \le i \le n$$

을 이용하여 복호화된다.

비즈네르 접근법의 약점은, 일단 핵심어의 길이가 결정되면 암호화된 메시지는 다수의 분리된 단일 알파벳 암호로 간주될 수 있어서 각각이 직접적인 빈도 분석을 받기 쉽게 되는 것이다. 핵심단어의 연속적인 반복의 한 가지 변형은 *달리는 키*(*running key*)라고 불리는 것으로 암호문 문자를 평문 문자에 무작위로 배정하는 것이다. 그러한 키를 생성하는 선호되는 절차는 어떤 책의 본문을 이용하는 것인데, 보내는 사람과 받는 사람 양쪽이 모두 책의 제목과 적절한 행의 시작 지점을 알아야 한다. 달리는 키 암호는 원래 통신문의 바탕에 있는 구조를 완전히 흐리게 하기 때문에 그 체계는 오랫동안 안전한 것으로 생각되었다. 그렇지만 그것은, 「사이언티픽 아메리칸」에서 일찍이 주장했듯이, "번역이 불가능한" 암호문을 생산하는 것은 아니다.

비즈네르가 자신의 복알파벳 암호를 위해 고안한 독창적인 개량은 일반적으로 *오토키*(*autokey*)라고 불린다. 이 접근법에서는 평문 자체를 암호키 구성에 사용한다. 그것의 요점은, (일반적으로 한 글자인) 짧은 *씨앗*(*seed*) 또는 *첫 글자*(*primer*)로 키워드를 시작하여 그 끝이 씨앗의 길이만큼 잘린 평문이 따라오는 것이다. 합법적인 두 사용자에게 요구되는 것이라고는 씨앗을 기억하는 것뿐이며 또 이것은 용이하게 변경될 수 있으므로, 오토키 암호는 16세기와 17세기에 상당한 인기를 누렸다.

이 방법의 간단한 예를 보자.

예제 10.1 *Example*

메시지

ONE IF BY DAWN

를 암호화한다고 가정하자. K를 씨앗으로 택하면 키워드는

KONEIFBYDAW

가 된다. 평문과 키워드를 모두 숫자 형태로 변환하면 다음과 같은 배열을 얻는다.

14	13	04	08	05	01	24	03	00	22	13
10	14	13	04	08	05	01	24	03	00	22

일치하는 위치의 정수를 26을 법으로 더하면 암호문

24 01 17 12 13 06 25 01 03 22 09

를 얻게 되고, 글자로 다시 변환하면

YBR MN GZ BDWJ

복호화는 평문과 암호문 모두를 숫자 형태로 환원하여 얻어진다. 평문은 $P_1, P_2, \cdots, P_n$, 암호문은 $C_1, C_2, \cdots, C_n$ 이란 숫자 동치를 갖는다고 하자. 만약 씨앗을 S로 표시한다면 첫 번째 평문 숫자는

$$P_1 = C_1 - S = 24 - 10 \equiv 14 \pmod{26}$$

따라서 복호화 변환은

$$P_k = C_k - P_{k-1} \pmod{26},\ 2 \le k \le n$$

이 된다. 예를 들면, 다음과 같은 정수들이 복원되는데

$$P_2 \equiv 01 - 14 = -13 \equiv 13 \pmod{26}$$

$$P_3 \equiv 17 - 13 \equiv 4 \pmod{26}$$

여기서 두 자리 수 형식을 유지하기 위해 4는 04로 쓴다.

1929년 헌터 대학의 수학 조교수 레스터 힐(Lester Hill)에 의해 알파벳 치환 암호에서 더 높은 보안성을 확보하는 방법이 고안됐다. 간단히 말해서, 힐의 접근법은 평문을 n개 글자의 블록으로 나누고 (필요하면 X와 같은 가공의 글자를 추가하여 마지막 블록을 채우며) n개 변수에 대한 n개 선형 합동식계를 사용하여 블록별로 암호화하는 것이다. 가장 간단한 형태로 $n = 2$일 때, 절차는 두 개의 연속한 글자를 택하여 두 개의 합동식

$$C_1 \equiv aP_1 + bP_2 \pmod{26}$$

$$C_2 \equiv cP_1 + dP_2 \pmod{26}$$

을 통하여 숫자동치 P_1P_2를 암호문의 블록 C_1C_2로 변환한다. 복호화가 가능하기 위하여 4개의 계수 a, b, c, d는 $\gcd(ad - bc, 26) = 1$을 만족하도록 선택되어야 한다.

예제 10.2 *Example*

힐 암호를 예시하기 위해 합동식

$$C_1 \equiv 2P_1 + 3P_2 \pmod{26}$$

$$C_2 \equiv 5P_1 + 8P_2 \pmod{26}$$

을 사용하여 BUY NOW라는 메시지를 암호화해 보자. 첫 번째 두 글자 블록 BU는 숫자로 01 20과 동치다. 이것은

$$2(01) + 3(20) \equiv 62 \equiv 10 \pmod{26}$$

$$5(01) + 8(20) \equiv 165 \equiv 09 \pmod{26}$$

으로 바뀐다. 한 번에 두 글자씩 계속하면 완성된 암호문은

10 09 09 16 16 12

임을 알게 되고 이것은 알파벳으로 KJJ QQM으로 표현된다.

복호화를 위해서는 P_1과 P_2에 대한 원래의 합동식계를 C_1과 C_2에 대하여 푸는 것이 필요하다. 정리 4.9의 증명에 의하여, 암호문 블록 C_1C_2으로부터 다음의 합동

식을 이용하면 평문 블록 P_1P_2를 회복할 수 있다.

$$P_1 \equiv 8C_1 - 3C_2 \pmod{26}$$
$$P_2 \equiv -5C_1 + 2C_2 \pmod{26}$$

암호문 블록 10 09에 대하여,

$$P_1 \equiv 8(10) - 3(09) \equiv 53 \equiv 01 \pmod{26}$$
$$P_2 \equiv -5(10) + 2(09) \equiv -32 \equiv 20 \pmod{26}$$

를 계산하고 이것은 글자쌍 BU와 같다. 나머지 평문도 비슷한 방법으로 복원될 수 있다.

1917년 길버트 버먼(Gilbert Verman)에 의해 유력한 비알파벳 암호가 발명되었는데, 그는 미국전화전신회사(AT&T)에 고용되어 있었다. 버먼은 새로 개발된 전신타자기에 의해 보내지는 정보를 보호하는 데 관심을 갖고 있었다. 당시에 유선통신문은 프랑스의 발명가 보도(J.M.E. Baudot)의 이름을 딴 보도 코드를 이용해 전송되고 있었다. 보도는 알파벳의 각 글자를 두 개의 기호의 5개 원소 열에 의해 표현하였다. 만약 두 개의 기호를 1과 0으로 택하면, 전체 표는 다음과 같이 주어진다.

A = 11000	J = 11010	S = 10100
B = 10011	K = 11110	T = 00001
C = 01110	L = 01001	U = 11100
D = 10010	M = 00111	V = 01111
E = 10000	N = 00110	W = 11001
F = 10110	O = 00011	X = 10111
G = 01011	P = 01101	Y = 10101
H = 00101	Q = 11101	Z = 10001
I = 01100	R = 01010	

ACT NOW

와 같은 평문 메시지는 먼저 이진법 숫자의 열로 변환된다.

110000111000001001100001111001

버먼의 혁신은 숫자 평문과 같은 길이의 1과 0의 수열을 암호 키로 택하는 것이다. 전형적인 키는

101001011100100010001111001011

같이 보일 것이며, 숫자들은 동전 던지기를 하여 앞면은 1, 뒷면은 0으로 선택할 수 있을 것이다. 마지막으로, 두 개의 이진법 수열에서 같은 자리의 숫자들을 2를 법으로 더함으로써 암호문이 형성된다. 이 예제의 결과는 다음과 같다.

011001100100101011101111110010

중요한 점은 예정된 수신자는 암호키를 미리 갖고 있어야 한다는 것이다. 왜냐하면 암호키와 암호문의 대응하는 두 개의 숫자를 2 를 법으로 단순히 더함으로써 숫자 평문이 건설될 수 있기 때문이다.

버먼의 전보 암호 사용의 초기에는, 키들을 번호 매긴 종이에 적어서 철을 하여 양쪽 통신자들이 갖도록 하였다. 키가 한 번 사용된 후에는 종이는 찢겨서 파괴되었다. 이러한 이유로 버먼의 암호 절차는 곧 일회용 체계 또는 일회용 종이철로 알려지게 되었다. 버먼 암호 방법의 암호학적 강점은 암호 키의 길이가 극단적으로 길 가능성과 그 내용에 있어서의 패턴의 부재에 있었다. 이 확실한 보안성은 많은 국가의 군사적 또는 외교적 임무에 매력적인 것이었다. 1963년에, 예를 들면 워싱턴과 모스크바 사이에 일회용 테이프를 사용하는 인쇄전신기 핫라인이 가설되었다.

모듈로 거듭제곱(즉 a, k, n이 양의 정수일 때 $a^k \pmod{n}$의 최소 나머지를 찾는 일)을 이용한 암호체계가 1970년대에 점점 유명해졌다. 메시지의 송신자와 수신자가 같은 비밀 코드를 공유하는 시저 암호체계와 같은 재래식 암호체계에 대비하여, 거듭제곱 암호체계는 두 개의 다른 키를 요구한다. 한 개의 키는 암호화하고 다른 한 개는 복호화한다. 이런 비대칭 키 체계는 구현이 어렵지 않다. 정보를 숨기고 싶은 사용자는 암호화 모듈러스로 사용할 (큰) 소수 p와 암호화 지수로 사용할 양의 정수 $2 \le k \le p - 2$를 선택하여 시작한다. 모두 비밀로 유지되는 모듈러스와 지수는 $\gcd(k, p - 1) = 1$을 만족해야 한다.

암호화 과정은, 메시지를 “숫자 알파벳”에 의하여 숫자 형태 M으로 변환하는 것으로 시작되는데, 여기서 평문의 각 글자는 두 자리 정수로 대치된다. 표준적인 절차는 다음의 문자 지정을 사용한다.

A = 00	H = 07	O = 14	V = 21
B = 01	I = 08	P = 15	W = 22
C = 02	J = 09	Q = 16	X = 23
D = 03	K = 10	R = 17	Y = 24
E = 04	L = 11	S = 18	Z = 25
F = 05	M = 12	T = 19	
G = 06	N = 13	U = 20	

단어 사이의 빈칸을 표시하기 위해 26이 사용된다. 이 계획에서 통신문

THE BROWN FOX IS QUICK

은 숫자열

1907042601171422132605142326081826162008021 0

으로 변환된다. 평문 수 M은 암호화 모듈러스 p보다 작다고 가정된다. 그렇지 않으면, M과 모듈로 p로 합동이며 M보다 더 큰 수와 구별하기가 불가능할 것이다. 메시지가 한 개의 수 $M < p$로 표현하기에 너무 길면, 그것은 숫자들의 블록 $M_1, M_2, \cdots, M_s$로 분할되어야 하며, 각 블록은 같은 개수의 숫자를 갖는다. ($2525 < p < 15500$일 때 각 블록은 4개의 숫자를 가져야 한다는 것은 유용한 정보다.) X를 나타내는 23을

한 개나 여러 개 추가하여 마지막 블록을 채우는 것이 필요할 수도 있다.

다음, 송신자는 M을 k번 거듭제곱하고 그 결과를 모듈로 p에 대하여 환원하여 얻은 암호문 수 r로 평문 수 M을 위장한다. 즉

$$M^k \equiv r \pmod{p}$$

다른 한편, 의도된 수신자는 먼저

$$kj \equiv 1 \pmod{p-1}$$

을 만족하는 정수 $2 \le j \le p-2$, 즉 복원 지수를 결정하여 전송된 통신을 복호화한다. 이것은 유클리드 알고리즘을 이용하여 방정식

$$kx + (p-1)y = 1$$

의 해 x로 j를 표현하여 성취될 수 있다. 이제 수신자는 $r^j \pmod{p}$ 값을 계산하여 M을 되찾을 수 있다. 왜냐하면 적당한 t에 대하여 $kj = 1 + (p-1)t$를 알고 있기에, 페르마의 정리에서

$$\begin{aligned} r^j &\equiv (M^k)^j \equiv M^{1+(p-1)t} \\ &\equiv M(M^{p-1})^t \equiv M \cdot 1^t \pmod{p} \end{aligned}$$

이 도출된다. j 값을 얻기 위해 그것이 필요한 메시지의 수신자를 제외한 모든 이로부터 두 개의 수 p와 k는 비밀로 유지되어야 한다. 즉, (p, k) 쌍은 송신자의 암호화 키를 형성한다.

예제 10.3
Example

아래의 메시지를 갖는 간단한 예제로 암호화 과정을 보이자.

SEND MONEY

암호화 모듈러스로 소수 $p = 2609$와 암호화 지수로 양의 정수 $k = 19$를 선택한다. 메시지의 문자들을 숫자 동치로 대치하여 평문 수

18041303261214130424

을 생산한다. 이 숫자열을 4개 숫자 블록으로 나눈다.

1804 1303 2612 1413 0424

연속된 블록을 각각 19승 하고 모듈로 2609에 대하여 환원하여 암호화한다. 거듭제곱 과정을 더욱 잘 처리하기 위해 반복적 제곱 방법을 사용할 수 있다. 예를 들어, 블록 1804의 경우는

$$1804^2 \equiv 993 \pmod{2609}$$
$$1804^4 \equiv 993^2 \equiv 2456 \pmod{2609}$$
$$1804^8 \equiv 2456^2 \equiv 2537 \pmod{2609}$$
$$1804^{16} \equiv 2537^2 \equiv 2575 \pmod{2609}$$

이고, 따라서

$$1804^{19} = 1804^{1+2+16} \equiv 1804 \cdot 993 \cdot 2575 \equiv 457 \pmod{2609}$$

전체 암호 메시지는 다음의 수들로 구성된다.

$$0457\ 0983\ 1538\ 2041\ 0863$$

gcd(19, 2608) = 1이므로 유클리드 알고리즘의 식들을 역방향으로 작업하여

$$1 = 4 \cdot 2608 + (-549)19$$

을 얻는다. 그런데 $-549 \equiv 2059 \pmod{2608}$이므로 $1 \equiv 2059 \cdot 19 \pmod{2608}$이 되어 2059는 복원 지수가 된다. 사실, $457^{2059} \equiv 1804 \pmod{2609}$이다.

방금 서술한 (소위 폴릭–헬먼 체계라고 일컬어지는) 거듭제곱 암호체계는 사용자가 많은 통신망에서 사용하기에는 결점이 있다. 중요한 문제는 암호화 키의 안전한 배송이다. 왜냐하면 복호화 키가 계산되기 위해서 암호문 메시지보다 먼저 키가 제공되어야 하기 때문이다. 부지런한 도청자들이 알아차리게 되는 것을 방지하기 위해 자주—아마도 매 메시지마다—암호화 키를 바꾸어야 하는 불리한 점도 있다. 이러한 어려움을 회피하기 위해 공개키 암호체계의 개념이 도입되었다. 그것 또한 두 개의 다른 키를 사용하지만, 암호화 키에서 복호화 키를 유도하는 쉬운 계산 방법은 없다. 사실상, 암호화 키는 안전하게 공개되나, 복호화 키는 비밀이고 메시지의 수신자만 소유한다. 공개키 암호체계의 이점은 분명하다. 송신자와 수신자가 서로 통신하기 전에 키를 내주거나 만날 필요조차 없다.

디피(Whitfield Diffie)와 헬먼(Martin Hellman)은 1976년 획기적인 논문 「New Directions in Cryptography」에서 공개키 암호체계의 이론적 기본틀을 펼쳤다. 그 후에 곧 배낭 문제라는 유명한 계산 문제에 그 보안성을 기반한, 실행 가능한 계획을 개발했다. 오늘날 가장 널리 사용되는 공개키 암호체계는 1978년 리베스트(Ronald Rivest), 샤미르(Adi Shamir) 및 애들먼(Leonard Adelman)에 의해 제안되었고, 그들 이름의 첫 글자를 따라 RSA라고 불린다. 그것의 보안성은, 큰 소인수를 갖는 합성수의 분해가 컴퓨터 기술의 현재 상태에서 불가능할 정도로 시간이 오래 걸린다는 가정에 근거한다.

통신을 개시하려면, RSA 체계의 각 사용자는, 서로 다른 한 쌍의 소수 p와 q를 충분히 크게 선택하여 암호화 모듈러스인 곱 $n = pq$의 분해가 현재의 계산 능력을 넘도록 한다. 예컨대, p와 q를 각각 200자리로 택하여 n을 대략 400자리를 갖도록 한다. n을 얻은 후, 사용자는 암호화 지수로서 임의의 양의 정수 $1 < k < \phi(n)$을 $\gcd(k, \phi(n)) = 1$을 만족하도록 택한다. 숫자쌍 (n, k)는 사용자의 개인적인 암호화 키로 이용되도록, 전화번호부처럼 공개 파일에 싣는다. 이것은 통신 네트워크상의 다른 어떤 사람도 메시지를 암호화하여 그 사람에게 보낼 수 있게 한다. 정수 n은 공공연히 드러나지만, 목록에 실린 공개키는 n의 인수 p와 q에 대해 언급하지 않음을 유의하라.

사용자와 은밀히 통신하기 원하는 사람은 앞서 설명한 방법으로 진행한다. 문자 메시지는 우선 평문 수로 변환되고 그 후 적당한 크기의 숫자 블록으로 분할된다. 송

신자는 공개 목록에서 사용자의 암호화 키 (n, k)를 찾아,

$$M^k \equiv r \pmod{n}$$

을 계산하여 블록 $M < n$을 위장한다. 유클리드 알고리즘을 사용하여 $kj \equiv 1 \pmod{\phi(n)}$을 만족하는 정수 $1 < j < \phi(n)$을 얻어 복호화 과정이 수행된다. 요구조건 $\gcd(k, \phi(n)) = 1$ 때문에 j가 존재한다. 합동식 $r^j \equiv M \pmod{n}$이 성립함을 확인하는 데 오일러에 의한 페르마 정리의 일반화가 결정적 역할을 한다. 사실, 어떤 정수 t에 대하여 $kj \equiv 1 + \phi(n)t$이므로 다음 결과가 뒤따른다.

$$\begin{aligned} r^j &\equiv (M^k)^j \equiv M^{1+\phi(n)t} \\ &\equiv M(M^{\phi(n)})^t \equiv M \cdot 1^t \equiv M \pmod{n} \end{aligned}$$

복원 지수 j는, k 값과 $\phi(n) = (p-1)(q-1)$을 모두 알고 있고 따라서 n의 소인수 p와 q를 아는 사람만이 결정할 수 있다. 이것으로 공개키만을 알고 있는 바람직하지 않은 제삼자로부터 j는 안전하다. 삼중수 (p, q, j)는 사용자의 비밀키로 간주될 수 있다.

예제 10.4 *Example*

RSA 암호체계의 실례로, 비현실적으로 작은 크기의 소수들이 관여된 예제를 완전히 다루어 보자. 목록에 실린 공개키가 (2701, 47)인 사람에게 메시지를 보낸다고 하자. 그 키는 두 개의 소수 $p = 37$과 $q = 73$을 선택하여 얻어지고, 이것은 결국 암호화 키 $n = 37 \cdot 73 = 2701$과 $\phi(n) = 36 \cdot 72 = 2592$를 도출한다. $\gcd(47, 2592) = 1$이므로 정수 $k = 47$이 암호화 지수로 선택되었다.

암호화되어 보낼 메시지는 다음과 같다.

NO WAY TODAY

먼저 앞에서 제시한 문자 치환을 사용하여 숫자 동치로 변환하면

$$M = 131426220024261914030024$$

이 된다. 그리고 이 평문 숫자를 4자리 블록들로 표현한다.

1314 2622 0024 2619 1403 0024

대응하는 암호문 숫자들은 각 블록을 47승 하여 모듈로 2701로 환원하여 얻어진다. 첫 번째 블록에서, 반복적 제곱 방법으로 아래 값을 얻는다.

$$1314^{47} \equiv 1241 \pmod{2701}$$

메시지의 전체 암호문은 다음과 같이 나열된다.

1241 1848 0873 1614 2081 0873

복호화 작업을 위해, 수신자는 유클리드 알고리즘을 이용하여 식 $47 \cdot 1103 + 2592(-20) = 1$을 얻는데 이것은 $47 \cdot 1103 \equiv 1 \pmod{2592}$와 동치다. 그러므로 $j = 1103$은 복원 지수다. 이로부터

$$1241^{1103} \equiv 1314 \pmod{2701}$$

이 나오고 이같이 계속된다.

RSA 체계가 안전하기 위해서는 제삼자에게 알려졌다고 가정된 정보, 즉 목록에 실린 공개키 (n, k)로부터 평문 M을 회복하는 것이 계산적으로 가능해서는 안 된다. 직접적인 공격 방법은 거대한 크기의 정수 n을 분해하려고 시도하는 것이다. 왜냐하면 일단 인수들이 결정되면, 복원 지수는 $\phi(n) = (p-1)(q-1)$과 k로부터 계산될 수 있기 때문이다. RSA 체계에 대한 우리의 확신은 작업 요인이라고 알려진 것, 두 개의 큰 소수의 곱을 분해하는 데 필요한 컴퓨터 시간의 기대되는 양에 의존한다. 분해하는 일은 소수와 합성수를 구분하는 일보다 계산적으로 더욱 어렵다. 오늘날 가장 빠른 컴퓨터에서 200자리 수는 20초 이내에 일상적으로 그 소수성이 검사될 수 있는 반면에 같은 크기의 합성수를 분해하는 데 요구되는 작업 시간은 엄청나다. 200자리 정수를 그것의 소인수로 분해하기 위해 알려진 가장 빠른 알고리듬이 대략 $(1.2)\,10^{23}$번의 컴퓨터 연산을 사용하는 것으로 예측되었다. 각 연산이 1나노초(10^{-9}초) 걸린다고 가정하면 분해 시간은 약 $(3.8)\,10^{6}$년이 된다. 무제한의 계산 시간과 어떤 상상할 수 없을 정도로 효과적인 분해 알고리듬이 주어지면 RSA 암호체계는 파괴될 수 있겠지만, 현재로서는 매우 안전해 보인다. 우리가 해야 할 일의 전부는 정수를 분해하는 현재의 기술 상태보다 항상 앞서서 암호화 모듈러스를 위한 더 큰 소수 p와 q를 선택하는 것이다.

보다 큰 위협은, 분해에 필요한 자료 조각에 동시에 작업하고 그 결과를 중앙 사이트에 통신하는, 광범위하게 분포하는 컴퓨터 네트워크의 사용에 의해 제기된다. 이것은 암호학의 가장 유명한 문제 중 하나인 RSA-129의 분해에서 보여졌다.

자신들의 암호체계가 그것의 보안성에 대한 어떤 공격에도 견딜 수 있음을 증명하기 위해, 세 명의 발명자는 「사이언티픽 아메리칸」에 그것을 해독하는 사람에게 100달러를 제공하겠다며 암호문 메시지를 제출했다. 그 메시지는 대략 같은 길이의 두 소수의 곱인 129자리 암호화 모듈러스에 의존했다. 이 큰 수는 RSA-129란 이름을 얻었다. 당시에 이용할 수 있는 가장 강력한 분해 방법과 가장 빠른 컴퓨터를 고려하여, RSA-129를 분해하고 메시지를 복호화하는 데 최소한 4경 년이 필요할 것으로 추정됐다. 그렇지만 충분한 계산력을 그 임무에 쏟아서 1994년에 분해는 실현되었다. 약 600명의 자원자들의 세계적인 네트워크가 이 계획에 참가하여, 8개월의 기간 동안 1,600대 이상의 컴퓨터를 작동시켰다. 1977년에 분명히 이룰 수 없어 보였던 일이 단지 17년 후에 성취되었다. 평문 메시지는 다음 문장이다.

“The magic words are squeamish ossifrage.”

(그런데 ossifrage는 매의 일종이다.)

1991년에 작성된 「RSA 도전 목록」에 있는 42개의 수는 분해 방법의 최근 진보에 대한 일종의 시험 역할을 한다. 가장 최근의 인수분해 성과는, 193자리(이진법으로 640자리) 수 RSA-640이 각각 95자리를 갖는 두 개의 소수의 곱으로 표현된다고 보인 것이다. RSA 도전은 2007년에 활동 중지되었다.

연습문제 10.1

1. 시저 암호를 사용하여 메시지 *RETURN HOME*을 암호화하라.
2. 만약 시저 암호가 *KDSSB ELUWKGDB*를 생산했다면, 평문 메시지는 무엇인가?
3. (a) 어떤 선형 암호가 합동식 $C \equiv aP + b \pmod{26}$ 에 의해 정의되며 여기서 a 와 b 는 $\gcd(a, 26) = 1$ 인 정수이다. 대응하는 복호화 합동식은 $P \equiv a'(C - b) \pmod{26}$ 이고 여기서 정수 a' 은 $aa' \equiv 1 \pmod{26}$ 을 만족한다.
   (b) 선형 암호 $C \equiv 5P + 11 \pmod{26}$ 을 사용하여 메시지 *NUMBER THEORY IS EASY*를 암호화하라.
   (c) 선형 암호 $C \equiv 3P + 7 \pmod{26}$ 을 사용하여 생산된 메시지 *RXQTGU HOZTKGH FJ KTMMTG*를 복호화하라.
4. 선형 암호 $C \equiv aP + b \pmod{26}$ 을 사용하여 보내진 긴 암호문 메시지에서 가장 자주 나타나는 글자는 Q 이고 두 번째로 자주 나타나는 것은 J 이다.
   (a) a 와 b 의 값을 결정하여 암호를 깨뜨려라.
   [*힌트*: 영어 문장에서 가장 자주 사용되는 글자는 *E* 이고 다음 것은 *T* 이다.]
   (b) 가로챈 메시지 *WCPQ JZQO MX*에 대한 평문을 쓰라.
5. (a) 키워드가 *MATH*인 비즈네르 암호를 사용하여 메시지 *HAVE A NICE TRIP*을 암호화하라.
   (b) 암호문 *BS FMX KFSGR JAPWL*은 키워드가 *YES*인 비즈네르 암호로부터 유래하였다고 알려졌다. 복호화 합동식을 얻고 메시지를 읽어라.
6. (a) 씨앗이 Q인 오토키 암호를 사용하여 메시지 HAPPY DAYS ARE HERE를 암호화하라.
   (b) 씨앗이 RX인 오토키 암호로 생산된 메시지 BBOT XWBZ AWUVGK를 복호화하라.
7. (a) 메시지 *GIVE THEM TIME*을 암호화하기 위하여 힐 암호

$$C_1 \equiv 5P_1 + 2P_2 \pmod{26}$$
$$C_2 \equiv 3P_1 + 4P_2 \pmod{26}$$

   을 사용하라.
   (b) 암호문 *ALXWU VADCOJO*는 암호

$$C_1 \equiv 4P_1 + 11P_2 \pmod{26}$$
$$C_2 \equiv 3P_1 + 8P_2 \pmod{26}$$

   으로 암호화되었다. 평문을 도출하라.
8. 힐 암호

$$C_1 \equiv aP_1 + bP_2 \pmod{26}$$
$$C_2 \equiv cP_1 + dP_2 \pmod{26}$$

로부터 유래한 긴 일련의 암호문에서 가장 자주 나타나는 두 글자 블록이 순서대로 *HO* 와 *PP* 임이 밝혀졌다.

(a) a, b, c, d 의 값을 찾아라.

[*힌트*: 영어에서 가장 자주 나타나는 두 글자 블록은 *TH* 이고 다음은 *HE* 이다.]

(b) 가로챈 메시지 *PPIH HOG RAPVT*에 대한 평문은 무엇인가?

9. 메시지 GO SOX를 버먼의 전보 암호를 사용하여 암호화하려 한다.

(a) 메시지를 보도 코드로 표현하라.

(b) 암호화 키가

01110101111010101001100 10

일 때, 암호문의 알파벳 형태를 구하라.

10. 보도 코드로 표현된 평문 메시지가 버먼 암호로 수열

1100011100001110101001011111111

로 변환되었다. 암호화에 사용된 키가

0111010110010111100010011 01010

이라고 알려졌을 때, 메시지를 알파벳 형태로 복원하라.

11. 모듈러스 $p = 2609$와 지수 $k = 7$을 갖는 거듭제곱 암호를 이용하여, 메시지 GOOD CHOICE를 암호화하라.

12. 모듈러스 $p = 2551$과 암호화 지수 $k = 43$을 갖는 거듭제곱 암호로부터 얻은 암호문이

1513 2175 1249 0823 2407

이다. 평문 메시지를 결정하라.

13. 키 (2561, 3)을 갖는 RSA 알고리즘을 사용하여 평문 메시지 GOLD MEDAL을 암호화하라.

14. 키 $(n, k) = (2573, 1013)$을 갖는 RSA 알고리즘으로 생산된 암호문 메시지가

0464 1472 0636 1262 2111

이다. 원래 메시지를 결정하라.

[*힌트*: 유클리드 알고리즘에 의해 $1013 \cdot 17 \equiv 1 \pmod{2460}$이 도출된다.]

15. 키 $(n, k) = (2623, 869)$을 갖는 RSA 알고리즘을 사용하여 암호화된 암호문

1030 1511 0744 1237 1719

을 복호화하라. [*힌트*: 복원 지수는 $j = 29$이다.]

10.2 배낭 암호체계

공캐키 암호체계는, *배낭 문제*(*knapsack problem*) 또는 부분집합의 합 문제로 알려져 있는 조합론의 고전적 문제에 기초할 수도 있다. 이 문제는 다음과 같이 서술될 수 있다. 부피 V의 배낭과 다양한 부피 $a_1, a_2, \cdots, a_n$ 의 n 개 품목이 주어졌을 때, 배낭을 완전히 채우는 이 품목들의 부분 집합을 찾을 수 있을까? 다르게 말한다. 양의 정수 $a_1, a_2, \cdots, a_n$ 과 합 V에 대하여, 방정식

$$V = a_1x_1 + a_2x_2 + \cdots + a_nx_n$$

을 풀어라. 여기서 $i = 1, 2, \cdots, n$ 에 대하여 $x_i = 0$ 또는 1이다.

수열 $a_1, a_2, \cdots, a_n$ 과 정수 V의 선택에 따라서 해가 없거나 한 개보다 많은 해가 있을 수 있다. 예를 들어, 배낭 문제

$$22 = 3x_1 + 7x_2 + 9x_3 + 11x_4 + 20x_5$$

는 풀리지 않지만

$$27 = 3x_1 + 7x_2 + 9x_3 + 11x_4 + 20x_5$$

는 서로 다른 두 개의 해, 즉

$$x_2 = x_3 = x_4 = 1 \qquad x_1 = x_5 = 0$$

과

$$x_2 = x_5 = 1 \qquad x_1 = x_3 = x_4 = 0$$

을 갖는다.

임의로 선택된 배낭 문제의 해를 찾는 것은 어렵기로 악명이 높다. 그 문제를 공격하는 알려진 어떤 방법도, 직접적으로 전부를 다 찾아보는 것, 즉 $x_1, x_2, \cdots, x_n$ 에 대한 2^n 가지 모든 가능성을 실험해 보는 것보다 시간이 덜 걸리지 않는다. n 이 100 정도보다 크면 계산상 비현실적이다.

그렇지만, 만약 정수열 $a_1, a_2, \cdots, a_n$ 이 어떤 특별한 성질을 갖게 되면, 배낭 문제는 풀기가 무척 쉬워진다. 각 a_i 가 선행하는 모든 것들의 합보다 크면, 즉

$$a_i > a_1 + a_2 + \cdots + a_{i-1} \qquad i = 2, 3, \ldots, n$$

이면, 우리는 수열 $a_1, a_2, \cdots, a_n$ 이 *초증가한다*(*superincreasing*)고 한다. 초증가하는 수열의 간단한 예는 $1, 2, 4, 8, \cdots, 2^n$ 이고 여기서 $2^i > 2^i - 1 = 1 + 2 + 4 + \cdots + 2^{(i-1)}$이다. 상응하는 배낭 문제

$$V = x_1 + 2x_2 + 4x_3 + \cdots + 2^n x_n \qquad V < 2^{n+1}$$

에서 미지수 x_i 들은 바로 V의 이진법 전개에서의 숫자들이다.

초증가 수열에 기초한 배낭 문제는, 다음 예제가 보여 주듯이, 풀리기만 한다면 유일한 해를 갖는다.

예제 10.5 *Example*

초증가 배낭 문제

$$28 = 3x_1 + 5x_2 + 11x_3 + 20x_4 + 41x_5$$

를 풀자. 이 방정식의 가장 큰 계수, 즉 41로부터 시작한다. $41 > 28$ 이므로 그것은 부분 집합의 합의 부분일 수 없고, 따라서 $x_5 = 0$이다. 다음으로 큰 계수는 20이고 $20 < 28$이다. 이제 선행하는 계수들의 합은 $3 + 5 + 11 < 28$ 이므로 이들은 배낭을 채울 수 없다. 그러므로 20은 합에 포함되어야 하고, 따라서 $x_4 = 1$이다. x_4 와 x_5 의 값을 알고 있으므로 원래 문제는

$$8 = 3x_1 + 5x_2 + 11x_3$$

로 다시 쓸 수 있다. 우리의 이전 논의를 반복하면 이제 11이 배낭 합에 포함되어야 하는지 결정된다. 사실, 부등식 $11 > 8$ 에서 $x_3 = 0$ 을 얻는다. 문제를 결말내기 위해서, 방정식 $8 = 3x_1 + 5x_2$ 를 푸는 것으로 축소되었고 이것은 명백한 해 $x_1 = x_2 = 1$ 을 갖는다. 이것으로 3, 5, 11, 20, 41 의 한 부분 집합이 원하는 합

$$28 = 3 + 5 + 20$$

을 가짐이 확인된다.

예제 10.5에서 설명한 과정이 어떻게 일반적으로 작용하는지 아는 것은 어렵지 않다. $a_1, a_2, \cdots, a_n$ 이 초증가 수열일 때, 배낭 문제

$$V = a_1x_1 + a_2x_2 + \cdots + a_nx_n$$

을 풀려고 한다고 하자. V는 수열의 어떤 부분 집합을 사용하여 얻을 수 있고, 그래서 V는 합 $a_1 + a_2 + \cdots + a_n$보다 크지 않다고 가정한다. 우리 수열의 오른쪽으로부터 왼쪽으로 작업하여, $V \geq a_n$ 이면 $x_n = 1$ 그리고 $V < a_n$ 이면 $x_n = 0$ 이라고 놓는 것으로 시작한다. 그러면

$$x_i = \begin{cases} 1\,, & V - (a_{i+1}x_{i+1} + \cdots + a_nx_n) \geq a_i \\ 0\,, & V - (a_{i+1}x_{i+1} + \cdots + a_nx_n) < a_i \end{cases}$$

을 선택하여 차례로 $x_{n-1}, x_{n-2}, \cdots, x_1$ 을 얻는다. 이 알고리듬으로써 초증가 수열을 사용한 배낭 문제는 무척 쉽게 풀릴 수 있다.

배낭 문제에 기반을 둔 하나의 공개키 암호체계가 1978년 머클(R. Merkle)과 헬먼(M. Hellman)에 의해 발명되었다. 그것은 다음과 같이 작동한다. 체계의 전형적인 사용자가 초증가 수열 $a_1, a_2, \cdots, a_n$ 을 선택함으로써 출발한다. 이제 모듈러스 $m > 2a_n$ 과 $0 < a < m$ 이고 $\gcd(a, m) = 1$ 인 승수 a를 택한다. 이것은 합동식 $ax \equiv 1 \pmod{m}$ 이 유일한 해, 이를테면 $x \equiv c \pmod{m}$ 을 갖는 것을 보증한다. 마지막으로, $0 < b_i < m$ 인

$$b_i \equiv aa_i \pmod{m} \qquad i = 1, 2, \ldots, n$$

으로 정의되는 정수 수열 $b_1, b_2, \cdots, b_n$ 을 구성한다. 이 마지막 변환을 수행하면 일반적으로 a_i 가 갖고 있는 초증가 성질이 파괴된다.

사용자는 원래 수열 $a_1, a_2, \cdots, a_n$과 숫자 m과 a를 비밀로 유지하고 $b_1, b_2, \cdots, b_n$을 공개 번호부에 공표한다. 그 사용자에게 메시지를 보내길 원하는 사람은 공개적으로 얻을 수 있는 수열을 암호화 키로 이용한다.

송신자는 글자들의 이진 동치 (binary equivalent)를 사용하여 평문 메시지를 0과 1의 수열 M으로 먼저 변환한다.

글자	이진동치	글자	이진동치
A	00000	N	01101
B	00001	O	01110
C	00010	P	01111
D	00011	Q	10000
E	00100	R	10001
F	00101	S	10010
G	00110	T	10011
H	00111	U	10100
I	01000	V	10101
J	01001	W	10110
K	01010	X	10111
L	01011	Y	11000
M	01100	Z	11001

예를 들어, 메시지

First Place

는 숫자 표현

$$M = 00101 \quad 01000 \quad 10001 \quad 10010 \quad 10011 \quad 01111 \quad 01011 \quad 00000 \quad 00010 \quad 00100$$

으로 변환된다. 그러면 그 수열은, 필요하면 마지막 블록은 끝에 1들로 채우며 n개의 이진 숫자들의 블록으로 분해된다. 다음에 주어진 평문 블록을 변환하기 위하여, 이를테면 $x_1 x_2 \cdots x_n$을 합

$$S = b_1 x_1 + b_2 x_2 + \cdots + b_n x_n$$

으로 변환하기 위하여 공개된 암호화 수열 $b_1, b_2, \cdots, b_n$이 사용된다. 수 S는 비보안적이라고 추정되는 통신 채널을 통해 송신자가 발송하는 감추어진 정보다.

각 x_i는 0 또는 1이므로, S로부터 평문을 재현하는 문제는 보기에 어려운 (수열 $b_1, b_2, \cdots, b_n$이 반드시 초증가 수열인 것은 아니기 때문에 "어렵다") 배낭 문제를 푸는 것과 동치임을 주목하라. 언뜻 생각하기에, 의도된 수신자나 도청하는 사람이나 똑같은 일에 직면한 듯하다. 그렇지만 개인전용 복호화 키의 도움으로 수신자는 어려운 배낭 문제를 쉬운 것으로 바꿀 수 있다. 개인전용 키를 갖지 않은 누구도 이렇게 바꿀 수 없다.

c와 m을 알고, 수신자는

$$S' \equiv cS \pmod{m} \qquad 0 \le S' < m$$

을 계산하고

$$\begin{aligned} S' &\equiv cb_1x_1 + cb_2x_2 + \cdots + cb_nx_n \pmod{m} \\ &\equiv caa_1x_1 + caa_2x_2 + \cdots + caa_nx_n \pmod{m} \end{aligned}$$

와 같이 전개한다. 이제 $ca \equiv 1 \pmod{m}$ 이므로 위의 합동식은

$$S' \equiv a_1x_1 + a_2x_2 + \cdots + a_nx_n \pmod{m}$$

이 된다. 처음부터 m 은 $m > 2a_n > a_1 + a_2 + \cdots + a_n$ 을 만족하도록 선택됐기 때문에 우리는 $a_1x_1 + a_2x_2 + \cdots + a_nx_n < m$ 을 얻는다. 조건 $0 \le S' < m$ 에 비추어 보면, 등식

$$S' = a_1x_1 + a_2x_2 + \cdots + a_nx_n$$

이 성립해야 한다. 이 초증가 배낭 문제에 대한 해는 그 어려운 문제에 대한 해를 제공하고, 따라서 n 자리의 평문 블록 $x_1, x_2, \cdots, x_n$ 은 S 로부터 복원된다.

이 기법이 더욱 분명하게 보이도록, $n = 5$인 작은 규모의 예제를 생각한다.

예제 10.6
Example

이 암호체계의 전형적인 사용자가 비밀키로서 초증가 수열 3, 5, 11, 20, 41, 모듈러스 $m = 85$ 그리고 승수 $a = 44$ 를 택했다고 가정하자. 초증가 수열의 각 원소에 44를 곱하고 모듈로 85로 환원하면 47, 50, 59, 30, 19 를 얻는다. 이것이 사용자가 공개된 번호부에 제출하는 암호화 키다.

사용자에게

HELP US

라는 평문 메시지를 보내려는 사람은 먼저 이것을 다음과 같이 0과 1의 수열로 변환한다.

$$M = 00111 \quad 00100 \quad 01011 \quad 01111 \quad 10100 \quad 10010$$

그러면 수열은 숫자들의 블록, 현재의 경우에는 길이 5인 블록으로 쪼개진다. 공개된 암호화 키를 사용하여 송신자는 연속적인 블록을

$$\begin{aligned} 108 &= 47 \cdot 0 + 50 \cdot 0 + 59 \cdot 1 + 30 \cdot 1 + 19 \cdot 1 \\ 59 &= 47 \cdot 0 + 50 \cdot 0 + 59 \cdot 1 + 30 \cdot 0 + 19 \cdot 0 \\ 99 &= 47 \cdot 0 + 50 \cdot 1 + 59 \cdot 0 + 30 \cdot 1 + 19 \cdot 1 \\ 158 &= 47 \cdot 0 + 50 \cdot 1 + 59 \cdot 1 + 30 \cdot 1 + 19 \cdot 1 \\ 106 &= 47 \cdot 1 + 50 \cdot 0 + 59 \cdot 1 + 30 \cdot 0 + 19 \cdot 0 \\ 77 &= 47 \cdot 1 + 50 \cdot 0 + 59 \cdot 0 + 30 \cdot 1 + 19 \cdot 0 \end{aligned}$$

으로 변환한다. 전달되는 암호문은 양의 정수열

$$108 \quad 59 \quad 99 \quad 158 \quad 106 \quad 77$$

로 구성된다. 메시지를 읽기 위해, 합법적인 수신자는 먼저 합동식 $44x \equiv 1 \pmod{85}$ 를 풀어 $x \equiv 29 \pmod{85}$ 를 얻는다. 그러면 암호문의 각 수에 29를 곱하고 모듈로 85로 환원하여 초증가 배낭 문제를 생산한다. 예를 들어, $108 \cdot 29 \equiv 72 \pmod{85}$ 이므로 108은 72로 변환되고, 상응하는 배낭 문제는

$$72 = 3x_1 + 5x_2 + 11x_3 + 20x_4 + 41x_5$$

이다. 초증가 배낭 문제를 다루는 절차에 의해 곧 해 $x_1 = x_2 = 0$, $x_3 = x_4 = x_5 = 1$ 이 얻어진다. 이러한 방법으로 평문의 이진 동치의 첫 번째 블록 00111이 복원된다.

배낭 암호문 메시지를 복호화하는 데 걸리는 시간은 배낭 안에 있는 항목의 개수에 지수적으로 증가하는 것처럼 보인다. 높은 보안성을 위해서, 배낭은 최소 250개의 선택할 항목을 포함해야 한다. 이 암호체계가 어떻게 작동하는지 보여주는 두 번째 예로서, 예제 10.6의 배낭에서 $n = 10$으로 늘리는 효과를 주의해 보자.

예제 10.7
Example

사용자가 다음의 초증가 수열을 사용한다고 하자.

$$3, 5, 11, 20, 41, 83, 179, 344, 690, 1042$$

$m = 2618$ 그리고 $a = 929$를 택하여, 각 배낭 항목에 a를 곱하고 모듈로 m으로 환원하면 공개되는 암호화 키가 생산된다.

$$169, 2027, 2365, 254, 1437, 1185, 1357, 180, 2218, 1976$$

NOT NOW라는 메시지를 보내려 한다면, 그것의 이진 동치를 10자리 블록들로 다음과 같이 나누어야 한다.

$$0110101110 \quad 1001101101 \quad 0111010110$$

블록 안에 1의 위치에 대응하는 암호화 키의 수를 합하여 주어진 블록은 암호화된다. 이것은 암호문

$$9584\ 5373\ 8229$$

을 생산하고 예제 10.6에서의 값들보다 크다.

수신자는 각 암호문 숫자를 합동식 $929x \equiv 1 \pmod{2618}$의 해와 곱하여 숨은 메시지를 회복한다. 즉, $31 \pmod{2618}$과 곱한다. 예를 들면, $9584 \cdot 31 \equiv 1270 \pmod{2618}$이고 1270은 초증가 수열로 표현하면

$$1270 = 5 + 11 + 41 + 179 + 344 + 690$$

이다. 배낭 우변의 각 숫자의 위치는 첫 번째 이진 블록 0110101110으로 번역된다.

언뜻 어려운 문제에 기초하고 있기 때문에, 머클–헬먼 암호체계는 처음 제안되었을 때 엄청난 흥미를 불러일으켰다. 그렇지만 1982년에 샤미르는 $a_1, a_2, \cdots, a_n$이 초증가하고 $b_i \equiv aa_i \pmod{m}$인 수열 $b_1, b_2, \cdots, b_n$이 관련된 배낭 문제를 푸는 상당히 빠른 알고리듬을 발명했다. 그 체계의 약점은 공개된 암호화 키 $b_1, b_2, \cdots, b_n$이 너무 특별하다는 것이다. a를 곱하고 모듈로 m으로 환원하는 것은 수열 $a_1, a_2, \cdots, a_n$을 완전히 숨기지 못한다. 서로 다른 값의 a와 m으로 모듈로 곱셈을 반복하여 공개된 수열과 비밀의 수열이 여러 번의 변환에 의해 달라지도록 함으로써 그 체계는 어느 정도 더 안전하게 만들어질 수 있다. 그러나 이 구성마저 1985년에 성공적으로 파괴되었다. 머클–헬먼 설계의 대부분 변종들은 안전하지 않다고 증명되었지만 아직까지 공격에 견디고 있는 몇몇이 있다.

연습문제 10.2

1. 배낭 문제

$$21 = 2x_1 + 3x_2 + 5x_3 + 7x_4 + 9x_5 + 11x_6$$

의 모든 해를 구하라.

2. 아래의 수열 중 어느 것이 초증가하는지 결정하라.
   (a) 3, 13, 20, 37, 81
   (b) 5, 13, 25, 42, 90
   (c) 7, 27, 47, 97, 197, 397
3. 다음의 초증가 배낭 문제 각각의 유일한 해를 찾아라.
   (a) $118 = 4x_1 + 5x_2 + 10x_3 + 20x_4 + 41x_5 + 99x_6$
   (b) $51 = 3x_1 + 5x_2 + 9x_3 + 18x_4 + 37x_5$
   (c) $54 = x_1 + 2x_2 + 5x_3 + 9x_4 + 18x_5 + 40x_6$
4. 모든 $i = 1, 2, \cdots, n-1$ 에 대하여 $a_{i+1} > 2a_i$ 가 성립하는 양의 정수 $a_1, a_2, \cdots, a_n$ 의 수열을 생각하자. 이 수열은 초증가함을 보여라.
5. 배낭 암호의 한 사용자가 수열 49, 32, 30, 43을 공표된 암호화 키로서 갖고 있다. 사용자의 개인전용 키가 모듈러스 $m = 50$과 승수 $a = 33$을 포함할 때 비밀의 초증가 수열을 결정하라.
6. 초증가 수열 1, 3, 5, 11, 35, 모듈러스 $m = 73$ 그리고 승수 $a = 5$ 를 이용하는 배낭 암호체계에서 생산된 암호문이 55, 15, 124, 109, 25, 34 이다. 평문 메시지를 구하라. [*힌트*: $5 \cdot 44 \equiv 1 \pmod{73}$ 임을 유의하라.]
7. 배낭 암호체계의 한 사용자가 초증가 수열 2, 3, 7, 13, 27, 모듈러스 $m = 60$ 그리고 승수 $a = 7$로 구성된 개인전용 키를 갖고 있다.
   (a) 사용자의 공표된 공개키를 구하라.
   (b) 공개키의 도움으로 메시지 *SEND MONEY*를 암호화하라.

10.3 원시근의 암호법으로의 응용

대부분의 현대 암호법 설계는, 어떤 특별한 수론 문제를 적당한 길이의 시간 안에 푸는 것이 추정적으로 곤란하다는 점에 의존한다. 예를 들면, 10.1절에서 논의한, 널리 사용되는 RSA 암호체계의 근저에 있는 보안성은 큰 수를 분해하는 데 요구되는 단순한 노력이다. 1985년에 타헤르 엘가말(Taher ElGamal)은 소위 이산 로가리듬 문제 — 즉 주어진 r, y 와 n 에 대하여 합동식 $r^x \equiv y \pmod{n}$ 을 만족하는 멱 $x\,(0 < x < \phi(n))$를 만약 존재하다면 찾는 문제 — 의 어떤 형에 기반하여 메시지를 암호화하는 방법을 소개했다. 지수 x 는 모듈로 n 으로 기저 r 에 대한 y 의 이산 로가리듬이라 말해진다. 기저 r 이 소수 n 의 원시근임을 요구하는 것의 이점은 y 가 항상 잘 정의된 이

산 로가리듬을 갖도록 하는 보증이다. 전부를 다 찾아봄으로써 로가리듬이 구해질 수 있다(즉, $y \equiv r^x \pmod{n}$ 이 얻어질 때까지 r 의 연속적인 멱들을 계산하여). 물론 수백 자리의 큰 모듈러스 n 에 대하여 이것은 현실적이지 못할 것이다.

예제 8.4는 모듈로 13으로 기저 2에 대한 7의 이산 로가리듬은 11임을 보여준다. 다르게 표현하면, 11은 $2^x \equiv 7 \pmod{13}$ 인 최소 양의 정수 x 이다. 그 예제에서, 우리는 지금의 용어들을 사용하는 대신에 고전적인 표시법 $11 = \text{ind}_2 7 \pmod{13}$을 사용했고 11은 7의 지표라고 말했다.

RSA 체계와 같이 엘가말 암호체계는 각 사용자가 공개된 키와 (비밀의) 개인전용 키를 모두 소유하도록 요구한다. 당사자 간에 암호화된 메시지를 전송하는 데 필요한 도구는 공개적으로 공지되거나 번호부에 발표된다. 그렇지만 복호화는 개인전용 키를 사용하여 의도된 수신자에 의해서만 수행될 수 있다. 공개키와 암호화 방법에 대한 지식만으로 다른 키를 발견하는 데 충분하지 않기 때문에 안전하지 못한 통신로로 기밀 정보가 전달될 수 있다.

이 체계의 전형적인 사용자는 먼저 소수 p 를 그의 원시근 중 하나 r 과 더불어 선택한다. 그리고 비밀키 노릇을 할 정수 k 가 $2 \le k \le p-2$가 되도록 임의로 선택된다. 따라서

$$a \equiv r^k \pmod{p} \quad 0 \le a \le p-1$$

이 계산된다. 세 개의 정수 (p, r, a) 는 그 사람의 공개키가 되고 암호적 목적을 위해서 모든 다른 사람들이 이용할 수 있도록 한다. 지수 k 의 값은 절대 공개되지 않는다. 승인되지 않은 자가 k 를 발견하려면 큰 값의 a 와 p 에 대하여 거의 제어할 수 없는 이산 로가리듬 문제를 푸는 것이 필요할 것이다.

암호화 절차를 보기 전에 공개키의 선택을 예시한다.

예제 10.8 *Example*

어떤 사람이 소수 $p = 113$과 그것의 가장 작은 원시근 $r = 3$ 을 택함으로써 시작한다고 가정하자. 그리고 $2 \le k \le 111$ 을 만족하는 정수로 $k = 37$ 이 선택된다. $a \equiv 3^{37} \pmod{113}$을 계산하는 것만 남는다. 지수 계산은 각 단계마다 모듈로 113으로 환원하면서 반복 제곱 기술로 쉽게 수행된다.

$$\begin{aligned} &3^1 \equiv 3 \pmod{113} && 3^8 \equiv 7 \pmod{113} \\ &3^2 \equiv 9 \pmod{113} && 3^{16} \equiv 49 \pmod{113} \\ &3^4 \equiv 81 \pmod{113} && 3^{32} \equiv 28 \pmod{113} \end{aligned}$$

그리고

$$a = 3^{37} = 3^1 \cdot 3^4 \cdot 3^{32} \equiv 3 \cdot 81 \cdot 28 \equiv 6304 \equiv 24 \pmod{113}$$

정수 37은 비밀의 암호화 키가 되고, 세 개의 수(113, 3, 24) 는 공개키 노릇을 한다.

엘가말 암호가 어떻게 작동하는지 이제 설명한다. 공개키 (p, r, a) 와 또 대응하는

개인전용 키 k를 갖는 어떤 사람에게 메시지를 보내려 한다고 하자. 전송되는 것은 p보다 작은 일련의 정수들이다. 그러므로 a = 00, b = 01, ⋯, z = 25로 놓는 표준적인 규약에 의해 문자 메시지는 먼저 그것의 숫자 동치 M으로 변환된다. 만약 $M \geq p$이면 M은, 각 블록이 같은 (짝수) 개수의 숫자를 갖도록, 연속적인 블록들로 분해된다. 마지막 블록을 채우기 위해 여분의 숫자들을(예컨대, 25 = z) 추가할 필요가 있을 수 있다.

숫자들의 블록은 독립적으로 암호화된다. B가 첫 번째 블록을 나타낸다면 수신자의 공개키를 알고 있는 송신자는 정수 $2 \leq j \leq p-2$를 임의로 선택하여 두 값을 계산한다.

$$C_1 \equiv r^j \pmod{p} \quad \text{그리고} \quad C_2 \equiv Ba^j \pmod{p}, \quad 0 \leq C_1, C_2 \leq p-1$$

블록 B에 관련된 숫자 암호문은 정수 쌍 (C_1, C_2)이다. 더 큰 보안성이 필요한 경우에는 j를 블록마다 바꾸어 선택하는 것이 가능하다.

암호문의 수신자는 비밀키 k를 사용하여 블록 B를 복원할 수 있다. 해야 할 것의 전부는 $C_1^{p-1-k} \pmod{p}$와 $P \equiv C_2C_1^{p-1-k} \pmod{p}$를 계산하는 것이다. 왜냐하면

$$\begin{aligned} P \equiv C_2C_1^{p-1-k} &\equiv (Ba^j)(r^j)^{p-1-k} \\ &\equiv B(r^k)^j(r^{j(p-1)-jk}) \\ &\equiv B(r^{p-1})^j \\ &\equiv B \pmod{p} \end{aligned}$$

이고 마지막 합동식은 페르마 항등식 $r^{p-1} \equiv 1 \pmod{p}$의 결과다. 중요한 점은 k의 값을 아는 사람에 의해 복호화가 수행될 수 있다는 것이다.

단순하게 하기 위해 적당히 작은 소수를 사용하여 암호화 알고리듬의 단계들을 다루어 보자.

예제 10.9 *Example*

사용자가 메시지

SELL NOW

를 비밀 키 $k = 15$와 공개된 암호화 키 $(p, r, a) = (43, 3, 22)$ (단 $22 = 3^{15} \pmod{43}$)를 가진 사람에게 보내길 원한다 하자. 문자 평문은 일련의 숫자들

$$M = 18041111131422$$

로 먼저 변환된다. 암호문을 만들기 위하여, 송신자는 $2 \leq j \leq 41$을 만족하는 정수 j, 예컨대 $j = 23$을 택하고

$$r^j = 3^{23} \equiv 34 \pmod{43} \quad \text{그리고} \quad a^j = 22^{23} \equiv 32 \pmod{43}$$

을 계산한다. 그리고 M의 각 두 자리 블록 B에 대하여 곱 $a^jB \equiv 32B \pmod{43}$이 계산된다. 예를 들어 처음 블록은 $32 \cdot 18 \equiv 17 \pmod{43}$으로 암호화된다. 들어온 숫자 메시지 M은 이러한 방법으로 새로운 수열

$$M' = 17420808291816$$

으로 변환된다. 보내지는 암호문은

$$(34, 17)\,(34, 42)\,(34, 08)\,(34, 08)\,(34, 29)\,(34, 18)\,(34, 16)$$

의 형태를 취한다. 메시지가 도착하면 수신자는 비밀키를 사용하여

$$(r^j)^{p-1-k} \equiv 34^{27} \equiv 39 \pmod{43}$$

을 얻는다. 이 값이 곱해져서 암호문 쌍의 각 두 번째 항이 복호화된다. 송신자의 원래 메시지의 첫 번째 글자 S는 합동식 $18 \equiv 39 \cdot 17 \pmod{43}$ 으로부터 복원되고 이렇게 계속된다.

메시지의 진실성을 확인할 수 있는 능력은 암호체계의 중요한 일면이다. 누구나 메시지를 보내는 방법을 알기 때문에 암호가 실제로 공인된 사람에게서 유래했다는 것을 확신할 수 있어야 한다. 제삼자에 의해 일어날 수 있는 위조에 대해 보호하는 일반적인 방법은 메시지를 보내는 사람이, 손으로 쓰는 서명의 전자 유사물, 디지털 "서명"을 하는 것이다. 디지털 서명을 손상하는 것은 어렵지만 그것의 신빙성은 쉽게 확인할 수 있어야 한다. 손으로 쓰는 서명과 다르게, 디지털 서명은 통신마다 다르게 변할 수 있어야 한다.

엘가말 암호체계의 한 특징은 메시지의 신빙성을 입증하는 효과적인 절차라는 것이다. 공개키 (p, r, a), 개인전용 키 k 그리고 암호화된 메시지 M을 갖는 체계의 한 사용자를 생각하자. 서명을 공급하는 첫 번째 단계는 $\gcd(j, p-1) = 1$인 정수 $1 \le j \le p-1$를 택하는 것이다. 평문 메시지 M의 한 부분－예를 들어 첫 번째 블록 B－을 취하여 사용자는

$$c \equiv r^j \pmod{p}, \quad 0 \le j \le p-1$$

을 계산하고 나면, 선형 합동식

$$jd + kc \equiv B \pmod{p-1}, \quad 0 \le d \le p-2$$

의 해를 얻는다. 해 d는 유클리드 알고리듬으로 찾을 수 있다. 정수 쌍 (c, d)는 메시지에 첨부되는 필수적인 디지털 서명이다. 그것은 개인전용 키 k, 임의의 정수 j 그리고 메시지 M을 알고 있는 사람에 의해서만 만들어질 수 있다.

서명이란 것을 확인하기 위해 수신자는 송신자의 공개키 (p, r, a)를 사용한다. 그것은 단순히 두 값

$$V_1 \equiv a^c c^d \pmod{p}, \quad V_2 \equiv r^B \pmod{p}, \quad 0 \le V_1, V_2 \le p-1$$

을 계산하는 일이다. $V_1 = V_2$일 때, 서명은 합법적인 것으로 받아들여진다. 이 등식이 성립해야 한다는 것은 합동식

$$\begin{aligned} V_1 \equiv a^c c^d &\equiv (r^k)^c (r^j)^d \\ &\equiv r^{kc+jd} \\ &\equiv r^B \equiv V_2 \pmod{p} \end{aligned}$$

로부터 얻어진다.

신원을 확인하기 위해 수신자가 송신자의 개인전용 키 k를 알 필요가 없음을 유의하라.

예제 10.10 *Example*

공개키 (43, 3, 22)와 개인전용 키 $k = 15$를 갖는 사람이 서명하고 메시지 SELL NOW에 응답하길 원한다. 이것은 먼저 $\gcd(j, 42) = 1$인 정수 $0 \le j \le 42$, 예컨대 $j = 25$를 선택하여 수행된다. 암호화된 응답의 첫 번째 블록이 $B = 13$이면 그 사람은

$$c \equiv 3^{25} \equiv 5 \pmod{43}$$

을 계산하고 나서 합동식

$$25d \equiv 13 - 5 \cdot 15 \pmod{42}$$

을 풀어 $d = 16 \pmod{42}$ 값을 얻는다. 응답에 첨부되는 디지털 서명은 (5, 16)의 쌍으로 구성된다. 그것이 도착하면, 정수 V_1과 V_2가 같음을 점검하여 서명이 확인된다.

$$V_1 \equiv 22^5 \cdot 5^{16} \equiv 39 \cdot 40 \equiv 12 \pmod{43}$$
$$V_2 \equiv 3^{13} \equiv 12 \pmod{43}$$

연습문제 10.3

1. 메시지 REPLY TODAY는 엘가말 암호체계에서 암호화되어, 공개키 (47, 5, 10)과 개인전용 키 $k = 19$를 갖는 사용자에게 보내지려 한다.
   (a) 암호화를 위해 임의로 선택된 정수가 $j = 13$일 때 암호문을 결정하라.
   (b) 수신자의 개인전용 키를 사용하여 어떻게 암호문이 복호화될 수 있는지 보여라.
2. 다음의 암호문은 엘가말 공개키 (71, 7, 32)와 개인전용 키 $k = 30$을 갖는 사람에 의해 수신되었다고 하자.

   (56, 45) (56, 38) (56, 29) (56, 03) (56, 67)
   (56, 05) (56, 27) (56, 31) (56, 38) (56, 29)

   평문 메시지를 구하라.
3. 메시지 NOT NOW(숫자로 131419131422)가 엘가말 암호체계에서 공개키 (37, 2, 8)과 개인전용 키 $k = 17$을 갖는 사용자에게 보내지려 한다. 만약 암호문을 만들기 위해 사용되는 정수 j가 연속적인 네 자리 블록에 대하여 $j = 13$에서 $j = 28$로, 다음에 $j = 11$로 변한다면 생산되는 암호화된 메시지는 무엇인가?
4. 어떤 사람이 엘가말 공개키 (2633, 3, 1138)과 개인전용 키 $k = 965$를 갖는다고 하자. 그 사람이 메시지 BEWARE OF THEM을 암호화하기 위하여 임의의 정수 $j = 583$을 선택할 때, 생겨나는 암호문을 구하라.

[*힌트*: $3^{583} \equiv 1424 \pmod{2633}$, $1138^{583} \equiv 97 \pmod{2633}$]

5. (a) 공개키 (31, 2, 22)와 개인전용 키 $k = 17$ 을 갖는 사람이 첫 번째 평문 블록이 $B = 14$ 인 메시지에 서명하길 원한다. 서명을 만들려고 선택한 정수가 13일 때, 엘가말 알고리듬에 의해 생산되는 서명을 구하라.
   (b) 이 서명의 정당성을 확인하라.

CHAPTER 11

특별한 형태의 수들

Numbers of Special Form

대부분의 과학에서 한 세대는 다른 세대가 건설한 것을 해체하고, 한 세대가 확립한 것을 다른 세대가 되돌려 놓는다. 수학에서만은 각 세대가 과거의 구조에 새로운 층을 쌓아 올린다.

헤르만 한켈(HERMANN HANKEL)

11.1 마랭 메르센

우리가 알고 있는 수학자들의 정기적인 모임 중에 가장 오래된 예는, 그럴 것 같지 않은 인물－프랑스 성직자 마랭 메르센 신부(1588~1648)에 의해 함께 유지된 그룹이다. 평범한 농부의 아들 메르센은 라플레슈의 예수회 대학에서 철저한 교육을 받았다. 소르본에서 2년 동안 신학을 공부한 후, 1611년 그는 당시에 설립된 프란체스코 미님 수도회에 합류했다. 메르센은 1619년에 파리에 있는 미님 수도원에 들어가, 짧은 여행을 제외하고 나머지 일생 동안 거기에 있었다.

메르센은 학자들이 의지할 수 있는 어떤 종류의 공식 조직도 없음을 애석해했다. 그는 이 필요에 부응하여, 공통 관심에 의해 모여들고 그들 각자의 발견에 대해 토론하고 다른 곳의 비슷한 활동에 대하여 듣기를 열망하는 사람들에게 모임 장소로 미님 수도원의 자신의 방을 사용할 수 있게 하였다. 그가 육성하던 학문적 동아리는－주로 파리의 수학자들과 과학자들로 구성되었고 그 도시를 지나가던 동료들에 의해 늘어났던－1635년부터 1648년 메르센이 죽을 때까지 거의 계속적으로 만났던 듯하다. 이 모임들 중 하나에서 조숙한 14세의 블레즈 파스칼이 그의 유명한 "신비로운 육선형" 정리가 포함되어 있는 「이차곡선에 대한 소론」(*Essai pour les coniques*) 원고를 배부했다. 데카르트는 "한 소년의 업적에 관심이 있는 척할" 수 없었다고 푸념할 수 있었을 뿐이었다. 메르센의 죽음 후에, 빛나는 회합들이 파스칼의 집을 포함하여 파리와 근교의 개인 집에서 계속하여 열렸다. 1666년에 설립된 왕립 과학원은 대체로 이 비공식적인 회합의 직접적인 계승자라고 통상적으로 간주된다.

1625년부터 계속하여 메르센은 유럽 지성계의 모든 저명인사와 알고 지내는 일을 떠맡아 했다. 20년간 지속된 서신 왕래의 정교한 네트워크를 통해 그는 이 계획을 추진했다. 본질적으로, 더 많은 소식에 대한 대가로 현재의 진척 소식을 교환하는, 수학과 과학 정보의 개인적인 교환소가 되었다. 1645년 이탈리아의 토리첼리를 방문한 후 진공 시험관에서 수은이 상승함을 통해 그 물리학자가 공기압을 증명했다는 것을 널리 알린 사람이 메르센이다. 손에서 손으로 전해져 유럽 대륙에 전파되었던 메르센의 통신은, 학술 잡지의 출판이 아직도 미래의 일이었던 시절에 부상하고 있던 과학 공동체의 고립된 인원들 사이의 중요한 연결고리였다.

메르센의 사후에 서부 유럽에 산재해 있던 78명 통신자의 편지들이 그의 파리 숙소에서 발견되었다. 그의 통신자들 중에는 네덜란드의 호이겐스, 이탈리아의 토리첼리와 갈릴레오, 영국의 펠과 홉스 그리고 프랑스의 파스칼 부자가 있었다. 그는 또한 프랑스의 수론학자 페르마, 프레니클, 데카르트 사이의 주요 통신 통로로서 공헌했다. 그들의 편지 왕래에서 그 세 사람이 연구하기로 선택한 문제의 종류가 결정되었다.

메르센 자신은 연구 주제에 중요한 공헌자는 아니었고, 오히려 질문과 추측들로 다른 사람들을 자극하는 훌륭한 관계자였다. 그 자신의 의문은 나눗셈에 대한 고전적인 그리스의 관심에 유래하는 경향이 있었다. 예를 들면, 그는 1643년의 한 편지에서 100895598169 라는 수를 그것의 인수를 요구하며 페르마에게 보냈다. (페르마는 그것은 두 소수 898423과 112303의 곱이라고 거의 즉시 회답했다.) 또 다른 경우에 그는 정확히 360개의 약수를 갖는 수를 요구했다. 메르센은 또 20 또는 21자리의 소위 "완전수"가 존재하는지 아닌지 관심이 있었는데, 근본적인 질문은 실제로 $2^{37}-1$이 소수인지 알아내는 것이다. 페르마는 $2^{37}-1$의 유일한 소인수는 $74k+1$의 형태이고 223이 그런 인수라는 것을 발견하여, 그것으로 메르센에게 부정적인 답을 주었다.

메르센은 「수학 개요」(1626), 「일반적 조화 개론」(1636~1637) 그리고 「일반 기하학 개요」(1644)를 포함하여 수리과학을 다룬 다양한 저술의 저자였다. 지구의 운동에 대한 새로운 코페르니쿠스 이론의 신봉자였던 그는 프랑스에서 실질적으로 갈릴레오의 대리인이었다. 「갈릴레오의 역학」이란 제목으로 역학에 대한 갈릴레오의 초기강의 판을 출판하였고(1634), 최초의 출판 일 년 후인 1639년 그는 갈릴레오의 「강론」— 발사체의 운동과 중력 가속도를 분석한 논문—을 프랑스어로 번역했다. 이탈리아어는 해외에서 거의 이해하지 못했으므로 갈릴레오의 연구를 보급시키는 데 메르센은 쓸모가 있었다. 갈릴레오에 대한 교회의 적의와 그의 저술의 대한 비난이 한창일 때 그가 이 일을 했다는 것은 주목할 만하다. 아마 과학 운동에 대한 메르센의 가장 위대한 공헌은, 순전히 이성적 설명을 역설함으로써 "신비로운" 능력의 작용을 강조하는 자연 현상에 대한 전통적 해석을 거부한 데 있을 것이다.

Marin Mersenne
(1588~1648)

(David Eugene Smith Collection, Rare Book and Manuscript Library, Columbia University)

11.2 완전수

수론의 역사는 유명한 추측들과 미해결 문제들로 가득하다. 이 장은 완전수에 관련된 몇몇 흥미로운 추측들에 초점을 맞춘다. 이 중 몇 개는 만족스럽게 해결됐지만 대부분 풀리지 않은 채 남아 있다. 모두 그 분야가 전체적으로 발전하도록 자극해 왔다.

피타고라스 신봉자들은 숫자 6이 자신을 제외한 양의 약수들의 합과 같은 것이 놀랄 만하다고 생각했다.

$$6 = 1 + 2 + 3$$

6 다음으로 이러한 성질을 갖는 숫자는 28이다. 왜냐하면 28의 양의 약수는 1, 2, 4, 7, 14 그리고 28이고

$$28 = 1 + 2 + 4 + 7 + 14$$

이기 때문이다. 신비로운 성질이 숫자에 기인한다고 생각하는 그들의 철학에 따라, 피타고라스 신봉자들은 그러한 숫자를 "완전하다"고 불렀다. 정의 11.1에서 이것을 엄밀하게 서술한다.

정의 11.1 *Definition*

양의 정수 n이 n 자신을 제외한 모든 양의 약수의 합과 같으면, n은 *완전하다*고 한다.

정수 n의 n보다 작은 양의 약수들의 합은 $\sigma(n) - n$으로 주어진다. 그러므로 "n이 완전하다"는 조건은 $\sigma(n) - n = n$, 또는 대등하게

$$\sigma(n) = 2n$$

을 요구하는 것과 마찬가지다. 예를 들면, 우리는

$$\sigma(6) = 1 + 2 + 3 + 6 = 2 \cdot 6$$

과

$$\sigma(28) = 1 + 2 + 4 + 7 + 14 + 28 = 2 \cdot 28$$

을 가지므로, 6과 28은 둘 다 완전수다.

수 세기 동안, 철학자들은 완전수의 수학적 성질보다 그것의 신비적이거나 종교적인 의미에 더 많은 관심을 보였다. 신이 한꺼번에 세계를 창조할 수 있었음에도 불구하고, 그 작업의 완전성이 (완전한) 수 6에 의해 상징되므로 6일 걸리는 것을 택했다고 성 아우구스티누스는 설명했다. 초기의 구약 주석자들은, 우주의 완전성은 달이 지구를 공전하는 데 걸리는 날짜 수 28에 의해 표현된다고 주장했다. 같은 맥락에서, 전체 인간 종족은 노아의 방주에 있던 8명의 자손이고 8은 불완전한 수이므로 이 두 번째 천지창조는 첫 번째 것보다 덜 완전하다고 8세기 신학자 요크의 알퀸은 말했다.

고대 그리스인은 오직 네 개의 완전수만을 알고 있었다. 니코마코스는 그의 저서 「산술 입문」(기원후 100년경)에

$$P_1 = 6 \qquad P_2 = 28 \qquad P_3 = 496 \qquad P_4 = 8128$$

을 일람했다. 그것들은 일 단위 수 가운데 한 개, 십 단위 수 가운데 한 개, 백 단위 수 가운데 한 개, (10,000보다 작은) 천 단위 수 가운데 한 개씩 "규칙적인" 방식으로 형성되었다고 그는 말한다. 빈약한 증거에 기초하여

1. n 번째 완전수 P_n은 정확히 n 자리를 갖는다. 그리고
2. 짝수인 완전수는 교대로 6과 8로 끝난다.

라고 예측되었다.

두 주장 모두 틀렸다. 5자리를 갖는 완전수는 없고 그다음 완전수는 (15세기 작자 불명의 원고에서 처음으로 올바르게 보였다.)

$$P_5 = 33550336$$

이다. 비록 P_5의 마지막 수는 6이지만, 뒤따르는 완전수, 즉

$$P_6 = 8589869056$$

도 역시 6으로 끝나고 예측된 대로 8로 끝나지 않는다. 긍정적인 방향으로 무엇인가 얻어내기 위하여, 나중에 우리는 짝수인 완전수는 항상 6 또는 8에서 끝나지만 반드시 교대로 그렇지 않음을 보일 것이다.

다른 것은 몰라도, P_6의 크기는 독자들에게 완전수의 희귀성을 깨닫게 할 것이다. 그것들이 유한한지 무한히 많은지 아직도 알려지지 않았다.

모든 완전수의 일반적 형태를 결정하는 문제는 거의 수학이 시작한 시대까지 거슬러 올라간다. 만일

$$1+2+2^2+2^3+\cdots+2^{k-1}=p$$

가 소수이면 $2^{k-1}p$ 는 완전수(반드시 짝수임)라는 것을 유클리드가 「원소」 제9권에서 증명하였을 때, 그것은 부분적으로 해결되었다. 예를 들면, $1+2+4=7$은 소수이다. 따라서 $4\cdot 7=28$은 완전수다. 유클리드의 논의는, 피타고라스의 여러 문서에서 발견되는 기하급수의 합에 대한 공식

$$1+2+2^2+2^3+\cdots+2^{k-1}=2^k-1$$

을 사용한다. 만약 2^k-1 $(k>1)$이 소수이면 $n=2^{k-1}(2^k-1)$은 완전수다. 유클리드부터 약 2,000년 후에 오일러는 모든 짝수인 완전수는 이런 형태여야 함을 증명하는 데 있어 결정적인 일보를 내디뎠다. 이 명제들을 둘 다 첫 번째 정리에 합병시킨다.

정리 11.1 *Theorem*

만약 2^k-1 $(k>1)$이 소수이면 $n=2^{k-1}(2^k-1)$은 완전하고 모든 짝수인 완전수는 이런 형태다.

증명. $2^k-1=p$는 소수라 하고, 정수 $n=2^{k-1}p$를 생각하자. $\gcd(2^{k-1}, p)=1$이므로 (정리 6.2와 더불어) σ의 승법성에서

$$\begin{aligned}\sigma(n)&=\sigma(2^{k-1}p)=\sigma(2^{k-1})\sigma(p)\\&=(2^k-1)(p+1)\\&=(2^k-1)2^k=2n\end{aligned}$$

을 얻고, n은 완전수가 된다.

반대로 n이 짝수인 완전수라고 가정하자. n을 $n=2^{k-1}m$으로 쓸 수 있으며, 여기서 m은 홀수이고 $k\geq 2$이다. $\gcd(2^{k-1}, m)=1$로부터

$$\sigma(n)=\sigma(2^{k-1}m)=\sigma(2^{k-1})\sigma(m)=(2^k-1)\sigma(m)$$

을 얻는다. 한편 어떤 수가 완전하려면

$$\sigma(n)=2n=2^k m$$

이어야 한다. 이 관계식들이 같이

$$2^k m=(2^k-1)\sigma(m)$$

을 낳고, 이것은 간단히 $(2^k-1)\mid 2^k m$이라고 말하는 것과 같다. 그러나 2^k-1과 2^k는 서로 소이므로 $(2^k-1)\mid m$, 예컨대 $m=(2^k-1)M$이다. 이제 m의 이 값을 마지막으로 보인 식에 대입하고 2^k-1을 삭제한 결과는 $\sigma(m)=2^k M$이다. m과 M은 $(M<m)$ 둘 다 m의 약수이므로,

$$2^k M=\sigma(m)\geq m+M=2^k M$$

을 얻고, 따라서 $\sigma(m)=m+M$이다. 이 등식의 의미는 m은 오직 두 개의 양의 약수, 즉 M과 자신 m을 갖는다는 것이다. m은 소수이고 $M=1$이어야 한다. 다시 말해서, $m=(2^k-1)M=2^k-1$은 소수이고, 지금의 증명이 완성된다.

짝수인 완전수를 찾는 문제는 2^k-1 형태의 소수들을 찾는 것으로 환원되므로 이런 정수들을 자세히 살피는 것이 효과적일 것이다. 한 가지 증명할 수 있는 것은 2^k-1이 소수이면 지수 k 자신이 소수여야 한다는 것이다. 더 일반적으로 우리는 다음 보조정리를 갖는다.

보조정리 *Lemma*

만일 a^k-1 $(a>0,\ k\geq 2)$이 소수이면, $a=2$이고 k도 역시 소수이다.

증명. 어렵지 않게

$$a^k-1=(a-1)(a^{k-1}+a^{k-2}+\cdots+a+1)$$

을 검증할 수 있고 이 상황에서

$$a^{k-1}+a^{k-2}+\cdots+a+1\geq a+1>1$$

이다. 가정에 의해 a^k-1은 소수이므로, 다른 인수는 1이어야 한다. 즉, $a-1=1$이므로 $a=2$이다.

만일 k가 합성수라면, $1<r$과 $1<s$에 대하여 $k=rs$라 쓸 수 있을 것이다. 그러므로

$$\begin{aligned}a^k-1&=(a^r)^s-1\\&=(a^r-1)(a^{r(s-1)}+a^{r(s-2)}+\cdots+a^r+1)\end{aligned}$$

이고 우변의 각 인수는 분명히 1보다 크다. 그러나 이것은 a^k-1의 소수성에 위배되므로, 모순에 의해 k는 소수여야만 한다.

$p=2, 3, 5, 7$에 대하여 2^p-1의 값 3, 7, 31, 127은 소수이므로

$$\begin{aligned}2(2^2-1)&=6\\2^2(2^3-1)&=28\\2^4(2^5-1)&=496\\2^6(2^7-1)&=8128\end{aligned}$$

은 모두 완전수다.

많은 초기 저자들은 어떤 소수 p를 선택하든지 2^p-1은 소수라고 틀리게 믿었다. 그러나 1536년에 후달리쿠스 레기우스(Hudalrichus Regius)는 「일반 산술」(*Utriusque Arithmetices*)이라고 제목이 붙은 책에서 올바른 인수분해

$$2^{11}-1=2047=23\cdot 89$$

를 제시한다. 이것이 작은 업적처럼 보인다면, 그의 계산은 아마 십중팔구 주판의 도움으로 로마 숫자로 수행되었음을(16세기 후반까지 아라비아 숫자 체계가 로마 숫자에 대하여 완전한 주도권을 잡지 못했다) 알아야 한다. 레기우스는 또 식 2^p-1이 소수가 되는 다음 p의 값으로 $p=13$을 내놓았다. 이것으로부터 우리는 다섯 번째 완전수

$$2^{12}(2^{13}-1)=33550336$$

을 얻는다. 더 많은 완전수를 찾는 데에 어려움 중 하나는 소수표가 준비되어 있지 않았다는 것이다. 1603년 주로 연분수에 대한 표시법의 발명으로 기억되는 피에트로 카탈디 (Pietro Cataldi)는 5150보다 작은 모든 소수의 목록을 출판했다. 어떤 수의 제곱근을 넘지 않는 모든 소수로 나누어 보는 직접적인 절차로, 카탈디는 $2^{17}-1$은 소수이고 그 결과로

$$2^{16}(2^{17}-1) = 8589869056$$

이 여섯 번째 완전수라고 결정했다.

마음속에 즉각적으로 떠오르는 질문은 p가 소수인 $2^p - 1$ 형태의 소수가 무한히 많은가 하는 것이다. 만일 그 대답이 긍정적이라면, 무수한 (짝수인) 완전수가 존재할 것이다. 불행하게도 이것은 또 다른 미해결 문제다.

짝수인 완전수의 마지막 자릿수에 대한 정리를 증명하기에 이 자리가 어떤 곳보다 좋아 보인다.

정리 11.2 *Theorem*

짝수인 완전수 n은 숫자 6 또는 8로 끝난다. 다시 말하면, $n \equiv 6 \pmod{10}$이거나 $n \equiv 8 \pmod{10}$이다.

증명. n은 짝수인 완전수이므로, 소수인 $2^k - 1$에 대하여 $n = 2^{k-1}(2^k - 1)$로 표현될 수 있다. 마지막 보조 정리에 의하면, 지수 k도 소수여야 한다. $k = 2$이면 $n = 6$이고 주장하는 결과가 성립한다. 따라서 우리의 주의를 $k > 2$인 경우에 한정해도 된다. 증명은 k가 $4m+1$ 또는 $4m+3$ 형태를 취함에 따라 두 부분으로 나누어진다.

만일 k가 $4m+1$형이면

$$\begin{aligned} n &= 2^{4m}(2^{4m+1} - 1) \\ &= 2^{8m+1} - 2^{4m} = 2 \cdot 16^{2m} - 16^m \end{aligned}$$

이다. 직접적인 귀납법 논의는 어떤 양의 정수 t에 대하여도 $16^t \equiv 6 \pmod{10}$임을 분명하게 해 줄 것이다. 이 합동식을 이용하여 우리는

$$n \equiv 2 \cdot 6 - 6 \equiv 6 \pmod{10}$$

을 얻는다. 이제 $k = 4m+3$인 경우에는

$$\begin{aligned} n &= 2^{4m+2}(2^{4m+3} - 1) \\ &= 2^{8m+5} - 2^{4m+2} = 2 \cdot 16^{2m+1} - 4 \cdot 16^m \end{aligned}$$

이다. 다시 $16^t \equiv 6 \pmod{10}$이란 사실에 의하여, 우리는

$$n \equiv 2 \cdot 6 - 4 \cdot 6 \equiv -12 \equiv 8 \pmod{10}$$

임을 안다. 그러므로 모든 짝수인 완전수는 6 또는 8인 마지막 자릿수를 갖는다.

조금 더 논의하면 더욱 명확한 결과, 즉 어떤 짝수인 완전수 $n = 2^{k-1}(2^k - 1)$도 언제나 숫자 6 또는 28로 끝난다는 것이 증명된다. 정수는 그것의 마지막 두 자리 숫자와 모듈로 100으로 합동이므로, k가 $4m+3$ 형태이면 $n \equiv 28 \pmod{100}$임을 증명

하면 충분하다. 이것을 보이기 위해

$$2^{k-1} = 2^{4m+2} = 16^m \cdot 4 \equiv 6 \cdot 4 \equiv 4 \pmod{10}$$

을 주목하라. 더욱이 $k > 2$에 대하여 $4 \mid 2^{k-1}$이며, 따라서 2^{k-1}의 마지막 두 숫자로 형성되는 수는 4로 나누어진다. 상황은 이렇다. 2^{k-1}의 마지막 숫자는 4이고 4는 마지막 두 숫자를 나눈다. 모듈로 100에 대하여 여러 가지 가능성은

$$2^{k-1} \equiv 4, 24, 44, 64, \text{ 또는 } 84$$

이다. 그러나 이것은

$$2^k - 1 = 2 \cdot 2^{k-1} - 1 \equiv 7, 47, 87, 27, \quad \text{또는} \quad 67 \pmod{100}$$

을 뜻하므로, 따라서

$$\begin{aligned} n &= 2^{k-1}(2^k - 1) \\ &\equiv 4 \cdot 7, 24 \cdot 47, 44 \cdot 87, 64 \cdot 27, \quad \text{또는} \quad 84 \cdot 67 \pmod{100} \end{aligned}$$

이다. 마지막 합동식의 우변의 각 곱은 모듈로 100에 대하여 28과 합동임을 확인하는 것은 연습문제로 남겨둔다.

연습문제 11.2

1. 정수 $n = 2^{10}(2^{11} - 1)$은 완전수가 아님을 $\sigma(n) \neq 2n$을 보여서 증명하라.
   [*힌트*: $2^{11} - 1 = 23 \cdot 89$]
2. 아래의 각 명제를 증명하라.
   (a) 소수의 어떤 거듭제곱도 완전수가 아니다.
   (b) 완전제곱수는 완전수가 아니다.
   (c) 홀수인 두 소수의 곱은 결코 완전수가 아니다.
   [*힌트*: 부등식 $(p-1)(q-1) > 2$를 전개하면 $pq > p + q + 1$을 얻는다.]
3. n이 완전수일 때, $\sum_{d \mid n} 1/d = 2$를 증명하라.
4. 모든 짝수인 완전수는 삼각수임을 증명하라.
5. n은 짝수인 완전수, 예컨대 $n = 2^{k-1}(2^k - 1)$일 때, $n = 1 + 2 + 3 + \cdots + (2^k - 1)$ 그리고 또 $\phi(n) = 2^{k-1}(2^{k-1} - 1)$을 증명하라.
6. $n > 6$인 짝수인 완전수 n에 대하여 다음을 보여라.
   (a) n의 자릿수의 합은 모듈로 9로 1과 합동이다.
   [*힌트*: 합동식 $2^6 \equiv 1 \pmod 9$와 $p \geq 5$인 모든 소수는 $6k+1$이나 $6k+5$ 형태라는 사실은 $n = 2^{p-1}(2^p - 1) \equiv 1 \pmod 9$를 의미한다.]
   (b) 정수 n은 홀수인 연속한 세제곱수의 합으로 표현될 수 있다.
   [*힌트*: 1.1절의 문제 1(e)를 사용하여 모든 $k \geq 1$에 대하여 다음의 항등식을

보인다.]

$$1^3+3^3+5^3+\cdots+(2^k-1)^3=2^{2k-2}(2^{2k-1}-1)$$

7. 완전수의 진약수는 완전할 수 없음을 보여라.
   [*힌트*: 문제 3의 결과를 적용하라.]
8. 완전수

$$n=2^{19936}(2^{19937}-1)$$

   의 마지막 두 자릿수를 찾아라.
9. 만일 $k\geq 3$에 대해 $\sigma(n)=kn$이면 양의 정수 n은 *k-완전수*(*k-perfect number*) 또는 *다중 완전수*(*multiply perfect number*)라 불린다. k-완전수에 대한 다음 주장들을 증명하라.
   (a) $523{,}776 = 2^9\cdot 3\cdot 11\cdot 31$은 3-완전수이다.
   $30{,}240 = 2^5\cdot 3^3\cdot 5\cdot 7$은 4-완전수이다.
   $14{,}182{,}439{,}040 = 2^7\cdot 3^4\cdot 5\cdot 7\cdot 11^2\cdot 17\cdot 19$는 5-완전수이다.
   (b) n이 3-완전수이고 $3\nmid n$이면 $3n$은 4-완전수이다.
   (c) n이 5-완전수이고 $5\nmid n$이면 $5n$은 6-완전수이다.
   (d) $3n$이 $4k$-완전수이고 $3\nmid n$이면 n은 $3k$-완전수이다.
   각 k에 대하여 오직 유한히 많은 k-완전수만이 있을 것이라고 추측된다. 발견된 가장 큰 것은 558자릿수를 가지며 9-완전수이다.
10. 120과 672는 $n=2^k\cdot 3\cdot p$ 형태의 유이한 3-완전수임을 보여라. 여기서 p는 홀수인 소수이다.
11. n이 n 자신을 제외한 모든 양의 약수의 곱과 같으면, 즉 $n^2=\prod_{d\mid n} d$이면, 양의 정수 n은 *승법적으로 완전하다.* 승법적으로 완전한 수를 모두 찾아라.
   [*힌트*: $n^2=n^{\tau(n)/2}$ 임을 주목하라.]
12. (a) $n>6$이 짝수인 완전수일 때, $n\equiv 4 \pmod 6$임을 증명하라.
   [*힌트*: 홀수인 소수 p에 대하여 $2^{p-1}\equiv 1 \pmod 3$이다.]
   (b) 만일 $n\neq 28$이 짝수인 완전수이면 $n\equiv 1$ 또는 $-1 \pmod 7$임을 증명하라.
13. 모든 짝수인 완전수 $n=2^{k-1}(2^k-1)$에 대하여 $2^k \mid \sigma(n^2)+1$임을 보여라.
14. $\sigma(\sigma(n))=2n$인 수 n은 *초완전수*(*superperferct number*)라 불린다.
   (a) $n=2^k$이고 $2^{k+1}-1$이 소수일 때, n은 초완전수임을 증명하라. 따라서 16과 64는 초완전수이다.
   (b) 초완전수도 되는 짝수인 완전수 $n=2^{k-1}(2^k-1)$을 모두 찾아라.
   [*힌트*: 먼저 등식 $\sigma(\sigma(n))=2^k(2^{k+1}-1)$을 증명하라.]
15. 양의 정수 n의 약수들의 *조화 평균*(*harmonic mean*) $H(n)$은 공식

$$\frac{1}{H(n)}=\frac{1}{\tau(n)}\sum_{d\mid n}\frac{1}{d}$$

로 정의된다. n이 완전수이면 $H(n)$은 정수여야 함을 보여라.

[*힌트*: $H(n) = n\tau(n)/\sigma(n)$을 주시하라.]

16. 쌍둥이 소수 5와 7은 그 합의 절반이 완전수다. 이런 성질을 갖는 또 다른 쌍둥이 소수가 있는가?

[*힌트*: $p > 5$인 쌍둥이 소수 p와 $p+2$가 주어지면, 어떤 $k > 1$에 대하여 $\frac{1}{2}(p + p + 2) = 6k$ 이다.]

17. 만일 $2^k - 1$이 소수이면, 합

$$2^{k-1} + 2^k + 2^{k+1} + \cdots + 2^{2k-2}$$

은 완전수가 됨을 증명하라. 예를 들어, $2^3 - 1$은 소수이고 $2^2 + 2^3 + 2^4 = 28$은 완전하다.

18. n이 짝수인 완전수, 예컨대 $n = 2^{k-1}(2^k - 1)$이라 가정하고 n의 양의 약수의 곱은 n^k과 같음을 증명하라. 기호로 쓰면

$$\prod_{d \mid n} d = n^k$$

19. $n_1, n_2, \cdots, n_r$이 서로 다른 짝수인 완전수일 때,

$$\phi(n_1 n_2 \cdots n_r) = 2^{r-1}\phi(n_1)\phi(n_2)\cdots\phi(n_r)$$

을 증명하라.

[*힌트*: 문제 5를 보라.]

20. 짝수인 완전수 $n = 2^{k-1}(2^k - 1)$이 주어졌을 때,

$$\phi(n) = n - 2^{2k-2}$$

을 보여라.

11.3 메르센 소수와 친화적 수

그것들의 소수성에 관한 부정확하지만 자극적인 주장을 한 마랭 메르센 신부의 이름을 따서,

$$M_n = 2^n - 1 \qquad n \geq 1$$

형태의 수를 *메르센 수*라고 부르는 것이 관례적으로 되었다. 소수가 되는 메르센 수는 *메르센 소수*라 불린다. 11.2절에서 증명한 바에 의하면, 메르센 소수 M_n의 결정은 — 또한 짝수인 완전수의 결정은 — n 자신이 소수인 경우로 한정된다.

「물리 수학 고찰」(*Cogitata Physica-Mathematica*, 1644)의 서문에서 메르센은 $p = 2, 3, 5, 7, 13, 17, 19, 31, 67, 127, 257$에 대하여 M_p는 소수이고 $p < 257$인 다른 소수에 대하여는 합성수라고 주장했다. 메르센이 자신이 공표한 모든 수의 소수성을 검

증할 수 없었다는 것이 다른 수학자들에게 명백해 보였지만 그들도 검증할 수 없었다. 오일러는 가능한 약수들로 46339까지 모든 소수들을 조사함으로써 M_{31}이 소수임을 증명했지만(1772년) M_{67}, M_{127} 그리고 M_{257}은 그의 기술을 넘어서고 있었다. 하여튼 이것으로 여덟 번째 완전수

$$2^{30}(2^{31} - 1) = 2305843008139952128$$

이 얻어진다.

신뢰할 수 없는 탁상 계산에 의한 엄청난 노동 후에, $p \leq 257$ 범위 안에 있는 55개의 소수에 대하여 M_p가 소수인지 합성수인지 특성을 조사하는 것이 완성된 것은 1947년이었다. 이제 우리는 메르센이 다섯 개의 실수를 범했음을 안다. 그는 M_{67}과 M_{257}이 소수라고 틀리게 결론을 내렸고 M_{61}, M_{89} 그리고 M_{107}을 예상 소수 목록에서 제외하였다. 이를 바로잡는 데 300년 넘게 걸렸다는 것은 상당히 놀랍다.

$n \leq 257$인 모든 합성수 M_n은 이제 완전히 인수분해 되었다. 가장 어려운 M_{251}의 인수분해는 1984년 슈퍼 컴퓨터에서 32시간 동안 검사한 후에 얻어졌다.

1876년 에두아르 뤼까(Edouard Lucas)는 어떤 검사를 하여 메르센 수 M_{67}이 합성수임을 증명할 수 있었지만 실제로 인수를 얻지 못했다는 것은 역사적으로 신기한 일이다.

뤼까는 효과적인 "소수성 검사", 즉 어떤 수가 소수인지 합성수인지 그것의 인수를, 만약 있다면, 밝히지 않고 보장하는 절차를 고안한 첫 번째 사람이다. 메르센 수와 페르마 수에 대한 그의 소수성 기준은 1876년 1월부터 1878년 1월까지 발표된 13개의 연속 논문에서 발전되었다. 연구 결과가 쏟아졌음에도 불구하고 뤼까는 그가 태어난 프랑스에서 주요한 학술적 위치를 얻지 못하고 여러 군데 중등 학교에서 직업을 얻고 지냈다. 기이하고 불행한 사고가 49세라는 이른 나이에 뤼까를 감염으로 인한 죽음에 이르게 했다. 연회에서 떨어진 접시 조각이 날아올라 그의 뺨에 상처를 입혔기 때문이다.

미국 수학회의 1903년 10월 학회에서 미국 수학자 프랭크 넬슨 콜(Frank Nelson Cole)은 "큰 수들의 인수분해에 대하여"라는 다소 점잖은 제목의 논문을 프로그램에 올렸다. 발표하도록 호출되었을 때, 콜은 칠판으로 걸어가서 아무 말 없이 2의 67제곱을 한 다음, 그 결과에서 조심스럽게 1을 빼고 그 수를 그대로 두었다. 그리고 말없이 칠판의 깨끗한 부분으로 이동하여, 곱셈

$$193,707,721 \times 761,838,257,287$$

을 손으로 계산하였다. 두 계산은 일치하였다. 이야기는 계속된다. 기록상 처음으로 그리고 오직 한 번, 이 훌륭한 청중들은 논문 제출자에게 기립 박수를 보내기 위해 일어섰다. 한마디도 하지 않고 콜은 자리에 앉았고 아무도 그에게 성가시게 질문을 하지 않았다. (M_{67}의 인수를 찾는 데 20년간의 일요일 오후를 보냈다고 이후에 친구에게 털어 놓았다.)

메르센 수에 대한 연구에서 우리는 이상한 사실을 발견하게 된다. 처음 네 개의 메르센 소수(즉 3, 7, 31 그리고 127)를 공식 $2^n - 1$에서 n에 대입하면 더 큰 메르센

소수가 얻어진다. 수학자들은 이 과정이 메르센 소수의 무한 집합을 생기게 할 것으로 기대했다. 달리 말하면, 추측은 수 M_n이 소수이면 M_{M_n}도 역시 소수라는 것이다. 아쉽게도, 1953년 고성능 컴퓨터로 그다음 후보

$$M_{M_{13}} = 2^{M_{13}} - 1 = 2^{8191} - 1$$

(2466자리의 수)는 합성수임이 밝혀졌다.

어떤 특수한 형태의 메르센 수가 소수인지 합성수인지 결정하는 다양한 방법이 있다. 그중 하나를 다음에 소개한다.

정리 11.3 *Theorem*

p와 $q = 2p+1$이 소수이면 $q \mid M_p$이거나 또는 $q \mid M_p + 2$이지만 둘 다 성립하지는 않는다.

증명. 페르마 정리를 참조하여

$$2^{q-1} - 1 \equiv 0 \pmod{q}$$

를 알고, 좌변을 인수분해 하여

$$\begin{aligned}(2^{(q-1)/2} - 1)(2^{(q-1)/2} + 1) &= (2^p - 1)(2^p + 1) \\ &\equiv 0 \pmod{q}\end{aligned}$$

를 안다. 이것은

$$M_p(M_p + 2) \equiv 0 \pmod{q}$$

와 마찬가지다. 이제 정리 3.1로부터 서술한 결론이 나온다. $q \mid M_p$와 $q \mid M_p + 2$가 둘 다 성립하지는 않는다. 왜냐하면 만일 그렇다면 $q \mid 2$가 되고 이것은 불가능하다.

정리 11.3을 예시하기 위하여 하나의 응용이면 충분하다. $p = 23$이면 $q = 2p + 1 = 47$도 역시 소수이므로 M_{23}의 경우를 생각해도 된다. 이 문제는 $47 \mid M_{23}$인가, 다시 말해서 $2^{23} \equiv 1 \pmod{47}$인가 하는 문제로 환원된다. 이제 우리는

$$2^{23} = 2^3(2^5)^4 \equiv 2^3(-15)^4 \pmod{47}$$

을 알고 있다. 그런데

$$(-15)^4 = (225)^2 \equiv (-10)^2 \equiv 6 \pmod{47}$$

이 두 합동식을 합치면,

$$2^{23} \equiv 2^3 \cdot 6 \equiv 48 \equiv 1 \pmod{47}$$

을 알게 되고, 따라서 M_{23}은 합성수이다.

정리 11.3은 M_{29}의 소수성을 검사하는 데 전혀 도움이 되지 않는다는 것을 지적해 둔다. 이 경우에 $59 \nmid M_{29}$이지만 $59 \mid M_{29} + 2$이다.

$q \mid M_p$와 $q \mid M_p + 2$의 두 가지 실현 가능성에 대하여 질문하는 것은 적절하다. q에 대한 어떤 조건이 $q \mid M_p$를 보장하는가? 대답은 정리 11.4에서 찾을 수 있다.

정리 11.4 *Theorem*

$q = 2n+1$이 소수이면, 다음이 성립한다.

(a) $q \equiv 1 \pmod 8$이거나 $q \equiv 7 \pmod 8$이면 $q \mid M_n$이다.

(b) $q \equiv 3 \pmod 8$이거나 $q \equiv 5 \pmod 8$이면 $q \mid M_n + 2$이다.

증명. $q \mid M_n$라고 말하는 것은

$$2^{(q-1)/2} = 2^n \equiv 1 \pmod q$$

를 주장하는 것과 동치이다. 르장드르 기호로 하면, 나중 조건은 $(2/q) = 1$이어야 한다는 것이다. 그런데 정리 9.6에 의하면, $q \equiv 1 \pmod 8$이거나 $q \equiv 7 \pmod 8$일 때 $(2/q) = 1$이다. (b)의 증명은 비슷하게 처리된다.

따름정리 *Corollary*

p와 $q = 2p+1$이 둘 다 홀수 소수이고 $p \equiv 3 \pmod 4$이면, $q \mid M_p$이다.

증명. 홀수 소수 p는 $4k+1$ 또는 $4k+3$ 형태이다. $p = 4k+3$이면 $q = 8k+7$이고 정리 11.4에서 $q \mid M_p$를 얻는다. $p = 4k+1$인 경우에는 $q = 8k+3$이므로 $q \nmid M_p$이다.

다음은, $q = 2p+1$도 소수인 소수 $p \equiv 3 \pmod 4$들의 부분적인 목록이다: $p = 11, 23, 83, 131, 179, 191, 239, 251$. 각각의 경우, M_p는 합성수이다.

이 주제를 조금 더 탐구하여, 다음으로 M_p의 약수를 제한하는 페르마의 두 결과에 달려든다. 첫 번째는 정리 11.5이다.

정리 11.5 *Theorem*

p가 홀수 소수이면, M_p의 어떤 소인수든지 $2kp+1$ 형태이다.

증명. q를 M_p의 임의의 소인수라 하면 $2^p \equiv 1 \pmod q$이다. 만일 2가 모듈로 q로 계수 k를 가지면(즉, k가 $2^k \equiv 1 \pmod q$를 만족하는 최소의 양의 정수이면) 정리 8.1은 $k \mid p$임을 알려 준다. $k=1$인 경우는 일어날 수 없다. 왜냐하면 이것은 $q \mid 1$을 의미하는데, 불가능한 상황이다. 그러므로 $k \mid p$이고 $k > 1$이기 때문에 p의 소수성은 $k = p$를 이끌어 낸다.

페르마 정리에 따라, 우리는 $2^{q-1} \equiv 1 \pmod q$을 얻고, 따라서 정리 8.1의 결과 다시 한 번 $k \mid q-1$을 얻는다. $k = p$임을 알고 있기에 최종 결과는 $p \mid q-1$이다. 명확히 하기 위해 $q-1 = pt$라 하자. 그러면 $q = pt+1$이다. 만약 t가 홀수이면 q는 짝수이고 모순이 일어난다는 것을 주목하면 증명이 완성된다. 그러므로 적당한 k를 선택하면 $q = 2kp+1$일 수밖에 없고 q는 요구하는 형태가 된다.

M_p의 가능한 약수들을 가려내는 더 좋은 체로 우리는 다음 결과를 인용한다.

정리 11.6 *Theorem*

p가 홀수 소수이면 M_p의 어떤 소인수 q도 $q \equiv \pm 1 \pmod 8$ 형태이다.

증명. q는 M_p의 소인수라고 가정하면 $2^p \equiv 1 \pmod q$이다. 정리 11.5에 의하면, q는 어떤 정수 k에 대하여 $q = 2kp+1$ 형태이다. 그러므로 오일러의 기준을 사용하여 $(2/q) \equiv 2^{(q-1)/2} \equiv 1 \pmod q$이고, 따라서 $(2/q) = 1$이다. 이제 정리 9.6이 다시 한 번 작용하도록 하여 $q \equiv \pm 1 \pmod 8$이란 결론을 내린다.

이 정리들이 어떻게 사용될 수 있는지 보여 주는 예로, M_{17}을 볼 수 있다. $362 < \sqrt{M_{17}}$ 보다 작은 $34k+1$ 형태의 정수들은

$$35, 69, 103, 137, 171, 205, 239, 273, 307, 341$$

이다. M_{17}의 가장 작은 (진)약수는 소수여야 하기 때문에 앞서 기술한 10개의 수 중에 소수들만 생각하면 된다. 즉,

$$103, 137, 239, 307$$

$307 \not\equiv \pm 1 \pmod 8$임을 주목하면 작업은 얼마간 간단해질 수 있고, 따라서 목록에서 307을 지워도 된다. 이제 M_{17}이 소수이든지 또는 남은 가능한 3개 중에 하나가 그것을 나눈다. 조금 계산을 하면, M_{17}은 103, 137, 239의 어느 것으로도 나누어지지 않음을 확인할 수 있다. 그 결과 M_{17}은 소수다.

여덟 번째 완전수 $2^{30}(2^{31}-1)$을 발표한 후, 피터 발로우(Peter Barlow)는 그의 책 「수론」(1811년에 발행)에서 그 크기로 보아 "그것이 발견될 수 있는 가장 큰 것이다. 왜냐하면 그것들은 유용하지는 않으면서 호기심만 자극하는 것이어서 어떤 사람도 그것을 넘어서는 것을 찾으려고 시도할 것 같지 않기 때문이다."라고 결론지었다. 최소한 말할 수 있는 것은 발로우는 인간의 끈질긴 호기심을 과소평가했다는 것이다. 큰 완전수에 대한 계속되는 탐색이 수학 역사에서 매력적인 사건 중에 하나이지만 더욱 자세한 토의는 여기에 적합하지 않을 것 같다.

그렇지만 처음 12개의 메르센 소수(따라서 12개의 완전수)는 1914년 이래 알려져 있었음은 주목할 만하다. 발견 순서로 11번째인 M_{89}는 손 계산으로 밝혀진 마지막 메르센 소수였다. 그것의 소수성은, 독립적으로 작업하고 다른 수법을 사용하던 파워스(Powers)와 커닝햄(Cunningham) 두 사람에 의해 1911년 증명되었다. 소수 M_{127}은 뤼까에 의해 1876년에 발견되었고 다음 75년 동안 소수라고 실제로 알려진 가장 큰 수였다.

단순히 크기와 지루함으로 수학자들을 쫓아 버리는 계산은 전자 컴퓨터의 방앗간에서는 제분용 곡물에 불과하다. 1952년에 시작하여, 22개의 (모두 거대한) 추가적인 메르센 소수가 드러났다. 25번째 메르센 소수 M_{21701}은 1978년 두 명의 18세 고등학생 로라 니켈(Laura Nickel)과 커트 놀(Curt Noll)에 의해 440시간 동안 큰 컴퓨터를 사용하여 발견되었다. 몇 달 후, 놀은 M_{23209}도 역시 소수임을 확인했다. 훨씬 빠른 컴퓨터의 출현으로 이 기록적인 소수도 오래가지 못했다.

지난 10년간 질풍 같은 컴퓨터 활동으로 추가로 8개의 메르센 수의 소수성을 확인하였는데, 각각은 차례차례 그때까지 소수로 알려진 가장 큰 수가 되었다. (더욱 더 큰 소수를 찾는 끝나지 않는 추구에서, 기록적인 수는 흔히 메르센 소수였다.) 46개의 메르센 소수가 확인되었다. 더욱 최근에 발견된 2개 중 큰 것은 2008년에 발견된 $M_{43112609}$다. 그것은 12978189개의 십진 자릿수를 갖는데, 그전까지 알려진 가장 큰 소수인 9808358자리의 $M_{32582657}$보다 약 300만 개가 더 많다. $M_{43112609}$에 대한 2년간의 탐색은, 수십만 명의 자원자와 그들의 컴퓨터의 여유시간을, 각각에 소수성을

검사할 다른 후보들을 지정하여 사용하였다. 가장 최근의 최대 소수는 47번째 짝수 완전수

$$P_{47} = 2^{43112608}(2^{43112609} - 1)$$

를 낳았는데, 25956377자리의 엄청나게 큰 수다.

M_p가 소수인지 알기 위해 방대한 범위 $p < 43112609$ 안의 모든 소수가 검사된 것 같지 않다. 우리는 신중해야 한다. 왜냐하면 1989년에 체계적인 컴퓨터 탐색을 통해 M_{86243}과 M_{216091} 사이에 숨어서 빠뜨렸던 메르센 소수 M_{110503}이 발견되었기 때문이다. 시간과 의향을 가진 열광적인 사람들이 높은 값들을 통과하여 새로운 기록을 향해 전진할 것이다.

M_p의 소수성을 검사하기 위해 자주 사용되는 알고리듬은 뤼까–레머 검사법이다. 그것은 귀납적으로 정의된 수열

$$S_1 = 4 \qquad S_{k+1} = S_k^2 - 2 \qquad k \geq 1$$

에 의존한다. 따라서 수열은 4, 14, 194, 37634, ⋯의 값들로 시작한다. 뤼까의 개척적인 결과로부터 1930년에 데릭 레머(Derrick Lehmer)에 의해 완성된 기본 정리는 이렇다. $p > 2$에 대하여 만일 $S_{p-1} \equiv 0 \pmod{M_p}$이면 그리고 그 경우에만 M_p가 소수이다. 동치적으로 말하면, 만일 $S_{p-2} \equiv \pm 2^{(p+1)/2} \pmod{M_p}$이면 그리고 그 경우에만 M_p가 소수이다.

간단한 예는 메르센 소수 $M_7 = 2^7 - 1 = 127$에 의해 주어진다. 모듈로 127로 작업하면 계산은 다음과 같이 된다.

$$S_1 \equiv 4 \qquad S_2 \equiv 14 \qquad S_3 \equiv 67 \qquad S_4 \equiv 42 \qquad S_5 \equiv -16 \qquad S_6 \equiv 0$$

이것으로 M_7이 소수임이 증명된다.

1930년 레머가 $S_{256} \not\equiv 0 \pmod{M_{257}}$을 보이는 데 성공했을 때, 메르센의 "원래" 목록에 있던 수 중 가장 큰 수, 78자리 M_{257}이 합성수임이 밝혀졌다. 그 수의 인수는 아무것도 알려지지 않았지만 이 산술적 업적은 1930년에 활자화되어 발표됐다. 1952년 국립표준국 서부 자동컴퓨터(SWAC)는 레머의 20년 전 노작을 확인했다. 그 전자 컴퓨터는 계산 기계를 사용하여 레머가 700시간 넘게 걸렸던 것을 68초 안에 완수했다. M_{257}의 가장 작은 소인수, 즉

$$535006138814359$$

는 1979년에 얻어졌고, 그 수의 합성수 성질이 밝혀진 지 50년 후인 1980년에 남은 두 인수가 드러났다.

지금까지 알려진 47개의 메르센 소수를 각각의 자릿수와 대략적인 발견 날짜와 함께 표 섹션에 열거하였다.

대부분의 수학자는 무수히 많은 메르센 소수가 있을 것으로 믿지만, 이것의 증명은 절망적으로 도달할 수 없을 것 같아 보인다. 분명히 p가 증가할수록 알려진 메르센 소수 M_p는 점점 드물어진다. 구간 $x < p < 2x$에 있는 모든 소수 p에 대하여 약 두 개의

소수 M_p가 기대된다고 추측되었다. 수치적 증거는 이것을 지지하는 경향이 있다.

수론의 유명한 문제 중 하나는 홀수 완전수가 존재하느냐는 것이다. 지금까지 홀수 완전수는 아무것도 제시되지 않았지만, 그럼에도 불구하고 홀수 완전수가 존재하기 위한 특정한 조건을 찾는 것은 가능하다. 이런 것 중 가장 오래된 것은 오일러의 덕인데, 그는 n이 홀수 완전수이면

$$n = p^{\alpha} q_1^{2\beta_1} q_2^{2\beta_2} \cdots q_r^{2\beta_r}$$

이고 여기서 $p, q_1, \cdots, q_r$은 서로 다른 홀수 소수이며 $p \equiv \alpha \equiv 1 \pmod 4$임을 증명했다. 1937년 스튜어왈드(Steuerwald)는 β_i들이 모두 다 1이 될 수는 없다고 증명했다. 다시 말해서, $n = p^{\alpha} q_1^2 q_2^2 \cdots q_r^2$이 홀수이고 $p \equiv \alpha \equiv 1 \pmod 4$이면 n은 완전하지 않다. 4년 후, 카놀드(Kanold)는 모든 β_i들이 다 2가 될 수는 없으며 하나의 β_i는 2이고 다른 것은 모두 1이 되는 것은 불가능하다고 증명했다. 최근 몇 년간 더욱 진전이 있었다. 하기스(Hagis)와 맥대니얼(McDaniel)은 모든 i에 대해 $\beta_i = 3$은 불가능하다고 밝혔다(1972년).

이런 논의는 접어두고, 오일러의 결과를 증명하자.

정리 11.7 Theorem

오일러. n이 홀수 완전수이면,

$$n = p_1^{k_1} p_2^{2j_2} \cdots p_r^{2j_r}$$

이고, 여기서 p_i들은 서로 다른 홀수 소수이고 $p_1 \equiv k_1 \equiv 1 \pmod 4$이다.

증명. $n = p_1^{k_1} p_2^{k_2} \cdots p_r^{k_r}$은 n의 소인수분해라고 하자. n은 완전하므로

$$2n = \sigma(n) = \sigma(p_1^{k_1})\sigma(p_2^{k_2}) \cdots \sigma(p_r^{k_r})$$

로 쓸 수 있다. n은 홀수이므로 $n \equiv 1 \pmod 4$ 또는 $n \equiv 3 \pmod 4$이고 어쨌든 $2n \equiv 2 \pmod 4$이다. 그러므로 $\sigma(n) = 2n$은 2로 나눠지만 4로 나눠지지 않는다. 그 의미는 $\sigma(p_i^{k_i})$ 중에 하나, 예컨대 $\sigma(p_1^{k_1})$은 짝수이고(그러나 4로 나눠지지 않고) 남은 $\sigma(p_i^{k_i})$들은 모두 홀수라는 것이다.

주어진 p_i에 대하여, 고려해야 할 두 경우가 있다. $p_i \equiv 1 \pmod 4$와 $p_i \equiv 3 \pmod 4$이다. 만일 $p_i \equiv 3 \equiv -1 \pmod 4$이면,

$$\begin{aligned}\sigma(p_i^{k_i}) &= 1 + p_i + p_i^2 + \cdots + p_i^{k_i} \\ &\equiv 1 + (-1) + (-1)^2 + \cdots + (-1)^{k_i} \pmod 4 \\ &\equiv \begin{cases} 0 \pmod 4 & k_i \text{ 가 홀수이면} \\ 1 \pmod 4 & k_i \text{ 가 짝수이면} \end{cases}\end{aligned}$$

을 얻는다. $\sigma(p_1^{k_1}) \equiv 2 \pmod 4$이므로, 이것은 $p_1 \not\equiv 3 \pmod 4$를 말하고, 긍정문으로 하면 $p_1 \equiv 1 \pmod 4$이다. 더욱이, $\sigma(p_i^{k_i}) \equiv 0 \pmod 4$는 4가 $\sigma(p_i^{k_i})$를 나눈다는 것을 의미하는데 이것은 불가능하다. 결론은, $i = 2, \cdots, r$일 때 $p_i \equiv 3 \pmod 4$이면 지수 k_i는 짝수이다.

만약 $p_i \equiv 1 \pmod 4$ 가 되면($i=1$이면 확실히 사실이다)

$$\begin{aligned}\sigma(p_i^{k_i}) &= 1 + p_i + p_i^2 + \cdots + p_i^{k_i} \\ &\equiv 1 + 1^1 + 1^2 + \cdots + 1^{k_i} \pmod 4 \\ &\equiv k_i + 1 \pmod 4\end{aligned}$$

이다. 조건 $\sigma(p_1^{k_1}) \equiv 2 \pmod 4$는 $k_1 \equiv 1 \pmod 4$를 성립시킨다. i의 다른 값에 대해서는 $\sigma(p_i^{k_i}) \equiv 1$ 또는 $3 \pmod 4$를 알고 따라서 $k_i \equiv 0$ 또는 $2 \pmod 4$이다. 어떤 경우에나 k_i는 짝수이다. 중요한 점은, $p_i \equiv 1 \pmod 4$이거나 $p_i \equiv 3 \pmod 4$이거나 상관없이 $i \neq 1$에 대하여 k_i는 항상 짝수라는 것이다. 증명은 이제 완성되었다.

선행 정리에 비추어 보면, 모든 홀수 완전수는

$$\begin{aligned}n &= p_1^{k_1} p_2^{2j_2} \cdots p_r^{2j_r} \\ &= p_1^{k_1}(p_2^{j_2} \cdots p_r^{j_r})^2 \\ &= p_1^{k_1} m^2\end{aligned}$$

로 표현될 수 있다. 이것은 바로 다음의 따름정리에 이르게 한다.

따름정리 Corollary

n이 홀수 완전수이면 n은

$$n = p^k m^2$$

형태이고 여기서 p는 소수, $p \nmid m$ 그리고 $p \equiv k \equiv 1 \pmod 4$이다. 특히, $n \equiv 1 \pmod 4$이다.

증명. 마지막 주장만이 분명하지 않다. $p \equiv 1 \pmod 4$이므로 $p^k \equiv 1 \pmod 4$이다. m은 홀수여야 함에 주목하라. 그러므로 $m \equiv 1$ 또는 $3 \pmod 4$이고 따라서 제곱하면 $m^2 \equiv 1 \pmod 4$이다.

$$n = p^k m^2 \equiv 1 \cdot 1 \equiv 1 \pmod 4$$

가 얻어지고 따름정리가 성립한다.

또 다른 연구 방향은 홀수 완전수 n의 크기를 추정하는 것과 관련되어 있다. 종래의 하계는 1908년 투르카니노프(Turcaninov)에 의해 얻어졌다. n은 최소 네 개의 서로 다른 소인수를 갖고 $2 \cdot 10^6$을 초과한다. 전자 컴퓨터의 출현과 함께, 하계는 $n > 10^{300}$까지 향상되었다. 최근의 연구는, n이 최소 여덟 개의 서로 다른 소수로 나뉘고 그중 가장 큰 것은 10^7보다 크며 그다음으로 큰 것은 10^4을 초과한다고 보였다. $3 \nmid n$이면 n의 서로 다른 소인수의 개수는 최소 12개이다.

비록 이 모든 것이 홀수 완전수는 없다는 믿음에 지지를 더하지만, 그들이 존재하지 않는다는 증명만이 결정적일 것이다. 그러면 우리는 존재하지 않는 수들의 모임에 대한 완전한 이론을 세웠던 이상한 처지에 놓이게 될 것이다. "십중팔구 유일한 완전수일 한 부류의 완전수를 발견하는 데 성공한 것은 항상 그리스 기하학자들의 공적으로 지켜져야 한다"고 1888년에 조셉 실베스터는 기술했다.

초기 그리스부터 현재까지 계속적인 역사를 가져 왔던 일군의 수들 중에는 *친화수*(*amicable number*)가 포함되어 있다. 220과 284 같은 두 수를 *친화적*(*amicable*) 또는 우호적이라 부른다. 각 수는 다른 수의 모든 양의 약수들의 (자신은 포함하지 않는) 합과 같다는 의미로, 각 수는 다른 수에 "포함되어" 있다는 놀랄 만한 성질을 갖기 때문이다. 그래서 220의 약수에 대하여 말하자면,

$$1 + 2 + 4 + 5 + 10 + 11 + 20 + 22 + 44 + 55 + 110 = 284$$

이고 284에 대하여는

$$1 + 2 + 4 + 71 + 142 = 220$$

σ 함수에 관하여 보면, 친화수 m과 n은 (또는 친화쌍) 식

$$\sigma(m) - m = n \qquad \sigma(n) - n = m$$

으로 또는 동일한 식에 해당하는

$$\sigma(m) = m + n = \sigma(n)$$

으로 정의된다.

그것들의 기이한 역사를 통해, 친화수는 마술과 점성술에, 별점을 치는 데, 부적을 만드는 데 그리고 최음제를 혼합하는 데 중요했었다. 그리스 사람들은 이 수들이 사람들 사이의 우정을 만드는데 특별한 영향력을 갖고 있다고 믿었다. 철학자 이암블리코스(Iamblichus of Chalcis, 250~330년경)는 220과 284의 쌍에 대한 지식을 피타고라스의 업적으로 돌렸다. 그는 다음과 같이 썼다.

> 그들(피타고라스 추종자들)은 미덕과 사교적 특성을 수에 적용하여, 284와 220처럼 특정한 수를 친화수라 불렀다. 하나의 부분들이 다른 것을 생성하는 능력을 가졌기 때문이다…

성경 주석자들은 창세기 32장 14절에서 야곱이 에서에게 예물로 준 암염소 200마리와 숫염소 20마리를 합하여 220, 즉 전통적인 친화쌍의 작은 수를 발견했다. 한 주석자에 따르면, 야곱은 에서와의 친목을 공고히 하기 위해 지혜롭게 선물(숨은 비밀의 준비물)을 세었다. 11세기의 아랍인 마드리드의 엘 마드쉬리티(El Madschriti)는, 어떤 사람에게 작은 수 220 모양의 과자를 먹게 하고 자신은 큰 수 284를 먹음으로써 이 수들의 성애적 효과를 실험했었다고 말했다. 그렇지만 그는 이 의식이 어떤 성공을 거두었는지 기술하지 않았다.

1630년대까지 아무도 그리스인들이 발견한 원래의 친화수 쌍에 추가할 수 없었다는 것은 수론의 느린 발전의 표시다. 특정한 형태의 친화수를 찾는 첫 번째 명백한 규칙은 9세기 아랍 수학자 사비트 이븐 꾸라(Thabit ibn Qurra)에 의한 것이다. 당시에 작성된 원고에서 그는 지적했다.

세 수 $p = 3 \cdot 2^{n-1} - 1$, $q = 3 \cdot 2^n - 1$ 그리고 $r = 9 \cdot 2^{2n-1} - 1$이 모두 소수이고, $n \geq 2$ 이면 $2^n pq$와 $2^n r$은 친화수이다.

사비트의 규칙으로 두 번째와 세 번째 친화쌍을 생산했던 것은 수 세기 후 페르마와 데카르트가 그것을 재발견했을 때였다. 1636년 메르센에게 보낸 편지에서 페르마는 17,296과 18,416은 친화쌍이라고 알렸고, 데카르트는 9363584와 9437056의 쌍을 찾았다고 메르센에게 편지했다. 페르마의 쌍은 사비트의 규칙에서 $n = 4$($p = 23$, $q = 47$, $r = 1151$은 모두 소수이다)를 택하면, 데카르트의 것은 $n = 7$($p = 191$, $q = 383$, $r = 73727$은 모두 소수이다)을 택하면 얻어진다.

1700년대에 오일러는 한번에 64개의 친화쌍을 뽑아냈다. 이 새로운 쌍들 중에 두 개는 후에, 하나는 1909년에 또 하나는 1914년에, "비친화적"이라고 밝혀졌다. 아드리앵 마리 르장드르는 1830년 또 다른 쌍 2172649216과 2181168896을 찾았다.

광범위한 컴퓨터 조사로 현재 5만 개 이상의 친화쌍들이 밝혀졌는데, 어떤 것은 320자리나 된다. 이것은 10^{11}보다 작은 값을 갖는 모든 것을 망라한다. 친화쌍의 개수가 유한한지 무한한지, 그리고 두 수가 서로 소인 쌍이 생기는지 아직 증명되지 않았다. 증명된 것은 서로 소인 친화수의 각 정수는 10^{25}보다 커야 하고 그들의 곱은 최소 22개의 서로 다른 소수로 나뉘어야 한다는 것이다. 어려움의 한 요인은, (짝수) 완전수를 생성하는 한 개의 공식에 대비하여 모든 친화쌍을 찾는 알려진 공식이 없다는 점이다.

이미 오일러가 생각했던, 또 하나의 어려운 질문은 반대 기우성을 갖는, 즉 한 정수는 짝수이고 다른 것은 홀수인 친화쌍이 있느냐는 것이다.

둘 다 짝수인 친화쌍 "대부분"은 그 합이 9로 나뉜다. 간단한 예로 $220 + 284 = 504 \equiv 0 \pmod 9$이다. 이런 특성을 갖지 못하는 알려진 짝수 친화쌍 중 가장 작은 것은 666030256과 696630544이다.

연습문제 11.3

1. 메르센 수 M_{13}은 소수이고, 따라서 정수 $n = 2^{12}(2^{13} - 1)$은 완전함을 증명하라.
[*힌트*: $\sqrt{M_{13}} < 91$이므로 정리 11.5는 M_{13}의 소인수 후보가 오직 53과 79임을 의미한다.]
2. 메르센 수 M_{19}는 소수이고, 따라서 정수 $n = 2^{18}(2^{19} - 1)$은 완전함을 증명하라.
[*힌트*: 정리 11.5와 11.6에 의하여, 검사해야 할 소인수는 오직 191, 457 그리고 647 뿐이다.]
3. 메르센 수 M_{29}는 합성수임을 증명하라.
4. 양의 정수 n은, $\sigma(n) < 2n$ 일 때 *부족수*(*deficient number*), $\sigma(n) > 2n$ 일 때 *과잉수*(*abundant number*)라 불린다. 다음을 각각 증명하라.
(a) 부족수는 무한히 많다.

[*힌트*: p는 홀수 소수이고 $k \geq 1$인 정수들 $n = p^k$를 생각하라.]

(b) 짝수 과잉수는 무수히 많다.

[*힌트*: $k > 1$인 정수들 $n = 2^k \cdot 3$을 생각하라.]

(c) 홀수 과잉수는 무수히 많다.

[*힌트*: 2, 3, 5 또는 7로 나눠지 않는 양의 정수 k에 대하여 정수들 $n = 945 \cdot k$를 생각하라. $945 = 3^3 \cdot 5 \cdot 7$이므로 $\gcd(945, k) = 1$이고 $\sigma(n) = \sigma(945)\,\sigma(k)$이다.]

5. n은 짝수 완전수이고 $d \mid n$ 임을(단 $1 < d < n$) 가정하고 d가 부족수임을 보여라.
6. 완전수의 모든 배수가 과잉수임을 증명하라.
7. 아래 제시된 정수 쌍은 친화적임을 확인하라.

(a) $220 = 2^2 \cdot 5 \cdot 11$과 $284 = 2^2 \cdot 71$. (피타고라스, 기원전 500년)

(b) $17296 = 2^4 \cdot 23 \cdot 47$과 $18416 = 2^4 \cdot 1151$. (페르마, 1636년)

(c) $9363584 = 2^7 \cdot 191 \cdot 383$과 $9437056 = 2^7 \cdot 73727$. (데카르트, 1638년)

8. 친화쌍 m과 n에 대하여,

$$\left(\sum_{d \mid m} 1/d\right)^{-1} + \left(\sum_{d \mid n} 1/d\right)^{-1} = 1$$

을 증명하라.

9. 친화수에 대한 다음 명제들을 증명하라.

(a) 소수는 친화쌍의 한 수가 될 수 없다.

(b) 친화쌍의 큰 수는 부족수이다.

(c) m은 짝수, n은 홀수로서 m과 n이 친화쌍이면 n은 완전제곱이다.

[*힌트*: p가 홀수 소수이면, $1 + p + p^2 + \cdots + p^k$는 k가 짝수일 때만 홀수이다.]

10. 1886년 16세의 한 이탈리아 소년이 $1184 = 2^5 \cdot 37$과 $1210 = 2 \cdot 5 \cdot 11^2$은 친화쌍이라고 발표했지만, 발견 방법에 대한 암시는 하지 않았다. 그의 주장을 검증하라.
11. 친화쌍에 대한 "사비트의 규칙"을 증명하라. $n \geq 2$일 때 $p = 3 \cdot 2^{n-1} - 1$, $q = 3 \cdot 2^n - 1$ 그리고 $r = 9 \cdot 2^{2n-1} - 1$이 소수이면, $2^n pq$와 $2^n r$은 친화쌍이다. 이 규칙은 $n = 2, 4, 7$일 때 친화수를 생산하지만 $n \leq 20{,}000$인 다른 n에 대하여는 아니다.
12. *친화적 삼중쌍*(*amicable triple*)은 두 수의 합이 남은 수의 자신을 제외한 약수들의 합과 같은 세 정수를 뜻한다. $2^5 \cdot 3 \cdot 13 \cdot 293 \cdot 337$, $2^5 \cdot 3 \cdot 5 \cdot 13 \cdot 16561$ 그리고 $2^5 \cdot 3 \cdot 13 \cdot 99371$은 친화적 삼중쌍임을 검증하라.
13. 양의 정수의 유한 수열은, 각각이 앞에 있는 정수의 자신을 제외한 양의 약수들의 합과 같을 때 *사교적 사슬*(*sociable chain*)이라 말해진다(마지막 정수는 사슬에서 첫 번째 정수 앞에 있는 것으로 간주된다). 다음의 정수들은 사교적 사슬을 이루고 있음을 보여라.

$$14288,\ 15472,\ 14536,\ 14264,\ 12496$$

각각 네 개의 정수로 이루어진 아홉 개의 사슬이 발견되는 1970년 전까지 오직 두 개의 사교적 사슬이 알려졌었다.

14. 다음을 증명하라.
 (a) 임의의 홀수 완전수 n은, p는 소수로서 $n = pa^2$의 형태로 표현될 수 있다.
 (b) $n = pa^2$이 홀수 완전수이면 $n \equiv p \pmod 8$이다.
15. n이 홀수 완전수일 때, n은 최소 세 개의 서로 다른 소인수를 가짐을 증명하라. [*힌트*: $p \equiv k \equiv 1 \pmod 4$이면서 $n = p^k q^{2j}$라고 가정하자. 모순을 끌어내기 위하여 부등식 $2 = \sigma(n)/n \leq [p/(p-1)][q/(q-1)]$을 사용하라.]
16. 정수 $n > 1$이 서로 다른 메르센 소수의 곱이면, 적당한 k에 대하여 $\sigma(n) = 2^k$임을 보여라.

11.4 페르마 수

논의를 마무리 짓기 위해, 추측의 풍부한 원천을 제공하는 또 다른 부류의 수들, 페르마 수에 대해 언급하자. 이것들은 $2^m + 1$ 형태 정수들의 특별한 경우로 생각할 수 있다. $2^m + 1$이 홀수 소수이면 적당한 $n \geq 0$에 대하여 $m = 2^n$이 됨을 알게 된다. 반대로 m이 홀수 약수 $2k + 1 > 1$을 갖는다면 예컨대 $m = (2k+1)r$이면, $2^m + 1$은 자명하지 않은 인수분해

$$\begin{aligned} 2^m + 1 &= 2^{(2k+1)r} + 1 = (2^r)^{2k+1} + 1 \\ &= (2^r + 1)(2^{2kr} - 2^{(2k-1)r} + \cdots + 2^{2r} - 2^r + 1) \end{aligned}$$

을 갖는데, 이것은 불가능하다. 간단히 말하면, $2^m + 1$은 m이 2의 거듭제곱일 때만 소수일 수 있다.

정의 11.2 *Definition*

페르마 수(*Fermat number*)는

$$F_n = 2^{2^n} + 1 \qquad n \geq 0$$

형태의 정수이다. F_n이 소수이면 그것은 *페르마 소수*(*Fermat prime*)라 불린다.

수학적 직관이 보통 믿을 만했던 페르마는 정수들

$$F_0 = 3 \qquad F_1 = 5 \qquad F_2 = 17 \qquad F_3 = 257 \qquad F_4 = 65537$$

모두가 소수임을 관찰하고, n의 모든 값에 대하여 F_n은 소수라는 그의 믿음을 나타냈다. 그는 확신을 갖고 메르센에게 편지로 알렸다. "나는 $2^{2^n} + 1$ 형태의 수들이 항상 소수임을 발견했고, 훨씬 이전에 분석자들에게 이 정리의 진실을 알렸다." 그렇지만 페르마는

증명을 생각해 낼 수 없는 그의 무능을 한탄하고, 계속되는 편지에서 점증하는 분노의 어조는 그가 계속해서 증명을 시도하고 있었음을 암시한다. 그 문제는, 1732년 오일러가

$$F_5 = 2^{2^5} + 1 = 4294967297$$

은 641로 나누어진다고 발견했을 때 부정적으로 해결됐다. 우리에게 그 정도 수는 매우 커 보이지 않지만, 페르마의 시대에 소수성 조사는 어려웠고 분명히 그는 그것을 수행하지 않았다.

다음에 나오는 $641 \mid F_5$의 기초적인 증명은 명백히 나눗셈을 필요로 하지 않으며, 베넷(G. Bennett)에 의한 것이다.

정리 11.8 *Theorem*

페르마 수 F_5는 641로 나누어진다.

증명. $a = 2^7$, $b = 5$라 놓고 시작하면,

$$1 + ab = 1 + 2^7 \cdot 5 = 641$$

이다.

$$1 + ab - b^4 = 1 + (a - b^3)b = 1 + 3b = 2^4$$

은 쉽게 보인다. 그런데 이것은

$$\begin{aligned} F_5 = 2^{2^5} + 1 &= 2^{32} + 1 \\ &= 2^4 a^4 + 1 \\ &= (1 + ab - b^4)a^4 + 1 \\ &= (1 + ab)a^4 + (1 - a^4 b^4) \\ &= (1 + ab)[a^4 + (1 - ab)(1 + a^2 b^2)] \end{aligned}$$

을 뜻하며, 따라서 $641 \mid F_5$이다.

오늘날까지도, 무수히 많은 페르마 소수가 있는지, 더구나 F_4보다 큰 페르마 소수가 하나라도 있는지 알지 못한다. 최선의 "짐작"은 $F_n > F_4$인 모든 페르마 수는 합성수라는 것이다.

페르마 소수에 대한 관심의 일부분은, 자와 컴퍼스만으로(전자는 직선을, 후자는 호를 그리는 데만 사용된다) 작도될 수 있는 모든 정다각형을 결정하는 고대의 문제와 주목할 만한 관련을 갖고 있다는 발견에 기인한다. 「산술 논고」의 일곱 번째와 마지막 절에서 가우스는, $k \geq 0$이고 $p_1, p_2, \cdots, p_r$은 서로 다른 페르마 소수이면서

$$n = 2^k \qquad \text{또는} \qquad n = 2^k p_1 p_2 \cdots p_r$$

일 때 그리고 그 경우에만 n개의 변을 갖는 정다각형이 그런 방식으로 작도 가능하다고 증명했다. 2^k, $2^k \cdot 3$, $2^k \cdot 5$ 그리고 $2^k \cdot 15$개의 변을 갖는 정다각형의 작도는 그리스 기하학자들의 시대 이래 알려져 있었다. 특히, 그들은 $n = 3, 4, 5, 6, 8, 10, 12, 15, 16$에 대하여 정$n$각형을 작도할 수 있었다. 정17각형도 역시 자와 컴퍼스로 작도 가능

하다는 것을 가우스 이전에 누구도 생각하지 못했다. 가우스는 자신의 발견이 너무도 자랑스러워 그의 묘비에 17개의 변을 갖는 정다각형이 새겨지길 요구했다. 어떤 이유에서인지 이 소망은 실현되지 못했지만, 그 정다각형은 그의 출생지 독일 브라운슈바이크에 세워진 가우스 기념비의 측면에 새겨졌다.

페르마 수의 한 가지 유용한 성질은 그들이 각각에게 서로 소라는 것이다.

정리 11.9 *Theorem*

페르마 수 F_n과 F_m (단 $m > n \geq 0$)에 대하여 $\gcd(F_m, F_n) = 1$이다.

증명. $d = \gcd(F_m, F_n)$이라 하자. 페르마 수는 홀수이므로 d는 홀수여야 한다. $x = 2^{2^n}$, $k = 2^{m-n}$이라 놓으면

$$\frac{F_m - 2}{F_n} = \frac{(2^{2^n})^{2^{m-n}} - 1}{2^{2^n} + 1}$$
$$= \frac{x^k - 1}{x + 1} = x^{k-1} - x^{k-2} + \cdots - 1$$

따라서 $F_n \mid (F_m - 2)$이다. $d \mid F_n$으로부터 $d \mid (F_m - 2)$이 나온다. 이제 $d \mid 2$을 얻기 위해 $d \mid F_m$이란 사실을 사용한다. 그러나 d는 홀수여서 $d = 1$이고, 주장하는 결과가 증명된다.

이것은 소수의 무한성에 대한 산뜻하고 짧은 증명에 이르게 한다. 페르마 수 F_0, F_1, ⋯, F_n의 각각은, 정리 11.9에 의하여, 다른 어떤 F_k도 나누지 않는 한 소수에 의해 나누어진다. 그러므로 F_n을 넘지 않는 최소 $n+1$개의 서로 다른 소수가 있다. 무한히 많은 페르마 수가 있으므로 소수의 개수도 무한하다.

1877년에 예수회 성직자 페팽(T. Pepin)은 F_n의 소수성을 결정하는 실질적인 검사법(페팽의 검사법)을 고안했는데, 다음 정리에 담겨 있다.

정리 11.10 *Theorem*

페팽의 검사법. $n \geq 1$에 대하여, 만일

$$3^{(F_n - 1)/2} \equiv -1 \pmod{F_n}$$

이면, 그리고 오직 그때만 페르마 수 $F_n = 2^{2^n} + 1$이 소수이다.

증명. 먼저

$$3^{(F_n - 1)/2} \equiv -1 \pmod{F_n}$$

을 가정하자. 양변을 제곱하여

$$3^{F_n - 1} \equiv 1 \pmod{F_n}$$

을 얻는다. F_n을 나누는 어떤 소수 p에 대해서도 동일한 합동식이 성립한다.

$$3^{F_n-1} \equiv 1 \pmod{p}$$

이제 k를 모듈로 p에 대한 3의 계수라 하자. 정리 8.1은 $k \mid F_n - 1$, 또는 다르게 말해서 $k \mid 2^{2^n}$임을 알려준다. 그러므로 k는 2의 거듭제곱이다.

어떤 $r \le 2^n - 1$에 대하여도 $k = 2^r$은 가능하지 않다. 왜냐하면 만약 이것이 성립하면 합동식 $3^k \equiv 1 (\text{mod } p)$를 반복적으로 제곱하여

$$3^{2^{2^n-1}} \equiv 1 \pmod{p}$$

또는 마찬가지로

$$3^{(F_n-1)/2} \equiv 1 \pmod{p}$$

를 얻기 때문이다. 그러면 우리는 $1 \equiv -1 (\text{mod } p)$에 도달하여 $p = 2$를 얻는데, 이것은 모순이다. 그러므로 우리에게 열려 있는 유일한 가능성은

$$k = 2^{2^n} = F_n - 1$$

이다. 이제 페르마의 정리는 $k \le p - 1$임을 알려주고 이것은 다시 $F_n = k + 1 \le p$를 의미한다. $p \mid F_n$이므로 $p \le F_n$이다. 이 부등식을 합하면 $F_n = p$를 뜻하므로 F_n은 소수다.

다른 한편, $F_n (n \ge 1)$은 소수라고 가정하자. $F_n \equiv (-1)^{2^n} + 1 = 2 (\text{mod } 3)$라는 사실을 사용하면, 이차상호법칙에서

$$(3/F_n) = (F_n/3) = (2/3) = -1$$

을 얻는다. 오일러의 기준을 적용하여, 결국

$$3^{(F_n-1)/2} \equiv -1 \pmod{F_n}$$

에 이른다.

페팽의 검사법을 사용하여 $F_3 = 257$의 소수성을 보이자. 모듈로 257로 작업하면, 우리는

$$\begin{aligned} 3^{(F_3-1)/2} &= 3^{128} = 3^3(3^5)^{25} \\ &\equiv 27(-14)^{25} \\ &\equiv 27 \cdot 14^{24}(-14) \\ &\equiv 27(17)(-14) \\ &\equiv 27 \cdot 19 \equiv 513 \equiv -1 \pmod{257} \end{aligned}$$

을 얻고, 따라서 F_3는 소수다.

페르마 수 F_5는 인수분해 $F_5 = 2^{32} + 1 = 641 \cdot 6700417$을 갖는 합성수임을 오일러가 증명했다고 이미 말했다. F_6에 관해서는, 1880년 랜드리 (F. Landry)가

$$\begin{aligned} F_6 &= 2^{64} + 1 \\ &= 274177 \cdot 67280421310721 \end{aligned}$$

을 발표했다.

그 당시에 랜드리가 82세였다는 것을 생각할 때, 이 업적은 훨씬 더 놀랍다. 랜드리는 F_6 의 인수분해 작업에 대한 근거는 발표하지 않았으나 그가 자명한 나눗셈 과정에 의지했을 것 같지 않다. 왜냐하면 몇 년 전에 그는 $128k + 1$ 형태의 수들을 검사하여 F_6 의 소수성을 보이는 것은 3,000년까지 걸릴 수 있다고 추정했기 때문이다.

1905년 모어헤드 (J. C. Morehead)와 웨스턴 (A. E. Western)은 독립적으로 F_7 에 대하여 페팽의 검사법을 수행하여, 그것의 합성수 성질을 거의 동시에 전했다. 1971년 브릴하트 (Brillhart)와 모리슨 (Morrison)이 소인수분해

$$F_7 = 2^{128} + 1$$
$$= 59649589127497217 \cdot 5704689200685129054721$$

을 발견하기까지 66년이 걸렸다. (대용량 메모리의 빠른 컴퓨터에 의지하지 않고 이런 인수분해에 도달할 가능성은 거의 희박하다.) 모어헤드와 웨스턴은 각자 일을 반씩 나누어 F_8 이 합성수임을 보이는 계산을 실행했으나, 브렌트 (Brent)와 폴라드 (Pollard)가 F_8 의 가장 작은 소인수는

$$1238926361552897$$

이라고 보인 1980년까지 실제적인 인수는 발견되지 않았다. F_8의 다른 인수는 62자리이고 그 후 즉시 소수라고 밝혀졌다. 페팽의 검사법이 적용된 큰 F_n은 4933자리의 수 F_{14}이다. 현재 어떤 약수도 알려진 것이 없지만, 이 페르마 수는 1963년 셀프리지 (Selfridge)와 후르비츠 (Hurwitz)에 의해 합성수임이 확인됐다.

오일러와 뤼까에 의한 우리의 마지막 정리는 페르마 수의 약수를 결정하는 데 귀중한 도움이 된다. 일찍이 1747년에 오일러는 F_n의 모든 소인수는 $k \cdot 2^{n+1} + 1$ 형태여야 함을 증명했다. 100년도 더 지난 1879년에 프랑스 수론 학자 에두아르 뤼까는 k는 짝수로 선택될 수 있음을 보여서 이 결과를 향상시켰다. 이로부터 다음 정리를 얻는다.

정리 11.11 *Theorem*

페르마 수 $F_n = 2^{2^n} + 1$ $(n \geq 2)$의 임의의 소인수 p는 $p = k \cdot 2^{n+2} + 1$ 형태이다.

증명. F_n의 소인수 p에 대하여

$$2^{2^n} \equiv -1 \pmod{p}$$

이고 제곱하면 이것은

$$2^{2^{n+1}} \equiv 1 \pmod{p}$$

모듈로 p로 2의 계수가 h이면 이 합동식은

$$h \mid 2^{n+1}$$

을 말한다. 우리는 $h = 2^r$ $(1 \le r \le n)$을 가질 수 없다. 왜냐하면 이것은

$$2^{2^n} \equiv 1 \pmod p$$

에 이르고 다음에 $p = 2$가 되어 모순이다. 이것으로 우리는 $h = 2^{n+1}$이라고 결론 내린다. 모듈로 p에 대한 2의 계수는 $\phi(p) = p - 1$을 나누기 때문에, 더 나아가 $2^{n+1} \mid p - 1$이라 결론 내릴 수 있다. 요점은 $n \ge 2$에 대하여 $p \equiv 1 \pmod 8$이란 것이고, 따라서 정리 9.6에 의해서 르장드르 기호 $(2/p) = 1$이다. 오일러의 기준을 사용하여, 바로

$$2^{(p-1)/2} \equiv (2/p) = 1 \pmod p$$

가 된다. 정리 8.1에 호소하여 증명이 끝나는데 그것은 $h \mid (p-1)/2$, 또는 동등하게 $2^{n+1} \mid (p-1)/2$ 임을 말한다. 이것으로 $2^{n+2} \mid p-1$이 되고, 적당한 정수 k에 대하여 $p = k \cdot 2^{n+2} + 1$을 얻는다.

정리 11.11로 우리는 $F_4 = 2^{16} + 1 = 65537$의 성질을 바로 결정할 수 있다. F_4의 소인수는 $2^6k + 1 = 64k + 1$ 형태를 취해야 한다. $\sqrt{F_4}$보다 작거나 같은 이런 종류의 소수는 오직 한 개, 즉 소수 193이다. 이 시험 약수는 F_4의 인수가 아니므로 F_4 자신은 소수라고 결론 내린다.

계산 장비의 증가하는 능력과 이용 가능성은 페르마 수의 소인수에 대한 탐색을 상당히 확장시켰다. 예를 들면, F_{28}의 첫 번째 소인수는 1997년에 발견되었다. 현재 $5 \le n \le 30$과 140개의 추가적인 n 값에 대하여 F_n이 합성수임이 알려졌다. 현재까지 발견된 가장 큰 합성수인 페르마 수는 약수 $3 \cdot 2^{303093} + 1$을 갖는 F_{303088}이다.

F_n의 완전한 소인수분해는 $5 \le n \le 11$에 대하여 얻어졌고, 다른 n에 대해서는 얻어지지 않았다. F_8의 인수분해 후에, 629자리의 F_{11}이 완전히 인수분해 될 다음 페르마 수라는 것을 거의 의심하지 않았으나, 이것은 1988년 브렌트와 모레인(Morain)에 의해 성취되었다. 렌스트라(Lenstra), 마나스(Manasse) 그리고 폴라드의 공동 작업에 의한 1990년 155자리 F_9의 인수분해는 전 세계 여러 장소에 있는 약 700대의 워크스테이션을 사용했다는 점에서 주목할 만하다. 완전한 인수분해에는 약 4개월이 걸렸다. 그 후 얼마 되지 않아(1996년), 브렌트는 310자리 F_{10}의 남은 두 소인수를 결정했다. F_9와 F_{10} 이전에 F_{11}의 인수분해에 이르게 된 이유는 F_{11}의 두 번째로 큰 소인수의 크기가 계산을 훨씬 쉽게 만들었기 때문이다. F_{11}의 두 번째로 큰 소인수는 22자리를 품고 있는 반면, F_9와 F_{10}의 그것들은 각각 49와 40자리의 길이를 갖는다.

6억 자리가 넘는 십진 전개를 갖는 거대한 F_{31}은 2001년에 합성수임이 증명되었다. F_{31}이 겨우 23자리의 소인수를 가진 것은 계산적으로 운이 좋았다. F_{33}에 관해서는 아직 도전이 남아 있다. 그것은 특성이 밝혀지지 않은 가장 작은 페르마 수이다. F_{33}이 20억을 넘는 자릿수를 가진 것을 고려하면, 그 문제는 당분간 해결될 것 같지 않다.

페르마 수 F_n $(0 \le n \le 35)$에 대하여 현재의 소수성 상태의 적요가 아래에 주어졌다.

n	F_n 의 특성
0, 1, 2, 3, 4	소수
5, 6, 7, 8, 9, 10, 11	완전히 인수분해 됨
12, 13, 15, 16, 18, 19, 25, 27, 30	2개 또는 더 많은 인수가 알려짐
17, 21, 23, 26, 28, 29, 31, 32	오직 1개 인수가 알려짐
14, 20, 22, 24	합성수, 인수를 모름
33, 34, 35	특성을 모름

F_{16}에 대한 경우는 1953년에 해결되었고, 수열

$$2+1,\ 2^2+1,\ 2^{2^2}+1,\ 2^{2^{2^2}}+1,\ 2^{2^{2^{2^2}}}+1,\ \ldots$$

의 모든 항들이 소수라는 애먹이는 추측을 잠들게 했다. 흥미로운 점은 페르마 수 F_n의 알려진 소인수 p의 어느 것도 제곱인수 p^2를 생기게 하지 않는다는 것이다. 사실, 페르마 수는 제곱인수가 없다고 추측된다. 이것은, 예를 들어 9가 M_{6n}을 나누는 메르센 수와 대비된다.

페르마 수의 소인수를 찾으며 나타나는 $k \cdot 2^n + 1$ 형태의 수들은 그 자체로 상당히 흥미롭다. $k \cdot 2^n + 1$이 소수가 되는 가장 작은 n은 어떤 경우에 꽤 클 수 있다. 예를 들어, $47 \cdot 2^n + 1$이 소수인 첫 번째는 $n = 583$일 때이다. 그러나 $k \cdot 2^n + 1$이 항상 합성수인 k의 값들도 역시 존재한다. 사실, 모든 $n \ge 1$에 대하여 $k \cdot 2^n + 1$이 합성수인 무한히 많은 홀수 k가 존재한다고 1960년에 증명되었다. 가장 작은 그런 k를 결정하는 문제는 미해결로 남아 있다. 지금까지, 어떤 n에 대해서도 $k \cdot 2^n + 1$이 소수가 아닌, 알려진 가장 작은 k는 $k = 78557$이다.

연습문제 11.4

1. 합동식 $5 \cdot 2^7 \equiv -1 \pmod{641}$의 네제곱을 취하여, $2^{32} + 1 \equiv 0 \pmod{641}$이고 따라서 $641 \mid F_5$임을 유도하라.
2. p가 소수이면, p개의 변을 갖는 정다각형이 자와 컴퍼스로 작도될 수 있는 것은 $p-1$이 2의 거듭제곱일 때이고 오직 그때뿐이라고 가우스가 1796년 발견했다. 이 조건은 p가 페르마 소수임을 요구하는 것과 동치임을 보여라.
3. $n > 0$에 대하여 다음을 증명하라.
   (a) $2^{2^n} + 3$ 형태의 합성수는 무한히 많다.
   [*힌트*: 적당한 k에 대하여 $2^{2n} = 3k + 1$이란 사실을 사용하여 $7 \mid 2^{2^{2n+1}} + 3$을 증명하라.]
   (b) $2^{2^n} + 5$는 모두 합성수이다.

4. $n \mid 2^n - 2$인 합성수 n을 *유사소수*(*pseudoprime*)라 부른다. 모든 페르마 수 F_n은 소수 또는 유사소수임을 보여라.
[*힌트*: 합동식 $2^{2^n} \equiv -1 \pmod{F_n}$을 $2^{2^n - n}$ 제곱하라.]
5. $n \geq 2$에 대하여, 페르마 수 $F_n = 2^{2^n} + 1$의 마지막 자리 수는 7임을 보여라.
[*힌트*: n에 대한 귀납법으로, $n \geq 2$에 대하여 $2^{2^n} \equiv 6 \pmod{10}$임을 증명하라.]
6. $2^{2^n} - 1$은 적어도 n개의 서로 다른 소인수를 갖는다고 증명하라.
[*힌트*: n에 대한 귀납법과

$$2^{2^n} - 1 = (2^{2^{n-1}} + 1)(2^{2^{n-1}} - 1)$$

이란 사실을 사용하라.]
7. 1869년 랜드리는 서술했다: "$2^n \pm 1$의 수많은 인수분해의 어느 것도 $2^{58} + 1$만큼 많은 고생과 노력을 우리에게 부과하지 않는다." $2^{58} + 1$은 항등식

$$4x^4 + 1 = (2x^2 - 2x + 1)(2x^2 + 2x + 1)$$

을 사용하여 비교적 쉽게 인수분해 될 수 있음을 증명하라.
8. 문제 5로부터, 다음을 이끌어 내라.
(a) 페르마 수 F_n은 결코 완전제곱수가 아니다.
(b) $n > 0$에 대하여, F_n은 결코 삼각수가 아니다.
9. (a) 임의의 홀수 정수 n에 대하여, $3 \mid 2^n + 1$을 보여라.
(b) p와 q가 모두 홀수 소수이고 $q \mid 2^p + 1$이면, $q = 3$이든지 또는 어떤 k에 대하여 $q = 2kp + 1$임을 증명하라.
[*힌트*: $2^{2p} \equiv 1 \pmod{q}$이기 때문에, 모듈로 q에 대한 2의 계수는 2이든지 또는 $2p$이다. 후자의 경우, $2p \mid \phi(q)$이다.]
(c) 각각의 정수 $2^{29} + 1$과 $2^{41} + 1$의 가장 작은 소인수 $q > 3$을 찾아라.
10. $2^n - 1$이 한 쌍의 쌍둥이 소수 p와 q $(3 < p < q)$로 나누어지는 가장 작은 홀수 정수 $n > 1$을 결정하라.
[*힌트*: 쌍둥이 소수 쌍의 첫 번째 항이므로 $p \equiv -1 \pmod{6}$이다. $(2/p) = (2/q) = 1$이기 때문에 정리 9.6에서 $p \equiv q \equiv \pm 1 \pmod{8}$을 얻는다. 따라서 $p \equiv -1 \pmod{24}$이고 $q \equiv 1 \pmod{24}$이다. 이제 모듈로 p와 q에 대한 2의 계수들은 n을 나누어야 한다는 사실을 사용하라.]
11. p가 $2^p + 1$을 나누는 모든 소수 p를 찾아라. $2^p - 1$에 대하여 같은 일을 하라.
12. $p = 3 \cdot 2^n + 1$ $(n \geq 1)$은 소수라 하자. (이 형태의 스물아홉 개 소수가 현재 알려져 있고, 가장 작은 것은 $n = 1$일 때, 가장 큰 것은 $n = 303093$일 때 나타난다.) 다음의 각 명제를 증명하라.
(a) 모듈로 p에 대한 2의 계수는 3이든지, 어떤 $0 \leq k \leq n$에 대하여 2^k이든지 또는 $3 \cdot 2^k$이다.
(b) $p = 13$일 때를 제외하고 2는 p의 원시근이 아니다.
[*힌트*: 2가 p의 원시근이면 $(2/p) = -1$이다.]

(c) 모듈로 p에 대한 2의 계수가 3으로 나누어지지 않는 것은 p가 페르마 수 $F_k\,(0 \le k \le n-1)$를 나눌 때이고 오직 그때뿐이다.
[*힌트*: 등식 $2^{2^k} - 1 = F_0F_1F_2 \cdots F_{k-1}$을 사용하라.]

(d) 7, 13 또는 97로 나누어지는 페르마 수는 없다.

13. 임의의 페르마 수 $F_n = 2^{2^n} + 1\ (n > 0)$에 대하여, n이 홀수냐 또는 짝수냐에 따라 $F_n \equiv 5$ 또는 $8 \pmod 9$임을 증명하라.
[*힌트*: $n \ge 3$에 대하여 $2^{2^n} \equiv 2^{2^{n-2}} \pmod 9$임을 먼저 증명하기 위해 귀납법을 사용하라.]

14. F_5의 소인수들은 $2^7k + 1 = 128k + 1$ 형태라는 사실을 사용하여 $641 \mid F_5$를 확인하라.

15. 임의의 소수 $p > 3$에 대하여 다음을 증명하라.

(a) $\frac{1}{3}(2^p + 1)$은 3으로 나누어지지 않는다.
[*힌트*: 등식

$$\frac{2^p + 1}{2 + 1} = 2^{p-1} - 2^{p-2} + \cdots - 2 + 1$$

을 생각하라.]

(b) $\frac{1}{3}(2^p + 1)$은 p보다 큰 소인수를 갖는다.
[*힌트*: 문제 9(b)를 참고하라.]

(c) 정수 $\frac{1}{3}(2^{19} + 1)$과 $\frac{1}{3}(2^{23} + 1)$은 모두 소수이다.

16. 이전 문제로부터, 무한히 많은 소수가 있음을 추론하라.

17. (a) 3, 5 그리고 7은 임의의 페르마 소수 $F_n\,(n \ge 2)$의 이차 비잉여임을 증명하라.
[*힌트*: 페팽의 검사법과 9.3절 문제 15를 참고하라.]

(b) 페르마 소수 F_n의 모든 이차 비잉여는 F_n의 원시근임을 보여라.

18. 임의의 페르마 소수는 두 개의 제곱수의 차로 쓸 수 있으나 두 개의 세제곱수의 차로 쓸 수 없음을 증명하라.
[*힌트*:

$$F_n = 2^{2^n} + 1 = (2^{2^n - 1} + 1)^2 - (2^{2^n - 1})^2]$$

19. $n \ge 1$에 대하여, $\gcd(F_n, n) = 1$을 보여라.
[*힌트*: 정리 11.11을 참고하라.]

20. 정리 11.9와 11.11을 사용하여 $4k + 1$ 형태의 소수가 무한히 많음을 추론하라.

CHAPTER 12

어떤 비선형 디오판투스 방정식

Certain Nonlinear Diophantine Equations

마음에 뚜렷한 문제를 가지지 않고 방법을 찾는 사람은 대부분 헛되이 찾는 것이다.
힐베르트(D. HILBERT)

12.1 방정식 $x^2 + y^2 = z^2$

많은 사람들이 현대 수론의 아버지라고 생각하는 페르마는, 그렇지만 이상하게도 이 역할에 어울리지 않는 관행을 갖고 있었다. 그는 자신의 발견을 친구들에게 (흔히 증명을 갖고 있다는 간결한 문장 정도만) 편지로 알리거나 노트하여 혼자 보관하기를 좋아하였고, 스스로 거의 출판하지 않았다. 그런 많은 노트가 디오판투스의 「산술서」의 바셰 번역본 여백에 메모되었다. 이런 여백 주석 중에 단연 가장 유명한 것은 — 아마도 1637년에 기록된 — 다음과 같다.

> 세제곱수를 두 세제곱수의 합으로, 네제곱수를 두 네제곱수의 합으로, 일반적으로 2보다 큰 거듭제곱수를 같은 거듭제곱수의 합으로 쓰는 것은 불가능하다. 이것에 대해 나는 정말 멋진 증명을 발견하였지만, 여백이 너무 좁아 그것을 다 쓸 수 없다.

이 감질나는 여담에서, 페르마는 단순히 $n > 2$이면 디오판투스 방정식

$$x^n + y^n = z^n$$

은 변수 중 최소한 하나는 영인 자명해를 빼고는 정수에서 해를 갖지 않는다고 주장하고 있다.

방금 언급한 인용구는 페르마의 마지막 정리, 좀 더 정확히는 페르마의 추측으로 알려지게 되었다. 1800년대까지 그의 「산술서」 여백에 나타난 주장들은 모두 증명되

거나 반박되었다 — 마지막 정리 하나만 제외하고. 이해하기엔 너무 단순하지만 증명하기에는 너무 어려웠기 때문에, 그 주장은 많은 세대에 걸쳐 모든 전문가와 아마추어 수학자를 매혹시켰다. 페르마가 실제로 "정말 멋진 증명"을 가졌었다 해도 이것은 세상에 드러나지 않았다. 그가 어떤 증명을 생각했었든지 결점을 포함하고 있었을 가능성이 높다. 다른 수학자들과의 서신 왕래에서 그 증명에 대한 언급이 없으므로, 그 후에 페르마 자신이 그 실수를 발견했었는지도 모른다.

그렇지만 페르마는 $n = 4$인 경우에 그의 마지막 정리의 증명을 남겼다. 논의를 진행하기 위해서, 먼저 방정식

$$x^2 + y^2 = z^2 \tag{1}$$

의 모든 양의 정수해를 찾는 일에 착수한다. 유명한 피타고라스의 식 $x^2 + y^2 = z^2$에 의하여 직각삼각형의 빗변의 길이 z은 변의 길이 x, y와 관련이 있으므로, 식 (1)을 만족하는 모든 양의 정수해를 찾는 것은 정수 길이를 갖는 모든 직각삼각형을 찾는 문제와 동치이다. 후자의 문제는 바빌로니아 시대에 제기되었으며, 고대 그리스 기하학자들에게 인기가 있었다. 피타고라스 자신은 무한히 많은 그런 삼각형을 찾는 공식을 만든 업적이 있다. 그것은

$$x = 2n + 1 \qquad y = 2n^2 + 2n \qquad z = 2n^2 + 2n + 1$$

여기서 n은 임의의 양의 정수다. 이 공식이 정수 변을 갖는 모든 직각삼각형을 잡아내지 못하며, 이 문제의 완전한 풀이가 나타난 것은 유클리드가 그의 책 「원소」를 저술했을 때이다.

다음 정의는 식 (1)의 해를 언급하는 간결한 방법을 제공한다.

정의 12.1 *Definition*

피타고라스 삼중쌍(Pythagorean triple)은 $x^2 + y^2 = z^2$을 만족하는 세 정수 x, y, z의 집합이다. $\gcd(x, y, z) = 1$이면 그 삼중쌍은 *원시적*(primitive)이라 불린다.

아마도 가장 잘 알려진 원시적 삼중쌍의 예는 3, 4, 5와 5, 12, 13인 한편, 조금 덜 알려진 것은 12, 35, 37이다.

몇 가지 점을 유의할 필요가 있다. x, y, z는 임의의 피타고라스 삼중쌍이고 $d = \gcd(x, y, z)$라 가정하자. $x = dx_1$, $y = dy_1$, $z = dz_1$이라 쓰면,

$$x_1^2 + y_1^2 = \frac{x^2 + y^2}{d^2} = \frac{z^2}{d^2} = z_1^2$$

임을 쉽게 알고 $\gcd(x_1, y_1, z_1) = 1$이다. 간단히 말해, x_1, y_1, z_1은 원시적 삼중쌍이다. 따라서 모든 원시적 삼중쌍을 찾는 것으로 충분하다. 어떤 피타고라스 삼중쌍이나 적당한 영이 아닌 정수를 곱하여 원시적 삼중쌍으로부터 얻을 수 있다. 간단히 부호를 바꾸어 양인 것으로부터 다른 모든 것이 생성되므로, $x > 0$, $y > 0$, $z > 0$인 원시

적 피타고라스 삼중쌍 x, y, z에 국한하여 조사하여도 된다.

우리 전개 과정은 두 개의 예비적인 보조정리를 필요로 하는데, 첫 번째는 원시적 피타고라스 삼중쌍에 관한 기본적인 사실을 설명한다.

보조정리 1 *Lemma*

x, y, z가 원시적 피타고라스 삼중쌍이면 정수 x와 y 중에 하나는 짝수이고 다른 것은 홀수이다.

증명. x와 y가 모두 짝수이면 $2 \mid (x^2 + y^2)$ 또는 $2 \mid z^2$이고 그래서 $2 \mid z$이다. 그 결과 $\gcd(x, y, z) \geq 2$이며 이것은 거짓임을 안다. 한편 x와 y가 모두 홀수이면, $x^2 \equiv 1 \pmod 4$이고 $y^2 \equiv 1 \pmod 4$이므로

$$z^2 = x^2 + y^2 \equiv 2 \pmod 4$$

그런데 정수의 제곱은 모듈로 4에 대하여 0 또는 1과 합동이므로 이것도 역시 불가능하다.

원시적 피타고라스 삼중쌍 x, y, z가 주어지면, 이 정수들 가운데 딱 하나는 짝수이고 다른 두 개는 홀수이다. (만일 x, y, z가 모두 홀수이면, $x^2 + y^2$은 짝수이고, z^2은 홀수이다.) 전술한 보조정리는 짝수는 x 또는 y임을 가리킨다. 이제부터 x는 짝수, y는 홀수 그리고 물론 z는 홀수가 되게 명확히 피타고라스 삼중쌍을 쓰기로 한다.

정수 x, y, z의 각 쌍은 서로 소여야 함을(우리는 이 사실을 이용할 것이다) 주의할 가치가 있다. 만일 $\gcd(x, y) = d > 1$이면 $p \mid d$인 소수 p가 존재할 것이다. $d \mid x$이고 $d \mid y$이므로, $p \mid x$이고 $p \mid y$이며, 따라서 $p \mid x^2$이고 $p \mid y^2$이다. 그러나 $p \mid (x^2 + y^2)$ 또는 $p \mid z^2$이며, 그러므로 $p \mid z$이다. 이것은 $\gcd(x, y, z) = 1$이라는 가정에 모순이므로 $d = 1$이다. 비슷한 방법으로 $\gcd(y, z) = \gcd(x, z) = 1$을 증명할 수 있다.

보조정리 1에 의하여, 모든 값이 소수인 원시적 피타고라스 삼중쌍 x, y, z는 존재하지 않는다. z와 x 또는 y 중에 하나가 소수인 원시적 피타고라스 삼중쌍은 존재한다. 예를 들면, 3, 4, 5; 11, 60, 61; 그리고 19, 180, 181이다. 그런 삼중쌍이 무수히 많이 존재하는지 아직 알려지지 않았다.

우리 길에 서있는 다음 장애물은, a와 b가 그 곱이 제곱수인 서로 소인 양의 정수이면 a와 b 자신도 제곱수임을 증명하는 것이다. 산술의 기본정리의 도움으로 그보다 상당히 더한 것, 즉 보조정리 2를 증명할 수 있다.

보조정리 2 *Lemma*

$ab = c^n$이고 $\gcd(a, b) = 1$이면, a와 b는 n 제곱수이다. 즉, $a = a_1^n$, $b = b_1^n$을 만족하는 양의 정수 a_1, b_1이 존재한다.

증명. $a > 1$, $b > 1$이라 가정해도 무방하다. 만약

$$a = p_1^{k_1} p_2^{k_2} \cdots p_r^{k_r} \qquad b = q_1^{j_1} q_2^{j_2} \cdots q_s^{j_s}$$

가 a와 b의 소인수분해라면, $\gcd(a, b) = 1$이므로 어떤 p_i도 q_i와 같을 수 없다. 결과적으로, ab의 소인수분해는

$$ab = p_1^{k_1} \cdots p_r^{k_r} q_1^{j_1} \cdots q_s^{j_s}$$

로 주어진다. c는 $c = u_1^{l_1} u_2^{l_2} \cdots u_t^{l_t}$처럼 소인수분해 된다고 가정하자. 그러면 조건 $ab = c^n$은

$$p_1^{k_1} \cdots p_r^{k_r} q_1^{j_1} \cdots q_s^{j_s} = u_1^{nl_1} \cdots u_t^{nl_t}$$

이 된다. 이것으로부터 소수 $u_1, \cdots, u_t$는 (어떤 순서로) $p_1, \cdots, p_r$, $q_1, \cdots, q_s$이고 $nl_1, \cdots, nl_t$는 대응하는 지수 $k_1, \cdots, k_r$, $j_1, \cdots, j_s$이다. 결론: 정수 k_i와 j_i 각각은 n으로 나누어져야 한다. 이제

$$a_1 = p_1^{k_1/n} p_2^{k_2/n} \cdots p_r^{k_r/n}$$
$$b_1 = q_1^{j_1/n} q_2^{j_2/n} \cdots q_s^{j_s/n}$$

라고 놓으면, 원하는 바대로 $a_1^n = a$, $b_1^n = b$이다.

이제 기계적인 작업들을 치웠으므로, 모든 원시적 피타고라스 삼중쌍의 특성을 결정하는 것은 꽤 간단하다.

정리 12.1 *Theorem*

피타고라스 방정식

$$x^2 + y^2 = z^2$$

의 조건

$$\gcd(x, y, z) = 1 \qquad 2 \mid x \qquad x > 0, y > 0, z > 0$$

을 만족하는 모든 해는

$$x = 2st \qquad y = s^2 - t^2 \qquad z = s^2 + t^2$$

으로 주어진다. 여기서 정수 $s > t > 0$는 $\gcd(s, t) = 1$이고 $s \not\equiv t \pmod 2$이다.

증명. x, y, z는 (양의) 원시적 피타고라스 삼중쌍이라 하자. x는 짝수, y와 z는 홀수로 택하기로 했으므로 $z - y$와 $z + y$는 짝수다. 예컨대, $z - y = 2u$이고 $z + y = 2v$이다. 이제 식 $x^2 + y^2 = z^2$은

$$x^2 = z^2 - y^2 = (z - y)(z + y)$$

로 다시 쓸 수 있으므로

$$\left(\frac{x}{2}\right)^2 = \left(\frac{z - y}{2}\right)\left(\frac{z + y}{2}\right) = uv$$

u와 v는 서로 소임을 주목하라. 사실, $\gcd(u, v) = d > 1$이면 $d \mid (u - v)$이고 $d \mid (u + v)$이다. 또는 대등하게 $d \mid y$이고 $d \mid z$인데, 이것은 $\gcd(y, z) = 1$이라는 사실에 위배된다. 보조정리 2를 고려하면, u와 v는 각각 완전제곱이란 결론을 내린다. 구체적으로 s와 t는 양의 정수로서

$$u = t^2 \qquad v = s^2$$

이라 하자. 이와 같은 u와 v의 값을 대입한 결과는

$$z = v + u = s^2 + t^2$$
$$y = v - u = s^2 - t^2$$
$$x^2 = 4vu = 4s^2t^2$$

또는 마지막 경우에 $x = 2st$이다. s와 t의 공통 인수는 y와 z를 나누기 때문에, 조건 $\gcd(y, z) = 1$은 $\gcd(s, t) = 1$을 끌어낸다. 만일 s와 t가 둘 다 짝수이거나 둘 다 홀수이면 y와 z 각각을 짝수로 만들어, 이것은 있을 수 없다는 것을 관찰하는 일만 남았다. 그러므로 s, t 중 딱 하나만 짝수이고 다른 것은 홀수이다. 기호로 쓰면, $s \not\equiv t \pmod 2$이다.

반대로, s와 t가 앞에서 서술한 조건을 만족하는 두 정수라 하자. 쉽게 증명되는 항등식

$$x^2 + y^2 = (2st)^2 + (s^2 - t^2)^2 = (s^2 + t^2)^2 = z^2$$

으로부터 $x = 2st$, $y = s^2 - t^2$, $z = s^2 + t^2$이 피타고라스 삼중쌍을 형성한다는 것을 얻는다. 이 삼중쌍이 원시적임을 증명하기 위해, $\gcd(x, y, z) = d > 1$을 가정하고 p를 d의 소인수로 택한다. p는 홀수 z를 나누기 때문에(s와 t 중에 하나는 홀수이고, 다른 것은 짝수이다. 따라서 $s^2 + t^2 = z$는 홀수이어야 한다.) $p \neq 2$임을 안다. $p \mid y$이고 $p \mid z$이므로 $p \mid (z + y)$와 $p \mid (z - y)$를 얻는다. 다시 말해서 $p \mid 2s^2$이고 $p \mid 2t^2$이다. 그러면 $p \mid s$이고 $p \mid t$가 되어 이것은 $\gcd(s, t) = 1$에 모순이다. 이 모든 것의 의미는 $d = 1$이고, 그래서 x, y, z는 원시적 피타고라스 삼중쌍을 이룬다. 그러므로 정리 12.1이 증명되었다.

아래의 표는 s와 t의 작은 값들에서 발생하는 원시적 피타고라스 삼중쌍들의 목록이다. $s = 2, 3, \cdots, 7$의 각 값에 대하여, t의 값들은 s와 서로 소이고, s보다 작으며, s가 홀수이면 짝수가 되도록 택했다.

		x	y	z
s	t	$(2st)$	$(s^2 - t^2)$	$(s^2 + t^2)$
2	1	4	3	5
3	2	12	5	13
4	1	8	15	17
4	3	24	7	25
5	2	20	21	29
5	4	40	9	41
6	1	12	35	37
6	5	60	11	61
7	2	28	45	53
7	4	56	33	65
7	6	84	13	85

이것으로부터 또는 더 확장된 표로부터, x, y, z가 원시적 피타고라스 삼중쌍이면 x 또는 y 중에 정확히 하나는 3으로 나누어지는 것이 아닌가 독자는 의심할 수 있다. 사실, 이것은 참이다. 왜냐하면 정리 12.1에 의하여 $\gcd(s, t) = 1$이며

$$x = 2st \qquad y = s^2 - t^2 \qquad z = s^2 + t^2$$

이기 때문이다. $3 \mid s$ 거나 $3 \mid t$ 이면 분명히 $3 \mid x$ 이 되어 더 이상 할 필요가 없다. $3 \nmid s$ 이고 $3 \nmid t$ 라고 가정하자. 페르마의 정리는

$$s^2 \equiv 1 \pmod 3 \qquad t^2 \equiv 1 \pmod 3$$

이라 주장하고, 따라서

$$y = s^2 - t^2 \equiv 0 \pmod 3$$

다시 말해서, y 는 3 으로 나누어지고 이것이 증명하려던 것이다.

변이 정수 길이를 갖는 직각삼각형을 *피타고라스 삼각형*(*Pythagorean triangle*)이라 정의하자. 우리 발견은 피타고라스 삼각형에 관한 흥미로운 기하학적 사실을 유도한다. 정리 12.2에 적는다.

정리 12.2 *Theorem*

피타고라스 삼각형에 내접하는 원의 반지름은 항상 정수이다.

증명. 빗변의 길이가 z, 변의 길이가 x 와 y 인 직각삼각형에 내접하는 원의 반지름을 r 이라 하자. 삼각형의 넓이는 원의 중심을 공통 꼭지점으로 갖는 세 삼각형의 넓이의 합이다. 따라서

$$\frac{1}{2}xy = \frac{1}{2}rx + \frac{1}{2}ry + \frac{1}{2}rz = \frac{1}{2}r(x + y + z)$$

상황은 아래 그림과 같다.

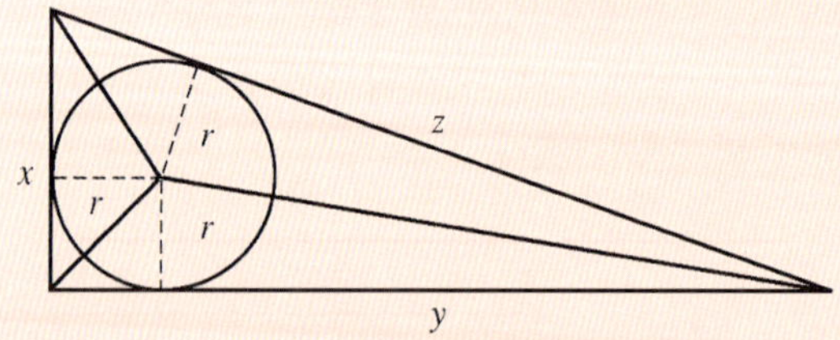

이제 $x^2 + y^2 = z^2$이다. 그런데 이 식의 양의 정수해는, 적당한 양의 정수 k, s, t 에 대하여

$$x = 2kst \qquad y = k(s^2 - t^2) \qquad z = k(s^2 + t^2)$$

으로 주어진다는 것을 안다. 식 $xy = r(x + y + z)$에서 x, y, z 를 이 값들로 대입하고 r 에 대하여 풀면,

$$\begin{aligned} r &= \frac{2k^2st(s^2 - t^2)}{k(2st + s^2 - t^2 + s^2 + t^2)} \\ &= \frac{kt(s^2 - t^2)}{s + t} \\ &= kt(s - t) \end{aligned}$$

는 정수임을 알게 된다.

피타고라스 삼각형에 관련된 또 다른 결과를 언급할 기회다. 서로 다른 피타고라스 삼각형들이 같은 넓이를 갖는 것이 가능함에 주목하라. 예를 들어, 원시적 피타고라스 삼중쌍 20, 21, 29 와 12, 35, 37에 대응하는 삼각형들은 각각 넓이 210을 갖는다. 페르마는 다음을 증명했다. 어떤 정수 $n > 1$에 대하여도 서로 다른 빗변과 같은 넓이를 갖는 n개의 피타고라스 삼각형이 존재한다. 자세한 것은 생략한다.

연습문제 12.1

1. (a) 16, y, z 형태의 반드시 원시적인 것은 아닌, 세 개의 다른 피타고라스 삼중쌍을 찾아라.
   (b) $x = 40$인 원시적 피타고라스 삼중쌍 x, y, z를 모두 찾아라. $x = 60$에 대하여 같은 일을 하라.
2. x, y, z가 원시적 피타고라스 삼중쌍일 때, 모듈로 8에 대하여 $x + y$와 $x - y$는 1 또는 7과 합동임을 증명하라.
3. (a) $n \not\equiv 2 \pmod 4$이면 x 또는 y가 n과 같은 원시적 피타고라스 삼중쌍 x, y, z가 존재함을 증명하라.
   (b) $n \geq 3$일 때, n을 하나의 원소로 갖는 (반드시 원시적인 것은 아닌) 피타고라스 삼중쌍을 찾아라.
   [*힌트*: n을 홀수라 가정하고 삼중쌍 n, $\frac{1}{2}(n^2 - 1)$, $\frac{1}{2}(n^2 + 1)$을 생각하라. 짝수 n에 대하여 삼중쌍 n, $(n^2/4) - 1$, $(n^2/4) + 1$을 생각하라.]
4. 원시적 피타고라스 삼중쌍 x, y, z에서 곱 xy는 12로 나누어지고 따라서 $60 \mid xyz$임을 증명하라.
5. 주어진 양의 정수 n에 대하여 같은 첫 번째 원소를 갖는 피타고라스 삼중쌍이 적어도 n개 존재함을 증명하라.
   [*힌트*: $k = 0, 1, 2, \cdots, n-1$에 대하여 $y_k = 2^k(2^{2n-2k} - 1)$, $z_k = 2^k(2^{2n-2k} + 1)$이라 하자. 그러면 2^{n+1}, y_k, z_k는 모두 피타고라스 삼중쌍이다.]
6. 3, 4, 5는 연속된 정수로 이루어진 유일한 원시적 피타고라스 삼중쌍임을 증명하라.
7. $3n, 4n, 5n$ $(n = 1, 2, \cdots)$은 항들이 등차수열인 유일한 피타고라스 삼중쌍임을 보여라.
   [*힌트*: 문제의 삼중쌍을 $x - d$, x, $x + d$라 놓고 x를 d에 대하여 풀어라.]
8. 넓이가 둘레와 같은 피타고라스 삼각형을 모두 찾아라.
   [*힌트*: 방정식 $x^2 + y^2 = z^2$과 $x + y + z = \frac{1}{2}xy$에서 $(x - 4)(y - 4) = 8$을 얻는다.]
9. (a) x, y, z는 x, z가 연속된 양의 정수인 원시적 피타고라스 삼중쌍이면, 어떤 $t > 0$에 대하여

$$x = 2t(t+1) \qquad y = 2t+1 \qquad z = 2t(t+1)+1$$

임을 증명하라.

[*힌트*: 식 $1 = z - x = s^2 + t^2 - 2st$ 에서 $s - t = 1$을 얻는다.]

(b) x, y, z가 $z - y = 2$인 원시적 피타고라스 삼중쌍이면, 어떤 $t > 1$에 대하여

$$x = 2t \qquad y = t^2 - 1 \qquad z = t^2 + 1$$

임을 증명하라.

10. 짝수 원소 x가 완전제곱인 원시적 피타고라스 삼중쌍 x, y, z가 무수히 많이 존재함을 보여라.

[*힌트*: n은 임의의 홀수일 때, 삼중쌍 $4n^2$, $n^4 - 4$, $n^4 + 4$를 생각하라.]

11. 임의의 양의 정수 n에 대하여 내접원의 반지름이 n이 되는 피타고라스 삼각형이 존재함을 보여라.

[*힌트*: 변 a와 b, 빗변 c를 갖는 피타고라스 삼각형에서 내접하는 원의 반지름을 r이라 하면, $r = \frac{1}{2}(a + b - c)$이다. 이제 삼중쌍 $2n+1$, $2n^2+2n$, $2n^2+2n+1$을 생각하라.]

12. (a) x와 y가 연속된 양의 정수인 원시적 피타고라스 삼중쌍 x, y, z는 무수히 많이 존재함을 증명하라. 그중에 5개를 제시하라.

[*힌트*: x, $x+1$, z가 피타고라스 삼중쌍을 형성하면, 삼중쌍 $3x + 2z + 1$, $3x + 2z + 2$, $4x + 3z + 2$도 그렇다.]

(b) x와 y가 연속된 삼각수인 피타고라스 삼중쌍 x, y, z는 무수히 많이 존재함을 증명하라. 그중에 3개를 제시하라.

[*힌트*: x, $x+1$, z가 피타고라스 삼중쌍을 이루면 t_{2x}, t_{2x+1}, $(2x+1)z$도 그렇다.]

13. 문제 12를 사용하여 완전제곱인 삼각수가 무수히 많이 존재함을 증명하라. 5개의 그런 삼각수를 제시하라.

[*힌트*: x, $x+1$, z가 피타고라스 삼중쌍을 이루면 $u = z - x - 1$, $v = x + \frac{1}{2}(1 - z)$라 놓고 $u(u+1)/2 = v^2$을 얻는다.]

12.2 페르마의 마지막 정리

피타고라스 삼중쌍에 대하여 알고, 이제 우리는 페르마가 자기의 추측을 증명했던 한 경우, 즉 $n = 4$인 경우에 대하여 언급할 준비가 되었다. 그 증명에 사용됐던 기법은 종종 "페르마의 무한 하강법"이라 불리는 한 형태의 귀납법이다. 요컨대, 그 방법은 다음과 같이 설명될 수 있다. 당해 문제의 한 해가 양의 정수에서 가능하다고 가정한다. 이 해에서 더 작은 양의 정수로 이루어진 새로운 해를 찾고, 더욱 더 작은 해를 찾는 식으로 계속한다. 양의 정수는 그 크기가 한없이 작아질 수 없으므로, 초기 가정

은 거짓이고 따라서 해가 없다.

$n = 4$에 대한 페르마 추측의 증명을 보이는 대신에, 조금 더 강한 사실, 즉 방정식 $x^4 + y^4 = z^2$을 양의 정수에서 푸는 것이 불가능함을 증명하는 것이 더 쉽다고 판명된다.

정리 12.3 Theorem

페르마. 디오판투스 방정식 $x^4 + y^4 = z^2$은 양의 정수 해 x, y, z를 갖지 않는다.

증명. 모순을 이끌어 내려는 의도를 갖고, $x^4 + y^4 = z^2$의 양의 해 x_0, y_0, z_0가 존재한다고 가정하자. 또한 $\gcd(x_0, y_0) = 1$이라 가정해도 무방하다. 그렇지 않다면, $\gcd(x_0, y_0) = d$, $x_0 = dx_1$, $y_0 = dy_1$, $z_0 = d^2z_1$이라 놓고, $x_1^4 + y_1^4 = z_1^2$, $\gcd(x_1, y_1) = 1$을 얻는다.

방정식 $x_0^4 + y_0^4 = z_0^2$을

$$(x_0^2)^2 + (y_0^2)^2 = z_0^2$$

형태로 표현하면, x_0^2, y_0^2, z_0는 모두 피타고라스 삼중쌍의 조건을 만족함을 알게 되고, 따라서 정리 12.1을 사용할 수 있다. 그런 삼중쌍에서는 정수 x_0^2 또는 y_0^2 중 하나는 반드시 짝수이고 다른 것은 홀수이다. x_0^2(따라서 x_0도)을 짝수로 택하면, 다음을 만족하는 서로 소인 정수 $s > t > 0$가 존재한다.

$$x_0^2 = 2st$$
$$y_0^2 = s^2 - t^2$$
$$z_0 = s^2 + t^2$$

여기서 s와 t 중 정확히 하나만 짝수이다. 만일 s가 짝수이게 되면,

$$1 \equiv y_0^2 = s^2 - t^2 \equiv 0 - 1 \equiv 3 \pmod 4$$

이며 이것은 불가능하다. 그러므로 s는 홀수여야만 하고, 따라서 t는 짝수이다. $t = 2r$이라 놓자. 그러면 식 $x_0^2 = 2st$는 $x_0^2 = 4sr$이 되고 이것은 다음을 뜻한다.

$$\left(\frac{x_0}{2}\right)^2 = sr$$

그런데 보조정리 2는, 각각의 정수가 완전제곱일 때만 서로 소인[$\gcd(s, t) = 1$은 $\gcd(s, r) = 1$을 유도함을 주목하라.] 두 정수의 곱이 완전제곱이라고 말하고 있다. 그러므로 어떤 양의 정수 z_1, w_1에 대하여 $s = z_1^2$, $r = w_1^2$이다.

이제 다시 한 번 정리 12.1을 식

$$t^2 + y_0^2 = s^2$$

에 적용하려 한다. $\gcd(s, t) = 1$이기 때문에 $\gcd(t, y_0, s) = 1$이 되어 t, y_0, s는 원시적 피타고라스 삼중쌍이 된다. t는 짝수로, 서로 소인 정수 $u > v > 0$에 대하여

$$t = 2uv$$
$$y_0 = u^2 - v^2$$
$$s = u^2 + v^2$$

을 얻는다. 이제 관계식

$$uv = \frac{t}{2} = r = w_1^2$$

은 u와 v가 둘 다 제곱수임을 의미한다(보조정리 2가 다시 한 번 공헌한다). 예컨대, $u = x_1^2$, $v = y_1^2$이다. 이 값들을 s에 대한 식에 대입하면, 결과는

$$z_1^2 = s = u^2 + v^2 = x_1^4 + y_1^4$$

결정적으로 z_1과 t가 양이므로 다음 부등식을 얻는다.

$$0 < z_1 \leq z_1^2 = s \leq s^2 < s^2 + t^2 = z_0$$

여기서 일어난 일은 다음과 같다. $x^4 + y^4 = z^2$의 해 x_0, y_0, z_0에서 시작하여, $0 < z_1 < z_0$인 또 다른 해 x_1, y_1, z_1을 찾았다. 전체 논의를 반복하면, 두 번째 해는 $0 < z_2 < z_1$인 세 번째 해 x_2, y_2, z_2를 이끌어 내고 다음에는 네 번째를 생성한다. 이 과정을 원하는 만큼 여러 번 수행하여, 양의 정수의 무한 감소 수열

$$z_0 > z_1 > z_2 > \cdots$$

을 생산한다. z_0보다 작은 양의 정수는 유한이므로, 모순이 일어난다. $x^4 + y^4 = z^2$는 양의 정수에서 풀리지 않는다는 결론에 이른다.

즉각적인 결과로 다음의 따름정리를 얻는다.

따름정리 Corollary

방정식 $x^4 + y^4 = z^4$은 양의 정수에서 해를 갖지 않는다.

증명. 만약 x_0, y_0, z_0이 $x^4 + y^4 = z^4$의 양의 해라면, x_0, y_0, z_0^2은 방정식 $x^4 + y^4 = z^2$을 만족하여 정리 12.3에 모순이다.

$n > 2$이면, n은 2의 거듭제곱이든지 홀수 소수 p로 나누어진다. 첫 번째 경우, 어떤 $k \geq 1$에 대하여 $n = 4k$이고 페르마 방정식 $x^n + y^n = z^n$을

$$(x^k)^4 + (y^k)^4 = (z^k)^4$$

로 쓸 수 있다. 이 식은 양의 정수에서 불가능함을 방금 보았다. $n = pk$일 때, 페르마 방정식은

$$(x^k)^p + (y^k)^p = (z^k)^p$$

과 같다. 만약 $u^p + v^p = w^p$이 해를 갖지 않음을 보일 수 있다면, 특별히 $u = x^k$, $v = y^k$, $w = z^k$ 형태의 해가 없을 것이다. 따라서 $x^n + y^n = z^n$은 풀리지 않을 것이다. 그러므로 페르마의 추측은 이와 같이 바뀐다. 어떤 홀수 소수 p에 대해서도 방정식

$$x^p + y^p = z^p$$

은 양의 정수에서 해를 갖지 않는다.

그 문제는 지난 300년 동안 일류 수학자들의 도전을 받았지만, 그들의 노력은 부분적인 결과와 개별적인 경우에 대한 증명을 생산해왔다. 오일러는 1770년에 소수 $p = 3$에 대한 페르마 추측의 최초 증명을 제시했다. 그 논리는 한 단계에서 불완전했지만 르장드르가 후에 결함이 있는 단계를 보충했다. 무한 하강법을 사용하여 1825년경에 디리클레와 르장드르는 독립적으로 $p = 5$인 경우를 해결했다. 그 후 얼마 되지 않아 1839년에, 라메는 칠제곱에 대한 추측을 증명했다. 논의가 점점 복잡해짐에 따라, 일반적인 경우를 성공적으로 해결하기 위해서는 다른 기법이 요구된다고 깨달게 되었다. 더 넓은 종류의 수를 포함할 수 있도록 "정수"의 의미를 확장하고, 그 문제를 확장된 체계에서 공격하여, 보통 정수만을 사용할 때보다 더 많은 정보를 얻어내는 데에 최고의 희망이 있는 듯 보였다.

독일 수학자 쿠머(Kummer)는 중요한 돌파구를 열었다. 1843년, 그는 소위 "대수적 수"(즉, 유리 계수 다항식을 만족하는 복소수)를 포함하도록 정수를 확장하는 데 기초하여 페르마의 추측을 증명하려는 요지를 디리클레에게 제출했다. 자신이 그 문제에 상당한 시간을 소비한 후, 디리클레는 곧바로 그 논리에 결점을 찾아낼 수 있었다. 쿠머는 대수적 수가 보통 정수와 유사하게 유일한 인수분해를 갖는 것을 당연히 받아들였는데, 이것은 항상 참은 아니다.

그런데 쿠머는 이 난처한 상황에 방해받았지만, 노력을 배가하여 연구를 계속했다. 대수적 수에 유일 인수분해를 찾아 주기 위해, 그는 *아이디얼 수*(*ideal number*)라는 개념을 창안하게 된다. 이 새로운 개념을 대수적 수에 접목하여, 쿠머는 자신이 *정규 소수*(*regular prime*)라고 부른 넓은 종류의 소수에 대하여 페르마의 추측을 성공적으로 증명했다(이것이 매우 큰 업적이란 것은 100보다 작은 비정규 소수는 37, 59, 67뿐이라는 사실에서 나타난다). 불행하게도, 정규 소수가 무한히 많이 있는지 아직 모르는 반면, 다른 방향으로 젠슨(Jensen)은 무수히 많은 비정규 소수가 있음을 증명했다(1915년). 그 문제에 대한 차후 진전의 대부분은 쿠머가 제안한 틀 안에 있다.

1983년에 29세의 서독 수학자 게르트 팔팅스(Gerd Faltings)는, 모든 지수 $n > 2$에 대하여 페르마 방정식 $x^n + y^n = z^n$는 (무한개의 해가 아니라) 기껏해야 유한개의 정수해를 가질 수 있음을 증명했다. 언뜻 보기에, 이것은 대단한 진보로 보이지 않지만, 만약 유한개의 해는 각각의 경우에 영임을 보일 수 있다면 페르마의 추측은 완전히 해결될 것이다.

1987년에 증명된 또 하나의 놀라운 결과는 n의 "대부분" 값에 대하여 페르마의 추측이 참이란 것이다. 즉, n이 증가함에 따라 그 추측이 성립하지 않는 경우의 백분율이 영으로 접근하다.

컴퓨터의 도래와 함께, n의 특별한 값에 대한 페르마의 추측을 검증하기 위하여 다양한 수치적 실험들이 고안되었다. 1977년에 웨그스태프(S. S. Wagstaff)는 2년 넘는 기간 동안 주말과 휴일에 네 대의 계산기를 사용하여 모든 $n \leq 125000$에 대하여 그 추측이 성립함을 보였다. 그 이후, 결과가 참이라고 판명된 지수의 범위는 계속해서 확장되었다. 1992년까지 지수 4000000까지 페르마의 추측이 참이라고 알려졌다.

1993년 여름 한 순간, 마지막 돌파구가 만들어진 듯했다. 영국 케임브리지에서의 3일 동안의 강의의 결론 부분에서, 프린스턴 대학교의 앤드루 와일즈(Andrew Wiles)는 페르마의 추측을 순조롭게 해결할 수 있다고 공표하여 동료들을 놀라게 하였다. 준비하는 데 7년 걸린, 그가 제안한 증명은 겨우 지난 10년간 다른 수학자들이 발전시킨 많은 정교한 기법들의 교묘한 혼합물이었다. 페르마가 제기한 종류의 방정식을 많이 연구된 타원 곡선, 즉 a, b는 정수일 때 $y^2 = x^3 + ax + b$ 형태의 삼차 다항식, 이론에 연계시키는 것이 결정적인 통찰이었다.

와일즈 논의의 전체적인 구조와 전략은 너무나 강력해서 수학자들은 그것을 거의 확실히 옳은 것으로 받아들였다. 그러나 숨은 실수가 있는지 대단히 복잡한 200쪽짜리 원고를 조심스럽게 조사했을 때, 미묘한 난관이 드러났다. 그 결점이 치명적이라고 아무도 주장하지 않았으며, 그 틈새를 연결하는 것이 가능할 것으로 생각됐다. 일년이 더 지난 후에, 와일즈는 자신의 원래 증명에서 수정되어 다듬어진 더 짧은(125쪽) 버전을 열성적인 심사자들에게 주었다. 개정된 논의는 옳은 것이 확인되었고, 언뜻 단순해 보인 페르마의 주장은 드디어 해결되었다.

와일즈의 처음 시도가 실패한 것은 사실 수학 연구에서 놀랍거나 이상한 일이 아니다. 일반적으로, 제안된 증명은 공식적인 발표 이전에 몇 달 동안 사적으로 회람되고 결점이 있을 가능성이 조사된다. 와일즈의 경우, 수론에서 가장 어려운 추측 중 하나라는 명성 때문에 너무 때 이르게 공개되고 수학 공동체에 일시적인 실망을 가져왔다.

역사적인 여담을 하면, 페르마의 추측에 대한 첫 번째 완전한 증명에 수여하도록 10만 마르크의 상금이 1908년 괴팅겐 한림원에 유증되었다. 그 즉각적인 결과는 아마추어 수학자들에 의한 부정확한 증명의 쇄도였다. 인쇄된 풀이만 자격이 주어졌기 때문에, 페르마의 추측은 가장 많은 수의 거짓 증명이 발행된 수학 문제로 유명하다. 사실, 1908년과 1912년 사이에 1,000개가 넘는 자칭 증명들이, 대부분 개인적인 소책자에 인쇄되어 나타났다. 1920년대 독일의 인플레이션이 그 상금의 가치를 내려버리자 관심은 감퇴하였다는 것만 말해 두자. [제국 마르크와 독일 마르크(DM)의 도입과 여러 번의 통화 재평가를 거쳐, 1997년 와일즈에게 수여되었을 때 그 상금은 약 7만 5천 DM 또는 4만 달러의 가치였다.]

$x^4 + y^4 = z^2$에서 밀접하게 관련된 디오판투스 방정식, 즉 $x^4 - y^4 = z^2$으로 옮겨 간다. 그것이 해가 없다는 증명은 정리 12.3과 유사하지만, 무한 하강법에 약간의 변화를 준다.

정리 12.4 *Theorem*

페르마. 디오판투스 방정식 $x^4 - y^4 = z^2$은 양의 정수해 x, y, z를 갖지 않는다.

증명. 증명은 모순에 의해 행해진다. 방정식이 양의 정수에서 해를 갖고, 해 중에서 x_0, y_0, z_0이 최소 x 값을 갖는 해라고 가정하자. 특히 이 가정은 x_0을 홀수가 되게 한다(왜?). 만약 $\gcd(x_0, y_0) = d > 1$이면, $x_0 = dx_1$, $y_0 = dy_1$이라 놓아 $d^4(x_1^4 - y_1^4) = z_0^2$이고, 여기서 $d^2 \mid z_0$이므로 어떤 $z_1 > 0$에 대하여 $z_0 = d^2 z_1$을 얻는다. x_1, y_1, z_1은 $0 < x_1 < x_0$이면서 문제의 방정식의 해가 되는데, 이것은 불가능하다. 그러므로

$\gcd(x_0, y_0) = 1$ 인 해 x_0, y_0, z_0를 가정해도 된다. 계속되는 논의는 y_0이 홀수냐 짝수냐에 따라 두 가지 단계로 나누어진다.

먼저, 홀수 y_0의 경우를 생각하자. 식 $x_0^4 - y_0^4 = z_0^2$을 $z_0^2 + (y_0^2)^2 = (x_0^2)^2$ 형태로 쓰면, z_0, y_0^2, x_0^2은 원시적 피타고라스 삼중쌍을 이룸을 안다. 정리 12.1은

$$\begin{aligned} z_0 &= 2st \\ y_0^2 &= s^2 - t^2 \\ x_0^2 &= s^2 + t^2 \end{aligned}$$

을 만족하는 서로 소인 정수 $s > t > 0$의 존재를 말한다. 그러므로

$$s^4 - t^4 = (s^2 + t^2)(s^2 - t^2) = x_0^2 y_0^2 = (x_0 y_0)^2$$

이 되어 $s, t, x_0 y_0$은 방정식 $x^4 - y^4 = z^2$의 (양의) 해가 된다.

$$0 < s < \sqrt{s^2 + t^2} = x_0$$

이므로 x_0의 최소성에 대한 모순에 이르게 된다.

증명의 두 번째 부분으로 y_0은 짝수라고 가정하자. 원시적 피타고라스 삼중쌍의 공식을 사용하여, 이제 다음같이 쓴다.

$$\begin{aligned} y_0^2 &= 2st \\ z_0 &= s^2 - t^2 \\ x_0^2 &= s^2 + t^2 \end{aligned}$$

여기서 s는 짝수로 t는 홀수로 택할 수 있다. 그러면 관계식 $y_0^2 = 2st$에서 $\gcd(2s, t) = 1$을 얻는다. 이제는 통례가 된 보조정리 2를 사용하면 $2s$와 t는 각각 양의 정수의 제곱임을 안다. 예컨대, $2s = w^2$, $t = v^2$이다. w는 필연적으로 짝수여야 하므로 $w = 2u$라 놓고 $s = 2u^2$을 얻는다. 그러므로

$$x_0^2 = s^2 + t^2 = 4u^4 + v^4$$

이고, 따라서 $2u^2, v^2, x_0$는 원시적 피타고라스 삼중쌍을 형성한다. 다시 정리 12.1에 의하여,

$$\begin{aligned} 2u^2 &= 2ab \\ v^2 &= a^2 - b^2 \\ x_0 &= a^2 + b^2 \end{aligned}$$

을 만족하는 정수 $a > b > 0$가 존재하고, 여기서 $\gcd(a, b) = 1$이다. 등식 $u^2 = ab$는 a와 b가 완전 제곱임을 보장하고, 따라서 $a = c^2$이고 $b = d^2$이다. 이것을 알면 증명의 나머지는 쉽다. 왜냐하면 대입하자마자

$$v^2 = a^2 - b^2 = c^4 - d^4$$

을 얻기 때문이다. 결과는 주어진 방정식 $x^4 - y^4 = z^2$의 새로운 해 c, d, v이고, 더구나

$$0 < c = \sqrt{a} < a^2 + b^2 = x_0$$

을 만족하는데, x_0에 대한 가정에 모순이다.

이런 모순의 유일한 해결은 방정식 $x^4 - y^4 = z^2$이 양의 정수에서 해가 없다는 것이다.

디오판투스의 「산술서」 책 여백에, 페르마는 다음을 서술하고 증명했다. 유리수 변을 갖는 직각삼각형의 넓이는 유리수의 제곱이 될 수 없다. 분수를 소거하면, 이것은 피타고라스 삼각형에 대한 정리, 즉 정리 12.5로 쓸 수 있다.

정리 12.5 *Theorem*

피타고라스 삼각형의 넓이는 결코 (정수의) 완전제곱과 같을 수 없다.

증명. 빗변의 길이가 z이고 다른 두 변의 길이가 x와 y인 피타고라스 삼각형을 생각하자. 문제의 삼각형의 넓이는 $\frac{1}{2}xy$이고 만약 이것이 제곱수, 예컨대 u^2이라면 $2xy = 4u^2$이 될 것이다. 마지막 식을 $x^2 + y^2 = z^2$에서 더하고 빼면

$$(x + y)^2 = z^2 + 4u^2 \quad \text{그리고} \quad (x - y)^2 = z^2 - 4u^2$$

을 얻는다. 마지막 두 식을 같이 곱하면, 결과는 두 네제곱수의 차가 제곱수인 것이다.

$$(x^2 - y^2)^2 = z^4 - 16u^4 = z^4 - (2u)^4$$

이것은 정리 12.4에 어긋나므로, 넓이가 제곱수가 되는 피타고라스 삼각형은 없다.

아직도 해결을 기다리는, 피타고라스 삼각형에 관련된 간단한 문제들이 많다. 정리 12.3의 따름정리는 모든 변이 제곱이 되는 피타고라스 삼각형은 없다고 표현될 수 있다. 그렇지만 변들을 1씩 증가시켰을 때 제곱이 되는 피타고라스 삼각형을 찾아내는 것은 어렵지 않다. 예를 들면, 삼중쌍 $13^2 - 1$, $10^2 - 1$, $14^2 - 1$과 $287^2 - 1$, $265^2 - 1$, $329^2 - 1$에 상응하는 삼각형들이다. 뻔한, 그러나 아직 해결되지 않은 문제는 그런 삼각형이 무수히 많냐는 것이다. 우리는 각 변이 삼각수인 피타고라스 삼각형을 찾을 수 있다. [삼각수란 $t_n = n(n + 1)/2$ 형태의 정수를 뜻한다.] t_{132}, t_{143}, t_{164}에 상응하는 삼각형이 그 예이다. 이런 종류의 피타고라스 삼각형이 무수히 많이 존재하는지 알려지지 않았다.

맺는말로, 페르마의 추측을 증명하기 위해서 들인 모든 노력들은 결코 헛된 것이 아님을 알아야 한다. 부산물로 발전한 수학이 대수적 수론과 현대 추상 대수학의 아이디얼 이론의 기초를 놓았다. 이것의 가치가 그 추측 자체의 가치를 능가한다고 말하는 것이 올바를 것이다.

수론학자들에게, 페르마의 추측과 다소 유사한 또 하나의 도전 문제는 카탈란 방정식에 관한 것이다. 우선 양의 정수의 제곱과 세제곱을 커지는 순서대로 생각하자.

$$1, 4, 8, 9, 16, 25, 27, 36, 49, 64, 81, 100, \ldots$$

이 수열에서 8과 9는 연속되는 정수임을 안다. 중세의 천문학자 레비 벤 게르숑(Levi ben Gerson, 1288~1344)은 연속되는 2와 3의 거듭제곱은 더 이상 없다고 증명했다. 다시 말하면, $3^m - 2^n = \pm 1$ $(m > 1,\ n > 1)$이면 $m = 2$이고 $n = 3$임을 보였다. 1738년 오일러는 페르마의 무한 하강법을 사용하여 방정식 $x^3 - y^2 = \pm 1$을 다루어 $x = 2$이고 $y = 3$임을 증명했다. 카탈란 자신은, 방정식 $x^m - y^n = 1$의, 모두 1보다 큰, 유일한 정수해 x, y, m, n은 $m = y = 2$, $n = x = 3$이라고 주장한(1844년) 것 이상으로

연속—제곱 문제에 이바지한 바는 없다. 현재 카탈란의 추측으로 알려진 이 명제는 2002년에 증명되었다.

오랫동안, 특별한 값의 m과 n에 대하여 카탈란 방정식 $x^m - y^n = 1$은 해를 갖는 것이 불가능하다고 증명되었다. 예를 들면, 1850년 르베그(V. A. Lebesgue)는 $m \neq 3$인 양의 정수에 대해 $x^m - y^2 = 1$은 해가 없다고 증명했다. 그러나 $n \neq 3$에 대하여 더 어려운 방정식 $x^2 - y^n = 1$이 풀리지 않음을 증명하는 것은 1964년까지 미해결이었다. $x^3 - y^n = 1$인 경우와 $x^m - y^3 = 1 \ (m \neq 2)$인 경우는 1921년에 성공적으로 해결되었다. 1976년 티데만(R. Tijdeman)에 의해 얻어진 매우 놀라운 결과는 $x^m - y^n = 1$은 오직 유한개의 해만 갖고 모든 해는 어떤 계산 가능한 상수 C보다 작다는 것이다. 즉 x^m, $y^n < C$이다.

카탈란 방정식이 $3^2 - 2^3 = 1$ 이외의 해를 갖는다고 가정하자. p와 q가 각각 m과 n을 나누는 소수이면, $x^{m/p}$과 $y^{n/q}$은 방정식 $u^p - v^q = 1$의 해가 될 것이다. 이 방정식이 정수 $u, v \geq 2$와 서로 다른 소수 $p, q \geq 5$에 대하여 풀리지 않음을 보여야 한다. 한 가지 접근 방법은 지수의 가능한 크기에 대한 명시적인 한계를 얻는 것이다. 일련의 연구를 통해 계속적으로 제한조건을 강화하여, 2000년에는 $3 \cdot 10^8 < p < (7.15)\,10^{11}$과 $3 \cdot 10^8 < q < (7.75)\,10^{16}$이 알려졌다. 그러므로 원칙적으로 카탈란의 추측은 모든 것을 다 컴퓨터로 계산하면 해결될 수 있으나, 상계가 낮춰질 때까지는 오랜 시간이 걸릴 것이다.

2000년에 프레다 미하일레스쿠(Preda Mihailescu)는 카탈란 해가 존재하기 위해서는 p와 q가 연립 합동식

$$p^{q-1} \equiv 1 (\mathrm{mod}\, q^2) \quad \text{그리고} \quad q^{p-1} \equiv 1 (\mathrm{mod}\, p^2)$$

을 만족해야 함을 증명했다. 이들은 합동식 $2^{p-1} \equiv 1 (\mathrm{mod}\ p^2)$을 연구했던(1909년) 아르투어 비페리흐(Arthur Wieferich)의 이름을 따서 이중 비페리흐 소수로 알려졌다. 이런 소수쌍은 매우 희귀하여, 2001년까지 오직 6개의 쌍만이 확인됐을 뿐이다. 더욱이, 이 12개의 소수 모두는 $3 \cdot 10^8$보다 작으므로 어느 것도 알려진 제한조건을 만족하지 않는다. 비페리흐 소수에 대한 자신의 결과를 이용하여 미하일레스쿠는 그 문제에 대한 연구를 계속했다. 그다음 해 초에 그는 드디어 그 유명한 문제를 해결했다. 연속된 거듭제곱은 8과 9뿐이다.

이런 결과의 흥미로운 귀결은, 어떤 페르마 수 $F_n = 2^{2^n} + 1$도 다른 정수의, 지수가 1보다 큰, 거듭제곱일 수 없다는 것이다. 왜냐하면, $F_n = a^m \ (m \geq 2)$이면, $a^m - (2^{2^{n-1}})^2 = 1$이 되고 $x^m - y^2 = 1$이 해를 갖게 되기 때문이다.

연습문제 12.2

1. 방정식 $x^2 + y^2 = z^3$은 양의 정수 x, y, z에 대하여 무수히 많은 해를 가짐을 보여라.

[힌트: 임의의 $n \geq 2$에 대해, $x = n(n^2 - 3)$, $y = 3n^2 - 1$이라 놓는다.]

2. 다음 정리를 증명하라. 방정식 $x^2 + 2y^2 = z^2$의 음이 아닌, $\gcd(x, y, z) = 1$인 유일한 정수해는 다음으로 주어진다.

$$x = \pm(2s^2 - t^2) \qquad y = 2st \qquad z = 2s^2 + t^2$$

여기서 s, t는 음이 아닌 임의의 정수다.

[힌트: u, v, w가 $y = 2w$, $z + x = 2u$, $z - x = 2v$이면, 방정식은 $2w^2 = uv$가 된다.]

3. 피타고라스 삼중쌍 x, y, z에서, x, y, z 중 한 개보다 더 많이 완전제곱이 될 수 없음을 증명하라.

4. 다음의 각 명제를 증명하라.

(a) 연립 방정식계

$$x^2 + y^2 = z^2 - 1 \qquad \text{그리고} \qquad x^2 - y^2 = w^2 - 1$$

은 무수히 많은 양의 정수해 x, y, z, w를 갖는다.

[힌트: 임의의 정수 $n \geq 1$에 대하여, $x = 2n^2$, $y = 2n$이라 한다.]

(b) 연립 방정식계

$$x^2 + y^2 = z^2 \qquad \text{그리고} \qquad x^2 - y^2 = w^2$$

은 양의 정수해 x, y, z, w를 갖지 않는다.

(c) 연립 방정식계

$$x^2 + y^2 = z^2 + 1 \qquad \text{그리고} \qquad x^2 - y^2 = w^2 + 1$$

은 무수히 많은 양의 정수해 x, y, z, w를 갖는다.

[힌트: 임의의 정수 $n \geq 1$에 대하여, $x = 8n^4 + 1$, $y = 8n^3$이라 한다.]

5. 문제 4를 사용하여 연립 방정식계

$$x^2 + y^2 = z^2 \qquad \text{그리고} \qquad x^2 + 2y^2 = w^2$$

이 양의 정수에서 해를 갖지 않음을 증명하라.

[힌트: 주어진 계의 어떤 해도 $z^2 + y^2 = w^2$과 $z^2 - y^2 = x^2$을 역시 만족한다.]

6. 연립 방정식계

$$x^2 + y^2 = z^2 \qquad \text{그리고} \qquad x^2 + z^2 = w^2$$

은 양의 정수에서 해가 없고, 따라서 빗변과 한 개의 변이 다른 피타고라스 삼각형의 두 변을 이루는 피타고라스 삼각형은 없음을 보여라.

[힌트: 주어진 계의 어떤 해도 $x^4 + (wy)^2 = z^4$을 역시 만족한다.]

7. 방정식 $x^4 - y^4 = 2z^2$은 양의 정수해 x, y, z를 갖지 않음을 증명하라.

[힌트: x, y는 둘 다 홀수거나 둘 다 짝수여야 하므로 어떤 a, b, c에 대하여

$x^2+y^2 = 2a^2$, $x+y = 2b^2$, $x - y = 2c^2$이고, 따라서 $a^2 = b^4 + c^4$이다.]

8. 방정식 $x^4+y^4 = 2z^2$의 서로 소인 양의 정수해는 오직 $x = y = z = 1$임을 증명하라.

   [*힌트*: 주어진 방정식의 어떤 해도 등식

$$z^4 - (xy)^4 = \left(\frac{x^4 - y^4}{2}\right)^2$$

   을 역시 만족한다.]

9. 디오판투스 방정식 $x^4 - 4y^4 = z^2$은 양의 정수해 x, y, z를 갖지 않음을 증명하라.

   [*힌트*: 주어진 방정식을 $(2y^2)^2 + z^2 = (x^2)^2$으로 다시 쓰고, 정리 12.1을 이용하라.]

10. 문제 9를 사용하여 그 넓이가 완전제곱의 두 배인 피타고라스 삼각형은 없음을 증명하라.

    [*힌트*: 반대로 $x^2+y^2 = z^2$과 $\frac{1}{2}xy = 2w^2$을 가정하라. 그러면 $(x + y)^2 = z^2 + 8w^2$이고 $(x - y)^2 = z^2 - 8w^2$이다. 이것에서 $z^4 - 4(2w)^4 = (x^2 - y^2)^2$이 나온다.]

11. 다음 정리를 증명하라. 방정식

$$\frac{1}{x^2} + \frac{1}{y^2} = \frac{1}{z^2} \qquad \gcd(x, y, z) = 1$$

    의 유일한 양의 정수해는 다음으로 주어진다.

$$x = 2st(s^2 + t^2) \qquad y = s^4 - t^4 \qquad z = 2st(s^2 - t^2)$$

    여기서 s, t는, 하나는 짝수이고 $s > t$인 서로 소인 양의 정수다.

12. 방정식 $1/x^4 + 1/y^4 = 1/z^2$은 양의 정수해를 갖지 않음을 보여라.

CHAPTER 13

정수를 제곱들의 합으로 표현하기

Representation of Integers as Sums of Squares

순수 물리학의 목표는 지성적인 세계의 법칙을 밝히는 것이며, 순수 수학의 목표는
인간 지성의 법칙을 밝히는 것이다.
실베스터(J.J. SYLVESTER)

13.1 조제프 루이 라그랑주

데카르트, 파스칼 그리고 페르마의 죽음 이후, 한 세기 넘게 그에 비교할 만한 수준의 프랑스 수학자가 나타나지 않았다. 한편, 영국에선 처음에는 뉴턴이, 그리고는 테일러, 스털링 그리고 매클로린이 끊임없는 열정으로 수학을 연구했고, 독일에선 라이프니츠가 나타났다. 스위스의 수학 활동으로는 베르누이 일가와 오일러의 업적을 주목할 만하다. 18세기 끝 무렵에, 라그랑주, 라플라스, 르장드르 등이 프랑스에 새로운 영예를 가져옴으로써 파리는 다시 한 번 수학 연구의 중심지가 되었다.

이탈리아인으로 태어나 독일에 입양되고 프랑스인이길 선택한 조제프 루이 라그랑주(1736~1813)는 오일러 다음으로 우수한 18세기 수학자였다. 그가 토리노 대학교에 입학했을 때는 물리학에 가장 큰 관심을 갖고 있었으나, 뉴턴 미적분학의 장점에 대해 쓴 핼리의 논문을 우연히 읽은 후 천체 역학을 변화시키고 있던 새로운 수학에 대해 흥미를 갖게 되었다. 수학 공부에 엄청난 정력을 기울여, 18세의 나이에 토리노에 있는 왕립포병학교 기하학 교수로 지명되었다. 프랑스 학술원은 곧 라그랑주를 2년마다 수여하는 상의 경쟁자에 습관적으로 포함시키곤 했다. 1764년과 1788년 사이 그는

Joseph Louis Lagrange
(1736~1813)

(*Dover Publications, Inc.*)

천문학의 문제에 수학을 응용한 공로로 선망의 상을 5번 수상했다.

1766년 오일러가 베를린을 떠나 상트페테르부르크로 향했을 때, 프리드리히 대왕은 그 공석을 라그랑주로 채우기 위해 준비하며, "가장 위대한 왕 곁에 유럽의 가장 위대한 기하학자가 있어야 합니다"라는 공손한 전문과 함께 초청장을 보냈다. (라그랑주의 이름을 제안한 달랑베르에게, 왕은 "한쪽 눈이 먼 수학자를 양쪽 눈을 가진 수학자로 교체함에 당신의 배려와 추천에 신세를 졌으며, 이것은 특별히 나의 학술원의 해부학 회원들을 기쁘게 할 것입니다"라고 썼다.) 그 후 20년간 라그랑주는 베를린 학술원 수학부의 책임자로 근무하며, 그의 기념비적인 논문 (1788년 4권으로 발행된) 「해석 역학」으로 절정을 이루는 탁월한 업적을 생산했다. 이 연구에서 그는 일반 역학을 통합하여 후에 수학자 해밀턴이 말한 바와 같이, "일종의 과학 시"로 만들었다. 역학은 실제로 순수 수학의 한 분야라는 신념을 갖고, 라그랑주는 해석 역학에서 기하학적 개념을 완전히 추방하여 그 책에 한 개의 도형도 나타나지 않을 거라고 서문에서 큰소리칠 수 있었다.

1786년 프리드리히 대왕은 죽었고, 프로이센 궁정에서 더 이상 호의적인 분위기를 찾기 어려웠던 라그랑주는 루이 16세의 초청을 수락하여 파리에 정착하였고 거기서 프랑스 국적을 획득했다. 그러나 끊임없는 활동의 세월은 그 대가를 가져갔다. 라그랑주는 깊은 정신적 우울증에 빠져 수학에 대한 흥미를 잃어 버렸다. 수학에 대한 혐오가 너무 심각하여, 「해석 역학」－사반세기 동안의 작업－의 초판은 그의 책상 위에 2년 넘게 방치되어 있었다. 이상하게도, 무기력 상태에서 그를 깨운 것은 프랑스 혁명의 혼란이었다. 프랑스의 모든 오래된 대학들의 철폐에 뒤이어(학술원도 역시 탄압되었다), 혁명주의자들은 고등사범학교와 기술학교라는 겸손한 이름의 새로운 두 학교를 설립하고, 라그랑주는 해석학에 대한 강의를 하도록 초청되었다. 토리노에서의 젊은 시절 이후 강의하지 않고 그동안 왕의 후원하에 있었지만, 그는 그 임명을 반긴 듯하다. 계속적인 감시 하에 있던 강사들을 "읽지도 않고 기억에 의해 말하지도 않도록" 서약시켰으며 행해진 강의의 필기록이 당국에 의해 검열되었다. 사소한 괴로움에도 불구하고, 라그랑주는 영감적인 교사로서 명성을 얻었다. 미분학에 대한 그의 강의록은 또 다른 수학의 고전「해석 함수론」(1797년)의 기초가 되었다.

라그랑주의 연구는 대단히 넓은 범위를 망라하지만, 그 이전의 디오판투스와 페르마처럼 그는 수론에 대한 특별한 재능을 가졌다. 이 분야의 업적은 다음을 포함한다: n이 소수이면 $(n-1)! \equiv -1 \pmod{n}$이라는 윌슨 정리의 최초 증명; ± 2 와 ± 5 가 홀수 소수의 이차 잉여 또는 비잉여가 되는 조건의 조사(-1과 ± 3은 오일러에 의해 검토되었다); 방정식 $x^2 - ay^2 = 1$의 모든 정수해 찾기; 그리고 어떤 소수들은 특별한 방법으로 표현된다는 뜻으로 페르마가 제기한 많은 문제의 해법(이 중 대표적인 것으로는 모든 소수 $p \equiv 3 \pmod{8}$은 $p = a^2 + 2b^2$ 형태라는 결과). 라그랑주가 수론에서 가장 명성을 얻은 발견, 모든 양의 정수는 네 개의 제곱수의 합으로 표현될 수 있다는 증명에 이 장의 초점을 맞춘다.

13.2 두 제곱수의 합

역사적으로, 많은 관심을 받았던 문제는 수를 제곱수의 합으로 표현하는 것이었다. 이 장에서는 다음 질문을 완전히 해결하기에 충분한 내용을 전개한다. 모든 양의 정수를 n개 이하의 제곱수의 합으로 쓸 수 있는 최소값 n은 무엇인가? 처음 몇 개의 양의 정수를 조사하면, 다음을 얻는다.

$$\begin{aligned}
1 &= 1^2 \\
2 &= 1^2 + 1^2 \\
3 &= 1^2 + 1^2 + 1^2 \\
4 &= 2^2 \\
5 &= 2^2 + 1^2 \\
6 &= 2^2 + 1^2 + 1^2 \\
7 &= 2^2 + 1^2 + 1^2 + 1^2
\end{aligned}$$

7을 표현하는 데 4개의 제곱수가 필요하므로 우리 질문에 대한 부분적인 답은 $n \geq 4$이다. 말할 필요도 없이, 어떤 정수가 4개보다 많은 제곱수를 필요로 할 가능성은 남아있다. 1770년에 증명된 라그랑주의 당연히 유명한 정리는 4개의 제곱수면 충분하다고 말한다. 즉, 모든 양의 정수는 4개의 제곱수의 합으로 표현되며, 그중에 어떤 것은 $0^2 = 0$일 수 있다. 이것은 우리의 정리 13.7이다.

간단한 것부터 시작하여, 우리는 먼저 양의 정수가 두 개의 제곱수의 합으로 표현되기 위한 필요충분조건을 찾는다. 그 문제는 다음 보조정리에 의하여 소수만 고려하면 되는 것으로 축소될 수 있다.

보조정리 *Lemma*

만일 m 과 n 이 각각 두 개의 제곱수의 합이면, 그들의 곱 mn 도 그렇다.

증명. 정수 a, b, c, d 에 대하여 $m = a^2 + b^2$, $n = c^2 + d^2$이면,

$$mn = (a^2 + b^2)(c^2 + d^2) = (ac + bd)^2 + (ad - bc)^2$$

모든 소수를 두 개의 제곱수의 합으로 쓸 수 있지 않다는 것은 분명하다. 예를 들면, $3 = a^2 + b^2$은 정수 a 와 b 에 대한 해가 없다. 더 일반적으로, 정리 13.1을 증명할 수 있다.

정리 13.1 *Theorem*

$4k + 3$ 형태의 어떤 소수 p 도 두 제곱수의 합이 아니다.

증명. 어떤 정수 a 든지 모듈로 4로 $a \equiv 0, 1, 2$ 또는 3이다. 따라서 $a^2 \equiv 0$ 또는 $1 \pmod 4$이다. 임의의 정수 a 와 b 에 대하여

$$a^2 + b^2 \equiv 0, 1, \text{ 또는 } 2 \pmod 4$$

를 얻는다. $p \equiv 3 \pmod 4$이므로 등식 $p = a^2 + b^2$은 불가능하다.

다른 한편, 모듈로 4에 대하여 1과 합동인 어떤 소수든지 두 제곱수의 합으로 표현된다. 우리가 하려는 증명은 노르웨이 수학자 악셀 투에(Axel Thue)의 합동식에 대한 정리를 사용한다. 이것은 다시 디리클레의 유명한 비둘기집 원리에 의존한다.

비둘기집 원리. 만일 n 개의 물건을 m 개의 상자(비둘기집)에 넣을 때, $n > m$ 이면 어떤 상자는 최소 두 개의 물건을 포함한다.

더 수학적 용어로 서술하면, 이 간단한 원리는 n 개의 원소를 갖는 집합이 m 개의 부분집합의 합집합이고, $n > m$ 이면 어떤 부분집합은 한 개보다 많은 원소를 갖는다고 말한다.

보조정리 *Lemma*

투에의 보조정리. p 는 소수이고 $\gcd(a, p) = 1$이라 하자. 그러면 합동식

$$ax \equiv y \pmod p$$

는

$$0 < |x_0| < \sqrt{p} \qquad \text{그리고} \qquad 0 < |y_0| < \sqrt{p}$$

인 해 x_0, y_0 를 갖는다.

증명. $k = [\sqrt{p}\,] + 1$이라 하고, 정수들의 집합

$$S = \{ax - y \mid 0 \le x \le k - 1, 0 \le y \le k - 1\}$$

을 생각한다. $ax - y$ 는 $k^2(> p)$개의 가능한 값을 택하므로, 비둘기집 원리는 S 의 최소 두 원소가 모듈로 p 에 대하여 합동임을 보장한다. 그들을 $ax_1 - y_1$과 $ax_2 - y_2$,

$x_1 \neq x_2$, $y_1 \neq y_2$ 라 하자. 그러면

$$a(x_1 - x_2) \equiv y_1 - y_2 \pmod{p}$$

라고 쓸 수 있다. $x_0 = x_1 - x_2$, $y_0 = y_1 - y_2$ 라 놓으면 x_0 와 y_0 는 합동식 $ax \equiv y \pmod{p}$ 의 해가 된다. 만일 x_0 나 y_0 중 하나가 영이면, $\gcd(a, p) = 1$이라는 사실을 사용하여 다른 것도 영임을 보일 수 있고, 이것은 가정에 모순이다. 그러므로, $0 < |x_0| \leq k-1 < \sqrt{p}$ 이고 $0 < |y_0| \leq k - 1 < \sqrt{p}$ 이다.

이제 $4k+1$ 형태의 모든 소수는 두 정수의 제곱의 합으로 표현된다는 페르마의 정리를 유도할 준비가 됐다. (우선순위에 대해 말하자면, 알베르 지라르는 이 사실을 몇 년 먼저 인지하였고, 이 결과는 종종 지라르의 정리로 인용된다.) 페르마는 메르센에게 보낸 1640년 12월 25일 자 편지에서 그의 정리를 알리며, 반박할 수 없는 증명을 가지고 있다고 했다. 그렇지만 최초로 출판된 증명은 1754년 오일러에 의해 주어졌고, 그는 더욱이 그 표현이 유일함을 보이는 데 성공했다.

정리 13.2 *Theorem*

페르마. $p \equiv 1 \pmod{4}$일 때 그리고 그때에만 홀수 소수 p가 두 제곱수의 합으로 표현된다.

증명. 비록 "그때에만" 부분은 정리 13.1에 의해 해결되지만, 여기서는 다른 증명을 하자. p가 두 제곱수의 합으로 쓰인다고 가정하고, $p = a^2 + b^2$ 이라 하자. p는 소수이므로 $p \nmid a$ 이고 $p \nmid b$ 이다. (만일 $p \mid a$ 이면 $p \mid b^2$ 이므로 $p \mid b$ 가 되어 $p^2 \mid p$ 라는 모순이 된다.) 그러므로 선형 합동식의 이론에 의하여 $bc \equiv 1 \pmod{p}$인 정수 c가 존재한다. 관계식 $(ac)^2 + (bc)^2 = pc^2$은 모듈로 p에 대하여

$$(ac)^2 \equiv -1 \pmod{p}$$

가 되고, -1은 p의 이차 잉여가 된다. $p \equiv 1 \pmod{4}$일 때만 $(-1/p) = 1$ 이므로, 여기서 정리 9.2의 따름정리의 도움으로 된다.

역으로, $p \equiv 1 \pmod{4}$라고 가정하자. -1은 p의 이차 잉여이기 때문에, $a^2 \equiv -1 \pmod{p}$를 만족하는 정수 a를 찾을 수 있다. 사실, 정리 5.4에 의하면 $a = [(p-1)/2]!$은 그런 정수이다. 이제 $\gcd(a, p) = 1$이므로 합동식

$$ax \equiv y \pmod{p}$$

는 투에의 보조정리의 결론이 성립하는 해 x_0와 y_0를 갖는다. 결과적으로,

$$-x_0^2 \equiv a^2 x_0^2 \equiv (ax_0)^2 \equiv y_0^2 \pmod{p}$$

또는 $x_0^2 + y_0^2 \equiv 0 \pmod{p}$이다. 이것은 어떤 정수 $k \geq 1$에 대하여

$$x_0^2 + y_0^2 = kp$$

임을 말한다. $0 < |x_0| < \sqrt{p}$ 이며 $0 < |y_0| < \sqrt{p}$ 이기 때문에 $0 < x_0^2 + y_0^2 < 2p$ 를 얻고, 이것은 $k = 1$임을 뜻한다. 따라서 $x_0^2 + y_0^2 = p$ 이고 이것으로 끝났다.

a^2 과 $(-a)^2$ 을 같은 것으로 간주하면, 다음의 따름정리를 얻는다.

따름정리 Corollary

$4k + 1$ 형태의 어떤 소수든지 (합인자의 순서를 고려하지 않으면) 유일하게 두 제곱수의 합으로 표현된다.

증명. 유일성 주장을 증명하기 위해, 양의 정수 a, b, c, d 에 대하여

$$p = a^2 + b^2 = c^2 + d^2$$

을 가정하자. 그러면

$$a^2d^2 - b^2c^2 = p(d^2 - b^2) \equiv 0 \pmod{p}$$

이므로 $ad \equiv bc \pmod{p}$이거나 또는 $ad \equiv -bc \pmod{p}$이다. a, b, c, d 는 모두 $\sqrt{p}$ 보다 작기 때문에, 이 관계식들은

$$ad - bc = 0 \qquad \text{또는} \qquad ad + bc = p$$

를 뜻한다. 만약 두 번째 등식이 성립하면, $ac = bd$ 가 될 것이다. 왜냐하면

$$\begin{aligned} p^2 = (a^2 + b^2)(c^2 + d^2) &= (ad + bc)^2 + (ac - bd)^2 \\ &= p^2 + (ac - bd)^2 \end{aligned}$$

이고 그래서 $ac - bd = 0$ 이기 때문이다. 따라서

$$ad = bc \qquad \text{또는} \qquad ac = bd$$

가 된다. 예를 들어 $ad = bc$ 라 가정하자. 그러면 $a \mid bc$ 인데 $\gcd(a, b) = 1$이므로 $a \mid c$ 가 된다. 예컨대 $c = ka$ 이다. $ad = bc = b(ka)$라는 조건은 $d = bk$ 로 단순화된다. 그런데

$$p = c^2 + d^2 = k^2(a^2 + b^2)$$

은 $k = 1$을 뜻한다. 이 경우에 $a = c$ 그리고 $b = d$를 얻는다. 유사한 논의에 의하여, $ac = bd$ 라는 조건은 $a = d$ 와 $b = c$ 를 유도한다. 어떤 경우에든, 중요한 것은 소수 p 의 표현은 동일하다고 판명된 것이다.

소수 $p = 13$ 을 사용하여, 정리 13.2의 단계를 따라가 보자. 정수 a 에 대한 하나의 선택은 $6! = 720$이다. 합동식 $720x \equiv y \pmod{13}$ 또는

$$5x \equiv y \pmod{13}$$

의 해는 집합

$$S = \{5x - y \mid 0 \le x, y < 4\}$$

을 생각하여 얻어진다. S 의 원소들은 정수

$$\begin{array}{rrrr} 0 & 5 & 10 & 15 \\ -1 & 4 & 9 & 14 \\ -2 & 3 & 8 & 13 \\ -3 & 2 & 7 & 12 \end{array}$$

로서, 모듈로 13에 대하여

$$\begin{array}{rrrr} 0 & 5 & 10 & 2 \\ 12 & 4 & 9 & 1 \\ 11 & 3 & 8 & 0 \\ 10 & 2 & 7 & 12 \end{array}$$

가 된다. 여러 가능성 중에, 우리는

$$5 \cdot 1 - 3 \equiv 2 \equiv 5 \cdot 3 - 0 \pmod{13}$$

또는

$$5(1 - 3) \equiv 3 \pmod{13}$$

을 갖는다. 그러므로 $x_0 = -2$, $y_0 = 3$으로 택하여

$$13 = x_0^2 + y_0^2 = 2^2 + 3^2$$

을 얻는다.

주의. 어떤 저자들은 임의의 소수 $p \equiv 1 \pmod 4$는 여덟 가지 방법으로 제곱수의 합으로서 쓰일 수 있다고 말한다. 왜냐하면 $p = 13$이면

$$\begin{aligned} 13 &= 2^2 + 3^3 = 2^2 + (-3)^2 = (-2)^2 + 3^2 = (-2)^2 + (-3)^2 \\ &= 3^2 + 2^2 = 3^2 + (-2)^2 = (-3)^2 + 2^2 = (-3)^2 + (-2)^2 \end{aligned}$$

을 갖기 때문이다. 모든 여덟 가지 표현은 그중 한 가지에서 2와 3의 부호를 바꾸거나 또는 합인자의 순서를 바꾸어 얻을 수 있으므로, 이것을 하는 방법은 "본질적으로" 오직 하나다. 그러므로 우리의 관점에서 13은 유일하게 두 제곱수의 합으로 표현된다.

$p \equiv 1 \pmod 4$인 모든 소수 p는 두 제곱수의 합으로 표현됨을 증명하였다. 그런데 다른 정수들도 역시 이 성질을 갖고 있다. 예를 들면,

$$10 = 1^2 + 3^2$$

다음 단계는, 두 제곱수의 합으로 표현될 수 있는 양의 정수들을 명시적으로 특성 짓는 것이다.

정리 13.3 Theorem 양의 정수 n은 $n = N^2 m$로 쓸 수 있고, m은 제곱인수가 없다고 하자. 그러면, n이 두 제곱수의 합으로 표현될 수 있다는 것과 m이 $4k+3$ 형태의 소인수를 포함하지 않는 것은 동치이다.

증명. 우선, m은 $4k+3$ 형태의 소인수를 갖지 않는다고 가정하자. $m=1$이면 $n = N^2 + 0^2$으로 끝이다. $m > 1$인 경우, $m = p_1 p_2 \cdots p_r$은 m을 서로 다른 소수의 곱으로 인수분해 한 것이라 하자. 이 소수들 p_i의 각각은 2이거나 $4k+1$ 형태이므로, 두 제곱수의 합으로 쓰일 수 있다. 이제 항등식

$$(a^2 + b^2)(c^2 + d^2) = (ac + bd)^2 + (ad - bc)^2$$

은 각자가 두 제곱수의 합으로 표현되는 두 개의 (귀납법에 의해, 임의의 유한 개수의) 정수의 곱도 역시 그렇게 표현됨을 보여준다. 그러므로 $m = x^2 + y^2$을 만족하는 정수 x와 y가 존재한다. 결국에는 두 제곱수의 합

$$n = N^2 m = N^2(x^2 + y^2) = (Nx)^2 + (Ny)^2$$

을 얻는다.

이제 반대 방향을 생각하자. n이 두 제곱수의 합

$$n = a^2 + b^2 = N^2 m$$

으로 표현된다고 가정하고, p는 m의 홀수 소인수라 하자. (일반성을 잃지 않고, $m > 1$이라 가정해도 된다.) 만일 $d = \gcd(a, b)$이라면, $a = rd$, $b = sd$, $\gcd(r, s) = 1$이다. 우리는

$$d^2(r^2 + s^2) = N^2 m$$

을 얻고, 따라서 m은 제곱인수가 없으므로, $d^2 \mid N^2$이다. 그런데 어떤 정수 t에 대하여

$$r^2 + s^2 = \left(\frac{N^2}{d^2}\right) m = tp$$

는

$$r^2 + s^2 \equiv 0 \pmod{p}$$

를 이끈다. 이제 조건 $\gcd(r, s) = 1$은 r 또는 s 중에 하나, 예컨대 r이 p와 서로 소임을 의미한다. r'이 합동식

$$rr' \equiv 1 \pmod{p}$$

를 만족한다고 하자. 식 $r^2 + s^2 \equiv 0 \pmod{p}$에 $(r')^2$을 곱하면,

$$(sr')^2 + 1 \equiv 0 \pmod{p}$$

를 얻는다. 다시 말하면, $(-1/p) = 1$이다. -1이 p의 이차 잉여이므로, 정리 9.2에 의해 $p \equiv 1 \pmod{4}$가 보장된다. 우리 논의의 결과는 m을 나누는 $4k+3$ 형태의 소수는 없다는 것이다.

다음은 앞에 서술한 분석의 따름정리이다.

따름정리 Corollary

양의 정수 n이 두 제곱수의 합으로 표현되는 것은 모든 $4k + 3$ 형태의 소인수는 짝수 지수를 갖는다는 것과 동치이다.

예제 13.1 Example

정수 459는 두 제곱수의 합으로 쓰일 수 없다. 왜냐하면 $459 = 3^3 \cdot 17$로 소수 3은 홀수 지수를 갖기 때문이다. 한편, $153 = 3^2 \cdot 17$은

$$153 = 3^2(4^2 + 1^2) = 12^2 + 3^2$$

의 표현을 갖는다. 예제 $n = 5 \cdot 7^2 \cdot 13 \cdot 17$은 조금 더 복잡하다. 이 경우, 우리는

$$n = 7^2 \cdot 5 \cdot 13 \cdot 17 = 7^2(2^2 + 1^2)(3^2 + 2^2)(4^2 + 1^2)$$

을 갖는다. 정리 13.3에 나타나는 항등식을 두 번 적용하면

$$(3^2 + 2^2)(4^2 + 1^2) = (12 + 2)^2 + (3 - 8)^2 = 14^2 + 5^2$$

과

$$(2^2 + 1^2)(14^2 + 5^2) = (28 + 5)^2 + (10 - 14)^2 = 33^2 + 4^2$$

을 얻는다. 이것들을 결합하면,

$$n = 7^2(33^2 + 4^2) = 231^2 + 28^2$$

으로 끝난다.

한 가지보다 많은 방법으로 두 제곱수의 합으로 표현되는 어떤 (분명히, $4k + 1$ 형태의 소수는 아닌) 양의 정수가 존재한다. 가장 작은 것은

$$25 = 4^2 + 3^2 = 5^2 + 0^2$$

만일 $a \equiv b \pmod{2}$이면, 관계식

$$ab = \left(\frac{a+b}{2}\right)^2 - \left(\frac{a-b}{2}\right)^2$$

은 그런 예제를 많이 만들도록 해 준다. 예를 들어 $n = 153$을 택한다. 여기서

$$153 = 17 \cdot 9 = \left(\frac{17+9}{2}\right)^2 - \left(\frac{17-9}{2}\right)^2 = 13^2 - 4^2$$

이고

$$153 = 51 \cdot 3 = \left(\frac{51+3}{2}\right)^2 - \left(\frac{51-3}{2}\right)^2 = 27^2 - 24^2$$

이므로

$$13^2 - 4^2 = 27^2 - 24^2$$

이것으로 두 개의 다른 표현

$$27^2 + 4^2 = 24^2 + 13^2 = 745$$

를 얻는다.

이 단계에서 자연스런 질문이 나타난다. 어떤 정수들이 두 제곱수의 차로 된 표현을 갖는가? 아래에서 이 질문에 답한다.

정리 13.4 Theorem

양의 정수 n이 두 제곱수의 차로 표현될 수 있는 것은 n이 $4k+2$ 형태가 아니라는 것과 동치이다.

증명. 모든 정수 a에 대하여 $a^2 \equiv 0$ 또는 $1 \pmod 4$ 이므로,

$$a^2 - b^2 \equiv 0, 1, \text{ 또는 } 3 \pmod 4$$

가 된다. 그러므로 $n \equiv 2 \pmod 4$이면 a와 b를 어떻게 택해도 $n = a^2 - b^2$을 가질 수 없다.

반대 방향으로, 정수 n이 $4k+2$ 형태가 아니라고 가정하자. 다시 말해서, $n \equiv 0, 1$ 또는 $3 \pmod 4$이다. 만일 $n \equiv 1$ 또는 $3 \pmod 4$이면, $n+1$과 $n-1$은 둘 다 짝수이다. 그러므로 n은 제곱수의 차

$$n = \left(\frac{n+1}{2}\right)^2 - \left(\frac{n-1}{2}\right)^2$$

으로 쓸 수 있다. 만일 $n \equiv 0 \pmod 4$이면

$$n = \left(\frac{n}{4}+1\right)^2 - \left(\frac{n}{4}-1\right)^2$$

을 갖는다.

따름정리 Corollary

홀수 소수는 두 개의 연속된 제곱수의 차이다.

이 마지막 따름정리의 예제들은 다음에 주어진다.

$$11 = 6^2 - 5^2 \qquad 17 = 9^2 - 8^2 \qquad 29 = 15^2 - 14^2$$

언급할 가치가 있는 또 다른 점은 주어진 소수 p를 두 제곱수의 차로 표현하는 방법은 유일하다는 것이다. 이것을 알기 위해,

$$p = a^2 - b^2 = (a-b)(a+b)$$

단, $a > b > 0$을 가정하자. 1과 p만이 오직 p의 인수이므로, 필연적으로

$$a - b = 1 \quad \text{그리고} \quad a + b = p$$

를 얻고, 이것으로부터

$$a = \frac{p+1}{2} \qquad \text{그리고} \qquad b = \frac{p-1}{2}$$

을 추론할 수 있다. 그러므로 어떤 홀수 소수 p 도 두 정수의 제곱의 차로 오직 한 가지 방법으로만 쓰일 수 있다. 즉 다음과 같이

$$p = \left(\frac{p+1}{2}\right)^2 - \left(\frac{p-1}{2}\right)^2$$

소수에서 임의의 정수로 넘어가면, 다른 상황이 일어난다. n 은 소수도 아니고 $4k + 2$ 형태도 아닌 양의 정수라고 가정하자. n 의 약수 d 로 시작하여, $d' = n / d$ 로 놓는다. ($d \geq d'$ 이라 가정해도 상관없다.) 이제 d 와 d' 이 둘 다 짝수이면 또는 둘 다 홀수이면, $(d + d') / 2$와 $(d - d')/2$은 정수다. 게다가,

$$n = dd' = \left(\frac{d+d'}{2}\right)^2 - \left(\frac{d-d'}{2}\right)^2$$

이라 쓸 수 있다. 실례로서, 정수 $n = 24$ 를 생각한다. 여기서

$$24 = 12 \cdot 2 = \left(\frac{12+2}{2}\right)^2 - \left(\frac{12-2}{2}\right)^2 = 7^2 - 5^2$$

과

$$24 = 6 \cdot 4 = \left(\frac{6+4}{2}\right)^2 - \left(\frac{6-4}{2}\right)^2 = 5^2 - 1^2$$

은 24에 대한 2가지 제곱수의 차 표현법을 준다.

연습문제 13.2

1. 소수 113, 229, 373 각각을 두 제곱수의 합으로 표현하라.
2. (a) 어떤 양의 정수 n 에 대하여 $p = n^2 + (n + 1)^2$인 소수 p 가 무수히 많이 존재할 거라고 추측된다. 예를 들면, $5 = 1^2 + 2^2$ 그리고 $13 = 2^2 + 3^2$이다. 이런 소수를 5개 더 찾아라.
   (b) 또 다른 추측은 $p = 2^2 + p_1^2$ (p_1은 소수) 형태의 소수 p 가 무수히 많다는 것이다. 이런 소수 5개를 찾아라.
3. 다음의 주장들을 각각 증명하라.
   (a) 정수 2^n ($n = 1, 2, 3, \cdots$)은 각각 두 제곱수의 합이다.
   (b) 만일 $n \equiv 3$ 또는 $6 \pmod 9$이면, n 은 두 제곱수의 합으로 표현될 수 없다.
   (c) 만일 n 이 두 삼각수의 합이면, $4n + 1$은 두 제곱수의 합이다.
   (d) 모든 페르마 수 $F_n = 2^{2^n} + 1$ ($n \geq 1$)은 두 제곱수의 합으로 표현될 수 있다.

(e) 모든 홀수 완전수는 (만약 하나라도 존재한다면) 두 제곱수의 합이다.
[*힌트*: 정리 11.7의 따름정리를 보라.]

4. 소수 p가 두 제곱수의 합으로 쓰일 수 있다는 것은 합동식 $x^2 + 1 \equiv 0 \pmod{p}$가 해를 갖는 것과 동치임을 증명하라.

5. (a) 양의 정수 n이 두 제곱수의 합인 것은 $n = 2^m a^2 b$, 여기서 $m \geq 0$이고 a는 홀수이며 b의 모든 소인수는 $4k + 1$ 형태란 것과 동치임을 보여라.
   (b) 정수 $3185 = 5 \cdot 7^2 \cdot 13$; $39690 = 2 \cdot 3^4 \cdot 5 \cdot 7^2$ 그리고 $62920 = 2^3 \cdot 5 \cdot 11^2 \cdot 13$을 두 제곱수의 합으로 써라.

6. 두 제곱수의 합으로, 부호와 합인자의 순서를 무시하고, 최소 세 가지 다른 표현을 갖는 양의 정수를 찾아라.
[*힌트*: 세 개의 서로 다른, 각각이 $4k + 1$ 형태인 소인수를 갖는 정수를 택하라.]

7. 만일 양의 정수 n이 두 정수의 제곱의 합이 아니라면, n은 두 유리수의 제곱의 합으로 표현될 수 없음을 보여라.
[*힌트*: 정리 13.3에 의하여, $p^k \mid n$이지만 $p^{k+1} \nmid n$인 소수 $p \equiv 3 \pmod{4}$와 홀수 k가 존재한다. $n = (a/b)^2 + (c/d)^2$이면, p는 식 $n(bd)^2 = (ad)^2 + (bc)^2$의 좌변에서 홀수 지수를 갖지만, 우변에서는 그렇지 않다.]

8. 양의 정수 n을 두 제곱수의 합으로 쓸 때 정수 $2n$만큼 많은 수의 표현을 가짐을 증명하라.
[*힌트*: n을 두 제곱수의 합으로 표현하고, $2n$에 대하여 유사한 표현을 얻고, 역을 보여라.]

9. (a) n이 삼각수일 때, 세 개의 연속 정수 $8n^2$, $8n^2 + 1$, $8n^2 + 2$는 각각 두 제곱수의 합으로 쓰일 수 있음을 보여라.
   (b) 임의의 네 개의 연속 정수 중에 적어도 한 개는 두 제곱수의 합으로 표현될 수 없음을 증명하라.

10. 다음을 증명하라.
   (a) 어떤 소수가 2개 또는 4개의 서로 다른 소수의 제곱의 합이면, 이들 소수 중 하나는 2와 같아야 한다.
   (b) 어떤 소수가 서로 다른 3개의 소수의 제곱의 합이면, 이들 중 하나는 3과 같아야 한다.

11. (a) p는 홀수 소수라 하자. $p \mid a^2 + b^2$이고 $\gcd(a, b) = 1$이면 $p \equiv 1 \pmod{4}$임을 증명하라.
   [*힌트*: 합동식 $a^2 \equiv -b^2 \pmod{p}$를 $(p-1)/2$ 거듭제곱하고 페르마의 정리를 적용하여 $(-1)^{(p-1)/2} = 1$이라고 결론 내라.]
   (b) (a)번을 사용하여, 두 개의 서로 소인 제곱수의 합의 모든 양의 약수는 자신이 두 제곱수의 합임을 보여라.

12. $8k+1$ 또는 $8k+3$ 형태의 모든 소수 p는 적당한 정수 a와 b를 택하여 $p = a^2 + 2b^2$으로 쓰일 수 있음을 증명하라.
[*힌트*: 정리 13.2의 증명을 모방하라.]

13. 다음을 증명하라.
 (a) 양의 정수가 두 제곱수의 차로 표현될 수 있다는 것은 그것이 둘 다 짝수거나 둘 다 홀수인 두 인수의 곱이라는 것과 동치이다.
 (b) 양의 짝수가 두 제곱수의 차로 쓰일 수 있다는 것은 그것이 4로 나누어진다는 것과 동치이다.
14. 45는 두 제곱수의 차로, 세 개의 서로 다른 표현을 갖는 최소의 양의 정수임을 검증하라.
 [*힌트*: 문제 13의 (a)를 보라.]
15. 임의의 $n > 0$에 대하여, n 개의 서로 다른 방법으로 두 제곱수의 차로 표현될 수 있는 양의 정수가 존재함을 보여라.
 [*힌트*: $k = 1, 2, \cdots, n$ 에 대하여

$$2^{2n+1} = (2^{2n-k} + 2^{k-1})^2 - (2^{2n-k} - 2^{k-1})^2$$

 임을 주목하라.]
16. 모든 소수 $p \equiv 1 \pmod 4$는 각각이 3 보다 큰, 두 개의 서로 소인 제곱수의 합을 나눔을 증명하라.
 [*힌트*: p 의 홀수 원시근 r 이 주어지면, 어떤 k 에 대하여 $r^k \equiv 2 \pmod p$ 를 얻는다. 따라서 $r^{2[k+(p-1)/4]} \equiv -4 \pmod p$이다.]
17. 소수 $p \equiv 1$ 또는 $3 \pmod 8$에 대하여, 방정식 $x^2 + 2y^2 = p$ 는 해를 가짐을 보여라.
18. 영국의 수론 학자 G. H. 하디는 그의 젊은 제자 라마누잔에 관련된 다음의 이야기를 전한다. "그가 퍼트니에 아파서 누워 있을 때, 한 번 그를 보러 간 것을 기억한다. 나는 번호 1729의 택시를 탔었으며, 그 숫자는 나에게 별로 재미없는 것처럼 보인다고 말하고, 그것이 바람직하지 못한 예언이 아니길 기대했다. 그는 말했다. '아닙니다, 그것은 매우 흥미로운 숫자입니다. 그것은 두 가지 방법을 통해 두 세제곱수의 합으로 표현될 수 있는 최소의 수입니다.'" 라마누잔의 주장을 검증하라.

13.3 둘보다 많은 제곱수의 합

양의 정수가 모두 두 제곱수의 합으로 쓰일 수 있지 않다면, 세 개의 제곱수로 표현하는 것은(0^2 은 아직 허용된다) 어떤가? 추가의 제곱수가 더해지니, 예외가 더 적어야 할 것이다. 예를 들면, 오직 두 개의 제곱수만 허용됐을 때는 14, 33, 67에 대하여 표현할 수 없었지만,

$$14 = 3^2 + 2^2 + 1^2 \qquad 33 = 5^2 + 2^2 + 2^2 \qquad 67 = 7^2 + 3^2 + 3^2$$

세 개의 제곱수의 합으로 표현할 수 없는 정수를 찾는 것은 여전히 가능하다. 정리 13.5는 이 점에 대하여 말한다.

정리 13.5 *Theorem*

$4^n(8m+7)$ 형태의 양의 정수는 세 개의 제곱수의 합으로 표현될 수 없다.

증명. 먼저 $8m+7$ 형태의 정수는 세 개의 제곱수의 합으로 표현될 수 없음을 보이자. 임의의 정수 a에 대하여, $a^2 \equiv 0, 1,$ 또는 $4 \pmod 8$이다. 따라서 정수 a, b, c를 어떻게 택해도

$$a^2+b^2+c^2 \equiv 0, 1, 2, 3, 4, 5, \text{ 또는 } 6 \pmod 8$$

을 얻는다. $8m+7 \equiv 7 \pmod 8$이므로, 등식 $a^2+b^2+c^2 = 8m+7$은 불가능하다.

다음, $4^n(8m+7)$ $(n \geq 1)$이,

$$4^n(8m+7) = a^2+b^2+c^2$$

과 같이 쓰일 수 있다고 가정하자. 그러면 정수 a, b, c는 각각 짝수여야 한다. $a = 2a_1$, $b = 2b_1$, $c = 2c_1$이라 놓으면,

$$4^{n-1}(8m+7) = a_1^2+b_1^2+c_1^2$$

을 얻는다. $n-1 \geq 1$이면, $8m+7$이 결국은 세 개의 제곱수의 합으로 표현될 때까지 논의를 반복한다. 물론 이것은 처음 단락의 결과에 모순이다.

정리 13.5의 조건은 양의 정수가 세 개의 제곱수의 합으로 실현되는 데 또한 충분하다는 것을 증명할 수 있다. 그렇지만 그 논의는 여기에 포함시키기에 너무 어렵다. 고민의 일부분은, 두 개(또는 네 개)의 제곱수의 경우와는 다르게, 세 제곱수의 합들의 곱을 세 제곱수의 합으로 표현하는 대수적 항등식이 없다는 것이다.

이런 무지의 자취가 보이도록, 약간의 역사적인 설명을 하자. 사실 디오판투스는 $8m+7$ 형태의 어떤 수도 세 개의 제곱수의 합이 아니라고 추측했고, 이 사실은 1638년 데카르트에 의해 쉽게 증명되었다. 하나의 수가 세 개의 제곱수의 합으로 쓰일 수 있는 것은 그것이 $4^n(8m+7)$ (m과 n은 정수)의 형태가 아니라는 것과 동치라는 판단기준을 완전히 기술한 첫 번째 사람은 페르마라고 하는 것이 공정할 것 같다. 이것은 1798년 르장드르에 의해 복잡한 방법으로, 1801년 가우스에 의해 더욱 명쾌하게(결코 쉽지 않게) 증명되었다.

방금 말한 대로, 두 개 또는 세 개의 제곱수의 합으로 표현되지 않는 양의 정수가 존재한다. (간단한 예로, 7과 15를 택하라.) 하지만 네 개의 제곱수로 주제를 돌리면, 일은 극적으로 변한다. 예외가 전혀 없다!

모든 양의 정수는, 0^2을 허용하여, 네 개의 제곱수의 합으로 쓰일 수 있다는 사실에 대한 최초의 명시적 문헌은 바셰에 의해 만들어졌고(1621년), 그는 이 추측을 325까지 모든 정수에 대하여 확인했다. 15년 후에 페르마는 자신의 총아 무한 하강법을 사용하여 증명했다고 주장했다. 그렇지만, 언제나 그랬듯이, 상세한 설명은 하지 않았다. 바셰와 페르마 둘 다 디오판투스가 그 결과를 알고 있었을 거라고 생각했다. 그 증거는 완전히 추측적이다. 디오판투스는 어떤 수가 두 개 또는 세 개의 제곱수의 합이기 위한 필요조건들을 제시하였으나 네 개의 제곱수의 합으로 표현하는 조건에 대하여는 언급하지 않았다.

그 문제의 난이도에 대해 한 가지 판단할 수 있는 것은, 오일러는 그의 뛰어난 업적에도 불구하고 40년 넘게 성과 없이 그 문제와 씨름했다는 사실이다. 그렇지만, 궁극적인 해결을 향한 그의 공헌은 중요했다. 네 개의 제곱수의 합들의 곱을 한 개의 합으로 표현하게 해 주는 기본적인 항등식과 합동식 $x^2+y^2+1\equiv 0 \pmod{p}$는 어떤 소수 p에 대하여도 풀린다는 결과를 오일러가 발견했다. 네 개의 제곱 추측에 대한 완전한 증명은 1772년 라그랑주에 의해 발표되었고, 그는 오일러의 생각에 빚지고 있음을 인정했다. 다음 해 오일러는 훨씬 간단한 증명을 제시했는데, 본질적으로 그것이 여기에서 설명하려는 것이다.

어색한 단계에서 주된 논의가 중단되지 않도록, 두 개의 예비적인 보조정리를 증명하는 것이 편리하겠다. 첫 번째 것의 증명은, 네 개의 제곱 문제를 소수만 고려하면 되도록 해 주는 대수적 항등식(오일러의 항등식)을 포함하고 있다.

보조정리 1 *Lemma*

오일러. 만일 정수 m과 n이 각각 네 개의 제곱수의 합이면, mn도 역시 그렇게 표현된다.

증명. 정수 a_i와 b_i에 대하여 $m=a_1^2+a_2^2+a_3^2+a_4^2$이고 $n=b_1^2+b_2^2+b_3^2+b_4^2$이면,

$$\begin{aligned} mn &= (a_1^2+a_2^2+a_3^2+a_4^2)(b_1^2+b_2^2+b_3^2+b_4^2) \\ &= (a_1b_1+a_2b_2+a_3b_3+a_4b_4)^2 \\ &\quad + (a_1b_2-a_2b_1+a_3b_4-a_4b_3)^2 \\ &\quad + (a_1b_3-a_2b_4-a_3b_1+a_4b_2)^2 \\ &\quad + (a_1b_4+a_2b_3-a_3b_2-a_4b_1)^2 \end{aligned}$$

이 성가신 항등식은 전부 전개하고 항들을 일일히 비교하여 확인할 수 있다. 자세한 내용은 생략한다.

우리 전개의 또 다른 기본적인 요소는 보조정리 2이다.

보조정리 2 *Lemma*

만일 p가 홀수 소수이면, 합동식

$$x^2+y^2+1\equiv 0 \pmod{p}$$

는 $0\le x_0\le (p-1)/2$이고 $0\le y_0\le (p-1)/2$인 해 x_0와 y_0을 갖는다.

증명. 증명의 요점은 다음의 두 집합을 생각하는 것이다.

$$S_1=\left\{1+0^2, 1+1^2, 1+2^2, \ldots, 1+\left(\frac{p-1}{2}\right)^2\right\}$$

$$S_2=\left\{-0^2, -1^2, -2^2, \ldots, -\left(\frac{p-1}{2}\right)^2\right\}$$

집합 S_1의 어느 두 원소도 모듈로 p에 대하여 합동이 아니다. 왜냐하면 만일 $1+x_1^2\equiv 1+x_2^2 \pmod{p}$이면, $x_1\equiv x_2 \pmod{p}$이거나 또는 $x_1\equiv -x_2 \pmod{p}$이기 때문이다. 그런데 후자의 결론은 불가능하다. 그것은 ($x_1 = x_2 = 0$이 아니라면)

$0 < x_1 + x_2 < p$ 이므로 $x_1 \equiv x_2 \pmod{p}$이고 이것은 $x_1 = x_2$을 뜻하기 때문이다. 같은 방법으로 S_2의 어떤 두 원소도 모듈로 p에 대하여 합동이 아니다.

S_1과 S_2는 합해서 $2[1 + \frac{1}{2}(p-1)] = p + 1$개의 정수를 포함한다. 비둘기집 원리에 의하여, S_1의 어떤 원소가 모듈로 p로 S_2의 어떤 원소와 합동이어야 한다. 즉,

$$1 + x_0^2 \equiv -y_0^2 \pmod{p}$$

이며, $0 \le x_0 \le (p-1)/2$ 이고 $0 \le y_0 \le (p-1)/2$인 x_0와 y_0가 존재한다.

따름정리 Corollary

주어진 홀수 소수 p에 대하여, kp는 네 개의 제곱수의 합이 되는 정수 $k < p$가 존재한다.

증명. 보조정리 2에 의하면, 우리는

$$0 \le x_0 < \frac{p}{2} \qquad 0 \le y_0 < \frac{p}{2}$$

이고 적당히 선택된 k에 대하여

$$x_0^2 + y_0^2 + 1^2 + 0^2 = kp$$

인 정수 x_0와 y_0을 찾을 수 있다. x_0와 y_0의 크기에 대한 제한은

$$kp = x_0^2 + y_0^2 + 1 < \frac{p^2}{4} + \frac{p^2}{4} + 1 < p^2$$

을 뜻하며, 그래서 따름정리에서 주장하듯이 $k < p$이다.

예제 13.2 Example

잠깐 본제에서 벗어나 예제를 보자. $p = 17$을 택하면, 집합 S_1과 S_2는

$$S_1 = \{1, 2, 5, 10, 17, 26, 37, 50, 65\}$$

이고

$$S_2 = \{0, -1, -4, -9, -16, -25, -36, -49, -64\}$$

모듈로 17에 대하여, 집합 S_1은 정수 1, 2, 5, 10, 0, 9, 3, 16, 14로 이루어졌고, S_2의 원소들은 0, 16, 13, 8, 1, 9, 15, 2, 4이다. 보조정리 2는 첫 번째 집합의 어떤 원소 $1 + x^2$이 두 번째 집합의 어떤 원소 $-y^2$와 합동임을 알려준다. 여러 가지 가능성 중에서, 우리는

$$1 + 5^2 \equiv 9 \equiv -5^2 \pmod{17}$$

또는 $1 + 5^2 + 5^2 \equiv 0 \pmod{17}$을 갖는다. 따라서

$$3 \cdot 17 = 1^2 + 5^2 + 5^2 + 0^2$$

은 네 개의 제곱수의 합으로서 17의 배수이다.

마지막 보조정리는 우리 작업에 대단히 중요하므로, 이차 잉여 이론을 이용하는 다른 접근법을 지적할 만한 가치가 있다. 만일 $p \equiv 1 \pmod{4}$이면, x_0을 $x^2 \equiv -1 \pmod{p}$

의 해가 되도록 하고(이것은 정리 9.2의 따름정리에 의해 가능하다) $y_0 = 0$으로 택하여

$$x_0^2 + y_0^2 + 1 \equiv 0 \pmod{p}$$

를 얻는다. 그러므로 $p \equiv 3 \pmod{4}$일 경우에 집중하면 충분하다. 먼저 정수 a를 p의 가장 작은, 양의 이차 비잉여가 되게 택한다(1은 이차 잉여이므로 $a \geq 2$임을 명심하라). 그러면

$$(-a/p) = (-1/p)(a/p) = (-1)(-1) = 1$$

이므로 $-a$는 p의 이차 잉여이다. 따라서 합동식

$$x^2 \equiv -a \pmod{p}$$

는 $0 < x_0 \leq (p-1)/2$인 해 x_0을 갖는다. 이제 $a-1$은 양이고 a보다 작으므로, 자신이 p의 이차 잉여여야 한다. 그러므로

$$y^2 \equiv a - 1 \pmod{p}$$

를 만족하는, $0 < y_0 \leq (p-1)/2$인 정수 y_0이 존재한다. 결론은

$$x_0^2 + y_0^2 + 1 \equiv -a + (a-1) + 1 \equiv 0 \pmod{p}$$

이 두 개의 보조정리를 우리의 도구로 하여, 이제 우리는 어떤 소수도 네 개의 제곱수의 합으로 실현될 수 있다는 사실을 증명하는 데 필요한 정보를 갖게 되었다.

정리 13.6 Theorem

어떤 소수 p도 네 개의 제곱수의 합으로 쓸 수 있다.

증명. $2 = 1^2 + 1^2 + 0^2 + 0^2$이므로, 정리는 확실히 $p = 2$에 대하여 참이다. 그러므로 이제부터 홀수 소수에 관심을 제한해도 된다. k는 kp가 네 개의 제곱수의 합이 되는 최소의 양의 정수라 하자. 즉,

$$kp = x^2 + y^2 + z^2 + w^2$$

앞의 따름정리에 의하여, $k < p$이다. 우리 논의의 핵심은 $k = 1$이라는 것이다.

k는 홀수임을 보이는 것으로 시작한다. 모순에 의한 증명을 하기 위해, k는 짝수라고 가정하자. 그러면 x, y, z, w는 모두 짝수이거나 모두 홀수이거나 둘은 짝수, 둘은 홀수이다. 어떤 경우에든,

$$x \equiv y \pmod{2} \quad \text{그리고} \quad z \equiv w \pmod{2}$$

가 되도록 재배열할 수 있다. 따라서

$$\frac{1}{2}(x-y) \quad \frac{1}{2}(x+y) \quad \frac{1}{2}(z-w) \quad \frac{1}{2}(z+w)$$

는 모두 정수이고

$$\frac{1}{2}(kp) = \left(\frac{x-y}{2}\right)^2 + \left(\frac{x+y}{2}\right)^2 + \left(\frac{z-w}{2}\right)^2 + \left(\frac{z+w}{2}\right)^2$$

은 $(k/2)p$를 네 개의 제곱수의 합으로 표현한 것이다. 이것은 k의 최소성질을 위배하여, 모순을 준다.

아직 $k = 1$임을 보이는 문제가 남아 있다. $k \neq 1$이라 가정하자. 그러면 k는 홀수이므로, 최소한 3이다. 그러므로

$$a \equiv x \pmod k \qquad b \equiv y \pmod k \qquad c \equiv z \pmod k \qquad d \equiv w \pmod k$$

이면서

$$|a| < \frac{k}{2} \qquad |b| < \frac{k}{2} \qquad |c| < \frac{k}{2} \qquad |d| < \frac{k}{2}$$

인 정수 a, b, c, d를 고르는 것이 가능하다. (예를 들어, 정수 a를 얻기 위해 x를 k로 나눌 때의 나머지 r을 찾는다. $r < k/2$이냐 또는 $r > k/2$이냐에 따라서 $a = r$ 또는 $a = r - k$로 놓는다.) 그러면

$$a^2 + b^2 + c^2 + d^2 \equiv x^2 + y^2 + z^2 + w^2 \equiv 0 \pmod k$$

이고 따라서 음이 아닌 어떤 정수 n에 대하여

$$a^2 + b^2 + c^2 + d^2 = nk$$

a, b, c, d의 크기에 대한 제한 때문에

$$0 \leq nk = a^2 + b^2 + c^2 + d^2 < 4\left(\frac{k}{2}\right)^2 = k^2$$

$n = 0$일 수는 없다. 그것은 $a = b = c = d = 0$이고 결과적으로 k는 정수 x, y, z, w 각각을 나눈다는 것을 의미하기 때문이다. 그러면 $k^2 \mid kp$ 또는 $k \mid p$이 되는데 이것은 부등식 $1 < k < p$에 비추어 불가능하다. 관계식 $nk < k^2$은 또 $n < k$라는 결론을 내리게 한다. 요약하면, $0 < n < k$이다. 여러 가지 조각들을 결합하여

$$\begin{aligned} k^2np = (kp)(kn) &= (x^2 + y^2 + z^2 + w^2)(a^2 + b^2 + c^2 + d^2) \\ &= r^2 + s^2 + t^2 + u^2 \end{aligned}$$

을 얻고 여기서

$$\begin{aligned} r &= xa + yb + zc + wd \\ s &= xb - ya + zd - wc \\ t &= xc - yd - za + wb \\ u &= xd + yc - zb - wa \end{aligned}$$

r, s, t, u 넷 모두는 k로 나누어짐을 관찰하는 것이 중요하다. 예를 들면 정수 r의 경우,

$$r = xa + yb + zc + wd \equiv a^2 + b^2 + c^2 + d^2 \equiv 0 \pmod k$$

를 얻는다. 유사하게, $s \equiv t \equiv u \equiv 0 \pmod k$이다. 이것에서 r/k, s/k, t/k, u/k가 모두 정수인 표현

$$np = \left(\frac{r}{k}\right)^2 + \left(\frac{s}{k}\right)^2 + \left(\frac{t}{k}\right)^2 + \left(\frac{u}{k}\right)^2$$

를 얻는다. $0 < n < k$이므로, kp가 네 개의 제곱수의 합이 되는 가장 작은 양의 정수로서 k를 선택한 것에 대한 모순에 이른다. 이 모순으로 $k = 1$이고 증명은 마침내 완성되었다.

이것은 우리의 궁극적 목표인 라그랑주의 고전적 결과로 우리를 이끈다.

정리 13.7 Theorem

라그랑주. 어떤 양의 정수 n 도 네 개의, 어떤 것은 0일 수도 있는, 제곱수의 합으로 쓸 수 있다.

증명. 분명히, 정수 1은 네 개의 제곱수의 합 $1 = 1^2 + 0^2 + 0^2 + 0^2$으로 표현된다. $n > 1$ 이라 가정하고, $n = p_1 p_2 \cdots p_r$ 은 n 을 (반드시 서로 다른 것은 아닌) 소수로 인수분해 한 것이라 하자. 각각의 p_i 는 네 개의 제곱수의 합이 될 수 있으므로, 오일러의 항등식은 임의의 두 소수의 곱을 네 개의 제곱수의 합으로 표현하도록 해 준다. 이것은 귀납법에 의하여 임의의 유한개의 소인수에 대하여 확장되므로, 항등식을 $r - 1$ 번 적용하여 원하는 n 의 표현을 얻는다.

예제 13.3 Example

정수 $459 = 3^3 \cdot 17$을 네 개의 제곱수의 합으로 쓰기 위해 오일러의 항등식을 다음과 같이 사용한다.

$$\begin{aligned}459 &= 3^2 \cdot 3 \cdot 17\\ &= 3^2(1^2 + 1^2 + 1^2 + 0^2)(4^2 + 1^2 + 0^2 + 0^2)\\ &= 3^2[(4 + 1 + 0 + 0)^2 + (1 - 4 + 0 - 0)^2\\ &\quad + (0 - 0 - 4 + 0)^2 + (0 + 0 - 1 - 0)^2]\\ &= 3^2[5^2 + 3^2 + 4^2 + 1^2]\\ &= 15^2 + 9^2 + 12^2 + 3^2\end{aligned}$$

라그랑주의 정리는, 각각의 양의 정수를

$$ax^2 + by^2 + cz^2 + dw^2$$

(단, a, b, c, d는 주어진 양의 정수) 형태의 4개의 변수 표현으로 나타내는 더 일반적인 문제를 제기한다. 1916년 인도의 유명한 수학자 라마누잔(Srinivasa Ramanujan)은 53개의 그런 "보편적 이차식"을 제시했는데, 그중에 4개는 이전에 알려진 것들이었다. 예를 들어, $x^2 + 2y^2 + 3z^2 + 8w^2$와 같은 표현은 모든 양의 정수를 생산한다. 이를테면, 정수 39는 다음과 같이 생산된다.

$$39 = 2^2 + 2 \cdot 0^2 + 3 \cdot 3^2 + 8 \cdot 1^2$$

보편적 이차식은 오직 204개만 존재함을 바르가바(Manjul Bhargava)가 2005년 증명했다. 마지막으로 문제를 종결하며, 바르가바와 한케(Jonathan Hanke)는 임의의 이차식 표현을 점검하는 역할을 하는 특별한 29개 양의 정수의 집합을 발견했다. 만약 이차식 표현이 이러한 29개의 정수 각각을 나타낼 수 있으면, 그것은 모든 양의 정수를 나타낼 수 있다.

지금까지는 제곱에 우리의 관심을 기울였으나, 연관된 지식의 많은 부분이 더 높은 거듭제곱으로 일반화된다.

자신의 책 「대수학 고찰」(1770)에서 에드워드 워링(Edward Waring)은 모든 양의 정수는 기껏해야 9개의 세제곱수의 합으로, 또 기껏해야 19개의 네제곱수의 합으로, 그리고 계속해서 그렇게 표현된다고 말했다. 이 주장은 다음을 의미하는 것으로 해석되었다. 모든 양의 정수는 정해진 $g(k)$를 넘지 않는 개수의 k 제곱수의 합으로 쓰일 수 있는가? 여기서 $g(k)$는 오직 k 에만 의존하고, 표현되는 수에는 의존하지 않는다. 다른 말로 하면, 주어진 k 에 대하여, 모든 $n > 0$ 이 적어도 한 가지 방법

$$n = a_1^k + a_2^k + \cdots + a_{g(k)}^k$$

으로, a_i 는 반드시 다를 필요 없는 음이 아닌 정수, 표현되는 어떤 수 $g(k)$를 찾을 수 있다. 여기서 생겨난 문제는 수론에서 "워링의 문제"로 알려지게 된 것에 대한 일단의 대규모 연구의 시작점이었다. 워링이 자신의 주장에 대한 제한적인 수치적 근거를 갖고 있었지만 증명의 흔적은 없었다는 것은 거의 의심의 여지가 없어 보인다.

정리 13.7에서 말한 대로, $g(2) = 4$ 이다. 제곱을 제외하면, 워링 유형의 정리가 실제로 증명된 첫 번째 경우는 리우빌(Liouville)에 의한 것이다(1859년). 모든 양의 정수는 기껏해야 53개의 네제곱수의 합이다. $g(4)$에 대한 이 범위는 다소 부풀려진 것이고, 여러 해에 걸쳐 점진적으로 축소되었다. 각 k 값에 대한 $g(k)$의 존재는 1909년 힐버트에 의해 긍정적으로 해결되었다. 불행하게도 그의 증명은 (어떤 단계에서는 25중 적분을 포함하는) 중장비에 의존하며, 결코 건설적이지 않다.

일단 워링의 문제가 해를 갖는다고 알려진 만큼, 제기되는 자연스런 질문은 "$g(k)$는 얼마나 큰가?"이다. 문제의 이런 국면에 대한 많은 문헌이 있으며, 그 질문은 아직 미해결이다. 레너드 딕슨(Leonard Dickson)에 의한 견본 결과는 $g(3) = 9$이다. 한편,

$$23 = 2^3 + 2^3 + 1^3 + 1^3 + 1^3 + 1^3 + 1^3 + 1^3 + 1^3$$

과

$$239 = 4^3 + 4^3 + 3^3 + 3^3 + 3^3 + 3^3 + 1^3 + 1^3 + 1^3$$

는 그 표현에서 실제로 9개만큼 많은 세제곱수를 필요로 하는 유이한 정수들이다. 239보다 큰 모든 정수는 기껏해야 8개의 세제곱수의 합으로 표현될 수 있다. 1942년에 린닉(Linnik)은 유한개의 정수만이 8개의 세제곱수를 필요로 함을 증명했다. 어떤 지점 이후부터는 7개면 충분하다. 또 유한개를 제외한 모든 양의 정수를 얻는 데 6개의 세제곱수면 충분한지는 아직 미해결이다.

$k = 4$ 와 $k = 5$ 인 경우는 가장 미묘한 것으로 드러났다. 여러 해 동안, 알려진 최선의 결과는 $g(4)$는 $19 \le g(4) \le 35$의 범위 어디엔가 있고 $g(5)$는 $37 \le g(5) \le 54$를 만족한다는 것이다. 후속적인 연구(1964년)는 $g(5) = 37$을 보였다. $g(4)$의 상계는 1970년대에 극적으로 감소되어, 가장 예리한 추정은 $g(4) \le 22$이다. 또한 10^{140} 보다 작거나 10^{367}보다 큰 모든 수는 기껏해야 19개의 네제곱수의 합으로 쓰일 수 있음이 증명되었다. 그러므로, 원칙적으로 $g(4)$는 계산될 수 있다. 사실 19개의 네제곱수면 모든 정수를 표현하는 데 충분하다는 비교적 최근(1986년)의 발표는 이 경우를 완전

히 해결했다. $k \geq 6$ 에 관해서는, 만일 예외가 있다면 유한개의 k 값을 제외하고, 공식

$$g(k) = [(3/2)^k] + 2^k - 2$$

가 성립함이 증명되었다. 이 표현이 모든 k 에 대하여 옳음을 암시하는 상당한 증거가 있다.

$k \geq 3$ 에 대하여, 충분히 큰 모든 정수는 그 표현에서 $g(k)$보다 적은 개수의 k 거듭제곱수를 필요로 한다. 이것은 일반적인 정의를 제안한다. 충분히 큰 모든 정수가 기껏해야 r 개의 k 거듭제곱수의 합이 되는 성질을 갖는 가장 작은 정수 r 을 $G(k)$로 표시하자. 분명히 $G(k) \leq g(k)$이다. $G(k)$의 정확한 값은 오직 두 경우에만 알려져 있다. 즉, $G(2) = 4$ 와 $G(4) = 16$이다. 세제곱에 대한 린닉의 결과는 $G(3) \leq 7$을 말하는데, 일찍이 1851년에 야코비 (Jacobi)는 $G(3) \leq 5$라 추측했다. 비록 $G(3)$의 크기에 대한 향상이 없이 반세기 이상이 흘러갔지만, $G(3) = 4$일 거라 생각된다. 최근에는 $G(5) \leq 17$과 $G(6) \leq 24$가 증명되었다.

처음 몇 개의 $g(k)$와 $G(k)$에 대하여 알려진 값과 추정이 아래 적혀 있다.

$$\begin{array}{ll} g(2) = 4 & G(2) = 4 \\ g(3) = 9 & 4 \leq G(3) \leq 7 \\ g(4) = 19 & G(4) = 16 \\ g(5) = 37 & 6 \leq G(5) \leq 17 \\ g(6) = 73 & 9 \leq G(6) \leq 24 \\ g(7) = 143 & 8 \leq G(7) \leq 33 \\ g(8) = 279 & 32 \leq G(8) \leq 42 \end{array}$$

상당한 관심을 끌었던 또 다른 문제는 $n > 3$ 일 때 n 제곱수가 n 개의 n 제곱수의 합으로 쓰일 수 있느냐는 것이다. 4제곱에서 가장 작은 해

$$353^4 = 30^4 + 120^4 + 272^4 + 315^4$$

의 발견으로 1911년 최초의 진전이 있었다. 5제곱에서 가장 작은 해는

$$72^5 = 19^5 + 43^5 + 46^5 + 47^5 + 67^5$$

그렇지만 6제곱과 그보다 높은 거듭제곱에 대하여 어떤 해도 아직 알려지지 않았다.

연관된 질문이 있다. "n 제곱수는 n보다 작은 개수의 n 제곱수의 합인가?"라고 물을 수 있다. 오일러는 이것이 불가능하다고 추측했다. 그렇지만, 1968년에 랜더 (Lander)와 파킨 (Parkin)은 다음의 표현을 찾았다.

$$144^5 = 27^5 + 84^5 + 110^5 + 133^5$$

계속적으로 컴퓨터의 성능이 향상되고 정교해짐에 따라, 엘키스 (N. Elkies)는 네제곱에 관하여 오일러의 추측에 대한 무수히 많은 반례가 있음을 보일 수 있었다(1987년). 가장 작은 값을 갖는 것은

$$422481^4 = 95800^4 + 217519^4 + 414560^4$$

연습문제 13.3

1. 실제로 제곱수를 더하지 않고, 다음 관계식이 성립함을 확인하라.
   (a) $1^2 + 2^2 + 3^2 + \cdots + 23^2 + 24^2 = 70^2$
   (b) $18^2 + 19^2 + 20^2 + \cdots + 27^2 + 28^2 = 77^2$
   (c) $2^2 + 5^2 + 8^2 + \cdots + 23^2 + 26^2 = 48^2$
   (d) $6^2 + 12^2 + 18^2 + \cdots + 42^2 + 48^2 = 95^2 - 41^2$
2. 레기오몬타누스는 그 합이 300,000 보다 큰 제곱수가 되는 20개의 제곱수를 찾는 문제를 제안했다. 두 개의 해를 찾아라.
   [*힌트*: 다음 등식을 생각하라.]
$$(a_1^2 + a_2^2 + \cdots + a_n^2)^2 = (a_1^2 + a_2^2 + \cdots + a_{n-1}^2 - a_n^2)^2 \\ +(2a_1a_n)^2 + (2a_2a_n)^2 + \cdots + (2a_{n-1}a_n)^2$$
3. 만일 p, q_1, q_2, q_3은 모두 소수로서 $p = q_1^2 + q_2^2 + q_3^2$이면, 어떤 $q_i = 3$ 임을 보여라.
4. 방정식 $a^2 + b^2 + c^2 + a + b + c = 1$은 정수에서 해를 갖지 않음을 증명하라.
   [*힌트*: 문제의 방정식은 방정식 $(2a + 1)^2 + (2b + 1)^2 + (2c + 1)^2 = 7$과 동치이다.]
5. 주어진 양의 정수 n에 대하여, n 또는 $2n$은 세 개의 제곱수의 합임을 보여라.
6. 어떤 $n > 0$에 대하여 $p = n^2 + (n + 1)^2 + (n + 2)^2$인 소수 p가 무수히 많은지 하는 문제는 해결되지 않았다. 이런 소수 3개를 찾아라.
7. $n = 459$를 조사하면, 두 제곱수의 합으로의 표현은 찾을 수 없다. 459를 세 개의 제곱수의 합으로 표현하라.
8. 아래의 명제를 증명하라.
   (a) 모든 양의 홀수는 $a^2 + b^2 + 2c^2$ 형태이다. 단, a, b, c는 정수이다.
   [*힌트*: 주어진 $n > 0$에 대하여, $4n + 2$는 $4n + 2 = x^2 + y^2 + z^2$ (x, y는 홀수이고 z는 짝수)으로 쓸 수 있다. 그러면
$$2n + 1 = \left(\frac{x+y}{2}\right)^2 + \left(\frac{x-y}{2}\right)^2 + 2\left(\frac{z}{2}\right)^2.]$$
   (b) 모든 양의 정수는 $a^2 + b^2 + c^2$이거나 또는 $a^2 + b^2 + 2c^2$ 형태이다. 단, a, b, c는 정수이다.
   [*힌트*: 만일 $n > 0$이 합 $a^2 + b^2 + c^2$으로 쓰일 수 없다면, 그것은 $4^m(8k + 7)$ 형태이다. 홀수 $8k + 7$에 (a)를 적용하라.]
   (c) 모든 양의 정수는 $a^2 + b^2 - c^2$ (a, b, c는 정수) 형태이다.
   [*힌트*: 주어진 $n > 0$에 대하여, $n - a^2$이 양의 홀수가 되도록 a를 택하고 정리 13.4를 사용하라.]
9. 다음을 증명하라.
   (a) $9k + 4$ 또는 $9k + 5$ 형태의 정수는 어느 것도 3개 또는 그보다 적은 개수의

세제곱수의 합일 수 없다.

[*힌트*: 모든 정수 a에 대하여 $a^3 \equiv 0$, 1 또는 8 (mod 9)임을 유의하라.]

(b) 양의 두 세제곱수의 합으로 표현되는 유일한 소수 p는 $p = 2$뿐이다.

[*힌트*: 다음 등식을 사용하라.]

$$a^3 + b^3 = (a + b)((a - b)^2 + ab)$$

(c) 소수 p가 두 세제곱수의 차로 표현될 수 있다는 것은 그것이 어떤 k에 대하여 $p = 3k(k + 1) + 1$ 형태라는 것과 동치이다.

10. 각각의 소수 7, 19, 37, 61, 127을 두 세제곱수의 차로 나타내라.

11. 모든 양의 정수는 3개 또는 더 적은 개수의 삼각수의 합으로 표현될 수 있음을 증명하라.

[*힌트*: 주어진 $n > 0$에 대하여, $8n + 3$을 3개의 홀수 제곱수의 합으로 표현하고 n에 대하여 풀어라.]

12. $p = a^2 + b^2 + c^2 + 1$ (a, b, c는 정수) 형태의 소수 p는 무수히 많음을 보여라.

[*힌트*: 정리 9.8에 의하여, $p = 8k + 7$ 형태의 소수가 무수히 많이 있다. 어떤 a, b, c에 대하여, $p - 1 = 8k + 6 = a^2 + b^2 + c^2$로 쓴다.]

13. 정수 $231 = 3 \cdot 7 \cdot 11$, $391 = 17 \cdot 23$ 그리고 $2109 = 37 \cdot 57$을 네 개의 제곱수의 합으로 표현하라.

14. (a) 모든 정수 $n \geq 170$은 어느 것도 0이 아닌 5개의 제곱수의 합임을 증명하라.

[*힌트*: 어떤 정수 a, b, c, d에 대하여 $n - 169 = a^2 + b^2 + c^2 + d^2$이라 쓰고, a, b, c, d 중 하나 또는 그 이상이 0인 경우를 생각한다.]

(b) 모든 8의 배수는 8개의 홀수 제곱수의 합임을 증명하라.

[*힌트*: $n = a^2 + b^2 + c^2 + d^2$이라 가정하면, $8n + 8$은 $2a \pm 1$, $2b \pm 1$, $2c \pm 1$ 그리고 $2d \pm 1$의 제곱의 합이다.]

15. $n^3 \equiv n \pmod 6$이란 사실로부터 모든 정수 n은 5개의 정수의 세제곱의 합으로 표현될 수 있다는 결론을 내려라.

[*힌트*: 등식

$$n^3 - 6k = n^3 - (k + 1)^3 - (k - 1)^3 + k^3 + k^3$$

을 이용하라.]

16. 모든 홀수는 네 개의, 그중 두 개는 연속적인 제곱수의 합임을 증명하라.

[*힌트*: $n > 0$에 대하여, $4n + 1$은 세 개의 (오직 한 개만 홀수인) 제곱수의 합이다. $4n + 1 = (2a)^2 + (2b)^2 + (2c + 1)^2$은 $2n + 1 = (a + b)^2 + (a - b)^2 + c^2 + (c + 1)^2$을 보여줌을 주의하라.]

17. 동시에 두 세제곱수의 합과 두 세제곱수의 차로 표현될 수 있는 삼각수는 무수히 많음을 증명하라. 그런 삼각수 한 개에 대하여 표현법을 보여라.

[*힌트*: 등식

$$(27k^6)^2 - 1 = (9k^4 - 3k)^3 + (9k^3 - 1)^3$$
$$= (9k^4 + 3k)^3 - (9k^3 + 1)^3$$

에서 k를 홀수로 택하여

$$(2n + 1)^2 - 1 = (2a)^3 + (2b)^3 = (2c)^3 - (2d)^3$$

또는 동치적으로 $t_n = a^3 + b^3 = c^3 - d^3$을 얻는다.]

18. (a) $n-1$과 $n+1$이 둘 다 소수일 때, 정수 $2n^2 + 2$는 2개, 3개, 4개 그리고 5개의 제곱수의 합으로 표현될 수 있음을 증명하라.
(b) $n = 4, 6, 12$인 경우에 (a)의 결과를 구체적으로 설명하라.

CHAPTER 14

피보나치 수

Fibonacci Numbers

물리적인 것은 수학의 법칙을 따르고, 정신적인 것은 신의 법칙을 따르므로, 수학의 법칙은 다만 신의 생각의 표현일 뿐이다.

토머스 힐(THOMAS HILL)

14.1 피보나치

중세의 가장 위대한 수학자는 아마도 피사의 레오나르도(1180~1250)일 것이며, 피보나치-보나치의 아들이라는 뜻-라는 이름으로 글을 썼다. 피보나치는 피사에서 출생하여, 그의 아버지가 관리하는 세관이 있던 북아프리카에서 교육받았다. 상업에 입문하려는 기대를 갖고, 젊은 시절에 스페인, 이집트, 시리아, 그리스를 방문하며 지중해 역을 여행했다. 이탈리아로 돌아오자마자 저술한, 유명한 「산반서」(*Liber Abaci*)는 서부 라틴지방에 이슬람의 산술과 대수학적 계산을 소개했다. 피보나치의 더 짧은 저서 「제곱수의 책」(*Liber Quadratorum,* 1225)에서는 2차식 디오판투스 문제에만 전념했다. 그것은 바셰와 페르마 이전 중세 라틴 세계의 수론에 가장 중요한 공헌으로 간주된다. 그의 이전 사람들처럼, 피보나치는 (양의) 실수를 해로서 허용했다. 예를 들어, 5만큼 증가시키거나 감소시켰을 때 제곱이 유지되는 제곱수를 찾는 한 문제가 있었다. 즉 x, y, z이 미지수일 때 두 방정식 $x^2 + 5 = y^2$, $x^2 - 5 = z^2$의 동시해를 구한다. 피보나치는 41/12를 답으로 제시했다. 왜냐하면

$$(41/12)^2 + 5 = (49/12)^2, \quad (41/12)^2 - 5 = (31/12)^2$$

삼차 방정식 $x^3 + 2x^2 + 10x = 20$의 유일한 실근에 대한 놀랍도록 정확한 1224년의 추정 역시 주목할 만하다. 십진법 표기로 그의 값 1.3688081075⋯는 소수 9자리까지 정확하다.

Leonardo of Pisa (Fibonacci)
(1180~1250)

(David Eugene Smith Collection, Rare Book and Manuscript Library, Columbia University)

1202년에 저술되었고 1228년 개정판까지만 겨우 존속했던 「산반서」를 통하여 기독교의 유럽은 힌두—아라비아 숫자를 알게 되었다. (제목에서 "산반"이란 단어는 주판을 뜻하기보다는 일반적으로 셈을 의미한다.) "라틴족이 더 이상 그런 지식이 부족하지 않도록" 피보나치는 위치적인 표시와 0 기호를 사용하는 동방의 십진 체계의 이점을 설명하려고 노력했다. 그의 책의 첫 번째 장은 다음 문장으로 시작한다.

> 이것들이 인도의 아홉 숫자들이다:
>
> 9 8 7 6 5 4 3 2 1
>
> 이 아홉 숫자들과 기호 0을 가지고 … 다음에 설명하듯이 어떤 수나 쓸 수 있다.

새로운 숫자들이 일반적으로 받아들여지기까지는 두 세기 더 기다려야 했다. 1299년 피렌체시는 상인들이 부기에서 아라비아 기호를 사용하는 것을 금지하는 법령을 발표하고, 로마 숫자를 사용하거나 숫자를 전부 글로 쓰도록 명령하였다. 그 법령은 어떤 숫자들의 모양이 심하게 변형되어－어떤 것들은 오늘날 사용되는 것과 매우 다르다－결과적으로 모호함과 오해와 공공연한 사기의 가능성이 있었던 탓인 것 같다. 예를 들어 기호 영은 6 이나 9 로 바뀔 수 있는 반면, 로마 숫자를 위조하기는 쉽지 않다.

많은 업적에도 불구하고, 피보나치가 오늘날 기억되는 것은 주로 19세기 수론학자 에두아르 뤼까가 「산반서」의 한 사소한 문제에서 나타나는 어떤 양의 정수들의 무한집합에 그의 이름을 붙였기 때문인 것은 아이러니하다. 이 유명한 정수 수열

$$1, 1, 2, 3, 5, 8, 13, 21, 34, 55, 89, \ldots$$

는 예상하지 못한 많은 방법으로 자연에 나타난다. 예를 들어 백합은 3개, 미나리아재비는 5개, 금잔화는 13개, 쑥부쟁이는 21개의 꽃잎을 갖는 반면, 대부분의 데이지는 34개, 55개 또는 89개의 꽃잎을 갖는다. 해바라기 꽃머리의 씨는 두 개의 얽힌 나선 집단을 이루며 중심으로부터 뻗어 나오는데, 하나는 시계 방향으로 다른 하나는 반시계 방향으로 감긴다. 몇몇 큰 꽃머리에는 55개와 89개의 나선이 있는 것으로 알려졌지만, 보통은 시계 방향으로 꼬이는 34개의 나선과 반대 방향으로 꼬이는 55개가 있다. 파인애플이나 솔방울의 비늘 나선의 개수도 역시 피보나치의 수열에 나타나는 수

들의 좋은 예를 제공한다.

14.2 피보나치 수열

「산반서」에서, 피보나치는 한 쌍의 토끼에 의해 생겨나는 자손의 수를 세는, 상상 속에서 그려낸 다음 문제를 제기했다.

> 완전히 벽으로 둘러싸인 장소에 토끼 한 쌍을 넣었다. 이 토끼들이 본성에 따라 매달 각 쌍은 새로운 쌍을 낳고, 이것들은 두 번째 달부터 생산할 수 있게 된다고 할 때, 한 해에 얼마나 많은 쌍들이 생산될 수 있나?

토끼들이 죽지 않는다고 가정하면, 첫 번째 달 동안 한 쌍이 태어나서 두 쌍이 있게 된다. 두 번째 달 동안, 원래 쌍은 또 한 쌍을 낳는다. 한 달 후, 원래 쌍과 첫 번째 태어난 쌍은 새로운 쌍들을 낳아서 성숙한 세 쌍과 어린 두 쌍이 있게 되고, 이렇게 계속된다. (숫자들은 아래 표에 요약되어 있다.) 마음에 새겨야 할 점은 매달 어린 쌍이 자라서 성숙한 쌍이 되므로, 새로운 "성숙한 쌍" 수는 전번 것 더하기 전번 "어린 쌍" 수라는 것이다.

토끼군의 성장

달	성숙한 쌍	어린 쌍	합계
1	1	1	2
2	2	1	3
3	3	2	5
4	5	3	8
5	8	5	13
6	13	8	21
7	21	13	34
8	34	21	55
9	55	34	89
10	89	55	144
11	144	89	233
12	233	144	377

무한히 계속될 때, 토끼 문제에서 만나는 수열

$$1, 1, 2, 3, 5, 8, 13, 21, 34, 55, 89, 144, 233, 377, \ldots$$

은 *피보나치 수열*(*Fibonacci sequence*), 그리고, 그 항들은 *피보나치 수*(*Fibonacci number*)라 불린다. 수열에서 각 수의 위치는 전통적으로 아래첨자에 의해 표시되어, u_n이 n번째 피보나치 수를 나타낸다면 $u_1 = 1$, $u_2 = 1$, $u_3 = 2$, 그리고 계속된다.

피보나치 수열은 흥미로운 성질을 보여준다. 즉,

$$
\begin{array}{lll}
2 = 1 + 1 & \text{또는} & u_3 = u_2 + u_1 \\
3 = 2 + 1 & \text{또는} & u_4 = u_3 + u_2 \\
5 = 3 + 2 & \text{또는} & u_5 = u_4 + u_3 \\
8 = 5 + 3 & \text{또는} & u_6 = u_5 + u_4
\end{array}
$$

지금쯤은, 형식의 일반적인 규칙을 깨달아야 한다.

$$u_1 = u_2 = 1 \qquad u_n = u_{n-1} + u_{n-2} \qquad n \geq 3$$

즉, 수열의 (두 번째 이후) 각 항은 바로 앞에 있는 두 항의 합이다. 어떤 지점 이후 각 항이 선행하는 항들의 선형 결합으로 나타낼 수 있는 그런 수열을 *귀납적 수열*(*recursive sequence*)이라 말한다. 피보나치 수열은 수학 연구에서 첫 번째로 알려진 귀납적 수열이다. 피보나치 자신이 그의 수열의 귀납적 성질을 알고 있었을 테지만, 1634년에야—그때까지 수학 표시법은 충분히 진보했다—비로소 사후에 발표된 알베르 지라르의 논문에 그 공식이 나타났다.

피보나치 수는 급격히 증가한다. 이런 행동을 나타내는 한 결과는 $n \geq 1$에 대하여 $u_{5n+2} > 10^n$ 이라는 것으로, 그래서

$$u_7 > 10, \quad u_{12} > 100, \quad u_{17} > 1000, \quad u_{22} > 10000 \ldots$$

그 부등식은 n에 대한 귀납법으로 증명될 수 있다. $u_7 = 13 > 10$이므로 $n = 1$인 경우는 명백하다. 이제 부등식이 임의의 정수 n에 대하여 성립한다고 가정하자. $n + 1$에 대하여도 역시 성립함을 보이기 원한다. 귀납적 규칙 $u_k = u_{k-1} + u_{k-2}$를 여러 번 사용하여, $u_{5(n+1)+2} = u_{5n+7}$을 선행하는 피보나치 수들로 표현하면,

$$
\begin{aligned}
u_{5n+7} &= 8u_{5n+2} + 5u_{5n+1} \\
&> 8u_{5n+2} + 2(u_{5n+1} + u_{5n}) \\
&= 10u_{5n+2} > 10 \cdot 10^n = 10^{n+1}
\end{aligned}
$$

을 얻어서 귀납법의 단계와 증명을 완성한다.

우리가 적어 놓은 피보나치 수열의 부분에서는 연속된 항들이 서로 소임을 알 수 있다. 이제 증명하듯이, 이것은 우연이 아니다.

정리 14.1 *Theorem*

피보나치 수열에서, 모든 $n \geq 1$에 대하여 $\gcd(u_n, u_{n+1}) = 1$이다.

증명. 정수 $d > 1$는 u_n과 u_{n+1}을 모두 나눈다고 가정하자. 그러면 그 차 $u_{n+1} - u_n = u_{n-1}$ 역시 d로 나누어진다. 이것과 관계식 $u_n - u_{n-1} = u_{n-2}$로부터, $d \mid u_{n-2}$란 결론이 나올 수 있다. 거꾸로 계속하면 똑같은 논의로 $d \mid u_{n-3}$, $d \mid u_{n-4}$, $\cdots$, 그리고 $d \mid u_1$이 보인다. 그런데 $u_1 = 1$이므로, 이것은 확실히 어떤 $d > 1$로도 나누어지지 않는다. 이 모순으로 증명이 끝난다.

$u_3 = 2$, $u_5 = 5$, $u_7 = 13$, $u_{11} = 89$는 모두 소수이므로, 아래첨자 $n > 2$이 소수이

면 항상 u_n은 소수라고 추측하고 싶어질 수 있다. 조금 계산하면

$$u_{19} = 4181 = 37 \cdot 113$$

을 보이게 되므로, 이 추측은 이른 단계에서 성립하지 않는다. 그럼에도 불구하고, 성가신 증명은 생략하지만, 유용하고 긍정적인 결과가 있다. 모든 소수 p에 대하여, p로 나누어지는 피보나치 수는 무수히 많고 이들은 피보나치 수열에서 균등한 간격을 두고 있다. 예를 들면, 3은 피보나치 수열에서 네 번째마다 항들을 나누고, 5는 다섯 번째마다, 7은 여덟 번째마다 항들을 나눈다.

u_1, u_2, u_6와 u_{12}를 제외하면, 각각의 피보나치 수는 "새로운" 소인수, 즉 더 작은 아래첨자의 어떤 피보나치 수에도 나타나지 않는 소인수를 갖는다. 예를 들면, 29는 $u_{14} = 377 = 13 \cdot 29$를 나누지만, 앞의 피보나치 수는 어느 것도 나누지 않는다.

아는 바와 같이, 두 양의 정수의 최대공약수는 유클리드 알고리듬에 의해 유한 번의 나눗셈으로 찾을 수 있다. 적당한 정수들을 고르면, 필요한 나눗셈의 횟수를 임의로 크게 할 수 있다. 정확히 말하면 다음과 같다. $n > 0$이 주어지면, 유클리드 알고리듬을 이용하여 $\gcd(a, b)$를 계산하기 위하여 정확히 n번의 나눗셈이 필요한 양의 정수 a와 b가 존재한다. 이 주장을 증명하기 위해, $a = u_{n+2}$ 그리고 $b = u_{n+1}$로 놓으면 충분하다. $\gcd(u_{n+2}, u_{n+1})$을 구하는 유클리드 알고리듬에서 다음 식 체계가 나온다.

$$\begin{aligned} u_{n+2} &= 1 \cdot u_{n+1} + u_n \\ u_{n+1} &= 1 \cdot u_n + u_{n-1} \\ &\vdots \\ u_4 &= 1 \cdot u_3 + u_2 \\ u_3 &= 2 \cdot u_2 + 0 \end{aligned}$$

분명히 여기에 필요한 나눗셈의 횟수는 n이다. 알고리듬에 나타나는 영이 아닌 마지막 나머지가 $\gcd(u_{n+2}, u_{n+1})$의 값을 준다는 것을 독자들은 틀림없이 기억할 것이다. 그러므로

$$\gcd(u_{n+2}, u_{n+1}) = u_2 = 1$$

이고, 이것은 연속한 피보나치 수들이 서로 소임을 다시 한 번 확인한다.

예를 들어, $n = 6$이라 가정하자. 다음의 계산은 정수 $u_8 = 21$과 $u_7 = 13$의 최대공약수를 찾기 위해 6번의 나눗셈이 필요함을 보여 준다.

$$\begin{aligned} 21 &= 1 \cdot 13 + 8 \\ 13 &= 1 \cdot 8 + 5 \\ 8 &= 1 \cdot 5 + 3 \\ 5 &= 1 \cdot 3 + 2 \\ 3 &= 1 \cdot 2 + 1 \\ 2 &= 2 \cdot 1 + 0 \end{aligned}$$

가브리엘 라메는 1844년, $a > b > 0$일 때 $\gcd(a, b)$를 계산하는 유클리드 알고리듬에서 n 번의 나눗셈 단계가 필요하면 $a \geq u_{n+2}$, $b \geq u_{n+1}$임을 관찰했다. 그 결과로, 한동안 수열 u_n을 흔히 라메 수열이라 불렀다. 뤼까는 6세기 전에 피보나치가 이 수들을 알고 있었음을 발견하고, 「미국 수학회지」 창간호(1878년)에 발표한 논문에서 그것을 피보나치 수열이라 명명했다.

피보나치 수열의 한 가지 놀라운 특징은 두 피보나치 수의 최대공약수는 자신도 피보나치 수라는 것이다. 이 사실을 끌어내는 데 등식

$$u_{m+n} = u_{m-1}u_n + u_m u_{n+1} \tag{1}$$

이 중요하다. 고정된 $m \geq 2$ 에 대하여, 이 등식을 귀납법에 의해 증명한다. $n = 1$일 때, 식 (1)은

$$u_{m+1} = u_{m-1}u_1 + u_m u_2 = u_{m-1} + u_m$$

의 형태를 취하고, 이것은 분명히 참이다. 그러므로 문제의 공식이 n이 정수 1, 2, ⋯, k 중 하나이면 성립한다고 가정하고 $n = k + 1$일 때 증명하자. 귀납법 가정에 의하여,

$$u_{m+k} = u_{m-1}u_k + u_m u_{k+1}$$
$$u_{m+(k-1)} = u_{m-1}u_{k-1} + u_m u_k$$

이 두 식을 합하면,

$$u_{m+k} + u_{m+(k-1)} = u_{m-1}(u_k + u_{k-1}) + u_m(u_{k+1} + u_k)$$

피보나치 수를 정의하는 방법에 의하여, 이 표현은

$$u_{m+(k+1)} = u_{m-1}u_{k+1} + u_m u_{k+2}$$

와 같고, 이것은 정확히 n을 $k + 1$로 치환했을 때 식 (1)이다. 귀납법 단계는 완성됐고, 식 (1)은 모든 $m \geq 2$ 와 $n \geq 1$ 에 대하여 성립한다.

식 (1)의 한 예제만 보이면 충분하다.

$$u_9 = u_{6+3} = u_5 u_3 + u_6 u_4 = 5 \cdot 2 + 8 \cdot 3 = 34$$

다음 정리는, 우리가 찾는 궁극적 결과에 중요하기도 하지만, 그 자체로도 흥미롭다.

정리 14.2 *Theorem*

$m \geq 1$, $n \geq 1$ 에 대하여 u_{mn} 은 u_m 으로 나누어진다.

증명. 다시 n에 대한 귀납법으로 논의한다. $n = 1$일 때 결과는 확실히 참이다. 귀납법 가정으로서, $n = 1, 2, \cdots, k$ 에 대하여 u_{mn} 은 u_m으로 나누어진다고 가정하자. $u_{m(k+1)} = u_{mk+m}$ 인 경우로의 이행은 식 (1)을 사용하여 보인다. 사실

$$u_{m(k+1)} = u_{mk-1}u_m + u_{mk}u_{m+1}$$

가정에 의해 u_m은 u_{mk}를 나누기 때문에, 이 표현의 우변은(따라서 좌변도) u_m으로 나누어져야 한다. 그러므로 $u_m \mid u_{m(k+1)}$ 이고, 이것이 증명하려던 것이다.

$\gcd(u_m, u_n)$을 계산하는 준비로서, 기술적인 보조정리 하나를 처리한다.

보조정리 *Lemma*

만일 $m = qn + r$이면, $\gcd(u_m, u_n) = \gcd(u_r, u_n)$이다.

증명. 먼저 식 (1)은

$$\begin{aligned}\gcd(u_m, u_n) &= \gcd(u_{qn+r}, u_n)\\ &= \gcd(u_{qn-1}u_r + u_{qn}u_{r+1}, u_n)\end{aligned}$$

을 쓸 수 있도록 해 준다. 정리 14.2와 $b \mid c$이면 $\gcd(a + c, b) = \gcd(a, b)$라는 사실에 의하여,

$$\gcd(u_{qn-1}u_r + u_{qn}u_{r+1}, u_n) = \gcd(u_{qn-1}u_r, u_n)$$

우리의 주장은 $\gcd(u_{qn-1}, u_n) = 1$이다. 이것을 보이기 위해, $d = \gcd(u_{qn-1}, u_n)$이라 놓는다. 관계식 $d \mid u_n$과 $u_n \mid u_{qn}$은 $d \mid u_{qn}$을 뜻하고, 따라서 d는 연속한 피보나치 수 u_{qn-1}과 u_{qn}의 (양의) 공약수다. 연속한 피보나치 수는 서로 소이므로, $d = 1$이다.

증명을 끝내기 위해서, $\gcd(a, c) = 1$이면 $\gcd(a, bc) = \gcd(a, b)$임을 보이는 일은 독자에게 남긴다. 이것을 알면, 원하는 등식

$$\gcd(u_m, u_n) = \gcd(u_{qn-1}u_r, u_n) = \gcd(u_r, u_n)$$

을 얻게 된다.

이 보조정리로, 필요한 일은 조각들을 조립하기만 하면 되는 즐거운 위치에 있게 되었다.

정리 14.3 *Theorem*

두 피보나치 수의 최대공약수는 다시 피보나치 수이다. 특히,

$$\gcd(u_m, u_n) = u_d \qquad \text{단} \quad d = \gcd(m, n)$$

증명. $m \geq n$이라 가정하자. m과 n에 유클리드 알고리듬을 적용하여, 다음의 식 체계를 얻는다.

$$\begin{aligned}
m &= q_1 n + r_1 & 0 &< r_1 < n\\
n &= q_2 r_1 + r_2 & 0 &< r_2 < r_1\\
r_1 &= q_3 r_2 + r_3 & 0 &< r_3 < r_2\\
&\vdots\\
r_{n-2} &= q_n r_{n-1} + r_n & 0 &< r_n < r_{n-1}\\
r_{n-1} &= q_{n+1} r_n + 0
\end{aligned}$$

앞의 보조정리에 따라,

$$\gcd(u_m, u_n) = \gcd(u_{r_1}, u_n) = \gcd(u_{r_1}, u_{r_2}) = \cdots = \gcd(u_{r_{n-1}}, u_{r_n})$$

그런데 $r_n \mid r_{n-1}$이므로 정리 14.2는 $u_{r_n} \mid u_{r_{n-1}}$이고, 그러므로 $\gcd(u_{r_{n-1}}, u_{r_n}) = u_{r_n}$임을 말한다. r_n은 m과 n에 대한 유클리드 알고리듬에서 영이 아닌 마지막 나머지이므로, $\gcd(m, n)$와 같다. 결론적으로,

$$\gcd(u_m, u_n) = u_{\gcd(m, n)}$$

을 얻고, 이것으로 정리는 증명된다.

정리 14.2의 역이 방금 증명한 정리로부터 얻어짐을 주목하는 것은 흥미롭다. 다시 말하면, u_n 이 u_m 으로 나누어지면, n 은 m 으로 나누어진다고 결론 내릴 수 있다. 사실, $u_m \mid u_n$ 이면, $\gcd(u_m, u_n) = u_m$ 이다. 그런데 정리 14.3에 의하면, $\gcd(u_m, u_n)$의 값은 $u_{\gcd(m, n)}$ 과 같아야 한다. 이 모든 것이 뜻하는 것은 $\gcd(m, n) = m$ 이며, 따라서 $m \mid n$ 이다. 이 관찰을 다음의 따름정리로 요약한다.

따름정리 Corollary 피보나치 수열에서, $n \geq m \geq 3$에 대하여 $u_m \mid u_n$ 과 $m \mid n$ 은 동치이다.

정리 14.3의 좋은 예시는 $\gcd(u_{16}, u_{12}) = \gcd(987, 144)$ 를 계산하여 얻어진다. 유클리드 알고리듬으로부터,

$$\begin{aligned} 987 &= 6 \cdot 144 + 123 \\ 144 &= 1 \cdot 123 + 21 \\ 123 &= 5 \cdot 21 + 18 \\ 21 &= 1 \cdot 18 + 3 \\ 18 &= 6 \cdot 3 + 0 \end{aligned}$$

이고 따라서 $\gcd(987, 144) = 3$이다. 최종 결과는 정리 14.3에서 주장하는 바와 같이,

$$\gcd(u_{16}, u_{12}) = 3 = u_4 = u_{\gcd(16, 12)}$$

아래첨자 $n > 4$ 이 합성수일 때, u_n은 합성수가 된다. 왜냐하면, $n = rs$, $r \geq s \geq 2$이면 마지막 따름정리에서 $u_r \mid u_n$ 과 $u_s \mid u_n$ 을 얻기 때문이다. 예를 들면 $u_4 \mid u_{20}$ 이고 $u_5 \mid u_{20}$이며, 달리 말하면, 3과 5는 둘 다 6765를 나눈다. 그러므로 피보나치 수열에서 소수 첨자에 대해서만 소수가 나타날 수 있다. 예외는 $u_2 = 1$과 $u_4 = 3$이다. 그러나 p가 소수일 때, $u_{19} = 37 \cdot 113$에서 보듯이, u_p 는 물론 합성수일 수 있다. 소수인 피보나치 수는 다소 희박하다. 현재 오직 42개가 알려졌으며, 가장 큰 것은 126377자리 수 u_{604711}이다.

소수의 무한성 증명을, 이번에는 피보나치 수를 사용하여 하나 더 제시하자. 오직 유한개의 소수, 예컨대 r 개의 소수를 커지는 순서로 정렬하여 $2, 3, 5, \cdots, p_r$ 이 존재한다고 가정하자. 다음, 대응하는 피보나치 수 $u_2, u_3, u_5, \cdots, u_{p_r}$ 을 생각한다. 정리 14.3에 의하여, 이들은 둘씩 서로 소이다. $u_2 = 1$은 제외한다. 남은 $r-1$개의 수 각각은 (전부 r 개의 소수만 있으므로) 그중 한 개가 두 소인수를 가질 가능성을 제외하면, 한 개의 소수로 나누어진다. $u_{37} = 73 \cdot 149 \cdot 2221$은 세 소인수를 가지므로 모순이 발생한다.

연습문제 14.2

1. 주어진 소수 $p \neq 5$에 대하여, u_{p-1} 또는 u_{p+1}은 p로 나누어진다고 알려져 있다. 소수 7, 11, 13, 17의 경우에 이것을 확인하라.
2. $n = 1, 2, \cdots, 10$에 대하여, $5u_n^2 + 4(-1)^n$은 항상 완전제곱수임을 보여라.
3. 만일 $2 \mid u_n$이면, $4 \mid (u_{n+1}^2 - u_{n-1}^2)$이고, 유사하게 $3 \mid u_n$이면 $9 \mid (u_{n+1}^3 - u_{n-1}^3)$임을 증명하라.
4. 피보나치 수열에 대하여 다음을 증명하라.
   (a) $u_{n+3} \equiv u_n \pmod 2$이고, 따라서 $u_3, u_6, u_9, \cdots$은 모두 짝수다.
   (b) $u_{n+5} \equiv 3u_n \pmod 5$이고, 따라서 $u_5, u_{10}, u_{15}, \cdots$은 모두 5로 나누어진다.
5. 처음 n개의 피보나치 수의 제곱의 합은 공식
$$u_1^2 + u_2^2 + u_3^2 + \cdots + u_n^2 = u_n u_{n+1}$$
   으로 주어짐을 보여라.
   [*힌트*: $n \geq 2$에 대하여, $u_n^2 = u_n u_{n+1} - u_n u_{n-1}$이다.]
6. 문제 5의 등식을 이용하여, $n \geq 3$에 대하여
$$u_{n+1}^2 = u_n^2 + 3u_{n-1}^2 + 2(u_{n-2}^2 + u_{n-3}^2 + \cdots + u_2^2 + u_1^2)$$
   임을 증명하라.
7. $\gcd(u_9, u_{12})$, $\gcd(u_{15}, u_{20})$, $\gcd(u_{24}, u_{36})$의 값을 구하라.
8. u_{24}와 u_{36}을 둘 다 나누는 피보나치 수들을 찾아라.
9. $u_m \mid u_n$은 $m \mid n$과 동치라는 사실을 사용하여, 아래의 각 명제를 증명하라.
   (a) $2 \mid u_n$은 $3 \mid n$과 동치이다.
   (b) $3 \mid u_n$은 $4 \mid n$과 동치이다.
   (c) $5 \mid u_n$은 $5 \mid n$과 동치이다.
   (d) $8 \mid u_n$은 $6 \mid n$과 동치이다.
10. 만일 $\gcd(m, n) = 1$이면, 모든 $m, n \geq 1$에 대하여 $u_m u_n$은 u_{mn}을 나눔을 증명하라.
11. u_n을 u_m으로 나눌 때$(n > m)$, 나머지 r이 피보나치 수이거나 또는 $u_m - r$이 피보나치 수임을 보일 수 있다. 두 경우를 예시하는 예를 찾아라.
12. 삼각수면서 피보나치 수는 오직 다섯 개임이 1989년에 증명되었다. 그것들을 찾아라.
13. $n \geq 1$에 대하여, $2^{n-1} u_n \equiv n \pmod 5$를 증명하라.
   [*힌트*: 귀납법과 $2^n u_{n+1} = 2(2^{n-1} u_n) + 4(2^{n-2} u_{n-1})$이란 사실을 사용하라.]
14. 만일 어떤 $n \geq 4$에 대하여 $u_n < a < u_{n+1} < b < u_{n+2}$이면, 합 $a + b$는 피보나치 수가 될 수 없음을 증명하라.
15. 다음을 만족하는 양의 정수 n은 없음을 증명하라.
$$u_1 + u_2 + u_3 + \cdots + u_{3n} = 16!$$

[*힌트*: 윌슨의 정리에 의하여, 이 식은 $u_{3n+2} \equiv 0 \pmod{17}$과 동치이다. $17 \mid u_9$ 이므로 $17 \mid u_m$ 과 $9 \mid m$ 은 동치이다.]

16. 만일 3이 $n + m$ 을 나누면, $u_{n-m-1} u_n + u_{n-m} u_{n+1}$ 은 짝수임을 보여라.
17. $n \geq 1$에 대하여, n 개의 연속한 합성수인 피보나치 수들이 존재함을 증명하라.
18. $9 \mid u_{n+24}$ 와 $9 \mid u_n$ 은 동치임을 증명하라.
    [*힌트*: 식 (1)을 사용하여 $u_{n+24} \equiv u_n \pmod 9$를 증명하라.]
19. 귀납법을 사용하여 $n \geq 1$에 대하여 $u_{2n} \equiv n(-1)^{n+1} \pmod 5$임을 보여라.
20. 다음 등식을 유도하라.

$$u_{n+3} = 3u_{n+1} - u_{n-1} \qquad n \geq 2$$

    [*힌트*: 식 (1)을 적용하라.]

14.3 피보나치 수를 포함하는 몇몇 등식들

계속해서 피보나치 수를 포함하는 몇 개의 기본적인 등식을 발전시킨다. 이것들은 이 절 끝부분의 문제를 푸는 데 유용할 것이다. 가장 간단한 것 중 하나는 처음 n 개의 피보나치 수의 합은 $u_{n+2}-1$ 과 같다고 말한다. 예를 들면, 처음 8개의 피보나치 수를 모두 합하면,

$$1+1+2+3+5+8+13+21 = 54 = 55 - 1 = u_{10} - 1$$

을 얻는다. 이것은 다음의 관계식들을 더하여 얻어지는 일반적인 상황의 표본이다.

$$\begin{aligned} u_1 &= u_3 - u_2 \\ u_2 &= u_4 - u_3 \\ u_3 &= u_5 - u_4 \\ &\vdots \\ u_{n-1} &= u_{n+1} - u_n \\ u_n &= u_{n+2} - u_{n+1} \end{aligned}$$

그러면, 좌변은 처음 n 개의 피보나치 수의 합이 되는 한편, 우변에서는 항들이 두 개씩 소거되어 $u_{n+2} - u_2$ 만 남는다. 그런데 $u_2 = 1$이다. 결과적으로,

$$u_1 + u_2 + u_3 + \cdots + u_n = u_{n+2} - 1 \tag{2}$$

또 다른 기록할 만한 피보나치 수의 성질은 다음 등식이다.

$$u_n^2 = u_{n+1}u_{n-1} + (-1)^{n-1} \tag{3}$$

예컨대 $n = 6$과 $n = 7$을 택하여 예시될 수 있다. 그러면

$$u_6^2 = 8^2 = 13 \cdot 5 - 1 = u_7 u_5 - 1$$
$$u_7^2 = 13^2 = 21 \cdot 8 + 1 = u_8 u_6 + 1$$

식 (3)을 증명하려는 계획은 다음 식에서 시작한다.

$$\begin{aligned} u_n^2 - u_{n+1}u_{n-1} &= u_n(u_{n-1} + u_{n-2}) - u_{n+1}u_{n-1} \\ &= (u_n - u_{n+1})u_{n-1} + u_n u_{n-2} \end{aligned}$$

피보나치 수열을 형성하는 규칙으로부터 $u_{n+1} = u_n + u_{n-1}$ 을 알고, 그래서 괄호 안의 표현은 $-u_{n-1}$ 으로 치환되어

$$u_n^2 - u_{n+1}u_{n-1} = (-1)(u_{n-1}^2 - u_n u_{n-2})$$

이 된다. 중요한 점은, 처음에 있는 부호를 제외하면, 이 식의 우변은 첨자들이 1씩 줄어든 좌변과 같다는 것이다. 논의를 반복하면 $u^2_{n-1} - u_n u_{n-2}$ 는 $(-1)(u^2_{n-2} - u_{n-1} u_{n-3})$과 같다고 보일 수 있고, 따라서

$$u_n^2 - u_{n+1}u_{n-1} = (-1)^2(u_{n-2}^2 - u_{n-1}u_{n-3})$$

이러한 방식으로 계속한다. $n-2$단계 후에,

$$\begin{aligned} u_n^2 - u_{n+1}u_{n-1} &= (-1)^{n-2}(u_2^2 - u_3 u_1) \\ &= (-1)^{n-2}(1^2 - 2 \cdot 1) = (-1)^{n-1} \end{aligned}$$

에 도달하고 이것이 증명하려던 바다.

$n = 2k$ 에 대하여 식 (3)은 아래와 같이 된다.

$$u_{2k}^2 = u_{2k+1}u_{2k-1} - 1 \tag{4}$$

이 주제에 대하여 계속하면, 이 마지막 등식은 8 곱하기 8 정사각형에서 쪼개진 조각들을 다시 맞추어 5 곱하기 13 직사각형을 만들 수 있을 것 같은, 유명한 기하학적 속임수의 기초가 됨을 관찰할 수 있다. 이것을 이루려면, 아래 왼쪽에 보인 대로 정사각형을 네 부분으로 나누고, 오른쪽에 보인 바와 같이 재배열한다.

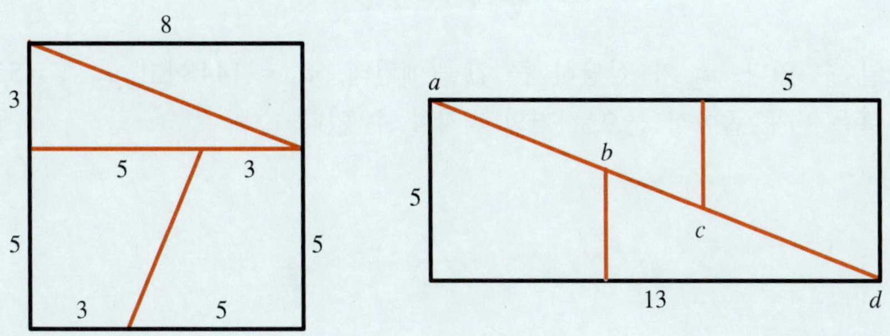

정사각형의 넓이는 $8^2 = 64$인 반면, 똑같은 구성 부품을 갖고 있는 듯한 직사각형의 넓이는 $5 \cdot 13 = 65$이므로, 넓이는 1제곱단위만큼 증가한 것처럼 보인다. 이 수수께끼는 쉽게 설명된다. 점 a, b, c, d가 모두 직사각형의 대각선에 있는 것이 아니라, 대신에 넓이가 물론 남는 1단위와 같은 평행사변형의 꼭지점을 이룬다.

앞의 건설은 변이 피보나치 수 u_{2k}와 같은 어떤 정사각형에 대하여도 구현할 수 있다. 아래 그림에서 보는 방법으로 분할하면

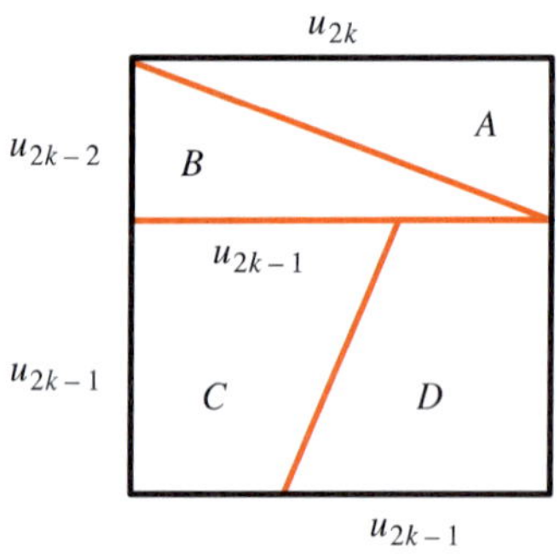

조각들을 다시 구성하여 얇은 평행사변형(우리 그림은 매우 과장되었다) 모양의 홈을 갖는 직사각형을 생산할 수 있다.

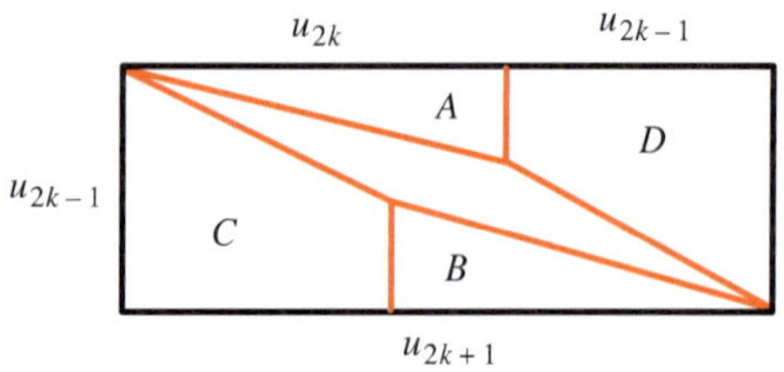

등식 $u_{2k-1}u_{2k+1} - 1 = u_{2k}^2$은, 직사각형의 넓이 빼기 평행사변형의 넓이는 정확히 원래 정사각형의 넓이와 같음을 말하는 것으로 해석될 수 있다. 평행사변형의 높이 – 홈의 가장 폭넓은 지점의 너비 – 는

$$\frac{1}{\sqrt{u_{2k}^2 + u_{2k-2}^2}}$$

임을 보일 수 있다. u_{2k}가 상당히 큰 값을(예컨대, $u_{2k} = 144$이고 $u_{2k-2} = 55$) 가질 때에도, 홈은 너무 좁아서 눈으로 거의 지각할 수 없다.

처음 50개의 피보나치 수

u_1	1	u_{26}	121393
u_2	1	u_{27}	196418
u_3	2	u_{28}	317811
u_4	3	u_{29}	514229
u_5	5	u_{30}	832040
u_6	8	u_{31}	1346269
u_7	13	u_{32}	2178309
u_8	21	u_{33}	3524578
u_9	34	u_{34}	5702887
u_{10}	55	u_{35}	9227465
u_{11}	89	u_{36}	14930352
u_{12}	144	u_{37}	24157817
u_{13}	233	u_{38}	39088169
u_{14}	377	u_{39}	63245986
u_{15}	610	u_{40}	102334155
u_{16}	987	u_{41}	165580141
u_{17}	1597	u_{42}	267914296
u_{18}	2584	u_{43}	433494437
u_{19}	4181	u_{44}	701408733
u_{20}	6765	u_{45}	1134903170
u_{21}	10946	u_{46}	1836311903
u_{22}	17711	u_{47}	2971215073
u_{23}	28657	u_{48}	4807526976
u_{24}	46368	u_{49}	7778742049
u_{25}	75025	u_{50}	12586269025

제곱수라 알려진 피보나치 수가 오직 3개($u_1 = u_2 = 1$, $u_{12} = 12^2$), 세제곱수인 것이 오직 3개($u_1 = u_2 = 1$, $u_6 = 2^3$) 있다. 5개는 삼각수이다. 즉 $u_1 = u_2 = 1$, $u_4 = 3$, $u_8 = 21$, 그리고 $u_{10} = 55$이다. 또한 어떤 피보나치 수도 완전하지 않다.

다음에 증명할 결과는, 모든 양의 정수는 서로 다른 피보나치 수의 합으로 쓸 수 있다는 것이다. 예를 들어, 처음 몇 개의 양의 정수를 보면

$$
\begin{aligned}
1 &= u_1 & 5 &= u_5 = u_4 + u_3 \\
2 &= u_3 & 6 &= u_5 + u_1 = u_4 + u_3 + u_1 \\
3 &= u_4 & 7 &= u_5 + u_3 = u_4 + u_3 + u_2 + u_1 \\
4 &= u_4 + u_1 & 8 &= u_6 = u_5 + u_4
\end{aligned}
$$

각 정수 $1, 2, 3, \cdots, u_n - 1$이 집합 $\{u_1, u_2, \cdots, u_{n-2}\}$의 수들의 어느 것도 반복해서 사용되지 않는 합임을 $n > 2$에 대한 귀납법으로 보이면 충분할 것이다. $n = k$에 대하여 이것이 성립한다고 가정하고, $u_k - 1 < N < u_{k+1}$인 N을 택한다. $N - u_{k-1} < u_{k+1} - u_{k-1} = u_k$이므로, 정수 $N - u_{k-1}$은 $\{u_1, u_2, \cdots, u_{k-2}\}$의 서로 다른 수들의 합으로 표현됨을 안다. 그러면 N은 집합 $\{u_1, u_2, \cdots, u_{k-2}, u_{k-1}\}$의 수들의 (반복 없는) 합으로 표현되고, 따라서 각 정수 $1, 2, 3, \cdots, u_{k+1} - 1$도 그렇다. 이것으로 귀납법의 단계가 완성된다.

피보나치 수열의 연속한 두 원소가 결합하여 다음 원소를 제공하므로, 정수의 표현에서 연속한 피보나치 수를 갖는 것은 불필요하다. 그러므로 가능하면 언제나

$u_k + u_{k-1}$을 u_{k+1}로 치환한다. u_1을 사용할 가능성을 무시하면(u_2 도 역시 1이란 값을 가지므로) 표현에서 나타나는 가장 작은 피보나치 수는 u_2 이거나 u_3 이다. 우리는 제켄도르프 표현으로 알려진 결과에 이르렀다.

정리 14.4 Theorem 어떤 양의 정수 N도 서로 다른, 어느 두 개도 연속하지 않는 피보나치 수들의 합으로 표현될 수 있다. 즉,

$$N = u_{k_1} + u_{k_2} + \cdots + u_{k_r}$$

여기서 $k_1 \geq 2$ 이고, $j = 1, 2, \cdots, r-1$ 에 대하여 $k_{j+1} \geq k_j + 2$ 이다.

$u_r < N < u_{r+1}$ 인 정수 N을 연속하지 않은 피보나치 수들의 합으로 표현할 때, 정수 u_r 은 분명히 나타나야 한다. 만약 그 표현이 u_r을 포함하지 않는다면, 허용된 모든 피보나치 수들을 사용해도 그 합이 N에 미치지 못할 것이다. 왜냐하면 r이 짝수, 예컨대 $r = 2s$ 일 때, 우리는 쉽게 등식

$$u_3 + u_5 + u_7 + \cdots + u_{2s-1} = u_{2s} - 1 = u_r - 1$$

을 증명하는 한편, r이 홀수, 예컨대 $r = 2s + 1$이면,

$$u_2 + u_4 + u_6 + \cdots + u_{2s} = u_{2s+1} - 1 = u_r - 1$$

이기 때문이다.

어느 경우에든, 생기는 합은 N보다 작다. 다른 제켄도르프 표현에서는 $u_r - 1$에 이르는 충분히 큰 합을 갖지 못한다.

간단한 예를 보이기 위해, $N = 50$ 을 고른다. 여기서 $u_9 < 50 < u_{10}$ 이고 제켄도르프 표현은

$$50 = u_4 + u_7 + u_9$$

1843년 프랑스 수학자 비네(Jacques-Philippe-Marie Binet, 1786~1856)는 u_n 을 정수 n 으로 표현하는 공식을 발견했다.

$$u_n = \frac{1}{\sqrt{5}}\left[\left(\frac{1+\sqrt{5}}{2}\right)^n - \left(\frac{1-\sqrt{5}}{2}\right)^n\right]$$

이 공식은 이차 방정식 $x^2 - x - 1 = 0$ 의 두 근

$$\alpha = \frac{1+\sqrt{5}}{2} \qquad \text{그리고} \qquad \beta = \frac{1-\sqrt{5}}{2}$$

를 생각하여 얻어진다. 이 방정식의 근으로서, 이들은 다음을 만족해야 한다.

$$\alpha^2 = \alpha + 1 \qquad \text{그리고} \qquad \beta^2 = \beta + 1$$

이 관계식의 첫 번째에 α^n을, 두 번째에 β^n을 곱하면, 그 결과는

$$\alpha^{n+2} = \alpha^{n+1} + \alpha^n \quad \text{그리고} \quad \beta^{n+2} = \beta^{n+1} + \beta^n$$

첫 번째 식에서 두 번째를 빼고, $\alpha - \beta$로 나누면 다음을 얻는다.

$$\frac{\alpha^{n+2} - \beta^{n+2}}{\alpha - \beta} = \frac{\alpha^{n+1} - \beta^{n+1}}{\alpha - \beta} + \frac{\alpha^n - \beta^n}{\alpha - \beta}$$

$H_n = (\alpha^n - \beta^n) / (\alpha - \beta)$이라 놓으면, 앞의 식은 간단히

$$H_{n+2} = H_{n+1} + H_n \qquad n \geq 1$$

로 다시 쓸 수 있다. 이제 α와 β에 대한 몇 가지 사실을 주목한다.

$$\alpha + \beta = 1 \qquad \alpha - \beta = \sqrt{5} \qquad \alpha\beta = -1$$

그러므로

$$H_1 = \frac{\alpha - \beta}{\alpha - \beta} = 1 \qquad H_2 = \frac{\alpha^2 - \beta^2}{\alpha - \beta} = \alpha + \beta = 1$$

이 모든 것이 의미하는 바는 수열 $H_1, H_2, H_3, \cdots$ 이 바로 피보나치 수열이란 것이고, 따라서

$$u_n = \frac{\alpha^n - \beta^n}{\alpha - \beta} \qquad n \geq 1$$

비네 공식(*Binet formula*)으로 알려진, 이상하게 보이는 u_n 에 대한 이 공식의 도움으로 피보나치 수와 관련된 많은 결과를 편리하게 유도하는 것이 가능하다. 예를 들어, 다음을 보이자.

$$u_{n+2}^2 - u_n^2 = u_{2n+2}$$

먼저, $\alpha\beta = -1$을 상기하면, 즉각적인 결과로 $k \geq 1$ 에 대하여 $(\alpha\beta)^{2k} = 1$임을 얻는다. 그러면

$$\begin{aligned} u_{n+2}^2 - u_n^2 &= \left(\frac{\alpha^{n+2} - \beta^{n+2}}{\alpha - \beta}\right)^2 - \left(\frac{\alpha^n - \beta^n}{\alpha - \beta}\right)^2 \\ &= \frac{\alpha^{2(n+2)} - 2 + \beta^{2(n+2)}}{(\alpha - \beta)^2} - \frac{\alpha^{2n} - 2 + \beta^{2n}}{(\alpha - \beta)^2} \\ &= \frac{\alpha^{2(n+2)} + \beta^{2(n+2)} - \alpha^{2n} - \beta^{2n}}{(\alpha - \beta)^2} \end{aligned}$$

이제 분자의 표현을 다음과 같이 다시 쓸 수 있다.

$$\alpha^{2(n+2)} - (\alpha\beta)^2\alpha^{2n} - (\alpha\beta)^2\beta^{2n} + \beta^{2(n+2)} = (\alpha^2 - \beta^2)(\alpha^{2n+2} - \beta^{2n+2})$$

그리하여, 다음을 얻는다.

$$\begin{aligned} u_{n+2}^2 - u_n^2 &= \frac{(\alpha^2 - \beta^2)(\alpha^{2n+2} - \beta^{2n+2})}{(\alpha - \beta)^2} \\ &= (\alpha + \beta)\left(\frac{\alpha^{2n+2} - \beta^{2n+2}}{\alpha - \beta}\right) \\ &= 1 \cdot u_{2n+2} = u_{2n+2} \end{aligned}$$

비네 공식의 유용성을 보여 주는 두 번째 예로, 관계식 $u_{2n+1}u_{2n-1} - 1 = u_{2n}^2$ 을 다시 한 번 유도하자. 먼저, 다음을 계산한다.

$$\begin{aligned} u_{2n+1}u_{2n-1} - 1 &= \left(\frac{\alpha^{2n+1} - \beta^{2n+1}}{\sqrt{5}}\right)\left(\frac{\alpha^{2n-1} - \beta^{2n-1}}{\sqrt{5}}\right) - 1 \\ &= \frac{1}{5}(\alpha^{4n} + \beta^{4n} - (\alpha\beta)^{2n-1}\alpha^2 - (\alpha\beta)^{2n-1}\beta^2 - 5) \\ &= \frac{1}{5}(\alpha^{4n} + \beta^{4n} + (\alpha^2 + \beta^2) - 5) \end{aligned}$$

$\alpha^2 + \beta^2 = 3$이므로, 마지막 표현은

$$\begin{aligned} \frac{1}{5}(\alpha^{4n} + \beta^{4n} - 2) &= \frac{1}{5}(\alpha^{4n} + \beta^{4n} - 2(\alpha\beta)^{2n}) \\ &= \left(\frac{\alpha^{2n} - \beta^{2n}}{\sqrt{5}}\right)^2 = u_{2n}^2 \end{aligned}$$

이 되어, 원하는 등식을 얻는다.

비네 공식은 또한 피보나치 수의 값을 얻는 데 사용될 수 있다. 부등식 $0 < |\beta| < 1$은 $n \geq 1$에 대하여 $|\beta^n| = |\beta|^n < 1$임을 뜻한다. 그러므로

$$\begin{aligned} \left|u_n - \frac{\alpha^n}{\sqrt{5}}\right| &= \left|\frac{\alpha^n - \beta^n}{\sqrt{5}} - \frac{\alpha^n}{\sqrt{5}}\right| \\ &= \frac{|\beta^n|}{\sqrt{5}} < \frac{1}{\sqrt{5}} < \frac{1}{2} \end{aligned}$$

이고, 이것은 u_n이 $\frac{\alpha^n}{\sqrt{5}}$에 가장 가까운 정수임을 보여준다. 예를 들어, $\frac{\alpha^{14}}{\sqrt{5}} \approx 377.0005$는 피보나치 수 $u_{14} = 377$임을 알려 준다. 유사하게, $\frac{\alpha^{15}}{\sqrt{5}} \approx 609.9996$이므로 $u_{15} = 610$이다. 우리 결과는 u_n이 $\frac{\alpha^n}{\sqrt{5}} + \frac{1}{2}$을 넘지 않는 최대 정수, 또는 최대 정수 함수로 표현하면

$$u_n = \left[\frac{\alpha^n}{\sqrt{5}} + \frac{1}{2}\right] \quad n \geq 1$$

임을 말하는 것으로 볼 수 있다.

이 절을 피보나치 수의 소인수에 관한 두 정리로 마친다. 첫 번째는 모든 소수는 어떤 피보나치 수를 나눈다는 것을 보여 준다. $2 \mid u_3$, $3 \mid u_4$, $5 \mid u_5$ 이므로, $p > 5$인 소수만 고려해도 충분하다.

정리 14.5 Theorem

소수 $p > 5$에 대하여, $p \mid u_{p-1}$ 이거나 또는 $p \mid u_{p+1}$ 이지만 둘이 동시에 성립하지 않는다.

증명. 비네 공식에 의하여, $u_p = (\alpha^p - \beta^p)/\sqrt{5}$ 이다. α와 β의 p 제곱을 이항정리에 의하여 전개하면, 다음을 얻는다.

$$\begin{aligned} u_p &= \frac{1}{2^p\sqrt{5}}\left[1 + \binom{p}{1}\sqrt{5} + \binom{p}{2}5 + \binom{p}{3}5\sqrt{5} + \cdots + \binom{p}{p}5^{(p-1)/2}\sqrt{5}\right] \\ &\quad - \frac{1}{2^p\sqrt{5}}\left[1 - \binom{p}{1}\sqrt{5} + \binom{p}{2}5 - \binom{p}{3}5\sqrt{5} + \cdots - \binom{p}{p}5^{(p-1)/2}\sqrt{5}\right] \\ &= \frac{1}{2^{p-1}}\left[\binom{p}{1} + \binom{p}{3}5 + \binom{p}{5}5^2 + \cdots + \binom{p}{p}5^{(p-1)/2}\right] \end{aligned}$$

$1 \le k \le p-1$에 대하여, $\binom{p}{k} \equiv 0 \pmod{p}$이고 $2^{p-1} \equiv 1 \pmod{p}$임을 기억하라. 이 사실로부터 우리는 u_p 에 대한 표현을 간단히

$$u_p \equiv 2^{p-1}u_p \equiv \binom{p}{p}5^{(p-1)/2} = 5^{(p-1)/2} \pmod{p}$$

로 쓸 수 있다. 그러면 정리 9.2에서 $u_p \equiv (5/p) \equiv \pm 1 \pmod{p}$, 따라서 $u_p^2 \equiv 1 \pmod{p}$를 얻는다. 마지막 마무리는, 익숙한 등식 $u_p^2 = u_{p-1}u_{p+1} + (-1)^{p-1}$을 모듈로 p 에 대한 합동식으로 다루어 그것을 $u_{p-1}u_{p+1} \equiv 0 \pmod{p}$로 바꾸는 것이다. 그런데 이것이 바로 u_{p-1}과 u_{p+1} 중 하나가 p 로 나누어진다는 말이다. $\gcd(p-1,\ p+1) = 2$ 이므로 정리 14.3은

$$\gcd(u_{p-1}, u_{p+1}) = u_2 = 1$$

을 알려 주고, 정리가 증명되었다.

$p-1$ 또는 $p+1$이 반드시 p 로 나누어지는 피보나치 수의 가장 작은 첨자는 아님을 지적하여야 한다. 예를 들어, $13 \mid u_{14}$ 이지만 또한 $13 \mid u_7$ 이다.

u_{p-1} 또는 u_{p+1} 의 나누기 특성에 대하여 생각해보았으니, 다음은 u_p (p는 소수)에 관심을 돌리자. 물론, $u_5 = 5$ 와 $u_7 = 13$처럼 u_p 자신이 소수일 수 있다. 어떤 u_p 의 합성수 특성을 다루는 몇 개의 결과가 있다. 그중 하나로 이 절을 마친다.

정리 14.6 Theorem

$p \ge 7$은 $p \equiv 2 \pmod{5}$이거나 $p \equiv 4 \pmod{5}$인 소수라 하자. 만일 $2p-1$도 역시 소수이면, $2p-1 \mid u_p$ 이다.

증명. p는 어떤 k에 대하여 $5k+2$ 형태라 가정하자. 먼저 공식 $u_p = (\alpha^p - \beta^p)/\sqrt{5}$을 제곱하고, 이항정리에 의하여 α^{2p}와 β^{2p}를 전개하여

$$5u_p^2 = \frac{1}{2^{2p-1}}\left[1 + \binom{2p}{2}5 + \binom{2p}{4}5^2 + \ldots + \binom{2p}{2p}5^p\right] + 2$$

를 얻는다. $2 \le k < 2p - 1$에 대하여 $\binom{2p}{k} \equiv 0 \pmod{2p-1}$인 한편, $2p-1$이 소수이므로 $2^{2p-1} \equiv 2 \pmod{2p-1}$이다. 이것은 u_p^2에 대한 표현을

$$2\cdot 5\cdot u_p^2 \equiv (1+5^p)+4 \pmod{2p-1}$$

또는 간단히 $2u_p^2 \equiv 1+5^{p-1} \pmod{2p-1}$로 줄여준다. 이제

$$5^{p-1} = 5^{(2p-2)/2} \equiv (5/2p-1) \pmod{2p-1}$$

정리 9.9와 9.10으로부터

$$(5/2p-1) = (2p-1/5) = (10k+3/5) = (3/5) = -1$$

을 쉽게 볼 수 있다. 마지막으로, $2u_p^2 \equiv 1+(-1) \equiv 0 \pmod{2p-1}$에 이르고, 여기로부터 $2p-1$은 u_p를 나눈다고 결론 내릴 수 있다. $p \equiv 4 \pmod 5$인 경우는, $(2/5) = -1$에 유의하여 똑같은 방법으로 다루어질 수 있다.

$u_{19} = 37\cdot 113$, $19 \equiv 4 \pmod 5$, 그리고 $u_{37} = 73\cdot 330929$, $37 \equiv 2 \pmod 5$ 을 예제로 언급한다.

연구를 위해 피보나치 수는 계속적인 문제의 원천을 제공한다. 여기 최근의 결과가 있다. 두 계승의 합이 되는 가장 큰 피보나치 수는 $u_{12} = 144 = 4!+5!$이다. 또 다른 결과는, 피보나치 수 중에 제곱수는 오직 $u_1 = 1$과 $u_{12} = 12^2$뿐이고, 다른 거듭제곱수는 $u_6 = 2^3$뿐이라는 것이다.

연습문제 14.3

1. 양의 정수 n에 대한 귀납법을 사용하여, 다음 공식을 증명하라.
   (a) $u_1 + 2u_2 + 3u_3 + \cdots + nu_n = (n+1)u_{n+2} - u_{n+4} + 2$
   (b) $u_2 + 2u_4 + 3u_6 + \cdots + nu_{2n} = nu_{2n+1} - u_{2n}$
2. (a) 홀수 첨수를 갖는 처음 n개의 피보나치 수의 합은 다음 공식에 의해 주어짐을 보여라.

$$u_1 + u_3 + u_5 + \cdots + u_{2n-1} = u_{2n}$$

   [*힌트*: 등식 $u_1 = u_2$, $u_3 = u_4 - u_2$, $u_5 = u_6 - u_4$, $\cdots$을 합하라.]

   (b) 짝수 첨수를 갖는 처음 n개의 피보나치 수의 합은 다음 공식에 의해 주어짐을 보여라.

$$u_2 + u_4 + u_6 + \cdots + u_{2n} = u_{2n+1} - 1$$

   [*힌트*: 식 (2)의 등식과 함께 (a)를 적용하라.]

   (c) 처음 $n \geq 2$개의 피보나치 수의 교대 합에 대한 다음의 표현을 유도하라.

$$u_1 - u_2 + u_3 - u_4 + \cdots + (-1)^{n+1}u_n = 1 + (-1)^{n+1}u_{n-1}$$

3. 식 (1)로부터 다음을 유도하라.

$$u_{2n-1} = u_n^2 + u_{n-1}^2 \qquad u_{2n} = u_{n+1}^2 - u_{n-1}^2 \qquad n \geq 2$$

4. 문제 3의 결과를 사용하여 다음 등식을 얻어라.
   (a) $u_{n+1}^2 + u_{n-2}^2 = 2u_{2n-1}, n \geq 3$
   (b) $u_{n+2}^2 + u_{n-1}^2 = 2(u_n^2 + u_{n+1}^2), n \geq 2$
5. 공식

$$u_n u_{n-1} = u_n^2 - u_{n-1}^2 + (-1)^n$$

   은 $n \geq 2$에 대하여 성립함을 증명하고, 이것을 사용하여 연속한 피보나치 수는 서로 소임을 말하라.
6. 귀납법에 의존하지 않고, 다음 등식을 유도하라.
   (a) $u_{n+1}^2 - 4u_n u_{n-1} = u_{n-2}^2, n \geq 3$
   [*힌트*: 먼저, 두 식 $u_{n-2} = u_n - u_{n-1}$과 $u_{n+1} = u_n + u_{n-1}$을 제곱하라.]
   (b) $u_{n+1}u_{n-1} - u_{n+2}u_{n-2} = 2(-1)^n, n \geq 3$
   [*힌트*: $u_{n+2} = u_{n+1} + u_n$, $u_{n-2} = u_n - u_{n-1}$이라 놓고, 식 (3)을 사용하라.]
   (c) $u_n^2 - u_{n+2}u_{n-2} = (-1)^n, n \geq 3$
   [*힌트*: 식 (3)의 증명을 모방하라.]
   (d) $u_n^2 - u_{n+3}u_{n-3} = 4(-1)^{n+1}, n \geq 4$
   (e) $u_n u_{n+1} u_{n+3} u_{n+4} = u_{n+2}^4 - 1, n \geq 1$
   [*힌트*: (c)에 의하여 $u_{n+4} u_n = u_{n+2}^2 + (-1)^{n+1}$인 반면, 식 (3)에 의하여 $u_{n+1} u_{n+3} = u_{n+2}^2 + (-1)^{n+2}$이다.]
7. 정수 50, 75, 100, 125를 서로 다른 피보나치 수의 합으로 표현하라.
8. 모든 양의 정수는 수열 $u_2, u_3, u_4, \cdots$ (즉, u_1이 생략된 피보나치 수열)의 서로 다른 항의 합으로 쓸 수 있음을 증명하라.
9. 등식

$$(u_n u_{n+3})^2 + (2u_{n+1}u_{n+2})^2 = (u_{2n+3})^2 \qquad n \geq 1$$

   을 증명하고, 이것을 사용하여 5개의 원시적 피타고라스 삼중쌍을 생성하라.
10. 임의의 4개의 연속한 피보나치 수의 곱 $u_n u_{n+1} u_{n+2} u_{n+3}$은 피타고라스 삼각형의 넓이와 같음을 증명하라.
    [*힌트*: 앞의 문제를 보라.]
11. 피보나치 수에 대한 비네 공식으로부터 다음 관계식을 유도하라.

$$u_{2n+2}u_{2n-1} - u_{2n}u_{2n+1} = 1 \qquad n \geq 1$$

12. $n \geq 1$에 대하여, 곱 $u_{2n-1} u_{2n+5}$는 두 제곱수의 합으로 표현될 수 있음을 보여라.
    [*힌트*: 문제 6(d)]
13. (a) 만일 $p = 4k + 3$이 소수이면, p는 홀수 첨수를 갖는 피보나치 수를 나눌 수 없음, 즉 모든 $n \geq 1$에 대하여 $p \nmid u_{2n-1}$임을 증명하라.
    [*힌트*: 반대의 경우에는, $u_n^2 + u_{n-1}^2 = u_{2n-1} \equiv 0 \pmod{p}$이다. 5.3절의 문제 12를 보라.]

(b) (a)로부터, $4k+1$ 형태의 소수가 무한히 많다고 결론 내려라.

[힌트: $p>5$가 소수일 때 수열 $\{u_p\}$를 생각하라.]

14. 짝수 첨수를 갖는 3개의 연속한 피보나치 수의 곱 $u_{2n}u_{2n+2}u_{2n+4}$은 3개의 연속한 정수의 곱임을 증명하라. 예를 들면, $u_4 u_6 u_8 = 504 = 7 \cdot 8 \cdot 9$이다.

[힌트: 먼저 $u_{2n}u_{2n+4} = u^2_{2n+1} - 1$을 보여라.]

15. 식 (1)과 (2)를 사용하여, 임의의 20개의 연속한 피보나치 수의 합은 u_{10}으로 나누어짐을 보여라.

16. $n \geq 4$에 대하여, $u_n + 1$은 소수가 아님을 증명하라.

[힌트: 다음 등식들을 증명하면 충분하다.]

$$u_{4k}+1 = u_{2k-1}(u_{2k}+u_{2k+2})$$
$$u_{4k+1}+1 = u_{2k+1}(u_{2k-1}+u_{2k+1})$$
$$u_{4k+2}+1 = u_{2k+2}(u_{2k+1}+u_{2k-1})$$
$$u_{4k+3}+1 = u_{2k+1}(u_{2k+1}+u_{2k+3})$$

17. *뤼까 수*(*Lucas number*)는 피보나치 수와 같은 점화식

$$L_n = L_{n-1} + L_{n-2} \qquad n \geq 3$$

으로 정의되지만, $L_1 = 1$이고 $L_2 = 3$이다. 이것은 수열 1, 3, 4, 7, 11, 18, 29, 47, 76, 123, 199, 322, …을 만든다. 뤼까 수에 대하여 아래의 각 등식을 유도하라.

(a) $L_1 + L_2 + L_3 + \cdots + L_n = L_{n+2} - 3, n \geq 1$

(b) $L_1 + L_3 + L_5 + \cdots + L_{2n-1} = L_{2n} - 2, n \geq 1$

(c) $L_2 + L_4 + L_6 + \cdots + L_{2n} = L_{2n+1} - 1, n \geq 1$

(d) $L_n^2 = L_{n+1}L_{n-1} + 5(-1)^n, n \geq 2$

(e) $L_1^2 + L_2^2 + L_3^2 + \cdots + L_n^2 = L_nL_{n+1} - 2, n \geq 1$

(f) $L_{n+1}^2 - L_n^2 = L_{n-1}L_{n+2}, n \geq 2$

18. 피보나치 수와 뤼까 수 사이의 다음 관계식을 증명하라.

(a) $L_n = u_{n+1} + u_{n-1} = u_n + 2u_{n-1}, n \geq 2$

[힌트: n에 대한 귀납법으로 논의하라.]

(b) $L_n = u_{n+2} - u_{n-2}, n \geq 3$

(c) $u_{2n} = u_nL_n, n \geq 1$

(d) $L_{n+1} + L_{n-1} = 5u_n, n \geq 2$

(e) $L_n^2 = u_n^2 + 4u_{n+1}u_{n-1}, n \geq 2$

(f) $2u_{m+n} = u_mL_n + L_mu_n, m \geq 1, n \geq 1$

(g) $\gcd(u_n, L_n) = 1$ 또는 $2, n \geq 1$

19. $\alpha = (1+\sqrt{5})/2$이고 $\beta = (1-\sqrt{5})/2$일 때, 뤼까 수에 대한 비네 공식

$$L_n = \alpha^n + \beta^n \qquad n \geq 1$$

을 얻어라.

20. 뤼까 수에 대하여, 다음 결과들을 귀납법에 의지하지 않고 증명하라.
   (a) $L_n^2 = L_{2n} + 2(-1)^n, n \geq 1$
   (b) $L_n L_{n+1} - L_{2n+1} = (-1)^n, n \geq 1$
   (c) $L_n^2 - L_{n-1}L_{n+1} = 5(-1)^n, n \geq 2$
   (d) $L_{2n} + 7(-1)^n = L_{n-2}L_{n+2}, n \geq 3$
21. 비네 공식을 사용하여 아래 관계식을 얻어라.
   (a) $L_n^2 - 5u_n^2 = 4(-1)^n, n \geq 1$
   (b) $L_{2n+1} = 5u_n u_{n+1} + (-1)^n, n \geq 1$
   (c) $L_n^2 - u_n^2 = 4u_{n-1}u_{n+1}, n \geq 2$
   (d) $L_m L_n + 5u_m u_n = 2L_{m+n}, m \geq 1, n \geq 1$
22. 뤼까 수 L_4, L_8, L_{16}, L_{32}, $\cdots$는 모두 마지막 자릿수 7을 갖는다. 즉, $n \geq 2$ 에 대하여 $L_{2^n} \equiv 7 \pmod{10}$임을 보여라.
   [*힌트*: 정수 n 에 대한 귀납법을 사용하고 공식 $L_n^2 = L_{2n} + 2(-1)^n$에 호소하라.]
23. 1876년에 뤼까는 피보나치 수를 이항 계수로 나타내는 다음 공식을 발견했다.

$$u_n = \binom{n-1}{0} + \binom{n-2}{1} + \binom{n-3}{2} + \cdots + \binom{n-j}{j-1} + \binom{n-j-1}{j}$$

   여기서 j 는 $(n-1)/2$보다 작거나 같은 가장 큰 정수다. 이 결과를 유도하라.
   [*힌트*: 관계식 $u_n = u_{n-1} + u_{n-2}$를 사용하여, 귀납법으로 논의하라. 또한 다음을 주목하라.]

$$\binom{m}{k} = \binom{m-1}{k} + \binom{m-1}{k-1}$$

24. $n \geq 1$에 대하여 다음을 증명하라.
   (a) $\binom{n}{1}u_1 + \binom{n}{2}u_2 + \binom{n}{3}u_3 + \cdots + \binom{n}{n}u_n = u_{2n}$
   (b) $-\binom{n}{1}u_1 + \binom{n}{2}u_2 - \binom{n}{3}u_3 + \cdots + (-1)^n\binom{n}{n}u_n = -u_n$
   [*힌트*: u_n 에 대한 비네 공식을, 그리고 이항정리를 사용하라.]
25. 24는 임의의 24개의 연속한 피보나치 수의 합을 나눔을 증명하라.
   [*힌트*: 다음 등식을 생각하라.]

$$u_n + u_{n+1} + \cdots + u_{n+k-1} = u_{n-1}(u_{k+1} - 1) + u_n(u_{k+2} - 1)$$

26. $n \geq 2$이고 $m = n^{13} - n$ 이라 하자. u_m은 30290으로 나누어짐을 보여라.
   [*힌트*: 7.3절의 문제 1(b)를 보라.]
27. $n \geq 1$에 대하여, 비율 u_{n+1}/u_n 의 수열은 극한값으로 α로 접근한다. 즉,

$$\lim_{n\to\infty} \frac{u_{n+1}}{u_n} = \alpha = \frac{1+\sqrt{5}}{2}$$

   를 증명하라.

[*힌트*: 관계식 $u_k = \frac{\alpha^k}{\sqrt{5}} + \delta_k$를 이용하라. 단, 모든 $k \geq 1$에 대하여 $|\delta_k| < \frac{1}{2}$이다.]

28. 다음 두 주장을 증명하라.

(a) 만일 p가 $5k \pm 2$ 형태의 소수이면, $p \mid u_{p+1}$이다.

[*힌트*: u_p를 u_{p+1}로 치환하고 정리 14.5의 논의를 모방하라.]

(b) 만일 p가 $5k \pm 1$ 형태의 소수이면, $p \mid u_{p-1}$이다.

CHAPTER 15

연분수

Continued Fractions

수학자는 화가나 시인처럼 패턴을 만드는 사람이다. 만일 그의 패턴이 그들의 것보다 더 영구적이라면 그것은 개념으로 만들어졌기 때문이다.

하디(G.H. HARDY)

15.1 스리니바사 라마누잔

종종 인도에서 놀라운 능력의 수학자들이 배출되었으나, 스리니바사 라마누잔(Srinivasa Ramanujan, 1887~1920)은 일반적으로 인도의 가장 위대한 천재로 생각되어 왔다. 그는 마드라스 근처의 에로데라는 남부 인도의 마을에서 옷감가게 점원의 아들로 태어났다. 그는 15세 혹은 16세의 나이에 카(Carr)의 「순수수학개요」를 빌려, 수학에 대한 외골수 연구를 시작했다. 이 평범하지 않은 책은 거의 증명 없이 6,000개가 넘는 정리의 서술을 담고 있다. 라마누잔은 책에 있는 모든 공식을 도움 없이 증명하는 일에 착수했다. 1903년 그는 마드라스 대학교에서 장학금을 획득하였으나, 수학을 너무 좋아하여 다른 과목들을 등한시한 나머지 일 년 후에 박탈당했다. 그는 실망하여 대학을 중퇴하고, 그 후 몇 년 동안 가난하고 실직인 상태로 시골 지방을 떠돌았다. 결혼 후 정기적인 생계를 찾을 수밖에 없어, 라마누잔은 마드라스항구은행에 행원 자리를 얻었는데(1912년), 이 직업은 그에게 수학 연구를 계속할 충분한 시간을 주었다. 1911년에 자신의 첫 번째 논문을, 다음 해에 두 편 더 발표한 후, 그는 차츰 인정을 받았다.

영향력 있는 친구들의 권유로, 라마누잔은 당시에 유력한 영국의 순수수학자 하디와 서신 왕래를 시작했다. 어떤 것은 확실히 증명되고 다른 것들은 추측일 뿐인, 모두 120개의 정리 목록이 하디에게 보낸 편지에 덧붙여졌다. 어리둥절한 채 이것을 검토하고, 하디는 결론을 내렸다. “이것은 최고로 우수한 수학자가 쓴 것이 틀림없다.

Srinivasa Ramanujan
(1887~1920)

(Trinity College Library, Cambridge)

이것들은 참이어야 한다. 만일 참이 아니라면 그것들을 만들어 낼 만한 상상력을 가진 사람은 없기 때문이다." 하디는 즉시 라마누잔을, 이미 탁월하지만 훈련되지 않은 수학적 재능을 발전시키도록 케임브리지 대학교로 초청했다. 그때까지 라마누잔은 현대 유럽 수학과 거의 완전히 격리되어 작업해 왔다.

특별 장학금을 받고, 라마누잔은 1914년 4월에 케임브리지에 도착했다. 거기서 하디와 협력하여 최상의 업적을 내며 3년간 방해 없이 활동했다. 하디는 마드라스 대학교에 보낸 편지에서 "그는 어떤 인도 사람도 전에 누려보지 못한 과학적 지위와 명성을 얻고 인도로 돌아갈 것이다."라고 말했다. 그렇지만 1917년 라마누잔은 불치의 병에 걸렸다. 그의 병은 당시에 결핵으로 진단되었지만 현재에는 심한 비타민 결핍증이었던 것으로 생각된다. (자신의 음식을 전부 조리했던 엄격한 채식주의자 라마누잔은 전쟁으로 배급제하의 영국에서 적절한 식사를 유지하기 어려웠다.) 1919년 초 바다가 여행하기에 안전하다고 여겨졌을 때, 그는 인도로 돌아갔다. 병상에 누워 극도의 고통 속에서 라마누잔은 수학을 계속했다. 그는 그다음 해 4월 32세의 나이로 죽었다.

분할 이론은 하디-라마누잔 공동작업의 뛰어난 성공 예 중 하나다. 양의 정수 n의 *분할*(partition)은, 합인자의 순서에 상관없이 n을 양의 정수의 합으로 쓰는 방법이다. 예를 들어 정수 5는 일곱 가지 방법으로 분할될 수 있다: $5,\ 4+1,\ 3+2,\ 3+1+1,\ 2+2+1,\ 2+1+1+1,\ 1+1+1+1+1$. $p(n)$은 n의 분할의 전체 개수를 표시한다고 하면, 처음 여섯 개의 양의 정수에 대한 $p(n)$의 값은 $p(1)=1$, $p(2)=2$, $p(3)=3$, $p(4)=5$, $p(5)=7$ 그리고 $p(6)=11$이다. 실제 계산은 분할 함수 $p(n)$이 n에 따라 매우 급격히 증가함을 보여준다. 예를 들면, $p(200)$은

$$p(200) = 3972999029388$$

과 같은 엄청난 값을 갖는다.

비록 $p(n)$에 대한 간단한 공식은 존재하지 않지만, 그 크기의 일반적인 정도를 보여주는 근사 공식을 찾을 수 있다. 1918년 하디와 라마누잔은 수론의 걸작 중 하나로 생각되는 것을 증명했다. 즉, 큰 n에 대하여 분할 함수는 관계식

$$p(n) \approx \frac{e^{c\sqrt{n}}}{4n\sqrt{3}}$$

을 만족한다. 여기서 상수 $c = \pi\,(2/3)^{1/2}$ 이다. $n = 200$에 대하여, 앞의 관계식의 우변은 대략 $4 \cdot 10^{12}$이고, 이것은 $p(200)$의 실제 값에 놀라울 정도로 가깝다.

하디와 라마누잔은 상당히 더 많은 것을 증명했다. 그들은 임의의 양의 정수 n에 대하여 $p(n)$을 정확히 계산하는 데 사용될 수 있는 $p(n)$에 대한 매우 복잡한 무한급수를 얻었다. $n = 200$일 때, 이 급수의 첫 항은 $p(200)$과 처음 여섯 유효 숫자가 일치하는 근사값 3972998993185.896을 낳는다. 다섯 항에서 자르면, 급수는 오차 0.004의 정확한 값을 근사한다.

라마누잔은 분할 함수 $p(n)$에 관련된 몇몇 주목할 만한 합동식 성질을 발견한 첫 번째 사람이다(1919년). 즉, 그는

$$p(5k+4) \equiv 0 \pmod 5 \qquad p(7k+5) \equiv 0 \pmod 7 \qquad p(11k+6) \equiv 0 \pmod{11}$$

과 또 $p(25k+24) \equiv 0 \pmod{5^2}$ 처럼 모듈로 5^2, 7^2, 11^2에 대한 유사한 가분 관계식을 증명했다. 이러한 결과들은 그의 유명한 추측 안에 구체화됐다. $q = 5, 7$ 또는 11에 대하여, 만일 $24n \equiv 1 \pmod{q^k}$ 이면 모든 $k \geq 0$에 대하여 $p(n) \equiv 0 \pmod{q^k}$ 이다. $p(n)$ 값에 대한 큰 표로부터, 7의 거듭제곱에 관련되어 추측된 합동식이 $k = 3$일 때 거짓임이 후에 알려졌다. 즉, $n = 243$일 때 $24n = 5832 \equiv 1 \pmod{7^3}$이지만

$$p(243) = 133978259344888 \equiv 245 \not\equiv 0 \pmod{7^3}$$

그렇지만 틀렸을 때조차 라마누잔의 영감적인 추측은 계몽적이다. 왜냐하면 지금은 $24n \equiv 1 \pmod{7^{2k-2}}$이면 $k \geq 2$에 대하여 $p(n) \equiv 0 \pmod{7^k}$임이 알려졌기 때문이다. 분할 합동식은 5, 7, 11에 대해서만 아니라 더 큰 모든 소수에 대해서도 역시 찾을 수 있음이 1999년 증명되었다.

1915년 라마누잔은 고도 합성수에 대한 63쪽의 공들인 연구논문을 발표했다. 정수 $n > 1$은 선행하는 어떤 정수보다도 많은 약수를 가질 때 *고도 합성수*라 한다. 다시 말하면, 약수 함수 $\tau(n)$이 모든 $m < n$에 대하여 $\tau(m) < \tau(n)$을 만족한다. 처음 10개의 고도 합성수는 2, 4, 6, 12, 24, 36, 48, 60, 120 그리고 180이다. 라마누잔은 그것들의 구조에 대한 놀랍도록 정확한 정보를 얻었다. 고도 합성수는

$$n = 2^{k_1}3^{k_2}5^{k_3}\cdots p_r^{k_r} \qquad \text{단,} \qquad k_1 \geq k_2 \geq k_3 \geq \cdots \geq k_r$$

로 표현됨은 알려져 있었다. 라마누잔이 보인 것은 처음 지수들은 단조 감소하는 수열 $k_1 > k_2 > k_3 > \cdots$을 형성하지만, 뒤에 똑같은 지수들의 군이 생기고, $n = 4$ 또

는 $n = 36$일 때 $k_r = 2$인 경우만 제외하면, 마지막 지수는 $k_r = 1$이란 것이다. 예를 들면,

$$6746328388800 = 2^6 \cdot 3^4 \cdot 5^2 \cdot 7^2 \cdot 11 \cdot 13 \cdot 17 \cdot 19 \cdot 23$$

라마누잔의 창의성의 마지막 예로서, π에 대한 무한급수 표현을 얻어내는 그의 비할 데 없는 능력에 대해 언급한다. 컴퓨터 과학자들은 π 값을 수백만 자리까지 계산하기 위하여 그의 급수

$$\frac{1}{\pi} = \frac{\sqrt{8}}{9801} \sum_{n=0}^{\infty} \frac{(4n)!}{(n!)^4} \frac{[1103 + 26390n]}{396^{4n}}$$

을 이용했다. 이 급수에서 연속한 각 항은 약 여덟 개의 더 정확한 자릿수를 추가한다. 라마누잔은 $1/\pi$에 대한 14개의 다른 급수들을 발견했지만, 그것들의 기원에 관한 설명은 거의 없었다. 이것들 중 가장 놀라운 것은

$$\frac{1}{\pi} = \sum_{n=0}^{\infty} \binom{2n}{n}^3 \frac{42n + 5}{2^{12n+4}}$$

이 급수는, π의 소수 전개에서 처음 k개의 (이진법) 숫자를 계산하지 않고 두 번째 k개 숫자 블록을 계산하는 데 사용될 수 있다는 특성을 가지고 있다.

15.2 유한 연분수

분수를 단위 분수로 분해하는 것을 취급한 「산반서」의 부분에서, 피보나치는 일종의 "연분수"를 소개했다. 예를 들면, 그는

$$\frac{1 + \frac{1 + \frac{1}{5}}{4}}{3} = \frac{1}{3} + \frac{1}{3 \cdot 4} + \frac{1}{3 \cdot 4 \cdot 5}$$

의 약어로 기호 $\frac{1\,1\,1}{3\,4\,5}$을 사용했다. 그런데 현재 관례는

$$2 + \cfrac{1}{4 + \cfrac{1}{1 + \cfrac{1}{3 + \frac{1}{2}}}}$$

와 같이 연분수를 내려가는 방식으로 쓰는 것이다. 이런 형태로 여러 층으로 된 표현은 유한 단순 연분수라고 말해진다. 형식적으로 말해서, 우리는 정의 15.1을 제공한다.

정의 15.1 *Definition*

유한 연분수는

$$a_0 + \cfrac{1}{a_1 + \cfrac{1}{a_2 + \cfrac{1}{a_3 + \cfrac{1}{\ddots \, \cfrac{1}{a_{n-1} + \cfrac{1}{a_n}}}}}}$$

형태의 분수를 의미한다. 여기서 $a_0, a_1, \cdots, a_n$은, a_0을 제외할 수 있긴 하지만, 모두 양의 실수이다. 실수 $a_0, a_1, \cdots, a_n$은 이 분수의 *부분 분모*(*partial denominator*)이다. 모든 a_i가 정수일 때, 이러한 분수를 *단순하다*(*simple*)고 한다.

피보나치에게 마땅히 공적을 돌리긴 하지만, 연분수 이론이 문예부흥 시대 이탈리아의 위대한 마지막 대수학자 라파엘 봄벨리 (Rafael Bombelli)에서 시작했다는 데 대부분의 권위자들이 동의한다. 그의 저서 「대수 전작집」(1572)에서, 봄벨리는 연분수를 이용하여 제곱근을 구하려고 시도했다—독창적이며 새로운 방법이었다. 그는 본질적으로 $\sqrt{13}$이 연분수

$$\sqrt{13} = 3 + \cfrac{4}{6 + \cfrac{4}{6 + \cfrac{4}{6 + \ddots}}}$$

으로 표현될 수 있음을 증명했다. 서방 라틴 세계에 디오판투스의 업적을 보급시킨 최초의 인물이 봄벨리였음을 언급하는 것은 흥미롭다. 처음에 그는 디오판투스의 「산술서」의 바티칸 도서관 소장본(아마도 레기오몬타누스가 발견한 것과 같은 사본)의 번역에 착수했으나, 다른 일에 휩쓸려 그 계획을 끝내지 못했다. 대신에, 처음 네 권의 문제 전부를 취하여 그 자신의 문제들과 섞어서 그의 책 「대수」에 넣었다. 봄벨리가 문제들을 구분하지 않았지만, 그럼에도 그는 「산술서」에서 마음대로 문제를 빌렸음을 자인했다.

분명히 유한 단순 연분수의 값은 항상 유리수일 것이다. 예를 들어, 연분수

$$3 + \cfrac{1}{4 + \cfrac{1}{1 + \cfrac{1}{4 + \frac{1}{2}}}}$$

은 간단히 하면 170/53의 값이 된다.

$$3+\cfrac{1}{4+\cfrac{1}{1+\cfrac{1}{4+\frac{1}{2}}}} = 3+\cfrac{1}{4+\cfrac{1}{1+\frac{2}{9}}}$$

$$= 3+\cfrac{1}{4+\frac{9}{11}}$$

$$= 3+\frac{11}{53}$$

$$= \frac{170}{53}$$

정리 15.1 Theorem 어떤 유리수든지 유한 단순 연분수로 쓸 수 있다.

증명. a/b $(b>0)$를 임의의 유리수라 하자. a와 b의 최대공약수를 찾는 유클리드 알고리듬에서 다음 식들을 얻는다.

$$\begin{aligned} a &= ba_0 + r_1 & 0 < r_1 < b \\ b &= r_1a_1 + r_2 & 0 < r_2 < r_1 \\ r_1 &= r_2a_2 + r_3 & 0 < r_3 < r_2 \\ &\vdots \\ r_{n-2} &= r_{n-1}a_{n-1} + r_n & 0 < r_n < r_{n-1} \\ r_{n-1} &= r_na_n + 0 \end{aligned}$$

각 나머지 r_k는 양의 정수이기 때문에 $a_1, a_2, \cdots, a_n$은 모두 양임을 유의하자. 알고리듬의 식들을 다음과 같이 다시 쓴다.

$$\frac{a}{b} = a_0 + \frac{r_1}{b} = a_0 + \frac{1}{\frac{b}{r_1}}$$

$$\frac{b}{r_1} = a_1 + \frac{r_2}{r_1} = a_1 + \frac{1}{\frac{r_1}{r_2}}$$

$$\frac{r_1}{r_2} = a_2 + \frac{r_3}{r_2} = a_2 + \frac{1}{\frac{r_2}{r_3}}$$

$$\vdots$$

$$\frac{r_{n-1}}{r_n} = a_n$$

두 번째 식을 사용하여 첫 번째 식에서 b/r_1을 소거하면,

$$\frac{a}{b} = a_0 + \frac{1}{\frac{b}{r_1}} = a_0 + \cfrac{1}{a_1+\cfrac{1}{\frac{r_1}{r_2}}}$$

이 결과에 세 번째 식에 주어진 r_1/r_2의 값을 대입한다.

$$\frac{a}{b} = a_0 + \cfrac{1}{a_1 + \cfrac{1}{a_2 + \cfrac{1}{\cfrac{r_2}{r_3}}}}$$

이 방법을 계속하여 다음의 식을 얻고, 그리하여 증명이 끝난다.

$$\frac{a}{b} = a_0 + \cfrac{1}{a_1 + \cfrac{1}{a_2 + \cfrac{1}{a_3 + \ddots + \cfrac{1}{a_{n-1} + \cfrac{1}{a_n}}}}}$$

정리 15.1의 증명에 포함되어 있는 과정을 예시하기 위해, 19/51를 연분수로 표현하자. 정수 19와 51에 유클리드의 알고리듬을 적용하면 다음 식들을 얻는다.

$$\begin{aligned}
51 &= 2 \cdot 19 + 13 &\quad \text{또는} \quad 51/19 &= 2 + 13/19 \\
19 &= 1 \cdot 13 + 6 &\quad \text{또는} \quad 19/13 &= 1 + 6/13 \\
13 &= 2 \cdot 6 + 1 &\quad \text{또는} \quad 13/6 &= 2 + 1/6 \\
6 &= 6 \cdot 1 + 0 &\quad \text{또는} \quad 6/6 &= 1
\end{aligned}$$

적당한 치환을 하면,

$$\begin{aligned}
\frac{19}{51} = \frac{1}{\frac{51}{19}} &= \frac{1}{2 + \frac{13}{19}} \\
&= \cfrac{1}{2 + \cfrac{1}{\frac{19}{13}}} \\
&= \cfrac{1}{2 + \cfrac{1}{1 + \frac{6}{13}}} \\
&= \cfrac{1}{2 + \cfrac{1}{1 + \cfrac{1}{\frac{13}{6}}}} \\
&= \cfrac{1}{2 + \cfrac{1}{1 + \cfrac{1}{2 + \frac{1}{6}}}}
\end{aligned}$$

을 알고, 이것은 19/51의 연분수 전개다.

연분수는 인쇄하거나 쓰기에 힘들기 때문에, 연분수를 부분 몫을 나타내는 기호, 즉 기호 $[a_0; a_1, \cdots, a_n]$으로 표기하는 약속을 채택한다. 이 표기법으로 19/51의 전개는

$$[0; 2, 1, 2, 6]$$

으로 나타나고, 172/51 = 3 + 19/51이므로 172/51는

$$[3; 2, 1, 2, 6]$$

으로 나타난다. 분수 값이 양이지만 1보다 작으면, 기호 $[a_0; a_1, \cdots, a_n]$에서 첫째 정수는 0일 것이다.

유리수를 유한 단순 연분수로 표현하는 것은 유일하지 않다. 하나의 표현이 얻어지면, 항상 마지막 항을 조절할 수 있다. 만일 $a_n > 1$이면

$$a_n = (a_n - 1) + 1 = (a_n - 1) + \frac{1}{1}$$

이고 $a_n - 1$은 양의 정수이다. 따라서

$$[a_0; a_1, \ldots, a_n] = [a_0; a_1, \ldots, a_n - 1, 1]$$

다른 한편, 만일 $a_n = 1$이면,

$$a_{n-1} + \frac{1}{a_n} = a_{n-1} + \frac{1}{1} = a_{n-1} + 1$$

그래서

$$[a_0; a_1, \ldots, a_{n-1}, a_n] = [a_0; a_1, \ldots, a_{n-2}, a_{n-1} + 1]$$

모든 유리수는 두 개의 단순 연분수 표현을 갖는다—짝수 개의 부분 분모를 갖는 것과 홀수 개를 갖는 것(이것들이 오직 두 개의 표현임이 밝혀진다). 19/51의 경우,

$$19/51 = [0; 2, 1, 2, 6] = [0; 2, 1, 2, 5, 1]$$

예제 15.1 *Example*

피보나치 수열로 돌아가서, 연속한 두 피보나치 수의 몫(즉, 유리수 u_{n+1}/u_n)을 단순 연분수로 쓰는 것을 생각한다. 이미 지적한 대로, u_n과 u_{n+1}의 최대공약수에 대한 유클리드 알고리듬은 $n-1$개의 식을 생성한다.

$$\begin{aligned} u_{n+1} &= 1 \cdot u_n + u_{n-1} \\ u_n &= 1 \cdot u_{n-1} + u_{n-2} \\ &\vdots \\ u_4 &= 1 \cdot u_3 + u_2 \\ u_3 &= 2 \cdot u_2 + 0 \end{aligned}$$

이 알고리듬에서 얻어지는 몫들이 연분수의 부분 분모가 되므로,

$$\frac{u_{n+1}}{u_n} = [1; 1, 1, \ldots, 1, 2]$$

로 쓸 수 있다. 그런데 u_{n+1}/u_n 은 [1; 1, 1, ⋯, 1, 2]보다 한 개 더 많은 부분 분모를 갖는 연분수로도 역시 표현된다. 즉

$$\frac{u_{n+1}}{u_n} = [1; 1, 1, \ldots, 1, 1, 1]$$

여기서 정수 1은 n 번 나타난다. 그러므로 분수 u_{n+1}/u_n은 아주 간단히 기술되는 연분수 전개를 갖는다. $n-1$개의 부분 분모는 모두 1과 같다.

우리 프로그램의 이 부분에서 마지막 항목으로, 연분수 이론이 어떻게 선형 디오판투스 방정식의 풀이에 적용될 수 있는지 보이고 싶다. 이것은 연분수의 "근사분수"에 대한 몇몇 적절한 사실들을 알 것을 요구한다. 그래서 여기서 그것들의 증명을 시작하자.

정의 15.2 *Definition*

$[a_0; a_1, \cdots, a_n]$에서 k 번째 부분 분모 a_k 이후의 전개를 잘라내고 만들어진 연분수를 주어진 연분수의 k 번째 *근사분수*(*convergent*)라 하고, C_k 로 표시한다. 그 기호는

$$C_k = [a_0; a_1, \ldots, a_k] \qquad 1 \le k \le n$$

0번째 근사분수 C_0 는 a_0 와 같다고 하자.

주의할 만한 점은, $k < n$에 대하여 a_k를 $a_k + 1/a_{k+1}$ 로 대치하면, 근사분수 C_k 는 근사분수 C_{k+1}이 된다는 점이다.

$$\left[a_0; a_1, \ldots, a_{k-1}, a_k + \frac{1}{a_{k+1}}\right]$$
$$= [a_0; a_1, \ldots, a_{k-1}, a_k, a_{k+1}] = C_{k+1}$$

마지막 근사분수 C_n은 항상 원래의 연분수에 의해 표현되는 유리수와 항상 같음은 언급할 필요조차 없다.

우리의 예제 $19/51 = [0; 2, 1, 2, 6]$ 으로 돌아가면, 연속한 근사분수는

$$C_0 = 0$$
$$C_1 = [0; 2] = 0 + \frac{1}{2} = \frac{1}{2}$$
$$C_2 = [0; 2, 1] = 0 + \frac{1}{2 + \frac{1}{1}} = \frac{1}{3}$$
$$C_3 = [0; 2, 1, 2] = 0 + \frac{1}{2 + \frac{1}{1 + \frac{1}{2}}} = \frac{3}{8}$$
$$C_4 = [0; 2, 1, 2, 6] = 19/51$$

이다. 마지막 근사분수 C_4를 제외하면, 이것들은 교대로 19/51보다 작았다가 또는 컸다가 하면서, 각 근사분수는 바로 앞의 것보다 19/51에 값이 더 가까워진다.

유한 연분수의 근사분수를 계산하는 일의 많은 부분은 그들의 분자와 분모에 대한 공식을 증명함으로써 피할 수 있다. 그러므로 p_k와 q_k $(k = 0, 1, \cdots, n)$를 다음과 같이 정의한다.

$$\begin{aligned} p_0 &= a_0 & q_0 &= 1 \\ p_1 &= a_1 a_0 + 1 & q_1 &= a_1 \\ p_k &= a_k p_{k-1} + p_{k-2} & q_k &= a_k q_{k-1} + q_{k-2}, \ k \geq 2 \end{aligned}$$

직접 계산하면, $[a_0; a_1, \cdots, a_n]$의 처음 몇 개의 근사분수는

$$C_0 = a_0 = \frac{a_0}{1} = \frac{p_0}{q_0}$$

$$C_1 = a_0 + \frac{1}{a_1} = \frac{a_1 a_0 + 1}{a_1} = \frac{p_1}{q_1}$$

$$C_2 = a_0 + \cfrac{1}{a_1 + \cfrac{1}{a_2}} = \frac{a_2(a_1 a_0 + 1) + a_0}{a_2 a_1 + 1} = \frac{p_2}{q_2}$$

임을 보여준다. 이 관계식이 계속하여 성립함을 보이는 것이 성공의 관건이다. 이것이 정리 15.2의 내용이다.

정리 15.2 Theorem 단순 연분수 $[a_0; a_1, \cdots, a_n]$의 k번째 근사분수는

$$C_k = \frac{p_k}{q_k} \qquad 0 \leq k \leq n$$

값을 갖는다.

증명. 앞의 설명은 이 정리가 $k = 0, 1, 2$에 대하여 참임을 알려준다. $2 \leq m < n$일 때, $k = m$에 대하여 그것이 참이라고 가정하자. 즉, 이러한 m에 대하여

$$C_m = \frac{p_m}{q_m} = \frac{a_m p_{m-1} + p_{m-2}}{a_m q_{m-1} + q_{m-2}}$$

정수 $p_{m-1}, q_{m-1}, p_{m-2}, q_{m-2}$는 처음 m개의 부분 분모 $a_0, a_1, \cdots, a_{m-1}$에 의존하고, 따라서 a_m과 무관하다. 그러므로 a_m이 $a_m + 1/a_{m+1}$로 치환되어도 식 (1)은 그대로 성립한다.

$$\left[a_0; a_1, \ldots, a_{m-1}, a_m + \frac{1}{a_{m+1}}\right]$$

$$= \frac{\left(a_m + \dfrac{1}{a_{m+1}}\right) p_{m-1} + p_{m-2}}{\left(a_m + \dfrac{1}{a_{m+1}}\right) q_{m-1} + q_{m-2}}$$

앞서 설명한 대로, 이 치환의 효과는 C_m을 C_{m+1}로 바꾸는 것이므로

$$C_{m+1} = \frac{\left(a_m + \dfrac{1}{a_{m+1}}\right) p_{m-1} + p_{m-2}}{\left(a_m + \dfrac{1}{a_{m+1}}\right) q_{m-1} + q_{m-2}} = \frac{a_{m+1}(a_m p_{m-1} + p_{m-2}) + p_{m-1}}{a_{m+1}(a_m q_{m-1} + q_{m-2}) + q_{m-1}} = \frac{a_{m+1} p_m + p_{m-1}}{a_{m+1} q_m + q_{m-1}}$$

그런데 이것은 정확히 $k = m + 1$인 경우에 정리가 취하는 형태이다. 그러므로 귀납법에 의해 말한 결과가 성립한다.

이것이 구체적인 실례, 예컨대 19/51 = [0; 2, 1, 2, 6]에서 어떻게 작용하는지 보자.

$$\begin{aligned} p_0 &= 0 & q_0 &= 1 \\ p_1 &= 0 \cdot 2 + 1 = 1 & q_1 &= 2 \\ p_2 &= 1 \cdot 1 + 0 = 1 & q_2 &= 1 \cdot 2 + 1 = 3 \\ p_3 &= 2 \cdot 1 + 1 = 3 & q_3 &= 2 \cdot 3 + 2 = 8 \\ p_4 &= 6 \cdot 3 + 1 = 19 & q_4 &= 6 \cdot 8 + 3 = 51 \end{aligned}$$

이것은 우리가 알고 있듯이, [0; 2, 1, 2, 6]의 근사분수들이

$$C_0 = \frac{p_0}{q_0} = 0 \qquad C_1 = \frac{p_1}{q_1} = \frac{1}{2} \qquad C_2 = \frac{p_2}{q_2} = \frac{1}{3}$$

$$C_3 = \frac{p_3}{q_3} = \frac{3}{8} \qquad C_4 = \frac{p_4}{q_4} = \frac{19}{51}$$

임을 말한다.

정수 p_k와 q_k는 $0 \le k \le n$에 대하여 귀납적으로 정의된다.

$$p_{-2} = 0, p_{-1} = 1 \quad \text{그리고} \quad q_{-2} = 1, q_{-1} = 0$$

이라 놓을 수 있다. 이 약정의 좋은 점은 관계식

$$p_k = a_k p_{k-1} + p_{k-2} \quad \text{그리고} \quad q_k = a_k q_{k-1} + q_{k-2} \quad k = 0, 1, 2, \ldots, n$$

이 연분수 $[a_0; a_1, \cdots, a_n]$의 연속한 근사분수들을 쉽게 계산하도록 해 준다는 것이다. 더 이상 p_0 / q_0와 p_1 / q_1을 분리할 필요가 없다. 이것들이 k의 처음 두 값에서 직접 얻어질 수 있기 때문이다. 필요한 계산을 표 형식으로 준비하는 것이 종종 편리하다. 연분수 [2; 3, 1, 4, 2]를 예시하여 표로 보인다.

k	-2	-1	0	1	2	3	4
a_k			2	3	1	4	2
p_k	0	1	2	7	9	43	95
q_k	1	0	1	3	4	19	42
C_k			2/1	7/3	9/4	43/19	95/42

[2; 3, 1, 4, 2] = 95/42임을 안다.

정리 15.3을 증명함으로써 근사분수의 성질에 대한 설명을 계속한다.

정리 15.3 Theorem

만일 $C_k = p_k/q_k$가 유한 단순 연분수 $[a_0; a_1, \cdots, a_n]$의 k번째 근사분수이면,

$$p_k q_{k-1} - q_k p_{k-1} = (-1)^{k-1} \qquad 1 \le k \le n$$

증명. k에 대한 귀납법이 꽤 간단히 작동한다. 식

$$p_1 q_0 - q_1 p_0 = (a_1 a_0 + 1) \cdot 1 - a_1 \cdot a_0 = 1 = (-1)^{1-1}$$

로 $k = 1$인 경우는 처리된다. 문제의 공식이 $1 \le m < n$일 때 $k = m$에 대하여 역시 참이라 가정한다. 그러면

$$\begin{aligned} p_{m+1} q_m - q_{m+1} p_m &= (a_{m+1} p_m + p_{m-1}) q_m \\ &\quad - (a_{m+1} q_m + q_{m-1}) p_m \\ &= -(p_m q_{m-1} - q_m p_{m-1}) \\ &= -(-1)^{m-1} = (-1)^m \end{aligned}$$

이고, 그래서 공식이 m에 대하여 성립하면 언제나 $m + 1$에 대하여 성립한다. 귀납법에 의하여 그것은 $1 \le k \le n$인 모든 k에 대하여 타당하다.

이 결과의 주목할 만한 귀결은 어떤 근사분수의 분자와 분모도 서로 소이고, 따라서 근사분수는 항상 가장 작은 항들로 주어진다.

따름정리 Corollary

$1 \le k \le n$에 대하여 p_k와 q_k는 서로 소이다.

증명. 만일 $d = \gcd(p_k, q_k)$이면, 정리에 의하여 $d \mid (-1)^{k-1}$; $d > 0$이므로 이것은 $d = 1$이란 결론에 이르게 한다.

예제 15.2 Example

모든 부분 분모가 1인 근사분수 [0; 1, 1, ⋯, 1]을 생각한다. 여기서 처음 몇몇 근사분수는

$$C_0 = 0/1 \qquad C_1 = 1/1 \qquad C_2 = 1/2 \qquad C_3 = 2/3 \qquad C_4 = 3/5, \ldots$$

k번째 근사분수의 분자는

$$p_k = 1 \cdot p_{k-1} + p_{k-2} = p_{k-1} + p_{k-2}$$

이고 분모는

$$q_k = 1 \cdot q_{k-1} + q_{k-2} = q_{k-1} + q_{k-2}$$

이므로, 명백히

$$C_k = \frac{u_k}{u_{k+1}} \qquad k \geq 2$$

이고, 여기서 기호 u_k는 k번째 피보나치 수를 표시한다. 현재 상황에서, 정리 15.3의 항등식 $p_k q_{k-1} - q_k p_{k-1} = (-1)^{k-1}$은

$$u_k^2 - u_{k+1}u_{k-1} = (-1)^{k-1}$$

의 형태를 취한다. 이것은 정확히 324 쪽의 식 (3)이다.

이제 a, b, c가 주어진 정수일 때 선형 디오판투스 방정식

$$ax + by = c$$

를 보자. $d = \gcd(a, b)$일 때 $d \nmid c$이면 이 방정식의 해는 존재하지 않으므로, $d \mid c$라고 가정해도 무방하다. 사실, 계수들이 서로 소일 경우에만 관심을 줄 필요가 있다. 왜냐하면 $\gcd(a, b) = d > 1$이면 방정식을 d로 나누어

$$\frac{a}{d}x + \frac{b}{d}y = \frac{c}{d}$$

를 얻기 때문이다. 두 방정식은 모두 같은 해를 가지며, 후자의 경우에 $\gcd(a/d, b/d) = 1$임을 알고 있다.

방정식

$$ax + by = c \qquad \gcd(a, b) = 1$$

의 해도 역시 먼저 디오판투스 방정식

$$ax + by = 1 \qquad \gcd(a, b) = 1$$

을 풀어서 얻을 수 있음을 주시하라. 실제로, $ax_0 + by_0 = 1$인 정수 x_0와 y_0을 찾을 수 있으면, 양변에 c를 곱하여

$$a(cx_0) + b(cy_0) = c$$

를 얻는다. 그러므로 $x = cx_0$과 $y = cy_0$은 원하던 $ax + by = c$의 해다.

방정식 $ax + by = 1$을 만족하는 정수쌍 x와 y를 구하기 위해, 유리수 a/b를 단순 연분수로 전개한다. 즉,

$$\frac{a}{b} = [a_0; a_1, \ldots, a_n]$$

이제 이 연분수의 마지막 두 근사분수는

$$C_{n-1} = \frac{p_{n-1}}{q_{n-1}} \quad \text{그리고} \quad C_n = \frac{p_n}{q_n} = \frac{a}{b}$$

$\gcd(p_n, q_n) = 1 = \gcd(a, b)$이므로,

$$p_n = a \quad \text{그리고} \quad q_n = b$$

라고 결론지을 수 있다. 정리 15.3에 의하여,

$$p_n q_{n-1} - q_n p_{n-1} = (-1)^{n-1}$$

또는 표기법을 바꾸면

$$aq_{n-1} - bp_{n-1} = (-1)^{n-1}$$

를 얻는다. 따라서 $x = q_{n-1}$과 $y = -p_{n-1}$이라 하여

$$ax + by = (-1)^{n-1}$$

을 얻는다. n이 홀수이면 방정식 $ax + by = 1$은 특수해 $x_0 = q_{n-1}$, $y_0 = -p_{n-1}$을 갖고, 한편 n이 짝수이면 $x_0 = -q_{n-1}$, $y_0 = p_{n-1}$로 해는 주어진다. 앞의 이론은 일반해가

$$x = x_0 + bt \qquad y = y_0 - at \qquad t = 0, \pm 1, \pm 2, \ldots$$

임을 말해준다.

예제 15.3
Example

선형 디오판투스 방정식

$$172x + 20y = 1000$$

을 단순 연분수를 이용하여 풀어 보자. $\gcd(172, 20) = 4$이므로 이 방정식은 방정식

$$43x + 5y = 250$$

으로 대치될 수 있다. 첫 번째 단계는

$$43x + 5y = 1$$

의 특수해를 찾는 것이다. 이것을 수행하기 위하여, 먼저 43/5을 (또는 원한다면 5/43를) 단순 연분수로 쓴다. 정수 43과 5에 유클리드 알고리듬을 적용하여 얻어지는 일련의 등식은

$$\begin{aligned} 43 &= 8 \cdot 5 + 3 \\ 5 &= 1 \cdot 3 + 2 \\ 3 &= 1 \cdot 2 + 1 \\ 2 &= 2 \cdot 1 \end{aligned}$$

이므로

$$43/5 = [8; 1, 1, 2] = 8 + \cfrac{1}{1 + \cfrac{1}{1 + \frac{1}{2}}}$$

이 연분수의 근사분수는

$$C_0 = 8/1 \qquad C_1 = 9/1 \qquad C_2 = 17/2 \qquad C_3 = 43/5$$

이고 여기로부터 $p_2 = 17$, $q_2 = 2$, $p_3 = 43$, 그리고 $q_3 = 5$를 얻는다. 다시 한 번 정리 15.3에 의지하여,

$$p_3q_2 - q_3p_2 = (-1)^{3-1}$$

또는 같은 뜻으로

$$43 \cdot 2 - 5 \cdot 17 = 1$$

이 관계식에 250을 곱하면

$$43 \cdot 500 + 5(-4250) = 250$$

을 얻는다. 그러므로 디오판투스 방정식 $43x + 5y = 250$의 특수해는

$$x_0 = 500 \qquad y_0 = -4250$$

일반해는 식

$$x = 500 + 5t \qquad y = -4250 - 43t \qquad t = 0, \pm 1, \pm 2, \ldots$$

로 주어진다.

단순 연분수의 짝수번호 또는 홀수번호 근사분수의 행동에 관한 정리를 증명하기 전에, 예비적인 보조정리가 필요하다.

보조정리 *Lemma*

단순 연분수 $[a_0; a_1, \cdots, a_n]$의 k 번째 근사분수 C_k의 분모가 q_k이면, $1 \le k \le n$에 대하여 $q_{k-1} \le q_k$이고 $k > 1$일 때 엄격한 부등식이 성립한다.

증명. 귀납법에 의해 보조정리를 증명한다. 처음에 $q_0 = 1 \le a_1 = q_1$이므로, 따라서 $k = 1$일 때 주장하는 부등식이 성립한다. 그리고 $1 \le m < n$일 때 $k = m$에 대하여 참이라고 가정한다. 그러면

$$q_{m+1} = a_{m+1}q_m + q_{m-1} > a_{m+1}q_m \ge 1 \cdot q_m = q_m$$

이므로 $k = m + 1$에 대하여 역시 부등식이 참이다.

이 정보를 이용할 수 있게 되어서, 정리 15.4를 증명하는 것은 쉬운 일이다.

정리 15.4 *Theorem*

(a) 짝수 첨자를 갖는 근사분수는 단조 증가하는 수열을 이룬다. 즉,

$$C_0 < C_2 < C_4 < \cdots$$

(b) 홀수 첨자를 갖는 근사분수는 단조 감소하는 수열을 이룬다. 즉,

$$C_1 > C_3 > C_5 > \cdots$$

(c) 홀수 첨자를 갖는 모든 근사분수는 짝수 첨자를 갖는 모든 근사분수보다 크다.

증명. 정리 15.3의 도움으로,

$$\begin{aligned} C_{k+2} - C_k &= (C_{k+2} - C_{k+1}) + (C_{k+1} - C_k) \\ &= \left(\frac{p_{k+2}}{q_{k+2}} - \frac{p_{k+1}}{q_{k+1}}\right) + \left(\frac{p_{k+1}}{q_{k+1}} - \frac{p_k}{q_k}\right) \\ &= \frac{(-1)^{k+1}}{q_{k+2}q_{k+1}} + \frac{(-1)^k}{q_{k+1}q_k} \\ &= \frac{(-1)^k(q_{k+2} - q_k)}{q_k q_{k+1} q_{k+2}} \end{aligned}$$

를 안다. 모든 $i \geq 0$에 대하여 $q_i > 0$이고 보조정리에 의하여 $q_{k+2} - q_k > 0$임을 상기하면, $C_{k+2} - C_k$가 $(-1)^k$와 같은 대수적 부호를 갖는 것은 자명하다. 따라서 k가 짝수, 예컨대 $k = 2j$이면, $C_{2j+2} > C_{2j}$이다. 그러므로

$$C_0 < C_2 < C_4 < \cdots$$

유사하게, k가 홀수, 예컨대 $k = 2j-1$이면, $C_{2j+1} < C_{2j-1}$이다. 그러므로

$$C_1 > C_3 > C_5 > \cdots$$

임의의 홀수번호 근사분수 C_{2r-1}은 임의의 짝수번호 근사분수 C_{2s}보다 큼을 증명하는 것만 남았다. $p_k q_{k-1} - q_k p_{k-1} = (-1)^{k-1}$이므로, 식의 양변을 $q_k q_{k-1}$로 나누면

$$C_k - C_{k-1} = \frac{p_k}{q_k} - \frac{p_{k-1}}{q_{k-1}} = \frac{(-1)^{k-1}}{q_k q_{k-1}}$$

을 얻는다. 이것은 $C_{2j} < C_{2j-1}$임을 의미한다. 여러 부등식을 묶은 결과는 원하던 바와 같이

$$C_{2s} < C_{2s+2r} < C_{2s+2r-1} < C_{2r-1}$$

실질적인 예제를 택하여, 연분수 [2; 3, 2, 5, 2, 4, 2]를 생각한다. 조금 계산하면, 근사분수

$$\begin{array}{llll} C_0 = 2/1 & C_1 = 7/3 & C_2 = 16/7 & C_3 = 87/38 \\ C_4 = 190/83 & C_5 = 847/370 & C_6 = 1884/823 & \end{array}$$

을 얻는다. 정리 15.4에 따르면, 이 근사분수들은 일련의 부등식

$$2 < 16/7 < 190/83 < 1884/823 < 847/370 < 87/38 < 7/3$$

을 만족한다. 수들을 소수로 표현하면 이것을 쉽게 볼 수 있다.

$$2 < 2.28571\cdots < 2.28915\cdots < 2.28918\cdots < 2.28947\cdots < 2.33333\cdots$$

연습문제 15.2

1. 아래의 각 유리수를 유한 단순 연분수로 표현하라.
   (a) $-19/51$
   (b) $187/57$
   (c) $71/55$
   (d) $118/303$
2. 다음의 단순 연분수들로 나타내지는 유리수들을 결정하라.
   (a) $[-2;\ 2, 4, 6, 8]$
   (b) $[4;\ 2, 1, 3, 1, 2, 4]$
   (c) $[0;\ 1, 2, 3, 4, 3, 2, 1]$
3. $r > 1$이면서 $r = [a_0; a_1,\ a_2,\ \cdots,\ a_n]$일 때,

$$\frac{1}{r} = [0; a_0, a_1, \ldots, a_n]$$

   을 보여라.
4. 다음의 단순 연분수들을 홀수 개의 부분 분모를 갖는 동치 형태로 표현하라.
   (a) $[0;\ 3, 1, 2, 3]$
   (b) $[-1;\ 2, 1, 6, 1]$
   (c) $[2;\ 3, 1, 2, 1, 1, 1]$
5. 다음 단순 연분수들의 근사분수들을 계산하라.
   (a) $[1;\ 2, 3, 3, 2, 1]$
   (b) $[-3;\ 1, 1, 1, 1, 3]$
   (c) $[0;\ 2, 4, 1, 8, 2]$
6. (a) $C_k = p_k / q_k$는 유한 단순 연분수 $[1; 2, 3, 4, \cdots, n, n+1]$의 k번째 근사분수를 표시한다고 할 때,

$$p_n = np_{n-1} + np_{n-2} + (n-1)p_{n-3} + \cdots + 3p_1 + 2p_0 + (p_0 + 1)$$

   을 보여라.
   [*힌트*: 관계식 $p_0 = 1$, $p_1 = 3$ 그리고 $k = 2, \cdots, n$에 대하여 $p_k = (k+1)p_{k-1} + p_{k-2}$를 더하라.]
   (b) 분수 $[1; 2, 3, 4, 5]$에 대하여 분자 p_4를 계산함으로써 문제 (a)를 예시하라.
7. 아래의 단순 연분수들에 대하여 p_k, q_k 그리고 $C_k\,(k = 0, 1, \cdots, 8)$를 계산하라. 근사분수들은 괄호 안의 무리수들의 근사값임을 유의하라.
   (a) $[1; 2, 2, 2, 2, 2, 2, 2, 2]$ $(\sqrt{2})$
   (b) $[1; 1, 2, 1, 2, 1, 2, 1, 2]$ $(\sqrt{3})$
   (c) $[2; 4, 4, 4, 4, 4, 4, 4, 4]$ $(\sqrt{5})$
   (d) $[2; 2, 4, 2, 4, 2, 4, 2, 4]$ $(\sqrt{6})$
   (e) $[2; 1, 1, 1, 4, 1, 1, 1, 4]$ $(\sqrt{7})$

8. $C_k = p_k/q_k$ 는 단순 연분수 $[a_0; a_1, \cdots, a_n]$의 k 번째 근사분수라 할 때,

$$q_k \geq 2^{(k-1)/2} \qquad 2 \leq k \leq n$$

을 증명하라.

[*힌트*: $q_k = a_k q_{k-1} + q_{k-2} \geq 2\, q_{k-2}$임을 관찰하라.]

9. 3.1416과 3.14159의 단순 연분수 표현을 구하라.

10. $C_k = p_k/q_k$ 는 단순 연분수 $[a_0; a_1, \cdots, a_n]$의 k 번째 근사분수이고, $a_0 > 0$일 때,

$$\frac{p_k}{p_{k-1}} = [a_k; a_{k-1}, \ldots, a_1, a_0]$$

과

$$\frac{q_k}{q_{k-1}} = [a_k; a_{k-1}, \ldots, a_2, a_1]$$

을 보여라.

[*힌트*: 첫 번째 경우에는

$$\begin{aligned}\frac{p_k}{p_{k-1}} &= a_k + \frac{p_{k-2}}{p_{k-1}} \\ &= a_k + \cfrac{1}{\cfrac{p_{k-1}}{p_{k-2}}}\end{aligned}$$

임을 주목하라.]

11. 연분수를 이용하여 다음 디오판투스 방정식 각각의 일반해를 결정하라.
   (a) $19x + 51y = 1$
   (b) $364x + 227y = 1$
   (c) $18x + 5y = 24$
   (d) $158x - 57y = 1$

12. 단순 연분수 [1; 1, 1, 1, 1, 1, 1, 1]에 대하여 정리 15.4를 검증하라.

15.3 무한 연분수

지금까지 오직 유한 연분수만을 생각해 왔다. 그리고 단순 연분수일 때 이들은 유리수를 나타낸다. 연분수 이론의 주요한 용도 중 하나는 무리수의 근사값을 구하는 것이다. 이것을 위해서는 무한 연분수의 개념이 필요하다.

*무한 연분수*란, $a_0, a_1, a_2, \cdots$와 $b_1, b_2, b_3, \cdots$ 가 실수일 때

$$a_0 + \cfrac{b_1}{a_1 + \cfrac{b_2}{a_2 + \cfrac{b_3}{a_3 + \cdots}}}$$

형태의 표현이다. 이런 형태의 분수의 초기 예제는 월리스(Wallis)의 유명한 무한 곱

$$\frac{4}{\pi} = \frac{3 \cdot 3 \cdot 5 \cdot 5 \cdot 7 \cdot 7 \cdots}{2 \cdot 4 \cdot 4 \cdot 6 \cdot 6 \cdot 8 \cdots}$$

을 등식

$$\frac{4}{\pi} = 1 + \cfrac{1^2}{2 + \cfrac{3^2}{2 + \cfrac{5^2}{2 + \cfrac{7^2}{2 + \cdots}}}}$$

으로 변환한 윌리엄 브룽커(William Brouncker)의 작업에서 발견된다. 월리스와 브룽커의 발견은 둘 다 상당한 관심을 불러일으켰지만, π 의 근사값을 계산하는 데 그것을 직접 사용하는 것은 비현실적이다.

무한 연분수를 계산하고 함수들을 연분수로 전개하는 데 있어서, 스리니바사 라마누잔은 수학사에서 경쟁자가 없다. 그는 연분수에 관한 많은 문제를 「인도 수학회지」에 기고했고, 그의 필기장은 그런 분수에 관한 약 200개의 결과를 담고 있다. 라마누잔의 업적에 대하여 논평하며, 하디는 말했다. "[수학의] 이런 분야에 관하여, 확실히 나는 그에 필적하는 사람을 만나지 못했고, 그를 오직 오일러나 야코비에 비교할 수 있을 뿐이다." 라마누잔의 분수 전개 중에서 가장 유명한 것은 아마도 다음 명제일 것이다.

$$e^{2\pi/5}\left(\sqrt{\frac{5+\sqrt{5}}{2}} - \frac{1+\sqrt{5}}{2}\right) = \cfrac{1}{1 + \cfrac{e^{-2\pi}}{1 + \cfrac{e^{-4\pi}}{1 + \cfrac{e^{-6\pi}}{1 + \cdots}}}}$$

그 명성의 일부분은 1913년에 하디에게 보낸 첫 편지에 라마누잔이 이것을 포함시켰던 데 있다. 하디는 이 등식을 놀라운 것으로 생각했고 증명할 수 없었으며, 증명하는 데 "완전히 좌절했다"고 후에 고백했다. 라마누잔의 불가사의한 공식들은 이제 대부분 증명되었지만, 어떤 경위로 그가 그것들을 발견하였는지 아직 알려지지 않았다.

이 절에서, 우리 논의는 무한 단순 연분수에 제한된다. 이것들은, $a_0, a_1, a_2, \cdots$ 는 a_0를 예외로 할 가능성 외에는 모두 양인 정수의 무한 수열일 때,

$$a_0 + \cfrac{1}{a_1 + \cfrac{1}{a_2 + \cfrac{1}{a_3 + \cdots}}}$$

의 형태를 가진다. 그런 분수를 표시하기 위해 간결한 기호 $[a_0; a_1, a_2, \cdots]$를 사용할 것이다. 이 표현에 수학적 의미를 붙이기 위해서는, 각각의 유한 연분수

$$C_n = [a_0; a_1, a_2, \ldots, a_n] \qquad n \geq 0$$

이 정의됨을 유의하라. 따라서 무한 연분수 $[a_0; a_1, a_2, \cdots]$의 값을 유리수 C_n의 수열의 극한으로, 물론 이 극한이 존재한다면, 정의하는 것이 적절할 것 같다. 기호를 조금 남용해서, 연분수뿐만 아니라 그 값을 나타내는 데 $[a_0; a_1, a_2, \cdots]$를 사용할 것이다.

방금 언급한 극한의 존재에 관한 질문은 쉽게 해결된다. 왜냐하면, 우리의 전제하에서 그 극한은 존재할 뿐 아니라 항상 무리수이기 때문이다. 이것을 확인하기 위해, 앞에서 얻어진 유한 연분수에 대한 공식들은, 이런 관계식들은 분수의 유한성에 의존하지 않으므로, 무한 연분수에 대하여 타당함을 주목하라. 첨수의 상한을 제거하면, 정리 15.4는 $[a_0; a_1, a_2, \cdots]$의 근사분수 C_n이 무한개의 연쇄적인 부등식을 만족함을 말해 준다.

$$C_0 < C_2 < C_4 < \cdots < C_{2n} < \cdots < C_{2n+1} < \cdots < C_5 < C_3 < C_1$$

짝수 번호 근사분수 C_{2n}은 단조 증가 수열을 형성하고 C_1에 의해 위에서 유계이기 때문에, 그들은 각 C_{2n}보다 큰 극한 α로 수렴할 것이다. 유사하게, 홀수 번호 근사분수 C_{2n+1}의 단조 감소 수열은 C_0에 의해 아래에서 유계이고, 그래서 각 C_{2n+1}보다 작은 극한 α'을 갖는다. 이 극한들이 같음을 보이자. 관계식 $p_{2n+1}q_{2n} - q_{2n+1}p_{2n} = (-1)^{2n}$을 기초로 하여,

$$\alpha' - \alpha < C_{2n+1} - C_{2n} = \frac{p_{2n+1}}{q_{2n+1}} - \frac{p_{2n}}{q_{2n}} = \frac{1}{q_{2n}q_{2n+1}}$$

이고, 그리하여

$$0 \le |\alpha' - \alpha| < \frac{1}{q_{2n}q_{2n+1}} < \frac{1}{q_{2n}^2}$$

임을 안다. i가 커짐에 따라 q_i는 한없이 증가하므로, 이 부등식의 우변을 임의로 작게 만들 수 있다. 만약 α와 α'이 같지 않다면, 모순이 생겨날 것이다(즉, $1/q_{2n}^2$을 $|\alpha - \alpha'|$ 값보다 작게 만들 수 있을 것이다). 그러므로 홀수 번호와 짝수 번호 근사분수들의 두 수열은 동일한 극한값 α를 갖고, 이것은 근사분수 C_n의 수열이 극한 α를 가짐을 의미한다.

이러한 관찰에서 단서를 얻어, 다음 정의를 한다.

정의 15.3 *Definition*

만일 $a_0, a_1, a_2, \cdots$는 정수들의 무한 수열이고, a_0을 예외로 할 가능성 외에는 모두 양이면, 무한 연분수 $[a_0, a_1, a_2, \cdots]$는

$$\lim_{n\to\infty} [a_0; a_1, a_2, \ldots, a_n]$$

값을 갖는다.

형용사 "단순한"은 부분 분모 a_k가 모두 정수라는 뜻임을 다시 강조해야 한다. 고려하는 무한 연분수는 오직 단순한 것뿐이기 때문에 앞으로는 자주 그 말을 생략하고 그것들을 무한 연분수라 부를 것이다.

아마 가장 기초적인 예제는 무한 연분수 $[1; 1, 1, 1, \cdots]$이 제공한다. 예제 15.1의 논의는 정수 1이 n번 나타나는 n번째 근사분수 $C_n = [1; 1, 1, \cdots, 1]$이 연속한 피보나치 수의 몫

$$C_n = \frac{u_{n+1}}{u_n} \qquad n \geq 0$$

과 같음을 보여준다. 만일 x가 연분수 $[1; 1, 1, 1, \cdots]$의 값을 나타낸다면,

$$\begin{aligned} x &= \lim_{n\to\infty} C_n = \lim_{n\to\infty} \frac{u_{n+1}}{u_n} = \lim_{n\to\infty} \frac{u_n + u_{n-1}}{u_n} \\ &= \lim_{n\to\infty} 1 + \cfrac{1}{\cfrac{u_n}{u_{n-1}}} = 1 + \cfrac{1}{\lim\limits_{n\to\infty} \cfrac{u_n}{u_{n-1}}} = 1 + \frac{1}{x} \end{aligned}$$

이것은 유일한 양의 근이 $x = (1+\sqrt{5})/2$인 이차 방정식 $x^2 - x - 1 = 0$을 생기게 한다. 그러므로

$$\frac{1+\sqrt{5}}{2} = [1; 1, 1, 1, \ldots]$$

특별한 용어를 쓸 만할 정도로 충분히 자주 나타나는 한 경우가 있다. 무한 연분수가 $[3; 1, 2, 1, 6, 1, 2, 1, 6, \cdots]$처럼 무한히 반복되는 부분 분모 $b_1, b_2, \cdots, b_n$의 블록을 포함하면, 그 분수를 *주기적*(*periodic*)이라 한다. 관습적으로 주기 연분수는

$$[a_0; a_1, \ldots, a_m, b_1, \ldots, b_n, b_1, \ldots, b_n, \ldots]$$

또는 더욱 간단히

$$[a_0; a_1, \ldots, a_m, \overline{b_1, \ldots, b_n}]$$

과 같이 쓴다. 여기서 위 가로줄은 이 정수들의 블록이 계속해서 반복됨을 가리킨다. 만일 $b_1, b_2, \cdots, b_n$이 계속해서 반복되는 가장 작은 정수 블록이면, $b_1, b_2, \cdots, b_n$은 전개의 *주기*(*period*)라고 하고, 주기의 *길이*는 n이라 말한다. 따라서, 예를 들어 $[3; \overline{1, 2, 1, 6}]$은 그 주기 $1, 2, 1, 6$이 길이 4를 갖는 연분수 $[3; 1, 2, 1, 6, 1, 2, 1, 6, \cdots]$을 표시한다.

모든 유한 연분수는 유리수에 의해 표현됨을 앞에서 보았다. 이제 무한 연분수의 값을 생각하자.

정리 15.5 *Theorem*

어떤 무한 연분수의 값도 무리수이다.

증명. 무한 연분수 $[a_0; a_1, a_2, \cdots]$의 값을 x라 표시한다고 가정하자. 즉, x는 근사분수

$$C_n = [a_0; a_1, a_2, \ldots, a_n] = \frac{p_n}{q_n}$$

의 수열의 극한이다. x는 연속한 근사분수 C_n과 C_{n+1} 사이에 있기 때문에,

$$0 < |x - C_n| < |C_{n+1} - C_n| = \left| \frac{p_{n+1}}{q_{n+1}} - \frac{p_n}{q_n} \right| = \frac{1}{q_n q_{n+1}}$$

을 얻는다. 모순을 얻으려는 목적으로, x는 유리수, 예컨대 $x = a/b$(a와 $b > 0$는 정수)라고 가정하자. 그러면

$$0 < \left| \frac{a}{b} - \frac{p_n}{q_n} \right| < \frac{1}{q_n q_{n+1}}$$

이고, 그래서 양수 bq_n을 곱하면,

$$0 < |aq_n - bp_n| < \frac{b}{q_{n+1}}$$

i가 증가함에 따라 q_i의 값은 한없이 증가함을 상기하라. 만일 n이 $b < q_{n+1}$이 되도록 크게 선택되면, 그 결과는

$$0 < |aq_n - bp_n| < 1$$

이것은 양의 정수, 즉 $|a q_n - b p_n|$이 0과 1 사이에 존재함을 말한다—분명한 모순이다.

이제 두 개의 다른 무한 연분수가 같은 무리수를 표현할 수 있는지 질문한다. 관련된 결과를 제시하기 전에, 극한의 성질은 무한 연분수 $[a_0; a_1, a_2, \cdots]$를

$$\begin{aligned}
[a_0; a_1, a_2, \ldots] &= \lim_{n\to\infty} [a_0; a_1, \ldots, a_n] \\
&= \lim_{n\to\infty} \left(a_0 + \frac{1}{[a_1; a_2, \ldots, a_n]} \right) \\
&= a_0 + \frac{1}{\lim_{n\to\infty} [a_1; a_2, \ldots, a_n]} \\
&= a_0 + \frac{1}{[a_1; a_2, a_3, \ldots]}
\end{aligned}$$

과 같이 쓸 수 있도록 해 준다는 것을 주목하자. 우리의 정리는 다음과 같이 서술된다.

정리 15.6 *Theorem*

무한 연분수 $[a_0; a_1, a_2, \cdots]$와 $[b_0; b_1, b_2, \cdots]$가 같으면, 모든 $n \geq 0$에 대하여 $a_n = b_n$이다.

증명. 만일 $x = [a_0; a_1, a_2, \cdots]$이면, $C_0 < x < C_1$이고 이것은 $a_0 < x < a_0 + 1/a_1$이라고 말하는 것과 같다. 정수 $a_1 \geq 1$임을 알기에, 이것에서 부등식 $a_0 < x < a_0 + 1$을 얻는다. 그러므로 $[x] = a_0$이고 여기서 $[x]$는 최대 정수에 대한 전통적인 표기 또는 "대괄호" 함수이다(130쪽).

이제 $[a_0; a_1, a_2, \cdots] = x = [b_0; b_1, b_2, \cdots]$라고 가정한다. 또는 다른 형태로 말하면,

$$a_0 + \frac{1}{[a_1; a_2, \ldots]} = x = b_0 + \frac{1}{[b_1; b_2, \ldots]}$$

첫 번째 단락의 결론에 의하여, $a_0 = [x] = b_0$을 얻고, 이것으로부터 $[a_1; a_2, \cdots] = [b_1; b_2, \cdots]$을 유도할 수 있다. 논의를 반복하면, 다음으로 $a_1 = b_1$과 $[a_2; a_3, \cdots] = [b_2; b_3, \cdots]$이라 결론 내린다. 이 과정은 수학적 귀납법에 의해 계속되어, 모든 $n \geq 0$에 대하여 $a_n = b_n$을 준다.

따름정리 Corollary

두 개의 서로 다른 무한 연분수는 두 개의 서로 다른 무리수를 나타낸다.

예제 15.4 Example

무한 연분수 $x = [3; 6, \overline{1, 4}]$에 의해 표현되는 유일한 무리수를 결정하기 위하여, $x = [3; 6, y]$라고 쓰자. 여기서

$$y = [\overline{1; 4}] = [1; 4, y]$$

그러면

$$y = 1 + \cfrac{1}{4 + \cfrac{1}{y}} = 1 + \frac{y}{4y+1} = \frac{5y+1}{4y+1}$$

이고, 여기서 이차 방정식

$$4y^2 - 4y - 1 = 0$$

이 나온다. $y > 0$ 이고 이 방정식은 오직 한 개의 양 근을 가지므로,

$$y = \frac{1+\sqrt{2}}{2}$$

를 얻는다. 그러면 $x = [3; 6, y]$로부터,

$$x = 3 + \cfrac{1}{6 + \cfrac{1}{\cfrac{1+\sqrt{2}}{2}}} = \frac{25 + 19\sqrt{2}}{8 + 6\sqrt{2}}$$

$$= \frac{(25 + 19\sqrt{2})(8 - 6\sqrt{2})}{(8 + 6\sqrt{2})(8 - 6\sqrt{2})}$$

$$= \frac{14 - \sqrt{2}}{4}$$

즉,

$$[3; 6, \overline{1, 4}] = \frac{14 - \sqrt{2}}{4}$$

를 알게 된다.

우리의 마지막 정리는 각 무한 연분수가 유일한 무리수를 나타냄을 보여준다. 방향을 바꾸어, 다음은 임의의 무리수 x_0 은 x_0 값으로 수렴하는 무한 연분수 $[a_0; a_1, a_2, \cdots]$로 전개될 수 있음을 증명한다. 정수 수열 $a_0, a_1, a_2, \cdots$은 다음과 같이 정의된다. 대괄호 함수를 사용하여, 먼저

$$x_1 = \frac{1}{x_0 - [x_0]} \qquad x_2 = \frac{1}{x_1 - [x_1]} \qquad x_3 = \frac{1}{x_2 - [x_2]} \cdots$$

이라 놓고,

$$a_0 = [x_0] \qquad a_1 = [x_1] \qquad a_2 = [x_2] \qquad a_3 = [x_3] \cdots$$

를 택한다. 일반적으로, a_k 는

$$a_k = [x_k] \qquad x_{k+1} = \frac{1}{x_k - a_k} \qquad k \geq 0$$

에 의해 귀납적으로 주어진다. x_k 가 무리수이면 언제나 x_{k+1}이 무리수임은 자명하다. 그리고 우리는 x_0이 무리수인 경우에만 국한하고 있기 때문에, 귀납법에 의해 모든 x_k 는 무리수이다. 그러므로

$$0 < x_k - a_k = x_k - [x_k] < 1$$

이고,

$$x_{k+1} = \frac{1}{x_k - a_k} > 1$$

이므로, 따라서 모든 $k \geq 0$ 에 대하여 정수 $a_{k+1} = [x_{k+1}] \geq 1$임을 알게 된다. 그러므로 이 과정에서 무한 정수 수열 $a_0, a_1, a_2, \cdots$이 a_0만 제외하고 모두 양임을 얻는다.

$$x_k = a_k + \frac{1}{x_{k+1}} \qquad k \geq 0$$

형태의 귀납적 정의를 사용하여 연속적으로 치환하면, 모든 양의 정수 n 에 대하여

$$\begin{aligned} x_0 &= a_0 + \frac{1}{x_1} \\ &= a_0 + \cfrac{1}{a_1 + \cfrac{1}{x_2}} \\ &= a_0 + \cfrac{1}{a_1 + \cfrac{1}{a_2 + \cfrac{1}{x_3}}} \\ &\ \vdots \\ &= [a_0; a_1, a_2, \ldots, a_n, x_{n+1}] \end{aligned}$$

을 얻는다. 이것은 x_0이 무한연분수 $[a_0; a_1, a_2, \cdots]$의 값일 거라는 생각이—그것이 증명해야 할 우리 숙제다—들게 한다.

임의의 고정된 정수 n에 대하여, $[a_0; a_1, a_2, \cdots]$의 처음 $n+1$개 근사분수 $C_k = p_k / q_k (0 \le k \le n)$는 유한 연분수 $[a_0; a_1, a_2, \cdots, a_n, x_{n+1}]$의 처음 $n+1$개 근사분수와 같다. 후자의 $(n+2)$번째 근사분수를 C'_{n+1}으로 표시하면, a_n을 $a_n + 1/a_{n+1}$로 대치함으로써 C_n에서 C_{n+1}을 얻기 위해 정리 15.2의 증명에서 사용된 논의가 지금의 설정에서도 똑같이 적용된다. 이것은 a_{n+1}을 x_{n+1}로 대치함으로써 C_{n+1}에서 C'_{n+1}을 얻게 해 준다.

$$\begin{aligned} x_0 = C'_{n+1} &= [a_0; a_1, a_2, \ldots, a_n, x_{n+1}] \\ &= \frac{x_{n+1}p_n + p_{n-1}}{x_{n+1}q_n + q_{n-1}} \end{aligned}$$

이것 때문에

$$\begin{aligned} x_0 - C_n &= \frac{x_{n+1}p_n + p_{n-1}}{x_{n+1}q_n + q_{n-1}} - \frac{p_n}{q_n} \\ &= \frac{(-1)(p_n q_{n-1} - q_n p_{n-1})}{(x_{n+1}q_n + q_{n-1})q_n} = \frac{(-1)^n}{(x_{n+1}q_n + q_{n-1})q_n} \end{aligned}$$

이고, 여기서 마지막 등식은 정리 15.3에 의한다. 이제 $x_{n+1} > a_{n+1}$이고, 따라서

$$|x_0 - C_n| = \frac{1}{(x_{n+1}q_n + q_{n-1})q_n} < \frac{1}{(a_{n+1}q_n + q_{n-1})q_n} = \frac{1}{q_{n+1}q_n}$$

정수 q_k는 증가하므로, 그 의미는

$$x_0 = \lim_{n\to\infty} C_n = [a_0; a_1, a_2, \ldots]$$

이다.

우리의 결과들을 정리 15.7에 요약하자.

정리 15.7 Theorem

어떤 무리수든지 무한 연분수로 유일한 표현을 갖고, 그 표현은 설명한 연분수 알고리듬으로부터 얻어진다.

부수적으로, 우리 논의는 분리해서 기록할 만한 사실을 보여준다.

따름정리 Corollary

만일 p_n / q_n이 무리수 x의 n번째 근사분수이면,

$$\left| x - \frac{p_n}{q_n} \right| < \frac{1}{q_{n+1}q_n} \le \frac{1}{q_n^2}$$

주어진 무리수를 무한 연분수로 표현하는 연분수 알고리듬의 사용을 보여주는 두 예제를 제시한다.

예제 15.5
Example

첫 번째 예제로, $x = \sqrt{23} \approx 4.8$을 생각하라. 연속한 무리수 x_k (그리고 따라서 정수 $a_k = [x_k]$)는 아래 보인 계산으로 쉽게 계산될 수 있다.

$$\begin{aligned}
x_0 &= \sqrt{23} = 4 + (\sqrt{23} - 4) && a_0 = 4\\
x_1 &= \frac{1}{x_0 - [x_0]} = \frac{1}{\sqrt{23} - 4} = \frac{\sqrt{23} + 4}{7} = 1 + \frac{\sqrt{23} - 3}{7} && a_1 = 1\\
x_2 &= \frac{1}{x_1 - [x_1]} = \frac{7}{\sqrt{23} - 3} = \frac{\sqrt{23} + 3}{2} = 3 + \frac{\sqrt{23} - 3}{2} && a_2 = 3\\
x_3 &= \frac{1}{x_2 - [x_2]} = \frac{2}{\sqrt{23} - 3} = \frac{\sqrt{23} + 3}{7} = 1 + \frac{\sqrt{23} - 4}{7} && a_3 = 1\\
x_4 &= \frac{1}{x_3 - [x_3]} = \frac{7}{\sqrt{23} - 4} = \sqrt{23} + 4 = 8 + (\sqrt{23} - 4) && a_4 = 8
\end{aligned}$$

$x_5 = x_1$, 또 $x_6 = x_2$, $x_7 = x_3$, $x_8 = x_4$ 이기 때문에, $x_9 = x_5 = x_1$과 계속해서 같은 것을 얻고, 이것은 정수 블록 1, 3, 1, 8이 무한정 반복됨을 뜻한다. $\sqrt{23}$ 의 연분수 전개는 주기적이고,

$$\begin{aligned}
\sqrt{23} &= [4; 1, 3, 1, 8, 1, 3, 1, 8, \ldots]\\
&= [4; \overline{1, 3, 1, 8}]
\end{aligned}$$

형태를 가짐을 안다.

예제 15.6
Example

두 번째 예시로, 고대 그리스인들이 원의 지름에 대한 둘레의 비율로 정의한 수

$$\pi = 3.141592653\cdots$$

의 연분수의 몇몇 근사분수를 얻자. 그리스 단어 *perimetros*에서 기원한 글자 π는, 고대에는 이 비율을 뜻하는 것으로 결코 사용되지 않았다. 그것이 널리 알려지고 사용된 것은 오일러가 자신의 많은 유명한 교과서에서 그 기호를 채택한 탓이다.

직접적인 계산으로,

$$\begin{aligned}
x_0 &= \pi = 3 + (\pi - 3) && a_0 = 3\\
x_1 &= \frac{1}{x_0 - [x_0]} = \frac{1}{0.14159265\cdots} = 7.06251330\cdots && a_1 = 7\\
x_2 &= \frac{1}{x_1 - [x_1]} = \frac{1}{0.06251330\cdots} = 15.99659440\cdots && a_2 = 15\\
x_3 &= \frac{1}{x_2 - [x_2]} = \frac{1}{0.99659440\cdots} = 1.00341723\cdots && a_3 = 1\\
x_4 &= \frac{1}{x_3 - [x_3]} = \frac{1}{0.00341723\cdots} = 292.63467\cdots && a_4 = 292\\
&\ \vdots
\end{aligned}$$

을 안다. 그러므로 π 에 대한 무한 연분수는

$$\pi = [3; 7, 15, 1, 292, \ldots]$$

로 시작하지만, 모든 부분 분모 a_n을 분명히 알게 되는 $\sqrt{23}$ 의 경우와 달리, a_n 의 완전한 수열을 제공하는 패턴은 없다. 처음 5개 근사분수는

$$\frac{3}{1}, \frac{22}{7}, \frac{333}{106}, \frac{355}{113}, \frac{103993}{33102}$$

정리 15.7의 따름정리에 대한 확인으로,

$$\left|\pi - \frac{22}{7}\right| < \frac{1}{7^2}$$

이 성립함을 유의하라. 이제 314/100< π <22/7이고 그러므로 예상한 대로

$$\left|\pi - \frac{22}{7}\right| < \frac{22}{7} - \frac{314}{100} = \frac{1}{7 \cdot 50} < \frac{1}{7^2}$$

무리수 x가 어떤 특별한 형태를 취하지 않는다면, x의 완전한 연분수 전개를 얻는 것은 불가능할 수 있다. 예를 들어 x의 전개가 궁극적으로 주기적으로 된다는 것은 x가 정수 계수 이차 방정식의 무리근이라는 것, 즉 x는 r과 $s \neq 0$이 유리수이고 d는 완전 제곱이 아닌 양의 정수인 $r+s\sqrt{d}$의 형태를 취한다는 것과 동치임을 증명할 수 있다. 그러나 다른 무리수 중에서 그 표현이 어떤 규칙성을 보여주는 것은 별로 없다. 하나의 예외는 많은 세기 동안 수학자들의 관심을 끌었던 또 다른 양의 상수, 즉 자연 로가리듬 체계의 기저

$$e = 2.718281828\cdots$$

이다. 1737년에 오일러는

$$\frac{e-1}{e+1} = [0; 2, 6, 10, 14, 18, \ldots]$$

에서 부분 분모들이 등차수열을 형성함과

$$\frac{e^2-1}{e^2+1} = [0; 1, 3, 5, 7, 9, \ldots]$$

을 보였다. (역시 오일러가 발견한) e 자신의 연분수 표현은 약간 더 복잡하지만, 패턴을 갖는다.

$$e = [2; 1, 2, 1, 1, 4, 1, 1, 6, 1, 1, 8, \ldots]$$

여기서 짝수 정수들은 계속해서 순서대로 나타나고, 두 개의 1로 분리된다. 기호 e에 관하여, 그 사용은 역시 오일러에 기원하고, 그의 교과서 중 하나에 처음으로 인쇄되어 나타났다.

해석학 입문에서, e가 무한급수

$$e = 1 + \frac{1}{1!} + \frac{1}{2!} + \frac{1}{3!} + \frac{1}{4!} + \cdots$$

에 의해 정의될 수 있다고 흔히 증명된다. 만약 독자들이 이 사실을 기꺼이 받아들인다면, e의 무리성에 대한 오일러의 증명이 매우 간단히 주어질 수 있다. 반대로 e는 유리수, 예컨대 $e=a/b$ (a와 b는 양의 정수)라고 가정하라. 그러면 $n>b$에 대하여,

$$N = n!\left(e - \left(1 + \frac{1}{1!} + \frac{1}{2!} + \cdots + \frac{1}{n!}\right)\right)$$
$$= n!\left(\frac{a}{b} - 1 - \frac{1}{1!} - \frac{1}{2!} - \cdots - \frac{1}{n!}\right)$$

은 $n!$로 곱하면 모든 분모가 없어지므로, 양의 정수이다. e가 급수 전개로 대치되면, 이것은

$$N = n!\left(\frac{1}{(n+1)!} + \frac{1}{(n+2)!} + \frac{1}{(n+3)!} + \cdots\right)$$
$$= \frac{1}{n+1} + \frac{1}{(n+1)(n+2)} + \frac{1}{(n+1)(n+2)(n+3)} + \cdots$$
$$< \frac{1}{n+1} + \frac{1}{(n+1)(n+2)} + \frac{1}{(n+2)(n+3)} + \cdots$$
$$= \frac{1}{n+1} + \left(\frac{1}{n+1} - \frac{1}{n+2}\right) + \left(\frac{1}{n+2} - \frac{1}{n+3}\right) + \cdots$$
$$= \frac{2}{n+1} < 1$$

이 된다. 부등식 $0 < N < 1$은 정수에 대하여 불가능하므로, e는 무리수여야 한다. π의 엄격한 성질은 더 큰 어려움을 준다. 람베르트(J. H. Lambert, 1728~1777)는 1761년 π의 무리성에 대한 본질적으로 엄격한 증명을 베를린 학술원에 보고했다.

주어진 무리수 x에 대하여, 그것이 유리수로 얼마나 가까이 또는 어느 정도의 정밀성을 갖고 근사되는지 묻는 것은 자연스런 질문이다. 이 문제에 접근하는 한 방법은 고정된 분모 $b>0$을 갖는 모든 유리수를 생각하는 것이다. x는 그런 두 유리수 사이에 있으므로, 예컨대 $c/b < x < (c+1)/b$이므로,

$$\left|x - \frac{c}{b}\right| < \frac{1}{b}$$

을 얻는다. 더 좋은 것은, $a=c$ 또는 $a=c+1$로 적당한 선택을 하면

$$\left|x - \frac{a}{b}\right| < \frac{1}{2b}$$

로 쓸 수 있다. 연분수 과정은 마지막에 쓴 부등식보다 상당히 강화된 결과를 증명할 수 있도록 한다. 즉 주어진 무리수 x에 대하여, 무한히 많은 기약 유리수 a/b가

$$\left|x - \frac{a}{b}\right| < \frac{1}{b^2}$$

을 만족한다. 사실, 정리 15.7의 따름정리에 의하여, x의 연분수 전개의 어떤 근사분

수 p_n/q_n 도 유리수 a/b의 역할을 한다. 다음에 나오는 정리는 q_n과 같은 또는 더 작은 분모를 갖는 모든 유리수 a/b 중에서 x의 가장 가까운 근사값을 준다는 의미로, 근사분수 p_n/q_n이 최선의 근사값임을 주장한다.

명확성을 위해, 정리의 기술적인 핵심을 다음 보조정리에 정리한다.

보조정리 *Lemma*

무리수 x를 나타내는 연분수의 n번째 근사분수를 p_n/q_n이라 하자. 만일 a와 b가 정수이고, $1 \le b < q_{n+1}$이면,

$$|q_n x - p_n| \le |bx - a|$$

증명. 방정식계

$$p_n\alpha + p_{n+1}\beta = a$$
$$q_n\alpha + q_{n+1}\beta = b$$

을 생각하라. 계수들의 행렬식이 $p_n q_{n+1} - q_n p_{n+1} = (-1)^{n+1}$이므로, 계는 유일한 정수해

$$\alpha = (-1)^{n+1}(aq_{n+1} - bp_{n+1})$$
$$\beta = (-1)^{n+1}(bp_n - aq_n)$$

을 갖는다. $\alpha \ne 0$을 유의한다. 사실, $\alpha = 0$은 $aq_{n+1} = bp_{n+1}$을 낳고, $\gcd(p_{n+1}, q_{n+1}) = 1$이므로 이것은 $q_{n+1} \mid b$ 또는 $b \ge q_{n+1}$을 의미하여 가정에 모순이다. $\beta = 0$인 경우에는, 보조정리에서 서술한 부등식이 분명히 참이다. 왜냐하면 $\beta = 0$에서 $a = p_n\alpha$, $b = q_n\alpha$을 얻고, 결과적으로

$$|bx - a| = |\alpha|\,|q_n x - p_n| \ge |q_n x - p_n|$$

그러므로 지금부터 $\beta \ne 0$이라 가정해도 무방하다.

$\beta \ne 0$일 때, α와 β는 반대 부호를 가져야 함을 주장한다. 만일 $\beta < 0$이면, 식 $q_n\alpha = b - q_{n+1}\beta$는 $q_n\alpha > 0$을, 그리고 다음에는 $\alpha > 0$을 가리킨다. 한편, $\beta > 0$이면 $b < q_{n+1}$은 $b < \beta q_{n+1}$을 뜻하고, 따라서 $\alpha q_n = b - q_{n+1}\beta < 0$이다. 이것으로 $\alpha < 0$이 된다. x는 연속한 근사분수 p_n/q_n과 p_{n+1}/q_{n+1} 사이에 있으므로, 우리는 또한

$$q_n x - p_n \quad \text{그리고} \quad q_{n+1}x - p_{n+1}$$

이 반대 부호를 가짐을 추론한다. 이 논의의 요점은

$$\alpha(q_n x - p_n) \quad \text{그리고} \quad \beta(q_{n+1}x - p_{n+1})$$

이 같은 부호를 가져야 한다는 것이다. 결과적으로, 그것들의 합의 절대값은 그것들 따로따로의 절대값의 합과 같다. 이것은 증명을 빨리 완성하도록 하는 결정적인 사실이다.

$$\begin{aligned}
|bx - a| &= |(q_n\alpha + q_{n+1}\beta)x - (p_n\alpha + p_{n+1}\beta)| \\
&= |\alpha(q_n x - p_n) + \beta(q_{n+1}x - p_{n+1})| \\
&= |\alpha|\,|q_n x - p_n| + |\beta|\,|q_{n+1}x - p_{n+1}| \\
&> |\alpha|\,|q_n x - p_n| \\
&\ge |q_n x - p_n|
\end{aligned}$$

이것은 원하던 부등식이다.

같은 또는 더 작은 분모를 갖는 다른 모든 유리수는 x와 더 크게 차이가 난다는 점에서, 근사분수 p_n/q_n들은 무리수 x에 대한 최선의 근사값들이다.

정리 15.8 *Theorem*

만일 $1 \le b \le q_n$이면, 유리수 a/b는 아래의 식을 만족한다.

$$\left| x - \frac{p_n}{q_n} \right| \le \left| x - \frac{a}{b} \right|$$

증명. 만약

$$\left| x - \frac{p_n}{q_n} \right| > \left| x - \frac{a}{b} \right|$$

이 성립한다면,

$$|q_n x - p_n| = q_n \left| x - \frac{p_n}{q_n} \right| > b \left| x - \frac{a}{b} \right| = |bx - a|$$

이 되어 보조정리의 결론에 위배된다.

결과의 증가하는 정확성은 다른 문명의 수학적 기술의 정도를 말하는 것으로 보이기 때문에, 수학사가들은 π의 근사값을 얻으려는 초기 사회의 시도에 상당한 관심을 기울였다. 최초로 기록된 π의 값을 구하려는 과학적 노력은 고대 시라쿠사의 위대한 그리스 수학자 아르키메데스(Archimedes, 287~212 B.C.)가 쓴 「원의 측정」에 나타났다. 본질적으로, π의 값을 구하는 그의 방법은 원에 정다각형을 내접 그리고 외접시키고, 그것들의 둘레의 길이를 결정하고 원주에 대한 하계와 상계로 사용한 것이다. 이 방법으로 그리고 96개의 변을 갖는 다각형을 사용하여, 그는 부등식

$$223/71 < \pi < 22/7$$

에서 두 근사값을 얻었다.

정리 15.8은 이른바 "아르키메데스의 π 값" 22/7가 왜 π 대신에 자주 사용되는지를 통찰하게 한다. 더 좋은 근사값을 제공하는 더 작은 분모의, 기약 형태로 주어진 분수는 없다. 한편,

$$\left| \pi - \frac{22}{7} \right| \approx 0.0012645 \qquad \text{그리고} \qquad \left| \pi - \frac{223}{71} \right| \approx 0.0007476$$

π의 근사분수가 아닌, 아르키메데스의 값 223/71은 $q_1 = 7$을 넘는 분모를 가진다. 우리 정리는 333/106(16세기에 유럽에서 π 대신에 사용한 비)이 106보다 작거나 같은 분모를 갖는 어떤 유리수보다 더 가까이 π를 근사한다는 것을 말해 준다. 사실,

$$\left| \pi - \frac{333}{106} \right| \approx 0.0000832$$

$q_4 = 33102$의 크기 때문에 근사분수 $p_3 / q_3 = 355/113$는 놀라울 정도의 정확성으로 π를 근사하도록 해 준다. 정리 15.7의 따름정리로부터,

$$\left| \pi - \frac{355}{113} \right| < \frac{1}{113 \cdot 33102} < \frac{3}{10^7}$$

을 얻는다. 주목할 만한 비율 355/113는 옛날 중국 수학자 조충지(祖沖之, Zu Chongzi, 430~501)에게 알려져 있었다. 그의 저술에 언급되지 않은 어떤 논의에 의하여, 그는 22/7를 π의 "부정확한 값"으로, 355/113을 "정확한 값"으로 제시했다. 후자의 정확성을, 아드리안 안토니손(Adriaen Anthoniszoon, 1527~1617)이 동일한 값을 재발견한 16세기 말엽까지 유럽에서는 필적하지 못했다.

x에 (적당한 의미로) "가까운" 모든 유리수 근사값은 x의 근사분수라고 말하는 정리를 기록하기에 적당한 때다. 만일

$$\left| x - \frac{a}{b} \right| < \frac{1}{b^2}$$

이 어떤 n에 대하여 $a/b = p_n/q_n$ 임을 의미하면, 이론은 깨끗이 정돈될 것이다. 이것은 너무 과한 희망사항이지만, 약간 더 날카로운 부등식이 같은 결론을 보장한다.

정리 15.9 Theorem

x는 임의의 무리수라 하자. $b \geq 1$이고 $\gcd(a, b) = 1$인 유리수 a/b가

$$\left| x - \frac{a}{b} \right| < \frac{1}{2b^2}$$

을 만족하면, a/b는 x의 연분수 표현에서의 근사분수들 p_n/q_n 중에 하나이다.

증명. a/b가 x의 근사분수가 아니라고 가정하라. q_k가 증가수열을 형성함을 알고 있으므로, $q_n \leq b < q_{n+1}$인 유일한 정수 n이 있다. 이 n에 대하여, 마지막 보조정리에서 연쇄식의 첫 번째 부등식

$$|q_n x - p_n| \leq |bx - a| = b\left| x - \frac{a}{b} \right| < \frac{1}{2b}$$

을 얻고, 이것은

$$\left| x - \frac{p_n}{q_n} \right| < \frac{1}{2bq_n}$$

로 다시 쓸 수 있다. $a/b \neq p_n/q_n$이라는 가정에 의하여 $bp_n - aq_n$은 0이 아닌 정수이므로, 따라서 $1 \leq |bp_n - aq_n|$이다. 우리는 곧

$$\frac{1}{bq_n} \leq \left| \frac{bp_n - aq_n}{bq_n} \right| = \left| \frac{p_n}{q_n} - \frac{a}{b} \right| \leq \left| \frac{p_n}{q_n} - x \right| + \left| x - \frac{a}{b} \right| < \frac{1}{2bq_n} + \frac{1}{2b^2}$$

이라는 결론을 내릴 수 있다. 이것은 $b < q_n$이란 모순을 생산하여 증명이 끝난다.

연습문제 15.3

1. 다음의 각 무한 단순 연분수의 값을 구하라.
   (a) $[\overline{2; 3}]$
   (b) $[0; \overline{1, 2, 3}]$
   (c) $[2; \overline{1, 2, 1}]$
   (d) $[1; 2, \overline{3, 1}]$
   (e) $[1; 2, 1, 2, \overline{12}]$
2. 무리수 $x > 1$가 무한 연분수 $[a_0; a_1, a_2, \cdots]$로 표현되면, $1/x$는 $[0; a_0, a_1, a_2, \cdots]$의 전개를 가짐을 증명하라. 이것을 사용하여 $[0; 1, 1, 1, \cdots] = [0; \overline{1}]$의 값을 구하라.
3. $[1; 2, \overline{1}]$과 $[1; 2, 3, \overline{1}]$의 값을 구하라.
4. 아래의 각 무리수의 무한 연분수 표현을 결정하라.
   (a) $\sqrt{5}$
   (b) $\sqrt{7}$
   (c) $\dfrac{1+\sqrt{13}}{2}$
   (d) $\dfrac{5+\sqrt{37}}{4}$
   (e) $\dfrac{11+\sqrt{30}}{13}$
5. (a) 임의의 양의 정수 n에 대하여, $\sqrt{n^2+1} = [n; \overline{2n}]$, $\sqrt{n^2+2} = [n; \overline{n, 2n}]$ 그리고 $\sqrt{n^2+2n} = [n; \overline{1, 2n}]$을 보여라.
   [*힌트*: $n + \sqrt{n^2+1} = 2n + (\sqrt{n^2+1} - n) = 2n + \dfrac{1}{n+\sqrt{n^2+1}}$을 유의하라.]
   (b) 문제 (a)를 사용하여 $\sqrt{2}$, $\sqrt{3}$, $\sqrt{15}$ 그리고 $\sqrt{37}$의 연분수 표현을 구하라.
6. $\sqrt{15}$의 근사분수 중에서 소수 넷째자리까지의 정확성으로 $\sqrt{15}$를 근사하는 유리수를 찾아라.
7. (a) 소수 넷째 자리까지 정확한 $e = [2; 1, 2, 1, 1, 4, 1, 1, 6, \cdots]$의 유리수 근사값을 구하라.
   (b) a와 b가 양의 정수일 때, 부등식 $e < a/b < 87/32$은 $b \geq 39$를 뜻한다는 것을 보여라.
8. 무리수 x의 임의의 연속한 두 근사분수 중에 적어도 한 개 a/b는 부등식

$$\left| x - \frac{a}{b} \right| < \frac{1}{2b^2}$$

   을 만족한다.
   [*힌트*: x는 임의의 연속한 두 근사분수 사이에 있으므로,

$$\frac{1}{q_n q_{n+1}} = \left| \frac{p_{n+1}}{q_{n+1}} - \frac{p_n}{q_n} \right| = \left| x - \frac{p_{n+1}}{q_{n+1}} \right| + \left| x - \frac{p_n}{q_n} \right|$$

이제 모순이 되도록 논의하라.]

9. 주어진 무한 연분수 $[1; 3, 1, 5, 1, 7, 1, 9, \cdots]$에 대하여, 다음의 분모를 갖는 최선의 유리수 근사값 a/b를 구하라.
   (a) 분모 $b < 25$
   (b) 분모 $b < 225$
10. 먼저 $|(1+\sqrt{10})/3 - 18/13| < 1/(2 \cdot 13^2)$을 보이고, 18/13이 $(1+\sqrt{10})/3$의 근사분수임을 검증하라.
11. 후르비츠(A. Hurwitz, 1891)의 유명한 정리는 임의의 무리수 x에 대하여,
$$\left| x - \frac{a}{b} \right| < \frac{1}{\sqrt{5}b^2}$$
인 무한히 많은 유리수 a/b가 존재함을 말한다. $x = \pi$로 택하여, 이 부등식을 만족하는 세 개의 유리수를 얻어라.
12. 무리수 x에 대한 연분수 표현은 궁극적으로 주기적이 된다고 가정하라. 예제 15.4에서 사용된 방법을 모방하여, x는 $r + s\sqrt{d}$ 형태임을 증명하라. 단, r과 $s \neq 0$는 유리수이고 $d > 0$는 제곱이 아닌 정수이다.
13. x는 근사분수 p_n/q_n을 갖는 무리수라 하자. 모든 $n \geq 0$에 대하여, 다음을 증명하라.
   (a) $\dfrac{1}{2q_n q_{n+1}} < \left| x - \dfrac{p_n}{q_n} \right| < \dfrac{1}{q_n q_{n+1}}$
   (b) 근사분수는 다음과 같은 의미로 계속하여 x에 가까워진다.
$$\left| x - \frac{p_n}{q_n} \right| < \left| x - \frac{p_{n-1}}{q_{n-1}} \right|$$
   [*힌트*: 관계식
$$x = \frac{x_{n+1}p_n + p_{n-1}}{x_{n+1}q_n + q_{n-1}}$$
   을 $x_{n+1}(xq_n - p_n) = -q_{n-1}(x - p_{n-1}/q_{n-1})$로 다시 쓰라.]

15.4 페리 분수

실수를 유리수로 근사하는 또 하나의 접근법은 페리 분수 또는 페리 수열이라고 알려진 것을 이용한다. 이것들은 양의 정수 n에 대하여 다음과 같이 정의된다.

정의 15.4 *Definition*

F_n으로 표시되는 n차 페리 분수들은 $0 \leq r \leq s \leq n$이고 $\gcd(r, s) = 1$인 유리수 $\frac{r}{s}$의 집합이다. 이들을 크기가 증가하는 순서로 쓴다. 처음 몇 개의 F_n을 나열하면

$$F_1 = \left\{\frac{0}{1}, \frac{1}{1}\right\}$$

$$F_2 = \left\{\frac{0}{1}, \frac{1}{2}, \frac{1}{1}\right\}$$

$$F_3 = \left\{\frac{0}{1}, \frac{1}{3}, \frac{1}{2}, \frac{2}{3}, \frac{1}{1}\right\}$$

$$F_4 = \left\{\frac{0}{1}, \frac{1}{4}, \frac{1}{3}, \frac{1}{2}, \frac{2}{3}, \frac{3}{4}, \frac{1}{1}\right\}$$

$$F_5 = \left\{\frac{0}{1}, \frac{1}{5}, \frac{1}{4}, \frac{1}{3}, \frac{2}{5}, \frac{1}{2}, \frac{3}{5}, \frac{2}{3}, \frac{3}{4}, \frac{4}{5}, \frac{1}{1}\right\}$$

$$F_6 = \left\{\frac{0}{1}, \frac{1}{6}, \frac{1}{5}, \frac{1}{4}, \frac{1}{3}, \frac{2}{5}, \frac{1}{2}, \frac{3}{5}, \frac{2}{3}, \frac{3}{4}, \frac{4}{5}, \frac{5}{6}, \frac{1}{1}\right\}$$

어떤 F_n에 나타나는 분수들은 그 후 $m \geq n$인 모든 F_m에 나타남을 유의하라.

페리 분수는 흥미로운 역사를 가지고 있다. 영국의 지질학자 존 페리(John Farey, 1766~1826)는 1816년 「*Philosophical Magazine*」에 이 분수 열의 여러 성질을 증명 없이 발표했다. 수학자 코시(Augustin Cauchy)는 이 논문을 보고 같은 해의 나중에 증명을 제공했고, 그 분수들을 페리의 이름을 따라 명명했다. 14년 앞서 아로(C. H. Haros)가 「*Journal de l'Ecole Polytechnique*」에서 그 결과들을 증명했다는 사실이 나중에 알려졌다. 물론 페리는 어떤 것도 증명했다고 결코 주장하지 않았다.

페리가 서술하고 그보다 먼저 아로가 증명한 결과로 조사를 시작한다.

정리 15.10 *Theorem*

만약 $\frac{a}{b} < \frac{c}{d}$가 페리 수열 F_n에 있는 연속한 분수이면, $bc - ad = 1$이다.

증명. $\gcd(a, b) = 1$이기 때문에 선형 방정식 $bx - ay = 1$은 해 $x = x_0$, $y = y_0$을 갖는다. 더구나 모든 정수 t에 대하여 $x = x_0 + at$, $y = y_0 + bt$ 또한 해가 된다.

$$0 \leq n - b < y_0 + bt_0 \leq n$$

을 만족하도록 $t = t_0$을 선택하고, $x = x_0 + at_0$, $y = y_0 + bt_0$라 놓는다. $y \leq n$이므로 $\frac{x}{y}$는 F_n에 있는 분수가 된다. 또한

$$\frac{x}{y} = \frac{a}{b} + \frac{1}{by} > \frac{a}{b}$$

이므로 $\frac{x}{y}$는 페리 수열에서 $\frac{a}{b}$보다 뒤에 나타난다. 만약 $\frac{x}{y} \neq \frac{c}{d}$이면, $\frac{x}{y} > \frac{c}{d}$이고 우리는

$$\frac{x}{y} - \frac{c}{d} = \frac{dx - cy}{dy} \geq \frac{1}{dy}$$

뿐만 아니라

$$\frac{c}{d} - \frac{a}{b} = \frac{bc - ad}{bd} \geq \frac{1}{bd}$$

도 얻는다. 두 부등식을 더하면

$$\frac{x}{y} - \frac{a}{b} \geq \frac{1}{dy} + \frac{1}{bd} = \frac{b + y}{bdy}$$

이 된다. 그런데 $b + y > n$이고 ($n - b < y$임을 기억하라) $d \leq n$이므로 다음의 모순을 낳는다.

$$\frac{1}{by} = \frac{bx - ay}{by} = \frac{x}{y} - \frac{a}{b} \geq \frac{b + y}{bdy} > \frac{n}{bdy} \geq \frac{1}{by}$$

그러므로 $\frac{x}{y} = \frac{c}{d}$이고 식 $bx - ay = 1$은 $bc - ad = 1$이 된다.

만약 $\frac{a}{b} < \frac{c}{d}$가 페리 수열 F_n의 두 분수이면 그들의 중간 분수를 $\frac{a+c}{b+d}$로 정의한다. 정리 15.10으로부터, 중간 분수는 주어진 분수들 사이에 있다는 결론을 내릴 수 있다. 왜냐하면 관계식

$$a(b + d) - b(a + c) = ad - bc < 0$$
$$(a + c)d - (b + d)c = ad - bc < 0$$

이 함께 다음을 의미하기 때문이다.

$$\frac{a}{b} < \frac{a + c}{b + d} < \frac{c}{d}$$

만약 $\frac{a}{b} < \frac{c}{d}$가 페리 수열 F_n의 연속한 분수이고 $b + d \leq n$이면, 중간 분수는 그들 사이에 있는 F_n의 원소가 될 것이고 이것은 분명한 모순임을 유의하라. 따라서 연속한 분수에 대하여 $b + d \geq n + 1$이다.

F_{n+1}에 속하지만 F_n에 속하지 않는 분수는 F_n의 분수들의 중간 분수임을 보일 수 있다. 예를 들면, F_4에서 F_5로 갈 때 새로운 원소들은 다음과 같다.

$$\frac{1}{5} = \frac{0 + 1}{1 + 4}, \quad \frac{2}{5} = \frac{1 + 1}{3 + 2}, \quad \frac{3}{5} = \frac{1 + 2}{2 + 3}, \quad \frac{4}{5} = \frac{3 + 1}{4 + 1}$$

이것은 적절한 분모를 갖는 중간 분수들을 삽입하여 F_n으로부터 F_{n+1}을 건설하는 것

을 가능케 한다.

F_{n+1}의 새로운 원소를 얻기 위하여 F_n의 두 분수의 중간 분수를 사용할 때, 이들 세 개의 분수가 F_{n+1}에서 연속적일 필요는 없다. (F_8에서 $\frac{1}{5} < \frac{3}{8} < \frac{2}{3}$을 생각하라.) 어떤 페리 수열에서 $\frac{a}{b} < \frac{c}{d} < \frac{e}{f}$가 세 개의 연속한 분수이면, $\frac{c}{d}$는 $\frac{a}{b}$와 $\frac{e}{f}$의 중간 분수라고 말할 수 있다. 정리 15.10을 다시 한 번 이용하면, 식

$$bc - ad = 1 \quad de - cf = 1$$

은 $(a + e)d = c(b + f)$을 유도한다. 따라서

$$\frac{c}{d} = \frac{a+e}{b+f}$$

이 되고, 이것은 $\frac{a}{b}$와 $\frac{e}{f}$의 중간 분수다. 예를 들면, 세 분수 $\frac{3}{8} < \frac{2}{5} < \frac{3}{7}$은 F_8에서 연속적이고 $\frac{2}{5} = \frac{3+3}{8+7}$이다.

이런 아이디어를 적용하여, 어떻게 무리수가 유리수로 비교적 잘 근사될 수 있는지 보여 보자.

정리 15.11 *Theorem*

임의의 무리수 $0 < x < 1$과 정수 $n > 0$에 대하여, $|x - \frac{u}{v}| < \frac{1}{v(n+1)}$을 만족하는 분수 $\frac{u}{v}$가 F_n에 존재한다.

증명. 페리 수열 F_n에

$$\frac{a}{b} < x < \frac{a+c}{b+d} \quad \text{또는} \quad \frac{a+c}{b+d} < x < \frac{c}{d}$$

을 만족하는 연속한 분수 $\frac{a}{b} < \frac{c}{d}$가 존재한다. 여기서 $\frac{a+c}{b+d}$는 두 분수의 중간 분수다. $bc - ad = 1$이고 $b + d \geq n + 1$임을 알고 있으므로

$$x - \frac{a}{b} < \frac{a+c}{b+d} - \frac{a}{b} = \frac{bc-ad}{b(b+d)} \leq \frac{1}{b(n+1)}$$

또는

$$\frac{c}{d} - x < \frac{c}{d} - \frac{a+c}{b+d} = \frac{bc-ad}{d(b+d)} < \frac{1}{d(n+1)}$$

이 성립함을 알 수 있다. 경우에 따라서, $\frac{u}{v} = \frac{a}{b}$ 또는 $\frac{u}{v} = \frac{c}{d}$를 택한다.

이 결과는 다음의 따름정리에서 단위 구간을 넘어 확장될 수 있다.

따름정리
Corollary

주어진 양의 무리수 x와 정수 $n > 0$에 대하여, $|x - \frac{a}{b}| < \frac{1}{b(n+1)}$을 만족하며 $0 < b \le n$인 유리수 $\frac{a}{b}$가 존재한다.

증명. 최대정수 함수를 이용하여 $x = [x] + r$ (단, $0 < r < 1$)이라고 쓸 수 있다. 정리에 의하면

$$\left| r - \frac{u}{v} \right| < \frac{1}{v(n+1)}$$

을 만족하는 분수 $\frac{u}{v}$가 존재한다. $a = [x]v + u$ 그리고 $b = v$라 놓으면

$$\left| x - \frac{a}{b} \right| = \left| x - \frac{[x]v+u}{v} \right| = \left| r - \frac{u}{v} \right| < \frac{1}{v(n+1)} = \frac{1}{b(n+1)}$$

이 된다. 그러므로 모두 증명되었다.

따름정리를 보여주는 예제로 마무리한다.

예제 15.7
Example

$|\sqrt{7} - \frac{a}{b}| < \frac{1}{6b}$을 만족하고 $0 < b \le 5$인 분수 $\frac{a}{b}$를 결정하자. 최대정수 함수를 이용하면 $\sqrt{7} - 2 = 0.64575\cdots$이다. 페리 수열 F_5에서, $0.64575\cdots$ 값은 연속적인 분수 $\frac{3}{5}$과 $\frac{2}{3}$ 사이의 구간에 있다. 두 분수의 중간 분수는 $\frac{5}{8} = 0.625$이고 $\frac{5}{8} < 0.64575\cdots$이다. 정리 15.11로부터 다음을 얻는다.

$$\left| 0.64575\ldots - \frac{2}{3} \right| < \frac{1}{6 \cdot 3}$$

따름정리에서 사용된 논법은 이 부등식을

$$\left| \sqrt{7} - \frac{8}{3} \right| < \frac{1}{6 \cdot 3}$$

로 바꾸어 주고, 따라서 $\frac{8}{3}$이 찾으려는 분수다.

연습문제 15.4

1. 페리 수열 F_7과 F_8에 나타나는 분수를 증가하는 순서로 나열하라.
2. 오일러 ϕ-함수를 이용하여, 페리 수열 F_n에 있는 분수의 개수는 $1 + \phi(1) + \phi(2) + \cdots + \phi(n)$임을 보여라.
3. 만약 $\frac{a}{b} < \frac{c}{d}$가 수열 F_n의 연속한 분수이면, $b > \frac{n}{2}$ 또는 $d > \frac{n}{2}$임을 증명하라.
4. $\frac{a}{b} < \frac{c}{d}$가 $\frac{1}{2}$에 인접한 F_n의 두 분수이면 $\frac{a}{b} + \frac{c}{d} = 1$임을 검증하라.
5. 페리 수열 F_{11}에서 분수 $\frac{5}{8}$의 바로 다음에 나타나는 분수를 구하라.

[*힌트*: 정리 15.10의 처음 부분을 이용하라.]

6. $|\sqrt{3} - \frac{a}{b}| < \frac{1}{8b}$을 만족하고 $0 < b \leq 7$인 분수 $\frac{a}{b}$를 찾아라.

7. $|\pi - \frac{a}{b}| < \frac{1}{9b}$을 만족하고 $0 < b \leq 8$인 분수 $\frac{a}{b}$를 구하라.

15.5 펠의 방정식

페르마가 자신의 발견들을 알리는 데 거의 행동을 취하지 않았던 것은 다른 수학자들에게는 도전의 형태로 왔다. 아마도 그는 이런 방식으로 그의 새로운 종류의 수론이 추구할 가치가 있음을 확신시키길 희망했을 것이다. 1657년 1월에 페르마는 아마 뉴턴 이전에 영국의 가장 유명한 수학자 존 월리스(John Wallis)를 제일 먼저 생각하며 두 개의 문제를 유럽 수학계에 도전과제로 제안했다.

1. 자신의 진약수들의 합만큼 증가시켰을 때 제곱수가 되는 세제곱수를 찾아라. 예를 들면, $7^3 + (1 + 7 + 7^2) = 20^2$이다.
2. 자신의 진약수들의 합만큼 증가시켰을 때 세제곱수가 되는 제곱수를 찾아라.

그 경연에 대해 듣고, 페르마가 좋아하던 통신자 프레니클(Berhard Frénicle de Bessy)은 즉시 첫 번째 문제에 대한 많은 답을 내었다. 이것들 중 대표적인 것은 $(2 \cdot 3 \cdot 5 \cdot 13 \cdot 41 \cdot 47)^3$인데, 이것은 자신의 진약수들의 합만큼 증가시켰을 때 $(2^7 \cdot 3^2 \cdot 5^2 \cdot 7 \cdot 13 \cdot 17 \cdot 29)^2$이 된다. 프레니클이 더 큰 합성수에서 해를 구하였던 반면에, 월리스는 그 문제가 노력할 가치가 없는 것으로 치부하며 "자세한 사정은 어떻든지, 즉시 그 문제에 내 관심을 집중하기에는 나는 너무 많은 일에 열중해 있다. 그런데 현 시점에서 이런 대답을 할 수 있다. 숫자 1은 원래 저절로 두 요구조건을 모두 만족한다"라고 썼다. 프레니클은 실망감을 간신히 감추고, 월리스같이 경험 있는 수학자가 페르마의 능력에 비추어 그 문제의 큰 깊이를 느껴야 할 때, 겨우 하찮은 대답밖에 못했다는 놀라움을 나타냈다.

페르마의 관심은 실은 개별적인 경우에 대한 지루한 계산이 아니라 일반적인 방법론에 있었다. 프레니클과 월리스는 둘 다 도전적인 문제는 사려 깊은 해석을 바탕으로 밝히려는 의도가 있다는 이론적 양상을 간과했다. 그 구절이 완전히 정확하지는 않지만, 그의 첫 번째 질문으로 페르마가 가졌던 의도는 소수의 세제곱수에 대하여 해결하려는 것이었다. 달리 말하면, 그 문제는, x는 홀수일 때 방정식

$$1 + x + x^2 + x^3 = y^2$$

또는 같은 의미로

$$(1 + x)(1 + x^2) = y^2$$

의 모든 정수해를 요구한다. 이 방정식의 좌변의 두 인수를 모두 나누는 유일한 소수는 2이므로,

$$ab = \left(\frac{y}{2}\right)^2 \qquad \gcd(a, b) = 1$$

과 같이 쓸 수 있다. 그런데 서로 소인 두 정수의 곱이 완전 제곱이면, 그들 각각은 제곱수여야 한다. 따라서 어떤 u와 v에 대하여 $a = u^2$, $b = v^2$ 이므로

$$1 + x = 2a = 2u^2 \qquad 1 + x^2 = 2b = 2v^2$$

이것은 페르마의 첫 번째 문제를 만족하는 모든 정수 x는 다음 두 방정식의 해가 되어야 한다는 뜻이다.

$$x = 2u^2 - 1 \qquad x^2 = 2v^2 - 1$$

여기서 두 번째는 방정식 $x^2 = dy^2 \pm 1$의 특수한 경우다.

1657년 2월에 페르마는 쟁점의 이론적인 점을 직접적으로 다루는 두 번째 도전문제를 제시했다. d는 제곱수가 아닌 양의 정수일 때, $dy^2 + 1$을 완전제곱으로 만드는 수 y를 구하라. 예를 들면, $3 \cdot 1^2 + 1 = 2^2$ 그리고 $5 \cdot 4^2 + 1 = 9^2$이다. 페르마가 말하길, 만일 일반적인 규칙이 얻어지지 않는다면 방정식 $61y^2 + 1 = x^2$ 또는 $109y^2 + 1 = x^2$을 만족하는 y의 최소값을 구하라. 프레니클은 계속해서 150까지 해를 갖는 모든 d에 대하여 $x^2 - dy^2 = 1$의 양의 최소 해를 계산하고, 월리스에게 $d = 200$까지 표를 확장하든지 또는 최소한 $x^2 - 151y^2 = 1$과 $x^2 - 313y^2 = 1$을 해결하라고, 두 번째 방정식은 월리스의 능력 밖일지 모른다고 암시하며 제안했다. 회신에서, 월리스의 후원자 아일랜드의 윌리엄 브롱커 경은

$$(126862368)^2 - 313(7170685)^2 = -1$$

을 발견하는 데 겨우 한 시간 남짓 걸렸고 따라서 $y = 2 \cdot 7170685 \cdot 126862368$이 $x^2 - 313y^2 = 1$의 원하는 해를 준다고 썼다. 월리스는

$$(1728148040)^2 - 151(140634693)^2 = 1$$

을 제시하여, 다른 구체적인 경우를 해결했다.

다른 d 값에서 나타나는 것에 비교하여 이 수들의 크기는 페르마가 그 문제의 완전한 해를 갖고 있었음을 암시하지만, 이것은 결코 공개되지 않았다. (후에, 그는 그의 무한 하강법을 성공적으로 사용하여 $x^2 - dy^2 = 1$의 해가 무한히 존재함을 증명했다고 확인했다.) 브롱커는 꼭 정수가 아니라 유리수도 허용된다는 잘못된 생각으로, 어려움 없이 답을 얻었다. 그는 간단히 관계식

$$(r^2 + d)^2 - d(2r)^2 = (r^2 - d)^2$$

을 $(r^2 - d)^2$으로 나누어 다음 해에 도달했다.

$$x = \frac{r^2 + d}{r^2 - d} \qquad y = \frac{2r}{r^2 - d}$$

여기서 $r \neq \sqrt{d}$은 임의의 유리수다. 말할 필요 없이, 이것은 페르마에 의해 거부되었

고, 그는 "단순한 기초적인 산술로 즉각 주어지는 분수 해는 나를 만족시키지 못한다"고 썼다. 이제 도전문제의 모든 조건에 대하여 알게 된 브롱커와 월리스는 정수에서 $x^2 - dy^2 = 1$을 푸는 잠정적인 방법을, 그것이 항상 작용한다는 증명을 하지 못한 채로, 공동으로 고안했다. 약간의 자부심을 갖고 월리스는 브롱커에게, 그가 "영국인들이 이전 시대에 프랑스인에 이겼던 명성을 손상시키지 않고 보존했다"고 축하했으므로, 아마 명예는 브롱커에게 돌아갔던 것 같다.

이 모든 것을 이야기했으니, 수학적 마상 창 시합을 통해 산술에 새로운 전통을 수립하려는 페르마의 잘 계획된 노력은 전체적으로 실패였다는 점을 기록해야겠다. 지적인 전투에서 페르마와 경쟁할 능력이 부족했던 프레니클을 제외하고, 수론은 당시의 어떤 사람에게도 특별히 매력적이지 못했다. 페르마가 남겨 놓은 것에서, 거의 일 세기가 흐른 후, 오일러가 찾을 때까지 그 주제는 버려져 있었다. 오일러와 라그랑주는 둘 다 1657년의 유명한 문제의 해결에 이바지했다. 오일러는 $\sqrt{d}$를 연분수로 변환하여 $x^2 - dy^2 = 1$의 최소 정수해를 얻는 절차를 발명했다(1759년). 그렇지만 그는 그 절차가 $x = 1$, $y = 0$이 아닌 해를 얻게 한다는 것을 보이지 못했다. 이 문제를 해결하는 것은 라그랑주에게 남겨졌다. 오일러가 미완성으로 남겨 놓은 이론을 완성하여, 1768년 라그랑주는 $\sqrt{d}$의 연분수를 통하여 모든 해가 생긴다는 최초의 엄격한 증명을 발표했다.

인용 실수의 결과로, 논의의 중심인 방정식 $x^2 - dy^2 = 1$은 "펠의 방정식"이란 제목으로 문헌에 들어갔다. 그 해결을 그 문제와는 거의 관련이 없었던 영국 수학자 존 펠(John Pell, 1611~1685)의 업적으로 잘못 돌린 것은 오일러의 실수였다. 그 방정식을 푸는 브롱커의 방법뿐만 아니라 디오판투스 해석에 대한 펠의 업적에 관한 정보도 서술되어 있는 월리스의 「수학 전작집」(*Opera Mathematica*, 1693)을 엉성하게 읽어서, 오일러는 그들의 업적을 혼동했음이 틀림없다. 당연하게 우리는 방정식 $x^2 - dy^2 = 1$을 "페르마의 방정식"이라(그가 그것을 체계적으로 다룬 최초의 사람이니까) 불러야 한다. 역사적인 실수는 오랫동안 인식되었지만, 펠의 이름은 그 방정식에 지워지지 않고 붙어 있다.

정수 d의 값이 무엇이든지, 방정식 $x^2 - dy^2 = 1$은 당연히 $x = \pm 1$, $y = 0$에 의해 만족된다. 만일 $d < -1$이면, ($x = y = 0$일 때만 제외하고) $x^2 - dy^2 \geq 1$이므로 이들이 모든 해다. $d = -1$일 때, 두 개의 해가 더 있다. 즉 $x = 0$, $y = \pm 1$이다. d가 완전제곱인 경우는 쉽게 처리된다. 왜냐하면, 어떤 n에 대하여 $d = n^2$이면, $x^2 - dy^2 = 1$은

$$(x + ny)(x - ny) = 1$$

형태로 쓸 수 있고, 이것이 가능한 것과 $x + ny = x - ny = \pm 1$이란 것은 동치이다. 따라서

$$x = \frac{(x + ny) + (x - ny)}{2} = \pm 1$$

이고, 방정식은 자명한 해 $x = \pm 1$, $y = 0$을 제외한 해를 가지지 않는다.

이제부터 펠의 방정식 $x^2 - dy^2 = 1$에 대한 조사를, d가 제곱수가 아닌 양의 정수일 때 유일하게 흥미 있는 경우에 국한한다. 이 방정식의 해 x, y를, x와 y가 모

두 양일 때 *양의 해*라 말하자. $y = 0$이 아닌 해들은 부호의 조합으로 네 개의 원소 $\pm x$, $\pm y$의 집합으로 정리될 수 있으므로, 모든 양의 해를 구하면 분명히 모든 해를 알게 된다. 이러한 이유로, $x^2 - dy^2 = 1$의 양의 해만 찾는다.

우리에게 출발점을 주는 결과는, 펠의 방정식을 만족하는 모든 양의 정수쌍은 무리수 $\sqrt{d}$를 나타내는 연분수로부터 얻어질 수 있다고 말한다.

정리 15.12 *Theorem*

만일 p, q가 $x^2 - dy^2 = 1$의 양의 해이면, p/q는 $\sqrt{d}$의 연분수 전개의 근사분수이다.

증명. $p^2 - dq^2 = 1$이라는 가정에 비추어,

$$(p - q\sqrt{d})(p + q\sqrt{d}) = 1$$

을 얻고, 이것은 $p > q$와

$$\frac{p}{q} - \sqrt{d} = \frac{1}{q(p + q\sqrt{d})}$$

을 의미한다. 결과적으로,

$$0 < \frac{p}{q} - \sqrt{d} < \frac{\sqrt{d}}{q(q\sqrt{d} + q\sqrt{d})} = \frac{\sqrt{d}}{2q^2\sqrt{d}} = \frac{1}{2q^2}$$

정리 15.9를 직접적으로 적용하여 p/q가 $\sqrt{d}$의 근사분수여야 함을 안다.

일반적으로, 앞의 정리의 역은 거짓이다. $\sqrt{d}$의 근사분수 p_n/q_n 모두가 $x^2 - dy^2 = 1$의 해를 제공하지는 않는다. 그럼에도 불구하고, 수열 $p_n^2 - dq_n^2$이 취하는 값들의 크기에 대하여 무언가 말할 수 있다.

정리 15.13 *Theorem*

만일 p/q가 $\sqrt{d}$의 연분수 전개의 근사분수이면, $x = p$, $y = q$는 $|k| < 1 + 2\sqrt{d}$일 때 방정식

$$x^2 - dy^2 = k$$

중 한 개의 해이다.

증명. 만일 p/q가 $\sqrt{d}$의 근사분수이면, 정리 15.7의 따름정리는

$$\left|\sqrt{d} - \frac{p}{q}\right| < \frac{1}{q^2}$$

을 보장하고, 따라서

$$|p - q\sqrt{d}| < \frac{1}{q}$$

그래서

$$
\begin{aligned}
|p+q\sqrt{d}| &= |(p-q\sqrt{d})+2q\sqrt{d}| \\
&\le |p-q\sqrt{d}| + |2q\sqrt{d}| \\
&< \frac{1}{q} + 2q\sqrt{d} \le (1+2\sqrt{d})q
\end{aligned}
$$

을 얻는다. 이 두 개의 부등식이 결합하여

$$
\begin{aligned}
|p^2-dq^2| &= |p-q\sqrt{d}||p+q\sqrt{d}| \\
&< \frac{1}{q}(1+2\sqrt{d})q \\
&= 1+2\sqrt{d}
\end{aligned}
$$

를 낳고, 이것이 바로 증명하려던 바다.

예시로서 $d = 7$인 경우를 택하자. 연분수 전개 $\sqrt{7} = [2; \overline{1, 1, 1, 4}]$를 사용하여, $\sqrt{7}$의 처음 몇 개의 근사분수는

$$2/1, 3/1, 5/2, 8/3, \ldots$$

로 결정된다. $p_n^2 - 7q_n^2$의 계산을 해보면,

$$2^2 - 7\cdot 1^2 = -3 \qquad 3^2 - 7\cdot 1^2 = 2 \qquad 5^2 - 7\cdot 2^2 = -3 \qquad 8^2 - 7\cdot 3^2 = 1$$

을 얻고, 그러므로 $x = 8$, $y = 3$은 방정식 $x^2 - 7y^2 = 1$의 양의 해를 제공한다.

주기적 연분수에 대해 더 상세히 공부할 수 있지만, 이 분야를 장황히 조사하려는 의도는 없다. 지금까지 고찰한 예제에서 $\sqrt{d}$의 모든 연분수 전개는

$$\sqrt{d} = [a_0; \overline{a_1, a_2, \ldots, a_n}]$$

형태를 취했다. 즉 한 개 항 이후부터 주기적인 부분이 시작하고, 이 처음 항은 $[\sqrt{d}\,]$이란 것을 독자는 이미 알았을 것이다. 또한 주기의 마지막 항 a_n은 항상 $2a_0$과 같고, 마지막 항을 제외하고 주기는 대칭적이다(대칭적인 부분은 중간 항을 가질 수도 갖지 않을 수도 있다). 이것은 일반적인 상황의 특징이다. 자세한 증명을 하지 않고, 사실만 간단히 기록한다. 만일 d가 완전제곱이 아닌 양의 정수이면, $\sqrt{d}$의 연분수 전개는 반드시 다음 형태를 갖는다.

$$\sqrt{d} = [a_0; \overline{a_1, a_2, a_3, \ldots, a_3, a_2, a_1, 2a_0}]$$

예를 들어 $d = 19$인 경우에, 그 전개는

$$\sqrt{19} = [4; \overline{2, 1, 3, 1, 2, 8}]$$

인 반면, $d = 73$이면

$$\sqrt{73} = [8; \overline{1, 1, 5, 5, 1, 1, 16}]$$

모든 $d < 100$ 중에서, 가장 긴 주기는 $\sqrt{94}$ 의 것이고, 그것은 16항을 갖는다.

$$\sqrt{94} = [9; \overline{1, 2, 3, 1, 1, 5, 1, 8, 1, 5, 1, 1, 3, 2, 1, 18}]$$

다음은, d가 2와 40 사이에 제곱이 아닌 정수일 때 $\sqrt{d}$의 연분수 전개 목록이다.

$\sqrt{2} = [1; \overline{2}]$	$\sqrt{22} = [4; \overline{1, 2, 4, 2, 1, 8}]$
$\sqrt{3} = [1; \overline{1, 2}]$	$\sqrt{23} = [4; \overline{1, 3, 1, 8}]$
$\sqrt{5} = [2; \overline{4}]$	$\sqrt{24} = [4; \overline{1, 8}]$
$\sqrt{6} = [2; \overline{2, 4}]$	$\sqrt{26} = [5; \overline{10}]$
$\sqrt{7} = [2; \overline{1, 1, 1, 4}]$	$\sqrt{27} = [5; \overline{5, 10}]$
$\sqrt{8} = [2; \overline{1, 4}]$	$\sqrt{28} = [5; \overline{3, 2, 3, 10}]$
$\sqrt{10} = [3; \overline{6}]$	$\sqrt{29} = [5; \overline{2, 1, 1, 2, 10}]$
$\sqrt{11} = [3; \overline{3, 6}]$	$\sqrt{30} = [5; \overline{2, 10}]$
$\sqrt{12} = [3; \overline{2, 6}]$	$\sqrt{31} = [5; \overline{1, 1, 3, 5, 3, 1, 1, 10}]$
$\sqrt{13} = [3; \overline{1, 1, 1, 1, 6}]$	$\sqrt{32} = [5; \overline{1, 1, 1, 10}]$
$\sqrt{14} = [3; \overline{1, 2, 1, 6}]$	$\sqrt{33} = [5; \overline{1, 2, 1, 10}]$
$\sqrt{15} = [3; \overline{1, 6}]$	$\sqrt{34} = [5; \overline{1, 4, 1, 10}]$
$\sqrt{17} = [4; \overline{8}]$	$\sqrt{35} = [5; \overline{1, 10}]$
$\sqrt{18} = [4; \overline{4, 8}]$	$\sqrt{37} = [6; \overline{12}]$
$\sqrt{19} = [4; \overline{2, 1, 3, 1, 2, 8}]$	$\sqrt{38} = [6; \overline{6, 12}]$
$\sqrt{20} = [4; \overline{2, 8}]$	$\sqrt{39} = [6; \overline{4, 12}]$
$\sqrt{21} = [4; \overline{1, 1, 2, 1, 1, 8}]$	$\sqrt{40} = [6; \overline{3, 12}]$

정리 15.12는 만일 방정식 $x^2 - dy^2 = 1$이 해를 가지고 p_k / q_k는 $\sqrt{d}$의 근사분수일 때, $x = p_k$, $y = q_k$ 가운데에서 그것의 양의 해를 찾을 수 있음을 말한다. $\sqrt{d}$의 연분수 전개의 주기는 $x^2 - dy^2 = 1$이 실제로 정수에서 해를 가짐을 보이는 데 필요한 정보를 제공한다. 사실은 무한히 많은 해가 있고, 모두 $\sqrt{d}$의 근사분수에서 얻을 수 있다.

우리 프로그램의 중요한 결과는 n이 $\sqrt{d}$에 대한 연분수 전개의 주기 길이이면 근사분수 p_{kn-1} / q_{kn-1}은

$$p_{kn-1}^2 - dq_{kn-1}^2 = (-1)^{kn} \qquad k = 1, 2, 3, \ldots$$

을 만족한다는 것이다. 이것을 증명하기 전에, 전개 $\sqrt{d} = [a_0; a_1, a_2, \cdots]$은 먼저 $x_0 = \sqrt{d}$와 $k = 0, 1, 2, \cdots$에 대하여

$$x_{k+1} = \frac{1}{x_k - [x_k]}$$

이라고 정의하고 $k \geq 0$일 때 $a_k = [x_k]$라고 놓음으로써 얻었음을 상기해야 한다. 따라서 x_k는 모두 무리수이고, a_k는 정수이며, 이들은 표현식

$$x_{k+1} = \frac{1}{x_k - a_k} \qquad k \geq 0$$

에 의해 관련되어 있다. 약간 기술적인 다음 보조정리는 또 다른 준비 단계다.

보조정리 Lemma

주어진 연분수 전개 $\sqrt{d} = [a_0; a_1, a_2, \cdots]$에 대하여, s_k와 t_k를 관계식

$$s_0 = 0 \qquad t_0 = 1$$

$$s_{k+1} = a_k t_k - s_k \qquad t_{k+1} = \frac{d - s_{k+1}^2}{t_k} \qquad k = 0, 1, 2, \ldots$$

에 의하여 귀납적으로 정의한다. 그러면

(a) s_k와 t_k는 정수이고 $t_k \neq 0$이다.

(b) $t_k \mid (d - s_k^2)$

(c) $k \geq 0$에 대하여 $x_k = (s_k + \sqrt{d}) / t_k$이다.

증명. $k = 0$일 때 세 주장이 분명히 성립함을 주목하고, k에 대한 귀납법을 진행한다. 고정된 정수 k에 대하여 그것들이 참이라고 가정하라. a_k, s_k 그리고 t_k는 모두 정수이므로 $s_{k+1} = a_k t_k - s_k$도 똑같이 정수이다. 또한 $t_{k+1} \neq 0$이고, 그렇지 않다면 $d = s_{k+1}^2$이므로 d가 제곱수가 아니라는 가정에 모순이기 때문이다. 귀납법 가정에 의해 $t_k \mid (d - s_k^2)$이므로 방정식

$$t_{k+1} = \frac{d - s_{k+1}^2}{t_k} = \frac{d - s_k^2}{t_k} + (2a_k s_k - a_k^2 t_k)$$

은 t_{k+1}이 정수임을 뜻하며, 한편 $t_k t_{k+1} = (d - s_{k+1}^2)$에서 $t_{k+1} \mid (d - s_{k+1}^2)$을 얻는다. 마지막으로

$$\begin{aligned} x_{k+1} = \frac{1}{x_k - a_k} &= \frac{t_k}{(s_k + \sqrt{d}) - t_k a_k} \\ &= \frac{t_k}{\sqrt{d} - s_{k+1}} \\ &= \frac{t_k(s_{k+1} + \sqrt{d})}{d - s_{k+1}^2} = \frac{s_{k+1} + \sqrt{d}}{t_{k+1}} \end{aligned}$$

을 얻고, 그래서 $k+1$인 경우에, 모든 양의 정수에 대하여 (a), (b) 그리고 (c)가 성립한다.

펠의 방정식의 해에 대하여 화제를 돌리기 전에, 부수적인 결과가 하나 더 필요하다. 여기서 $\sqrt{d}$의 근사분수를 보조정리의 정수 t_k와 관련시킨다.

정리 15.14 Theorem

만일 p_k / q_k가 $\sqrt{d}$의 연분수 전개의 근사분수이면,

$$p_k^2 - dq_k^2 = (-1)^{k+1} t_{k+1} \qquad \text{단, } t_{k+1} > 0 \qquad k = 0, 1, 2, 3, \ldots$$

증명. $\sqrt{d} = [a_0; a_1, a_2, \cdots, a_k, x_{k+1}]$에 대하여

$$\sqrt{d} = \frac{x_{k+1}p_k + p_{k-1}}{x_{k+1}q_k + q_{k-1}}$$

을 안다. $x_{k+1} = (s_{k+1} + \sqrt{d}) / t_{k+1}$을 대입하고 간단히 하면,

$$\sqrt{d}(s_{k+1}q_k + t_{k+1}q_{k-1} - p_k) = s_{k+1}p_k + t_{k+1}p_{k-1} - dq_k$$

로 간단히 된다. 우변은 유리수이고 $\sqrt{d}$는 무리수이므로, 이 마지막 식은

$$s_{k+1}q_k + t_{k+1}q_{k-1} = p_k \qquad \text{그리고} \qquad s_{k+1}p_k + t_{k+1}p_{k-1} = dq_k$$

를 필요로 한다. 이 관계식의 첫 번째에 p_k를, 두 번째에 $-q_k$를 곱하고, 그 결과를 더하면

$$p_k^2 - dq_k^2 = t_{k+1}(p_kq_{k-1} - p_{k-1}q_k)$$

그런데 정리 15.3은

$$p_kq_{k-1} - p_{k-1}q_k = (-1)^{k-1} = (-1)^{k+1}$$

을 말하고, 그래서

$$p_k^2 - dq_k^2 = (-1)^{k+1}t_{k+1}$$

다음으로 근사분수에 관한 논의로부터

$$C_{2k} < \sqrt{d} < C_{2k+1} \qquad k \geq 0$$

을 기억하자. $C_k = p_k / q_k$이기 때문에, 짝수 k에 대하여 $p_k^2 - dq_k^2 < 0$이고 홀수 k에 대하여 $p_k^2 - dq_k^2 > 0$임을 안다. 그러므로 식

$$\frac{p_k^2 - dq_k^2}{p_{k-1}^2 - dq_{k-1}^2} = -\frac{t_{k+1}}{t_k} \qquad k \geq 1$$

의 좌변은 항상 음이고, 이것은 t_{k+1} / t_k를 양으로 만든다. $t_1 = d - a_0^2 > 0$에서 출발하여, 몫을 차례로 올라가면 $t_{k+1} > 0$이라는 결론에 이른다.

당장 관심 있는 문제는 정수 $t_j = 1$인 때를 결정하는 것이다. 아래에서 이 질문을 해결한다.

따름정리 Corollary

만일 n이 $\sqrt{d}$의 전개의 주기 길이이면, $t_j = 1$과 $n \mid j$는 동치이다.

증명. $\sqrt{d} = [a_0; \overline{a_1, a_2, \cdots, a_n}]$에 대하여

$$x_{kn+1} = x_1 \qquad k = 0, 1, \ldots$$

을 안다. 그래서

$$\frac{s_{kn+1} + \sqrt{d}}{t_{kn+1}} = \frac{s_1 + \sqrt{d}}{t_1}$$

또는

$$\sqrt{d}(t_{kn+1} - t_1) = s_{kn+1}t_1 - s_1t_{kn+1}$$

$\sqrt{d}$ 의 무리성은

$$t_{kn+1} = t_1 \qquad s_{kn+1} = s_1$$

을 뜻한다. 그런데 그렇다면

$$t_1 = d - s_1^2 = d - s_{kn+1}^2 = t_{kn}t_{kn+1} = t_{kn}t_1$$

이고, 따라서 $t_{kn} = 1$이다. 이것의 최종적인 결과는 $n \mid j$ 이면 언제나 $t_j = 1$이라는 것이다.

반대 방향을 생각하여, j를 $t_j = 1$인 양의 정수라 하라. 그러면 $x_j = s_j + \sqrt{d}$ 이고, 정수 부분을 취하면

$$[x_j] = s_j + [\sqrt{d}] = s_j + a_0$$

으로 쓸 수 있다. 이제 x_{j+1}의 정의는

$$x_j = [x_j] + \frac{1}{x_{j+1}} = s_j + a_0 + \frac{1}{x_{j+1}}$$

을 낳는다. 조각들을 합치면,

$$a_0 + \frac{1}{x_1} = x_0 = \sqrt{d} = x_j - s_j = a_0 + \frac{1}{x_{j+1}}$$

이고, 그러므로 $x_{j+1} = x_1$이다. 이것은 j 개 정수 블록 $a_1, a_2, \cdots, a_j$ 가 $\sqrt{d}$ 의 전개에서 계속해서 반복된다는 의미이다. 따라서 j는 주기의 길이 n 의 배수여야 한다.

간단한 예로 $\sqrt{15} = [3; \overline{1, 6}]$을 생각하자. 그 주기는 길이가 2이고, 처음 네 개의 근사분수는

$$3/1, 4/1, 27/7, 31/8$$

이다. 계산으로

$$3^2 - 15 \cdot 1^2 = 27^2 - 15 \cdot 7^2 = -6$$

$$4^2 - 15 \cdot 1^2 = 31^2 - 15 \cdot 8^2 = 1$$

이 보여진다. 그러므로 $t_1 = t_3 = 6$이고 $t_2 = t_4 = 1$이다.

d가 제곱수가 아닌 정수일 때 펠의 방정식 $x^2 - dy^2 = 1$의 모든 양의 해를 최종적으로 기술할 수 있다. 우리 결과는 다음과 같이 서술된다.

정리 15.15 *Theorem*

p_k / q_k는 $\sqrt{d}$의 연분수 전개의 근사분수라 하고, n은 전개의 길이라 한다.

(a) 만일 n이 짝수이면, $x^2 - dy^2 = 1$의 모든 양의 해는

$$x = p_{kn-1} \qquad y = q_{kn-1} \qquad k = 1, 2, 3, \ldots$$

으로 주어진다.

(b) 만일 n이 홀수이면, $x^2 - dy^2 = 1$ 의 모든 양의 해는

$$x = p_{2kn-1} \qquad y = q_{2kn-1} \qquad k = 1, 2, 3, \ldots$$

으로 주어진다.

증명. $x^2 - dy^2 = 1$의 임의의 해 x_0, y_0은 $\sqrt{d}$의 어떤 근사분수 p_j / q_j에 대하여 $x_0 = p_j$, $y_0 = q_j$ 형태임은 정리 15.12에서 이미 증명되었다. 앞의 정리에 의하여

$$p_j^2 - dq_j^2 = (-1)^{j+1} t_{j+1}$$

이고, 이것은 $j+1$은 짝수이고 $t_{j+1} = 1$임을 의미한다. 그 따름정리는 $n \mid (j+1)$, 예컨대 어떤 k에 대하여 $j+1 = nk$임을 말해 준다. 만일 n이 홀수이면 k는 짝수여야 하는 반면, n이 짝수이면 k의 어떤 값도 충분하다.

예제 15.8 *Example*

정리 15.15의 첫 번째 응용으로, 다시 한 번 $x^2 - 7y^2 = 1$을 생각하자. $\sqrt{7} = [2; \overline{1, 1, 1, 4}]$이기 때문에, 처음 12개의 근사분수는

$$2/1, 3/1, 5/2, 8/3, 37/14, 45/17, 82/31, 127/48,$$
$$590/223, 717/271, 1307/494, 2024/765$$

$\sqrt{7}$의 연분수 표현은 주기 길이 4를 가지므로, 어떤 근사분수 p_{4k-1} / q_{4k-1}의 분모와 분자든지 $x^2 - 7y^2 = 1$의 해를 형성한다. 그러므로, 예를 들면

$$\frac{p_3}{q_3} = 8/3 \qquad \frac{p_7}{q_7} = 127/48 \qquad \frac{p_{11}}{q_{11}} = 2024/765$$

은 처음 세 개의 양의 해를 준다. 이 해들은 $x_1 = 8$, $y_1 = 3$; $x_2 = 127$, $y_2 = 48$; $x_3 = 2024$, $y_3 = 765$이다.

예제 15.9 *Example*

$x^2 - 13y^2 = 1$의 가장 작은 양의 해를 구하기 위하여, $\sqrt{13} = [3; \overline{1, 1, 1, 1, 6}]$이고 주기 길이가 5임을 주목한다. $\sqrt{13}$의 처음 10개의 근사분수는

$$3/1, 4/1, 7/2, 11/3, 18/5, 119/33, 137/38, 256/71, 393/109, 649/180$$

정리 15.15의 (b)를 참조하면, $x^2 - 13y^2 = 1$의 최소 양의 해는 근사분수 $p_9 / q_9 = 649/180$로부터 얻어지고, 해 자체는 $x_1 = 649$, $y_1 = 180$이다.

펠의 방정식의 한 개의 해로부터 다른 해들을 생성하는 빠른 방법이 있다. 이것을 이야기하기 전에, 방정식 $x^2 - dy^2 = 1$의 *기본해*(*fundamental solution*)를 그것의 최소 양의 해라고 정의하자. 즉, 어떤 다른 양의 해 x', y'에 대하여도 $x_0 < x'$, $y_0 < y'$이 되는 성질을 갖는 양의 해 x_0, y_0이다. 정리 15.15는 다음의 사실을 말한다. 만일 $\sqrt{d}$의 연분수 전개의 주기 길이가 n이면, $x^2 - dy^2 = 1$의 기본해는 n이 짝수이면 $x = p_{n-1}$, $y = q_{n-1}$, 그리고 n이 홀수이면 $x = p_{2n-1}$, $y = q_{2n-1}$로 주어진다. 그러므로 방정식 $x^2 - dy^2 = 1$은 n 또는 $2n$ 단계에 풀릴 수 있다.

비교적 작은 d의 값에 대하여조차 기본해의 숫자는 예상 밖으로 클 수 있기 때문에, 기본해를 구하는 것은 어려운 작업일 수 있다. 예를 들면, 쉬워 보이는 방정식 $x^2 - 991y^2 = 1$은 최소 양의 해

$$x = 379516400906811930638014896080$$
$$y = 12055735790331359447442538767$$

을 갖는다. $x^2 - 1000099y^2 = 1$을 보면 상황은 더 악화되는데, 이 방정식을 만족하는 최소 양의 정수 x는 1,118개의 자릿수를 갖는다. 말할 필요 없이, 모든 것은 $\sqrt{d}$의 연분수 전개에 의존하고, $\sqrt{1000099}$의 경우 주기는 2,174항으로 이루어진다.

주어진 d 값에 대하여 $x^2 - dy^2 = 1$을 푸는 데 필요한 정수는 작지만, 다음 값에 대하여는 매우 커지는 일이 또한 일어날 수 있다. 이 변동의 놀라운 예시는 방정식 $x^2 - 61y^2 = 1$에 의해 제공되는데, 그 기본해는

$$x = 1766319049 \qquad y = 226153980$$

으로 주어진다. 이 숫자들은 해가 $x = 31$, $y = 4$인 $d = 60$의 경우 또는 해가 $x = 63$, $y = 8$인 $d = 62$인 경우에 비교할 때 엄청난 것이다.

기본해—이것은 연분수를 사용하거나 완전제곱이 될 때까지 계속해서 $y = 1, 2, 3, \cdots$을 표현식 $1 + dy^2$에 대입하여 구할 수 있다—의 도움으로, 남은 양의 정수 모두를 건설할 수 있다.

정리 15.16 *Theorem*

x_1, y_1은 $x^2 - dy^2 = 1$의 기본해라고 하자. 그러면 조건식

$$x_n + y_n\sqrt{d} = (x_1 + y_1\sqrt{d})^n \qquad n = 1, 2, 3, \ldots$$

에 의해 정의되는 모든 정수쌍 x_n, y_n도 역시 양의 해이다.

증명. 다음을 확인하는 것은 독자에게 알맞은 연습문제이다.

$$x_n - y_n\sqrt{d} = (x_1 - y_1\sqrt{d})^n$$

더구나, x_1과 y_1은 양이므로 x_n과 y_n은 둘 다 양의 정수이다. x_1, y_1은 $x^2 - dy^2 = 1$의 해임을 유의하여,

$$\begin{aligned} x_n^2 - dy_n^2 &= (x_n + y_n\sqrt{d})(x_n - y_n\sqrt{d}) \\ &= (x_1 + y_1\sqrt{d})^n(x_1 - y_1\sqrt{d})^n \\ &= (x_1^2 - dy_1^2)^n = 1^n = 1 \end{aligned}$$

을 얻고, 따라서 x_n, y_n은 해이다.

잠깐 멈추고 예제를 보자. 검사해 보면, $x_1 = 6$, $y_1 = 1$이 $x^2 - 35y^2 = 1$의 기본해를 이룸을 보일 수 있다. 두 번째 양의 해 x_2, y_2는 공식

$$x_2 + y_2\sqrt{35} = (6 + \sqrt{35})^2 = 71 + 12\sqrt{35}$$

으로부터 얻어질 수 있고, 이것은 $x_2 = 71$, $y_2 = 12$라는 뜻이다. 이 정수들은 방정식 $x^2 - 35y^2 = 1$을 만족한다. 왜냐하면

$$71^2 - 35 \cdot 12^2 = 5041 - 5040 = 1$$

세 번째 해

$$\begin{aligned} x_3 + y_3\sqrt{35} &= (6 + \sqrt{35})^3 \\ &= (71 + 12\sqrt{35})(6 + \sqrt{35}) = 846 + 143\sqrt{35} \end{aligned}$$

에서 나온다. 이것은 $x_3 = 846$, $y_3 = 143$을 주고, 실제로

$$846^2 - 35 \cdot 143^2 = 715716 - 715715 = 1$$

이므로 이 값들은 또 다른 해를 제공한다.

방정식 $x^2 - dy^2 = 1$로 되돌아오면, 우리의 마지막 정리는 어떤 양의 해도 n이 정수 값을 취할 때 공식

$$x_n + y_n\sqrt{d} = (x_1 + y_1\sqrt{d})^n$$

로부터 계산될 수 있음을 말해 준다. 즉, 만일 u, v가 $x^2 - dy^2 = 1$의 양의 해이면, 적당히 고른 정수 n에 대하여 $u = x_n$, $v = y_n$이다. 이것을 정리 15.17로 서술한다.

정리 15.17 Theorem

만일 x_1, y_1이 $x^2 - dy^2 = 1$의 기본해이면, 이 방정식의 모든 양의 정수해는 x_n, y_n으로 주어지고, x_n, y_n은

$$x_n + y_n\sqrt{d} = (x_1 + y_1\sqrt{d})^n \qquad n = 1, 2, 3, \ldots$$

에서 결정되는 정수이다.

증명. 모순을 예상하며, 공식 $(x_1 + y_1\sqrt{d})^n$에서 얻을 수 없는 양의 해 u, v가 존재한다고 가정하자. $x_1 + y_1\sqrt{d} > 1$이므로, $x_1 + y_1\sqrt{d}$의 거듭제곱은 임의로 커진다. 이것은 $u + v\sqrt{d}$가 $x_1 + y_1\sqrt{d}$의 계속적인 두 개의 거듭제곱 사이에 있음을, 예컨대

$$(x_1 + y_1\sqrt{d})^n < u + v\sqrt{d} < (x_1 + y_1\sqrt{d})^{n+1}$$

또는 다른 말로 하면,

$$x_n + y_n\sqrt{d} < u + v\sqrt{d} < (x_n + y_n\sqrt{d})(x_1 + y_1\sqrt{d})$$

을 의미한다. 이 부등식에 양수 $x_n - y_n\sqrt{d}$를 곱하고 $x_n^2 - dy_n^2 = 1$임을 유의하면,

$$1 < (x_n - y_n\sqrt{d})(u + v\sqrt{d}) < x_1 + y_1\sqrt{d}$$

을 얻는다. 다음 $r + s\sqrt{d} = (x_n - y_n\sqrt{d})(u + v\sqrt{d})$로 정수 r과 s를 정의하라. 즉

$$r = x_n u - y_n v d \qquad s = x_n v - y_n u$$

라 놓는다. 쉬운 계산으로,

$$r^2 - ds^2 = (x_n^2 - dy_n^2)(u^2 - dv^2) = 1$$

이 밝혀지고, 따라서 r, s는

$$1 < r + s\sqrt{d} < x_1 + y_1\sqrt{d}$$

을 만족하는 $x^2 - dy^2 = 1$의 해이다.

증명의 완성을 위해 r, s 의 쌍이 양의 정수임을 보일 것이 요구된다. $1 < r + s\sqrt{d}$ 이고 $(r + s\sqrt{d})(r - s\sqrt{d}) = 1$이므로, $0 < r - s\sqrt{d} < 1$을 안다. 결과적으로,

$$2r = (r + s\sqrt{d}) + (r - s\sqrt{d}) > 1 + 0 > 0$$
$$2s\sqrt{d} = (r + s\sqrt{d}) - (r - s\sqrt{d}) > 1 - 1 = 0$$

이고 r과 s는 모두 양이 된다. 요지는 x_1, y_1이 $x^2 - dy^2 = 1$의 기본해이므로 $x_1 < r$, $y_1 < s$ 이어야 한다는 것이다. 그런데 그렇다면 $x_1 + y_1\sqrt{d} < r + s\sqrt{d}$ 이고, 앞의 부등식에 위배된다. 이 모순으로 우리 논의가 끝난다.

펠의 방정식은 여러 시대를 통해 수학자들을 매료시켰다. 기독교 시대의 시작 약 400년 전의 그리스인들에게 방정식을 해결하는 방법이 알려져 있었다는 역사적 증거가 있다. "축우 문제(cattle problem)"로 알려진 부정 해석학의 유명한 한 문제는, 알렉산드리아의 학자들에 대한 도전문제로 에라토스테네스에게 아르키메데스가 보낸 경구에 들어 있다. 그 경구에서는, 여덟 개의 미지수가 아홉 개의 조건으로 연결되어 있을 때 네 가지 색의 황소와 암소의 수를 각각 구할 것을 요구한다. 이 조건들은 결과적으로 펠의 방정식

$$x^2 - 4729494y^2 = 1$$

의 해를 필요로 하고, 여기서 엄청나게 큰 숫자들을 얻게 된다. 여덟 미지수 중 하나는 206,545자리를 갖는 수이다(15개의 자리 수를 인쇄하는 데 1인치의 공간이 필요하다고 가정하면, 그 숫자는 1/5마일이 넘는 길이다). 이 문제가 시라쿠사의 그 유명한 수학자에게서 기원했다고 일반적으로 동의하지만, 아르키메데스가 필요한 모든 계산을 실제로 했을 것이라고 아무도 주장하지 않는다.

그 해를 계산하는 데 대하여 아무런 증명이 없는, 그런 방정식과 교리적 법칙들은 유럽에 출현하기 1,000년보다 더 이전에 인도에 보급됐다. 7세기에, 방정식 $x^2 - 92y^2 = 1$을 일 년 안에 풀 수 있는 사람은 수학자라고 브라마굽타(Brahmagupta)는 말했다. $x = 151$, $y = 120$이 최소 양의 해이니까, 그런 사람은 당시로서는 훌륭한 산술가다. 계산적으로 더욱 어려운 문제는 $x^2 - 94y^2 = 1$을 만족하는 정수를 구하는 것이다. 여기서 기본해는 $x = 2143295$, $y = 221064$이기 때문이다.

그러므로 페르마가 방정식 $x^2 - dy^2 = 1$을 풀 것을 제안하고 해를 구하는 일반적 방법을 고안한 최초의 사람은 아니다. 아마 그는 제곱수가 아닌 정수 d의 값이 무엇이든지 그 방정식이 무한히 많은 해를 갖는다고 주장한 최초의 사람일 것이다. 더욱이, 이것과 다른 문제들의 완전한 정수해를 유도하려는 그의 노력은 디오판투스의 「산술서」의 고전적 전통에서 벗어나는 수론의 분수령이 되었다.

연습문제 15.5

1. x_0, y_0 이 방정식 $x^2 - dy^2 = 1$의 양의 해일 때, $x_0 > y_0$ 임을 증명하라.
2. $y = 1, 2, 3, \cdots$을 $dy^2 + 1$에 연속적으로 대입하는 방법으로, d가 아래와 같을 때 $x^2 - dy^2 = 1$의 최소 양의 해를 결정하라.
   (a) 7
   (b) 11
   (c) 18
   (d) 30
   (e) 39
3. 다음 방정식의 $y < 250$인 모든 양의 해를 구하라.
   (a) $x^2 - 2y^2 = 1$
   (b) $x^2 - 3y^2 = 1$
   (c) $x^2 - 5y^2 = 1$
4. $n + 1$과 $n/2 + 1$이 둘 다 완전제곱이 되는 성질을 가진 짝수 n이 무수히 많음을 보여라. 그러한 두 정수를 제시하라.
5. 아래 각 방정식의 양의 해 두 개를 구하라.
   (a) $x^2 - 23y^2 = 1$
   (b) $x^2 - 26y^2 = 1$
   (c) $x^2 - 33y^2 = 1$
6. 이 방정식들의 기본해를 구하라.
   (a) $x^2 - 29y^2 = 1$
   (b) $x^2 - 41y^2 = 1$
   (c) $x^2 - 74y^2 = 1$

   [*힌트*: $\sqrt{41} = [6; \overline{2, 2, 12}]$ 이고 $\sqrt{74} = [8; \overline{1, 1, 1, 1, 16}]$이다.]
7. 다음 각 방정식의 한 해를 구하라.
   (a) $x^2 - 13y^2 = -1$
   (b) $x^2 - 29y^2 = -1$
   (c) $x^2 - 41y^2 = -1$
8. 만일 x_0, y_0이 방정식 $x^2 - dy^2 = -1$의 해이면, $x = 2dy_0^2 - 1$, $y = 2x_0y_0$은 $x^2 - dy^2 = 1$을 만족함을 증명하라. 브롱커는 $x^2 - 313y^2 = 1$을 푸는 데 이 사실을 사용했다.
9. d가 소수 $p \equiv 3 \pmod 4$로 나누어질 때, 방정식 $x^2 - dy^2 = -1$은 해가 없음을 보여라.
10. x_1, y_1 이 $x^2 - dy^2 = 1$의 기본해이고

$$x_n + y_n\sqrt{d} = (x_1 + y_1\sqrt{d})^n \qquad n = 1, 2, 3, \ldots$$

일 때, 정수쌍 x_n, y_n은 공식

$$x_n = \frac{1}{2}[(x_1 + y_1\sqrt{d})^n + (x_1 - y_1\sqrt{d})^n]$$
$$y_n = \frac{1}{2\sqrt{d}}[(x_1 + y_1\sqrt{d})^n - (x_1 - y_1\sqrt{d})^n]$$

에서 계산될 수 있음을 증명하라.

11. 앞의 문제에서 정수 x_n, y_n 은 $n = 1, 2, 3, \cdots$에 대하여

$$x_{n+1} = x_1 x_n + d y_1 y_n$$
$$y_{n+1} = x_1 y_n + x_n y_1$$

에 의하여, 또는 $n = 2, 3, \cdots$에 대하여

$$x_{n+1} = 2x_1 x_n - x_{n-1}$$
$$y_{n+1} = 2x_1 y_n - y_{n-1}$$

에 의하여 귀납적으로 정의될 수 있음을 증명하라.

12. $x_1 = 15$, $y_1 = 2$는 $x^2 - 56y^2 = 1$의 기본해라는 정보를 사용하여, 양의 해를 두 개 더 구하라.

13. (a) 방정식 $x^2 - dy^2 = c$ 가 풀리면 언제나 무한히 많은 해를 가짐을 증명하라.
[*힌트*: 만일 u, v 가 $x^2 - dy^2 = c$를, r, s 가 $x^2 - dy^2 = 1$을 만족하면, $(ur \pm dvs)^2 - d(us \pm vr)^2 = (u^2 - dv^2)(r^2 - ds^2) = c$이다.
(b) $x = 16$, $y = 6$ 이 $x^2 - 7y^2 = 4$의 해라고 주어졌을 때, 다른 양의 해 두 개를 구하라.
(c) $x = 18$, $y = 3$ 이 $x^2 - 35y^2 = 9$의 해라고 주어졌을 때, 다른 양의 해 두 개를 구하라.

14. 이 절의 이론을 적용하여, x, y, z가 연속 정수인 원시적 피타고라스 삼중쌍이 무수히 많음을 확인하라.
[*힌트*: 항등식 $(s^2 - t^2) - 2st = (s - t)^2 - 2t^2$을 주목하라.]

15. *펠의 수*(*Pell number*) p_n 과 q_n 은

$$p_0 = 0 \qquad p_1 = 1 \qquad p_n = 2p_{n-1} + p_{n-2} \qquad n \geq 2$$
$$q_0 = 1 \qquad q_1 = 1 \qquad q_n = 2q_{n-1} + q_{n-2} \qquad n \geq 2$$

로 정의된다. 이것은 우리에게 두 수열

$$0, 1, 2, 5, 12, 29, 70, 169, 408, \ldots$$
$$1, 1, 3, 7, 17, 41, 99, 239, 577, \ldots$$

을 준다. $\alpha = 1 + \sqrt{2}$ 이고 $\beta = 1 - \sqrt{2}$ 일 때, 펠의 수는 모든 $n \geq 0$ 에 대하여

$$p_n = \frac{\alpha^n - \beta^n}{2\sqrt{2}} \qquad q_n = \frac{\alpha^n + \beta^n}{2}$$

와 같이 표현될 수 있음을 보여라.
[*힌트*: α와 β는 방정식 $x^2 - 2x - 1 = 0$의 근임을 유의하고 328~329쪽의 논의를 모방하라.]

16. 펠의 수에 대하여, $n \geq 1$일 때 아래 관계식을 유도하라.

(a) $p_{2n} = 2p_n q_n$

(b) $p_n + p_{n-1} = q_n$

(c) $2q_n^2 - q_{2n} = (-1)^n$

(d) $p_n + p_{n+1} + p_{n+3} = 3p_{n+2}$

(e) $q_n^2 - 2p_n^2 = (-1)^n$ 이며, 따라서 q_n / p_n 은 $\sqrt{2}$ 의 근사분수이다.

CHAPTER 16

현대적 발전

Some Modern Developments

다른 모든 것과 마찬가지로 수학적 이론에서도 아름다움을 느낄 수 있지만
설명할 수는 없다.
아서 케일리(ARTHUR CAYLEY)

16.1 하디, 딕슨 그리고 에르되시

수학의 어떤 분야든지 전문가들이 계속해서 흥미롭고 가치 있는 질문을 하는 (그리고 대답을 구하는) 동안에만 활력이 지속된다. 지금까지 우리의 수론 공부에서 그 과정이 고전적인 초기부터 현재까지 어떻게 움직였는지 보았다. 독자는 수론이 어떻게 발전하였는지에 대한 실용적인 지식을 얻었고, 그 분야가 아직도 살아 있고 성장하고 있음을 보았다. 이 짧은 마지막 장에서는 20세기의 유망한 성장 방향 중 몇몇을 보여준다.

먼저 각각 다른 나라 출신인 지난 세기의 세 명의 유명한 수론학자의 공헌을 살펴본다: 고드프리 하디(Godfrey H. Hardy), 레너드 딕슨(Leonald E. Dickson) 그리고 폴 에르되시(Paul Erdös). 우리의 수학적 지식을 상당히 진보시켰다는 점에서, 그들은 과거의 위대한 대가들의 후계자들이다.

4반세기 넘는 기간동안 하디(1877~1947)는 자신의 업적의 중요성과 인격적인 힘 모두로 영국 수학계를 지배했다. 하디는 1896년 케임브리지 대학교에 입학했고, 1906년 수학 강사로서 교수단에 합류하여 1919년까지 계속해서 그 지위를 유지했다. 이 초기에 수학에 대한 그의 가장 큰 봉사는 아마도 그의 저서 「순수수학 강의」(*A Course in Pure Mathematics*)일 것이다. 영국은 뉴턴에서 시작한 응용수학의 위대한 전통을 가지고 있었지만, 1900년 순수수학은 쇠퇴기에 있었다. 「순수수학 강의」는 학

Godfrey Harold Hardy
(1877~1947)

(*Trinity College Library, Cambridge*)

부학생들에게 해석학의 기본 지식에 대하여 엄격한 설명을 하려고 계획되었다. 수많은 판을 거치고 여러 언어로 번역되면서, 그것은 대학 수학 교육의 유행이 되었다.

하디의 반전 입장은 케임브리지에 강한 거부감을 일으켰고, 1919년 그는 옥스퍼드 대학에서 기하학 사빌 교수직(Savilian chair)을 수락할 수밖에 없었다. 그의 케임브리지 교수직은 존 리틀우드(John E. Littlewood)에 의해 계승되었다. 11년 후에 하디는 케임브리지로 돌아갔고, 1942년 은퇴 때까지 거기에 있었다.

하디의 이름은 필연적으로 리틀우드의 이름과 연결되는데, 그들은 수학사에서 가장 길고(35년) 광범위하고 효과적인 협력관계를 유지했다. 그들은 거의 100편의 논문을 공저하였으며, 마지막 것은 하디의 죽음 1년 뒤에 발표되었다. 그 당시에 세 명의 위대한 영국 수학자가 있는데, "하디, 리틀우드 그리고 하디–리틀우드"라고 흔히 농담한다. (리틀우드를 처음 만난 한 수학자는 소리쳤다. "당신은 하디가 자신의 이름으로 발표할 만큼 충분히 좋지 않다고 생각되는 논문에 대신 사용하는 이름일 뿐이라고 생각했었습니다.")

하디가 중요한 공헌을 하지 않은 수론의 분야는 거의 없다. 그의 주요 관심은 워링의 문제였다. 즉, 임의의 양의 정수를 많아야 $g(k)$개의 k제곱수의 합으로 표현하는 문제였다(13.3절을 보라). 모든 k에 대하여 $g(k)$는 유한하다는 일반 정리는, 1909년 힐베르트에 의해 얼마나 많은 k제곱수가 필요한지에 대한 아무런 설명도 없는 논법을 사용하여 증명되었다. 1920년대에 발표된 일련의 논문에서, 하디와 리틀우드는 충분히 큰 모든 정수를 표현하는 데 필요한 k제곱수의 최소 개수라고 정의되는 $G(k)$의 상계를 얻었다. 모든 k에 대하여 $G(k) \le (k-2)2^{k-1} + 5$이고, 특히 $G(4) \le 19$, $G(5) \le 41$, $G(6) \le 87$ 그리고 $G(7) \le 193$임을 그들은 증명했다(1921년). 그들의 결과 중 다른 하나는(1925년) 거의 모든 양의 정수에 대하여, $g(4) \le 15$이지만 $k = 3$이거나 $k \ge 5$일 때는 $g(k) \le (1/2\,k - 1)2^{k-1} + 3$이라는 것이다. $79 = 4 \cdot 2^4 + 15 \cdot 1^4$는

19개의 네제곱수를 필요로 하기 때문에, $g(4) \geq 19$이다. 이것은 부등식 $G(4) \leq 19$와 함께, $g(4) = 19$임을 암시하고, 그 실제적인 값은 계산으로 해결될 수 있을 것이라는 가능성을 제기한다.

이 두 협력자의 관심을 끈 또 다른 문제는 고전적인 세 소수 문제였다. 모든 홀수 $n \geq 7$은 세 소수의 합으로 쓸 수 있는가? 1922년 하디와 리틀우드는 만일 어떤 가정을 한다면 모든 홀수 $n \geq N$이 세 소수의 합이 되는 양의 정수 N이 존재함을 증명했다. 그들은 또 n을 그렇게 표현하는 방법의 개수의 근사 공식을 발견했다. 비노그라도프(I. M. Vinogradov)는 후에 하디–리틀우드의 결론을 그들의 가정에 호소하지 않고 얻었다. 하디–리틀우드의 모든 논문들은 많은 수학자들이 엄청난 양의 추가 연구를 하도록 자극했다.

딕슨(L. E. Dickson, 1874~1954)은 세기 전환기에 미국 수학의 급격한 발전에 크게 영향을 끼친 소수의 사람들 중에서도 걸출하다. 그는 새로 설립된 시카고대학교에서 1896년에 최초의 수학 박사학위를 받고, 1900년에 그곳의 조교수가 되었으며 1939년 은퇴할 때까지 시카고대학교에 있었다.

그의 논문 지도교수인 유명한 무어(E. H. Moore)의 추상적인 관심을 반영하여, 딕슨은 처음에는 유한군에 대한 연구를 수행했다. 1906년까지 딕슨의 비범한 산출물은 이미 126개의 논문에 이르렀다. 신혼여행은 성공적이었지만 그때 2개의 연구논문만 겨우 쓸 수 있었다고 그는 농담처럼 말했다. 전부 합쳐 1,600쪽이 넘고 세 권으로 출판된, 그의 기념비적인 「수론의 역사」(1919년)는 완성하는 데 9년이 걸렸다. 이것은 그 자체가 보통 사람에게는 평생의 과업이었을 것이다. 세기의 가장 다작의 수학자들 중 하나였던 딕슨은 그의 분야에서 넓은 범위의 주제에 대하여 267편의 논문과 18권의 저서를 집필했다. 지속해서 전해오는 한 편의 이야기에 의하면 그는 응용수학에 대한 가시 돋친 말을 했다. "수론이 응용으로 오염되지 않아서 신께 감사한다." (같은 견해를 표현하며, 하디는 축배의 말을 했다고 한다. "순수수학을 위하여! 그것이 결코 응용되지 않기를.") 그의 업적이 인정되어, 그는 1928년 미국수학회에 의해 수여된 대수학과 수론 분야의 콜(F. N. Cole)상의 첫 번째 수상자가 되었다.

그는 항상 수론을 공부하기를 희망했고, 그 주제에 관련되어 일어난 모든 것을 알기 위해 「수론의 역사」를 썼다고 말했다. 그는 완전수, 과잉수, 부족수 등의 존재와 워링의 문제에 특히 관심을 가졌다. 그의 연구의 대표적인 결과는 15,000보다 작은 모든 홀수 과잉수의 목록을 만든 것이다(1914년).

1927년에 시작된 긴 일련의 논문들에서, 딕슨은 원래 형태의 워링의 문제를 거의 완전히 해결했다. 그의 마지막 결과는(1936년) 오일러가 1772년에 추측한 대로, 거의 모든 k에 대하여 $g(k)$는 이상적인 값 $g(k) = 2^k + [(3/2)^k] - 2$를 갖는다는 것이었다. $g(k)$에 대한 앞의 공식이 성립함을 보장하기 위한 k에 대한 간단한 산술적 조건을 얻고, 7과 400 사이의 k에 대하여 그 조건이 만족됨을 보였다. 컴퓨터 성능의 극적인 향상으로, 이제 k가 2와 471600000 사이일 때 $g(k)$에 대한 오일러의 추측이 성립함을 안다.

흔히 가장 위대한 현대 수학자 중 한 명으로 평가되는 폴 에르되시(Paul Erdös, 1913~1996)는 수학계에서 독특한 인물이다. 고등학교 수학교사 사이의 아들이었던 그의 천재성은 매우 어린 나이에 나타났다. 에르되시는 17세에 부다페스트대학교에 입학하여, 4년 후에 수학 박사학위를 받고 졸업했다. 대학교 신입생 시절에 그의 첫 번째 논문을 발표하였는데, 그것은 어떤 $n > 1$에 대하여도 항상 n과 $2n$ 사이에 소수가 있다는 베르트랑의 추측에 대한 간단한 증명이었다.

영국 맨체스터대학교에서의 4년간의 연구원 생활 이후, 에르되시는 "우주의 교수", 즉 방랑하는 학자의 생활방식을 택했다. 그는 끊임없이 세계를 여행했는데, 한 달 동안에 많게는 15개의 대학교와 연구소를 흔히 방문했다. (가우스의 좌우명이 "적게 그러나 무르익게"였던 반면, 에르되시는 "다른 지붕, 다른 증명"을 자기 것으로 삼았다.) 비록 에르되시는 학계의 정규적인 지위를 갖지 않았지만, 여러 기관들에 단기간 동안 머물 수 있도록 항상 제의를 받고 있었다. 수학 연구에 전적으로 헌신하기 위해, 에르되시는 일상생활의 기쁨과 소유를 희생했다. 그는 재산이나 정해진 주소를 갖지 않았고, 돈을 지니지 않았으며, 결코 어떤 것도 조리하지 않았고 찻물을 끓인 적조차 없다. 몇몇 가까운 친구들이 소득세 신고를 포함한 그의 재정적인 업무를 처리했다. 관대한 사람 에르되시는 그의 강의에서 얻는 강의료를 남에게 주거나, 젊은 수학자를 위해 그가 설립한 두 장학금으로 ─ 하나는 헝가리에 하나는 이스라엘에 ─ 사용했다.

수론에서의 에르되시의 업적은 언제나 중요하고 흔히 기념비적인 것이었다. 한 위업은 소수들의 역의 합이 발산하는 급수라는 그의 증명이었다(1938년). 1949년에 그와 아틀레 셀베르그(Atle Selberg)는 소수 정리라고 불리는 것의 "기초적인" ─ 그러나 쉽지 않은 ─ 증명을 독립적으로 발표했다. (그것은 $\pi(x)$를 소수 $p \le x$의 개수라 할 때, $\pi(x) \approx x/\log x$임을 말한다.) 수론학자들 사이의 이 진정한 흥분은 셀베르그가 필즈상을(1950년), 에르되시가 콜상을(1952년) 받도록 도왔다. 에르되시는 수학에서의 뛰어난 업적으로 1983년 명성 높은 울프상을 수상했다. 그는 5만 달러의 상금에서 자신을 위해 750달러만 사용했다.

에르되시는 단독 또는 공동으로 1,200편의 논문을 발표했다. 300명이 넘는 공동저자를 가졌고, 그는 어떤 다른 수학자보다 더 많은 사람들과 공동연구를 했다. 그는 그의 공동연구자를 자극하려고, 그가 풀 수 없었던 문제에 현상금을 붙였다. 현상금은 문제의 난이도에 대한 그의 평가에 따라서 보통 10달러에서 1만 달러까지 변했다. 에르되시의 이름이 적힌 수표를 소유하는 데에 따른 어떤 명성이 있었기 때문에, 문제를 해결하려는 동기는 금전적이기보다는 명예에 관한 것이었다. 다음은 그가 대답을 보고 싶어 했었던 문제들의 범위를 보여 준다.

1. n은 제곱인수가 없을 때, $2^k + n$ 형태가 아닌 홀수가 존재하는가?
2. $1 \le k! \le p$이기만 하면 $p - k!$이 합성수가 되는 소수 p ($p = 101$과 같이)가 무한히 많이 있는가?
3. 모든 $k > 8$에 대하여, 2^k은 3의 서로 다른 거듭제곱들의 합으로 쓸 수 없다는 것이 참인가? [$2^8 = 3^5 + 3^2 + 3 + 1$임을 유의하라.]

4. $p(n)$ 이 n 의 최대 소인수이면, 부등식 $p(n) > p(n+1) > p(n+2)$는 무한개의 해를 갖는가?
5. 역수들의 합이 발산하는 정수들의 무한수열이 주어지면, 그 수열은 임의로 긴 등차수열을 포함하는가? (해답에 대하여 3,000달러가 제안됨)

이와 같은 문제들과 추측들의 주최자가 되어, 에르되시는 두 세대의 수론학자들을 자극했다.

현재의 추세에 대하여 한마디 하면, 계산은 언제나 수론의 중요한 연구 수단이었다. 그러므로 수론학자들이 현대 전자계산기의 연구 능력을 이용한 최초의 수학자들이라는 것은 놀랍지 않다. 계산기계의 보편적인 이용 가능성은 우리 분야에서 계산적 수론이라 불리는 새로운 분과를 생기게 했다. 그 광범위한 활동 중에서 이 주제는 주어진 정수의 소수성을 검사하는 일, 홀수 완전수의 하계를 구하는 일, 쌍둥이 소수나 친화수의 새로운 쌍을 발견하는 일 그리고 ($x^2 + 999 = y^3$처럼) 특정한 디오판투스 방정식의 수치적인 해를 얻는 일에 관련되어 있다. 다른 효과적인 연구 노선은 추측들의 특별한 경우를 검증하거나 그들에 대한 반례를 생산하는 것이다. 예를 들어, $2^n - 2$ 형태의 유사소수가 존재한다는 추측에 관하여 컴퓨터 탐색으로 $2^{465794} - 2$를 찾았다. 큰 합성수를 인수분해 하는 문제는 계산에 관련된 지속적인 관심 대상이다. 이런 종류의 가장 극적인 결과는, 800만 자리가 넘는, 스물여덟 번째 페르마 수 F_{28} 의 소인수를 최근에 결정한 것이다. 전에는, F_{28} 이 합성수라는 것이 알려져 있었을 뿐이다. 광범위한 계산으로 22자리 인수 $25709319373 \cdot 2^{36} + 1$을 얻었다. 의심할 바 없이, 새로운 알고리듬과 장비의 발전과 함께 계속적으로 수론의 기록들이 붕괴될 것이다.

수론에는 압도적인 수치적 증거에 의해 지지되는 것처럼 보이고 그럴 듯하지만, 거짓으로 판명된 추측의 많은 예들이 있다. 이러한 예들에서는, 많은 경우에 대한 직접적인 컴퓨터 탐색이 도움이 될 수 있다. 오래된 유망한 한 추측은 조지 폴랴(George Pólya, 1888~1985)에 의한 것이다. 1914년 그는 모든 $n \geq 2$ 에 대하여 홀수 개의 소인수를 갖는 n 까지의 양의 정수의 개수는 짝수 개의 소인수를 갖는 것들의 개수보다 결코 적지 않다고 추측했다. λ 는 리우빌(Liouville) 함수로, $\Omega(n)$ 은 중복도에 따라 세어 계산한 $n \geq 2$의 소인수의 전체 개수를 표현할 때 $\lambda(n) = (-1)^{\Omega(n)}$으로($\lambda(1) = 1$) 정의된다. 이 표시법으로, 폴랴의 추측은 함수

$$L(n) = \sum_{x \leq n} \lambda(x)$$

이 $n \geq 2$에 대하여 결코 양이 아니라는 주장으로 쓸 수 있다. 폴랴 자신의 계산은 이것을 $n = 1500$까지 확인했고, 다음 40년간 일반적으로 그 추측은 참이라고 믿어졌다. 1958년에, 하셀그로브(C. B. Haselgrove)는 $L(n) > 0$인 무수히 많은 정수 n 이 존재함을 보임으로써 그 추측이 거짓이라고 증명했다. 그렇지만 그의 방법은 그 추측에 위배하는 어떤 구체적인 n 을 제공하지는 못했다. 그 후 머지않아(1960년) 리먼(R. S. Lehman)은

$$L(9906180359) = 1$$

이라는 사실로 주의를 환기시켰다. $L(n) > 0$을 만족하는 n의 최소값은 1980년에 발견되었다. 그것은 906150257이다.

컴퓨터의 도움 없이 해결될 수 없었을 다른 문제는 π의 십진 전개의 어디엔가 숫자열 123456789가 나타나는가 하는 것이다. 1991년에 π의 값이 10억 개의 자릿수를 넘겨 전개되었을 때 그 구하는 블록이 5억 자리 바로 다음에 나타난다는 것이 알려졌다.

16.2 소수성 검사와 인수분해

최근에 소수성 검사는 수론에서 가장 활발한 연구 분야 중 하나가 되었다. 계산 장비의 성능과 정교함의 극적인 향상은 대규모 계산에 대한 관심을 다시 불러일으켜 빨리 소수를 확인하거나 합성수를 인수분해 하는 새로운 알고리듬의 발전을 가져왔다. 이런 절차들의 몇몇은 한 세대 전에는 그것을 수행하는 것이 불가능했을 만큼 많은 계산을 필요로 한다. 그런 알고리듬들은 자료 전송을 보호하는 데 관심이 있는 산업계와 정부 사람들에게 중요하다. 오늘날의 여러 암호체계는 수백 자리 수를 인수분해하는 본질적 어려움에 기반하고 있기 때문이다. 이 절에서는 정수의 인수분해와 소수성 검사의 최근 혁신들 중 몇몇을 설명한다. 정수를 소수의 곱으로 완전히 인수분해하기 위해서는 표현에 나타나는 인수들이 정말 소수임을 보장할－또는 적당한 정도의 의심을 넘어서는 확실성을 제공할－수 있어야 하기 때문에 그 두 개의 계산적 문제는 실제로 서로 관련되어 있다.

소수들을 합성수들과 구별하는 문제는 여러 세기를 통하여 수학자들을 사로잡았다. 가우스는 그의 「산술 논고」에서 그것을 산술에서 "가장 중요하고 유용한 것"으로 인정했다. 정수 $n > 1$이 주어지면 그것의 소수성을 검사하려고 어떻게 할 것인가? 가장 오래되고 직접적인 방법은 나누기 시도이다. 2부터 $\sqrt{n}$까지 각 정수가 n의 인수인지 확인한다. 만일 한 개가 발견되면 n은 합성수이다. 그렇지 않으면 n이 소수임을 확신할 수 있다. 이 접근법의 커다란 약점은 매초 100만 번의 나누기 시도를 수행할 수 있는 성능의 컴퓨터로도 절망적으로 시간이 많이 소요되어 비현실적일 수 있다는 것이다. 상당히 큰 정수가 소수인가 또는 합성수인가 결정하는 알고리듬을 단순히 가졌다는 것으로는 충분하지 않다. 우리가 정말 필요한 것은 효율적인 알고리듬이다.

양의 정수가 소수인지 결정하는, 오랫동안 찾던 신속한 알고리듬이 2002년 세 명의 인도 수학자[아그라왈(M. Agrawal), 카얄(N. Kayal), 삭세나(N. Saxena)]에 의해 고안되었다. 그들의 놀랍도록 단순한 알고리듬은 "다항 시간" 내에, 즉 d가 주어진 정수의 이진 자릿수의 개수이면 약 d^6단계 내에 확정적인 답을 제공한다.

1974년에 존 폴라드(John Pollard)는 전에는 다룰 수 없었던 수의 중간 크기 인수(약 20자리 수까지)를 찾는 데 매우 성공적인 방법을 제안했다. 합성수임이 알려진

큰 홀수 n을 생각하자. 폴라드의 인수분해 방법의 첫 번째 단계는 이차 다항식

$$f(x) = x^2 + a \qquad a \neq 0, -2$$

와 같이 정수 계수를 갖는 차수가 최소한 2인 상당히 단순한 다항식을 고르는 것이다. 그리고 어떤 초기값 x_0에서 시작하여 귀납식

$$x_{k+1} \equiv f(x_k) \pmod{n} \qquad k = 0, 1, 2, \ldots$$

로부터 "임의의" 수열 $x_1, x_2, x_3, \cdots$ 을 만든다. 즉 계속적으로 $x_1 = f(x_0)$, $x_2 = f(f(x_0))$, $x_3 = f(f(f(x_0)))$, …를 모듈로 n으로 계산한다.

d는 n의 진약수이고 d는 n에 비해 작다고 하자. 모듈로 d에 대하여 비교적 적은 개수(d개)의 합동류가 있으므로, 모듈로 d로 같은 합동류에 있지만 모듈로 n으로 다른 합동류에 속하는 정수 x_j와 x_k가 아마도 존재할 것이다. 간단히 말해서 $x_k \equiv x_j \pmod{d}$와 $x_k \not\equiv x_j \pmod{n}$을 갖는다. d는 $x_k - x_j$를 나누지만 n은 그렇지 않기 때문에, $\gcd(x_k - x_j, n)$은 n의 진약수가 된다. 실제로, n의 약수 d는 미리 알려지지 않는다. 그러나 그것은 우리가 알고 있는 정수 x_k를 계속 따라가서 찾아낼 수 있을 것 같다. 자명하지 않은 최대공약수가 나타날 때까지 $\gcd(x_k - x_j, n)$을 계산함으로써 단순히 x_k를 앞의 x_j와 비교하라. 이러한 방법으로 얻어지는 약수가 반드시 n의 최소인수인 것은 아니며, 사실 소수가 아닐 수도 있다. 1보다 큰 최대공약수가 찾아졌을 때 그것이 n 자신과 같은 것으로 밝혀질 가능성도 있다. 즉, $x_k \equiv x_j \pmod{n}$이다. 비록 이런 일이 희박하게 일어나지만, 한 가지 해결법은 x_0의 새로운 값으로 또는 다른 다항식 $f(x)$를 갖고 계산을 반복하는 것이다.

간단한 예제를 정수 $n = 2189$로 준다. 만일 $x_0 = 1$과 $f(x) = x^2 + 1$을 택하면, 귀납적인 수열은

$$x_1 = 2,\ x_2 = 5,\ x_3 = 26,\ x_4 = 677,\ x_5 = 829, \ldots$$

이 될 것이다. 서로 다른 x_k를 비교하여,

$$\gcd(x_5 - x_3, 2189) = \gcd(803, 2189) = 11$$

을 알고, 그래서 11은 2189의 약수다.

k가 증가함에 따라, 각 $j < k$에 대하여 $\gcd(x_k - x_j, n)$을 계산하는 작업은 매우 시간 소모적이다. $k = 2j$인 경우를 봄으로써 단계의 수를 줄이는 것이 종종 더욱 효율적임을 보게 될 것이다. 만일 $j < k$일 때 $x_k \equiv x_j \pmod{d}$이면, $f(x)$가 선택된 방법에 의하여

$$x_{j+1} = f(x_j) \equiv f(x_k) = x_{k+1} \pmod{d}$$

이것에서, 수열 $\{x_k\}$가 모듈로 d에 대하여 환원되면 $k-j$ 정수들의 블록이 무한히 자주 반복됨을 안다. 즉, $r \geq j$, $s \geq j$일 때 $r \equiv s \pmod{k-j}$이면, $x_r \equiv x_s \pmod{d}$이다. 그리고 특히 t를 j보다 큰 $k-j$의 배수로 택하면 $x_{2t} \equiv x_t \pmod{d}$이다. 그러므로 $1 < \gcd(x_{2k} - x_k, n) < n$이 되는 정수 k가 존재할 것으로 예상하는 것은 적절하다. k의

각 값에 대하여 오직 한 개의 최대공약수를 계산함에 있어서 결점은 $\gcd(x_i - x_j, n)$이 n의 진약수가 되는 첫 번째를 탐지하지 못할 수 있다는 것이다.

구체적인 예제는 일에 활기를 줄 것이다.

예제 16.1
Example

이 변형된 폴라드 방법을 사용하여 $n = 30623$을 인수분해 하기 위해서, $x_0 = 3$을 출발값으로, $f(x) = x^2 - 1$을 다항식으로 택한다. x_k가 생성하는 정수들의 수열은

$$8, 63, 3968, 4801, 21104, 28526, 18319, 18926, \ldots$$

x_{2k}를 x_k와 비교하여,

$$\begin{aligned} x_2 - x_1 &= 63 - 8 = 55 & \gcd(55, n) &= 1 \\ x_4 - x_2 &= 4801 - 63 = 4738 & \gcd(4738, n) &= 1 \\ x_6 - x_3 &= 28526 - 3968 = 24558 & \gcd(24558, n) &= 1 \\ x_8 - x_4 &= 18926 - 4801 = 14125 & \gcd(14125, n) &= 113 \end{aligned}$$

을 얻는다. 원하던 인수분해는 $30623 = 113 \cdot 271$이다.

x_k를 모듈로 113으로 환원하면, 새로운 수열

$$8, 63, 13, 55, 86, 50, 13, 55, \ldots$$

가 얻어진다. 이 수열은 네 정수 13, 55, 86, 50 이 반복하게 되어 궁극적으로 주기적이다. 또 $x_8 \equiv x_4 \pmod{113}$ 이기 때문에 주기의 길이는 $8 - 4 = 4$인 것을 관찰할 만한 가치가 있다. 이 상황은 아래 그림과 같이 표현된다.

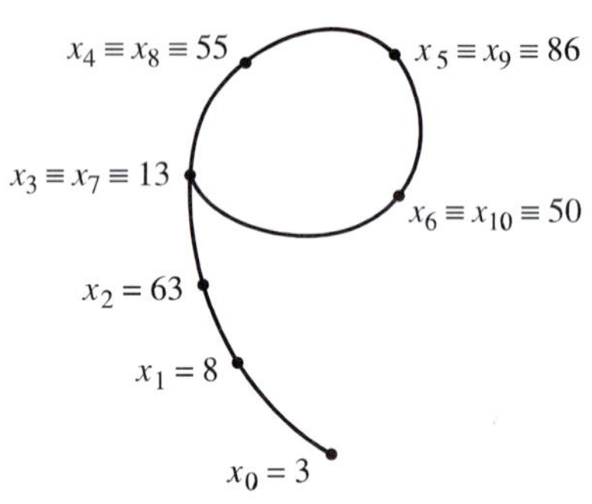

이 모양이 그리스 문자 로(ρ)를 닮았으므로, 이 인수분해 방법은 일반적으로 폴라드의 로 방법으로 알려져 있다. 폴라드 자신은 그것의 임의적인 특성을 생각하여 몬테카를로 방법이라고 불렀다.

1980년 브렌트(Brent)와 폴라드에 의한 페르마 수 F_8의 인수분해는 로 방법의 주목할 만한 개가이다. F_8이 합성수임은 전에 알려져 있었지만, 그 인수는 결정되지 않았었다. $f(x) = x^{2^{10}} + 1$과 $x_0 = 3$을 알고리듬에서 사용하여, 브렌트와 폴라드는 F_8의 소인수 1238926361552897을 불과 컴퓨터 사용 2시간 이내에 찾을 수 있었다. 그들은 남은 62자리 인수가 소수임을 증명할 수 없었으나, 얼마 지나지 않아 윌리엄스(H. C. Williams)가 그 업적을 달성했다.

1974년에 폴라드에 의하여 개발된, $p - 1$ 방법이라고 알려진 두 번째 인수분해

방법의 뒤에는 페르마의 정리가 있다. 인수분해 하려는 홀수 합성수 n이, $p-1$이 상대적으로 작은 소수들의 곱이 되는 성질을 갖는 미지의 소인수 p를 갖는다고 가정한다. q는 $(p-1)\mid q$인 임의의 정수라 하자. 예를 들면, k를 충분히 크게 택할 때 q는 $k!$ 이거나 처음 k개의 양의 정수의 최소공배수가 될 수 있다. 다음 $1 < a < p-1$ 인 정수 a를 택하고 $a^q \equiv m \pmod{n}$를 계산하라. 적당한 j에 대하여 $q = (p-1)j$이기 때문에, 페르마 합동식에서

$$m \equiv a^q \equiv (a^{p-1})^j \equiv 1^j = 1 \pmod{p}$$

가 얻어지고 $p \mid (m-1)$이 된다. 여기에서 $\gcd(m-1, n) > 1$을 끌어내고, 이것은 $m \not\equiv 1 \pmod{n}$이기만 하면 n의 진약수를 생기게 한다.

p를 모르고도 $\gcd(m-1, n)$이 계산될 수 있었음에 주목하는 것이 중요하다. 만일 $\gcd(m-1, n) = 1$이 된다면, 우리는 다시 돌아가서 a의 다른 값을 선택해야 한다. q가 충분히 크게 선택되지 않으면 그 방법은 역시 실패할 것이다. 다시 말해서, $p-1$이 큰 소인수 또는 작은 소인수의 큰 거듭제곱을 포함한다면 말이다.

예제 16.2
Example

폴라드의 $p-1$ 방법에서 $a = 2$와 $q = 7!$을 택하여 $n = 2987$의 진약수를 얻어 보자. $2^{7!} \pmod{2987}$을 구하기 위해

$$(((((2^2)^3)^4)^5)^6)^7 \pmod{2987}$$

을 계산한다. 연속적으로 계산하면

$$\begin{aligned} 2^2 &\equiv 4 \pmod{2987} \\ 4^3 &\equiv 64 \pmod{2987} \\ 64^4 &\equiv 2224 \pmod{2987} \\ 2224^5 &\equiv 1039 \pmod{2987} \\ 1039^6 &\equiv 2227 \pmod{2987} \\ 2227^7 &\equiv 755 \pmod{2987} \end{aligned}$$

$\gcd(754, 2987) = 29$이므로, 29가 2987의 약수임을 발견한다.

연분수 인수분해 알고리듬도 역시 1970년대 중기에 현저한 역할을 했다. 이 귀납적인 방법은 1798년의 르장드르의 책 「수론」에 포함되어 있었지만, 그 복잡한 계산의 단조로움으로 인하여 그 후 오랫동안 사용되지 않았었다. 전자계산기의 도래로, 이제 방해되는 계산을 빠르고 정확하게 할 수 있게 되었으므로, 그 방법을 무시할 실제적인 이유가 없어졌다. 그것의 첫 번째 인상적인 성공은 모리슨과 브릴하트에 의해 1970년에 수행되었고, 1975년에 발표된 39자리 페르마 수 F_7의 인수분해였다.

이 방법에 대하여 고려하기 전에, 연분수의 표기법을 상기하자. 제곱이 아닌 양의 정수 n에 대하여, $\sqrt{n}$의 연분수 전개는

$$\sqrt{n} = [a_0; a_1, a_2, a_3, \ldots]$$

이고, 여기서 정수 a_k 는

$$a_0 = [x_0], \qquad x_0 = \sqrt{n}$$
$$a_{k+1} = [x_{k+1}], \qquad x_{k+1} = \frac{1}{x_k - a_k} \qquad k \geq 0$$

에 의하여 귀납적으로 정의된다. $\sqrt{n}$ 의 k 번째 근사분수 C_k 는

$$C_k = [a_0; a_1, a_2, \ldots, a_k] = p_k/q_k$$

p_k 와 q_k 는 관계식

$$p_{-2} = q_{-1} = 0, \quad p_{-1} = q_{-2} = 1$$

과

$$p_k = a_k p_{k-1} + p_{k-2}$$
$$q_k = a_k q_{k-1} + q_{k-2}\,, \quad k \geq 0$$

으로부터 계산될 수 있다.

이제 $a_0, a_1, a_2, \cdots$ 의 값들은 다음과 같이 정수 s_k 와 t_k 를 정의하는 데 사용된다.

$$s_0 = 0,\ t_0 = 1$$
$$s_{k+1} = a_k t_k - s_k,\ t_{k+1} = (n - s_{k+1}^2)/t_k \qquad k \geq 0$$

우리가 필요한 식은 정리 15.12에 나타난다. 즉,

$$p_{k-1}^2 - nq_{k-1}^2 = (-1)^k t_k \ (k \geq 1)$$

또는 모듈로 n 에 대한 합동식으로 표현하여,

$$p_{k-1}^2 \equiv (-1)^k t_k \ (\text{mod}\ n)$$

이 인수분해 방법의 성공은 t_k 가 어떤 짝수 k 에 대하여 완전제곱, 예컨대 $t_k = y^2$이 되는 것에 의존한다. 이것에서

$$p_{k-1}^2 \equiv y^2 \ (\text{mod}\ n)$$

을 얻고, n 의 인수분해 기회가 생긴다. 만일 $p_{k-1} \not\equiv \pm y \ (\text{mod}\ n)$이면, $\gcd(p_{k-1} + y, n)$과 $\gcd(p_{k-1} - y, n)$은 n 의 진약수이다. n 은 그 약수들을 나누지 않지만 $p_{k-1} + y$와 $p_{k-1} - y$ 의 곱을 나누기 때문이다. $p_{k-1} \equiv \pm y \ (\text{mod}\ n)$ 인 경우에는, 다른 제곱수 t_k 를 찾아서 다시 시도한다.

예제 16.3
Example

연분수 인수분해 방법을 사용하여 3427을 분해하자. 이제 $\sqrt{3427}$은

$$\sqrt{3427} = [58; 1, 1, 5, 1, 1, 1, 16, 12, \ldots]$$

와 같은 연분수 분해를 갖는다. s_k, t_k, p_k를 표 형식으로 작성하였는데, 몇몇 p_k의 값은 모듈로 3427로 환원되었다.

k	0	1	2	3	4	5	6	7	8
a_k	58	1	1	5	1	1	1	16	12
s_k	0	45	23	22	13	41	43	17	42
t_k	1	63	54	19	69	42	73	7	9
p_k	58	59	117	644	761	1405	2166	1791	3096

짝수 첨수를 가지며 제곱수인 첫 번째 t_k는 t_8이다. 따라서 합동식

$$p_7^2 \equiv (-1)^8 t_8 \pmod{3427}$$

을 생각하는데, 이것은 합동식

$$1791^2 \equiv 3^2 \pmod{3427}$$

을 말한다. 여기서

$$\gcd(1791 + 3, 3427) = \gcd(1794, 3427) = 23$$

$$\gcd(1791 - 3, 3427) = \gcd(1788, 3427) = 149$$

이 결정되고, 따라서 23과 149는 둘 다 3247의 약수이다. 사실은, 3427 = 23 · 149이다.

제곱수인 t_{2k}가 반드시 n의 진약수를 얻게 하는 것은 아니다. 예를 들어 $n = 1121$을 택하라. $\sqrt{1121} = [33; 2, 12, 1, 8, 1, 1, \cdots]$에서 표를 얻는다.

k	0	1	2	3	4	5	6
a_k	33	2	12	1	8	1	1
s_k	0	33	31	29	27	29	11
t_k	1	32	5	56	7	40	25
p_k	33	67	837	904	8069	8973	17042

이제 t_6는 제곱수다. 연관된 합동식 $p_5^2 \equiv (-1)^6 t_6 \pmod{1121}$은

$$8973^2 \equiv 5^2 \pmod{1121}$$

이 된다. 그러나

$$\gcd(8973 + 5, 1121) = \gcd(8978, 1121) = 1$$

$$\gcd(8973 - 5, 1121) = \gcd(8968, 1121) = 1121$$

이므로 이 방법은 여기서 1121의 진약수를 찾는 데 실패한다.

많은 k의 값들을 계산하고도 인수분해 알고리듬이 제곱수 t_{2k}를 만들지 못할 때, 그 절차를 수정하는 방법이 있다. 한 가지 변종은, 적당한 부호를 붙여서 그 곱이 제곱수가 되는 t_k의 집합을 구하는 것이다. 다음 예제는 이 기술을 보여준다.

예제 16.4
Example

정수 $n = 2059$를 생각하라. $\sqrt{2059}$ 의 연분수 전개에 대한 표는 아래와 같다.

k	0	1	2	3	4	5	6	7	8
a_k	45	2	1	1	1	12	2	1	17
s_k	0	45	23	22	13	41	43	17	42
t_k	1	34	45	35	54	7	30	59	5
p_k	45	91	136	227	363	465	1293	1758	294

가망 있는 t_k를 찾으려고, $t_2 t_8 = 45 \cdot 5 = (3 \cdot 5)^2$을 주목한다. 연관된 두 합동식은

$$p_1^2 \equiv (-1)^2 t_2 \pmod{2059}, \quad p_7^2 \equiv (-1)^8 t_8 \pmod{2059}$$

다르게 표현하면,

$$91^2 \equiv 45 \pmod{2059}, \quad 1758^2 \equiv 5 \pmod{2059}$$

이것들을 같이 곱하면,

$$(91 \cdot 1758)^2 \equiv 15^2 \pmod{2059}$$

가 얻어지고, 모듈로 2059로 환원하면 $(1435)^2 \equiv 15^2 \pmod{2059}$이다. 이것에서

$$\gcd(1435 + 15, 2059) = \gcd(1450, 2059) = 29$$

그래서 2059의 약수 29가 나온다. 완전한 인수분해는 $2059 = 29 \cdot 71$이다.

그 알고리듬의 다른 수정은 $\sqrt{mn}$의 연분수 전개를 보고 n을 분해하는 것인데, 여기서 m은 흔히 소수이거나 처음 몇 개의 소수의 곱이다. 이것은 $x^2 \equiv y^2 \pmod{mn}$인 정수 x와 y를 찾아서 n의 진약수를 구하려는 기대로 $\gcd(x+y, mn)$을 계산하는 것과 마찬가지다.

예로 $n = 713$이라 하자. $\sqrt{4278} = [65; 2, 2, 5, 1, \cdots]$의 전개를 갖는 정수 4278 $= 6 \cdot 713$을 보자. $t_2 = 49$이므로, 제곱수 t_{2k}는 계산에서 거의 즉각적으로 나타난다. 그리고 합동식 $p_1^2 \equiv (-1)^2 t_2 \pmod{4278}$, 다시 말해서

$$131^2 \equiv (-1)^2 7^2 \pmod{4278}$$

을 조사한다.

$$\gcd(131 + 7, 4278) = \gcd(138, 4278) = \gcd(6 \cdot 23, 6 \cdot 713) = 23$$

을 알게 되고, 이것은 713의 약수 23을 준다. 실제로, $713 = 23 \cdot 31$이다.

이 접근법은 모리슨과 브릴하트가 획기적인 F_7의 인수분해에서 본질적으로 사용한 것이다. $\sqrt{257 F_7}$의 전개에서 나타나는 처음 1300000개의 t_k로부터, 제곱수가 되는 곱을 구하기 위해 그중 약 2059개가 완전히 인수분해 되었다.

20세기 말경에, 129자리 RSA 도전수를 포함한 매우 큰 합성수를 인수분해 하는데 선택된 방법은 이차 체 방법(quadratic sieve method)이었다. 그것은 1926년 크레트칙에 의한 분해 방법(112쪽)을 체계화화한 것이다. 합성수 n은,

$$x^2 \equiv y^2 \pmod{n} \qquad x \not\equiv \pm y \pmod{n}$$

을 만족하는 정수 x와 y가 구해질 수 있을 때 인수분해 될 수 있다는 관찰에 이 초기 방법은 근거하고 있다. 그것은 $\gcd(x-y,\ n)$과 $\gcd(x+y,\ n)$이 n의 진약수이기 때문이다. y_i의 곱이 완전제곱이 될 때 합동식

$$x_i^2 \equiv y_i \pmod{n} \qquad i = 1, 2, \ldots, r$$

을 구함으로써 x와 y의 쌍들을 생산했다. 따라서

$$(x_1 x_2 \cdots x_r)^2 \equiv y_1 y_2 \cdots y_r = c^2 \pmod{n}$$

이 원하던 방정식 $x^2 \equiv y^2 \pmod{n}$의 해를 주고, 어쩌면 n의 약수를 얻을 것이다. 이 기법의 결점은 y_i의 유망한 집합을 결정하는 것이 시행착오 과정이란 점이다.

1970년에 존 브릴하트(John Brillhart)와 마이클 모리슨(Michael Morrison)은 그 곱이 제곱수가 되는 합동식 $x_i^2 \equiv y_i \pmod{n}$을 확인하는 효과적인 전략을 개발했다. 첫 번째 단계는 $p_1 = 2$와 n이 각 p_i의 이차 잉여가 되는 작은 소수들 p_i로 구성된 *인수 기저*(*factor base*) $\{-1, p_1, p_2, \cdots, p_r\}$의 선택이다; 즉, 르장드르 기호의 값 $(n/p_i) = 1$이다. 보통 인수 기저는 어떤 정해진 한계까지의 모든 그러한 소수들로 구성된다. 다음 이차 다항식

$$f(x) = x^2 - n$$

을 $\sqrt{n}$보다 작은 최대 정수 $[\sqrt{n}]$에 "가까운" 정수 x에 대하여 계산한다. 더욱 명확히 하면, $x = [\sqrt{n}],\ \pm 1 + [\sqrt{n}],\ \pm 2 + [\sqrt{n}],\ \cdots$ 을 택한다. 인수 기저는 n에 맞추어 그 안의 각 소수가 $f(x)$ 값의 적어도 하나를 나누도록 하고, $f(x)$의 음의 값을 허용하게 -1을 포함시키다.

우리는 다른 값들은 배제하고 인수 기저의 소수들로만 분해되는 그런 $f(x)$에만 관심이 있다.

만일

$$f(x) = (-1)^{k_0} p_1^{k_1} p_2^{k_2} \cdots p_r^{k_r} \qquad k_0 = 0 \text{ 또는 } 1 \qquad k_i \geq 0 \qquad i = 1, 2, \ldots, r$$

이면

$$v(x) = (k_0, j_1, j_2, \ldots, j_r) \qquad j_i \equiv k_i \pmod{2} \qquad i = 1, 2, \ldots, r$$

로 정의되는 지수들의 $(r+1)$ 성분 벡터 안에 인수분해를 저장할 수 있다. 그 벡터의 성분은 $f(x)$ 안에 소수 p_i가 짝수승으로 나타나는가 또는 홀수승으로 나타나는가에 따라 0이거나 1이다. $f(x)$들의 곱의 지수 벡터는 모듈로 2에 대한 그들 각각의 지수 벡터들의 합임을 주목하라. 이러한 방법으로 구한 지수 벡터들의 개수가 인수 기저의 원소의 개수를 초과하면, 벡터들 사이의 선형종속이 발생할 것이다 — 그런 관계는 흔히 더 일찍 발견되기도 한다. 다시 말하면,

$$v(x_1) + v(x_2) + \cdots + v(x_s) \equiv (0, 0, \cdots, 0) \pmod 2$$

가 성립하는 부분집합 $x_1, x_2, \cdots, x_s$가 존재할 것이다. 이것은 상응하는 $f(x)$의 곱이 완전제곱, 예컨대 y^2이고, 결과적으로

$$(x_1 x_2 \cdots x_s)^2 \equiv f(x_1) f(x_2) \cdots f(x_s) \equiv y^2 \pmod n$$

형태의 표현을 얻는다. $(x_1 x_2 \cdots x_s) \not\equiv \pm y \pmod n$이 될 상당한 가능성이 있고, 이 경우 $\gcd(x_1 x_2 \cdots x_s \pm y, n)$은 n의 진약수다. 그렇지 않다면, n이 분해될 때까지 새로운 선형종속을 찾는다.

예제 16.5 *Example*

이차 체 알고리듬의 예로서, $n = 9487$을 택하자. 여기서 $[\sqrt{n}] = 97$이다. 선택된 인수 기저는 -1과 9487이 이차잉여가 되는 30보다 작은 여덟 개의 소수로 구성된 $\{-1, 2, 3, 7, 11, 17, 19, 29\}$이다. $x = i + 97$ $(i = 0, \pm1, \cdots, \pm 16)$에 대하여 이차 다항식 $f(x) = x^2 - 9487$을 조사한다. 인수 기저의 소수들로 완전히 분해되는 $f(x)$의 값들이 그들의 지수 벡터의 성분들과 함께 표로 작성되었다.

x	$f(x)$	-1	2	3	7	11	13	17	19	29
81	$-2926 = -2 \cdot 7 \cdot 11 \cdot 19$	1	1	0	1	1	0	0	1	0
84	$-2431 = -11 \cdot 13 \cdot 17$	1	0	0	0	1	1	1	0	0
85	$-2262 = -2 \cdot 3 \cdot 13 \cdot 29$	1	1	1	0	0	1	0	0	1
89	$-1566 = -2 \cdot 3^3 \cdot 29$	1	1	1	0	0	0	0	0	1
95	$-462 = -2 \cdot 3 \cdot 7 \cdot 11$	1	1	1	1	1	0	0	0	0
97	$-78 = -2 \cdot 3 \cdot 13$	1	1	1	0	0	1	0	0	0
98	$117 = 3^2 \cdot 13$	0	0	0	0	0	1	0	0	0
100	$513 = 3^3 \cdot 19$	0	0	1	0	0	0	0	1	0
101	$714 = 2 \cdot 3 \cdot 7 \cdot 17$	0	1	1	1	0	0	1	0	0
103	$1122 = 2 \cdot 3 \cdot 11 \cdot 17$	0	1	1	0	1	0	1	0	0
109	$2394 = 2 \cdot 3^2 \cdot 7 \cdot 19$	0	1	0	1	0	0	0	1	0

우리의 표는 $f(85)$, $f(89)$ 그리고 $f(98)$에 대한 지수 벡터들이 모듈로 2에 대하여 선형종속임을 보여준다. 즉

$$v(85) + v(89) + v(98) \equiv (0, 0, \ldots, 0) \pmod 2$$

이 벡터들에 대응하는 합동식은

$$f(85) \equiv 85^2 \equiv -2 \cdot 3 \cdot 13 \cdot 29 \pmod{9487}$$
$$f(89) \equiv 89^2 \equiv -2 \cdot 3^3 \cdot 29 \pmod{9487}$$
$$f(98) \equiv 98^2 \equiv 3^2 \cdot 13 \pmod{9487}$$

이고, 전부 곱하면

$$(85 \cdot 89 \cdot 98)^2 \equiv (2 \cdot 3^3 \cdot 13 \cdot 29)^2 \pmod{9487}$$

또는

$$741370^2 \equiv 20358^2 \pmod{9487}$$

이 생긴다. 불행히도 $741370 \equiv 20358 \pmod{9487}$이고 9487의 인수분해는 얻어지지 않는다.

더 성과 있는 선택은

$$v(81) + v(95) + v(100) \equiv (0, 0, \dots, 0) \pmod{2}$$

라는 종속 관계를 이용하는 것이다. 여기에서 합동식

$$(81 \cdot 95 \cdot 100)^2 \equiv (2 \cdot 3^2 \cdot 7 \cdot 11 \cdot 19)^2 \pmod{9487}$$

또는

$$769500^2 \equiv 26334^2 \pmod{9487}$$

을 얻는다. 그 값들을 모듈로 9487에 대하여 환원하면, 우리는

$$1053^2 \equiv 7360^2 \pmod{9487}$$

에 도달하고 $1053 \not\equiv 7360 \pmod{9487}$이다. 그러면

$$\gcd(1053 + 7360, 9487) = \gcd(8413, 9487) = 179$$

이고 9487은 $9487 = 179 \cdot 53$으로 분해된다.

일단 소수 p가 $f(x)$를 나누는 x의 값을 찾았으면 p번째 값은 모두 역시 p로 나누어짐을 유의하는 것은 가끔 도움이 된다. $k = 0, \pm1, \pm2, \cdots$ 에 대하여

$$f(x + kp) = (x + kp)^2 - n \equiv x^2 - n = f(x) \pmod{p}$$

이기 때문에 이런 일이 일어난다. p의 배수들을 찾아내는 에라토스테네스의 체와 마찬가지로 그 알고리듬은 정수 x를 "체로 친다". 마지막 예제에서, 예를 들면 7은 $f(81)$뿐만 아니라 $f(88)$, $f(95)$, $f(102)$ 등도 역시 나눈다. 인수 기저에서 분해되는 $f(x)$의 값들을 얻는 일은 그 기저의 각 소수에 대하여 이 체로 치는 과정을 수행하여 행해질 수 있다.

페르마의 정리는 대부분의 합성수를 알아내는 방법을 제공한다. 홀수 $n > 1$의 특성을 결정하려 한다고 가정하자. 만일 $1 < a < n$이고 $a^{n-1} \not\equiv 1 \pmod{n}$인 정수 a가 찾아졌다면, n은 분명히 합성수다. 이것은 비소수성에 대한 페르마 검사라고 알려져 있다. 어떤 a를 고를 것인지 안다면 그것은 매우 효율적이지만, n의 인수가 어떤 것인지에 대한 아무런 단서도 주지 않는 단점을 갖고 있다. 한편, 만일 페르마 합동식 $a^{n-1} \equiv 1 \pmod{n}$이 성립하면 어떤 일이 일어나는가? 여기서, 수학적으로 확실하지는 않지만 n이 소수임이 "거의 확실하다". 문제는 a의 주어진 값에 대하여 $a^{n-1} \equiv 1 \pmod{n}$이 성립하는 무수히 많은 합성수 n이 존재한다는 점이다. 이 정수 n을 기저 a에 대한 유사소수라고 부른다. 그것들의 희소성을 느껴보기 위하여, 10^{10} 아래에 455052511개의 소수가 존재하는 것에 비하여 오직 14882개의 기저 2에 대한 유사소수가 존재함을 생각하라. 더욱 나쁜 것은, 절대 유사소수 또는 카마이클 수(Carmichael number)라고 불리는, 모든 기저에 대하여 유사소수인 n이 존재하는 것이다. 비록 그들이 무한히 많기는 하지만, 극단적으로 희소한 종류의 수다.

페르마의 합동식 $a^{n-1} \equiv 1 \pmod{n}$에서 기저 a에 대하여 더 많은 제한을 가하면, n의 소수성에 대한 확실한 보장을 얻는 것이 가능하다. 페르마 정리에 대한 뤼까의

역으로 알려진 것이 이런 종류의 전형적인 결과다. 그것은 프랑스 수론학자 에두아르 뤼까에 의해 1876년에 처음으로 선보였고, 그의 저서 「수론」(1891)에 발표되었다.

정리 16.1 Theorem

뤼까. 만일 $a^{n-1} \equiv 1 \pmod{n}$이고 $n-1$을 나누는 모든 소수 p에 대하여 $a^{(n-1)/p} \not\equiv 1 \pmod{n}$을 만족하는 정수 a가 존재하면, n은 소수이다.

증명. a는 모듈로 n에 대하여 계수 k를 갖는다고 하자. 정리 8.1에 의하여, 조건 $a^{n-1} \equiv 1 \pmod{n}$은 $k \mid n-1$을 뜻한다. 예컨대 어떤 j에 대하여 $n-1 = kj$이다. $j>1$이면, j는 소인수 q를 가질 것이다. 따라서 $j = qh$를 만족하는 정수 h가 존재한다. 결과적으로

$$a^{(n-1)/q} = (a^k)^h \equiv 1^h = 1 \pmod{n}$$

이 되어, 우리의 가정에 모순이다. 이 모든 것의 의미는 $j = 1$이라는 것이다. 그런데 a의 계수는 $\phi(n)$을 초과하지 않음을 이미 알고 있으므로 $n-1 = k \le \phi(n) \le n-1$이고, 그래서 $\phi(n) = n-1$이므로 이것은 n이 소수임을 보여준다.

이 정리를 구체적인 예제에서 보인다.

예제 16.6 Example

$n = 997$을 택하자. 그러면 기저 $a = 7$에 대하여 $7^{996} \equiv 1 \pmod{997}$이다. 그런데 $n-1 = 996 = 2^2 \cdot 3 \cdot 83$이므로,

$$7^{996/2} = 7^{498} \equiv -1 \pmod{997}$$
$$7^{996/3} = 7^{332} \equiv 304 \pmod{997}$$
$$7^{996/83} = 7^{12} \equiv 9 \pmod{997}$$

을 계산한다. 정리 16.1을 고려하면, 997은 소수여야 한다.

정리 16.1은 1960년대 후반에 모든 가정이 만족되는 한 개의 a를 더 이상 구할 필요가 없도록 개량되었다. 대신에 $n-1$의 각 소인수에 대하여 적당한 기저가 허용된다. 그 결과는 따로 뽑을 만하여 정리 16.2로 기술한다.

정리 16.2 Theorem

만일 $n-1$을 나누는 각 소수 p_i에 대하여 정수 a_i가 존재하여 $a_i^{n-1} \equiv 1 \pmod{n}$이지만 $a_i^{(n-1)/p_i} \not\equiv 1 \pmod{n}$이 성립하면, n은 소수이다.

증명. p_i는 서로 다른 소수로서 $n-1 = p_1^{k_1} p_2^{k_2} \cdots p_r^{k_r}$이라고 가정하자. 또 h_i는 모듈로 n에 대한 a_i의 계수라 하자. $h_i \mid n-1$과 $h_i \nmid (n-1)/p_i$을 결합하면 $p_i^{k_i} \mid h_i$를 얻는다(자세한 것은 독자에게 맡긴다). 그러나 각 i에 대하여 $h_i \mid \phi(n)$이므로 $p_i^{k_i} \mid \phi(n)$이다. 이것으로 $n-1 \mid \phi(n)$을 얻고, 따라서 n은 소수이다.

예제를 보기 위해, $n = 997$로 돌아가자. $n-1 = 996$의 소인수는 2, 3 그리고 83임을 알고, 다른 기저들 3, 5 그리고 7에 대하여

$$3^{996/83} = 3^{12} \equiv 40 \pmod{997}$$
$$5^{996/2} = 5^{498} \equiv -1 \pmod{997}$$
$$7^{996/3} = 7^{332} \equiv 304 \pmod{997}$$

을 구한다. 정리 16.2를 사용하여, 우리는 997이 소수라고 결론 내릴 수 있다.

마지막 두 정리는 n의 소수성 증명을 앞의 수 $n-1$의 완전한 인수분해를 구하는 문제로 환원하기 때문에 구현하는 데 다소 심각한 어려움이 있을 수 있다. 많은 경우, $n-1$을 인수분해 하는 것이 n을 인수분해 하는 것보다 더 쉽지 않다. 더욱이 가정의 두 번째 부분이 만족됨을 보이기 위해서 대단히 많은 소수 p에 대하여 시도해야 할지도 모른다.

1914년 헨리 포클링턴(Henry Pocklington)은 $n-1$의 모든 소인수를 알아야 할 필요가 없음을 증명했다. 인수분해 된 부분의 크기가 인수분해 되지 않은 부분의 크기를 초과할 정도까지 $n-1$이 인수분해 되기만 하면, n의 소수성 조사가 수행될 수 있다. 그렇지만 절약된 시간의 얼마는 어떤 최대공약수들을 구하는 보조 계산에 의해 상쇄된다.

정리 16.3 *Theorem*

$n-1 = mj$이고 $m = p_1^{k_1} p_2^{k_2} \cdots p_s^{k_s}$, $m \geq \sqrt{n}$, $\gcd(m, j) = 1$이라고 하자. 각 소수 $p_i\,(1 \leq i \leq s)$에 대하여 $a_i^{n-1} \equiv 1 \pmod{n}$이고 $\gcd(a_i^{(n-1)/p_i} - 1,\ n) = 1$인 정수 a_i가 존재하면, n은 소수이다.

증명. 우리의 논의는 정리 16.2에 사용된 것과 비슷하다. p는 n의 임의의 소인수라 하고, h_i를 모듈로 p에 대한 a_i의 계수로 잡는다. 그러면 $h_i \mid p-1$이다. 또한 우리는 합동식 $a_i^{n-1} \equiv 1 \pmod{p}$로부터 $h_i \mid n-1$을 얻는다. 이제 가정 $\gcd(a_i^{(n-1)/p_i} - 1,\ n) = 1$은 $a_i^{(n-1)/p_i} \not\equiv 1 \pmod{p}$를 뜻하고 따라서 $h_i \nmid (n-1)/p_i$이다. 우리는 $p_i^{k_i} \mid h_i$임을 추론하고 이것은 또한 $p_i^{k_i} \mid p-1$을 유도한다. 각 i에 대하여 이것이 성립하므로 $m \mid p-1$이다. n의 모든 소인수는 $m \geq \sqrt{n}$보다 커야 한다는 모순에 이르고, 그러므로 n은 소수이다.

정리 16.3을 정리 16.2와 비교하면, 전자의 정리는 $n-1$의 각 소인수에 대하여 $a^{(n-1)/p} - 1$이 n의 배수가 아니어야 함을 요구하는 반면, 후자는 이 값이 더 적은 개수의 p의 값에 대하여 n과 서로 소여야 한다는 더 엄격한 조건을 부과하고 있음을 알 수 있다. 정리 16.2에 비하여 정리 16.3의 가장 놀라운 장점은 완전한 소인수분해가 아니라 충분히 큰 부분적인 소인수분해만을 요구한다는 것이다. 주요 단점은 성공적인 검사를 수행하기 위하여 $n-1$의 충분히 많은 인수를 얻을 수 있을지 사전에 알 수 없다는 것이다.

$n = 997$의 소수성을, 이번에는 포클링턴의 정리를 사용하여 증거를 제시함으로써, 다시 한 번 증명하는 것은 계몽적일 것이다. 다시 $n-1 = 996 = 12 \cdot 83$이고 $83 > \sqrt{997}$이다. 따라서 83에 대한 알맞은 기저, 예컨대 $a = 2$를 택하기만 하면 된다. 이제

$2^{996} \equiv 1 \pmod{997}$이고

$$\gcd(2^{996/83} - 1, 997) = \gcd(4095, 997) = 1$$

은 997이 소수라는 결론에 이르게 한다.

페르마의 정리는 우리가 명백히 진약수를 제시하지 않고도 큰 홀수 $n > 1$이 합성수인지 결정하도록 해 준다. 밀러-라빈(Miller-Rabin) 검사라고 불리는, 또 다른 합성수 검사법이 있다. 임의의 정수를 선택하고, 그것을 사용하여 이 검사를 수행하고, n이 확실히 합성수이든지 또는 그것의 특성이 아직 미결정인지 선언한다. 그 알고리듬은 다음과 같이 서술될 수 있다. 먼저 m은 홀수로 $n-1 = 2^h m$으로 쓴다. 다음 $1 < a < n-1$인 수를 선택하고 모듈로 n에 대하여 수열

$$a^m, a^{2m}, a^{4m}, \ldots, a^{2^{h-1}m}, a^{2^h m} = a^{n-1}$$

을 형성한다. 여기서 각 항은 앞의 항의 제곱이다. 그리고 1이 처음 나타나는 것이 첫 번째 항이거나 -1이 먼저 나오면 n이 이 특수한 기저 a에 대하여 검사를 통과했다고 말한다.

다음 정리는 홀수 소수는 모든 기저 a에 대하여 위의 검사를 통과할 것임을 보여준다. 홀수가 합성수임을 밝히기 위해서는 그 검사가 실패하는 한 개의 a 값을 찾으면 충분하다. 그런 a를 n이 합성수인 *증거*(*witness*)라 말한다. 각 합성 홀수 n에 대하여 $1 < a < n-1$인 정수 a의 적어도 사분의 삼이 n에 대한 증거가 될 것이다.

정리 16.4
Theorem

p는 홀수 소수이고 $p-1 = 2^h m$이며 여기서 m은 홀수이고 $h \geq 1$이라 하자. 그러면 임의의 정수 $a\ (1 < a < p-1)$는 $a^m \equiv 1 \pmod{p}$ 또는 어떤 $j = 1, 2, \cdots, h-1$에 대하여 $a^{2^j m} \equiv -1 \pmod{p}$를 만족한다.

증명. a는 모듈로 p에 대하여 계수 k를 갖는다고 가정한다. 정리 8.1에 의하여, k는 $p-1 = 2^h m$을 나누어야 한다. k가 홀수이면, 유클리드의 보조정리는 $k \mid m$임을 알려준다. 예컨대 어떤 정수 r에 대하여 $m = kr$이다. 결과적으로

$$a^m = (a^k)^r \equiv 1^r = 1 \pmod{p}$$

이제, k를 짝수로 택한다. 이 경우에는, $j \geq 0$이고 d는 홀수로 $k = 2^{j+1} d$라고 쓸 수 있다. 관계식 $2^{j+1} d \mid 2^h m$에서 $j+1 \leq h$와 $d \mid m$이 나온다. 또한, 합동식 $a^{2^{j+1}d} \equiv 1 \pmod{p}$로부터 $a^{2^j d} \equiv \pm 1 \pmod{p}$을 얻는다. a는 계수 k를 가지므로, $a^{2^j d} \equiv 1 \pmod{p}$은 가능하지 않다. 그 결과, $a^{2^j d} \equiv -1 \pmod{p}$이다. 이제 어떤 홀수 t에 대하여 $m = dt$이다. 여기에서 즉시

$$a^{2^j m} = (a^{2^j d})^t \equiv (-1)^t = -1 \pmod{p}$$

가 나오고 이로써 정리가 증명된다.

계속하기 전에, 정리 16.4를 사용하여 $n = 2201$이 합성수인지 검사하자. 이제

$n-1=2^3 \cdot 275$ 이다. 모듈로 2201에 대하여 계산하면

$$2^{275} \equiv 1582 \qquad 2^{550} \equiv 187 \qquad 2^{1100} \equiv 1954 \qquad 2^{2200} \equiv 1582$$

이 드러나고, 따라서 2201은 기저 $a=2$에 대하여 밀러–라빈 검사에 실패한다. 그러므로 2가 증거가 되어, 2201은 합성수라고 정확히 단언한다.

단 하나의 a값에 대하여 검사에서 살아남았다고 n이 소수라는 보장은 없다는 것이 강조되어야 한다. 예를 들어, $n=2047=23 \cdot 89$ 이면, $n-1=2 \cdot 1023$이다. 계산해 보면 $2^{1023} \equiv 1 \pmod{2047}$ 이고 따라서 2047은 검사를 통과한다.

밀러–라빈 검사는 대부분의 소수를 검출하기 위해 무작위의 입력을 사용하기 때문에, 흔히 확률적 소수성 검사라고 불린다. 주어진 홀수 n이 소수인지 결정하기 원한다고 가정하자. $0<a_i<n$인 k개의 정수 $a_1, a_2, \cdots, a_k$를 독립적으로 무작위로 선택하라. 만일 n이 a_i 중 하나에 대하여 밀러–라빈 검사에 실패하면, 당장 n이 합성수임이 보인다. 모든 a_i에 대하여 검사를 통과한 것이 n의 소수성에 대한 실제적인 보장은 아니지만, 그것이 소수일 것이라고 강력히 의심하게 한다. 이 경우에 n은 보통 개연적 소수(n은 소수이거나 아니기 때문에 틀린 명칭)라고 서술된다. 합성수가 k번의 밀러–라빈 검사에서 살아남을 확률은 기껏해야 $(1/4)^k$ 임을 보일 수 있다. 답의 정확성에 대한 상당한 확신을 갖고, 형식적인 증명 없이 n이 소수라고 선언할 수 있다. 현대 컴퓨터는 무작위로 기저를 택하는 과정에서 $k=100$으로 잡는 것을 완전히 현실적으로 만들었으며, 이 경우 n이 실제로 소수일 확률은 적어도 $1-(1/4)^{100}$이다.

반복수 R_{49081} 이 개연적 소수라는 결정(1999년)은 밀러–라빈 검사의 결과다.

연습문제 16.2

1. 폴라드의 로 방법을 사용하여 다음 정수들을 분해하라.
   (a) 299
   (b) 1003
   (c) 8051
2. 주어진 x_0와 $f(x)$를 이용한 로 방법으로 4087의 진약수를 구하라.
   (a) $x_0=2,\ f(x)=x^2-1$
   (b) $x_0=3,\ f(x)=x^2+1$
   (c) $x_0=2,\ f(x)=x^2+x+1$
3. 폴라드의 $p-1$ 방법을 적용하여 다음의 분해를 구하라.
   (a) 1711
   (b) 4847
   (c) 9943

4. 연분수 분해 알고리듬을 사용하여 다음의 각 정수를 분해하라.
   (a) 1241
   [*힌트*: $\sqrt{1241} = [35; 4, 2, 1, 1, \cdots]$]
   (b) 2173
   (c) 949
   [*힌트*: 정수 t_1t_3은 제곱수다.]
   (d) 7811
   [*힌트*: $\sqrt{7811} = [88; 2, 1, 1, 1, 2, 1, 1, 2, \cdots]$에서 $t_2t_6 = 85^2$을 얻는다.]
5. 연분수 분해 알고리듬을 $7134 = 6 \cdot 1189$에 적용하여 1189를 분해하라.
6. 이차 체 방법을 사용하여 다음 각 정수를 분해하라.
   (a) 8131
   [*힌트*: 인수 기저로 $-1, 2, 3, 5, 7$을 택하라.]
   (b) 13199
   [*힌트*: 인수 기저로 $-1, 2, 5, 7, 13, 29$를 사용하라.]
   (c) 17873
   [*힌트*: 인수 기저로 $-1, 2, 7, 11, 23$을 사용하라.]
7. 기저 a에 대하여 뤼까의 소수성 검사를 사용하여 아래의 정수들이 소수임을 보여라.
   (a) 907, $a = 2$
   (b) 1301, $a = 2$
   (c) 1709, $a = 3$
8. 포클링턴의 정리를 이용하여 다음 정수들의 소수성을 검증하라.
   (a) 917
   (b) 5023
   (c) 7057
9. 포클링턴의 정리에서 프로트(E. Proth)의 다음 결과(1878년)가 얻어짐을 보여라. $n = k \cdot 2^m + 1$이고 k는 홀수, $1 \le k < 2^m$이라 하자. 만일 어떤 정수 a에 대하여 $a^{(n-1)/2} \equiv -1 \pmod{n}$이면 n은 소수다.
10. 프로트의 결과를 사용하여 다음의 소수성을 증명하라.
   (a) $97 = 3 \cdot 2^5 + 1$
   (b) $449 = 7 \cdot 2^6 + 1$
   (c) $3329 = 13 \cdot 2^8 + 1$
11. 기저 a에 대하여 밀러–라빈 검사를 통과하는 합성 홀수를 기저 a에 대한 *강력 유사소수*(*strong pseudoprime*)라 한다. 아래 명제들을 증명하라.
   (a) 정수 2047은 기저 3에 대한 강력 유사소수가 아니다.
   (b) 25는 기저 7에 대한 강력 유사소수이다.
   (c) 65는 기저 8과 기저 18에 대한 강력 유사소수이다.

(d) 341은 유사소수이지만, 기저 2에 대한 강력 유사소수가 아니다.

12. 기저 2에 대한 강력 유사소수가 무수히 많이 존재함을 증명하라.
[*힌트*: n 이 (기저 2에 대한) 유사소수일 때, $M_n = 2^n - 1$은 기저 2에 대한 강력 유사소수임을 보여라.]

13. 모든 합성수인 페르마 수 $F_n = 2^{2^n} + 1$에 대하여, F_n은 기저 2에 대한 강력 유사소수임을 증명하라.

16.3 인수분해의 응용: 원거리 동전 던지기

앨리스와 밥 두 사람이 전화로 통화하면서 공평한 동전 던지기를 하려 한다고 가정하자. 각자는 의심을 품고 있다: 동전을 던지는 사람이 동전이 어느 쪽으로 나오든지 결과를 부르는 편에게 틀렸다고 말하며 속일 수 있지 않을까? 신뢰하는 증인의 수고에 의존하지 않고, 앨리스나 밥에게 치우칠 수 없는 과정을 수립할 수 있을까?

1982년 마누엘 블럼(Manuel Blum)은 동전 던지기의 요구 내역－즉, 결과를 맞게 추측할 확률이 1/2 이다－을 만족하는 수론적인 설계, 2자 규약을 고안했다. 사기에 대응하는 그 게임의 보안성은 거의 같은 크기의 큰 두 소수의 곱인 정수를 인수분해 하는 어려움에 근거한다.

블럼의 게임의 어떤 단계에서, 경기자 중 한 사람은 이차 합동식 $x^2 \equiv a \pmod{n}$을 풀도록 요구된다. 해는 모듈로 n에 대한 정수 a의 제곱근이라 말해진다. p와 q가 서로 다른 소수이고 $n = pq$일 때, 모듈로 n에 대하여 정수 a의 합동이 아닌 제곱근이 정확히 네 개 있다. 이것을 증명하려면, $x^2 \equiv a \pmod{n}$이 해를 갖는 것은 두 합동식

$$x^2 \equiv a \pmod{p} \qquad \text{그리고} \qquad x^2 \equiv a \pmod{q}$$

가 둘 다 풀린다는 것과 동치임을 관찰하라. 이 두 합동식의 해들은－그들이 존재한다고 가정하면－두 쌍 $\pm x_1 \pmod{p}$와 $\pm x_2 \pmod{q}$로 분리되고, 이것들이 결합하여 네 벌의 연립 합동식을 형성하게 된다.

$$\begin{aligned} x &\equiv x_1 \pmod{p} \\ x &\equiv x_2 \pmod{q} \end{aligned}$$

$$\begin{aligned} x &\equiv -x_1 \pmod{p} \\ x &\equiv -x_2 \pmod{q} \end{aligned}$$

$$\begin{aligned} x &\equiv x_1 \pmod{p} \\ x &\equiv -x_2 \pmod{q} \end{aligned}$$

$$\begin{aligned} x &\equiv -x_1 \pmod{p} \\ x &\equiv x_2 \pmod{q} \end{aligned}$$

중국인의 나머지 정리를 사용하여 이 체계를 풀면 모듈로 n에 대한 a의 제곱근 네 개를 구한다. 더 계속하기 전에 잠시 멈추고 예제를 보자.

예제 16.7 *Example*

$391 = 17 \cdot 23$일 때 합동식

$$x^2 \equiv 324 \pmod{391}$$

의 해를 결정하자. 다시 말해서, 모듈로 391에 대하여 324의 네 개 제곱근을 구하자. 이제

$$x^2 \equiv 324 \equiv 1 \pmod{17} \qquad \text{그리고} \qquad x^2 \equiv 324 \equiv 2 \pmod{23}$$

은 각각

$$x \equiv \pm 1 \pmod{17} \qquad \text{그리고} \qquad x \equiv \pm 5 \pmod{23}$$

을 해로 갖는다. 그러므로 우리는 네 쌍의 선형 연립 합동식을 얻는다.

$$x \equiv 1 \pmod{17}$$
$$x \equiv -5 \pmod{23}$$

$$x \equiv -1 \pmod{17}$$
$$x \equiv 5 \pmod{23}$$

$$x \equiv 1 \pmod{17}$$
$$x \equiv 5 \pmod{23}$$

$$x \equiv -1 \pmod{17}$$
$$x \equiv -5 \pmod{23}$$

처음 두 쌍의 합동식의 해들은 $x \equiv 18 \pmod{391}$과 $x \equiv -18 \pmod{391}$이다. 마지막 두 쌍의 해들은 $x \equiv 120 \pmod{391}$과 $x \equiv -120 \pmod{391}$이다. 따라서 모듈로 391에 대한 324의 네 개 제곱근은 $x \equiv \pm 18, \pm 120 \pmod{391}$ 또는 양의 정수로 표현하면

$$x \equiv 18, 120, 271, 373 \pmod{391}$$

$p \equiv q \equiv 3 \pmod{4}$일 때 $n = pq$ 형태의 수들을 뽑아서 *블럼 정수*(*Blum integer*)라고 부른다. 이런 형태의 정수에 대하여, 모듈로 n에 대한 제곱근을 구하는 작업은 (예제 16.7에서 보인 바와 같이) $x^2 \equiv a \pmod{p}$의 두 개의 해가

$$x \equiv \pm a^{(p+1)/4} \pmod{p}$$

에 의해 주어진다는 것을 관찰하면 간단해진다. 이것은, 오일러의 기준에 의해 $a^{(p-1)/2} \equiv 1 \pmod{p}$이므로

$$(\pm a^{(p+1)/4})^2 \equiv a^{(p+1)/2} \equiv a^{(p-1)/2} \cdot a \equiv 1 \cdot a \equiv a \pmod{p}$$

로부터 알 수 있다. 특별한 예로 합동식 $x^2 \equiv 2 \pmod{23}$을 택한다. 그것은 두 개의 해

$$\pm 2^{(23+1)/4} \equiv \pm 2^6 \equiv \pm 64 \equiv \mp 5 \pmod{23}$$

을 갖는다.

잠깐 동안 벗어났던 길을 뒤로 하고, 원거리 동전 던지기를 다루는 블럼의 규약으로 돌아가자. 각 경기자는 게임을 하는 동안 계산을 수행하도록 전화에 연결된 컴퓨터를 갖고 있다고 가정한다. 그 과정은 다음과 같다.

1. 앨리스는 먼저 둘 다 모듈로 4에 대하여 3과 합동인 큰 두 소수 p, q를 택한다. 그녀는 그것들의 곱 $n = pq$ 만을 밥에게 알린다.
2. 밥은 $\gcd(x, n) = 1$인 정수 $0 < x < n$을 임의로 선택하여 대응한다. 그는 그것의 제곱 $a \equiv x^2 \pmod{n}$을 앨리스에게 보낸다. (이것이 동전 던지기에 해당한다.)
3. p와 q를 알고 있는 앨리스는 모듈로 n에 대한 a의 네 개의 제곱근 x, $-x$, y, $-y$를 계산한다. 그녀는 그중 하나를 택해서 밥에게 보낸다. (즉, 앨리스는 결과를 불렀다.)
4. 만일 밥이 $\pm x$를 받으면, 그는 올바르게 추측했다고 앨리스에게 선언한다. 그렇지 않다면, 밥이 이긴다. 왜냐하면 그는 n을 인수분해 할 수 있기 때문이다. (승자가 결정된다.)

각 편은 게임 과정 중에 다른 비밀을 알고 있음에 주목하라. n의 소인수들은 앨리스의 숨겨진 정보이고, 밥의 개인적인 비밀은 정수 x의 선택이다. 앨리스는 x를 결코 알지 못하여 a의 가능한 제곱근들 가운데 $\pm x$의 추측은 실제로 50%의 성공 기회를 갖는 일이다. 동전 던지기에서 추측하는 것보다 더 잘할 수 없다.

만일 밥이 앨리스로부터 y 또는 $-y$를 받으면, 그는 모듈로 n에 대한 a의 두 개의 다른 제곱근을 소유한다. 그는 앨리스에게 n의 인수 p와 q를 돌려보냄으로써 그녀가 잘못 추측했다고 확신시킬 수 있을 것이다. 이것을 하려면, 밥은 간단히 $\gcd(x \pm y, n)$을 계산하면 된다. 기초가 되는 아이디어는 합동식

$$x^2 \equiv a \equiv y^2 \pmod{n} \qquad x \not\equiv \pm y \pmod{n}$$

에서 $pq \mid (x+y)(x-y)$가 얻어진다는 것이다. 다음에 이것은 각 소수가, 둘이 같은 인수를 나눌 수는 없지만, $x+y$ 또는 $x-y$를 나눈다는 것을 뜻한다. 그러므로 $\gcd(x+y, n)$는 p 또는 q이고, $\gcd(x-y, n)$은 남은 다른 소인수를 생산한다.

한편 밥에게 x나 $-x$가 보내지면, 그는 새로운 아무것도 알게 되지 않았고 적당한 길이의 시간 내에 n을 분해할 수 없다. 그의 그런 실패는 앨리스가 게임을 이겼다는 자백이다. 게임이 끝난 후에, 앨리스는 인수들을 제공하여 그녀가 블럼 정수를 사용했다는 것을 밥에게 확인시킬 수 있다. 밥은 공개된 인수들이 실제 소수라는 것을 확인해야 한다.

현대의 컴퓨터는 100자리 이상의 소수를 다루지만, 작은 소수를 사용한 블럼의 게임 예제로 마무리한다.

예제 16.8 *Example*

앨리스는 먼저 소수 $p = 43$과 $q = 71$을 선택하고 밥에게 그들의 곱 $3053 = 43 \cdot 71$을 알려준다. 그는 그의 비밀 수로 192를 임의로 선택하여 응수한다. 그리고 밥은

$$192^2 = 36864 \equiv 228 \pmod{3053}$$

을 계산하여 값 228을 다시 보낸다.

모듈로 3053에 대한 228의 네 개 제곱근을 얻으려면, 앨리스는 먼저 이차 합동식

$$x^2 \equiv 228 \equiv 13 \pmod{43} \quad \text{그리고} \quad x^2 \equiv 228 \equiv 15 \pmod{71}$$

을 푼다. $43 \equiv 71 \equiv 3 \pmod 4$이기 때문에, 그들의 해는 각각

$$x \equiv \pm 13^{(43+1)/4} \equiv \pm 13^{11} \equiv \mp 20 \pmod{43}$$
$$x \equiv \pm 15^{(71+1)/4} \equiv \pm 15^{18} \equiv \mp 21 \pmod{71}$$

임이 밝혀진다. 다음 앨리스는 $x \equiv \pm 20 \pmod{43}$과 $x \equiv \pm 21 \pmod{71}$에 의해 결정되는 네 개의 선형 합동식계를 푼다. 중국인의 나머지 정리에 의하여, 그녀는 $x \equiv \pm 192 \pmod{3053}$ 또는 $x \equiv \pm 1399 \pmod{3053}$을 구한다. 양의 정수로 표현하면,

$$x \equiv 192, 2861, 1399, 1654 \pmod{3053}$$

이 네 수 중에서 둘은 밥의 비밀 수와 모듈로 3053에 대하여 합동이고 나머지 둘은 아니다. 앨리스가 "올바른" 수를 고를 공평한 기회를 갖고 있지만, 그녀가 1399라고 추측하여 이기지 못하는 선택을 했다고 가정하자. 이것은 밥이 동전 던지기에서 승리했다는 의미이지만, 앨리스는 그에게 그것을 증명하도록 신중히 도전한다. 그래서 밥은

$$\gcd(192 + 1399, 3053) = \gcd(1591, 3053) = 43$$
$$\gcd(192 - 1399, 3053) = \gcd(-1207, 3053) = 71$$

을 계산하여 3053의 인수분해를 결정한다. 앨리스가 틀리게 선택했다는 것을 확인하도록 이 인수들을 그녀에게 보낸다.

연습문제 16.3

1. 12가 모듈로 85에 대한 제곱근을 갖는지, 즉 $x^2 \equiv 12 \pmod{85}$가 풀리는지 확인하라.
2. 아래 각 이차 합동식의 네 개의 합동이 아닌 해를 구하라.
   (a) $x^2 \equiv 15 \pmod{77}$
   (b) $x^2 \equiv 100 \pmod{209}$
   (c) $x^2 \equiv 58 \pmod{69}$
3. 앨리스는 $p = 23$과 $q = 31$을 선택하고 밥은 $x = 73$을 선택한 원거리 동전 던지기의 세부를 실행하라.
4. 전화상의 동전 던지기에서 앨리스는 $p = 47$, $q = 79$를 선택하고 밥은 $x = 123$을 선택한다. 앨리스가 계산하는 네 개의 수 중에 어느 두 개가 지는 선택인가?
5. 전자적으로 동전 던지기를 하는 또 하나의 과정이 여기 있다.
   (a) 앨리스와 밥은 $p-1$이 적어도 하나의 큰 소인수를 포함하는 소수 p에 동의한다.
   (b) 밥은 p의 두 원시근 r과 s를 고른다. 그는 이 두 원시근을 앨리스에게 보낸다.

(c) 이제 앨리스는 $\gcd(x, p-1)=1$인 정수 x를 고른다. 그녀는 $y \equiv r^x \pmod{p}$와 $y \equiv s^x \pmod{p}$ 중에 하나의 값을 밥에게 다시 보낸다. (이것이 동전 던지기에 해당한다.)

(d) 밥은 r 또는 s 어느 것이 y를 계산하는 데 사용됐는지 추측하여 "선택한다". $p=173$, $r=2$, $s=3$ 그리고 $x=42$일 때, 동전 던지기를 상세히 설명하라.

16.4 소수 정리와 제타 함수

소수의 수열은 비록 세부적으로 대단한 불규칙성을 보이지만, "전체적으로" 어떤 경향이 확실히 보인다. 유명한 소수 정리는 주어진 수보다 작은 소수가 얼마나 많은지 총체적으로 예측할 수 있게 한다. 그 수가 n이면 그 이전에 약 n 나누기 $\log n$(여기에서 $\log n$은 n의 자연 로가리듬을 표시한다)개의 소수가 있다고 그 정리는 주장한다. 그러므로 소수 정리는 "전체적으로" 또는 "평균적으로" 또는 "확률적인 의미로" 소수들이 어떻게 분포하는가 우리에게 알려준다.

소수 분포의 한 측정 수단은 함수 $\pi(x)$인데, 이것은 임의의 실수 x에 대하여 x를 넘지 않는 소수의 개수를 표시한다. 기호로, $\pi(x) = \sum_{p \le x} 1$이다. 3장에서 소수가 무한히 많음을 증명했는데, 그것은 간단히 하면 $\lim_{x\to\infty} \pi(x) = \infty$라는 사실의 표현이다. 다른 방향으로 생각하면, 소수 표의 높은 부분에서 소수들이 평균적으로 더 넓게 있게 되는 것은 분명하다. 비공식적으로, 거의 모든 양의 정수는 합성수라고 말할 수 있다.

바로 전의 주장을 증명하는 대신에 극한 $\lim_{x\to\infty} \pi(x)/x = 0$을 보이자. 모든 $x>0$에 대하여 $\pi(x)/x \ge 0$이기 때문에, 그 문제는 x를 충분히 크게 선택하면 $\pi(x)/x$를 임의로 작게 만들 수 있음을 증명하는 것으로 환원된다. 더욱 정확히 말하면, 우리가 증명할 것은 $\epsilon > 0$이 임의의 수이면 어떤 양의 정수 N이 반드시 존재하여 $x \ge N$이면 $\pi(x)/x < \epsilon$이라는 것이다.

먼저, n은 양의 정수라 하고, 베르트랑의 추측을 사용하여 $2^{n-1} < p \le 2^n$인 소수 p를 택한다. 그러면 $p \mid (2^n)!$이지만, $p \nmid (2^{n-1})!$이므로 이항 계수 $\binom{2^n}{2^{n-1}}$은 p로 나누어진다. 여기서 부등식

$$2^{2^n} \ge \binom{2^n}{2^{n-1}} \ge \prod_{2^{n-1} < p \le 2^n} p \ge (2^{n-1})^{\pi(2^n) - \pi(2^{n-1})}$$

이 나오고, 각 변에서 2의 지수를 택하면, 부등식

$$\pi(2^n) - \pi(2^{n-1}) \le \frac{2^n}{n-1} \tag{1}$$

이 따른다.

부등식 (1)에서 계속해서 $n = 2k, 2k-1, 2k-2, \cdots, 3$이라 놓고 나오는 부등식들을 더하면,

$$\pi(2^{2k}) - \pi(2^2) \le \sum_{r=3}^{2k} \frac{2^r}{r-1}$$

을 얻는다. 그런데 당연히 $\pi(2^2) < 2^2$ 이므로

$$\pi(2^{2k}) < \sum_{r=2}^{2k} \frac{2^r}{r-1} = \sum_{r=2}^{k} \frac{2^r}{r-1} + \sum_{r=k+1}^{2k} \frac{2^r}{r-1}$$

이전 두 합에서, 분모 $r-1$을 각각 1과 k로 치환하면

$$\pi(2^{2k}) < \sum_{r=2}^{k} 2^r + \sum_{r=k+1}^{2k} \frac{2^r}{k} < 2^{k+1} + \frac{2^{2k+1}}{k}$$

에 이른다. $k < 2^k$ 이기 때문에, $k \ge 2$ 에 대하여 $2^{k+1} < 2^{2k+1}/k$이고, 따라서

$$\pi(2^{2k}) < 2\left(\frac{2^{2k+1}}{k}\right) = 4\left(\frac{2^{2k}}{k}\right)$$

을 얻는데, 이것은

$$\frac{\pi(2^{2k})}{2^{2k}} < \frac{4}{k} \tag{2}$$

와 같이 쓸 수 있다. 이 부등식을 이용할 수 있게 되어, 우리 논의는 빠르게 결론으로 진행한다. 임의의 실수 $x > 4$가 주어지면, $2^{2k-2} < x \le 2^{2k}$ 를 만족하는 유일한 정수 k가 존재한다. 부등식 (2)로부터,

$$\frac{\pi(x)}{x} < \frac{\pi(2^{2k})}{x} < \frac{\pi(2^{2k})}{2^{2k-2}} = 4\left(\frac{\pi(2^{2k})}{2^{2k}}\right) < \frac{16}{k}$$

이 따른다. 이제 $x \ge N = 2^{2([16/\epsilon]+1)}$으로 잡으면, $k \ge [16/\epsilon] + 1$이다. 그러므로 원하던 바대로

$$\frac{\pi(x)}{x} < \frac{16}{([16/\epsilon]+1)} < \epsilon$$

1923년까지 거슬러 올라가는 하디와 리틀우드의 잘 알려진 추측은 $2 \le y \le x$ 인 모든 정수 x, y 에 대하여

$$\pi(x+y) \le \pi(x) + \pi(y)$$

라는 것이다. $\pi(x+y) - \pi(y) \le \pi(x)$와 같이 쓰면, 그 부등식은 길이 x의 어떤 구간 $y < k \le x+y$ 도 구간 $0 < k \le x$ 안에 있는 만큼 많은 소수를 포함할 수 없다고 주장한다. 그 추측은 $x+y \le 100000$에 대하여 확인되었지만, 그 추측이 거짓이라고 증명할(비록 희박하지만) 예외들이 있을 것 같다. 단순히 계산이 첫 번째 반례를 만들 정도로 충분히 진행되지 못했다. 모든 $x \ge 11$에 대하여 부등식 $\pi(2x) < 2\pi(x)$ 가 성립

한다는 것이 증명되었으므로(1975년), 이상하지만 $x=y$ 일 때는 반례가 없다.

제타 함수

$$\zeta(s)=\sum_{n=1}^{\infty}\frac{1}{n^s}=1^{-s}+2^{-s}+3^{-s}+\cdots$$

를 도입하여 분석한 사람은 오일러였다(아마도 1740년). 이 함수의 성질에 소수 정리의 증명이 궁극적으로 의존한다. 이 주제에 대한 오일러의 근본적인 공헌은 $\zeta(s)$를 수렴하는 무한곱으로 표현하는 공식이다. 즉, p 가 모든 소수를 취할 때

$$\zeta(s)=\prod_{p}\left(1-\frac{1}{p^s}\right)^{-1} \qquad s>1$$

그것의 중요성은, 하나는 소수를 명시적으로 포함하고 다른 하나는 그렇지 않은 두 개의 표현에 대한 등식을 주장하는 데에서 나타난다. 오일러는 $\zeta(s)$를 오직 실변수 함수로만 간주했으나, 그래도 그의 공식은 소수 이론과 제타 함수의 해석적 성질 사이에 깊은 연결이 있음을 보여준다.

$\zeta(s)$에 대한 오일러의 표현은 우변의 인수 각각을

$$\frac{1}{1-1/p^s}=1+\frac{1}{p^s}+\left(\frac{1}{p^s}\right)^2+\left(\frac{1}{p^s}\right)^3+\cdots$$

와 같이 전개하고 그것들의 곱은 $p_1, \cdots, p_r$ 이 서로 다른 소수라 할 때

$$\frac{1}{(p_1^{k_1}p_2^{k_2}\cdots p_r^{k_r})^s}$$

형태의 모든 항들의 합임을 관찰하여 얻어진다. 모든 양의 정수 n 은 소수의 거듭제곱들의 곱으로 유일하게 써지므로, 각 항 $1/n^s$은 이 합에서 오직 한 번만 나타난다. 즉, 그 합은 바로 $\sum_{n=1}^{\infty}1/n^s$이다.

제타 함수에 관한 오일러의 공식은 소수의 무한성에 대한 속임수처럼 짧은 증명을 끌어내는 것으로 판명되었다. 우변에 유한곱이 나타나면 $\lim_{s\to 1}\zeta(s)=\infty$ 이라는 사실에 모순이다.

계속적인 관심을 끄는 한 문제는 $n>1$이 정수일 때 $\zeta(n)$의 값에 관한 것이다. 오일러는 1730년대에 $\zeta(2n)$이 π^{2n} 의 유리수 곱이고 그래서 무리수임을 보였다.

$$\zeta(2)=\pi^2/6,\ \zeta(4)=\pi^4/90,\ \zeta(6)=\pi^6/945,\ \zeta(8)=\pi^8/9450,\ldots$$

홀수에 대한 문제는 미해결로 남아있다. 1978년에야 겨우 프랑스 수학자 로저 아페리(Roger Apéry)가 $\zeta(3)$ 이 무리수임을 증명했다. 그 증명이 처음 나왔을 때 "기적적이고 엄청난" 것으로 반겨졌지만, 그것은 $n>1$에 대하여 $\zeta(2n+1)$ 로 쉽게 확장되지 않았다. 그렇지만 2000년에 무한히 많은 그런 값들이 무리수임이 증명되었다.

$\zeta(2n)$의 값은 베르누이(James Bernoulli, 1654~1705)의 이름을 따서 명명된 소위

베르누이 수로 표현될 수 있다. 오늘날 이들은 보통 귀납적으로 $B_0 = 1$ 그리고 $n \geq 1$에 대하여

$$(n+1)B_n = -\sum_{k=O}^{n-1} \binom{n+1}{k} B_k$$

로 정의된다. 약간의 계산으로 처음 몇 개의 B_n을 얻는다.

$$\begin{array}{ll} B_0 = 1 & B_1 = -1/2 \\ B_2 = 1/6 & B_3 = 0 \\ B_4 = -1/30 & B_5 = 0 \\ B_6 = 1/42 & B_7 = 0 \\ B_8 = -1/30 & B_9 = 0 \end{array}$$

예를 들면,

$$5B_4 = B_0 - 5B_1 - 10B_2 - 10B_3$$

이기에 $B_4 = -1/30$이다.

베르누이 수 B_{2n+1}은 첫 번째 이후에 모두 영인 반면, 모든 B_{2n}은 유리수이고 첫 번째 이후는 부호가 교대한다. 1734년에 오일러는

$$B_{30} = \frac{8615841276005}{14322}$$

까지 그 값을 계산했다. 그 후 곧 그는 다음의 놀라운 공식을 유도했다.

$$\zeta(2n) = \frac{(-1)^{n+1}(2\pi)^{2n} B_{2n}}{(2n)!}, \quad n \geq 1$$

큰 값의 x에 대하여 $\pi(x)$의 좋은 근사값을 주는 함수에 대한 중요한 추측을 처음으로 한 사람은 르장드르였다. 그의 저서 「수론에 대한 시론」(*Essai sur la Théorie des Nombres*, 1798)에서 르장드르는 $\pi(x)$가 근사적으로

$$\frac{x}{\log x - 1.08366}$$

와 같다고 과감히 주장했다. 1,000개의 연속한 정수의 구간 안에 소수들이 어떻게 분포하는지 광범위한 표를 작성하여, 가우스는 $\pi(x)$가 함수 $x/\log x$나

$$\mathrm{Li}(x) = \int_2^x \frac{du}{\log u}$$

각각과 거의 같은 속도로 증가하고, 로가리듬 적분 $\mathrm{Li}(x)$가 훨씬 더 가까운 근사값을 준다는 결론에 이르렀다. 가우스의 관찰은 유명한 천문학자 요한 엥케(Johann Encke)에게 1849년 편지로 전달되었고, 1863년에 처음으로 발표되었지만, 시작된 것은 르장드르의 논문이 저술되기 훨씬 전 가우스가 14세였던 1791년인 것 같다.

이 설명들을 표의 증거들과 비교하는 것은 흥미롭다.

x	$\pi(x)$	$\dfrac{x}{\log x - 1.08366}$	$\dfrac{x}{\log x}$	Li(x)	$\dfrac{\pi(x)}{(x/\log x)}$
1000	168	172	145	178	1.159
10,000	1,229	1,231	1086	1246	1.132
100,000	9,592	9,588	8,686	9,630	1.104
1,000,000	78,498	78,543	72,382	78,628	1.084
10,000,000	664,579	665,140	620,420	664,918	1.071
100,000,000	5,761,455	5,768,004	5,428,681	5,762,209	1.061

$\pi(x)$ 와 $x/\log x$ 를 비교하는 최초의 명백한 진전은 러시아 수학자 체비세프(P. L. Tchebycheff)가 이룩했다. 1850년, 그는 충분히 큰 x 에 대하여

$$a\left(\frac{x}{\log x}\right) < \pi(x) < b\left(\frac{x}{\log x}\right)$$

를 만족하는 $a<1<b$ 인 양의 상수 a 와 b 가 존재한다고 증명했다. 체비세프는 또 $\pi(x)/(x/\log x)$가 x 가 증가함에 따라 극한을 가지면 그 값은 1이어야 한다고 보였다. 체비세프의 업적은 그대로 훌륭한 것이지만 실상은 실패의 기록이다. 그가 증명할 수 없었던 것은 앞의 극한이 실제로 존재한다는 것이고, 이것을 할 수 없었기 때문에 소수 정리를 증명하지 못했다. 약 45년이 흐르기까지 마지막 간격이 메워지지 않았다.

이 시점에서 우리는 체비세프의 결과가 모든 소수에 대하여 계산된 급수 $\sum_p 1/p$ 이 발산함을 뜻한다는 것을 알 수 있다. 이것을 증명하려고, p_n 을 n 번째 소수라 하면 $\pi(p_n)=n$ 이다. 충분히 큰 x 에 대하여

$$\pi(x) > a\left(\frac{x}{\log x}\right)$$

이므로, 따라서 n 을 충분히 크게 잡으면 부등식

$$n = \pi(p_n) > a\left(\frac{p_n}{\log p_n}\right) > \sqrt{p_n}$$

이 성립한다. 그러나 $n^2 > p_n$ 에서 $\log p_n < 2\log n$ 이 나오고, 그러므로 n 이 크면

$$ap_n < n\log p_n < 2n\log n$$

을 얻는다. 결과적으로, 발산이 알려진 급수 $\sum_{n=2}^{\infty}(1/n\log n)$ 과 비교하면 급수 $\sum_{n=1}^{\infty} 1/p_n$은 발산할 것이다.

이전 것과 비슷한 결과가 등차수열상의 소수에 대하여 성립한다. $\gcd(a,b)=1$이면 $p=an+b$ 형태의 소수가 무수히 많다는 것을 우리는 안다. 디리클레는 그러한 소수에 대하여 더한 $1/p$ 의 합이 발산함을 증명했다. 예를 들어, 그것을 $4n+1$ 형태의 소수에 적용하면,

$$\sum_{p=4n+1} \frac{1}{p} = \frac{1}{5} + \frac{1}{13} + \frac{1}{17} + \frac{1}{29} + \frac{1}{37} + \cdots$$

은 발산하는 급수다.

소수들이 쌍둥이 소수에서 움직이도록 하면 극적인 변화가 일어난다. 1919년 노르웨이 수학자 비고 브룬(Viggo Brun)은 쌍둥이 소수의 역수들에 의해 형성된 급수는 수렴함을 보였다. 쌍둥이 소수는 (비록 무한히 많다 해도) 모든 소수들의 수열에서 "충분히 희박하므로" 수렴을 발생시킨다.

*브룬의 상수*라 불리는 합

$$B = \left(\frac{1}{3} + \frac{1}{5}\right) + \left(\frac{1}{5} + \frac{1}{7}\right) + \left(\frac{1}{11} + \frac{1}{13}\right) + \cdots$$

은 $1.9021604 \pm 5 \cdot 10^{-7}$으로 계산된다. 소수 5는 두 개의 쌍둥이 소수쌍 3, 5와 5, 7에서 나타나고 다른 소수들은 이러한 성질을 갖지 못함을 주목하라.

$\pi_2(x)$는 x를 넘지 않는 소수 쌍의 개수를 표시한다고 하자. 즉, $p + 2 \leq x$도 역시 소수인 소수 p의 개수이다. 하디와 리틀우드의 유명한 추측(1923년)은 $\pi_2(x)$가 함수

$$L_2(x) = 2C \int_2^x \frac{du}{(\log u)^2}$$

처럼 – 여기서 $C = 0.661618158\cdots$는 쌍둥이 소수 상수로 알려져 있다 – 증가한다는 것이다. 다음 표는 π_2가 $L_2(x)$에 의해 얼마나 가까이 근사되는지에 대하여 얼마간 이해하게 해 준다.

x	$\pi_2(x)$	$L_2(x) - \pi_2(x)$
10^3	35	11
10^4	205	9
10^5	1,224	25
10^6	8,169	79
10^7	58,980	−226
10^8	440,312	56
10^9	3,424,506	802
10^{10}	27,412,679	−1262
10^{11}	224,376,048	−7183

소수 정리의 증명의 열쇠를 제공하는 근본적으로 새로운 생각이 1859년의 획기적인 논문 「주어진 한계 아래의 소수의 개수에 대하여」(*Űber die Anzahl der Primzahlen unter einer gegeben Grősse*, 그의 유일한 수론 논문)에서 베른하르트 리만(Bernhart Riemann)에 의해 도입되었다. 오일러가 제타 함수 $\zeta(s)$를 실수값 s에 한정시킨 반면, 리만은 소수의 분포와 복소수 변수 $s = a + bi$의 함수로 $\zeta(s)$의 행동 사이의 연관성을 알아차렸다. 그는 $\pi(x)$를 s 평면에서의 $\zeta(s)$의 영점과 관련시키는, 리만의 명시적 공식이라고 알려진, 놀라운 등식을 포함하여 제타 함수의 많은 성질을 발표했다. 그 결과는 대부분 수학자의 상상력을 사로잡았다. 왜냐하면 그것은 매우 의외로 언뜻 보기에

관련이 없는 수학의 두 분야, 즉 이산적인 것에 관한 연구인 수론과 연속 과정을 다루는 복소수 해석학을 연결하였기 때문이다.

그의 논문에서, 리만은 제타 함수의 영점에 관한 많은 추측을 했다. 가장 유명한 것이 소위 리만 가설인데, 이것은 $\zeta(s)$의 실수가 아닌 모든 영점들이 복소수 평면의 점들 $1/2+bi$에 있다, 즉 "임계선" $Re(s) = 1/2$에 있다고 주장한다. 1914년에 하디는 무한히 많은 영점들이 임계선 위에 있음을 증명함으로써 최초의 구체적인 결과를 제공했다. 일련의 큰 계산들이 시행되어, 처음 $(1.5)10^{10}$개의 모든 영점들에 대하여 리만 가설이 성립한다는 최근의 확인으로 정점을 이루었는데 이 노력은 현대 슈퍼컴퓨터상에서 1,000시간이 넘는 계산을 필요로 했다. 이 유명한 추측은 증명되지도 반증되지도 않았으며, 의심할 여지 없이 오늘날 수학에서 가장 중요한 미해결 문제다.

리만의 연구는 자크 아다마르(Jacques Hadamard)와 샤를르 드 라 발레 푸생(Charles de la Vallée Poussin)에 의해 이용되었고, 그들은 1896년 서로 독립적으로 그리고 거의 동시에

$$\lim_{x\to\infty}\frac{\pi(x)}{x/\log x}=1$$

을 증명하는 데 성공했다. 이 공식에 표현된 결과는 그 이후 소수 정리로 알려지게 되었다. 드 라 발레 푸생은 그의 연구를 상당히 더 진척시켰다. 그는 충분히 큰 x값에 대하여 $\pi(x)$는 상수 A에 어떤 값을 주더라도 함수

$$\frac{x}{\log x - A}$$

보다 로가리듬 적분 $\mathrm{Li}(x)$에 의해 더 정확하게 표현된다는 것과 르장드르 함수에서 가장 좋은 A의 선택은 1이란 것을 보였다. 이것은 $A = 1.08366$이라는 르장드르의 원래 주장과 일치하지 않지만 그의 (겨우 $x = 400000$까지 작성된 표에 근거한) 추정은 역사적 흥미 이상을 갖는다고 오랫동안 인정되어 왔다.

오늘날 $\pi(x)$와 $\mathrm{Li}(x)$ 사이의 관계에 대하여 훨씬 많은 것이 알려져 있다. x가 모든 양의 정수 위를 움직일 때 $\pi(x)-\mathrm{Li}(x)$는 무한히 자주 양과 음의 값을 모두 갖는다는 리틀우드의 정리만 언급하기로 한다. 리틀우드의 결과는 완전히 "존재 정리"고 $\pi(x)-\mathrm{Li}(x)$가 양의 값을 갖는 x에 대한 수치적 값은 구해지지 않았다. $\pi(x) > \mathrm{Li}(x)$를 만족하는 첫 번째 x의 크기에 대한 상계가 구해졌다는 것은 흥미로운 사실이다. 그러한 x는 엄청난 크기의 수

$$e^{e^{e^{79}}} \approx 10^{10^{10^{34}}}$$

전에 어딘가에 나타나야 한다. 그것은 실질적인 쓸모를 가졌던 가장 큰 수라고 하디는 주장했다. 1933년 스큐스(S. Skews)에 의해 얻어진 이 상계는 *스큐스 수*라는 이름으로 문헌에 기록되었다. 얼마 후(1955년)에 스큐스는 꼭대기 지수를 34에서 3으로 감소시켰다. 1997년 $(1.398)10^{316}$ 근처에 $\pi(x) > \mathrm{Li}(x)$인 연속적인 정수 x가 10^{311}개보다 많이 있음이 증명되었을 때, 이 한계는 상당히 줄어들었다. 그렇지만 x의 명확한 수치적 값은 아직 어떤 컴퓨터의 능력도 미치지 못하는 밖에 있다. 놀라운 것

은 $\pi(x)$가 정확히 계산된 모든 x, 즉 $x < 2 \cdot 10^{18}$ 범위 안의 모든 x에 대하여는 $\pi(x) < \mathrm{Li}(x)$이란 것이다. 표에 몇몇 값들이 주어졌다.

x	$\pi(x)$	$\mathrm{Li}(x) - \pi(x)$
10^9	50,847,543	1701
10^{10}	455,052,511	3104
10^{11}	4,118,054,813	11,588
10^{12}	37,607,912,018	38,263
10^{13}	346,065,536,839	108,971
10^{14}	3,204,941,750,802	314,890
10^{15}	29,844,570,422,669	1,052,619
10^{16}	279,238,341,033,925	3,214,632
10^{17}	2,623,557,157,654,233	7,956,589
10^{18}	24,739,954,287,740,860	21,949,555

이 표는 $\mathrm{Li}(x) - \pi(x)$가 항상 양이고 x가 증가함에 따라 점점 커진다는 인상을 주지만, 궁극적으로 음의 값들이 양의 값들을 압도할 것이다.

소수 정리의 한 유용한 측면에 관심을 둘 가치가 있다. 즉,

$$\lim_{n\to\infty} \frac{n \log n}{p_n} = 1$$

관계식

$$\lim_{x\to\infty} \frac{\pi(x) \log x}{x} = 1$$

에서 시작하여, 로가리듬을 취하고 로가리듬 함수는 연속이라는 사실을 사용하여

$$\lim_{x\to\infty} [\log \pi(x) + \log(\log x) - \log x] = 0$$

또는 동치적으로

$$\lim_{x\to\infty} \frac{\log \pi(x)}{\log x} = 1 - \lim_{x\to\infty} \frac{\log(\log x)}{\log x}$$

를 얻는다. 그런데 $\lim_{x\to\infty} \log(\log x)/\log x = 0$에서

$$\lim_{x\to\infty} \frac{\log \pi(x)}{\log x} = 1$$

이 나온다. 그러면 우리는

$$\begin{aligned} 1 &= \lim_{x\to\infty} \frac{\pi(x)\log x}{x} \\ &= \lim_{x\to\infty} \frac{\pi(x)\log \pi(x)}{x} \cdot \frac{\log x}{\log \pi(x)} \\ &= \lim_{x\to\infty} \frac{\pi(x)\log \pi(x)}{x} \end{aligned}$$

를 얻는다. $x = p_n$ 이라 놓으면 $\pi(p_n) = n$ 이 되어

$$\lim_{n\to\infty} \frac{n \log n}{p_n} = 1$$

이라는 결과가 나온다. 이것은 한 구간에 n 개의 소수가 있으면 구간의 길이는 대략 $n \log n$ 임을 주장하는 것으로 해석할 수 있다.

최근까지도, 소수 정리는 제타 함수 성질의 도움 없이 그리고 복소수 함수론에 의지하지 않고 증명될 수 없을 것이란 의견이 지배적이었다. 1949년 노르웨이 수학자 셀베르그(Atle Selberg)가 순전히 산술적 증명을 발견하였을 때, 그것은 큰 놀라움을 주었다. 그의 논문「소수 정리의 기초적 증명」(*An Elementary Proof of the Prime Number Theorem*)은 현대 해석학의 방법을 피했다는 기술적인 의미에서 "기초적"이다. 셀베르그는 이 분야에서의 업적으로 1950년 국제 수학자 회의에서 필즈상을 수상했다. 필즈상은 수학에서 노벨상과 동등한 것으로 간주된다. (수학을 수상 분야에 포함시켜야겠다는 생각이 노벨에게는 결코 들지 않았던 것 같다.) 4년마다 40세 미만의 사람에게 수여되는 그 상은 수학 공동체의 가장 고귀한 상이다.

우리가 소수를 이해하려면 최소 100만 년은 걸릴 것이다.

폴 에르되시(Paul Erdös)

여러 가지 문제

Miscellaneous Problems

양의 정수는 모든 건전한 정신에 대한 계속적이며 피할 수 없는 난제로 거기에 있다.
하디(G. H. Hardy)

1. 귀납법을 사용하여 다음을 증명하라.

   (a) $1 \cdot 2 \cdot 3 + 2 \cdot 3 \cdot 4 + \cdots + n(n+1)(n+2) = \dfrac{n(n+1)(n+2)(n+3)}{4}$

   (b) $\dfrac{1}{1 \cdot 5} + \dfrac{1}{5 \cdot 9} + \cdots \dfrac{1}{(4n-3)(4n+1)} = \dfrac{n}{4n+1}$

   (c) $1 + \dfrac{1}{\sqrt{2}} + \dfrac{1}{\sqrt{3}} + \cdots + \dfrac{1}{\sqrt{n}} \geq \sqrt{n}$

2. $n \geq 1$ 에 대하여

$$\frac{n^3}{3} - \frac{n^2}{2} + \frac{n}{6}$$

   은 정수임을 증명하라.

3. $n \geq 1$에 대하여 나누기에 대한 아래 주장을 증명하라.

   (a) $7 \mid 2^{3n+1} + 4^{3n+1} + 1$

   (b) $133 \mid 11^{n+2} + 12^{2n+1}$

   (c) $11 \mid 3^{5n} + 4^{5n+2} + 5^{5n+1}$

4. $\gcd(n!+1,\ (n+1)!+1) = 1$을 증명하라.
5. 모든 $n \geq 1$에 대하여 $8 \cdot 2^{2^n} + 1$은 합성수임을 증명하라.
6. $29p+1$이 완전제곱수인 모든 소수 p를 구하라.
7. n^2+2가 소수일 때, $3 \mid n$을 보여라.
8. $p > 3$와 $q = p + 2$가 쌍둥이 소수이면 $pq \equiv -1 \pmod 9$임을 보여라.
9. 다음을 증명하라.
   (a) 만일 $7 \mid a^3 + b^3 + c^3$이면, $7 \mid a$이거나 $7 \mid b$이거나 $7 \mid c$이다.
   (b) 모든 $n \geq 1$에 대하여 $9 \mid (n-1)^3 + n^3 + (n+1)^3$이다.
10. 양의 정수 n과 m에 대하여, $3^n + 3^m + 1$은 결코 완전제곱수가 아님을 증명하라. [*힌트*: 모듈로 8에 대하여 작업하라.]
11. 다음이 성립하는 가장 작은 양의 값 n을 구하라.
   (a) 방정식 $301x + 77y = 2000 + n$은 해를 갖는다.
   (b) 방정식 $5x + 7y = n$은 정확히 세 개의 양의 해를 갖는다.
12. $n \geq 1$에 대하여, 2^n과 2^{n+1}을 십진법으로 썼다고 하자. 이 십진 표현을 나란히 연결해 놓아서 만들어진 수가 N이면, $3 \mid N$임을 보여라. 예를 들어, $n = 6$일 때 $3 \mid 64128$이고 $3 \mid 12864$이다.
13. 어떤 숫자 X에 대하여 $242628X91715131$은 3으로 나누어지는가?
14. 1999^{1999}의 마지막 자리 숫자와 3^{4321}의 마지막 두 자리의 숫자를 구하라.
15. 어떤 가족의 세 아이들의 발의 길이가 5, 7 그리고 9인치이다. 각 아이들이 자신의 발을 이용하여 그들 집의 식당의 길이를 측정하여, 각자는 3인치가 남는 것을 알았다. 식당의 길이는 얼마인가?
16. 삼각수의 수열에서

$$t_n(t_{n-1} + t_{n+1}) = t_k$$

   를 가정하라. k를 n의 함수로 결정하라.
17. 반복수 소수 R_n은 두 제곱수의 합으로 표현될 수 없음을 증명하라.
18. $70!/18$을 71로 나눌 때 나머지를 구하라.
19. 다음에서 예시되는 일반적인 결과를 서술하고 증명하라.

$$4^2 = 16 \qquad 34^2 = 1156 \qquad 334^2 = 111556 \qquad 3334^2 = 11115556, \ldots$$

20. p가 소수일 때, $p \mid (\tau(p)\,\phi(p) + 2)$와 $p \mid (\tau(p)\,\sigma(p) - 2)$를 보여라.
21. 공식 $\sum_{d/n} \mu(d) 2^{\omega(n/d)} = |\mu(n)|$을 증명하라.
22. n이 짝수임은 $\sum_{d/n} \phi(d)\,\mu(d) = 0$과 동치라는 것을 증명하라.
23. 만일 $\tau(n)$이 홀수 소수로 나누어지면, $\mu(n) = 0$임을 보여라.
24. 적당히 선택한 $n \geq 1$에 대하여 97이 $n^2 - 85$를 나누는지 결정하라.
25. 방정식

$$(n-1)^3 + n^3 + (n+1)^3 = (n+2)^3$$

   을 만족하는 모든 정수 n을 구하라.

[*힌트*: n을 $k+4$로 치환한 방정식으로 작업하라.]

26. 페르마 수는

$$F_n + F_{n+1} \equiv 1 \pmod 7$$

임을 증명하라.

27. 제곱인수가 없는 유일한 짝수 완전수는 6임을 증명하라.

28. 네 개의 연속한 양의 정수가 주어졌을 때, 적어도 한 개는 두 제곱수의 합으로 쓸 수 없음을 보여라.

29. 뤼까 수열의 항들은 합동식

$$2^n L_n \equiv 2 \pmod{10}$$

을 만족함을 증명하라.

30. 5로 나누어지는 피보나치 수는 무수히 많지만 어떤 뤼까 수도 그렇지 않음을 보여라.

31. 피보나치 수에 대하여 18은

$$u_{n+11} + u_{n+7} + 8u_{n+5} + u_{n+3} + 2u_n \qquad n \geq 1$$

을 나눈다는 것을 증명하라.

32. n과 $3n-2$가 완전제곱인 양의 정수 n은 무한히 많이 존재함을 증명하라.

33. $n \equiv 5 \pmod{10}$일 때, 11은 합

$$12^n + 9^n + 8^n + 6^n$$

을 나눈다는 것을 보여라.

34. 다음을 증명하라.
    (a) 7은 $2^n + 1$ $(n \geq 0)$ 형태의 수를 나누지 않는다.
    (b) 7은 $10^n + 3$ $(n \geq 0)$ 형태의 수를 무수히 많이 나눈다.

35. $n \equiv \pm 4 \pmod 9$에 대하여, 방정식 $n = a^3 + b^3 + c^3$은 정수해를 갖지 않음을 보여라.

36. $\gcd(a, b) = 1$일 때 홀수 소수 p가 $a^2 + b^2$을 나누면 $p \equiv 1 \pmod 4$임을 증명하라.

37. 곱 $9999 \cdot n$이 반복수가 되는 정수 n을 구하라.
    [*힌트*: 방정식 $9999 \cdot n = R_{4k}$로 작업하라.]

38. 두 개의 연속한 홀수 제곱수의 합으로 쓸 수 있는 유일한 삼각수는 10임을 증명하라.

39. 완전제곱수인 유클리드 수

$$p^\# + 1 = 2 \cdot 3 \cdot 5 \cdot 7 \cdots p + 1$$

이 존재하는지 결정하라.

40. 소수 $p \equiv 1 \pmod{60}$을 생각하라. 3은 a 또는 b를 나누고 5는 a 또는 b를 나누며 $p = a^2 + b^2$인 양의 정수 a와 b가 존재함을 보여라.

41. 합

$$299 + 2999 + 29999 + \cdots + 29999999999999$$

는 12로 나누어짐을 보여라.

42. 펠의 방정식을 사용하여 삼각수이며 동시에 완전제곱수인 정수가 무수히 많이 있음을 보여라.

43. $n > 0$ 이 주어졌을 때, 정수 $(2k+1)\,2^n + 1$ 이 소수가 되는 무수히 많은 k 가 존재함을 보여라.

44. 수열

$$16, 1156, 111556, 11115556, 1111155556 \ldots.$$

의 각 항은 완전제곱수임을 보여라.

45. p 는 소수일 때 $p^2 + 2^p$ 형태의 모든 소수를 구하라.

46. 소수 37, 67, 73, 79, ⋯ 등은 $p = 36ab + 6a - 6b + 1$ $(a \geq 1,\ b \geq 1)$ 형태이다. 어떤 쌍둥이 소수 쌍도 이 형태의 소수를 포함할 수 없음을 보여라.

47. $n > 1$에 대하여 $n!$은 완전제곱이 아님을 증명하라.
[*힌트*: 베르트랑의 추측을 사용하라.]

48. 유사반복수(near-repunit)는 $n-1$개의 숫자가 1이고 오른쪽에서 $(k+1)$ 번째 자리가 0인 정수 ${}_kR_n$이다. 즉

$${}_kR_n = R_{n-k-1}10^{k+1} + R_k = 111\cdots11011\cdots111$$

만일 $\gcd(n-1,\ 3k) > 1$이면 ${}_kR_n$은 합성수임을 보여라.

49. 자연스런 순서대로 처음 n 개의 소수를 $p_1,\ p_2,\ \cdots,\ p_n$이라 하자. $n \geq 2$에 대하여 구간 $p_n < x \leq p_1 p_2 \cdots p_n + 1$ 안에 적어도 두 개의 새로운 소수가 있음을 보여라.

50. 조건 $p^2 = 10^q - 999$를 만족하는 소수 p 와 q 는 존재하지 않음을 증명하라.
[*힌트*: 모듈로 7에 대하여 작업하라.]

부록

Appendixes

일반 참고문헌

추천 심화문헌

표

선택된 문제에 대한 해답

일반 참고문헌

General References

Adams, W., and L. Goldstein. 1976. *Introduction to Number Theory*. Englewood Cliffs, N.J.: Prentice-Hall.

Adler, Andrew, and Cloury, John. 1995. *The Theory of Numbers: A Text and Source Book of Problems*. Boston: Jones and Bartlett.

Allenby, B. J., and J. Redfern. 1989. *Introduction to Number Theory with Computing*. London: Edward Arnold.

Andrews, George. 1971. *Number Theory*. Philadelphia: W. B. Saunders.

Archibald, Ralph. 1970. *An Introduction to the Theory of Numbers*. Columbus, Ohio: Charles E. Merrill.

Baker, Alan. 1984. *A Concise Introduction to the Theory of Numbers*. Cambridge, England: Cambridge University Press.

Barbeau, Edward. 2003. *Pell's Equation*. New York: Springer-Verlag.

Barnett, I. A. 1972. *Elements of Number Theory*. Rev. ed. Boston: Prindle, Weber & Schmidt.

Beck, A., M. Bleicher, and D. Crowe. 1969. *Excursions into Mathematics*. New York: Worth.

Beiler, A. H. 1966. *Recreations in the Theory of Numbers*. 2d ed. New York: Dover.

Bressoud, David. 1989. *Factorization and Primality Testing*. New York: Springer-Verlag.

Brown, Ezra. "The First Proof of the Quadratic Reciprocity Law, Revisited." *American Mathematical Monthly* 88(1981): 257–64.

Burton, David. 2003. *The History of Mathematics: An Introduction*. 5th ed. New York: McGraw-Hill.

Clawson, Calvin. 1996. *Mathematical Mysteries: The Beauty and Magic of Numbers*. New York: Plenum Press.

Cohen, Henri. 1993. *A Course in Computational Algebraic Number Theory*. New York: Springer-Verlag.

Crandall, Richard, and Pomerance, Carl. 2001. *Prime Numbers: A Computational Perspective*. New York: Springer-Verlag.

Dickson, Leonard. 1920. *History of the Theory of Numbers*. Vols. 1, 2, 3. Washington, D.C.: Carnegie Institute of Washington. (Reprinted, New York: Chelsea, 1952.)

Dirichlet, P. G. L. 1999. *Lectures on Number Theory*. Translated by J. Stillwell. Providence, R.I.: American Mathematical Society.

Dudley, Underwood. 1978. *Elementary Number Theory*, 2d ed. New York: W. H. Freeman.

Edwards, Harold. 1977. *Fermat's Last Theorem*. New York: Springer-Verlag.

Erdös, Paul, and Suryáni, János. 2003. *Topics in the Theory of Numbers*. New York: Springer-Verlag.

Eves, Howard. 1990. *An Introduction to the History of Mathematics*. 6th ed. Philadelphia: Saunders College Publishing.

Goldman, Jay. 1998. *The Queen of Mathematics: A Historically Motivated Guide to Number Theory*. Wellesely, Mass.: A. K. Peters.

Guy, Richard. 1994. *Unsolved Problems in Number Theory*. 2d ed. New York: Springer-Verlag.

Hardy, G. H., and E. M. Wright. 1992. *An Introduction to the Theory of Numbers*. 5th ed. London: Oxford University Press.

Heath, Thomas. 1910. *Diophantus of Alexandria*. Cambridge, England: Cambridge University Press. (Reprinted, New York: Dover, 1964.)

Hoggatt, V. E. Jr., and E. Verner. 1969. *Fibonacci and Lucas Numbers*. Boston: Houghton Mifflin.

Ireland, K., and M. Rosen. 1990. *A Classical Introduction to Modern Number Theory*. 2d ed. New York: Springer-Verlag.

Koblitz, Neal. 1994. *A Course in Number Theory and Cryptography*, 2d ed. New York: Springer-Verlag.

Koshy, Thomas. 2001. *Fibonacci and Lucas Numbers with Applications*. New York: John Wiley and Sons.

Landau, E. 1952. *Elementary Number Theory*. Translated by J. Goodman. New York: Chelsea.

Le Veque, William. 1977. *Fundamentals of Number Theory*. Reading, Mass.: Addison-Wesley. (Reprinted, New York: Dover, 1990.)

Long, Calvin. 1972. *Elementary Introduction to Number Theory*. 2d ed. Lexington, Mass.: D. C. Heath.

Loweke, George. 1982. *The Lore of Prime Numbers*. New York: Vantage Press.

Maxfield, J., and M. Maxfield. 1972. *Discovering Number Theory*. Philadelphia: W. B. Saunders.

Mollin, Richard. 1998. *Fundamental Number Theory with Applications*. Boca Raton, Fla.: CRC Press.

———. 2001. *An Introduction to Cryptography*. Boca Raton, Fla.: CRA Press.

———. 2002. *RSA and Public-Key Cryptography*. Boca Raton, Fla.: CRA Press.

Nagell, Trygve. 1964. *Introduction to Number Theory*. 2d ed. New York: Chelsea.

Nathanson, Melvyn. 2000. *Elementary Methods in Number Theory*. New York: Springer-Verlag.

Niven, I., H. Zuckerman, and H. Montgomery. 1991. *An Introduction to the Theory of Numbers*. 5th ed. New York: John Wiley and Sons.

Ogilvy, C. S., and J. Anderson. 1966. *Excursions in Number Theory*. New York: Oxford University Press.

Olds, Carl D. 1963. *Continued Fractions*. New York: Random House.

Ore, Oystein. 1948. *Number Theory and Its History*. New York: McGraw-Hill. (Reprinted, New York: Dover, 1988).

———. 1967. *Invitation to Number Theory*. New York: Random House.

Parshin, A., and I. Shafarevich. 1995. *Number Theory I: Fundamental Problems, Ideas, and Theories*. New York: Springer-Verlag.

Pomerance, Carl, ed., 1990. *Cryptology and Computational Number Theory*. Providence, R. I.: American Mathematical Society.

Redmond, Don. 1996. *Number Theory, An Introduction*. New York: Marcel Dekker.

Ribenboim, Paulo. 1979. *13 Lectures on Fermat's Last Theorem*. New York: Springer-Verlag.

———. 1988. *The Book of Prime Number Records*. New York: Springer-Verlag.

———. 1991. *The Little Book of Big Primes*. New York: Springer-Verlag.

———. 1994. *Catalan's Conjecture*. Boston: Academic Press.

———. 1995. *The New Book of Prime Number Records*. New York: Springer-Verlag.

———. 1999. *Fermat's Last Theorem for Amateurs*. New York: Springer-Verlag.

———. 2000. *My Numbers My Friends: Popular Lectures in Number Theory*. New York: Springer-Verlag.

———. 2004. *The Little Book of Bigger Numbers*. New York: Springer-Verlag.

———. "Galimatias Arithmeticae." *Mathematics Magazine* 71(1998): 331–40.

———. "Prime Number Records." *College Mathematics Journal* 25(1994): 280–90.

———. "Selling Primes." *Mathematics Magazine* 68(1995): 175–82.

Riesel, Hans. 1994. *Prime Numbers and Computer Methods for Factorization*. 2d ed. Boston: Birkhauser.

Robbins, Neville. 1993. *Beginning Number Theory*. Dubuque, Iowa: Wm. C. Brown.

Roberts, Joe. 1977. *Elementary Number Theory*. Cambridge, Mass.: MIT Press.

Rose, H. E. 1994. *A Course in Number Theory*. 2d ed. New York: Oxford University Press.

Rosen, Kenneth. 2005. *Elementary Number Theory and Its Applications*. 5th ed. Reading, Mass.: Addison-Wesley.

Salomaa, Arto. 1996. *Public-Key Cryptography*. 2d ed. New York: Springer-Verlag.

Scharlau, W., and H. Opolka. 1984. *From Fermat to Minkowski*. New York: Springer-Verlag.

Schroeder, Manfred. 1987. *Number Theory in Science and Communication*. 2d ed. New York: Springer-Verlag.

Schumer, Peter. 1996. *Introduction to Number Theory*. Boston: PWS-Kent.

Shanks, Daniel. 1985. *Solved and Unsolved Problems in Number Theory*. 3d ed. New York: Chelsea.

Shapiro, Harold. 1983. *Introduction to the Theory of Numbers*. New York: John Wiley and Sons.

Shoemaker, Richard. 1973. *Perfect Numbers*. Washington, D.C.: National Council of Teachers of Mathematics.

Sierpinski, Waclaw. 1988. *Elementary Theory of Numbers*. Translated by A. Hulaniki. 2d ed. Amsterdam: North-Holland.

———. 1962. *Pythagorean Triangles*. Translated by A. Sharma. New York: Academic Press.

Singh, Simon. 1997. *Fermat's Enigma: The Epic Quest to Solve the World's Greatest Mathematical Problem*. New York: Walker and Company.

Starke, Harold. 1970. *An Introduction to Number Theory*. Chicago: Markham.

Struik, Dirk. 1969. *A Source Book in Mathematics 1200–1800*. Cambridge: Harvard University Press.

Tattersall, James. 1999. *Elementary Number Theory in Nine Lectures*. Cambridge, England: Cambridge University Press.

Tenenbaum, Gérard, and France, Michel. 2000. *Prime Numbers and Their Distribution*. Providence, R.I.: American Mathematical Society.

Uspensky, J., and M. A. Heaslet. 1939. *Elementary Number Theory*. New York: McGraw-Hill.

Vajda, S. 1989. *Fibonacci and Lucas Numbers and the Golden Section: Theory and Applications*. Chichester, England: Ellis Horwood.

Van der Poorten, Alf. 1996. *Notes on Fermat's Last Theorem*. New York: John Wiley and Sons.

Vanden Eynden, Charles. 1987. *Elementary Number Theory*. 2d ed. New York: Random House.

Vorobyov, N. 1963. *The Fibonacci Numbers*. Boston: D. C. Heath.

Weil, Andre. 1984. *Number Theory: An Approach through History*. Boston: Birkhauser.

Welsh, Dominic. 1988. *Codes and Cryptography*. New York: Oxford University Press.

Williams, Hugh. 1998. *Edouard Lucas and Primality Testing*. New York: John Wiley and Sons.

추천 심화문헌

Suggested Further Reading

Adaz, J. M., and Bravo, A. "Euclid's Argument on the Infinitude of Primes." *American Mathematical Monthly* 110(2003): 141–42.

Bateman, Paul, and Diamond, Harold. "A Hundred Years of Prime Numbers." *American Mathematical Monthly* 103(1996): 729–41.

Bauer, Friedrich. "Why Legendre Made a Wrong Guess about $\pi(x)$." *The Mathematical Intelligencer* 25, No. 3(2003): 7–11.

Berndt, Bruce. "Ramanujan—100 Years Old (Fashioned) or 100 Years New (Fangled)?" *The Mathematical Intelligencer* 10, No. 3(1988): 24–29.

Berndt, Bruce, and Bhargava, S. "Ramanujan—For Lowbrows." *American Mathematical Monthly* 100(1993): 644–56.

Bezuska, Stanley. "Even Perfect Numbers—An Update." *Mathematics Teacher* 74(1981): 460–63.

Bollabás, Béla. "To Prove and Conjecture: Paul Erdös and His Mathematics." *American Mathematical Monthly* 105(1998): 209–37.

Boston, Nigel, and Greenwood, Marshall. "Quadratics Representing Primes." *American Mathematical Monthly* 102(1995): 595–99.

Brown, Ezra. "Three Connections to Continued Fractions." *Pi Mu Epsilon Journal* 11, No. 7(2002): 353–62.

Collison, Mary Joan. "The Unique Factorization Theorem: From Euclid to Gauss." *Mathematics Magazine* 53(1980): 96–100.

Cox, David. "Quadratic Reciprocity: Its Conjecture and Application." *American Mathematical Monthly* 95(1988): 442–48.

———. "Introduction to Fermat's Last Theorem." *American Mathematical Monthly* 101(1994): 3–14.

Crandall, Richard. "The Challenge of Large Numbers." *Scientific American* 276(Feb. 1997): 74–78.

Dalezman, Michael. "From 30 to 60 is Not Twice as Hard." *Mathematics Magazine* 73(Feb. 2000): 151–53.

Devlin, Keith. "Factoring Fermat Numbers." *New Scientist* 111, No. 1527(1986): 41–44.

Dixon, John. "Factorization and Primality Tests." *American Mathematical Monthly* 91(1984): 333–51.

Dudley, Underwood. "Formulas for Primes." *Mathematics Magazine* 56(1983): 17–22.

Edwards, Harold. "Euler and Quadratic Reciprocity." *Mathematics Magazine* 56(1983): 285–91.

Erdös, Paul. "Some Unconventional Problems in Number Theory." *Mathematics Magazine* 52(1979): 67–70.

———. "On Some of My Problems in Number Theory I Would Most Like to See Solved." In *Lecture Notes in Mathematics* 1122. New York: Springer-Verlag, 1985: 74–84.

———. "Some Remarks and Problems in Number Theory Related to the Work of Euler." *Mathematics Magazine* 56(1983): 292–98.

Feistel, Horst. "Cryptography and Computer Security." *Scientific American* 228(May 1973): 15–23.

Francis, Richard. "Mathematical Haystacks: Another Look at Repunit Numbers." *College Mathematics Journal* 19(1988): 240–46.

Gallian, Joseph. "The Mathematics of Identification Numbers." *College Mathematics Journal* 22(1991): 194–202.

Gardner, Martin. "Simple Proofs of the Pythagorean Theorem, and Sundry Other Matters." *Scientific American* 211(Oct. 1964): 118–26.

———. "A Short Treatise on the Useless Elegance of Perfect Numbers and Amicable Pairs." *Scientific American* 218(March 1968): 121–26.

———. "The Fascination of the Fibonacci Sequence." *Scientific American* 220(March 1969): 116–20.

———. "Diophantine Analysis and the Problem of Fermat's Legendary 'Last Theorem'." *Scientific American* 223(July 1970): 117–19.

———. "On Expressing Integers as the Sums of Cubes and Other Unsolved Number-Theory Problems." *Scientific American* 229(Dec. 1973): 118–21.

———. "A New Kind of Cipher That Would Take Millions of Years to Break." *Scientific American* 237(Aug. 1977): 120–24.

———. "Patterns in Primes Are a Clue to the Strong Law of Small Numbers." *Scientific American* 243(Dec. 1980): 18–28.

Goldstein, Larry. "A History of the Prime Number Theorem." *American Mathematical Monthly* 80(1973): 599–615.

Guy, Richard. "The Strong Law of Small Numbers." *American Mathematical Monthly* 95(1988): 697–712.

———. "The Second Strong Law of Small Numbers." *Mathematics Magazine* 63(1990): 1–20.

Higgins, John, and Campbell, Douglas. "Mathematical Certificates." *Mathematics Magazine* 67(1994): 21–28.

Hodges, Laurent. "A Lesser-Known Goldbach Conjecture." *Mathematics Magazine* 66(1993): 45–47.

Hoffman, Paul. "The Man Who Loved Numbers." *The Atlantic* 260(Nov. 1987): 60–74.

Holdener, Judy. "A Theorem of Touchard on the Form of Odd Perfect Numbers." *American Mathematical Monthly* 109(2002): 661–63.

Honsberger, Ross. "An Elementary Gem Concerning $\pi(n)$, the Number of Primes $< n$." *Two-Year College Mathematics Journal* 11(1980): 305–11.

Kleiner, Israel. "Fermat: The Founder of Modern Number Theory." *Mathematics Magazine* 78(2005): 3–14.

Koshy, Thomas. "The Ends of a Mersenne Prime and an Even Perfect Number." *Journal of Recreational Mathematics* 3(1998): 196–202.

Laubenbacher, Reinhard, and Pengelley, David. "Eisenstein's Misunderstood Geometric Proof of the Quadratic Reciprocity Theorem." *College Mathematics Journal* 25(1994): 29–34.

Lee, Elvin, and Madachy, Joseph. "The History and Discovery of Amicable Numbers—Part I." *Journal of Recreational Mathematics* 5(1972): 77–93.

Lenstra, H. W. "Solving the Pell Equation." *Notices of the American Mathematical Society* 49, No. 2(2002): 182–92.

Luca, Florian. "The Anti-Social Fermat Number." *American Mathematical Monthly* 107(2000): 171–73.

Luciano, Dennis, and Prichett, Gordon. "Cryptography: From Caesar Ciphers to Public-Key Cryptosystems." *College Mathematics Journal* 18(1987): 2–17.

Mahoney, Michael. "Fermat's Mathematics: Proofs and Conjectures." *Science* 178(Oct. 1972): 30–36.

Matkovic, David. "The Chinese Remainder Theorem: An Historical Account." *Pi Mu Epsilon Journal* 8(1988): 493–502.

McCarthy, Paul. "Odd Perfect Numbers." *Scripta Mathematica* 23(1957): 43–47.

Mollin, Richard. "A Brief History of Factoring and Primality Testing B. C. (Before Computers)." *Mathematics Magzine* 75(2002): 18–29.

Ondrejka, Rudolf. "Ten Extraordinary Primes." *Journal of Recreational Mathematics* 18(1985–86): 87–92.

Ondrejka, Rudolf, and Dauber, Harvey. "Primer on Palindromes." *Journal of Recreational Mathematics* 26(1994): 256–67.

Pomerance, Carl. "Recent Developments in Primality Testing." *The Mathematical Intelligencer* 3(1981): 97–105.

———. "The Search for Prime Numbers." *Scientific American* 247(Dec. 1982): 122–30.
———. "A Tale of Two Sieves." *Notices of the American Mathematical Society* 43(1996): 1473–85.
Reid, Constance. "Perfect Numbers." *Scientific American* 88(March 1953): 84–86.
Ribenboim, Paulo. "Lecture: Recent Results on Fermat's Last Theorem." *Canadian Mathematical Bulletin* 20(1977): 229–42.
Sander, Jürgen. "A Story of Binomial Coefficients and Primes." *American Mathematical Monthly* 102(1995): 802–7.
Schroeder, Manfred. "Where Is the Next Mersenne Prime Hiding?" *The Mathematical Intelligencer* 5, No. 3(1983): 31–33.
Sierpinski, Waclaw. "On Some Unsolved Problems of Arithmetic." *Scripta Mathematica* 25(1960): 125–36.
Silverman, Robert. "A Perspective on Computation in Number Theory." *Notices of the American Mathematical Society* 38(1991): 562–568.
Singh, Simon, and Ribet, Kenneth. "Fermat's Last Stand." *Scientific American* 277(Nov. 1997): 68–73.
Slowinski, David. "Searching for the 27th Mersenne Prime." *Journal of Recreational Mathematics* 11(1978–79): 258–61.
Small, Charles. "Waring's Problems." *Mathematics Magazine* 50(1977): 12–16.
Stewart, Ian. "The Formula Man." *New Scientist* 1591(Dec. 17, 1987): 24–28.
———. "Shifting Sands of Factorland." *Scientific American* 276(June 1997): 134–37.
———. "Proof and Beauty." *New Scientist* 162, No. 2192(June 26, 1999): 29–32.
Uhler, Horace. "A Brief History of the Investigations on Mersenne Numbers and the Latest Immense Primes." *Scripta Mathematica* 18(1952): 122–31.
Vanden Eynden, Charles. "Flipping a Coin over the Telephone." *Mathematics Magazine* 62(1989): 167–72.
Vandiver, H. S. "Fermat's Last Theorem." *American Mathematical Monthly* 53(1946): 555–78.
Vardi, Ilan. "Archimedes' Cattle Problem." *American Mathematical Monthly* 105(1998): 305–19.
Wagon, Stan. "Fermat's Last Theorem." *The Mathematical Intelligencer* 8, No. 1(1986): 59–61.
———. "Carmichael's 'Empirical Theorem'." *The Mathematical Intelligencer* 8, No. 2(1986): 61–63.
Yates, Samuel. "Peculiar Properties of Repunits." *Journal of Recreational Mathematics* 2(1969): 139–46.
———. "The Mystique of Repunits." *Mathematics Magazine* 51(1978): 22–28.

표

Tables

표 1

2 ≤ p ≤ 1000인 소수 p의 원시근 r

p	r	p	r	p	r	p	r	p	r	p	r
2	1	127	3	283	3	467	2	661	2	877	2
3	2	131	2	293	2	479	13	673	5	881	3
5	2	137	3	307	5	487	3	677	2	883	2
7	3	139	2	311	17	491	2	683	5	887	5
11	2	149	2	313	10	499	7	691	3	907	2
13	2	151	6	317	2	503	5	701	2	911	17
17	3	157	5	331	3	509	2	709	2	919	7
19	2	163	2	337	10	521	3	719	11	929	3
23	5	167	5	347	2	523	2	727	5	937	5
29	2	173	2	349	2	541	2	733	6	941	2
31	3	179	2	353	3	547	2	739	3	947	2
37	2	181	2	359	7	557	2	743	5	953	3
41	6	191	19	367	6	563	2	751	3	967	5
43	3	193	5	373	2	569	3	757	2	971	6
47	5	197	2	379	2	571	3	761	6	977	3
53	2	199	3	383	5	577	5	769	11	983	5
59	2	211	2	389	2	587	2	773	2	991	6
61	2	223	3	397	5	593	3	787	2	997	7
67	2	227	2	401	3	599	7	797	2		
71	7	229	6	409	21	601	7	809	3		
73	5	233	3	419	2	607	3	811	3		
79	3	239	7	421	2	613	2	821	2		
83	2	241	7	431	7	617	3	823	3		
89	3	251	6	433	5	619	2	827	2		
97	5	257	3	439	15	631	3	829	2		
101	2	263	5	443	2	641	3	839	11		
103	5	269	2	449	3	643	11	853	2		
107	2	271	6	457	13	647	5	857	3		
109	6	277	5	461	2	653	2	859	2		
113	3	281	3	463	3	659	2	863	5		

표 2

3 ≤ n ≤ 4999이며 5로 나누어지지 않는 홀수 n의 가장 작은 소인수; 표 안에 줄표는 n 자신이 소수임을 나타낸다.

1		101	—	201	3	301	7	401	—
3	—	103	—	203	7	303	3	403	13
7	—	107	—	207	3	307	—	407	11
9	3	109	—	209	11	309	3	409	—
11	—	111	3	211	—	311	—	411	3
13	—	113	—	213	3	313	—	413	7
17	—	117	3	217	7	317	—	417	3
19	—	119	7	219	3	319	11	419	—
21	3	121	11	221	13	321	3	421	—
23	—	123	3	223	—	323	17	423	3
27	3	127	—	227	—	327	3	427	7
29	—	129	3	229	—	329	7	429	3
31	—	131	—	231	3	331	—	431	—
33	3	133	7	233	—	333	3	433	—
37	—	137	—	237	3	337	—	437	19
39	3	139	—	239	—	339	3	439	—
41	—	141	3	241	—	341	11	441	3
43	—	143	11	243	3	343	7	443	—
47	—	147	3	247	13	347	—	447	3
49	7	149	—	249	3	349	—	449	—
51	3	151	—	251	—	351	3	451	11
53	—	153	3	253	11	353	—	453	3
57	3	157	—	257	—	357	3	457	—
59	—	159	3	259	7	359	—	459	3
61	—	161	7	261	3	361	19	461	—
63	3	163	—	263	—	363	3	463	—
67	—	167	—	267	3	367	—	467	—
69	3	169	13	269	—	369	3	469	7
71	—	171	3	271	—	371	7	471	3
73	—	173	—	273	3	373	—	473	11
77	7	177	3	277	—	377	13	477	3
79	—	179	—	279	3	379	—	479	—
81	3	181	—	281	—	381	3	481	13
83	—	183	3	283	—	383	—	483	3
87	3	187	11	287	7	387	3	487	—
89	—	189	3	289	17	389	—	489	3
91	7	191	—	291	3	391	17	491	—
93	3	193	—	293	—	393	3	493	17
97	—	197	—	297	3	397	—	497	7
99	3	199	—	299	13	399	3	499	—

표 2 (계속)

501	3	601	—	701	—	801	3	901	17
503	—	603	3	703	19	803	11	903	3
507	3	607	—	707	7	807	3	907	—
509	—	609	3	709	—	809	—	909	3
511	7	611	13	711	3	811	—	911	—
513	3	613	—	713	23	813	3	913	11
517	11	617	—	717	3	817	19	917	7
519	3	619	—	719	—	819	3	919	—
521	—	621	3	721	7	821	—	921	3
523	—	623	7	723	3	823	—	923	13
527	17	627	3	727	—	827	—	927	3
529	23	629	17	729	3	829	—	929	—
531	3	631	—	731	17	831	3	931	7
533	13	633	3	733	—	833	7	933	3
537	3	637	7	737	11	837	3	937	—
539	7	639	3	739	—	839	—	939	3
541	—	641	—	741	3	841	29	941	—
543	3	643	—	743	—	843	3	943	23
547	—	647	—	747	3	847	7	947	—
549	3	649	11	749	7	849	3	949	13
551	19	651	3	751	—	851	23	951	3
553	7	653	—	753	3	853	—	953	—
557	—	657	3	757	—	857	—	957	3
559	13	659	—	759	3	859	—	959	7
561	3	661	—	761	—	861	3	961	31
563	—	663	3	763	7	863	—	963	3
567	3	667	23	767	13	867	3	967	—
569	—	669	3	769	—	869	11	969	3
571	—	671	11	771	3	871	13	971	—
573	3	673	—	773	—	873	3	973	7
577	—	677	—	777	3	877	—	977	—
579	3	679	7	779	19	879	3	979	11
581	7	681	3	781	11	881	—	981	3
583	11	683	—	783	3	883	—	983	—
587	—	687	3	787	—	887	—	987	3
589	19	689	13	789	3	889	7	989	23
591	3	691	—	791	7	891	3	991	—
593	—	693	3	793	13	893	19	993	3
597	3	697	17	797	—	897	3	997	—
599	—	699	3	799	17	899	29	999	3

표 2 (계속)

1001	7	1101	3	1201	—	1301	—	1401	3
1003	17	1103	—	1203	3	1303	—	1403	23
1007	19	1107	3	1207	17	1307	—	1407	3
1009	—	1109	—	1209	3	1309	7	1409	—
1011	3	1111	11	1211	7	1311	3	1411	17
1013	—	1113	3	1213	—	1313	13	1413	3
1017	3	1117	—	1217	—	1317	3	1417	13
1019	—	1119	3	1219	23	1319	—	1419	3
1021	—	1121	19	1221	3	1321	—	1421	7
1023	3	1123	—	1223	—	1323	3	1423	—
1027	13	1127	7	1227	3	1327	—	1427	—
1029	3	1129	—	1229	—	1329	3	1429	—
1031	—	1131	3	1231	—	1331	11	1431	3
1033	—	1133	11	1233	3	1333	31	1433	—
1037	17	1137	3	1237	—	1337	7	1437	3
1039	—	1139	17	1239	3	1339	13	1439	—
1041	3	1141	7	1241	17	1341	3	1441	11
1043	7	1143	3	1243	11	1343	17	1443	3
1047	3	1147	31	1247	29	1347	3	1447	—
1049	—	1149	3	1249	—	1349	19	1449	3
1051	—	1151	—	1251	3	1351	7	1451	—
1053	3	1153	—	1253	7	1353	3	1453	—
1057	7	1157	13	1257	3	1357	23	1457	31
1059	3	1159	19	1259	—	1359	3	1459	—
1061	—	1161	3	1261	13	1361	—	1461	3
1063	—	1163	—	1263	3	1363	29	1463	7
1067	11	1167	3	1267	7	1367	—	1467	3
1069	—	1169	7	1269	3	1369	37	1469	13
1071	3	1171	—	1271	31	1371	3	1471	—
1073	29	1173	3	1273	19	1373	—	1473	3
1077	3	1177	11	1277	—	1377	3	1477	7
1079	13	1179	3	1279	—	1379	7	1479	3
1081	23	1181	—	1281	3	1381	—	1481	—
1083	3	1183	7	1283	—	1383	3	1483	—
1087	—	1187	—	1287	3	1387	19	1487	—
1089	3	1189	29	1289	—	1389	3	1489	—
1091	—	1191	3	1291	—	1391	13	1491	3
1093	—	1193	—	1293	3	1393	7	1493	—
1097	—	1197	3	1297	—	1397	11	1497	3
1099	7	1199	11	1299	3	1399	—	1499	—

표 2 (계속)

1501	19	1601	—	1701	3	1801	—	1901	—
1503	3	1603	7	1703	13	1803	3	1903	11
1507	11	1607	—	1707	3	1807	13	1907	—
1509	3	1609	—	1709	—	1809	3	1909	23
1511	—	1611	3	1711	29	1811	—	1911	3
1513	17	1613	—	1713	3	1813	7	1913	—
1517	37	1617	3	1717	17	1817	23	1917	3
1519	7	1619	—	1719	3	1819	17	1919	19
1521	3	1621	—	1721	—	1821	3	1921	17
1523	—	1623	3	1723	—	1823	—	1923	3
1527	3	1627	—	1727	11	1827	3	1927	41
1529	11	1629	3	1729	7	1829	31	1929	3
1531	—	1631	7	1731	3	1831	—	1931	—
1533	3	1633	23	1733	—	1833	3	1933	—
1537	29	1637	—	1737	3	1837	11	1937	13
1539	3	1639	11	1739	37	1839	3	1939	7
1541	23	1641	3	1741	—	1841	7	1941	3
1543	—	1643	31	1743	3	1843	19	1943	29
1547	7	1647	3	1747	—	1847	—	1947	3
1549	—	1649	17	1749	3	1849	43	1949	—
1551	3	1651	13	1751	17	1851	3	1951	—
1553	—	1653	3	1753	—	1853	17	1953	3
1557	3	1657	—	1757	7	1857	3	1957	19
1559	—	1659	3	1759	—	1859	11	1959	3
1561	7	1661	11	1761	3	1861	—	1961	37
1563	3	1663	—	1763	41	1863	3	1963	13
1567	—	1667	—	1767	3	1867	—	1967	7
1569	3	1669	—	1769	29	1869	3	1969	11
1571	—	1671	3	1771	7	1871	—	1971	3
1573	11	1673	7	1773	3	1873	—	1973	—
1577	19	1677	3	1777	—	1877	—	1977	3
1579	—	1679	23	1779	3	1879	—	1979	—
1581	3	1681	41	1781	13	1881	3	1981	7
1583	—	1683	3	1783	—	1883	7	1983	3
1587	3	1687	7	1787	—	1887	3	1987	—
1589	7	1689	3	1789	—	1889	—	1989	3
1591	37	1691	19	1791	3	1891	31	1991	11
1593	3	1693	—	1793	11	1893	3	1993	—
1597	—	1697	—	1797	3	1897	7	1997	—
1599	3	1699	—	1799	7	1899	3	1999	—

표 2 (계속)

2001	3	2101	11	2201	31	2301	3	2401	7
2003	—	2103	3	2203	—	2303	7	2403	3
2007	3	2107	7	2207	—	2307	3	2407	29
2009	7	2109	3	2209	47	2309	—	2409	3
2011	—	2111	—	2211	3	2311	—	2411	—
2013	3	2113	—	2213	—	2313	3	2413	19
2017	—	2117	29	2217	3	2317	7	2417	—
2019	3	2119	13	2219	7	2319	3	2419	41
2021	43	2121	3	2221	—	2321	11	2421	3
2023	7	2123	11	2223	3	2323	23	2423	—
2027	—	2127	3	2227	17	2327	13	2427	3
2029	—	2129	—	2229	3	2329	17	2429	7
2031	3	2131	—	2231	23	2331	3	2431	11
2033	19	2133	3	2233	7	2333	—	2433	3
2037	3	2137	—	2237	—	2337	3	2437	—
2039	—	2139	3	2239	—	2339	—	2439	3
2041	13	2141	—	2241	3	2341	—	2441	—
2043	3	2143	—	2243	—	2343	3	2443	7
2047	23	2147	19	2247	3	2347	—	2447	—
2049	3	2149	7	2249	13	2349	3	2449	31
2051	7	2151	3	2251	—	2351	—	2451	3
2053	—	2153	—	2253	3	2353	13	2453	11
2057	11	2157	3	2257	37	2357	—	2457	3
2059	29	2159	17	2559	3	2359	7	2459	—
2061	3	2161	—	2261	7	2361	3	2461	23
2063	—	2163	3	2263	31	2363	17	2463	3
2067	3	2167	11	2267	—	2367	3	2467	—
2069	—	2169	3	2269	—	2369	23	2469	3
2071	19	2171	13	2271	3	2371	—	2471	7
2073	3	2173	41	2273	—	2373	3	2473	—
2077	31	2177	7	2277	3	2377	—	2477	—
2079	3	2179	—	2279	43	2379	3	2479	37
2081	—	2181	3	2281	—	2381	—	2481	3
2083	—	2183	37	2283	3	2383	—	2483	13
2087	—	2187	3	2287	—	2387	7	2487	3
2089	—	2189	11	2289	3	2389	—	2489	19
2091	3	2191	7	2291	29	2391	3	2491	47
2093	7	2193	3	2293	—	2393	—	2493	3
2097	3	2197	13	2297	—	2397	3	2497	11
2099	—	2199	3	2299	11	2399	—	2499	3

표 2 (계속)

2501	41	2601	3	2701	37	2801	—	2901	3
2503	—	2603	19	2703	3	2803	—	2903	—
2507	23	2607	3	2707	—	2807	7	2907	3
2509	13	2609	—	2709	3	2809	53	2909	—
2511	3	2611	7	2711	—	2811	3	2911	41
2513	7	2613	3	2713	—	2813	29	2913	3
2517	3	2617	—	2717	11	2817	3	2917	—
2519	11	2619	3	2719	—	2819	—	2919	3
2521	—	2621	—	2721	3	2821	7	2921	23
2523	3	2623	43	2723	7	2823	3	2923	37
2527	7	2627	37	2727	3	2827	11	2927	—
2529	3	2629	11	2729	—	2829	3	2929	29
2531	—	2631	3	2731	—	2831	19	2931	3
2533	17	2633	—	2733	3	2833	—	2933	7
2537	43	2637	3	2737	7	2837	—	2937	3
2539	—	2639	7	2739	3	2839	17	2939	—
2541	3	2641	19	2741	—	2841	3	2941	17
2543	—	2643	3	2743	13	2843	—	2943	3
2547	3	2647	—	2747	41	2847	3	2947	7
2549	—	2649	3	2749	—	2849	7	2949	3
2551	—	2651	11	2751	3	2851	—	2951	13
2553	3	2653	7	2753	—	2853	3	2953	—
2557	—	2657	—	2757	3	2857	—	2957	—
2559	3	2659	—	2759	31	2859	3	2959	11
2561	13	2661	3	2761	11	2861	—	2961	3
2563	11	2663	—	2763	3	2863	7	2963	—
2567	17	2667	3	2767	—	2867	47	2967	3
2569	7	2669	17	2769	3	2869	19	2969	—
2571	3	2671	—	2771	17	2871	3	2971	—
2573	31	2673	3	2773	47	2873	13	2973	3
2577	3	2677	—	2777	—	2877	3	2977	13
2579	—	2679	3	2779	7	2879	—	2979	3
2581	29	2681	7	2781	3	2881	43	2981	11
2583	3	2683	—	2783	11	2883	3	2983	19
2587	13	2687	—	2787	3	2887	—	2987	29
2589	3	2689	—	2789	—	2889	3	2989	7
2591	—	2691	3	2791	—	2891	7	2991	3
2593	—	2693	—	2793	3	2893	11	2993	41
2597	7	2697	3	2797	—	2897	—	2997	3
2599	23	2699	—	2799	3	2899	13	2999	—

표 2 (계속)

3001	—	3101	7	3201	3	3301	—	3401	19
3003	3	3103	29	3203	—	3303	3	3403	41
3007	31	3107	13	3207	3	3307	—	3407	—
3009	3	3109	—	3209	—	3309	3	3409	7
3011	—	3111	3	3211	13	3311	7	3411	3
3013	23	3113	11	3213	3	3313	—	3413	—
3017	7	3117	3	3217	—	3317	31	3417	3
3019	—	3119	—	3219	3	3319	—	3419	13
3021	3	3121	—	3221	—	3321	3	3421	11
3023	—	3123	3	3223	11	3323	—	3423	3
3027	3	3127	53	3227	7	3327	3	3427	23
3029	13	3129	3	3229	—	3329	—	3429	3
3031	7	3131	31	3231	3	3331	—	3431	47
3033	3	3133	13	3233	53	3333	3	3433	—
3037	—	3137	—	3237	3	3337	47	3437	7
3039	3	3139	43	3239	41	3339	3	3439	19
3041	—	3141	3	3241	7	3341	13	3441	3
3043	17	3143	7	3243	3	3343	—	3443	11
3047	11	3147	3	3247	17	3347	—	3447	3
3049	—	3149	47	3249	3	3349	17	3449	—
3051	3	3151	23	3251	—	3351	3	3451	7
3053	43	3153	3	3253	—	3353	7	3453	3
3057	3	3157	7	3257	—	3357	3	3457	—
3059	7	3159	3	3259	—	3359	—	3459	3
3061	—	3161	29	3261	3	3361	—	3461	—
3063	3	3163	—	3263	13	3363	3	3463	—
3067	—	3167	—	3267	3	3367	7	3467	—
3069	3	3169	—	3269	7	3369	3	3469	—
3071	37	3171	3	3271	—	3371	—	3471	3
3073	7	3173	19	3273	3	3373	—	3473	23
3077	17	3177	3	3277	29	3377	11	3477	3
3079	—	3179	11	3279	3	3379	31	3479	7
3081	3	3181	—	3281	17	3381	3	3481	59
3083	—	3183	3	3283	7	3383	17	3483	3
3087	3	3187	—	3287	19	3387	3	3487	11
3089	—	3189	3	3289	11	3389	—	3489	3
3091	11	3191	—	3291	3	3391	—	3491	—
3093	3	3193	31	3293	37	3393	3	3493	7
3097	19	3197	23	3297	3	3397	43	3497	13
3099	3	3199	7	3299	—	3399	3	3499	—

표 2 (계속)

3501	3	3601	13	3701	—	3801	3	3901	47
3503	31	3603	3	3703	7	3803	—	3903	3
3507	3	3607	—	3707	11	3807	3	3907	—
3509	11	3609	3	3709	—	3809	13	3909	3
3511	—	3611	23	3711	3	3811	37	3911	—
3513	3	3613	—	3713	47	3813	3	3913	7
3517	—	3617	—	3717	3	3817	11	3917	—
3519	3	3619	7	3719	—	3819	3	3919	—
3521	7	3621	3	3721	61	3821	—	3921	3
3523	13	3623	—	3723	3	3823	—	3923	—
3527	—	3627	3	3727	—	3827	43	3927	3
3529	—	3629	19	3729	3	3829	7	3929	—
3531	3	3631	—	3731	7	3831	3	3931	—
3533	—	3633	3	3733	—	3833	—	3933	3
3537	3	3637	—	3737	37	3837	3	3937	31
3539	—	3639	3	3739	—	3839	11	3939	3
3541	—	3641	11	3741	3	3841	23	3941	7
3543	3	3643	—	3743	19	3843	3	3943	—
3547	—	3647	7	3747	3	3847	—	3947	—
3549	3	3649	41	3749	23	3849	3	3949	11
3551	53	3651	3	3751	11	3851	—	3951	3
3553	11	3653	13	3753	3	3853	—	3953	59
3557	—	3657	3	3757	13	3857	7	3957	3
3559	—	3659	—	3759	3	3859	17	3959	37
3561	3	3661	7	3761	—	3861	3	3961	17
3563	7	3663	3	3763	53	3863	—	3963	3
3567	3	3667	19	3767	—	3867	3	3967	—
3569	43	3669	3	3769	—	3869	53	3969	3
3571	—	3671	—	3771	3	3871	7	3971	11
3573	3	3673	—	3773	7	3873	3	3973	29
3577	7	3677	—	3777	3	3877	—	3977	41
3579	3	3679	13	3779	—	3879	3	3979	23
3581	—	3681	3	3781	19	3881	—	3981	3
3583	—	3683	29	3783	3	3883	11	3983	7
3587	17	3687	3	3787	7	3887	13	3987	3
3589	37	3689	7	3789	3	3889	—	3989	—
3591	3	3691	—	3791	17	3891	3	3991	13
3593	—	3693	3	3793	—	3893	17	3993	3
3597	3	3697	—	3797	—	3897	3	3997	7
3599	59	3699	3	3799	29	3899	7	3999	3

표 2 (계속)

4001	—	4101	3	4201	—	4301	11	4401	3
4003	—	4103	11	4203	3	4303	13	4403	7
4007	—	4107	3	4207	7	4307	59	4407	3
4009	19	4109	7	4209	3	4309	31	4409	—
4011	3	4111	—	4211	—	4311	3	4411	11
4013	—	4113	3	4213	11	4313	19	4413	3
4017	3	4117	23	4217	—	4317	3	4417	7
4019	—	4119	3	4219	—	4319	7	4419	3
4021	—	4121	13	4221	3	4321	29	4421	—
4023	3	4123	7	4223	41	4323	3	4423	—
4027	—	4127	—	4227	3	4327	—	4427	19
4029	3	4129	—	4229	—	4329	3	4429	43
4031	29	4131	3	4231	—	4331	61	4431	3
4033	37	4133	—	4233	3	4333	7	4433	11
4037	11	4137	3	4237	19	4337	—	4437	3
4039	7	4139	—	4239	3	4339	—	4439	23
4041	3	4141	41	4241	—	4341	3	4441	—
4043	13	4143	3	4243	—	4343	43	4443	3
4047	3	4147	11	4247	31	4347	3	4447	—
4049	—	4149	3	4249	7	4349	—	4449	3
4051	—	4151	7	4251	3	4351	19	4451	—
4053	3	4153	—	4253	—	4353	3	4453	61
4057	—	4157	—	4257	3	4357	—	4457	—
4059	3	4159	—	4259	—	4359	3	4459	7
4061	31	4161	3	4261	—	4361	7	4461	3
4063	17	4163	23	4263	3	4363	—	4463	—
4067	7	4167	3	4267	17	4367	11	4467	3
4069	13	4169	11	4269	3	4369	17	4469	41
4071	3	4171	43	4271	—	4371	3	4471	17
4073	—	4173	3	4273	—	4373	—	4473	3
4077	3	4177	—	4277	7	4377	3	4477	11
4079	—	4179	3	4279	11	4379	29	4479	3
4081	7	4181	37	4281	3	4381	13	4481	—
4083	3	4183	47	4283	—	4383	3	4483	—
4087	61	4187	53	4287	3	4387	41	4487	7
4089	3	4189	59	4289	—	4389	3	4489	67
4091	—	4191	3	4291	7	4391	—	4491	3
4093	—	4193	7	4293	3	4393	23	4493	—
4097	17	4197	3	4297	—	4397	—	4497	3
4099	—	4199	13	4299	3	4399	53	4499	11

표 2 (계속)

4501	7	4601	43	4701	3	4801	—	4901	13
4503	3	4603	—	4703	—	4803	3	4903	—
4507	—	4607	17	4707	3	4807	11	4907	7
4509	3	4609	11	4709	17	4809	3	4909	—
4511	13	4611	3	4711	7	4811	17	4911	3
4513	—	4613	7	4713	3	4813	—	4913	17
4517	—	4617	3	4717	53	4817	—	4917	3
4519	—	4619	31	4719	3	4819	61	4919	—
4521	3	4621	—	4721	—	4821	3	4921	7
4523	—	4623	3	4723	—	4823	7	4923	3
4527	3	4627	7	4727	29	4827	3	4927	13
4529	7	4629	3	4729	—	4829	11	4929	3
4531	23	4631	11	4731	3	4831	—	4931	—
4533	3	4633	41	4733	—	4833	3	4933	—
4537	13	4637	—	4737	3	4837	7	4937	—
4539	3	4639	—	4739	7	4839	3	4939	11
4541	19	4641	3	4741	11	4841	47	4941	3
4543	7	4643	—	4743	3	4843	29	4943	—
4547	—	4647	3	4747	47	4847	37	4947	3
4549	—	4649	—	4749	3	4849	13	4949	7
4551	3	4651	—	4751	—	4851	3	4951	—
4553	29	4653	3	4753	7	4853	23	4953	3
4557	3	4657	—	4757	67	4857	3	4957	—
4559	47	4659	3	4759	—	4859	43	4959	3
4561	—	4661	59	4761	3	4861	—	4961	11
4563	3	4663	—	4763	11	4863	3	4963	7
4567	—	4667	13	4767	3	4867	31	4967	—
4569	3	4669	7	4769	19	4869	3	4969	—
4571	7	4671	3	4771	13	4871	—	4971	3
4573	17	4673	—	4773	3	4873	11	4973	—
4577	23	4677	3	4777	17	4877	—	4977	3
4579	19	4679	—	4779	3	4879	7	4979	13
4581	3	4681	31	4781	7	4881	3	4981	17
4583	—	4683	3	4783	—	4883	19	4983	3
4587	3	4687	43	4787	—	4887	3	4987	—
4589	13	4689	3	4789	—	4889	—	4989	3
4591	—	4691	—	4791	3	4891	67	4991	7
4593	3	4693	13	4793	—	4893	3	4993	—
4597	—	4697	7	4797	3	4897	59	4997	19
4599	3	4699	37	4799	—	4899	3	4999	—

표 3

5000과 10,000 사이의 소수

5003	5387	5693	6053	6367	6761	7103
5009	5393	5701	6067	6373	6763	7109
5011	5399	5711	6073	6379	6779	7121
5021	5407	5717	6079	6389	6781	7127
5023	5413	5737	6089	6397	6791	7129
5039	5417	5741	6091	6421	6793	7151
5051	5419	5743	6101	6427	6803	7159
5059	5431	5749	6113	6449	6823	7177
5077	5437	5779	6121	6451	6827	7187
5081	5441	5783	6131	6469	6829	7193
5087	5443	5791	6133	6473	6833	7207
5099	5449	5801	6143	6481	6841	7211
5101	5471	5807	6151	6491	6857	7213
5107	5477	5813	6163	6521	6863	7219
5113	5479	5821	6173	6529	6869	7229
5119	5483	5827	6197	6547	6871	7237
5147	5501	5839	6199	6551	6883	7243
5153	5503	5843	6203	6553	6899	7247
5167	5507	5849	6211	6563	6907	7253
5171	5519	5851	6217	6569	6911	7283
5179	5521	5857	6221	6571	6917	7297
5189	5527	5861	6229	6577	6947	7307
5197	5531	5867	6247	6581	6949	7309
5209	5557	5869	6257	6599	6959	7321
5227	5563	5879	6263	6607	6961	7331
5231	5569	5881	6269	6619	6967	7333
5233	5573	5891	6271	6637	6971	7349
5237	5581	5903	6277	6653	6977	7351
5261	5591	5923	6287	6659	6983	7369
5273	5623	5927	6299	6661	6991	7393
5279	5639	5939	6301	6673	6997	7411
5281	5641	5953	6311	6679	7001	7417
5297	5647	5981	6317	6689	7013	7433
5303	5651	5987	6323	6691	7019	7451
5309	5653	6007	6329	6701	7027	7457
5323	5657	6011	6337	6703	7039	7459
5333	5659	6029	6343	6709	7043	7477
5347	5669	6037	6353	6719	7057	7481
5351	5683	6043	6359	6733	7069	7487
5381	5689	6047	6361	6737	7079	7489

표 3 (계속)

7499	7759	8111	8431	8741	9049	9377	9679
7507	7789	8117	8443	8747	9059	9391	9689
7517	7793	8123	8447	8753	9067	9397	9697
7523	7817	8147	8461	8761	9091	9403	9719
7529	7823	8161	8467	8779	9103	9413	9721
7537	7829	8167	8501	8783	9109	9419	9733
7541	7841	8171	8513	8803	9127	9421	9739
7547	7853	8179	8521	8807	9133	9431	9743
7549	7867	8191	8527	8819	9137	9433	9749
7559	7873	8209	8537	8821	9151	9437	9767
7561	7877	8219	8539	8831	9157	9439	9769
7573	7879	8221	8543	8837	9161	9461	9781
7577	7883	8231	8563	8839	9173	9463	9787
7583	7901	8233	8573	8849	9181	9467	9791
7589	7907	8237	8581	8861	9187	9473	9803
7591	7919	8243	8597	8863	9199	9479	9811
7603	7927	8263	8599	8867	9203	9491	9817
7607	7933	8269	8609	8887	9209	9497	9829
7621	7937	8273	8623	8893	9221	9511	9833
7639	7949	8287	8627	8923	9227	9521	9839
7643	7951	8291	8629	8929	9239	9533	9851
7649	7963	8293	8641	8933	9241	9539	9857
7669	7993	8297	8647	8941	9257	9547	9859
7673	8009	8311	8663	8951	9277	9551	9871
7681	8011	8317	8669	8963	9281	9587	9883
7687	8017	8329	8677	8969	9283	9601	9887
7691	8039	8353	8681	8971	9293	9613	9901
7699	8053	8363	8689	8999	9311	9619	9907
7703	8059	8369	8693	9001	9319	9623	9923
7717	8069	8377	8699	9007	9323	9629	9929
7723	8081	8387	8707	9011	9337	9631	9931
7727	8087	8389	8713	9013	9341	9643	9941
7741	8089	8419	8719	9029	9343	9649	9949
7753	8093	8423	8731	9041	9349	9661	9967
7757	8101	8429	8737	9043	9371	9677	9973

표 4

표시된 구간 안의 소수의 개수 및 쌍둥이 소수 쌍의 개수

구간	소수의 개수	쌍둥이 소수 쌍의 개수
1–100	25	8
101–200	21	7
201–300	16	4
301–400	16	2
401–500	17	3
501–600	14	2
601–700	16	3
701–800	14	0
801–900	15	5
901–1000	14	0
2501–2600	11	2
2601–2700	15	2
2701–2800	14	3
2801–2900	12	1
2901–3000	11	1
10001–10100	11	4
10101–10200	12	1
10201–10300	10	1
10301–10400	12	2
10401–10500	10	2
29501–29600	10	1
29601–29700	8	1
29701–29800	7	1
29801–29900	10	1
29901–30000	7	0
100001–100100	6	0
100101–100200	9	1
100201–100300	8	0
100301–100400	9	2
100401–100500	8	0
299501–299600	7	1
299601–299700	8	1
299701–299800	8	0
299801–299900	6	0
299901–300000	9	0

표 5

1 ≤ n ≤ 100일 때, $\tau(n)$, $\sigma(n)$, $\phi(n)$ 및 $\mu(n)$의 값

n	$\tau(n)$	$\sigma(n)$	$\phi(n)$	$\mu(n)$	n	$\tau(n)$	$\sigma(n)$	$\phi(n)$	$\mu(n)$
1	1	1	1	1	41	2	42	40	−1
2	2	3	1	−1	42	8	96	12	−1
3	2	4	2	−1	43	2	44	42	−1
4	3	7	2	0	44	6	84	20	0
5	2	6	4	−1	45	6	78	24	0
6	4	12	2	1	46	4	72	22	1
7	2	8	6	−1	47	2	48	46	−1
8	4	15	4	0	48	10	124	16	0
9	3	13	6	0	49	3	57	42	0
10	4	18	4	1	50	6	93	20	0
11	2	12	10	−1	51	4	72	32	1
12	6	28	4	0	52	6	98	24	0
13	2	14	12	−1	53	2	54	52	−1
14	4	24	6	1	54	8	120	18	0
15	4	24	8	1	55	4	72	40	1
16	5	31	8	0	56	8	120	24	0
17	2	18	16	−1	57	4	80	36	1
18	6	39	6	0	58	4	90	28	1
19	2	20	18	−1	59	2	60	58	−1
20	6	42	8	0	60	12	168	16	0
21	4	32	12	1	61	2	62	60	−1
22	4	36	10	1	62	4	96	30	1
23	2	24	22	−1	63	6	104	36	0
24	8	60	8	0	64	7	127	32	0
25	3	31	20	0	65	4	84	48	1
26	4	42	12	1	66	8	144	20	−1
27	4	40	18	0	67	2	68	66	−1
28	6	56	12	0	68	6	126	32	0
29	2	30	28	−1	69	4	96	44	1
30	8	72	8	−1	70	8	144	24	−1
31	2	32	30	−1	71	2	72	70	−1
32	6	63	16	0	72	12	195	24	0
33	4	48	20	1	73	2	74	72	−1
34	4	54	16	1	74	4	114	36	1
35	4	48	24	1	75	6	124	40	0
36	9	91	12	0	76	6	140	36	0
37	2	38	36	−1	77	4	96	60	1
38	4	60	18	1	78	8	168	24	−1
39	4	56	24	1	79	2	80	78	−1
40	8	90	16	0	80	10	186	32	0

표 5 (계속)

n	$\tau(n)$	$\sigma(n)$	$\phi(n)$	$\mu(n)$	n	$\tau(n)$	$\sigma(n)$	$\phi(n)$	$\mu(n)$
81	5	121	54	0	91	4	112	72	1
82	4	126	40	1	92	6	168	44	0
83	2	84	82	−1	93	4	128	60	1
84	12	224	24	0	94	4	144	46	1
85	4	108	64	1	95	4	120	72	1
86	4	132	42	1	96	12	252	32	0
87	4	120	56	1	97	2	98	96	−1
88	8	180	40	0	98	6	171	42	0
89	2	90	88	−1	99	6	156	60	0
90	12	234	24	0	100	9	217	40	0

표 6

알려진 메르센 소수

메르센 수		자릿수의 개수	발견 날짜
1	$2^2 - 1$	1	unknown
2	$2^3 - 1$	1	unknown
3	$2^5 - 1$	2	unknown
4	$2^7 - 1$	3	unknown
5	$2^{13} - 1$	4	1456
6	$2^{17} - 1$	6	1588
7	$2^{19} - 1$	6	1588
8	$2^{31} - 1$	10	1772
9	$2^{61} - 1$	19	1883
10	$2^{89} - 1$	27	1911
11	$2^{107} - 1$	33	1914
12	$2^{127} - 1$	39	1876
13	$2^{521} - 1$	157	1952
14	$2^{607} - 1$	183	1952
15	$2^{1279} - 1$	386	1952
16	$2^{2203} - 1$	664	1952
17	$2^{2281} - 1$	687	1952
18	$2^{3217} - 1$	969	1957
19	$2^{4253} - 1$	1281	1961
20	$2^{4423} - 1$	1332	1961
21	$2^{9689} - 1$	2917	1963
22	$2^{9941} - 1$	2993	1963
23	$2^{11213} - 1$	3376	1963
24	$2^{19937} - 1$	6002	1971
25	$2^{21701} - 1$	6533	1978
26	$2^{23209} - 1$	6987	1978
27	$2^{44497} - 1$	13395	1979
28	$2^{86243} - 1$	25962	1983
29	$2^{110503} - 1$	33265	1989
30	$2^{132049} - 1$	39751	1983
31	$2^{216091} - 1$	65050	1985
32	$2^{756839} - 1$	227832	1992
33	$2^{859433} - 1$	258716	1994
34	$2^{1257787} - 1$	378632	1996
35	$2^{1398269} - 1$	420921	1996
36	$2^{2976221} - 1$	895932	1996
37	$2^{3021377} - 1$	909526	1998
38	$2^{6972593} - 1$	2098960	1999
39	$2^{13466917} - 1$	4059346	2001
40	$2^{20996011} - 1$	6320430	2003
41	$2^{24036583} - 1$	7235733	2004
42	$2^{25964951} - 1$	7816230	2005
43	$2^{30402457} - 1$	9152052	2005
44	$2^{32582657} - 1$	9808358	2006
45	$2^{43112609} - 1$	12978189	2008
46	$2^{37156667} - 1$	11185272	2008
47	$2^{42643801} - 1$	12837064	2009

선택된 문제에 대한 해답

Answers To Selected Problems

1.1절

5. (a) 4, 5 그리고 7.
(b) $(3 \cdot 2)! \neq 3!2!, \quad (3+2)! \neq 3!+2!.$

2.1절

5. (a) $t_6 = 21$ 그리고 $t_5 = 15$.
6. (b) $1^2 = t_1, \quad 6^2 = t_8, \quad 204^2 = t_{288}$.
9. (b) $t_6 = t_3 + t_5$와 $t_{10} = t_4 + t_9$이 두 개의 예이다.

2.4절

1. 1, 9 그리고 17.
2. (a) $x = 4, \quad y = -3.$
(b) $x = 6, \quad y = -1.$
(c) $x = 7, \quad y = -3.$
(d) $x = 39, \quad y = -29.$
8. 32,461, 22,338 그리고 23,664.
12. $x = 171, \quad y = -114, \quad z = -2.$

2.5절

2. (a) $x = 20 + 9t, \quad y = -15 - 7t.$
(b) $x = 18 + 23t, \quad y = -3 - 4t.$
(c) $x = 176 + 35t, \quad y = -1111 - 221t.$
3. (a) $x = 1, \quad y = 6.$
(b) $x = 2, \quad y = 38; \quad x = 9, \quad y = 20; \quad x = 16, \quad y = 2.$
(c) 해 없음
(d) $x = 17 - 57t, \quad y = 47 - 158t,$ 단 $t \leq 0$.
5. (a) 가장 작은 개수의 동전은 3개의 다임과 17개의 쿼터이고, 43개의 다임과 1개의 쿼터가 가장 개수가 많은 경우이다. 13개의 다임과 13개의 쿼터를 갖는 것이 가능하다.

(b) 어른 40명과 아이 24명, 또는 어른 45명과 아이 12명, 또는 어른 50명.
(c) 6개의 6과 10개의 9.

6. 송아지 5마리, 새끼 양 41마리 및 새끼 돼지 54마리; 또는 송아지 10마리, 새끼 양 22마리 및 새끼 돼지 68마리; 또는 송아지 15마리, 새끼 양 3마리 및 새끼 돼지 82마리

7. \$10.21

8. (b) 더미당 28개.
(d) 성인 남성 1명, 여인 5명 그리고 아이 14명.
(e) 56 그리고 44.

3.1절

2. 25는 하나의 반례이다.
7. 47 이하의 모든 소수.
11. (a) 소수 $2^{13}-1$은 한 예이다.

3.2절

11. $59-53=53-47$, $157-151=163-157$은 두 개의 해이다.
14. $R_{10}=11\cdot41\cdot271\cdot9091$.

3.3절

3. 2와 5
11. $h(22)=23\cdot67$.
14. 71, 13859
16. $37=-1+2+3+5+7+11-13+17-19+23-29+31$,
$31=-1+2-3+5-7-11+13+17-19-23+2(29)$.
19. $81=3+5+73$, $125=5+13+107$.
28. (b) $n=1$.

4.2절

4. (a) 4 그리고 6
(b) 0

4.3절

1. $141^{47}\equiv658 \pmod{1537}$
$19^{53}\equiv406 \pmod{503}$
3. 89
6. (a) 9
(b) 4
(c) 5
(d) 9
9. 7
11. $x=7$, $y=8$.
12. 143.
15. $n=1,3$.

21. $R_6 = 3 \cdot 7 \cdot 11 \cdot 13 \cdot 37$.
23. $x = 3, \quad y = 2$.
24. $x = 8, \quad y = 0, \quad z = 6$.
26. (a) 검사 자릿수는 7 그리고 5이다.
(b) $a_4 = 9$.
27. (b) 부정확

4.4절

1. (a) $x \equiv 18 \pmod{29}$.
(b) $x \equiv 16 \pmod{26}$.
(c) $x \equiv 6, 13,$ and $20 \pmod{21}$.
(d) 해 없음
(e) $x \equiv 45,$ and $94 \pmod{98}$.
(f) $x \equiv 16, 59, 102, 145, 188, 231,$ and $274 \pmod{301}$.
2. (a) $x = 15 + 51t, \quad y = -1 - 4t$.
(b) $x = 13 + 25t, \quad y = 7 - 12t$.
(c) $x = 14 + 53t, \quad y = 1 + 5t$.
3. $x \equiv 11 + t \pmod{13}, \quad y \equiv 5 + 6t \pmod{13}$.
4. (a) $x \equiv 52 \pmod{105}$.
(b) $x \equiv 4944 \pmod{9889}$.
(c) $x \equiv 785 \pmod{1122}$.
(d) $x \equiv 653 \pmod{770}$.
5. $x \equiv 99 \pmod{210}$.
6. 62
7. (a) 548, 549, 550
(b) $5^2 \mid 350, \quad 3^3 \mid 351, \quad 2^4 \mid 352$
8. 119
9. 301
10. 3930
14. 838
15. (a) 17
(b) 59
(c) 1103
16. $n \equiv 1, 7, 13 \pmod{15}$.
17. $x \equiv 7, \quad y \equiv 9 \pmod{13}$.
18. $x \equiv 59, 164 \pmod{210}$.
19. $x \equiv 7, y \equiv 0; x \equiv 3, y \equiv 1; x \equiv 7, y \equiv 2; x \equiv 3, y \equiv 3;$
$x \equiv 7, y \equiv 4; x \equiv 3, y \equiv 5; x \equiv 7, y \equiv 6; x \equiv 3, y \equiv 7$.
20. (a) $x \equiv 4 \pmod 7$, $y \equiv 3 \pmod 7$.
(b) $x \equiv 9 \pmod{11}$, $y \equiv 3 \pmod{11}$.
(c) $x \equiv 7 \pmod{20}$, $y \equiv 2 \pmod{20}$.

5.2절

6. (a) 1
9. (b) $x \equiv 16 \pmod{31}, \quad x \equiv 10 \pmod{11}, \quad x \equiv 25 \pmod{29}$.

5.3 절

8. 5, 13
11. 12, 17; 6, 31

5.4 절

1. (b) $127 \cdot 83$
(c) $691 \cdot 29 \cdot 17$
3. $89 \cdot 23$
4. $29 \cdot 17$, $3^2 \cdot 5^2 \cdot 13^2$
5. (a) $2911 = 71 \cdot 41$.
(b) $4573 = 17 \cdot 269$.
(c) $6923 = 23 \cdot 301$.
6. (a) $13561 = 71 \cdot 191$
7. (a) $4537 = 13 \cdot 349$.
(b) $14429 = 47 \cdot 307$.
8. $20437 = 107 \cdot 191$.

6.1 절

2. 6; 6,300,402
12. (a) p^9 그리고 p^4q; $48 = 2^4 \cdot 3$.

6.3 절

3. 249, 330
5. (b) 150, 151, 152, 153, 154
8. (b) 36, 396
9. 405

6.4 절

1. (a) 54
(b) 84
(c) 115
3. (a) 목요일
(b) 수요일
(c) 월요일
(d) 목요일
(e) 화요일
(f) 화요일
5. (a) 1, 8, 15, 22, 29
(b) 8월
6. 2009

7.2 절

1. 720, 1152, 9600
18. $n = 17, 32, 34, 40, 48, 60$ 일 때, $\phi(n) = 16$.
$n = 35, 39, 45, 52, 56, 70, 72, 78, 84, 90$ 일 때, $\phi(n) = 24$.

7.3절

7. 1
8. (b) $x \equiv 19 \pmod{26}$, $x \equiv 34 \pmod{40}$, $x \equiv 7 \pmod{49}$.

7.4절

10. (b) 29348, 29349, 29350, 29351

8.1절

1. (a) 8, 16, 16
(b) 18, 18, 9
(c) 11, 11, 22
8. (c) $2^{17} - 1$ 은 소수이다; $233 \mid 2^{29} - 1$.
11. (a) 3, 7
(b) 3, 5, 6, 7, 10, 11, 12, 14
12. (b) 41, 239

8.2절

2. 1, 4, 11, 14; 8, 18, 47, 57; 8, 14, 19, 25
3. 2, $6 \equiv 2^9$, $7 \equiv 2^7$, $8 \equiv 2^3$;
2, $3 \equiv 2^{13}$, $10 \equiv 2^{17}$, $13 \equiv 2^5$, $14 \equiv 2^7$, $15 \equiv 2^{11}$;
5, $7 \equiv 5^{19}$, $10 \equiv 5^3$, $11 \equiv 5^9$, $14 \equiv 5^{21}$, $15 \equiv 5^{17}$, $17 \equiv 5^7$, $19 \equiv 5^{15}$,
$20 \equiv 5^5$, $21 \equiv 5^{13}$.
4. (a) 7, 37
(b) 9, 10, 13, 14, 15, 17, 23, 24, 25, 31, 38, 40
5. 11, 50

8.3절

1. (a) 7, 11, 15, 19; 2, 3, 8, 12, 13, 17, 22, 23
(b) 2, 5;
2, 5, 11, 14, 20, 23;
2, 5, 11, 14, 20, 23, 29, 32, 38, 41, 47, 50, 56, 59, 65, 68, 74, 77
4. (b) 3
5. 6, 7, 11, 12, 13, 15, 17, 19, 22, 24, 26, 28, 29, 30, 34, 35;
7, 11, 13, 15, 17, 19, 29, 35, 47, 53, 63, 65, 67, 69, 71, 75
11. (b) $x \equiv 34 \pmod{40}$, $x \equiv 30 \pmod{77}$.

8.4절

1. $\text{ind}_2\, 5 = 9$, $\text{ind}_6\, 5 = 9$, $\text{ind}_7\, 5 = 3$, $\text{ind}_{11}\, 5 = 3$.
2. (a) $x \equiv 7 \pmod{11}$.
(b) $x \equiv 5, 6 \pmod{11}$.
(c) 해 없음

3. (a) $x \equiv 6, 7, 10, 11 \pmod{17}$.
(b) $x \equiv 5 \pmod{17}$.
(c) $x \equiv 3, 5, 6, 7, 10, 11, 12, 14 \pmod{17}$.
(d) $x \equiv 1 \pmod{16}$.
4. 14
8. (a) 각각의 경우에, $a = 2, 5, 6$.
(b) 1, 2, 4; 1, 3, 4, 5, 9; 1, 3, 9
12. 첫 번째 합동식만 해를 갖는다.
16. (b) $x \equiv 3, 7, 11, 15 \pmod{16}$; $x \equiv 8, 17 \pmod{18}$.
17. $b \equiv 1, 3, 9 \pmod{13}$.

9.1절

1. (a) $x \equiv 6, 9 \pmod{11}$.
(b) $x \equiv 4, 6 \pmod{13}$.
(c) $x \equiv 9, 22 \pmod{23}$.
8. (b) $x \equiv 6, 11 \pmod{17}$; $x \equiv 17, 24 \pmod{41}$
11. (a) 1, 4, 5, 6, 7, 9, 11, 16, 17
(b) 1, 4, 5, 6, 7, 9, 13, 16, 20, 22, 23, 24, 25, 28;
1, 2, 4, 5, 7, 8, 9, 10, 14, 16, 18, 19, 20, 25, 28

9.2절

1. (a) -1
(b) 1
(c) 1
(d) -1
(e) 1
2. (a) $(-1)^3$
(b) $(-1)^3$
(c) $(-1)^4$
(d) $(-1)^5$
(e) $(-1)^9$

9.3절

1. (a) 1
(b) -1
(c) -1
(d) 1
(e) 1
3. (a) 풀 수 있음
(b) 풀 수 없음
(c) 풀 수 있음
6. $p = 2$ 또는 $p \equiv 1 \pmod 4$; $p = 2$ or $p \equiv 1$ or $3 \pmod 8$;
$p = 2, p = 3$ 또는 $p \equiv 1 \pmod 6$.
8. 73
14. $x \equiv 9, 16, 19, 26 \pmod{35}$.
16. -1, -1, 1
20. 풀 수 없음

9.4절

1. (b) $x \equiv 57, 68 \pmod{5^3}$.
2. (a) $x \equiv 13, 14 \pmod{3^3}$.
   (b) $x \equiv 42, 83 \pmod{5^3}$.
   (c) $x \equiv 108, 235 \pmod{7^3}$.
3. $x \equiv 5008, 9633 \pmod{11^4}$.
4. $x \equiv 122, 123 \pmod{5^3}$; $x \equiv 11, 15 \pmod{3^3}$.
6. $x \equiv 41, 87, 105 \pmod{2^7}$.
7. (a) $a = 1$일 때, $x \equiv 1, 7, 9, 15 \pmod{2^4}$.
   $a = 9$일 때, $x \equiv 3, 5, 11, 13 \pmod{2^4}$.
   (b) $a = 1$일 때, $x \equiv 1, 15, 17, 31 \pmod{2^5}$.
   $a = 9$일 때, $x \equiv 3, 13, 19, 29 \pmod{2^5}$.
   $a = 17$일 때, $x \equiv 7, 9, 23, 25 \pmod{2^5}$.
   $a = 25$일 때, $x \equiv 5, 11, 21, 27 \pmod{2^5}$.
   (c) $a = 1$일 때, $x \equiv 1, 31, 33, 63 \pmod{2^6}$.
   $a = 9$일 때, $x \equiv 3, 29, 35, 61 \pmod{2^6}$.
   $a = 17$일 때, $x \equiv 9, 23, 41, 55 \pmod{2^6}$.
   $a = 25$일 때, $x \equiv 5, 27, 37, 59 \pmod{2^6}$.
   $a = 33$일 때, $x \equiv 15, 17, 47, 49 \pmod{2^6}$.
   $a = 41$일 때, $x \equiv 13, 19, 45, 51 \pmod{2^6}$.
   $a = 49$일 때, $x \equiv 7, 25, 39, 57 \pmod{2^6}$.
   $a = 57$일 때, $x \equiv 11, 21, 43, 53 \pmod{2^6}$.
9. (a) 4, 8
   (b) $x \equiv 3, 147, 153, 297, 303, 447, 453, 597 \pmod{2^3 \cdot 3 \cdot 5^2}$.
10. (b) $x \equiv 51, 70 \pmod{11^2}$.

10.1절

4. (a) $C \equiv 3P + 4 \pmod{26}$.
   (b) GIVE THEM UP.
5. (a) TAOL M NBJQ TKPB.
   (b) DO NOT SHOOT FIRST.
6. (b) KEEP THIS SECRET
7. (a) UYJB FHSI HLQA.
   (b) RIGHT CHOICEX.
8. (a) $C_1 \equiv P_1 + 2P_2 \pmod{26}$, $C_2 \equiv 3P_1 + 5P_2 \pmod{26}$.
   (b) HEAR THE BELLS.
9. HS TZM
10. FRIDAY
11. 0795 1561 0901 1268 2221 2299
12. LEAVE NOW
13. 2120 1825 2040 1911 1331
14. REPLY NOW
15. SELL SHORT

10.2절

1. $x_2 = x_4 = x_6 = 1$, $x_1 = x_3 = x_5 = 0$.
   $x_3 = x_4 = x_5 = 1$, $x_1 = x_2 = x_6 = 0$.

$x_1 = x_2 = x_4 = x_5 = 1, \quad x_3 = x_6 = 0.$
$x_1 = x_2 = x_3 = x_6 = 1, \quad x_4 = x_5 = 0.$

2. (a)와 (c)는 초증가한다.

3. (a) $x_1 = x_2 = x_3 = x_6 = 1, \quad x_4 = x_5 = 0.$
(b) $x_2 = x_3 = x_5 = 1, \quad x_1 = x_4 = 0.$
(c) $x_3 = x_4 = x_6 = 1, \quad x_1 = x_2 = x_5 = 0.$

5. 3, 4, 10, 21

6. CIPHER.

7. (a) 14, 21, 49, 31, 9
(b) 45 49 79 40 70 101 79 49 35

10.3절

1. (a) (43, 35) (43, 11) (43, 06) (43, 42) (43, 19)
(43, 17) (43, 15) (43, 20) (43, 00) (43, 19)

2. BEST WISHES

3. (23, 20) (23, 01) (12, 17) (12, 35) (13, 16) (13, 04)

4. (1424, 2189) (1424, 127) (1424, 2042)
(1424, 2002) (1424, 669) (1424, 469)

11.2절

1. $\sigma(n) = 2160(2^{11} - 1) \neq 2048(2^{11} - 1).$

8. 56

11. p^3, pq

14. (b) 없다.

16. 없다.

11.3절

3. $233 \mid M_{29}.$

11.4절

3. (b) $3 \mid 2^{2^n} + 5.$

7. $2^{58} + 1 = (2^{29} - 2^{15} + 1)(2^{29} + 2^{15} + 1) = 5 \cdot 107367629 \cdot 536903681.$

9. (c) $83 \mid 2^{41} + 1$ 그리고 $59 \mid 2^{29} + 1.$

10. $n = 315, \quad p = 71,$ and $q = 73.$

11. $3 \mid 2^3 + 1.$

12.1절

1. (a) (16, 12, 20), (16, 63, 65), (16, 30, 34)
(b) (40, 9, 41), (40, 399, 401); (60, 11, 61), (60, 91, 109),
(60, 221, 229), (60, 899, 901)

8. (12, 5, 13), (8, 6, 10)

12. (a) (3, 4, 5), (20, 21, 29), (119, 120, 169), (696, 697, 985), (4059, 4060, 5741)
(b) $(t_6, t_7, 35)$, $(t_{40}, t_{41}, 1189)$, $(t_{238}, t_{239}, 40391)$

13. $t_1 = 1^2, \quad t_8 = 6^2, \quad t_{49} = 35^2, \quad t_{288} = 204^2, \quad t_{1681} = 1189^2.$

13.2절

1. $113 = 7^2 + 8^2, \quad 229 = 2^2 + 15^2, \quad 373 = 7^2 + 18^2.$

2. (a) $17^2 + 18^2 = 613,\ 4^2 + 5^2 = 41,\ 5^2 + 6^2 = 61,\ 9^2 + 10^2 = 181,\ 12^2 + 13^2 = 313.$

5. (b) $3185 = 56^2 + 7^2, \quad 39690 = 189^2 + 63^2, \quad 62920 = 242^2 + 66^2.$

6. $1105 = 5 \cdot 13 \cdot 17 = 9^2 + 32^2 = 12^2 + 31^2 = 23^2 + 24^2;$
$325 = 5^2 \cdot 13 = 1^2 + 18^2 = 6^2 + 17^2 = 10^2 + 15^2$을 주목하라.

14. $45 = 7^2 - 2^2 = 9^2 - 6^2 = 23^2 - 22^2.$

18. $1729 = 1^3 + 12^3 = 9^3 + 10^3.$

13.3절

2. $(2870)^2 = (1^2 + 2^2 + 3^2 + \cdots + 20^2)^2$에서 $574^2 = 414^2 + 8^2 + 16^2 + 24^2 + 32^2 + \cdots + 152^2$이 나온다. 이것이 하나의 해이다.

6. $509 = 12^2 + 13^2 + 14^2$은 한 예이다.

7. $459 = 15^2 + 15^2 + 3^2.$

10. $61 = 5^3 - 4^3, \quad 127 = 7^3 - 6^3.$

13. $231 = 15^2 + 2^2 + 1^2 + 1^2, \quad 391 = 15^2 + 9^2 + 9^2 + 2^2, \quad 2109 = 44^2 + 12^2 + 5^2 + 2^2.$

17. $t_{13} = 3^3 + 4^3 = 6^3 - 5^3.$

18. (b) $n = 12$일 때, $290 = 13^2 + 11^2 = 16^2 + 5^2 + 3^2 = 14^2 + 9^2 + 3^2 + 2^2$
$= 15^2 + 6^2 + 4^2 + 3^2 + 2^2.$

14.2절

7. 2, 5, 144

8. $u_1, u_2, u_3, u_4, u_6, u_{12}$

11. $u_{11} = 2u_9 + u_8, \quad u_{12} = 6u_8 + (u_8 - u_4).$

12. $u_1, u_2, u_4, u_8, u_{10}$

14.3절

7. $50 = u_4 + u_7 + u_9, \quad 75 = u_3 + u_5 + u_7 + u_{10}, \quad 100 = u_1 + u_3 + u_6 + u_{11},$
$125 = u_3 + u_9 + u_{11}.$

9. (3, 4, 5), (5, 12, 13), (8, 15, 17), (39, 80, 89), (105, 208, 233)

15.2절

1. (a) $[-1; 1, 1, 1, 2, 6]$
(b) $[3; 3, 1, 1, 3, 2]$
(c) $[1; 3, 2, 3, 2]$
(d) $[0; 2, 1, 1, 3, 5, 3]$

2. (a) $-710/457$
(b) $741/170$
(c) $321/460$

4. (a) $[0; 3, 1, 2, 2, 1]$
(b) $[-1; 2, 1, 7]$
(c) $[2; 3, 1, 2, 1, 2]$

5. (a) 1, 3/2, 10/7, 33/23, 76/53, 109/76
(b) -3, -2, $-5/2$, $-7/3$, $-12/5$, $-43/18$
(c) 0, 1/2, 4/9, 5/11, 44/97, 93/205

6. (b) $225 = 4 \cdot 43 + 4 \cdot 10 + 3 \cdot 3 + 2 \cdot 1 + 2$.

7. (a) 1, 3/2, 7/5, 17/12, 41/29, 99/70, 239/169, 577/408, 1393/985
(b) 1, 2, 5/3, 7/4, 19/11, 26/15, 71/41, 97/56, 265/153
(c) 2, 9/4, 38/17, 161/72, 682/305, 2889/1292, 12238/5473, 51841/23184, 219602/98209
(d) 2, 5/2, 22/9, 49/20, 218/89, 485/198, 2158/881, 4801/1960, 21362/8721
(e) 2, 3, 5/2, 8/3, 37/14, 45/17, 82/31, 127/48, 590/223

9. [3; 7, 16, 11], [3; 7, 15, 1, 25, 1, 7, 4]

11. (a) $x = -8 + 51t$, $y = 3 - 19t$.
(b) $x = 58 + 227t$, $y = -93 - 364t$.
(c) $x = 48 + 5t$, $y = -168 - 18t$.
(d) $x = -22 - 57t$, $y = -61 - 158t$.

15.3절

1. (a) $\dfrac{3+\sqrt{15}}{3}$
(b) $\dfrac{-4+\sqrt{37}}{3}$
(c) $\dfrac{5+\sqrt{10}}{3}$
(d) $\dfrac{19-\sqrt{21}}{10}$
(e) $\dfrac{314+\sqrt{37}}{233}$

2. $\dfrac{\sqrt{5}-1}{2}$

3. $\dfrac{5-\sqrt{5}}{2}$, $\dfrac{87+\sqrt{5}}{62}$

4. (a) $[2; \overline{4}]$
(b) $[2; \overline{1, 1, 1, 4}]$
(c) $[2; \overline{3}]$
(d) $[\overline{2; 1, 3}]$
(e) $[1; 3, \overline{1, 2, 1, 4}]$

5. (b) $[1; \overline{2}]$, $[1; \overline{1, 2}]$, $[3; \overline{1, 6}]$, $[6; \overline{12}]$

6. 1677/433

7. (a) 1264/465

9. (a) 29/23
(b) 267/212

11. 3, 22/7, 355/113

15.4절

5. F_{11}에서 5/8의 다음 분수는 7/11이다.

6. $|\sqrt{3} - \frac{7}{4}| < \frac{1}{4 \cdot 8}$

7. $|\pi - \frac{22}{7}| < \frac{1}{7 \cdot 9}$

15.5절

2. (a) $x = 8, \quad y = 3.$
(b) $x = 10, \quad y = 3.$
(c) $x = 17, \quad y = 4.$
(d) $x = 11, \quad y = 2.$
(e) $x = 25, \quad y = 4.$

3. (a) $x = 3, \quad y = 2; \quad x = 17, \quad y = 12; \quad x = 99, \quad y = 70.$
(b) $x = 2, \quad y = 1; \quad x = 7, \quad y = 4; \quad x = 26, \quad y = 15; \quad x = 97, \quad y = 56;$
$x = 362, \quad y = 209.$
(c) $x = 9, \quad y = 4; \quad x = 161, \quad y = 72.$

4. 48, 1680

5. (a) $x = 24, \quad y = 5; \quad x = 1151, \quad y = 240.$
(b) $x = 51, \quad y = 10; \quad x = 5201, \quad y = 1020.$
(c) $x = 23, \quad y = 4; \quad x = 1057, \quad y = 184.$

6. (a) $x = 9801, \quad y = 1820.$
(b) $x = 2049, \quad y = 320.$
(c) $x = 3699, \quad y = 430.$

7. (a) $x = 18, \quad y = 5.$
(b) $x = 70, \quad y = 13.$
(c) $x = 32, \quad y = 5.$

12. $x = 449, \quad y = 60; \quad x = 13455, \quad y = 1798.$

13. (b) $x = 254, \quad y = 96; \quad x = 4048, \quad y = 1530.$
(c) $x = 213, \quad y = 36; \quad x = 2538, \quad y = 429.$

16.2절

1. (a) $299 = 13 \cdot 23.$
(b) $1003 = 17 \cdot 59.$
(c) $8051 = 83 \cdot 97.$

2. $4087 = 61 \cdot 67.$

3. (a) $1711 = 29 \cdot 59.$
(b) $4847 = 37 \cdot 131.$
(c) $9943 = 61 \cdot 163.$

4. (a) $1241 = 17 \cdot 73.$
(b) $2173 = 41 \cdot 53.$
(c) $949 = 13 \cdot 73.$
(d) $7811 = 73 \cdot 107.$

5. $1189 = 29 \cdot 41.$

6. (a) $8131 = 47 \cdot 173.$
(b) $13199 = 67 \cdot 197.$
(c) $17873 = 61 \cdot 293.$

16.3절

2. (a) $x \equiv 13, 20, 57, 64 \pmod{77}.$
(b) $x \equiv 10, 67, 142, 199 \pmod{209}.$
(c) $x \equiv 14, 32, 37, 55 \pmod{69}.$

3. $x \equiv \pm 73 \pmod{713}$을 선택하면 앨리스가 이긴다.

4. $x \equiv \pm 676 \pmod{3713}$을 선택하면 앨리스가 진다.

찾아보기

Index